de Gruyter Lehrbuch

Deuflhard/Bornemann · Numerische Mathematik 2

Peter Deuflhard
Folkmar Bornemann

Numerische Mathematik 2

Gewöhnliche Differentialgleichungen

3., durchgesehene und korrigierte Auflage

Walter de Gruyter
Berlin · New York

Prof. Dr. Peter Deuflhard
Zuse-Institut Berlin (ZIB)
Takustr. 7
14195 Berlin
und
Freie Universität Berlin
Institut für Mathematik

Prof. Dr. Folkmar Bornemann
Zentrum Mathematik – M3
Wissenschaftliches Rechnen
Technische Universität München
85747 Garching bei München

Mathematics Subject Classification 2000: Primary 65-01; Secondary 65Lxx, 65L05, 65L06, 65L20

♾ Gedruckt auf säurefreiem Papier, das die US-ANSI-Norm über Haltbarkeit erfüllt.

ISBN 978-3-11-020356-1

Bibliografische Information der Deutschen Nationalbibliothek

Die Deutsche Nationalbibliothek verzeichnet diese Publikation in der Deutschen
Nationalbibliografie; detaillierte bibliografische Daten sind im Internet
über http://dnb.d-nb.de abrufbar.

Printed in Germany.
Konvertierung von LaTeX-Dateien der Autoren: Kay Dimler, Müncheberg.
Einbandgestaltung: Martin Zech, Bremen.
Druck und Bindung: AZ Druck und Datentechnik GmbH, Kempten.

Vorwort

Begünstigt durch die rasante Entwicklung der Rechner (Computer) und der Rechenmethoden (Algorithmen), ist die natur- und ingenieurwissenschaftliche Modellierung der Wirklichkeit in den letzten Jahren immer genauer und differenzierter geworden. Als Folge davon sind Mathematiker heute mit der Lösung sehr großer Differentialgleichungssysteme von hoher Komplexität konfrontiert. Dies erfordert die Einbettung des Faches *Numerische Mathematik* in das größere Gebiet *Scientific Computing*, oft auch als *Wissenschaftliches Rechnen* bezeichnet. Das vorliegende Buch trägt dieser Tatsache Rechnung und konzentriert sich vorrangig auf die Darstellung *effizienter Algorithmen* sowie ihrer mathematischen Theorie. Während die erste Auflage nur Anfangswertprobleme bei gewöhnlichen Differentialgleichungen und differentiell-algebraischen Gleichungen behandelt hatte, sind in der *zweiten Auflage* noch Randwertprobleme als weiterer Schwerpunkt hinzugekommen.

Dieses Buch richtet sich an *Studierende der Mathematik, Natur- oder Ingenieurwissenschaften.* Für Grundkenntnisse der Numerischen Mathematik verweisen wir auf die entsprechenden Stellen der dritten Auflage des einführenden ersten Bandes [57], welchen wir innerhalb des Textes kurz als „Band 1" zitieren. Aus der Analysis der gewöhnlichen Differentialgleichungen verwenden wir lediglich einfachere Existenz- und Eindeutigkeitssätze sowie elementare Lösungstechniken wie „Variation der Konstanten" oder „Trennung der Variablen". Aus der Funktionentheorie greifen wir an wenigen Stellen auf das Maximumprinzip sowie die Riemannsche Zahlensphäre zurück. Für angehende Naturwissenschaftler und Ingenieure mag die eine oder andere Passage etwas schwerer verdaulich sein; wir möchten sie deshalb durchaus ermutigen, technische Details mathematischer Beweise einfach zu überspringen und sich auf die Substanz der Aussagen zu konzentrieren. Wir haben uns ausdrücklich bemüht, die nur für Mathematiker wichtigen Fragen innerhalb von Beweisen oder Bemerkungen abzuhandeln, um so möglichst vielen Lesern (und Leserinnen – ein für allemal) den Zugang zu diesem Buch offenzuhalten.

Speziell für Mathematiker, die ja heutzutage nicht mehr unbedingt über Grundkenntnisse in den Naturwissenschaften verfügen, haben wir naturwissenschaftliche Einschübe vorgesehen, die uns im Zusammenhang mit gewöhnlichen Differentialgleichungen wichtig erschienen. Wir beginnen deshalb mit der elementaren Herleitung einiger Differentialgleichungsmodelle zeitabhängiger Prozesse in Natur und Technik.

Als roter Faden durch das ganze Buch zieht sich eine eingängige Abstimmung der *Begriffe* aus den Gebieten Numerik von Differentialgleichungen und Analysis dynamischer Systeme, z. B. in Bezug auf die *Vererbung von Eigenschaften* kontinuierlicher Differentialgleichungen auf ihre Diskretisierungen.

Bei *Anfangswertproblemen* führt der Begriff der *Evolution*, Ausdruck der Eindeutigkeit der Lösung, in natürlicher Weise zur *Kondition* und schließlich zur asymptotischen Stabilität. Einschrittverfahren lassen sich in strenger Analogie durch den Begriff *diskrete Evolution* charakterisieren, der wiederum zu *diskreter Kondition* und asymptotischer Stabilität von Rekursionen führt. Durch den Vergleich von kontinuierlicher und diskreter Kondition lassen sich für konkrete Diskretisierungen *steife* und *nichtsteife* Anfangswertprobleme einfach unterscheiden. Zugleich liefern diese Begriffe ein Rüstzeug zur Interpretation numerischer Resultate bei Hamiltonschen Systemen – ein wichtiges Thema, das jedoch im Rahmen dieses Buches nur gestreift werden kann.

Bei *Randwertproblemen* gehen wir ebenfalls von theoretischen Aussagen zur lokalen Eindeutigkeit von Lösungen aus. Sie führen uns direkt zur *Kondition* von Randwertproblemen und zur *diskreten Kondition* der zugehörigen Algorithmen. Der Vergleich mit Anfangswertproblemen legt eine Unterscheidung in *zeitartige* und *raumartige* Probleme nahe, die sich auf die dazu passenden Algorithmen überträgt. Eine wichtige Quelle von zeitartigen Randwertproblemen sind Probleme der *optimalen Steuerung*, deren Beschreibung wir deshalb hier eingefügt haben. Unsere Darstellung folgt weitgehend der Linie einer Vorlesung, die R. Bulirsch zuerst 1971 an der Universität zu Köln gehalten und seit 1973 an der TU München weiterentwickelt hat; der Erstautor hatte als Assistent wiederholt das Vergnügen, diese interessante Vorlesung zu begleiten. Ihr Inhalt war bisher in Lehrbuchform weitgehend unzugänglich.

Das Buch enthält eine Reihe ansonsten unpublizierter Resultate der Autoren. Soweit wir uns im hier vorgegebenen Rahmen fachlich beschränken mussten, haben wir weiterführende Literatur zitiert. Im gesamten Text sind immer wieder interessante Anwendungsbeispiele zur Illustration eingefügt. Zahlreiche Übungsaufgaben sollen der Vertiefung des Stoffes dienen. Darüberhinaus haben wir uns ausdrücklich nicht gescheut, bis in Details der algorithmischen Implementierung zu gehen. Unser Ziel ist, Mathematikern wie Programmanwendern genau dasjenige Hintergrundwissen zu vermitteln, das nach unserer Erfahrung bei der Lösung wissenschaftlicher Probleme abseits der ausgetretenen Pfade wichtig ist. Die Namen ausgewählter Computerprogramme sind im Text genannt und im Index aufgeführt. Am Ende des Buches finden sich in einem *Softwareverzeichnis* einige Internet-Adressen, über welche diese Programme bezogen werden können.

An dieser Stelle möchten wir all jenen danken, die uns bei der Erstellung dieses Buches besonders unterstützt haben.

Für die *erste Auflage* geht unser spezieller Dank an: Rolf Krause für die Erstellung der Graphiken; Tilmann Friese, Jörg Heroth, Andreas Hohmann und Christof Schütte für die Durchsicht unserer Entwürfe; Michael Dellnitz für kritische Durchsicht des gesamten Manuskripts unter dem Blickwinkel der dynamischen Systeme.

Für die *zweite Auflage* geht unser erster Dank an Rainer Roitzsch (ZIB), ohne dessen fundierte Kenntnisse in mannigfachen kniffligen TEX-Fragen dieses Buches nie erschienen wäre. Ebenso danken wir vom ZIB: Frank Cordes, Thorsten Hohage, Ulli Nowak, Marcus Weber, Martin Weiser und Lin Zschiedrich für technische wie mathematische Unterstützung; Erlinda Körnig und Sigrid Wacker für vielfältige Hilfe.

Von ausserhalb unserer Arbeitsgruppen würdigen wir dankbar Hilfe durch: Martin Arnold für den Hinweis auf einen versteckten Fehler in der ersten Auflage; Christian Lubich für wertvolle Hinweise zur Konzeption des Buches; Michael Günther und Caren Tischendorf für sehr nützliche Zuarbeit zu differentiell-algebraischen Problemen bei elektrischen Schaltkreisen; Georg Bock und Marc Steinbach für ausführliche Diskussionen zur Mehrzielmethode; Georg Bader für ausführliche Konsultationen zu adaptiven Kollokationsverfahren; Claudia Wulff für Zuarbeit beim periodischen Ringoszillator; ganz besonders schließlich Werner Rheinboldt für intensive Diskussionen, nicht nur zu Differentialgleichungen auf Mannigfaltigkeiten.

Abschließend danken wir ganz herzlich unseren Familien, die wegen der Arbeit an diesem Buch so manches Wochenende auf uns verzichten mussten – und dies fast ohne Murren getan haben.

Berlin und München, Dezember 2001   *Peter Deuflhard*
                                                                Folkmar Bornemann

Inhaltsverzeichnis

Überblick

Das Buch gliedert sich in acht Kapitel, ein Softwareverzeichnis, ein Literaturverzeichnis und einen Index. Die ersten drei Kapitel legen die Grundlagen der Modellierung, der Analysis und der Numerik. Die folgenden vier Kapitel handeln von Algorithmen für Anfangswertprobleme, darunter zunächst drei Kapitel von Einschrittverfahren, ein Kapitel von Mehrschrittverfahren. Das letzte Kapitel ist den Randwertproblemen gewidmet.

Kapitel 1. Hier gehen wir auf den naturwissenschaftlichen Hintergrund von Differentialgleichungen als Ausdruck deterministischer Modelle ein: Die *Newtonsche Himmelsmechanik* etwa kommt heute bei der Bahnberechnung von Satelliten oder Planetoiden vor. Auch die klassische *Moleküldynamik*, die beim Entwurf von Medikamenten und beim Verständnis von Viruserkrankungen eine zunehmende Rolle spielt, basiert auf der Newtonschen Mechanik. Hier treten zum ersten Mal *Hamiltonsche Systeme* auf. Steife Anfangswertprobleme tauchten historisch zum ersten Mal in der *chemischen Reaktionskinetik* auf, die heute wichtiger Teil der industriellen Verfahrenstechnik ist. Als letztes Anwendungsgebiet stellen wir *elektrische Schaltkreise* dar, die beim Entwurf technischer Geräte vom Mobiltelefon bis zum ABS-Bremssystem in Autos vorkommen. Sie führen in natürlicher Weise auf die Klasse differentiell-algebraischer Anfangswertprobleme.

Kapitel 2. In diesem Kapitel legen wir die Grundlagen der analytischen *Existenz- und Eindeutigkeitstheorie*, jedoch speziell mit Blick auf ihre Anwendung in der *mathematischen Modellierung*. Ausgehend von Punkten, an denen die rechte Seite nicht Lipschitz-stetig ist, entsteht eine interessante Struktur nicht-eindeutiger Lösungen, die in diesem Detailgrad kaum sonstwo dargestellt ist. *Singuläre Störungsprobleme* sind ein schönes und nützliches Hilfsmittel für die Analyse dynamischer Multiskalensysteme und spielen auch für die Numerik eine Rolle. Zu ihrer Erweiterung auf allgemeinere *quasilineare differentiell-algebraische* Probleme führen wir explizite Darstellungen lösungsabhängiger Orthogonalprojektoren ein, die uns die Charakterisierung eines Index-1-Falles gestatten, der ansonsten in der Literatur meist als Index-2-Fall behandelt werden muss. Diese Charakterisierung hilft später bei der Implementierung von differentiell-algebraischen Einschritt- wie Mehrschrittverfahren. Die Einschränkung auf den Index 1 gilt für das ganze Buch.

Kapitel 3. Hier wenden wir uns der praktisch wichtigen Frage der Numerischen Analysis, die sich mit der Sensitivität gegenüber typischen Eingabedaten befaßt. Ganz im Sinne von Band 1, Kapitel 2, definieren wir *Konditionszahlen* für Anfangswertprobleme. *Asymptotische Stabilität* wird zunächst für Spezialfall linear-autonomer Differentialgleichungen untersucht, in dem eine Charakterisierung allein über die Realteile der Eigenwerte möglich ist. Die Übertragung ins Nichtlineare erfolgt für die Umgebung von Fixpunkten durch Zerlegung invarianten Tangentialräume der zugeordneten Mannigfaltigkeiten. Nach dem gleichen Muster werden auch diskrete dynamische Systeme dargestellt, die ja bei Diskretisierung der Differentialgleichungen entstehen: Zunächst untersuchen wir linear-autonome Rekursionen, wo eine erschöpfende Charakterisierung über die Beträge der Eigenwerte möglich ist, dann die Übertragung ins Nichtlineare durch die Charakterisierung über die Tangentialräume zu den Fixpunkten. Der Zusammenhang der charakterisierenden Realteile im Kontinuierlichen und der Beträge im Diskreten wird genutzt zur Diskussion der *Vererbung* von Eigenschaften der Matrizenexponentiellen auf approximierende rationale Matrizenfunktionen.

Damit sind die methodischen *Grundlagen* zur Behandlung der numerischen Lösung von Differentialgleichungsproblemen gelegt.

Kapitel 4. In diesem Kapitel werden explizite *Einschrittverfahren* für *nichtsteife* Anfangswertprobleme zusammenfassend dargestellt. Die Notation berücksichtigt von Anfang an den adaptiven Fall, also nichtuniforme Gitter. Durch die Einschritt-Diskretisierung geht die Evolution des Differentialgleichungssystems über in eine *diskrete Evolution*, die Konditionszahlen entsprechend in *diskrete Konditionszahlen*. Der Vergleich von kontinuierlichen und diskreten Konditionszahlen legt schließlich auf äußerst einfache Weise den Begriff *Steifheit* von Anfangswertproblemen dar, selbst für eine einzige skalare Differentialgleichung. In Taylorentwicklungen, die beim Aufstellen der Bedingungsgleichungen für die Koeffizienten von *Runge-Kutta-Verfahren* auftreten, schreiben wir höhere Ableitungen sowie anfallende Koeffizientenprodukte konsequent als multilineare Abbildungen. Damit können wir die Butcherschen Wurzelbäume indexfrei als Darstellung der Einsetzungsstruktur in die multilinearen Abbildungen deuten. Durch besonders transparente Darstellung sowie suggestive Bezeichnungsweise hoffen wir, speziell diesen nicht ganz einfach zugänglichen Stoff lesbar gemacht zu haben. *Explizite Extrapolationsverfahren* mit einer asymptotischen τ^2-Entwicklung des Diskretisierungsfehlers werden über die Reversibilität der diskreten Evolution charakterisiert (Stetter-Trick). Die asymptotische Energieerhaltung der Störmer/Verlet-Diskretisierung wird diskutiert an Hand des chaotischen Verhaltens *Hamiltonscher Systeme*; ein tieferes Verständnis gelingt erst über die Analyse der Kondition dieser Anfangswertprobleme.

Kapitel 5. Die *adaptive Steuerung* von Schrittweite und Verfahrensordnung in numerischen Integratoren ist bei stark variierender Dynamik von zentraler Bedeutung für den Rechenaufwand. Dieses Kapitel behandelt zunächst nur Einschrittverfahren. Zum tieferen Verständnis machen wir einen methodischen Ausflug in die Theorie der Regelungstechnik und interpretieren die Schrittweitensteuerung als diskreten Regler. Aus dieser Sicht erhalten wir eine äußerst brauchbare Stabilitätsbedingung, die das empirisch bekannte robuste Abschneiden der Schrittweitensteuerung in Verfahren höherer Ordnung auch bei Ordnungsabfall theoretisch untermauert. Damit ist die Brücke zu steifen Integratoren gebaut.

Kapitel 6.   Hierin behandeln wir *Einschrittverfahren* für *steife* und *differentiell-algebraische* Anfangswertprobleme. Dazu analysieren wir die Vererbung von Eigenschaften eines kontinuierlichen Phasenflusses auf die diskreten Flüsse. Unter den rationalen Approximationen der komplexen Exponentialfunktion, die im Punkt $z = \infty$ ein wesentliche Singularität besitzt, wählen wir diejenigen aus, die im Punkt $z = \infty$ verschwinden, und kommen so zum tragenden Konzept der *L-Stabilität*. Die Annäherung an die wesentliche Singularität längs der imaginären Achse, die ja nicht zum wert 0 führt, behandeln wir im Zusammenhang der *isometrischen* Struktur von Phasenflüssen. Nach dieser Analyse verzweigt unsere Darstellung in natürlicher Weise in implizite und linear-implizite Einschrittverfahren. Im Runge-Kutta-Rahmen von Butcher führt dies zu den *impliziten Runge-Kutta-Verfahren*, bei denen *nichtlineare* Gleichungssysteme zu lösen sind. Unter diesen Verfahren richten wir unser Hauptinteresse auf *Kollokationsverfahren*, die sich durch transparente Beweismethoden und schöne Vererbungseigenschaften auszeichnen. Darüberhinaus bilden sie eine wichtige Klasse von Verfahren zur Lösung von Randwertproblemen (siehe weiter unten). Die direkte Umsetzung des Konzeptes der Störung von linearen Phasenflüssen führt uns zu den *linear-impliziten Einschrittverfahren*, bei denen lediglich *lineare* Gleichungssysteme zu lösen sind. Unter diesen Verfahren legen wir die Betonung auf das extrapolierte linear-implizite Euler-Verfahren, da es derzeit die einzige brauchbare *W*-Methode höherer und sogar variabler Ordnung darstellt; es eignet sich für quasilineare differentiell-algebraische Probleme nur bis zum Index 1 – eine Einschränkung, die ohnehin im ganzen Buch durchgehalten ist. Die letztere Klasse von Verfahren wird insbesondere bei *Linienmethoden* für *partielle Differentialgleichungen* mit Erfolg angewendet. Darüberhinaus bilden sie eine bequeme Basis für die Realisierung einer *numerischen singulären Störungsrechnung*, die neuerdings bei der dynamischen Elimination schneller Freiheitsgrade eine wichtige Rolle spielt, insbesondere im Kontext einer Modellreduktion bei zeitabhängigen partiellen Differentialgleichungen vom Diffusions-Reaktions-Typ.

Damit ist die Darstellung von Einschrittverfahren abgeschlossen.

Kapitel 7.   In diesem Kapitel werden *Mehrschrittverfahren* für *nichtsteife* und *steife* Anfangswertprobleme parallel abgehandelt. Zunächst wird die klassische Konvergenztheorie über *äquidistantem* Gitter dargestellt. Der übliche Weg geht über die formale Interpretation von k-Schrittverfahren als Einschrittverfahren k-facher Dimension, was jedoch zu einer unhandlichen Norm führt, die über eine Jordansche Normalform definiert ist. Stattdessen entwickeln wir einen recht einfachen *Folgenkalkül*, der Abschätzungen in der Maximumnorm gestattet. Strukturell nimmt unser Folgenkalkül eine alte Idee von Henrici wieder auf, wobei wir allerdings die für diesen großen Klassiker der numerischen Differentialgleichungen typischen Gebrauch komplexer Analysis vermieden haben. Der Gesichtspunkt der Vererbung der Stabilität eines Phasenflusses schält wiederum die wesentliche Struktur von Mehrschrittverfahren für nichtsteife und steife Probleme simultan heraus: Über die Stabilität bei $z = 0$ gelangen wir direkt zu Adams-Verfahren, während uns die Stabilität bei $z = \infty$ in vergleichbarer Weise zu den BDF-Verfahren führt. Die Familie der Adams-Verfahren lässt sich als numerische Integration interpretieren, ausgehend von einer Interpolation des Richtungsfeldes. Die Familie der BDF-Verfahren hingegen lässt sich als numerische Differentiation interpretieren, ausgehend von einer Interpolation der Lösung. Beide Verfahren werden einheitlich über *variablem* Gitter und auch in Nordsieck-Form dargestellt bis hin zu wichtigen Details der *adaptiven* Steuerung von Schrittweiten und Ordnung. Durch unsere Herleitung ergibt sich die Erweiterung der BDF-Verfahren auf quasilineare differentiell-algebraische Probleme unmittelbar.

Die vier Kapitel über *Anfangswertprobleme* orientieren sich strikt in Richtung auf wenige wesentliche numerische Integrationsmethoden:

- für *nichtsteife* Probleme auf

    (a) die expliziten Runge-Kutta-Verfahren von Dormand und Prince,

    (b) die expliziten Extrapolationsverfahren zur Mittelpunktsregel und zur Störmer/Verlet-Diskretisierung,

    (c) das Adams-Verfahren in verschiedenen Implementierungen;

- für *steife und differentiell-algebraische* Probleme auf

    (a) das Radau-Kollokationsverfahren von Hairer und Wanner,

    (b) das Extrapolationsverfahren auf Basis der linear-impliziten Euler-Diskretisierung von Deuflhard und Nowak,

    (c) das BDF-Verfahren oder auch Gear-Verfahren in verschiedenen Implementierungen.

Kapitel 8.   Auch bei *Randwertproblemen* gehen wir von analytischen Aussagen zur (lokalen) Eindeutigkeit aus. Sie stellen die Basis der Definition von *Konditionszahlen* für Randwertprobleme dar, die invariant gegen affine Transformation der Randbedingungen sind. Der Vergleich mit Anfangswertproblemen legt eine Unterscheidung in zeit- und raumartige Probleme nahe. Bei *zeitartigen* Randwertproblemen existiert eine klar ausgezeichnete Vorzugsrichtung, in der das Anfangswertproblem gutkonditioniert ist; die unabhängige Variable ist typischerweise als Zeit interpretierbar.

Bei *raumartigen* Randwertproblemen existiert keine solche Vorzugsrichtung; die unabhängige Variable ist typischerweise als Raumvariable interpretierbar, oft entsteht dieser Problemtyp durch Reduktion von Randwertproblemen bei partiellen Differentialgleichungen auf eine Raumdimension. Dem entspricht eine klare Orientierung in Richtung auf zwei effiziente Verfahrensklassen:

- für *zeitartige* Probleme auf die *Mehrzielmethode*,

- für *raumartige* Probleme auf adaptive *Kollokationsmethoden*.

In beiden Verfahrensklassen ergibt sich jeweils die Definition *diskreter Konditionszahlen* unmittelbar. Sie taucht zugleich auf in der Analyse von Eliminationsverfahren für die auftretenden *zyklischen* linearen Gleichungssysteme. Neben den klassischen Zweipunkt-Randwertproblemen geben wir noch einen Einblick in unterbestimmte Probleme, hier am Beispiel der *Berechnung periodischer Orbits*, und in überbestimmte Probleme, hier am Beispiel der *Parameteridentifizierung* in Differentialgleichungen. Zum Abschluss erwähnen wir noch, in gebotener Kürze, Probleme der *Variationsrechnung* und der *optimalen Steuerung*, die in der Regel auf Mehrpunkt-Randwertprobleme führen.

1 Zeitabhängige Prozesse in Natur und Technik

Dieses Buch behandelt die numerische Lösung von i. a. gekoppelten *Systemen ge-wöhnlicher Differentialgleichungen*

$$x_i' = f_i(t, x_1, \dots, x_d), \quad i = 1, \dots, d,$$

zunächst für gegebene *Anfangswerte*

$$x_i(t_0) = x_{i0} \in \mathbb{R}, \quad i = 1, \dots, d.$$

In Kurzschreibweise lautet das *Anfangswertproblem* bei gewöhnlichen Differential-gleichungen

$$x' = f(t, x), \quad x(t_0) = x_0 \in \mathbb{R}^d,$$

wobei $(t, x) \in \Omega \subset \mathbb{R}^{d+1}$ und $f : \Omega \to \mathbb{R}^d$. Da die Differentialgleichung eine Funktion $x(t)$ indirekt über ihre Ableitung $x'(t)$ beschreibt, können wir den Lösungs-prozess als *Integration* auffassen. In Zukunft sprechen wir daher von der numerischen Integration von Anfangswertproblemen.

Ein weiterer in der Praxis häufig auftretender Problemtyp ist das *Randwertproblem*, in der einfachsten Form als Zweipunkt-Randwertproblem

$$x' = f(t, x), \quad t \in [a, b], \quad r(x(a), x(b)) = 0, \quad r : \mathbb{R}^{2d} \to \mathbb{R}^d.$$

Hier werden also die zusätzlich zu den Differentialgleichungen erforderlichen d Be-dingungen zur Festlegung einer Lösung nicht wie beim Anfangswertproblem direkt gegeben, sondern indirekt über d Gleichungen in den Randwerten, die im allgemeinen Fall auch nichtlinear sein können. Die numerische Lösung von Randwertproblemen werden wir im abschließenden Kapitel 8 behandeln.

In der Regel ist die Variable t als physikalische *Zeit* interpretierbar. In diesem Fall haben die Anfangswertprobleme einen halboffenen Charakter ($t_0 \leq t < \infty$) und heißen *Evolutionsprobleme*. In seltenen Fällen, zumeist bei Randwertproblemen, stellt t auch eine Raumvariable dar, etwa bei Vorliegen ebener, zylindersymmetri-scher oder kugelsymmetrischer Geometrie. Der Vektor x charakterisiert den Zustand eines Systems und heißt deshalb oft *Zustandsvektor*. Gewöhnliche Differentialglei-chungen wurden wohl erstmalig im 17. Jahrhundert in Europa formuliert, nachweis-lich von I. Newton 1671 und von G. W. Leibniz um 1676. I. Newton notierte den kryptischen Hinweis: „Data aequatione quotcunque fluentes quantitae involvente flu-xiones invenire et vice versa." Übersetzt lautet er etwa: „Aus gegebenen Gleichungen, die zeitabhängige Größen (quantitae) enthalten, die Ableitungen (fluxiones) finden und umgekehrt." Während Leibniz eher abstrakt an der „inversen Tangentenmethode" interessiert war, ergaben sich für I. Newton solche mathematischen Probleme aus physikalischen Vorstellungen, insbesondere aus seiner Mechanik.

Die tatsächliche Lösung solcher Gleichungen ist gleichbedeutend mit einer *Zukunftsvorhersage* für das beschriebene System – falls die mathematischen Gleichungen ein genaues Abbild des realen Systems darstellen. In der Tat ist bei Kenntnis des Anfangswertes $x(t_0)$ der Zustand $x(t)$ für alle Zeiten t festgelegt, d. h. determiniert. Diese Erkenntnis wurde von den Zeitgenossen als revolutionär empfunden. Noch im 18. Jahrhundert stützte sich die naturphilosophische Strömung des Determinismus auf das Paradigma der Newtonschen Mechanik als Begründung ihres Weltbildes. Dieses allzu einfache Gedankengebäude brachte zu Anfang des 20. Jahrhunderts H. Poincaré zum Einsturz durch eine innovative mathematische Theorie, die zum Ausgangspunkt für das interessante Gebiet der *Dynamischen Systeme* geworden ist. Wir werden auf Aspekte dieser Theorie auch im Zusammenhang mit der numerischen Lösung von Differentialgleichungen zu sprechen kommen. Allgemein sind wir heute sehr viel vorsichtiger in der philosophischen Interpretation mathematisch-physikalischer Theorien. Denn in aller Regel beschreiben mathematische Gleichungen immer nur einen Ausschnitt, eine Abmagerung der Realität – wir sprechen deshalb von einem *mathematischen Modell*. Ein schlechtes Modell enthält inakzeptable Vereinfachungen, ein gutes Modell hingegen akzeptable Vereinfachungen. Ein Modell taugt deshalb keinesfalls zur „Untermauerung" eines philosophischen Lehrgebäudes, allenfalls zu seiner Widerlegung.

Es war lange strittig, ob Differentialgleichungsmodelle auch geeignet sind, biologische oder medizinische Sachverhalte einigermaßen vernünftig zu beschreiben. Solche Systeme scheinen weniger klar determiniert zu sein, da sie nicht nur vom Zustand zu einem einzigen Zeitpunkt abhängen, sondern in der Regel zusätzlich noch von der *Zustandsgeschichte*. Ein erster Schritt zur Erweiterung von gewöhnlichen Differentialgleichungen in diese Richtung sind die sogenannten *retardierten* Differentialgleichungen

$$x'(t) = f(t, x(t), x(t - \tau)), \quad \tau \geq 0.$$

Das Verzögerungsargument τ heißt auch *Retardierung*. Offenbar benötigen solche Systeme zu ihrer eindeutigen Lösbarkeit zumindest eine ausreichende Kenntnis des Zustandes in einem Zeitintervall $[t_0 - \tau, t_0]$. Weitere Bedingungen müssen hinzukommen. In wichtigen realistischen Fällen der Biologie oder Biochemie ist die Retardierung zudem noch abhängig vom Zustand x, also $\tau = \tau(x)$, was die numerische Lösung zusätzlich kompliziert. Diesen Problemtyp werden wir hier nicht eigens behandeln, sondern verweisen dazu auf Spezialliteratur – siehe etwa [90], Kapitel II.15, und Referenzen darin.

Gegen Ende des 18. Jahrhunderts wurde das Konzept der Differentialgleichungen erweitert auf *partielle* Differentialgleichungen. Dies sind Gleichungen, in denen neben Ableitungen nach der Zeit auch Ableitungen nach den Raumvariablen auftreten. So wurden die gewöhnlichen Differentialgleichungen gewöhnlich. Partielle Differentialgleichungen gestatten die mathematische Beschreibung recht allgemeiner räumlich-zeitlicher Phänomene. Für bestimmte Gleichungen dieser Klasse lassen sich zeitliche Anfangswerte und räumliche Randwerte derart festlegen, dass eindeutige Lösungen entstehen, die *stetig* von den Anfangswerten abhängen. So erhält man *wohlgestellte* räumlich-zeitliche Evolutionsprobleme wie etwa die *Wellengleichung* oder die *Wärmeleitungsgleichung*. Auch diese Probleme können wir hier nicht behandeln, sondern verweisen ebenfalls auf die umfangreiche Literatur dazu. Jedoch lassen sich eine Reihe numerischer Techniken für Anfangswertprobleme gewöhnlicher Differentialgleichungen unter dem Gesichtspunkt der Evolution auch auf partielle Differentialgleichungen übertragen. Unter den in Kapitel 8 dargestellten Methoden für Randwertprobleme lassen sich nur die sogenannten globalen Randwertmethoden auch auf partielle Differentialgleichungen übertragen.

Um den Kontext sichtbar zu machen, in dem algorithmisch orientierte Numerische Mathematik heute angesiedelt ist, geben wir im vorliegenden ersten Kapitel zunächst eine elementare Einführung in einige Fragen der Modellierung zeitabhängiger Prozesse mittels gewöhnlicher Differentialgleichungen. Auch für die „nur" numerische Lösung von Differentialgleichungen ist es zumindest nützlich, Kenntnisse des naturwissenschaftlichen Hintergrunds der zu lösenden Probleme zu haben (oder zu erwerben), ehe man „blind drauflos simuliert". Im Sinne eines *Scientific Computing* ist ein solches Wissen sogar unverzichtbar – die schön isolierten Differentialgleichungsprobleme, mundgerecht und leicht verdaulich für Mathematiker serviert, finden sich allenfalls gelegentlich noch in akademischen Lehrbüchern.

In unserer Darstellung beschränken wir uns auf gewöhnliche Differentialgleichungsmodelle, die exemplarisch für zahlreiche Probleme aus Naturwissenschaft und Technik stehen. Als Prototypen deterministischer Modelle stellen wir in Abschnitt 1.1 zunächst die Newtonsche Mechanik am Beispiel der *Himmelsmechanik* vor; Satellitenbahnberechnung ist nur einer der zahlreichen aktuellen Bezüge. Eine hochaktuelle Variante der Newtonschen Mechanik ist die *klassische Moleküldynamik*, die wir in Abschnitt 1.2 skizzieren; sie bildet eine wichtige Basis für den Entwurf neuartiger Medikamente gegen Viruskrankheiten. Im folgenden Abschnitt 1.3 behandeln wir die auf L. Boltzmann zurückgehende *chemische Reaktionskinetik* als Musterbeispiel deterministischer Modellierung stochastischer Prozesse. Im letzten Abschnitt 1.4 gehen wir auf die *Simulation elektrischer Schaltkreise* ein; diese Thematik steckt heute hinter dem rechnergestützten Entwurf nahezu aller elektronischer Bauteile, die in unserer Informationsgesellschaft eine zentrale Rolle spielen.

1.1 Newtonsche Himmelsmechanik

Von alters her hat die Bewegung der Himmelskörper und ihre Vorausberechnung die Menschheit fasziniert. Der eigentliche Durchbruch in dieser Frage gelang I. Newton in der zweiten Hälfte des 17. Jahrhunderts. Schon G. Galilei hatte beobachtet, dass Körper bei Abwesenheit von Kräften eine *gleichförmige Bewegung* ausführen, was bedeutet, dass sie ihre Geschwindigkeit und Richtung beibehalten. Bezeichnen wir mit $x(t) \in \mathbb{R}^3$ die Position eines Körpers im (physikalischen) Raum zur Zeit t und mit $v(t)$ seine Geschwindigkeit, so gilt in I. Newtons präziserer Formulierung, dass

$$v(t) = x'(t) = \text{const}.$$

Dies ist äquivalent zu

$$v' = x'' = 0.$$

Der Ausdruck x'' heißt Beschleunigung. Zur physikalischen Beschreibung von Kräften definierte I. Newton diese über Funktionen F, welche proportional zur Beschleunigung und zur trägen Masse m des Körpers sind. Da nach seiner Überzeugung der Zustand eines mechanischen Systems durch $x(t_0), x'(t_0)$ für alle Zeiten determiniert war, konnten diese Funktionen F ebenfalls nur von x und x' abhängen. Somit ergab sich die folgende Gleichung

$$mx'' = F(t, x, x')$$

zur Beschreibung allgemeiner mechanischer Systeme. Diese Form lässt sich noch reduzieren unter Berücksichtigung der Invarianz gegen *Zeittranslation*: Die Form eines Kraftgesetzes kann nicht davon abhängen, zu welchem Zeitpunkt der Zeiturprung gewählt wird; daraus folgt, dass F nicht explizit von t abhängen kann. Damit haben wir also Differentialgleichungen der Form

$$mx'' = F(x, x').$$

Auch die entsprechende Invarianz gegen Translation oder Drehung im dreidimensionalen Raum liefert noch Einschränkungen an die explizite Form der möglichen Kraftgesetze, auf die wir hier jedoch nicht näher eingehen wollen. Interessierte Leser verweisen wir auf einschlägige Lehrbücher der Theoretischen Mechanik [118, 3].

Ein wichtiges Basisresultat der Theoretischen Mechanik zeigt, dass die Energieerhaltung eines Systems äquivalent zu einer bestimmten Form der zugrundeliegenden Kraft ist: Die Kraft ist der Gradient

$$F = -\nabla U \tag{1.1}$$

einer skalaren Funktion U, des sogenannten *Potentials*. Solche Kräfte heißen auch *konservative* Kräfte oder *Potentialkräfte*. Für die Himmelsmechanik fehlt demnach nur die spezielle Form des Gravitationspotentials U, welche ebenfalls von I. Newton gefunden wurde.

Keplerproblem. Für das Beispiel von zwei Körpern mit Raumkoordinaten x_1, x_2, Massen m_1, m_2 und Abstand

$$r_{12} = |x_1 - x_2|$$

lautet das Gravitationspotential

$$U = -\gamma \frac{m_1 m_2}{r_{12}}, \qquad (1.2)$$

wobei γ die Gravitationskonstante bezeichnet. Daraus erhält man durch Einsetzen die Bewegungsgleichungen in der Form

$$m_1 x_1'' = -\nabla_{x_1} U, \quad m_2 x_2'' = -\nabla_{x_2} U. \qquad (1.3)$$

Dieses astronomische *Zweikörperproblem* kann analytisch geschlossen gelöst werden. Für die Planeten ergeben sich die schon von Kepler gefundenen ebenen elliptischen Bahnkurven, weshalb dieses Problem auch häufig als *Keplerproblem* bezeichnet wird. Die Erklärung der Keplerschen Gesetze durch Lösung der gewöhnlichen Differentialgleichungen der Newtonschen Mechanik war jedenfalls ein historischer Meilenstein der abendländischen Naturwissenschaft! Daneben ließen sich so auch die parabolischen und hyperbolischen Bahnen von Kometen voraussagen – ebenfalls ein Phänomen, das die Zeitgenossen zutiefst bewegt hat.

Die Differentialgleichungen (1.3) beschreiben die Bewegung einzelner Planeten um die Sonne oder des Mondes bzw. eines Satelliten um die Erde. Sie stellen jedoch in mehrfacher Hinsicht Vereinfachungen dar: so berücksichtigen sie z. B. nicht die Wechselwirkung der verschiedenen Himmelskörper untereinander oder die Abplattung der Erde. In all diesen komplizierteren Fällen ist es bis heute trotz intensiver Bemühungen nicht gelungen, einen „geschlossenen" Lösungsausdruck zu finden. Es bleibt also nur die numerische Integration solcher Differentialgleichungssysteme – womit wir zwangsläufig beim Thema dieses Buches sind.

Bemerkung 1.1. Unter der „geschlossenen" Lösung einer gewöhnlichen Differentialgleichung verstehen wir einen Ausdruck aus endlich vielen geschachtelten „einfachen" Funktionen. Dabei hängt es stark vom Blickwinkel ab, welchen Baukasten an Funktionen und Operationen man als „einfach" bezeichnet. Beispielsweise besitzt das einfache Anfangswertproblem

$$x' = 1 + (1 + 2t)x, \quad x(0) = 0,$$

die „geschlossene" Lösung

$$x(t) = e^{t(1+t)} \int_0^t e^{-\tau(1+\tau)} \, d\tau. \qquad (1.4)$$

Dieser Ausdruck enthält zwar durchaus interessante Informationen über die Lösung, beispielsweise über ihr Verhalten für große t, hat aber für die *Auswertung* der Lösung an einer gegebenen Stelle t das ursprüngliche Problem auf ein neues geführt, eine *Quadratur*. Für die Auswertung wäre ein geschlossener Ausdruck in den *elementaren* Funktionen eher geeignet, wobei wir als elementar die rationalen, algebraischen und trigonometrischen Funktionen sowie die Exponentialfunktion und den Logarithmus bezeichnen. Nun hat J. Liouville 1835 bewiesen [151], dass für das Integral in (1.4), und damit für die Lösung x, ein geschlossener Ausdruck in elementaren Funktionen *nicht* existiert. Es sollte daher nicht verwundern, dass „geschlossene" Lösungen von gewöhnlichen Differentialgleichungen schon im skalaren Fall $d = 1$ vergleichsweise rar sind, wobei diese Aussage auch für noch so umfangreiche Baukästen „einfacher" Funktionen gültig bleibt. Und selbst wenn für eine gewöhnliche Differentialgleichung eine „geschlossene" Lösung in dem gewünschten Baukasten existieren sollte, kann die direkte numerische Integration unter Umständen bequemer sein als das Auswerten des geschlossenen Lösungsausdruckes. Hiervon kann sich der Leser überzeugen, indem er einen Blick in das Buch [106] von E. Kamke wirft, welches die geschlossenen Lösungen von über 1600 gewöhnlichen Differentialgleichungen zusammenstellt.

Dreikörperproblem. Als erste Illustration für die Notwendigkeit numerischer Methoden betrachten wir das *restringierte Dreikörperproblem*. Es beschreibt die Bewegung von drei Körpern unter dem Einfluss ihrer wechselseitigen Massenanziehung, wobei die folgenden vereinfachenden Annahmen gemacht werden:

- Zwei Massen m_1, m_2 bewegen sich auf Kreisbahnen um ihren gemeinsamen Schwerpunkt.

- Die dritte Masse m_3 ist verschwindend klein gegen m_1, m_2, so dass die beiden Kreisbewegungen nicht beeinflusst werden.

- Alle drei Massen bewegen sich in einer Ebene.

Ausgangspunkt für die Herleitung ist die natürliche Erweiterung der obigen Gleichungen (1.3) auf den Fall von drei Körpern. Man erhält zunächst

$$U = -\gamma \left(\frac{m_1 m_2}{r_{12}} + \frac{m_2 m_3}{r_{23}} + \frac{m_1 m_3}{r_{13}} \right)$$

für das Gravitationspotential sowie

$$m_1 x_1'' = -\nabla_{x_1} U, \quad m_2 x_2'' = -\nabla_{x_2} U, \quad m_3 x_3'' = -\nabla_{x_3} U,$$

für die Differentialgleichungen der Bewegung. Wir wählen nun in der Ebene, in der sich die drei Massen bewegen, ein spezielles kartesisches Koordinatensystem (ξ, η): Den Ursprung legen wir in den Schwerpunkt der beiden nichtverschwindenden Massen m_1, m_2 und lassen die Achsen mit Winkelgeschwindigkeit 1 so drehen, dass diese beiden Massenpunkte fest auf der ξ-Achse verbleiben (Abbildung 1.1). Wählen wir

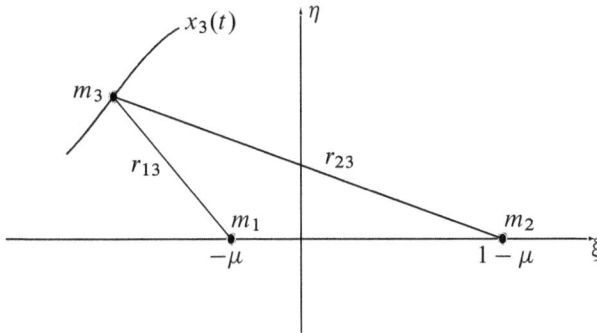

Abbildung 1.1. Restringiertes Dreikörperproblem in mitrotierenden Koordinaten

als Einheitslänge den Abstand dieser beiden Massen voneinander, so hat m_1 die Koordinaten $(-\mu, 0)$, m_2 die Koordinaten $(1 - \mu, 0)$, wobei

$$\mu = \frac{m_2}{m_1 + m_2}.$$

Hiermit ergibt sich schließlich nach einigen Rechnungen das Differentialgleichungssystem

$$\xi'' = 2\eta' + \frac{\partial V}{\partial \xi}, \quad \eta'' = -2\xi' + \frac{\partial V}{\partial \eta}, \tag{1.5}$$

für die Bahnkurve $x_3(t) = (\xi(t), \eta(t))$ des dritten Körpers, wobei das Potential V gegeben ist durch

$$V = \frac{\xi^2 + \eta^2}{2} + \frac{1 - \mu}{r_{13}} + \frac{\mu}{r_{23}}.$$

Die Terme $2\eta'$ und $-2\xi'$ auf der rechten Seite der Gleichung (1.5) repräsentieren hierbei scheinbare Kräfte, die durch die Rotation des Koordinatensystems auftreten, die sogenannten Coriolis-Kräfte. Man beachte, dass die Coriolis-Kraft keine Potentialkraft ist. Die transformierten Differentialgleichungen (1.5) tauchen bereits 1772 in der Mondtheorie von L. Euler auf. Die Übertragung dieser Theorie auf die Planeten ist nur näherungsweise möglich, da ja die Ebenen der Planetenbahnen leicht gegeneinander geneigt sind.

Doch gibt es auch hier einen historischen Glanzpunkt. Im 19. Jahrhundert wurden unerklärliche Abweichungen der Bahn des Planeten Uranus von der Keplerbahn beobachtet. Unabhängig voneinander „vermuteten" daraufhin der englische Mathematiker J. C. Adams und der französische Astronom U. J. J. Leverrier die Existenz eines weiteren Planeten. Auf der Basis einer solchen Annahme gelang es in der Tat beiden, die Bahn dieses Planeten zu bestimmen und seine vermutete Stellung nahezu übereinstimmend zu berechnen. Wir werden diesem J. C. Adams in Kapitel 7 wieder begegnen als Erfinder von zwei wichtigen Klassen von numerischen Methoden zur Lösung von Anfangswertproblemen. Zur Zeit der eben erwähnten Bahnberechnung hatte er gerade sein Grundstudium absolviert; seine akademischen Lehrer allerdings waren sich der Bedeutung seiner Resultate nicht bewusst und ließen sie fast ein Jahr lang liegen. So war es schließlich U. J. J. Leverrier, der am 23. September 1846 seine Resultate an den Berliner Astronomen J. G. Galle gab, der noch am gleichen Abend mit seinem Fernrohr den bis dahin noch nicht bekannten Planeten Neptun ganz in der Nähe der berechneten Stelle auffand. Sowohl J. C. Adams als auch U. J. J. Leverrier wandten mathematische Störungstheorie auf die Keplerbahn des Uranus an, die Details ihrer Berechnungsmethode unterscheiden sich allerdings etwas.

Heutzutage macht uns die „numerische Lösung" dieser Gleichungen (auf gewünschte Genauigkeit) keinerlei Mühe mehr – siehe die nachfolgenden Kapitel. Zum Beleg geben wir in Abbildung 1.2 eine drei- und eine vierschlaufige periodische Bahn für das Dreikörperproblem Erde-Mond-Satellit ($\mu = 0.0123$) an. Die *Existenz* solcher

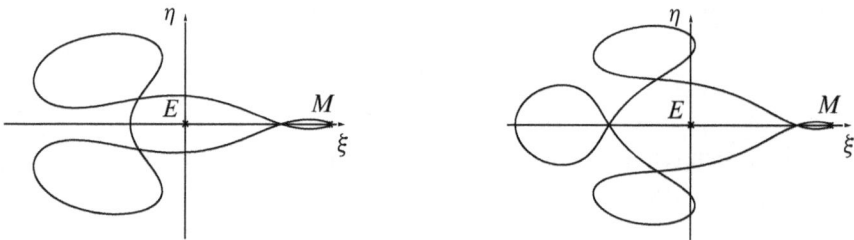

Abbildung 1.2. Periodische Satellitenbahnen des restringierten Dreikörperproblems (E: Erde, M: Mond)

periodischer Bahnen konnte erstmals 1963 durch R. Arenstorf [2] *bewiesen* werden. Grundlage seiner Beweise waren umfangreiche numerische Testrechnungen, die ihm Abschätzungen nahelegten, an die man ohne diese Rechnungen nicht herangekommen wäre.

Nebenbei sei hier vermerkt, dass die direkte Berechnung periodischer Bahnen eines autonomen dynamischen Systems auf ein Randwertproblem vom Typ

$$x' = f(x), \quad x(T) - x(0) = 0,$$

führt, bei dem neben dem Startwert $x(0)$, einem beliebigen Punkt auf der Bahn, auch noch die Periode T unbekannt ist. Die numerische Lösung solcher Probleme werden wir in Abschnitt 8.5.1 eingehend diskutieren – für das obige Problem haben wir das Programm PERIOD verwendet.

Bahnberechnung von Satelliten.   Über das relativ einfache Dreikörperproblem hinaus spielen himmelsmechanische Modelle und ihre numerische Lösung heute die zentrale Rolle bei der *optimalen Steuerung* von Satelliten. Dabei sollen die Satelliten typischerweise derart gesteuert werden, dass entweder der Treibstoffverbrauch während einer Mission minimiert wird (was zugleich eine Maximierung der Nutzlast bedeutet) oder das vorgegebene Ziel in möglichst kurzer Zeit erreicht wird. Interplanetare Raumflüge sind oft auch derart zu steuern, dass nacheinander verschiedene Planeten oder Planetoiden passiert werden – entweder aus Gründen wissenschaftlicher Beobachtung oder als „Gravitationsschleuder", d. h. zur Nutzung der Gravitationskräfte dieser Himmelskörper für den Weiterflug – siehe etwa [27]. Solche Probleme sind Randwertprobleme, jedoch vom komplizierteren Typus *Mehrpunkt-Randwertprobleme* – Details siehe Kapitel 8.

1.2 Klassische Moleküldynamik

Die mathematische Struktur, die uns in den astronomischen Dimensionen der Himmelsmechanik begegnet ist (siehe voriger Abschnitt), taucht in den atomaren Dimensionen der klassischen Moleküldynamik ebenfalls auf. In diesem Rahmen wird der Einfachheit halber angenommen, dass die Bewegung von Atomen und Molekülen physikalisch wie in der klassischen Mechanik durch Newtonsche Differentialgleichungen beschrieben werden kann, aber mit unterschiedlichen Potentialen. Dabei wird offensichtlich die Rolle der Quantenmechanik ignoriert, die eigentlich für diese mikroskopischen Prozesse den physikalischen Rahmen geben sollte; immerhin lässt sich ein Teil der quantenmechanischen Effekte durch sogenannte Parametrisierung von Potentialen in den klassischen Formalismus einfügen.

Hamiltonsche Differentialgleichungen. Am einfachsten lassen sich die atomaren Bewegungsgleichungen aus dem sogenannten Hamiltonschen Formalismus ableiten – siehe etwa das Lehrbuch [118]. Seien N Atome durch ihre Ortskoordinaten $q_j \in \mathbb{R}^3$, $j = 1, \dots, N$, beschrieben und $p_j \in \mathbb{R}^3$ die zugehörigen $3N$ verallgemeinerten Impulse. Seien $r_{ij} = \|q_i - q_j\|$ die Abstände zwischen Atomen i und j. Wir fassen alle Koordinaten und Impulse zusammen in $q \in \mathbb{R}^{3N}$, $p \in \mathbb{R}^{3N}$. Damit hat die sogenannte *Hamiltonfunktion* H die Gestalt

$$H(q, p) = \frac{1}{2} p^T M^{-1} p + V(q). \tag{1.6}$$

Der erste, quadratische Term mit symmetrisch positiv-definiter Massenmatrix M ist gerade die *kinetische Energie*, der zweite die potentielle Energie oder das *Potential*, im molekularen Kontext zum Teil hochnichtlinear.

Bei gegebener Funktion H sind die *Hamiltonschen Differentialgleichungen* definiert über die formale Darstellung:

$$q_i' = \frac{\partial H}{\partial p_i}, \quad p_i' = -\frac{\partial H}{\partial q_i}, \quad i = 1, \dots, N. \tag{1.7}$$

Diese $6N$ Differentialgleichungen 1. Ordnung sind äquivalent zu einem System von $3N$ Differentialgleichungen 2. Ordnung, in Kurzschreibweise

$$M q'' = -\nabla V(q), \tag{1.8}$$

womit im Vergleich mit (1.1) der direkte Zusammenhang zu mechanischen Kräften gegeben ist. Zu gegebenen Anfangswerten $q(0)$, $p(0)$ für (1.7) beziehungsweise $q(0)$, $q'(0)$ für (1.8) beschreiben diese Differentialgleichungen die Bewegung von Atomen unter der Voraussetzung, dass die Potentiale und deren spezifische Parameter die Realität richtig widerspiegeln. Aus diesem Grund existieren riesige Datenbanken, in denen dieses Wissen abgelegt ist – zum Teil sogar nicht einmal öffentlich zugänglich, da es sich um industriell verwertbares Wissen handelt.

Kraftfelder. Die in der Moleküldynamik gebräuchlichen Potentiale werden in der Literatur meist als Kraftfelder bezeichnet, was eigentlich irreführend ist: Kräfte sind die Ableitungen der Potentiale. Diese Potentiale haben die allgemeine Form

$$V = V_B + V_W + V_T + V_Q + V_{\text{vdW}}.$$

Hierin beschreibt V_B die Bindungslängendeformation, V_W die Bindungswinkeldeformation, V_T die Torsionswinkeldeformation, V_Q die elektrostatische Wechselwirkung und V_{vdW} die Van-der-Waals-Wechselwirkung. Die Annahme, dass sich diese Energiebeiträge unabhängig voneinander aufsummieren lassen, ist im Allgemeinen zu grob. Um ein Gefühl für die Komplexität derartiger Probleme zu vermitteln, geben wir im Folgenden ausgewählte Details typischer solcher Potentiale.

Bindungslängendeformation. Deformationsschwingungen entlang von Bindungen (auch: Streckschwingungen) führen zu Potentialen der Form

$$V_B = \sum_{(i,j),i>j} \frac{1}{2} b_{ij} (\Delta r_{ij})^2,$$

worin b_{ij} experimentell bestimmte Kopplungskonstanten sind und $\Delta r_{ij} := r_{ij} - r_{ij}^*$ die Abweichung des atomaren Abstandes r_{ij} von der mittleren Bindungslänge r_{ij}^* bezeichnet. Die Doppelsumme läuft über alle gebundenen Atompaare (i, j). Quadratische Potentiale wie dieses heißen harmonisch; physikalisch modellieren sie das sogenannte Hookesche Gesetz: dahinter verbirgt sich die Vorstellung, dass die Atompaare durch eine elastische Feder miteinander verbunden sind – siehe Abbildung 1.3 links. Manche Kraftfelder nutzen auch realistischere anharmonische Potentiale.

Bindungswinkeldeformation. Dieser Schwingungstyp (auch: Knickschwingung) gehört zu dem ebenfalls harmonischen Potential

$$V_W = \sum_{(i,j,k),i>k} \frac{1}{2} w_{ijk} (\Delta \theta_{ijk})^2.$$

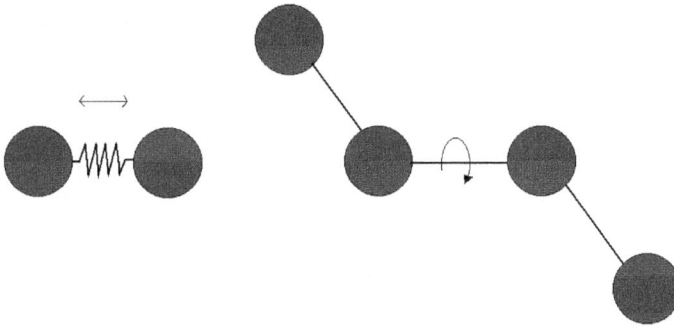

Abbildung 1.3. Links: Streckschwingungen. Rechts: Torsionsschwingungen

Summiert wird über alle Atomtripel (i, j, k), bei denen Atome i und k an Atom j gebunden sind. Die Parameter w_{ijk} stellen Kraftkonstanten dar. Die Größen $\Delta\theta_{ijk} :=$ $\theta_{ijk} - \theta^*_{ijk}$ bezeichnen die Abweichung der Winkel zwischen den Atomen i, j und k von dem natürlichen Bindungswinkel θ^*_{ijk}. Einige Kraftfelder summieren neben den quadratischen Termen noch Terme höherer Ordnung auf, um die Flexibilität der Bindungswinkel noch genauer zu modellieren.

Torsionspotential. Diëderwinkel oder Torsionswinkel ω_{ijkl} sind definiert als Schnittwinkel der Ebenen, die durch die Atomtripel (i, j, k) bzw. (j, k, l) aufgespannt werden – siehe Abbildung 1.3 rechts. Physikalisch modelliert dieses Potential gewisse quantenmechanische Wechselwirkungen im Rahmen einer quasi-klassischen Näherung. So erhält man die Gestalt

$$V_T = \sum_{(i,j,k,l),i>l} \sum_m t^{(m)}_{ijkl} \cos^m(\omega_{ijkl})$$

Summiert wird über alle Atomquadrupel (i, j, k, l), in denen die Atome i, j, k und l im Bindungsgerüst des Moleküls eine Kette bilden. Da bei der Torsion meist mehrere lokale Minima bezüglich ω_{ijkl} auftreten, wird es in eine Kosinusreihe entwickelt; meistens genügen die ersten 5 bis 6 Terme der Reihenentwicklung. Nebenbei sei angemerkt, dass die bekannten numerischen Instabilitäten der Rekursion für $c_k = \cos(k\omega)$ hier keine Rolle spielen, da die kritischen Werte in der Nähe von $\omega = 0$ bzw. $\omega = \pi$ (vergleiche Band 1, Abschnitt 2.3.2) innerhalb der Dynamik hier nicht auftreten.

Coulomb-Potential. Dieses Potential ähnelt dem im vorigen Abschnitt eingeführten Gravitationspotential (1.2), nur dass hier an die Stelle der Massen m_j die Partialladungen Q_j treten. Man erhält so

$$V_Q = \sum_{(i,j),i>j} \frac{1}{\varepsilon} \frac{Q_i Q_j}{r_{ij}},$$

wobei die Größe ε gerade die Dielektrizitätskonstante des Mediums bezeichnet. Das Coulomb-Potential modelliert langreichweitige Anziehungs- bzw. Abstoßungskräfte. Die Partialladungen werden normalerweise einzelnen Atomen eines Moleküls zugeschrieben und ergeben sich aus quantenchemischen Rechnungen (Populationsanalyse).

Lennard-Jones-Potential. Dieses Potential (auch: (6,12)-Potential) modelliert die sogenannte Van-der-Waals Wechselwirkung zwischen ungebundenen Zentren:

$$V_{\text{VdW}} = \sum_{(i,j),i>j} \frac{A_{ij}}{r_{ij}^{12}} - \frac{B_{ij}}{r_{ij}^{6}} \, .$$

Die Parameter A_{ij}, B_{ij} werden aus quantenchemischen Rechnungen und Molekülstrukturuntersuchungen gewonnen. Der erste Term im Lennard-Jones-Potential trägt der Tatsache Rechnung, dass sich zwei ungebundene Atome bei Annäherung stark abstoßen, wenn sich ihre Elektronenwolken (quantenmechanische Objekte) durchdringen und die positiv geladenen Kerne wechselwirken. Der zweite Term charakterisiert die Dipolanziehung zwischen ungebundenen Atomen. Die typische Form dieses Potentials ist in Abbildung 1.4 dargestellt. Wie in (1.7) angegeben, gewinnt man die

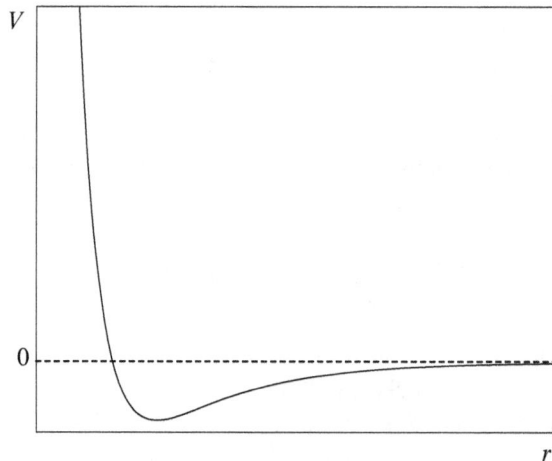

Abbildung 1.4. Lennard-Jones-Potential V vs. Abstand r zwischen Atomen

rechten Seiten der Hamiltonschen Differentialgleichungen durch *Differentiation* der einzelnen Ausdrücke in der Hamiltonfunktion. Bei umfangreichen Potentialen, wie sie in der Moleküldynamik üblich sind, ist dies eine nichttriviale Aufgabe, die kaum fehlerfrei per Hand und daher besser mit Hilfe des Computers automatisch zu erledigen ist. Falls dies symbolisch mit einem der Computeralgebra-Systeme erfolgt, muss meist zur Vermeidung von Rundungsfehlerinstabilitäten nachbearbeitet werden. Bei der sogenannten automatischen Differentiation von Programmen (siehe [79]) entfällt diese Nachbearbeitung, weshalb diese Technik trotz des erforderlichen hohen Speicherplatzbedarfs in der Moleküldynamik recht beliebt ist.

Die *numerische Lösung* dieser Differentialgleichungen verlangt schließlich eine *effiziente Auswertung der rechten Seiten.* Die Mehrfachsummen in den oben genannten Potentialanteilen V_B, V_W und V_T enthalten pro Atom im Wesentlichen nur eine konstante Anzahl von Nachbaratomen, so dass sie insgesamt mit einem Aufwand der Ordnung $O(N)$ Operationen zu Buche schlagen. Das Potential V_{VdW} ist derart kurzreichweitig, dass durch Abschneiden der Doppelsumme jenseits jeder einzelnen atomaren Umgebung ebenfalls nur ein Anteil von $O(N)$ dieser Differentialgleichungen verlangt Operationen anfällt. Das langreichweitige Coulomb-Potential V_Q hingegen benötigt bei direkter Auswertung $O(N^2)$ Operationen, was zumindest für realistische Moleküle ein Problem für sich darstellt. Eine effiziente Alternative ist die von L. Greengard und V. Rokhlin [78] entwickelte *schnelle Multipol-Methode*: sie realisiert eine geschickte Zerlegung der Kräfte in kurz- und langreichwertige Anteile über eine Multipolentwicklung sowie eine Hierarchie von Taylorentwicklungen; auf diese Weise benötigt sie lediglich $O(N)$ Operationen.

Darüber hinaus stellt sich jedoch eine viel grundlegendere Schwierigkeit: Wie schon von H. Poincaré entdeckt, sind Hamiltonsche Systeme *chaotische Systeme*. Im Kontext der numerischen Mathematik heißt das: stört man die Anfangswerte nur geringfügig, so weicht die zugehörige gestörte Bahn eventuell schon nach extrem kurzer Zeit von der ungestörten Bahn total ab. Eine genauere Analyse dieses Phänomens geben wir in Abschnitt 3.1.2. Hier wollen wir diesen Effekt zunächst an einem kleinen Biomolekül illustrieren.

Beispiel. *Trinukleotid ACC.* Dieses Molekül ist ein kurzes RNA-Segment, bestehend aus 94 Atomen. Seine Abkürzung bezieht sich auf die genetischen Buchstaben A für Adenin sowie C für Cytosin. Als Potential verwenden wir das sogenannte Merck-Potential [94]: es enthält neben den schon erwähnten Potentialanteilen noch weitere Terme für gekoppelte Streck-Knickschwingungen und Knickschwingungen zwischen einzelnen Atomen und Ebenen von Atomen. In Abbildung 1.5 sind Schnappschüsse der Simulation zu den Zeitpunkten 0.0, 5.0 und 20.0 ps aufgenommen. Für Nichtphysiker: 1 Pikosekunde (ps) ist 10^{-12} Sekunden.

Zu Beginn sind die beiden Molekülformen fast identisch; nach Ablauf von nur 20 Pikosekunden hingegen sind sie völlig verschieden. Die entstandenen Zustandsmuster (links: kugelige Form, rechts: gestreckte Form) bleiben über längere Zeiträume in etwa stabil erhalten, weswegen sie auch als *metastabile Konformationen* bezeichnet werden. Es ist deshalb sinnvoll, genau diese stabilen mathematischen Objekte direkt zu berechnen – siehe etwa den Zugang in [156, 58] sowie Band 1, Kapitel 5.5: darin treten nach wie vor deterministische Kurzzeitprobleme auf, die numerisch geeignet zu integrieren sind.

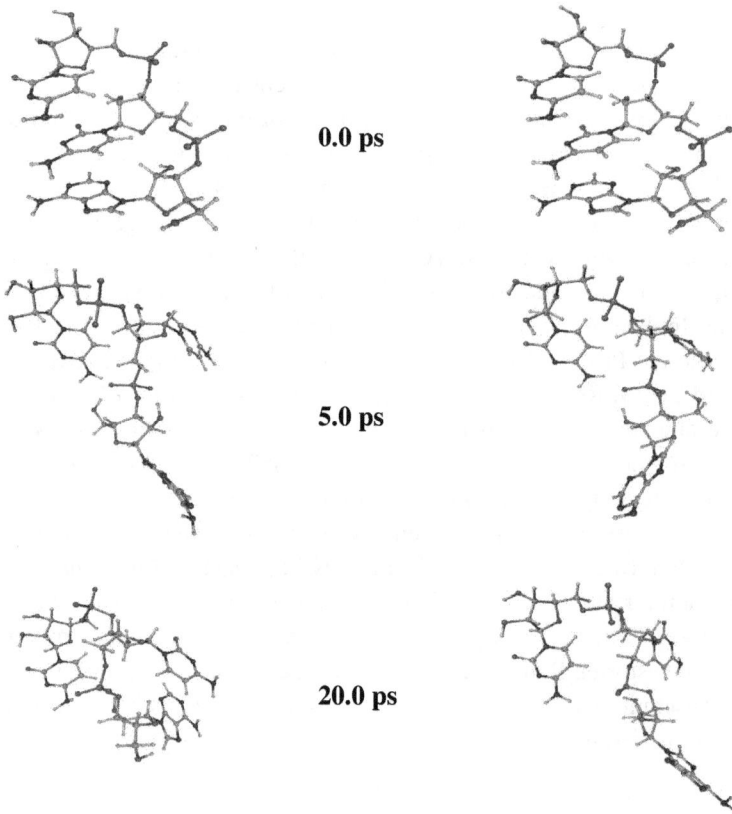

Abbildung 1.5. Entwicklung unterschiedlicher Konformationen des ACC-Moleküls aus fastidentischen Anfangszuständen

In diesen Themenkreis gehört auch die *Proteinfaltung*, deren numerische Behandlung eine wichtige Rolle bei der Entwicklung neuer Medikamente (engl. *drug design*) und beim Verständnis von Krankheiten spielt. Probleme dieses Typs sind für hinreichend große Moleküle, etwa Biomoleküle, auch heute noch am Rand des Rechenbaren – zum Teil sogar jenseits.

1.3   Chemische Reaktionskinetik

Der zeitliche Ablauf chemischer Reaktionen, die *Reaktionskinetik*, lässt sich durch gewöhnliche Differentialgleichungen recht genau beschreiben. Dabei können den „Bausteinen" eines komplexen Reaktionsschemas, den sogenannten *Elementarreaktionen*, wenige recht einfache Differentialgleichungen zugeordnet werden. Die Komplexität des Gesamtschemas bei vielen beteiligten Substanzen führt jedoch auf komplizierte, hochdimensionale Systeme von Differentialgleichungen. Zur Erläuterung der Zuordnung

$$\text{Reaktionsschema} \mapsto \text{Differentialgleichungen}$$

wollen wir zunächst die einfachsten Elementarreaktionen gesondert darstellen.

Monomolekulare Reaktion. Bei dieser Reaktion geht lediglich eine Substanz A in eine Substanz B über. Das zugehörige chemische Reaktionsschema lautet

$$A \longrightarrow B.$$

Wir nehmen an, beide Substanzen seien gasförmig. Zur Herleitung der Differentialgleichungen benötigen wir einen Rückgriff auf die elementare Thermodynamik. Wie am Beginn der klassischen Mechanik der Name Newton steht, so steht am Beginn der Thermodynamik der Name L. Boltzmann. In seiner berühmten Arbeit von 1877 entwickelte er die *kinetische Gastheorie*. Sie beruht auf der (plausiblen) Annahme, dass bei konstantem Druck, konstantem Volumen und konstanter Temperatur die Anzahl von Stößen zwischen zwei Gasmolekülen pro Volumeneinheit und Zeiteinheit konstant ist. Seien n_A, n_B die Teilchenzahlen der Gase A, B in einem Volumen V. Wir nehmen darüber hinaus an, dass bei jedem Stoß zwischen zwei Molekülen des Gases A die Reaktion $A \to B$ mit einer von den Details des individuellen Stosses unabhängigen Wahrscheinlichkeit abläuft. Dann gilt für die Änderungen Δn_A, Δn_B innerhalb einer „kleinen" Zeitspanne Δt die Proportionalität

$$\Delta n_A \propto -n_A \Delta t$$

sowie wegen Teilchenerhaltung die Gleichung

$$\Delta n_B = -\Delta n_A.$$

Somit folgen aus obigen Beziehungen für $\Delta t \to 0$ die Differentialgleichungen

$$n_A' = -k\,n_A, \quad n_B' = k\,n_A,$$

mit einer Proportionalitätskonstanten k, dem *Reaktionskoeffizienten* (engl. *reaction rate coefficient*). Hierbei haben wir die diskrete Natur von n_A, n_B ignoriert, was bei der großen Anzahl von Molekülen in Gasen bei gängigen Drücken zulässig ist.

Seien nun c_A und c_B die Konzentrationen der Gase A und B, also die Anzahl von Molekülen pro Volumen

$$c_A = \frac{n_A}{V}, \quad c_B = \frac{n_B}{V},$$

wobei wir das Volumen $V(t) = V$ als konstant voraussetzen wollen. Dann gilt:

$$c'_A = -kc_A, \quad c'_B = kc_A. \tag{1.9}$$

Für zeitabhängiges Volumen $V(t)$ ergeben sich mit der Produktregel der Differentiation die Beziehungen

$$c'_A + \frac{V'}{V}c_A = -kc_A, \quad c'_B + \frac{V'}{V}c_B = kc_A.$$

Zu den Anfangswerten $c_A(0) = 1$ und $c_B(0) = 0$ lassen sich die Differentialgleichungen (1.9) einfach geschlossen lösen:

$$c_A(t) = \exp(-kt), \quad c_B(t) = 1 - \exp(-kt).$$

Für diese spezielle Lösung gilt offenbar

$$c_A(t) + c_B(t) = c_A(0) + c_B(0) = 1.$$

Unter Ignorierung der verschiedenen molekularen Massen heißt diese Invariante häufig *Massenerhaltung*. Sie lässt sich in differentieller Form auch direkt aus den Differentialgleichungen herleiten: Durch Addition der Differentialgleichungen für c_A und c_B erhalten wir

$$c'_A(t) + c'_B(t) = 0.$$

Insbesondere ist also die Massenerhaltung unabhängig von den speziellen Anfangswerten $c_A(0), c_B(0)$.

Bimolekulare Reaktion.   Die nächstkompliziertere chemische Reaktion ist die *bimolekulare* Reaktion, charakterisiert durch das Reaktionsschema

$$A + B \rightleftharpoons C + D.$$

In Analogie zur monomolekularen Reaktion, nur mit dem Reaktionskoeffizienten k_1 für die Hinreaktion und dem Reaktionskoeffizienten k_2 für die Rückreaktion, erhalten wir die Differentialgleichungen

$$c'_A = c'_B = -k_1 c_A c_B + k_2 c_C c_D, \quad c'_C = c'_D = +k_1 c_A c_B - k_2 c_C c_D.$$

Man beachte, dass im Unterschied zur monomolekularen Reaktion hier nun die Reaktionswahrscheinlichkeiten proportional zu dem *Produkt* der Reaktanden sind. Wiederum können wir durch Addition der vier Differentialgleichungen die Massenerhaltung in der Form

$$c'_A + c'_B + c'_C + c'_D = 0$$

herleiten. Interessante Spezialfälle der bimolekularen Reaktion sind etwa

- der Fall $B = C$, die *Katalyse*,

- der Fall $B = C = D$, die *Autokatalyse*.

Bekanntester Fall der Autokatalyse ist die Replikation der DNA, die ja die Grundlage unserer Erbsubstanz darstellt, in der etwas ungenauen Form

$$\text{Nukleotid} + \text{DNA} \rightleftharpoons 2\,\text{DNA}.$$

Im *Gleichgewichtszustand*, in welchem die Konzentrationen konstant bleiben, muss gelten

$$c'_A = c'_B = c'_C = c'_D = 0,$$

was äquivalent ist zu der Beziehung

$$\frac{c_A c_B}{c_C c_D} = \frac{k_2}{k_1}. \tag{1.10}$$

Dies ist das *Massenwirkungsgesetz*, welches von C. M. Guldberg und P. Waage 1864 formuliert worden ist. Der Quotient k_2/k_1 der beiden Reaktionskoeffizienten lässt sich in der Boltzmannschen Theorie durch die Gesetzmäßigkeit

$$\frac{k_2}{k_1} = \exp \frac{-\Delta E}{kT} \tag{1.11}$$

ausdrücken. Dabei ist ΔE die Energiedifferenz zwischen den beiden chemischen Zuständen, k die Boltzmannkonstante und T die Temperatur. Die thermodynamischen Größen ΔE und T stellen eine makroskopische, statistische Beschreibung des Gasgemisches dar, was als Präzisierung der oben gemachten Annahme dienen kann, dass die Reaktionswahrscheinlichkeit von den Details des individuellen Stoßes unabhängig ist.

Falls das Verhältnis von k_2 zu k_1 „vernachlässigbar klein" ist, wird die Rückreaktion gerne unterdrückt, also zur Vereinfachung der Differentialgleichungen einfach $k_2 = 0$ gesetzt. Für die bimolekulare Reaktion gilt dann immer noch Massenerhaltung, in allgemeineren Fällen jedoch eventuell nur noch näherungsweise. Natürlich gilt in dieser Näherung das Massenwirkungsgesetz in der Form (1.10) nicht mehr, da aus ihm ja folgen würde, dass eine der beiden Konzentrationen verschwinden müsste.

Chemische Oszillationen.   Von hohem wissenschaftlichem und technischem Interesse sind *oszillierende* Reaktionen. Bisher sind solche Reaktionen immer nur durch Zufall experimentell gefunden worden. Deshalb bietet sich gerade hier der Mathematik ein reiches Feld für eine methodische Suche – vergleiche Abschnitt 8.5.1 über die Berechnung periodischer Orbits. Die bekannteste oszillierende Reaktion ist die *Zhabotinski-Belousov-Reaktion*.

In vereinfachter Form wird sie beschrieben durch das als *Oregonator* bekannte Reaktionsschema

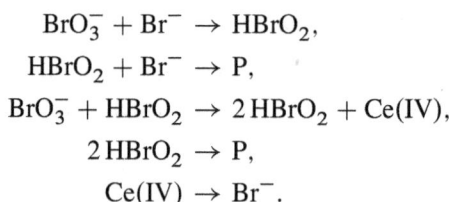

$$BrO_3^- + Br^- \rightarrow HBrO_2,$$
$$HBrO_2 + Br^- \rightarrow P,$$
$$BrO_3^- + HBrO_2 \rightarrow 2\,HBrO_2 + Ce(IV),$$
$$2\,HBrO_2 \rightarrow P,$$
$$Ce(IV) \rightarrow Br^-.$$

Der Buchstabe P steht hier für ein nicht näher spezifiziertes Produkt. Mit der Zuordnung der Substanzen $(BrO_3^-, Br^-, HBrO_2, P, Ce(IV))$ zu den Konzentrationen
$(c_1, c_2, c_3, c_4, c_5)$ erhält man daraus ein System von 5 Differentialgleichungen

$$c_1' = -k_1 c_1 c_2 - k_3 c_1 c_3,$$
$$c_2' = -k_1 c_1 c_2 - k_2 c_2 c_3 + k_5 c_5,$$
$$c_3' = k_1 c_1 c_2 - k_2 c_2 c_3 + k_3 c_1 c_3 - 2 k_4 c_3^2,$$
$$c_4' = k_2 c_2 c_3 + k_4 c_3^2,$$
$$c_5' = k_3 c_1 c_3 - k_5 c_5.$$

Die Reaktionsgeschwindigkeiten k_i sind dabei recht unterschiedlich:

$$k_1 = 1.34, \ k_2 = 1.6 \cdot 10^9, \ k_3 = 8.0 \cdot 10^3, \ k_4 = 4.0 \cdot 10^7, \ k_5 = 1.0.$$

An eine analytische Lösung dieses Differentialgleichungssystems ist nicht zu denken;
vielmehr bleibt auch hier nur der Weg einer numerischen Lösung. Selbst diese war
noch bis vor wenigen Jahren eine recht anspruchsvolle Aufgabe. In Abbildung 1.6
sind zwei Lösungskomponenten (in logarithmischer Skala) dargestellt, aus denen sich
das periodische Wechselspiel innerhalb dieses chemischen Systems schön ablesen
lässt. Im chemischen Labor entspricht dies einem periodischen Farbumschlag.

Komplexe Reaktionskinetik.   Bereits für mäßig komplizierte Reaktionsschemata
sind mit vernünftigem Aufwand nur noch numerische Lösungen erhältlich. In praktischen Anwendungen der technischen Chemie, der Biochemie oder der Pharmazie
können unter Umständen viele hundert oder tausend Elementarreaktionen auftreten.
In solchen Fällen ist an die Aufstellung des Differentialgleichungssystems per Hand
nicht zu denken. Stattdessen wird eine *automatische Generierung* der rechten Seiten
der Differentialgleichungen nötig – als Beispiel sei auf die Progammpakete LARKIN
[11, 54] und CHEMKIN [109] hingewiesen. Solche Systeme verlangen von Seiten des
Anwenders lediglich eine Eingabe in Form chemischer Reaktionen, die dann durch

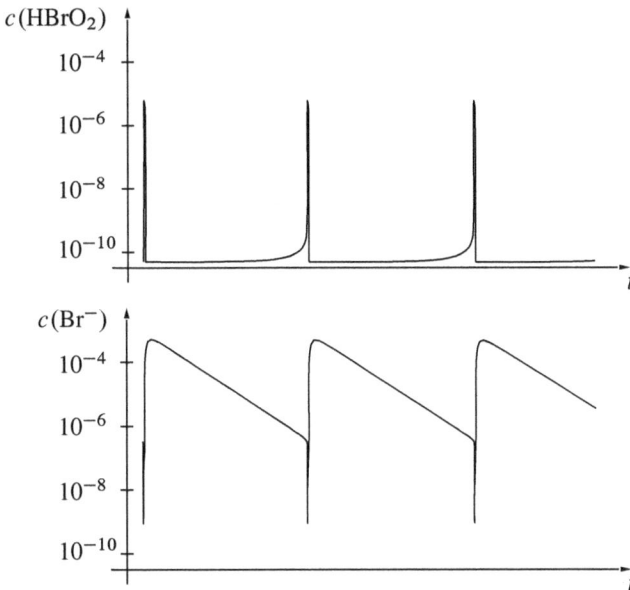

Abbildung 1.6. Zhaboutinski-Belousov-Reaktion

einen „chemischen Compiler" in ausführbare Programm-Module für die rechte Seite
der Differentialgleichungen gewandelt werden.

Beispiel.   *Glycolyse.* Dieses mittelgroße Modellproblem beschreibt den Abbau von
Zucker (Glycose) im Stoffwechsel. In [73] sind dazu 55 chemische Reaktionen für
$d = 65$ chemische Spezies (GLU, HKS, HKG, ...) angegeben. Sie sind auszugswei-
se in Abbildung 1.7 dargestellt, wobei noch die Reaktionsgeschwindigkeitskoeffizienten (eventuell für Hin- und Rückreaktion) hinzugefügt sind. Aus diesem Satz chemischer Reaktionen lassen sich durch automatisierte Anwendung der oben hergeleiteten
Regeln für monomolekulare und bimolekulare Reaktionen (d. h. durch einen chemischen Compiler) 65 Differentialgleichungen gewinnen, von denen wir in Abbildung
1.8 aus Platzgründen nur einen Teil angeben.

   Eine weitere Schwierigkeit in der realistischen Reaktionskinetik rührt daher, dass
in wichtigen Anwendungen nur ein Teil der Reaktionskoeffizienten experimentell bestimmt werden kann. In solchen Fällen gelingen jedoch meist Messungen ausgewählter chemischer Komponenten. Der Abgleich dieser Messungen mit dem bekannten
Differentialgleichungsmodell erfolgt im Sinne der Gaußschen „Methode der kleinsten Fehlerquadrate" (Band 1, Abschnitt 4.3). Methoden zur *Parameteridentifizierung*
bei gewöhnlichen Differentialgleichungen behandeln wir in Abschnitt 8.5.2. Probleme dieses Typs sind strukturell als Randwertprobleme aufzufassen.

GLU + HKS	$\rightleftharpoons$	HKG	$3.7 \cdot 10^6$	$1.5 \cdot 10^3$
HKG + 1TP	$\rightleftharpoons$	HKP	$4 \cdot 10^6$	$6.5 \cdot 10^6$
HKP	$\rightleftharpoons$	HKU + ADP	$3 \cdot 10^{-3}$	$2 \cdot 10^6$
HKU	$\rightleftharpoons$	HKS + GLP	$1 \cdot 10^3$	$4 \cdot 10^5$
ADP + HKG	$\rightarrow$	HKI	$2 \cdot 10^6$	
HKI	$\rightarrow$	ADP + HKG	$1 \cdot 10^3$	
GLP + ISM	$\rightleftharpoons$	ISG	$8.7 \cdot 10^7$	$1.57 \cdot 10^3$
ISG	$\rightleftharpoons$	FRP + ISM	$1.84 \cdot 10^3$	$3.2 \cdot 10^8$
FRP + FRP + PFK	$\rightarrow$	PFF	$1.91 \cdot 10^{11}$	
FRP + FRP + PFK + ADP	$\rightarrow$	PFF	$2.4 \cdot 10^{14}$	
	$\vdots$			
PYR + LDD	$\rightleftharpoons$	LDL	$4.72 \cdot 10^7$	$3 \cdot 10^4$
LDL	$\rightleftharpoons$	LAC + LDN	$1.2 \cdot 10^4$	$1.6 \cdot 10^5$
LDH + DPN	$\rightleftharpoons$	LDN	$4.5 \cdot 10^8$	$1.88 \cdot 10^4$
LDH + DPH	$\rightleftharpoons$	LDD	$1.11 \cdot 10^{10}$	$6.5 \cdot 10^3$
PYR + DIN	$\rightarrow$	DIH	$9 \cdot 10^3$	
DIH + XPI + OXY	$\rightarrow$	DIN + XSI	$2.5 \cdot 10^8$	
XSI + PIA	$\rightarrow$	XSP	$6.8 \cdot 10^3$	
XSP + ADP + ADP	$\rightarrow$	2TP + XPI	$3.3 \cdot 10^5$	
XSI + DBP	$\rightarrow$	XPI	$4 \cdot 10^3$	
2TP + DBP	$\rightarrow$	1TP	$1 \cdot 10^1$	
XPI + 2TP	$\rightarrow$	XSI + ADP + PIA	$6 \cdot 10^2$	
CON + 2TP	$\rightarrow$	ADP + PIA	2	
1TP + PUE	$\rightarrow$	PPP	$6 \cdot 10^3$	
PPP	$\rightarrow$	PUE + ADP + PIA	$6 \cdot 10^1$	
DHA + DPH	$\rightleftharpoons$	AGP + DPN	$1.67 \cdot 10^4$	$6 \cdot 10^1$
CON	$\rightarrow$	GLP	$3 \cdot 10^{-3}$	

Abbildung 1.7. Chemisches Reaktionsschema der Glykolyse (Auswahl)

$$x'_1 = -3.7 \cdot 10^6 x_1 x_2 + 1.5 \cdot 10^3 x_3$$

$$x'_2 = -3.7 \cdot 10^6 x_1 x_2 + 1.5 \cdot 10^3 x_3 + 1 \cdot 10^3 x_6 - 4 \cdot 10^5 x_8 x_2$$

$$x'_3 = +3.7 \cdot 10^6 x_1 x_2 - 1.5 \cdot 10^3 x_3 - 4 \cdot 10^6 x_3 x_4 + 6.5 \cdot 10^6 x_5 - 2 \cdot 10^6 x_7 x_3$$

$$x'_4 = -4 \cdot 10^6 x_3 x_4 + 6.5 \cdot 10^6 x_5 - 1.1 \cdot 10^4 x_{14} x_4 + 1.33 \cdot 10^7 x_{34} x_7 - 2.2 \cdot 10^9 x_{33} x_{35} x_4$$

$$= +4 \cdot 10^3 x_{47} - 2.92 \cdot 10^7 x_{44} x_4 + 1 \cdot 10^1 x_{60} x_{61} - 6 \cdot 10^3 x_4 x_{63}$$

$$x'_5 = +4 \cdot 10^6 x_3 x_4 - 6.5 \cdot 10^6 x_5 - 3 \cdot 10^{-3} x_5 + 2 \cdot 10^6 x_7 x_6$$

$$x'_6 = +3 \cdot 10^{-3} x_5 - 2 \cdot 10^6 x_7 x_6 - 1 \cdot 10^3 x_6 + 4 \cdot 10^5 x_8 x_2$$

$$x'_7 = +3 \cdot 10^{-3} x_5 - 2 \cdot 10^6 x_7 x_6 - 2 \cdot 10^6 x_7 x_3 + 1 \cdot 10^3 x_9 - 2.4 \cdot 10^{14} x_{12} x_{12} x_{13} x_7$$

$$= +1.1 \cdot 10^4 x_{14} x_4 - 9 \cdot 10^5 x_{16} x_7 - 1.33 \cdot 10^7 x_{34} x_7 + 2.2 \cdot 10^9 x_{33} x_{35} x_4$$

$$= -9.7 \cdot 10^6 x_{44} x_7 + 3.5 \cdot 10^2 x_{45} - 3.3 \cdot 10^5 x_{59} x_7 x_7 - 3.3 \cdot 10^5 x_{59} x_7 x_7$$

$$+ 6 \cdot 10^2 x_{56} x_{60} + 2 x_{62} x_{60}$$

$$x'_8 = +1 \cdot 10^3 x_6 - 4 \cdot 10^5 x_8 x_2 - 8.7 \cdot 10^7 x_8 x_{10} + 3 \cdot 10^{-3} x_{62}$$

$$x'_9 = +2 \cdot 10^6 x_7 x_3 - 1 \cdot 10^3 x_9$$

$$x'_{10} = -8.7 \cdot 10^7 x_8 x_{10} + 1.84 \cdot 10^3 x_{11} - 3.2 \cdot 10^8 x_{10} x_{12}$$

$$\vdots$$

$$x'_{50} = +4.72 \cdot 10^7 x_{48} x_{49} - 3 \cdot 10^4 x_{50} - 1.2 \cdot 10^4 x_{50} + 1.6 \cdot 10^5 x_{52} x_{51}$$

$$x'_{51} = +1.2 \cdot 10^4 x_{50} - 1.6 \cdot 10^5 x_{52} x_{51}$$

$$x'_{52} = +1.2 \cdot 10^4 x_{50} - 1.6 \cdot 10^5 x_{52} x_{51} + 4.5 \cdot 10^8 x_{53} x_{32} - 1.88 \cdot 10^4 x_{52}$$

$$x'_{53} = -4.5 \cdot 10^8 x_{53} x_{32} + 1.88 \cdot 10^4 x_{52} - 1.11 \cdot 10^{10} x_{53} x_{28} + 6.5 \cdot 10^3 x_{49}$$

$$x'_{54} = -9 \cdot 10^3 x_{48} x_{54} + 2.5 \cdot 10^8 x_{55} x_{56} x_{57}$$

$$x'_{55} = +9 \cdot 10^3 x_{48} x_{54} - 2.5 \cdot 10^8 x_{55} x_{56} x_{57}$$

$$x'_{56} = -2.5 \cdot 10^8 x_{55} x_{56} x_{57} + 3.3 \cdot 10^5 x_{59} x_7 x_7 + 4 \cdot 10^3 x_{58} x_{61} - 6 \cdot 10^2 x_{56} x_{60}$$

$$x'_{57} = -2.5 \cdot 10^8 x_{55} x_{56} x_{57}$$

$$x'_{58} = +2.5 \cdot 10^8 x_{55} x_{56} x_{57} - 6.8 \cdot 10^3 x_{58} x_{29} - 4 \cdot 10^3 x_{58} x_{61} + 6 \cdot 10^2 x_{56} x_{60}$$

$$x'_{59} = +6.8 \cdot 10^3 x_{58} x_{29} - 3.3 \cdot 10^5 x_{59} x_7 x_7$$

$$x'_{60} = +3.3 \cdot 10^5 x_{59} x_7 x_7 - 1 \cdot 10^1 x_{60} x_{61} - 6 \cdot 10^2 x_{56} x_{60} - 2 x_{62} x_{60}$$

$$x'_{61} = -4 \cdot 10^3 x_{58} x_{61} - 1 \cdot 10^1 x_{60} x_{61}$$

$$x'_{62} = -2 x_{62} x_{60} - 3 \cdot 10^{-3} x_{62}$$

$$x'_{63} = -6 \cdot 10^3 x_4 x_{63} + 6 \cdot 10^1 x_{64}$$

$$x'_{64} = +6 \cdot 10^3 x_4 x_{63} - 6 \cdot 10^1 x_{64}$$

$$x'_{65} = +1.67 \cdot 10^4 x_{21} x_{28} - 6 \cdot 10^1 x_{32} x_{65}$$

Abbildung 1.8. Differentialgleichungen der Glykolyse-Reaktion (Auswahl)

Expertensysteme. In extremen Fällen müssen die chemischen Reaktionen selbst automatisch mit Hilfe von regelbasierten Expertensystemen erstellt werden; als Beispiel aus dem Bereich von Kohlenwasserstoffreaktionen bei der Verbrennung in Motoren sei die Arbeit [34] zitiert, die eine wichtige Rolle bei der Konstruktion umweltverträglicher Motoren spielt.

Polyreaktionskinetik. *Polymere* sind chemische Basisstoffe für zahlreiche Kunststoffe und Medikamente. Sie bestehen aus einer (eventuell komplizierten) Aneinanderreihung von einfacheren chemischen Bausteinen, den sogenannten Monomeren. Die Reaktionskinetik von Polymeren führt zu Differentialgleichungsmodellen, deren Dimension d gleich der Kettenlänge s_{max} des längsten auftretenden Polymers ist – in realistischen Anwendungsproblemen zwischen $s_{max} = 10^4$ und $s_{max} = 10^6$. Damit ist der Rahmen gesprengt, in dem direkte numerische Integration möglich wäre: derart viele Differentialgleichungen würden jeglichen verfügbaren Speicher überlaufen lassen sowie unvertretbar hohe Rechenzeiten erfordern. Zur Lösung solcher Probleme ist ein Wechsel des mathematischen Modells erforderlich: die ohnehin schon vielen Differentialgleichungen werden zu einem System von unendlich vielen, genauer: von *abzählbar vielen Differentialgleichungen* ($d = \infty$) erweitert. Derartige Systeme lassen sich als diskrete Variante von partiellen Differentialgleichungen auffassen. Details dieser mathematischen Herangehensweise (*adaptive diskrete Galerkin-Methoden*) würden den Rahmen dieses Buches sprengen, sie finden sich in den Arbeiten [63, 176, 177]. Auf diesem Weg konnte die numerische Lösung industriell relevanter Probleme der Polymerchemie dramatisch beschleunigt werden, im Mittel um Faktoren von 10^3 bis 10^4.

1.4 Elektrische Schaltkreise

Elektrische Schaltkreise finden sich in den unterschiedlichsten technischen Geräten, vom Mobiltelefon bis zum ABS-Bremssystem in Kraftfahrzeugen. Ihr Entwurf führt auf umfangreiche Differentialgleichungsmodelle. Dabei gilt: je mehr Elemente in einer Schaltung verknüpft sind, desto wichtiger wird ihre mathematische Beschreibung und Analyse. Es versteht sich von selbst, dass bei umfangreichen Schaltkreismodellen eigens konstruierte Compiler das gesamte mathematische Modell aus elementaren Modulen generieren. Bei sogenannten *integrierten* elektrischen Schaltungen (oft kurz als *Chips* bezeichnet) sind heute sogar bis zu einigen Millionen Schaltelemente auf kleinstem Raum gekoppelt (Stichwort: Miniaturisierung). Nur durch die Entwicklung von Chips im Rechner sind die heutigen kurzen Entwicklungszyklen in der Halbleiterindustrie möglich. (Da der Rechner natürlich selbst wiederum aus Chips besteht, entwerfen also Chips neue Chips – eine schöne geschlossene Welt, die eigentlich gar keine Menschen mehr bräuchte. Allenfalls noch Numeriker. Oder haben wir hier etwas Wichtiges vergessen?)

Klassische Grundbausteine jeder Schaltung sind Ohmsche Widerstände, Konden-
satoren (auch Kapazitäten genannt) und Spulen (auch Induktivitäten genannt). Grund-
größen ihrer physikalischen Beschreibung sind *Spannungen* $u(t)$ und *Ströme* $I(t)$. Sei
I_R der Strom durch einen Ohmschen Widerstand R und $u_1 - u_2$ die Spannungsdifferenz zwischen den Knoten 1 und 2 – siehe Abbildung 1.9. Dann gilt (im einfachsten
Fall) das *Ohmsche Gesetz*

$$I_R(t) = G\left(u_1(t) - u_2(t)\right),$$

wobei $G = 1/R$ die Leitfähigkeit bezeichnet.

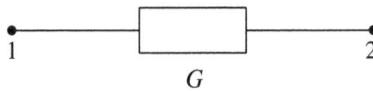

Abbildung 1.9. Schematische Darstellung eines Ohmschen Widerstandes

Sei Q die in einem Kondensator mit Kapazität C gespeicherte Ladung und I_K der
darin erzeugte Strom – siehe die symbolische Darstellung in Abbildung 1.10. Hierfür

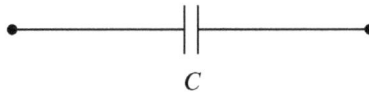

Abbildung 1.10. Schematische Darstellung eines Kondensators

gilt (wiederum im einfachsten Fall) das *Faradaysche Gesetz*

$$Q = C \cdot u, \quad I_K(t) = Q'(t).$$

Die explizite Darstellung von Spulen (Induktivitäten) ersparen wir uns hier. Der Zu-
sammenbau aller Widerstände, Kapazitäten und Induktivitäten zu einem mathematischen Schaltkreismodell erfolgt über die *Kirchhoffschen Gesetze*. Das Kirchhoffsche
Stromgesetz (auch: *Strombilanzgleichung*) besagt, dass die Summe der Ströme in jedem einzelnen Punkt eines Stromkreises verschwinden muss. Formal gilt demnach
für jeden Knoten i (außer der Masse)

$$\sum_{k \in N_i} I_{ik} = 0, \tag{1.12}$$

wobei $I_{ik}(t)$ die *Zweigströme* zwischen Knoten i und k und N_i die Menge der Nach-
barindizes zum Knoten i bezeichnet. Dual dazu besagt das Kirchhoffsche Spannungs-

gesetz, dass die Summe der Spannungen in jeder geschlossenen Stromschleife verschwinden muss; dieses Gesetz werden wir im Folgenden nur implizit benutzen und deshalb nicht formal aufschreiben.

Als nichtklassisches Element fügen wir noch einen *bipolaren Transistor* an – siehe Abbildung 1.11. Für dieses elektronische Bauteil mit den Anschlüssen Basis (B),

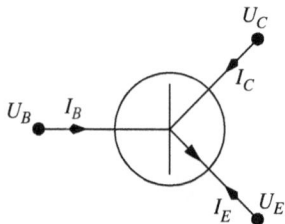

Abbildung 1.11. Schematische Darstellung eines bipolaren Transistors

Emitter (E) und Kollektor (C) ist die Situation etwas komplizierter. In erster Näherung modelliert man die darin auftretenden Ströme als explizite Funktionen der Spannungsdifferenz $U_B(t) - U_E(t)$ zwischen Basis und Emitter:

$$I_B(t) = (1 - \alpha) \cdot g(U_B(t) - U_E(t)) + C_J(U_B'(t) - U_E'(t)), \qquad (1.13)$$
$$I_C(t) = \alpha \cdot g(U_B(t) - U_E(t)). \qquad (1.14)$$

Hierin bezeichnet $g(\cdot)$ eine streng monotone nichtlineare Funktion, die exponentielle Stromcharakteristik einer Diode, und α einen Verstärkungsfaktor. Die Kapazität C_J modelliert den dynamischen Strom zwischen Basis und Emitter. Auch hier gilt wieder die Strombilanzgleichung zwischen eingehendem Strom I_B und ausgehenden Strömen $-I_C, -I_E$: sie legt schließlich den Emitterstrom $I_E(t)$ eindeutig fest gemäß

$$I_B(t) + I_C(t) + I_E(t) = 0.$$

Zur Erzeugung des mathematischen Modells aus einem gegebenen Schaltkreis orientieren wir uns im Folgenden an Arbeiten von M. Günther und U. Feldmann [83, 84] sowie von M. Günther und P. Rentrop [85]. Die Methodik erläutern wir an Hand eines Beispiels.

Schmitt-Trigger.   Dieser Schaltkreis ist in Abbildung 1.12 schematisch dargestellt. Technisch realisiert er einen *Analog-Digital-Wandler*: die analoge Information der Eingangsspannung $V_{\text{in}}(t)$ wird in eine digitale Information transformiert, die als konstanter Spannungspegel, alternativ *hoch* oder *tief*, am Knoten 5 abgegriffen werden kann. Die Schaltung enthält fünf Ohmsche Widerstände, charakterisiert durch $G_1, \ldots, G_5$, eine Kapazität C_0 und zwei bipolare Transistoren, jeweils zwischen den

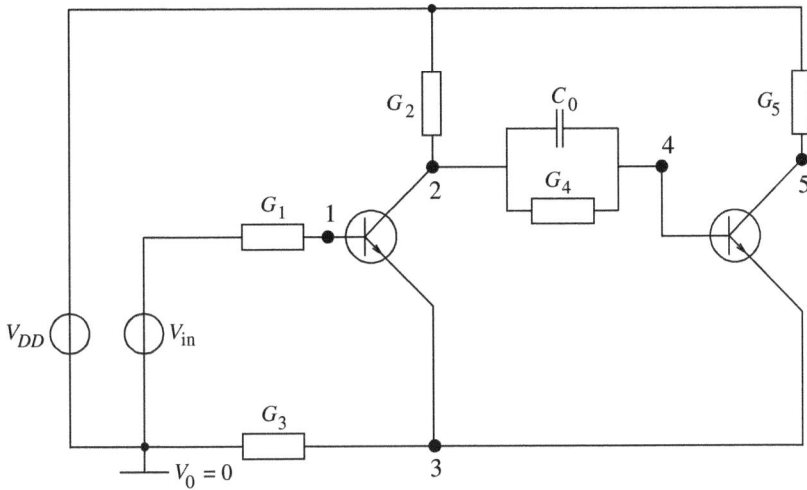

Abbildung 1.12. Schaltkreismodell eines Schmitt-Triggers

Knoten $1, 2, 3$ und $4, 5, 3$. Die Größe $V_{DD}(t)$ am formalen Knoten D bezeichnet eine (hier konstante) Arbeitsspannung, die Größe $V_0 = 0$ am formalen Knoten 0 die *Masse* (Erdung). Gesucht sind die zeitlichen Spannungsverläufe an den fünf Knoten, bezeichnet mit $u(t) = (u_1(t), \ldots, u_5(t))$.

Unter den Methoden zur Aufstellung eines mathematischen Modells wollen wir uns hier das intuitiv leicht eingängige Schema der sogenannten *Knotenanalyse* genauer ansehen.

Im ersten Teilschritt drücken wir alle Zweigströme $I_{ij}(t)$ durch Funktionen der Zweigspannungen $u_i - u_j$ aus. Für die fünf Ohmschen Widerstände und die Kapazität erhalten wir so

$$I_{01} = -G_1(u_1 - V_{\text{in}}),$$

$$I_{D2} = -G_2(u_2 - V_{DD}),$$

$$I_{03} = -G_3 u_3,$$

$$I_{24} = -G_4(u_2 - u_4),$$

$$I_{D5} = -G_5(u_5 - V_{DD}),$$

$$I'_{24} = C_0(u'_4 - u'_2).$$

Hinzukommen noch Gleichungen aus dem Modell (1.13) für jeden der beiden Transistoren, die wir erst weiter unten anfügen.

Im zweiten Teilschritt stellen wir die Strombilanzgleichungen (1.12) zusammen: für die Knoten 1 bis 5 erhalten wir die Beziehungen

$$0 = G_1(u_1 - V_{\text{in}}) + (1 - \alpha) \cdot g(u_1 - u_3) + C_J(u_1' - u_3'),$$

$$0 = G_2(u_2 - V_{DD}) + C_0(u_2' - u_4') + G_4(u_2 - u_4) + \alpha \cdot g(u_1 - u_3),$$

$$0 = -g(u_1 - u_3) + G_3 u_3 - g(u_4 - u_3) - C_J(u_1' - u_3') - C_J(u_4' - u_3'),$$

$$0 = G_4(u_4 - u_2) + C_0(u_4' - u_2') + (1 - \alpha) \cdot g(u_4 - u_3) + C_J(u_4' - u_3'),$$

$$0 = G_5(u_5 - V_{DD}) + \alpha \cdot g(u_4 - u_3).$$

Offenbar ist die letzte Zeile keine Differentialgleichung, sondern eine *algebraische* Gleichung. Hinzu kommt, dass auch die ersten vier Differentialgleichungszeilen nicht sind, was sie zu sein scheinen: Aufsummieren dieser Zeilen liefert nämlich

$$G_1(u_1 - V_{\text{in}}) + G_2(u_2 - V_{DD}) + G_3 u_3 + G_5(u_5 - V_{DD}) = 0,$$

also eine weitere algebraische Gleichung. Genauere Analyse zeigt, dass nur drei „echte" Differentialgleichungen verbleiben. Wir haben es also – im Unterschied zu den vorigen Kapiteln – hier mit einem gemischten System von *differentiell-algebraischen Gleichungen* (engl. *differential algebraic equations*, kurz DAEs) zu tun, manchmal auch als *Algebrodifferentialgleichungen* bezeichnet. In Matrix-Vektor-Notation lautet unser DAE-System

$$\begin{bmatrix} C_J & 0 & -C_J & 0 & 0 \\ 0 & C_0 & 0 & -C_0 & 0 \\ -C_J & 0 & 2C_J & -C_J & 0 \\ 0 & -C_0 & -C_J & C_0 + C_J & 0 \\ 0 & 0 & 0 & 0 & 0 \end{bmatrix} \cdot \begin{bmatrix} u_1' \\ u_2' \\ u_3' \\ u_4' \\ u_5' \end{bmatrix}$$

$$= - \begin{bmatrix} G_1 u_1 + (1 - \alpha) \cdot g(u_1 - u_3) \\ G_2 u_2 + G_4(u_2 - u_4) + \alpha \cdot g(u_1 - u_3) \\ G_3 u_3 - g(u_1 - u_3) - g(u_4 - u_3) \\ G_4(u_4 - u_2) + (1 - \alpha) \cdot g(u_4 - u_3) \\ G_5 u_5 + \alpha \cdot g(u_4 - u_3) \end{bmatrix} + \begin{bmatrix} G_1 V_{\text{in}} \\ G_2 V_{DD} \\ 0 \\ 0 \\ G_5 V_{DD} \end{bmatrix}$$

oder in verkürzter Form

$$C\dot{u} = f(u) + s(t), \tag{1.15}$$

worin die Matrix C eine abstrakte *Kapazitätsmatrix* darstellt und s das äußere Signal, das hier nur $V_{DD}(t)$, $V_{in}(t)$ enthält. Offenbar gelten die Beziehungen

$$Ce = 0, \quad e^T = (1, \ldots, 1, 1),$$
$$Ce_5 = 0, \quad e_5^T = (0, \ldots, 0, 1),$$

worin sich die algebraischen Anteile der Gleichungen widerspiegeln. Also hat die $(5,5)$-Matrix C höchstens den Rang 3 – genauere Analyse zeigt: exakt den Rang 3.

Ist dieses DAE-System überhaupt lösbar?

Um dies zu klären, müssen wir prüfen, ob die oben identifizierten algebraischen Gleichungen (sei $F(u) = 0$, wobei $F : D \subset \mathbb{R}^5 \to \mathbb{R}^2$) nach zwei Variablen zumindest formal auflösbar sind. Die zugehörige Funktionalmatrix $F'(u)$ lautet dann

$$\begin{bmatrix} G_1 & G_2 & G_3 & 0 & G_5 \\ 0 & 0 & 0 & \alpha g' & G_5 \end{bmatrix}.$$

Für monotones g gilt $g' > 0$, also besitzt die Matrix den Rang 2, womit (nach dem Satz über implizite Funktionen) die algebraischen Gleichungen sicher auflösbar sind. Im vorliegenden Fall erhalten wir speziell

$$\begin{aligned} u_5 &= V_{DD} - \frac{1}{G_5}\left(G_1(u_1 - V_{in}) + G_2(u_2 - V_{DD}) + G_3 u_3\right), \\ u_4 &= u_3 - g^{-1}\left(\frac{1}{\alpha}\left(G_1(u_1 - V_{in}) + G_2(u_2 - V_{DD}) + G_3 u_3\right)\right). \end{aligned} \quad (1.16)$$

Offenbar geht hier wesentlich ein, dass für jede monotone Funktion g eine Umkehrfunktion $g^{-1}(\cdot)$ existiert.

Die erste DAE-Zeile hängt nur von u_1', u_3' ab, die zugehörige rechte Seite nur von u_1, u_3. Geeignete Linearkombinationen der zweiten bis vierten Zeile führen auf zwei weitere Differentialgleichungen, die nur die Ableitungen u_1', u_2', u_3' enthalten mit rechten Seiten, die jedoch von allen Komponenten $u_1, \ldots, u_5$ abhängen. Setzen wir die Ausdrücke (1.16) für u_4, u_5 in diese rechten Seiten ein, so erhalten wir schließlich ein *geschlossenes* Differentialgleichungssystem für die Variablen u_1, u_2, u_3. Für speziell ausgewählte *Anfangswerte* $u_1(0), u_2(0), u_3(0), u_4(0), u_5(0)$, die *konsistent* mit den algebraischen Gleichungen sind, ist dann unser DAE-System äquivalent zu dem geschlossenen Differentialgleichungssystem – und entsprechend genauso lösbar wie dieses. Für nicht konsistente Anfangswerte wird dies nicht gelten. Auch die Tatsache, dass gerade zwei algebraische Gleichungen, die nach u_4, u_5 auflösbar sind, mit den drei Differentialgleichungen für u_1, u_2, u_3 zusammenspielen, ist gewiss nicht immer gegeben, sondern hängt sehr von Details der DAE ab. Eine dazugehörige Theorie werden wir in Abschnitt 3.1.3 skizzieren.

Allgemeine Struktur. Was wir hier am konkreten Beispiel des Schmitt-Triggers vorgeführt haben, gilt strukturell in voller Allgemeinheit: bei der Beschreibung elektrischer Schaltkreise erhalten wir DAE-Systeme. Da in Chips bis zu einigen Millionen Elemente zusammenkommen können, hat sich in der industriellen Entwicklungspraxis anstelle der oben dargestellten Knotenanalyse die sogenannte *modifizierte Knotenanalyse* eingebürgert. Sie hat den Vorteil, dass unterschiedliche Abteilungen die von ihnen jeweils getrennt entwickelten Schaltungsteile auch getrennt in ein gemeinsames mathematisches Beschreibungsmodell der gesamten hochkomplexen Schaltung einspeisen können. Als Variable werden hierbei neben den *Spannungen* $u(t)$ und den *Strömen* $I(t)$ explizit noch die *Ladungen* $Q(t)$ und die *magnetischen Flüsse* $\Phi(t)$ mitgeführt. So erhält man DAE-Systeme der speziellen Gestalt

$$\begin{bmatrix} A_C & 0 \\ 0 & I \end{bmatrix} \cdot \begin{bmatrix} \dot{Q} \\ \dot{\Phi} \end{bmatrix} = \begin{bmatrix} f_1(u, I) \\ f_2(u, I) \end{bmatrix} + \begin{bmatrix} s_1(t) \\ s_2(t) \end{bmatrix},$$

$$\begin{bmatrix} Q \\ \Phi \end{bmatrix} = \begin{bmatrix} g_1(u, I) \\ g_2(u, I) \end{bmatrix}.$$

(1.17)

Die Matrix A_C ist die Inzidenzmatrix des Graphen, der zu dem elektrischen Schaltkreis gehört, d. h. sie enthält nur Einträge $(-1, 0, +1)$. Sie lässt sich bequem und separiert automatisch generieren. Darüberhinaus lässt sie sich im Hinblick auf die Lösbarkeit der DAE-Systeme besonders leicht mathematisch analysieren, wie wir in Abschnitt 2.6 kurz darstellen wollen.

Setzen wir die algebraischen Ausdrücke für Q, Φ aus der zweiten Blockzeile in die erste Blockzeile ein, so erhalten wir ein DAE-System der Bauart

$$\begin{bmatrix} C(x) & 0 \\ 0 & L(x) \end{bmatrix} \cdot \dot{x} = f(x) + s(t),$$

worin x nun die Variablen (u, I) zusammenfasst. Die abstrakte Kapazitätsmatrix $C(x)$ kommt offenbar über die Strukturmatrix A_C herein, die abstrakte Induktivitätsmatrix $L(x)$ entsprechend über die Identitätsmatrix I. Dieses System hat die Gestalt wie in (1.15) beschrieben, wobei allerdings der Induktivitätsanteil im Schmitt-Trigger entfällt.

Übungsaufgaben

Aufgabe 1.1. *Lokale Flächentreue.* Seien $p, q : \mathbb{R} \to \mathbb{R}$ Lösungen einer Hamiltonschen Differentialgleichung (1.7). Dann kann man in Abhängigkeit von der Zeitvariablen t eine nichtlineare Koordinatentransformation

$$\xi^t : \mathbb{R}^2 \to \mathbb{R}^2, \quad (p(0), q(0)) \mapsto (p(t), q(t))$$

erklären. Zeige, dass diese Koordinatentransformation in dem Sinne *flächenerhaltend* ist, dass für eine stetige Funktion $\gamma : \mathbb{R}^2 \to \mathbb{R}$ und ein Gebiet $A \subset \mathbb{R}^2$ gilt:

$$\int_{\xi^t A} \gamma(p,q)\, d(p,q) = \int_A (\gamma \circ \xi^t)(u,v)\, d(u,v).$$

Hinweis: Leite eine Differentialgleichung für die Funktionaldeterminante der Koordinatentransformation als Funktion der Zeit her.

Aufgabe 1.2. *Katz und Maus.* Eine Katze jagt in einer (x, y)-Ebene einer Maus hinterher. Dabei läuft sie stets mit betragsmäßig konstanter Geschwindigkeit $v_K = 2$ direkt auf die Maus zu. Die Maus ihrerseits möchte auf direkten Wege mit Geschwindigkeit $v_M = 1$ in ihr Loch fliehen, das sich im Punkt $(0, 1)$ befindet. Die Maus befinde sich zur Zeit $t = 0$ im Punkt $(0, 0)$ und die Katze im Punkt $(1, 0)$.

a) Stelle die Differentialgleichung auf, welche die „Bahn" der Katze beschreibt, ebenso die Differentialgleichung für die Maus.

b) Berechne mit Hilfe eines selbstgewählten Integrationsprogrammes aus einer Programmbibliothek, wann und wo sich die Katze bis auf 10^{-5} der Maus genähert haben wird.

PS. Das Problem klingt nur harmlos, wie jede Parabel aus dem Tierreich.

Aufgabe 1.3. Gegeben sei eine *retardierte Differentialgleichung* vom Typ

$$x'(t) = f(x(t), x(t - \tau))$$

mit vorgegebener Anfangsfunktion $x(t) = \Theta(t)$ auf $[-\tau, 0]$. Dabei seien f und Θ aus C^∞. Im Unterschied zu gewöhnlichen Differentialgleichungen (ohne Retardierung) gilt hier

$$x'(0^-) = \Theta'(0) \neq f(x(0), x(-\tau)) = x'(0^+),$$

d. h. die Ableitung der Lösung im Punkt $t = 0$ ist unstetig. Diese Unstetigkeit pflanzt sich zwar fort, wird aber sukzessive glatter, wie im Folgenden zu zeigen ist (sei $t_n = n\tau$):

a) Die Lösung x ist stückweise C^∞ auf den Intervallen $]t_n, t_{n+1}[,\, n \in \mathbb{N}$.

b) Es ist $x^{(k)}(t_n^-) = x^{(k)}(t_n^+)$ für $n \geq k \geq 0, n \in \mathbb{N}$.

Wie sich ein solcher Effekt auf die numerische Integration der Differentialgleichung auswirken wird, werden wir in späteren Kapiteln lernen – vergleiche auch Aufgabe 4.14.

Aufgabe 1.4. Das sogenannte *Räuber-Beute-Modell* von Lotka-Volterra führt zu der folgenden Anfangswertaufgabe für ein System zweier Differentialgleichungen erster Ordnung:

$$x' = ax - bxy, \qquad x(t_0) = x_0,$$

$$y' = -cy + dxy, \quad y(t_0) = y_0.$$

Die Werte (x_0, y_0) der Anfangspopulation werden dabei als positiv angenommen. Man kann nachweisen, dass die obige Aufgabe eine eindeutige Lösung $x(t), y(t)$ besitzt. Zeige, dass durch

$$\Gamma = \{(x(t), y(t)) : t \geq t_0\}$$

eine *geschlossene* Parameterkurve gegeben ist, die im ersten Quadranten $\{(x, y) : x, y > 0\}$ der (x, y)-Ebene verläuft. Für welche (x_0, y_0) ist das Populationsverhalten konstant?

Schreibe eine MATLAB-Funktion `lotka-volterra`, die nach dem Aufruf

»
```
lotka-volterra(a,b,c,d,x0,y0);
```

für Parameter `a,b,c,d` und für positive Anfangswerte `x0,y0` die Lösungskurve zu obigem Differentialgleichungssystem plottet.

Aufgabe 1.5. Betrachte das chemische Reaktionsschema für drei Spezies:

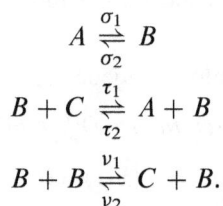

$$A \underset{\sigma_2}{\overset{\sigma_1}{\rightleftharpoons}} B$$

$$B + C \underset{\tau_2}{\overset{\tau_1}{\rightleftharpoons}} A + B$$

$$B + B \underset{\nu_2}{\overset{\nu_1}{\rightleftharpoons}} C + B.$$

Dieses System kann man mathematisch modellieren, indem man Differentialgleichungen für die Konzentrationen der einzelnen Spezies aufstellt – siehe Abschnitt 1.3.

a) Stelle das zugehörige System von Differentialgleichungen auf.

b) Bestimme die Fixpunkte dieses Systems.

Aufgabe 1.6. Betrachte das folgende Differentialgleichungssystem, das die Reaktionen dreier chemischer Spezies beschreibt:

$$x_1' = -0.04x_1 + 10^4 x_2 x_3,$$
$$x_2' = 0.04x_1 - 10^4 x_2 x_3 - 3 \cdot 10^7 x_2^2,$$
$$x_3' = 3 \cdot 10^7 x_2^2.$$

Zeige:

a) Es gilt $x_1(t) + x_2(t) + x_3(t) = x_1(0) + x_2(0) + x_3(0) = M$ für alle Zeitpunkte $t \geq 0$, für die die Lösung existiert (Erhaltung der Masse);

b) Sei $Q_+ = [0, \infty[^3$. Falls $x(0) \in Q_+$, so bleibt $x(t)$ in Q_+ für alle Zeiten $t \geq 0$, für welche die Lösung existiert.

c) Falls $x(0) \in Q_+$, so existiert eine eindeutig bestimmte sogenannte stöchiometrische Lösung $x : [0, \infty[\to Q_+$.

Aufgabe 1.7. *Scrapie-Modell.* Die Schafskrankheit Scrapie ist ein früh entdeckter Spezialfall einer *Prionen-Krankheit*, vergleichbar BSE und eng verwandt mit der Creutzfeld-Jacob-Krankheit. In diesem Zusammenhang stellt sich die Frage, welcher molekulare Mechanismus für die bei derartigen Krankheiten typische katastrophale Protein-Aggregation verantwortlich ist – in Abwesenheit von DNA- bzw. RNA-Replikationsmechanismen. Bereits 1967 hat der britische Mathematiker J. Griffith (Nature, 1967, vol. 215: S. 1043 ff.) versucht, diese Frage mittels eines reaktionskinetischen Modell zu untersuchen. Dazu interpretierte er unterschiedliche chemische Konformationen K_1, K_2 des involvierten Proteins als unterschiedliche chemische Spezies. Dies führte ihn implizit zu dem folgenden Reaktionsmodell (das er nur sprachlich formulierte):

I. $K_1 \leftrightharpoons K_2$,

II. $2K_2 \leftrightharpoons D$,

III. $D + K_1 \to D + K_2$.

Die erste Reaktionsgleichung mit den Geschwindigkeitskonstanten $k_1^h = 10^{-5}$ für die Hinreaktion und k_1^r für die Rückreaktion beschreibt das Gleichgewicht zwischen den zwei Konformationen. Die zweite Reaktionsgleichung mit $k_2^h = 1$ und $k_2^r = 10^{-4}$ beschreibt die Verklumpung der „schädlichen" Konformation K_2 des Proteins. Die dritte Gleichung mit $k_3^h = 0.1$ drückt den Katalyseschritt aus, welcher der für den Krankheitsverlauf katastrophalen Kettenreaktion zugrundeliegt.

a) Mit diesen Geschwindigkeitskonstanten und obigen Reaktionsgleichungen formuliere die Differentialgleichungen für die Konzentrationen $[D](t)$ und $[K_1](t)$, $[K_2](t)$. Bei Hinzunahme der Massenerhaltung

$$1 \equiv [K_1](t) + [K_2](t) + 2[D](t)$$

kann man $[K_2](t)$ aus diesem System von Differentialgleichungen eliminieren.

b) Bestimme durch analytische Rechnung je einen stabilen Fixpunkt für die beiden Fälle $k_1^r = 0.1$ und $k_1^r = k_1^h$.

c) Berechne numerisch (mit irgendeinem „steifen" Integrator aus einer Programmbibliothek) die Lösung des Differentialgleichungssystems für $t \in [0, 1000]$. Studiere dabei die unterschiedlichen Festlegungen von k_1^r aus b) für ein gesundes Schaf ($[D](0) = 0, [K_1](0) = 1$) und für ein infiziertes Schaf ($[D](0) = 0.005, [K_1](0) = 0.99$). Diskutiere den Krankheitsverlauf (z. B. bzgl. Inkubationszeit, spontaner Erkrankung alter Schafe usw.) anhand der gewonnenen numerischen Resultate.

Aufgabe 1.8. *Vereinfachtes Modell für n-Butan.* Wir benutzen die Bezeichnungen von Abschnitt 1.2. Ein vereinfachtes Modell für Kettenkohlenwasserstoffe (Alkane) modelliert nur die Kette der Kohlenstoffatome und vernachlässigt Wechselwirkungen der Wasserstoffatome, die ins Torsionspotential V_T eingehen würden. Für n-Butan, chemisch geschrieben als C_4H_{10}, hat man 4 Kohlenwasserstoffe in der Kette. Coulomb-Wechselwirkungen V_Q sowie Van-der-Waals Wechselwirkungen V_{vdW} sind vernachlässigt. Dann hat das Potential $V = V_B + V_W + V_T$ die folgenden Bestandteile:

$$V_B = 41.85(r_{12} - 1.53)^2 + 41.85(r_{23} - 1.53)^2 + 41.85(r_{34} - 1.53)^2,$$

$$V_W = 21.55(\cos\theta_{123} - \cos(109.5^o))^2 + 21.55(\cos\theta_{234} - \cos(109.5^o))^2,$$

$$V_T = 2.2175 - 2.9050\cos\omega_{1234} - 3.1355\cos^2\omega_{1234}$$
$$+ 0.7312\cos^3\omega_{1234} + 6.2710\cos^4\omega_{1234} + 7.5268\cos^5\omega_{1234}.$$

Die Einführung der Bindungswinkel θ_{ijk} zu den Ortskoordinaten q^i der Atome erfolgt über das Euklidische *innere* Produkt $\langle\cdot,\cdot\rangle$ gemäß

$$\cos\theta_{ijk} = \frac{\langle q^j - q^i, q^k - q^j\rangle}{||q^j - q^i||\,||q^k - q^j||}.$$

Die Einführung des Torsionswinkels ω_{1234} zu den atomaren Positionsdifferenzen $r^{12} := q^2 - q^1, r^{23} := q^3 - q^2$ und $r^{34} := q^4 - q^3$ erfolgt über das *äußere* Produkt oder auch Vektorprodukt $(\cdot\times\cdot)$ gemäß

$$\cos\omega_{1234} = \frac{\langle r^{12} \times r^{23}, r^{23} \times r^{34}\rangle}{||r^{12} \times r^{23}||\,||r^{23} \times r^{34}||}.$$

(I) Implementiere ein kurzes Programm, das die Hamiltonschen Differentialgleichungen (1.7) zu diesem Potential realisiert. Die analytische Berechnung des Gradienten von V_T ist von Hand etwas aufwändig. Für diesen Potentialanteil kann deshalb auch eine automatische numerische Differentiation herangezogen werden: suche dazu ein numerisches Differenzier-Programm (etwa ADOL) in einer Programmbibliothek.

(II) Wähle einen beliebigen Integrator aus einer öffentlich zugänglichen Programmbibliothek und integriere über ein Intervall von 5 ps.
Anfangswerte:

$$q(0) = (-2\delta, 0, \eta, r_0, 0, 0, r_0, r_0 + \delta, -\eta, 2r_0 - 4\delta, r_0 - 3\delta, 0),$$
$$p(0) = 0.0065\,(-1, 1.5, -1, 0, 0, 0, -1, -1.5, 0, 2, 0, 1),$$

wobei $\delta := 0.05, \eta := 0.1$.

Löse das System ein zweites Mal für einen leicht gestörten Startvektor, etwa

$$\tilde{q}(0) = (1 + \varepsilon)\,q(0)$$

mit $\varepsilon = 10^{-3}$. Trage die Differenz der Torsionswinkel des ungestörten und des gestörten Systems über den Simulationszeitraum auf. Beobachtung? Interpretation?

Hinweis: Für einen Verlet-Algorithmus (siehe (4.38)) sind 10.000 diskrete Zeitschritte mit einer Schrittweite $\tau = 0.5$ fs angemessen (fs: Femtosekunde, 1 fs $= 10^{-15}$ s).

2 Existenz und Eindeutigkeit bei Anfangswertproblemen

Im vorigen Kapitel haben wir uns mit einigen einfachen mathematischen Modellen zeitabhängiger Prozesse beschäftigt, die auf Systeme gewöhnlicher Differentialgleichungen oder differentiell-algebraische Systeme führen. Dabei haben wir uns zunächst keinerlei Gedanken gemacht, ob zu den Modellen überhaupt Lösungen existieren oder, falls solche existieren, ob sie eindeutig sind. Dies schien jeweils aus dem naturwissenschaftlichen Kontext klar. Diese Aussage kann allenfalls für alteingeführte Modelle gelten, die wohlbekannte Phänomene beschreiben. Bei der Modellierung neuartiger Situationen ist jedoch zunächst Vorsicht angebracht – das Differentialgleichungsmodell könnte ja eventuell die Wirklichkeit gar nicht korrekt beschreiben, so dass zwar die Wirklichkeit eine eindeutige Charakterisierung des Prozesses erlaubte, nicht aber das vereinfachte Modell. Aber auch bei anscheinend traditionellen Differentialgleichungsmodellen können Besonderheiten auftreten, die dazu führen, dass zumindest lokal gar keine eindeutige Lösung existiert. Wir werden in diesem Kapitel eine Reihe solcher Fälle kennenlernen. Darüber hinaus enthalten gerade effiziente und verlässliche Algorithmen in ihrem Kern immer die Struktur der zugehörigen Eindeutigkeitssätze – dieses Phänomen war uns schon auf den ersten Seiten von Band 1 am relativ simplen Beispiel der Lösung linearer Gleichungssysteme begegnet. Aus all diesen Gründen ist es auch für rechnerorientierte Naturwissenschaftler oder Numeriker wichtig, sich über die mathematischen Bedingungen Klarheit zu verschaffen, unter denen die Existenz und Eindeutigkeit von Lösungen sichergestellt werden kann.

In Abschnitt 2.1 werden wir die wesentlichen Existenz- und Eindeutigkeitsaussagen zusammenstellen, welche sich in den üblichen einführenden Texten zur Theorie gewöhnlicher Differentialgleichungen finden. Der schon in Kapitel 1 eher intuitiv eingeführte Begriff der *Evolution* wird es uns hier erlauben, die wesentlichen Eigenschaften der Lösungsstruktur im Falle eindeutiger Lösbarkeit elegant zu beschreiben. Der zentrale Begriff der maximalen Fortsetzbarkeit wird theoretisch herausgearbeitet. Er wird anhand von teils durchaus nichttrivialen Beispielen in Abschnitt 2.2 illustriert, um ein Gefühl für die an sich gutartige Struktur der Lösungen von Anfangswertproblemen gewöhnlicher Differentialgleichungen zu vermitteln. In vielen praktisch wichtigen Beispielen versagen die üblichen Voraussetzungen der Existenz- und Eindeutigkeitssätze in einem isolierten Punkt, einer Singularität. Die mögliche Kontinuumsstruktur nichteindeutiger Lösungen behandeln wir in Abschnitt 2.3. Trotzdem können solche Beispiele zuweilen mit speziellen analytischen Techniken behandelt werden; exemplarisch geben wir in Abschnitt 2.4 ein paar nützliche, aber nicht allgemein bekannte Hilfsmittel an. In Abschnitt 2.5 diskutieren wir *singuläre Störungsprobleme* und ihre zugehörigen differentiell-algebraischen Probleme. Schließlich, in Abschnitt 2.6, gehen wir noch allgemein auf *implizite Differentialgleichungen* und *differentiell-algebraische Systeme* ein (oft auch als *Algebro-Differentialgleichungen* bezeichnet), die gerade in letzter Zeit zu Recht das wissenschaftliche Interesse der Numeriker gefunden haben, da sie in der Mechanik und in der Elektrotechnik (vergleiche Abschnitt 1.4) relativ häufig auftreten. Die Untersuchung der Eindeutigkeit der Lösungen führt in diesem Zusammenhang auf den Begriff des *Differentiationsindex*, den wir in Abschnitt 2.6 erläutern und im Spezialfall elektrischer Schaltkreise mit einer strukturellen Eigenschaft in Beziehung setzen wollen.

2.1 Globale Existenz und Eindeutigkeit

Ausgangspunkt unserer Überlegungen ist ein Anfangswertproblem in der in Kapitel 1 eingeführten Form

$$x' = f(t, x), \quad x(t_0) = x_0, \tag{2.1}$$

bestehend aus einer *Differentialgleichung* erster Ordnung und einer Zuweisung der *Anfangswerte* $x_0 \in \mathbb{R}^d$ am Startzeitpunkt t_0. Dabei ist die *rechte Seite* f der Differentialgleichung eine auf der *offenen* Menge

$$\Omega \subset \mathbb{R} \times \mathbb{R}^d$$

definierte Abbildung

$$f : \Omega \to \mathbb{R}^d.$$

Der einfacheren Sprechweise wegen werden wir die Variable $t \in \mathbb{R}$ als *Zeit*, den Vektor $x \in \mathbb{R}^d$ als *Zustand* bezeichnen. Die Menge Ω heißt (um die Zeit) *erweiterter Phasen-* oder *Zustandsraum*. Darüber hinaus werden wir stets voraussetzen, dass

$$(t_0, x_0) \in \Omega.$$

Wir haben im vorigen Kapitel wiederholt von der „Lösung" eines Anfangswertproblems gesprochen und damit je nach Zusammenhang etwa eine geschlossene Darstellung, eine Reihendarstellung oder auch eine numerische Approximation der durch folgende Definition gegebenen *Abbildung* gemeint.

Definition 2.1. Sei $J \subset \mathbb{R}$ ein aus mehr als einem Punkt bestehendes Intervall mit $t_0 \in J$. Eine Abbildung $x \in C^1(J, \mathbb{R}^d)$ heißt *Lösung des Anfangswertproblems* genau dann, wenn

$$x'(t) = f(t, x(t)) \quad \text{für alle } t \in J$$

und $x(t_0) = x_0$ gilt.

Hierbei kann das Intervall abgeschlossen, offen oder halboffen sein. Wir sollten uns hier und auch in Zukunft nicht davon verwirren lassen, dass der gleiche Buchstabe x je nach Situation einen Zustandsvektor $x \in \mathbb{R}^d$ oder eine Abbildung $x \in C^1(J, \mathbb{R}^d)$ bezeichnet. Aus dem Zusammenhang sollte jeweils klar hervorgehen, was gemeint ist.

Falls die rechte Seite der Differentialgleichung nicht von der Zeit abhängt, reden wir von einem *autonomen* Anfangswertproblem, andernfalls von einem *nichtautonomen* Anfangswertproblem.

Im autonomen Fall betrachten wir eine offene Menge $\Omega_0 \subset \mathbb{R}^d$, so dass die rechte Seite eine Abbildung $f : \Omega_0 \to \mathbb{R}^d$ ist. Diese Menge Ω_0 heißt *Phasen-* oder *Zustandsraum*. Der zugehörige erweiterte Phasenraum ist dann

$$\Omega = \mathbb{R} \times \Omega_0.$$

Eine wesentliche Eigenschaft autonomer Differentialgleichungen haben wir bereits in Kapitel 1 diskutiert, die *Translationsinvarianz*.

Lemma 2.2. *Gegeben sei die Abbildung $f : \Omega_0 \to \mathbb{R}^d$ und ein Zustand $x_0 \in \Omega_0$. Aus jeder Lösung $x \in C^1(J, \mathbb{R}^d)$, $t_0 \in J$, des autonomen Anfangswertproblems*

$$x' = f(x), \quad x(t_0) = x_0,$$

entsteht durch Translation in der Zeit um $\tau \in \mathbb{R}$ eine Lösung $x(\cdot - \tau) \in C^1(J + \tau, \mathbb{R}^d)$ des Anfangswertproblems

$$x' = f(x), \quad x(t_0 + \tau) = x_0.$$

Beweis. Aus $x'(t) = f(x(t))$ für alle $t \in J$ folgt

$$\frac{d}{dt}(x(t - \tau)) = x'(t - \tau) = f(x(t - \tau)) \quad \text{für alle } t \in J + \tau.$$

Vollends trivial ist $x(t_0 + \tau - \tau) = x(t_0) = x_0$.   □

Die Startzeit t_0 spielt bei autonomen Problemen somit keine Rolle, eine Zeittranslation transformiert Lösungen zu verschiedenen Startzeiten aber gleichen Anfangswerten ineinander. Insbesondere darf bei autonomen Problemen die Startzeit t_0 willkürlich festgelegt werden. Wir wählen stets $t_0 = 0$.

Globaler Existenzsatz. Anfangswertprobleme sind extrem gutartig. Einzig und allein die Stetigkeit der rechten Seite f garantiert bereits, dass eine Lösung x nie im Innern des erweiterten Phasenraumes Ω „verenden" kann. Diese Eigenschaft wird mit dem Begriff der *Fortsetzbarkeit bis an den Rand* bezeichnet, wobei es drei verschiedene Möglichkeiten gibt, den Rand von Ω zu erreichen.

Definition 2.3. Wir nennen eine Lösung $x \in C^1([t_0, t_1[, \mathbb{R}^d), t_1 > t_0$, des Anfangs-wertproblems (2.1) *in der Zukunft bis an den Rand des erweiterten Phasenraumes* Ω *fortsetzbar* genau dann, wenn es eine Fortsetzung $x^* \in C^1([t_0, t_+[, \mathbb{R}^d)$ der Abbildung x mit $t_1 \le t_+ \le \infty$ gibt, so dass die Abbildung x_* ihrerseits Lösung ist und einer der drei folgenden Fälle vorliegt:

(i) $t_+ = \infty$,

(ii) $t_+ < \infty$ und $\lim_{t \uparrow t_+} |x^*(t)| = \infty$,

(iii) $t_+ < \infty$ und $\lim_{t \uparrow t_+} \text{dist}\,((t, x^*(t)), \partial\Omega) = 0$.

Insbesondere ist jede solche Abbildung x^* *maximal fortgesetzt*, d. h., sie lässt sich nicht mehr als Lösung für $t \ge t_+$ fortsetzen. Für die Fälle (i) und (ii) dürfte dies klar sein. Im Fall (iii) würde für eine echte Fortsetzung $\bar{x}$ gelten, dass $(t_+, \bar{x}(t_+)) \in \partial\Omega \subset \mathbb{R}^d \setminus \Omega$. Als Lösung der Differentialgleichung müsste dieses Paar aber im Definitionsbereich Ω der rechten Seite f liegen. Eine entsprechende Definition erklärt die *Fortsetzbarkeit in der Vergangenheit* bis an den Rand von Ω.

Mit diesen Vorbereitungen können wir den zentralen Existenzsatz formulieren, der auf G. Peano (1890) zurückgeht.

Satz 2.4. *Ein Anfangswertproblem*

$$x' = f(t, x), \quad x(t_0) = x_0,$$

mit rechter Seite $f \in C(\Omega, \mathbb{R}^d)$ *und Anfangsdaten* $(t_0, x_0) \in \Omega$ *besitzt mindestens eine Lösung. Jede Lösung lässt sich in der Vergangenheit und in der Zukunft bis an den Rand von* Ω *fortsetzen.*

Einen Beweis findet der Leser z. B. in dem Buch [171]. Die Konsequenzen dieses Satzes werden wir im Anschluss an die Eindeutigkeitsaussage für beide gemeinsam diskutieren.

Globaler Eindeutigkeitssatz. Falls die rechte Seite f mehr als nur stetig ist, können wir hoffen, nicht nur Existenz, sondern auch Eindeutigkeit global garantieren zu können. Es zeigt sich, dass f dazu Lipschitz-stetig sein muss.

Definition 2.5. Die Abbildung $f \in C(\Omega, \mathbb{R}^d)$ heißt auf Ω bezüglich der Zustandsva-riablen *lokal Lipschitz-stetig*, wenn es zu jedem $(t_0, x_0) \in \Omega$ einen offenen Zylinder $Z =]t_0 - \tau, t_0 + \tau[\times B_\rho(x_0) \subset \Omega$ gibt, in dem eine Lipschitzbedingung der Form

$$|f(t, x) - f(t, \bar{x})| \le L|x - \bar{x}| \quad \text{für alle } (t, x), (t, \bar{x}) \in Z$$

mit einer Lipschitzkonstanten L gilt.

Wie stets bei lokalen Eigenschaften, gibt es eine äquivalente Formulierung für *kompakte* Mengen: $f \in C(\Omega, \mathbb{R}^d)$ ist genau dann lokal Lipschitz-stetig bezüglich der Zustandsvariablen, wenn es zu jeder kompakten Teilmenge $K \subset \Omega$ eine zugehörige Lipschitzkonstante L_K gibt, so dass gilt:

$$|f(t, x) - f(t, \bar{x})| \leq L_K |x - \bar{x}| \quad \text{für alle } (t, x), (t, \bar{x}) \in K.$$

Ein wichtiges Kriterium für diese lokale Lipschitzstetigkeit ist die stetige Differenzierbarkeit nach der Zustandsvariablen.

Lemma 2.6. *Seien f und $D_x f$ auf Ω stetig. Dabei bezeichnet D_x die Ableitung nach der Zustandsvariablen. Dann ist f auf Ω bezüglich der Zustandsvariablen lokal Lipschitz-stetig.*

Beweis. Sei $K \subset \Omega$ kompakte und konvexe Teilmenge. Für je zwei Punkte (t, x), $(t, \bar{x}) \in K$ gilt nach dem Mittelwertsatz der Differentialrechnung

$$|f(t, x) - f(t, \bar{x})| \leq \max_{(\tau, \xi) \in K} \|D_x f(\tau, \xi)\| \cdot |x - \bar{x}|.$$

Dabei bezeichnet $\|\cdot\|$ die zur Norm $|\cdot|$ gehörige Matrixnorm. Da es zu jedem Punkt $(t_0, x_0) \in \Omega$ einen offenen Zylinder

$$\mathcal{Z} =]t_0 - \tau/2, t_0 + \tau/2[\times B_{\rho/2}(x_0) \subset \Omega$$

gibt, so dass auch das konvexe Kompaktum $K = [t_0 - \tau, t_0 + \tau] \times \bar{B}_\rho(x_0) \supset \mathcal{Z}$ in Ω liegt, ist alles bewiesen. $\qquad\qquad\square$

Nun können wir die zentrale Eindeutigkeitsaussage formulieren, die auf E. Picard (1890) und E. Lindelöf (1894) zurückgeht.

Satz 2.7. *Sei die rechte Seite f des Anfangswertproblems*

$$x' = f(t, x), \quad x(t_0) = x_0,$$

auf dem erweiterten Phasenraum Ω mit $(t_0, x_0) \in \Omega$ stetig und bezüglich der Zustandsvariablen lokal Lipschitz-stetig. Dann besitzt das Anfangswertproblem eine in der Vergangenheit und in der Zukunft bis an den Rand von Ω fortgesetzte Lösung. Sie ist eindeutig bestimmt, d. h. Fortsetzung jeder weiteren Lösung.

Beweise dieses Satzes finden sich z. B. in den Büchern [4, 171]. Die eindeutige, bis an den Rand in Zukunft und Vergangenheit fortgesetzte Lösung werden wir *die maximal fortgesetzte Lösung* durch (t_0, x_0) nennen.

Bemerkung 2.8. Gewöhnliche Differentialgleichungen besitzen unter den bisherigen Voraussetzungen die bemerkenswerte Eigenschaft, sich bezüglich Vergangenheit und

Zukunft gleich zu verhalten, was Existenz und Eindeutigkeit betrifft. Der aktuelle Zustand eines Systems bestimmt also Vergangenheit wie Zukunft gleichermaßen. Dies können wir einsehen, indem wir durch die einfache Transformation

$$t \mapsto 2t_0 - t$$

die Vergangenheit zur Zukunft machen. Ist die Abbildung x Lösung des ursprünglichen Anfangswertproblems, so ist die Abbildung $x(2t_0 - \cdot)$ Lösung des transformierten Anfangswertproblems

$$x' = -f(2t_0 - t, x), \quad x(t_0) = x_0,$$

und umgekehrt. Die rechte Seite des so transformierten Problems erfüllt nun genau dann die Voraussetzungen des Existenzsatzes oder des Eindeutigkeitssatzes, wenn diese auch von der rechten Seite des untransformierten Problems erfüllt werden.

In Abschnitt 3.2 werden wir Eigenschaften kennenlernen, bei denen wir hingegen sehr wohl zwischen Vergangenheit und Zukunft zu unterscheiden haben werden.

Evolution und Phasenfluss. Der globale Existenz- und Eindeutigkeitssatz 2.7 erlaubt uns, eine äußerst nützliche formale Schreibweise einzuführen. Dazu seien die Voraussetzungen des Satzes erfüllt. Für $(t_0, x_0) \in \Omega$ bezeichnen wir mit

$$J_{\max}(t_0, x_0) =]t_-(t_0, x_0), t_+(t_0, x_0)[\ni t_0$$

das maximale Zeitintervall, auf dem die Lösung $x \in C^1(J_{\max}(t_0, x_0), \mathbb{R}^d)$ des zugehörigen Anfangswertproblems existiert. Ähnlich wie wir bei linearen Gleichungssystemen die eindeutige Lösung, falls sie existiert, über eine Matrixinverse darstellen, stellen wir hier den Zustand der Lösung zum Zeitpunkt $t \in J_{\max}(t_0, x_0)$ dar in der Form

$$x(t) = \Phi^{t,t_0} x_0, \quad \text{wenn } x(t_0) = x_0.$$

Die zweiparametrige Familie Φ^{t,t_0} von im allgemeinen nichtlinearen Abbildungen heißt *Evolution* der Differentialgleichung $x' = f(t, x)$. Mit dieser Begriffsbildung können wir die Aussagen des Eindeutigkeitssatzes 2.7 formal elegant in dem folgenden Lemma zusammenfassen.

Lemma 2.9. *Es gilt für alle $(t_0, x_0) \in \Omega$, dass*

$$J_{\max}(t, \Phi^{t,t_0} x_0) = J_{\max}(t_0, x_0) \quad \text{für alle } t \in J_{\max}(t_0, x_0).$$

Die Evolution Φ^{t,t_0} erfüllt für $(t_0, x_0) \in \Omega$ die beiden Eigenschaften

(i) $\Phi^{t_0,t_0} x_0 = x_0$,

(ii) $\Phi^{t,s} \Phi^{s,t_0} x_0 = \Phi^{t,t_0} x_0$ *für alle $t, s \in J_{\max}(t_0, x_0)$.*

Die Eigenschaft (i) wiederholt nur formal die Einschränkung der Definition auf den Anfangswert. In der Eigenschaft (ii) drückt sich der *Determinismus* der Lösungsstruktur gewöhnlicher Differentialgleichungen aus – vergleiche dazu unsere allgemeinen historischen Bemerkungen im einleitenden Kapitel 1.

Die *geometrischen* Objekte (also Kurven), die durch die maximal fortgesetzten Lösungen vermittelt werden, tragen eigene Namen. So heißt der Graph der maximal fortgesetzten Lösung im erweiterten Phasenraum

$$\gamma(t_0, x_0) = \{(t, \Phi^{t,t_0} x_0) : t \in J_{\max}(t_0, x_0)\} \subset \Omega$$

Integralkurve durch (t_0, x_0). Die Eigenschaft (ii) der Evolution Φ^{t,t_0} besagt jetzt, dass die Integralkurven eine disjunkte Zerlegung (Faserung) des erweiterten Phasenraumes Ω darstellen,

$$\gamma(t, x) \cap \gamma(s, y) \neq \emptyset \;\Rightarrow\; \gamma(t, x) = \gamma(s, y).$$

Für *autonome* Probleme unterdrücken wir die kanonische Startzeit $t_0 = 0$ in der Notation, definieren also für $x_0 \in \Omega_0$

$$J_{\max}(x_0) =]t_-(x_0), t_+(x_0)[\; = J_{\max}(0, x_0)$$

und für $t \in J_{\max}(x_0)$

$$\Phi^t x_0 = \Phi^{t,0} x_0.$$

Die einparametrige Familie Φ^t von Transformationen in Ω_0 heißt *Phasenfluss* der autonomen Differentialgleichung $x' = f(x)$. Die in Lemma 2.2 formulierte Translationsinvarianz in der Zeit gibt dem Phasenfluss eine *Gruppenstruktur*.

Lemma 2.10. *Für alle $x_0 \in \Omega_0$ gilt*

$$J_{\max}(t + \tau, x_0) = J_{\max}(t, x_0) + \tau \quad \text{für alle } t, \tau \in \mathbb{R}.$$

Der Phasenfluss Φ^t ist eine einparametrige Gruppe von Transformationen in Ω_0, d. h., er erfüllt für $x_0 \in \Omega_0$ die beiden Eigenschaften

(i) $\Phi^0 x_0 = x_0$,

(ii) $\Phi^t \Phi^s x_0 = \Phi^{t+s} x_0 \quad$ *für alle $t + s, s \in J_{\max}(x_0)$.*

Die Evolution der autonomen Differentialgleichung kann durch den Phasenfluss dargestellt werden, für $x_0 \in \Omega_0$ und $t - s \in J_{\max}(x_0)$ gilt

$$\Phi^{t,s} x(s) = \Phi^{t-s} x(s). \tag{2.2}$$

Den einfachen Beweis dieses Lemmas überlassen wir dem Leser zur Übung.

Die Beziehung (2.2) stellt die Essenz der Translationsinvarianz dar: Sie bedeutet, dass bei autonomen Systemen die Zeit nicht *absolut*, sondern *relativ* über Zeitdifferenzen eingeht. Um zu wissen, in welchen Zustand ein System vom Zeitpunkt s zum

Zeitpunkt t übergeht, ist nur die Kenntnis der *verstrichenen* Zeit $t - s$ nötig. Anders ausgedrückt: Es spielt keine Rolle, *wann* der Prozess abläuft, es zählt nur, *wie lange* er abläuft.

Im Phasenraum eines autonomen Anfangswertproblems vermittelt uns der Phasenfluss die *Trajektorie* oder den *Orbit* durch $x_0 \in \Omega_0$,

$$\gamma(x_0) = \left\{ \Phi^t x_0 : t \in J_{\max}(x_0) \right\} \subset \Omega_0.$$

Der Leser sollte nicht zu überrascht sein, wenn wir behaupten, dass auch der Phasenraum Ω_0 durch die Trajektorien gefasert wird.

2.2 Beispiele maximaler Fortsetzbarkeit

Im vorigen Abschnitt haben wir den Begriff der maximalen Fortsetzbarkeit von Lösungen als wesentliches Charakteristikum von Anfangswertproblemen bei gewöhnlichen Differentialgleichungen herausgearbeitet. In diesem Abschnitt wollen wir nun Beispiele für die drei Möglichkeiten kennenlernen, wie Lösungen bis an den Rand maximal fortgesetzt werden können. Laut Definition 2.3 wird eine Grundunterscheidung der drei Möglichkeiten durch die maximale Zeit t_+ gegeben, bis zu der die Lösung existiert. Wir wollen hier diese Fälle etwas salopp charakterisieren:

   (i) Die Lösung existiert „ewig": $t_+ = \infty$.

  (ii) Die Lösung „explodiert" (engl. *Blow-up*) nach endlicher Zeit: $t_+ < \infty$, $\lim_{t \uparrow t_+} |x(t)| = \infty$.

 (iii) Die Lösung „kollabiert" nach endlicher Zeit am Rand des erweiterten Phasenraumes: $t_+ < \infty$, $\lim_{t \uparrow t_+} \operatorname{dist}\big((t, x(t)), \partial\Omega\big) = 0$.

Bei Betrachtung der Vergangenheit werden wir der Einfachheit halber die gleichen Begriffe verwenden.

Lösungen maximaler Lebensdauer.   Eng verwandt mit dem Fall ewig existierender Lösungen ist eine bestimmte Form des Kollapses am Rand. Ist der erweiterte Phasenraum Ω nämlich von der Gestalt

$$\Omega = \,]a, b[\,\times\Omega_0,$$

so bedeutet $t_+ = b$ zwar einen Kollaps am Rande des erweiterten Phasenraumes, aber wir dürfen nachsichtig sein, da das Problem eine Existenz über $t = b$ hinaus ausschließt. Wir nennen Lösungen mit $t_+ = \infty$ oder $t_+ = b$ Lösungen *maximaler Lebensdauer*.

Der Nachweis, dass eine Lösung eines Anfangswertproblems von maximaler Lebensdauer ist, läuft stets nach dem gleichen Muster ab: Mit Hilfe von *a priori Abschätzungen*, d. h. solchen für eine hypothetische Lösung, schließt man Blow-up und

Kollaps für $t_+ < b$ aus. Nach dem globalen Existenzsatz 2.4 kann dann nur noch $t_+ = b$ gelten. Diese Strategie führen wir an einer wichtigen Beispielklasse vor.

Beispiel 2.11. *Inhomogene lineare Differentialgleichungssysteme.* Es sei $\Omega =]a, b[\times \mathbb{R}^d$ der erweiterte Phasenraum der Differentialgleichung

$$x' = A(t)x + g(t), \tag{2.3}$$

wobei die Abbildungen $A :]a, b[\to \mathrm{Mat}_d(\mathbb{R})$ und $g :]a, b[\to \mathbb{R}^d$ als stetig vorausgesetzt seien. Für eine Startzeit $t_0 \in]a, b[$ und einen Anfangswert $x_0 \in \mathbb{R}^d$ wollen wir die Existenz einer eindeutigen Lösung $x \in C^1(]a, b[, \mathbb{R}^d)$ der Differentialgleichung (2.3) mit $x(t_0) = x_0$ zeigen, d. h. die Existenz einer Lösung maximaler Lebensdauer (in Zukunft und Vergangenheit).

Da die rechte Seite $f(t, x) = A(t)x + g(t)$ auf Ω stetig ist und zusätzlich auch die Ableitung $D_x f(t, x) = A(t)$ dort stetig ist, existiert nach Lemma 2.6 und dem globalen Eindeutigkeitssatz 2.7 eine eindeutige maximal fortgesetzte Lösung $x \in C^1(]t_-, t_+[, \mathbb{R}^d)$ mit $a \leq t_- < t_+ \leq b$. Wir wollen jetzt $t_+ = b$ zeigen.

Die Maximalität der Lösung bietet uns die bekannten drei Möglichkeiten:

   (i) $t_+ = b = \infty$,

  (ii) Blow-up mit $t_+ < \infty$,

 (iii) die Lösung kommt für $t \uparrow t_+$ dem Rand $\partial\Omega = \{a, b\} \times \mathbb{R}^d$ beliebig nahe, dies kann aber nur $t_+ = b$ bedeuten.

In den Fällen (i) und (iii) sind wir offensichtlich fertig, wir müssen nur noch den Fall (ii) mit $t_+ < b$ ausschließen. Dies geschieht mit der a priori Abschätzung

$$|x(t)| \leq \left(|x_0| + \int_{t_0}^t |g(s)|\, ds\right) \exp\left(\int_{t_0}^t \|A(s)\|\, ds\right) \quad \text{für alle } t \in]t_-, t_+[, \tag{2.4}$$

die wir in Abschnitt 3.1 als Folge des Lemmas von T. H. Gronwall kennenlernen werden.

Nehmen wir also an, dass der Fall (ii) mit $t_+ < b$ vorliegt. Aus der Abschätzung (2.4) folgt

$$\limsup_{t \uparrow t_+} |x(t)| \leq \left(|x_0| + \int_{t_0}^{t_+} |g(s)|\, ds\right) \exp\left(\int_{t_0}^{t_+} \|A(s)\|\, ds\right) < \infty,$$

da g und A als stetige Abbildungen auf dem kompakten Intervall $[t_0, t_+] \subset]a, b[$ beschränkt sind. Dies steht im Widerspruch zu unserer Annahme des Blow-up $\lim_{t \uparrow t_+} |x(t)| = \infty$. Also gilt $t_+ = b$.

Ein entsprechendes Argument zeigt die maximale Lebensdauer auch bezüglich der Vergangenheit, d. h. $t_- = a$.

Blow-up. Das Auftreten einer Lösung nicht-maximaler Lebensdauer mit Blow-up bedeutet für das durch die Differentialgleichung modellierte naturwissenschaftlich-technische Problem in der Regel einen „Störfall". Gute Algorithmen „erkennen" solche Situationen, indem sie sich in der Nähe von t_+ „festfressen". Der Blow-up ist dann unschwer anhand verhältnismäßig großer Zustandswerte erkennbar.

Beispiel 2.12. Betrachten wir das einfache skalare autonome Anfangswertproblem

$$x' = x^2, \quad x(0) = 1.$$

Der erweiterte Phasenraum kann als $\Omega = \mathbb{R} \times \mathbb{R}$ gewählt werden, die rechte Seite ist dort stetig differenzierbar. Nach dem Existenz- und Eindeutigkeitssatz 2.7 existiert eine eindeutige maximal fortgesetzte Lösung $x \in C^1(]t_-, t_+[, \mathbb{R})$. Analytische Lösung des Anfangswertproblems durch Trennung der Variablen ergibt für $-\infty < t < 1$ die Lösung

$$x(t) = \frac{1}{1-t}.$$

Aus dem Grenzverhalten $\lim_{t \uparrow 1} x(t) = \infty$ erfahren wir, dass $t_+ = 1$. Es liegt daher Blow-up bei nicht-maximaler Lebensdauer vor.

Quadratische Nichtlinearitäten der rechten Seite (tatsächlich sogar schon Exponenten $\alpha > 1$) bergen demnach die Gefahr eines Blow-ups in sich. In Abschnitt 1.3 haben wir die typische Gestalt von Differentialgleichungsmodellen angegeben, die chemische Reaktionssysteme beschreiben: hier treten quadratische Terme und bilineare Kopplungen auf. Auch Nichtchemiker können sich gewiss vorstellen, was ein mathematischer Blow-up in einem chemischen Labor bedeutet.

Kollaps. Wir wollen nun die zweite Möglichkeit betrachten, dass eine Lösung vorzeitig „verendet": Die Integralkurve erreicht den Rand des erweiterten Phasenraumes Ω, die Lösung kollabiert, da das Anfangswertproblem dort nicht mehr erklärt ist.

Wir müssen dafür zwei Gründe unterscheiden, die für die Praxis unterschiedlich relevant sind. Zum einen kann die rechte Seite des Anfangswertproblems außerhalb von Ω deshalb nicht erklärt sein, weil wir es schlichtweg versäumt haben, sie dort zu erklären. In diesem Fall kann es eine Art „natürliche" stetige oder lokal Lipschitz-stetige Fortsetzung auf einen größeren erweiterten Phasenraum $\tilde{\Omega} \supset \Omega$ geben, so dass unser

Problem, der Kollaps, beseitigt ist. Nur müssen wir einsehen, dass hier unser Problem in der Praxis nicht aufgetreten wäre: Prozeduren zur Auswertung von Funktionen realisieren in der Regel so etwas wie einen maximalen natürlichen Definitionsbereich, es sei denn, man verhunzte sie durch irgendwelche einschränkenden Abfragen.

Der zweite Grund besteht darin, dass die rechte Seite über den Rand von Ω an der in Frage stehenden Stelle hinaus nicht erklärbar ist, nicht fortgesetzt werden kann, sie dort also eine *Singularität* aufweist. In diesem Fall wird sich der Kollaps auch in der Praxis bemerkbar machen, ein guter Algorithmus wird sich entsprechend dort „festfressen".

Beispiel 2.13. Ein typisches Beispiel für einen Kollaps stellt die Bewegung eines Satelliten im Gravitationsfeld der Erde unter Berücksichtigung von atmosphärischer Reibung dar. Falls seine kinetische Energie und sein Drehimpuls nicht ausreichend groß sind, stürzt der Satellit in endlicher Zeit auf die Erde. Letztere bildet eine Singularität des Feldes, da wir sie als Massenpunkt stark vereinfacht haben!

Als einfaches Modell einer solchen Situation nehmen wir den Fall eines Körpers ohne Drehimpuls, beschrieben durch die Entfernung x vom Gravitationszentrum. Einheitenfrei erhalten wir das Anfangswertproblem

$$x' = -x^{-1/2}, \quad x(0) = 1.$$

Die eindeutige maximal fortgesetzte Lösung, durch Trennung der Variablen ermittelt, lautet

$$x(t) = (1 - 3t/2)^{2/3}, \quad t \in \,]-\infty, 2/3[.$$

Bei $t_+ = 2/3$ läuft die Trajektorie wegen $\lim_{t \uparrow t_+} x(t) = 0$ gegen den Rand des Phasenraumes, sie kollabiert in der Singularität der rechten Seite. In diesem Beispiel ist der Kollaps auch durch Augenschein gut zu erkennen, da die Steigung $x'(t)$ der Lösung für $t \to 2/3$ gegen $-\infty$ konvergiert.

Bei diesem typischen Beispiel können wir die Situation durch Inaugenscheinnahme noch klären. Allerdings gibt es verwickeltere Fälle, in denen wir das Phänomen so nicht verstehen werden und erst eine echte Analyse die Ursache ans Licht bringen wird.

Beispiel 2.14. Betrachten wir das skalare autonome Anfangswertproblem

$$x' = \sin(1/x) - 2, \quad x(0) = 1, \tag{2.5}$$

auf dem Phasenraum $\Omega_0 = \,]0, \infty[$. Die rechte Seite ist auf Ω_0 stetig differenzierbar, aber *nicht* einmal nur stetig auf einen größeren Definitionsbereich fortsetzbar, da $\lim_{x \to 0} \sin(1/x)$ nicht existiert.

Aus der Differentialgleichung (2.5) folgt die Abschätzung

$$x' \leq -1.$$

Mit Hilfe des später behandelten Lemmas 3.9 von Gronwall lässt sich für die eindeutige maximal fortgesetzte Lösung $x \in C^1(]t_-, t_+[, \mathbb{R})$ des Anfangswertproblems die Abschätzung

$$x(t) \leq 1 - t \quad \text{für } 0 \leq t < t_+$$

zeigen. Da grundsätzlich $x(t) \in \Omega_0$ gelten muss, ist zudem

$$x(t) > 0 \quad \text{für } 0 \leq t < t_+.$$

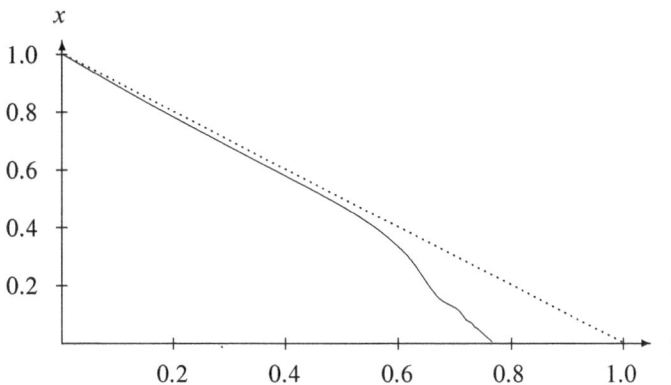

Abbildung 2.1. Lösung des Anfangswertproblems $x' = \sin(1/x) - 2$, $x(0) = 1$

Aufgrund dieser Abschätzungen können wir zum einen $t_+ \leq 1$ folgern, zum anderen einen Blow-up ausschließen. Übrig bleibt nur ein Kollaps mit

$$\lim_{t \uparrow t_+} x(t) = 0.$$

Trennung der Variablen zeigt, dass

$$t_+ = \int_0^{t_+} dt = \int_0^1 \frac{dx}{2 - \sin 1/x} = 0.76741\ldots$$

ist. Tatsächlich frisst sich ein guter Algorithmus in der Nähe dieses t_+ fest. Die Lösung *sieht* aber völlig harmlos aus. Abbildung 2.1 zeigt die mit einem adaptiven Integrator, wie wir ihn in Abschnitt 5.4 vorstellen werden, berechnete Lösung zusammen mit der begrenzenden Geraden $1 - t$. Das zunehmend schneller werdende Schwingen der Lösung ist für das Auge nicht mehr erkennbar, wir sehen einen Mittelwert. „Inspektion" der Lösung kann das Verhalten des Algorithmus nicht erklären, erst unsere Analyse des Anfangswertproblems.

2.3 Struktur nichteindeutiger Lösungen

In diesem Abschnitt behandeln wir die Lösungsstruktur von Anfangswertproblemen für den Fall, dass die Lipschitzbedingung des Eindeutigkeitssatzes *lokal* verletzt ist, d. h., dass lokal *mehr* als eine Lösung existieren kann. Die Analyse dieses Falles zwingt uns zu einer eher theoretischen Abschweifung; sie rechtfertigt sich jedoch aus der Tatsache, dass bei immer realistischerer mathematischer Modellierung immer weiterer Anwendungsbereiche gerade auch solche Phänomene auftreten können und deshalb verstanden werden sollten. Zur Einführung beginnen wir mit einem Beispiel, in dem ein Teil der wesentlichen Struktur bereits aufscheint.

Beispiel 2.15. Gegeben sei das skalare autonome Anfangswertproblem

$$x' = -\frac{\sqrt{1-x^2}}{x}, \quad x(0) = 1.$$

Um den Existenzsatz 2.4 von G. Peano anwenden zu können, müssen wir die rechte Seite der Differentialgleichung für $x > 1$ *stetig* fortsetzen. Dies leistet beispielsweise die Erweiterung

$$f(x) = \begin{cases} -\dfrac{\sqrt{1-x^2}}{x}, & 0 < x \le 1, \\ 0, & 1 \le x, \end{cases}$$

in den Phasenraum $\Omega_0 =]0, \infty[$. Der Satz von G. Peano sichert uns nun die *Existenz* maximal fortgesetzter Lösungen, nicht jedoch deren Eindeutigkeit. In der Tat existieren unterschiedliche maximal fortgesetzte Lösungen, zum Beispiel

$$\phi_1(t) = 1, \quad t \in]-\infty, \infty[,$$

oder auch

$$\phi_2(t) = \sqrt{1-t^2}, \quad t \in]-1, 1[.$$

Während die Lösung ϕ_1 von maximaler Lebensdauer ist, kollabiert die Lösung ϕ_2 nach endlicher Zeit in der Singularität der rechten Seite f für $x = 0$. Die rechte Seite kann deshalb auch in $t = 0$ nicht lokal Lipschitz-stetig sein, sonst müsste ja $\phi_1(t) = \phi_2(t)$ auch für $t \ne 0$ zumindest lokal gelten – ein offenbarer Widerspruch!

Die beiden Lösungen erscheinen so sauber getrennt, dass zunächst der Eindruck entstehen könnte, auch im nicht Lipschitz-stetigen Fall müssten sich Lösungen des Anfangswertproblems isolieren und berechnen lassen. Der Eindruck trügt indes, wie wir im Folgenden zeigen werden. Tatsächlich ergeben sich in diesem Fall *Kontinua* von Lösungen, die es uns nur in trivialen Fällen gestatten, einzelne Lösungen topologisch auszuzeichnen – was eine minimale Voraussetzung für ihre Berechenbarkeit wäre. Im Regelfall treten ganze Bündel von Integralkurven auf, sogenannte *Integraltrichter* (engl. *funnel*). Diese überraschende Einsicht liefert der *Satz von H. Kneser* [112] aus dem Jahre 1923. Für den Systemfall $d > 1$ besagt er im Wesentlichen, dass eine Lösung eines Anfangswertproblems nur dann topologisch ausgezeichnet ist, wenn sie *global eindeutig* ist. Ein Anfangswertproblem mit mehr als einer einzigen Lösung ist also völlig ungeeignet, einen halbwegs ausgezeichneten realen Vorgang mathematisch zu modellieren.

Wir wollen den Satz von H. Kneser in seiner globalen Fassung angeben, welche von E. Kamke [105] aus dem Jahre 1932 stammt. Zur Vorbereitung definieren wir zunächst Mengen, die sich als Schnitt aller Integralkurven mit den Hyperebenen $t = $ const ergeben.

Definition 2.16. Zu gegebenem Anfangswertproblem

$$x' = f(t, x), \quad x(t_0) = x_0,$$

und ausgewähltem Zeitpunkt t bezeichne die Menge

$$\mathcal{L}_t = \left\{ x \in \mathbb{R}^d : \text{es gibt eine Lösung } \phi \in C^1([t_0, t], \mathbb{R}^d) \text{ mit } \phi(t) = x \right\}$$

die Gesamtheit aller zum Zeitpunkt t durch Lösungen erreichbaren Punkte. Die Menge $\mathcal{L}_t$ heißt *Schnitt durch den Integraltrichter* (engl. *funnel section*).

Mit dieser Definition können wir den zentralen Satz für die Nichteindeutigkeit von Lösungen einfach formulieren.

Satz 2.17. *Sei die rechte Seite f des Anfangswertproblems*

$$x' = f(t, x), \quad x(t_0) = x_0,$$

auf dem erweiterten Phasenraum Ω stetig. Der Schnitt $\mathcal{L}_t$ durch den Integraltrichter ist für jedes t, zu dem sämtliche maximal fortgesetzten Lösungen des Anfangswertproblems existieren, eine nichtleere, kompakte und zusammenhängende Menge, das heißt ein Kontinuum.

Im Fall $d = 1$ ist dann

$$\mathcal{L}_t = [\phi^-(t), \phi^+(t)]$$

ein kompaktes Intervall und die maximal fortsetzbaren Abbildungen $\phi^-, \phi^+ \in C^1$ sind Lösungen des Anfangswertproblems. ϕ^- heißt Minimal-, ϕ^+ Maximallösung.

Beweisskizze. Wir beschränken uns auf den Fall $d = 1$ und zeigen, dass $\mathcal{L}_t$ ein Intervall ist, was schon G. Peano 1890 bewiesen hatte. Sei also $d = 1$ und $t_* > t_0$ ein Zeitpunkt, zu dem alle maximal fortgesetzten Lösungen des Anfangswertproblems existieren. Entweder besteht $\mathcal{L}_{t_*}$ nur aus einem Punkt und wir sind fertig, oder es gibt $x_1, x_2 \in \mathcal{L}_{t_*}$ mit $x_1 < x_2$. Wählen wir ein dazwischenliegendes $x_1 < x_* < x_2$, so müssen wir $x_* \in \mathcal{L}_{t_*}$ beweisen.

Seien dazu ϕ_1, ϕ_2 die zugehörigen maximal fortgesetzten Lösungen des Anfangswertproblems mit $\phi_i(t_*) = x_i$, $i = 1, 2$. Diese stimmen als stetige Funktionen für den Zeitpunkt

$$s_0 = \max \{ t \in [t_0, t_*] : \phi_1(t) = \phi_2(t) \} < t_*$$

letztmalig vor t_* überein. Betrachten wir die zwischen ϕ_1 und ϕ_2 in der Zeit von s_0 bis t_* eingeschlossenen Zustände, die kompakte Menge

$$K = \left\{ (t, x) \in \mathbb{R}^{d+1} : s_0 \leq t \leq t_*, \phi_1(t) \leq x \leq \phi_2(t) \right\}.$$

Mit Hilfe der Voraussetzung, dass sämtliche maximal fortgesetzten Lösungen des Anfangswertproblems zum Zeitpunkt t_* existieren, lässt sich zeigen, dass K Teilmenge

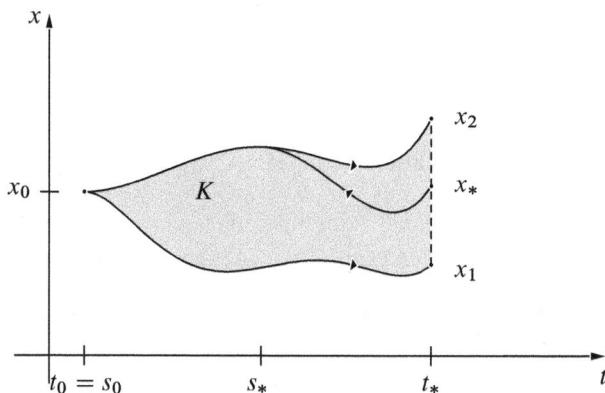

Abbildung 2.2. Satz von H. Kneser, Beweisidee für $d = 1$

des erweiterten Phasenraumes Ω ist, $K \subset \Omega$. Durch den Ausgangspunkt $(t_*, x_*) \in K$ läuft eine maximal fortsetzbare Lösung ψ, die wir in die Vergangenheit verfolgen. Dort muss sie bis an den Rand von Ω laufen, also den Rand der kompakten Teilmenge K kreuzen. Somit gibt es ein s_* mit $s_0 \leq s_* < t_*$, so dass etwa

$$\psi(s_*) = \phi_2(s_*).$$

Die zusammengeklebte Funktion

$$\phi(t) = \begin{cases} \phi_2(t), & t_0 \leq t \leq s_*, \\ \psi(t), & s_* \leq t \leq t_*, \end{cases}$$

ist stetig differenzierbar, da

$$\phi_2'(s_*) = f(s_*, \phi_2(s_*)) = f(s_*, \psi(s_*)) = \psi'(s_*).$$

Sie ist daher Lösung des Anfangswertproblems auf dem Zeitintervall $[t_0, t_*]$ und erfüllt

$$\phi(t_*) = x_*.$$

Demnach ist $x_* \in \mathcal{L}_{t_*}$. (Der Beweis für $t_* < t_0$ ergibt sich analog. Die Behandlung des Falles $t_* = t_0$ ist trivial.)   □

Bemerkung 2.18. Einen sehr pfiffigen Beweis für den Satz von H. Kneser hat M. Müller [130] 1928 angegeben. Er nutzt die Tatsache, dass jedes stetige f gleichmäßig auf Ω durch Polynome f_ε approximierbar ist, so dass die gestörten Anfangswertprobleme

$$x' = f_\varepsilon(t, x), \quad x(t_0) = x_0,$$

nunmehr differenzierbar und damit eindeutig lösbar sind. Diese Beweisidee wurde 1949 von Stampacchia [161] und unabhängig 1959 von M. Krasnoselskij und A. Perov [113] ausgebaut. Man erhält, dass Lösungsmengen gewisser *Operatorgleichungen* in Banachräumen Kontinua sind, sofern die Operatoren gleichmäßig approximierbar sind durch solche Operatoren, deren zugehörige Operatorgleichung eindeutig lösbar ist, vgl. [42, Abschnitt 18.5] oder [114, Abschnitt 48.2]. Damit überträgt sich das im Satz von H. Kneser beschriebene Phänomen auf große Klassen von Integralgleichungen und auf Anfangsrandwertprobleme partieller Differentialgleichungen. Weiter gibt es Verallgemeinerungen auf sogenannte Differentialinklusionen [43, Abschnitt 7.5].

Beispiel 2.19. Greifen wir mit unserem nun verfeinerten Wissen erneut Beispiel 2.15 auf, also das Anfangswertproblem

$$x' = -\frac{\sqrt{1 - x^2}}{x}, \quad x(0) = 1.$$

Die dort angegebenen Lösungen ϕ_1, ϕ_2 sind gerade die Extremallösungen: $\phi_1 = \phi^+$

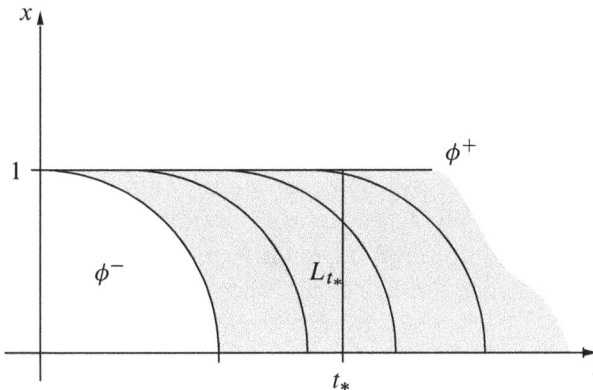

Abbildung 2.3. Integraltrichter für $d = 1$

und $\phi_2 = \phi^-$. Wir erhalten für $t \in [0, 1[$ den Schnitt

$$\mathcal{L}_t = [\phi^-(t), 1]$$

durch den Integraltrichter, ein Kontinuum. Gehen wir zu späteren Zeitpunkten $t \geq 1$ über, so bleibt der Schnitt

$$\mathcal{L}_t = \,]0, 1]$$

zwar ein Intervall, aber nicht länger kompakt. In Übereinstimmung mit unserem Satz verletzen die Zeitpunkte $t \geq 1$ die Voraussetzung, dass alle maximal fortgesetzten

Lösungen zu diesem Zeitpunkt existieren: Die Minimallösung ϕ^- kollabiert ja gerade für $t \uparrow 1$, existiert zu den Zeiten $t \geq 1$ somit nicht länger.

Die Lösung, die für $t_* \geq 1$ den Wert $0 < x_* \leq 1$ erreicht, kann aus ϕ^- durch *Translation* gewonnen werden: Die Abbildung

$$\phi_*(t) = \begin{cases} 1, & 0 \leq t \leq s_*, \\ \phi^-(t - s_*), & s_* \leq t \leq t_*, \end{cases}$$

mit

$$s_* = t_* - \sqrt{1 - x_*^2}$$

ist Lösung des Anfangswertproblems und erfüllt $\phi_*(t_*) = x_*$ (siehe Abbildung 2.3). Zu Diskretisierungen derartiger Differentialgleichungen siehe Aufgabe 4.15.

Die Struktur nichteindeutiger Lösungen im skalaren Fall ($d = 1$) ist zwar besonders durchsichtig, führt aber als Modellvorstellung für den Systemfall leicht in die Irre: Für $d > 1$ gibt es im Allgemeinen keine Minimal- oder Maximallösung. Es gilt stattdessen nur noch ein Resultat von M. Fukuhara (1930), welches auch in der klassischen Arbeit von E. Kamke [105] aus dem Jahre 1932 zitiert ist: Unter den Voraussetzungen des Satzes von H. Kneser gibt es zu jedem *Randpunkt* des Schnittes $\mathcal{L}_t$ eine Lösung $\phi \in C^1[t_0, t]$, die diesen Punkt mit dem Anfangswert verbindet, so dass für $s \in [t_0, t]$ der Wert $\phi(s)$ stets Randpunkt von $\mathcal{L}_s$ ist. Darüberhinaus gibt es sogar Beispiele, bei denen der Schnitt durch den Integraltrichter nicht konvex ist, ja noch nicht einmal innere Punkte besitzt.

Beispiel 2.20. Ein erstes Beispiel dieser Art wurde 1930 von M. Nagumo und M. Fukuhara angegeben [131]. Wir geben hier eine wesentlich elementarere Konstruktion von C. Pugh wieder, die sich im Buch von P. Hartman [98, p. 558] findet. In diesem Beispiel ist der Schnitt durch den Integraltrichter ab einer gewissen Zeit eine *Kreislinie*, genauer $\mathcal{L}_t = S^1$. Die Schnitte durch den Integraltrichter sind also nicht einmal einfach zusammenhängend!

Die Idee der Konstruktion besteht darin, ein autonomes Anfangswertproblem (in Polarkoordinaten)

$$r' = 0, \qquad r(0) = 1,$$
$$\theta' = \chi(\theta), \qquad \theta(0) = 0, \tag{2.6}$$

zu betrachten, so dass die Schnitte Θ_t durch den Integraltrichter der Winkelvariablen schließlich das Intervall $[-\pi, \pi]$ bilden. Die Funktion χ wird 2π-periodisch konstruiert, so dass wir in kartesischen Koordinaten eine Differentialgleichung mit einer rechten Seite erhalten, die auf der unaufgeschnittenen Ebene stetig ist. Wir wählen speziell die stetige ungerade Funktion $\chi : \mathbb{R} \to \mathbb{R}$, definiert durch

$$\chi(\theta) = \begin{cases} 2\sqrt{\theta(\pi - \theta)}, & 0 \leq \theta \leq \pi, \\ 2\sqrt{\theta(-\pi - \theta)}, & -\pi \leq \theta \leq 0, \end{cases}$$

und auf $\mathbb{R}$ 2π-periodisch fortgesetzt (vgl. Abbildung 2.4).

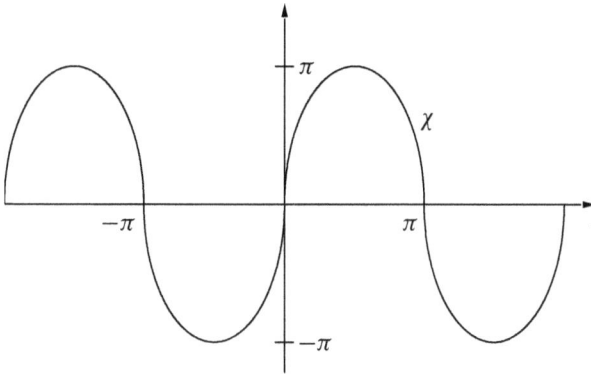

Abbildung 2.4. Die 2π-periodische Funktion χ

Das Anfangswertproblem in kartesischen Koordinaten lässt sich nun am einfachs-ten im Komplexen formulieren, wir identifizieren $\mathbb{C}$ mit $\mathbb{R}^2$. Phasenraum sei $\Omega_0 = \mathbb{C} \setminus \{0\}$. Dann besitzt auch das autonome Anfangswertproblem

$$z' = iz\,\chi(\arg z), \quad z(0) = 1, \tag{2.7}$$

eine auf Ω_0 stetige rechte Seite. Sei nun $\eta \in C^1(]t_-, t_+[, \Omega_0)$ eine maximal fortge-setzte Lösung von (2.7). Für diese gilt zum einen

$$\frac{d}{dt}|\eta(t)|^2 = 2\,\mathrm{Re}\left(\eta'(t)\bar\eta(t)\right) = 2\,\mathrm{Re}\left(i\,|\eta(t)|^2\chi(\arg\eta(t))\right) = 0,$$

zum anderen wegen $\log\eta(t) = \log|\eta(t)| + i\,\arg\eta(t)$ als logarithmische Ableitung

$$\frac{d}{dt}\arg\eta(t) = \mathrm{Im}\left(\eta'(t)/\eta(t)\right) = \mathrm{Im}\left(i\chi(\arg\eta(t))\right) = \chi(\arg\eta(t)).$$

Somit erfüllen $r = |\eta|$ und $\theta = \arg\eta \in C^1(]t_-, t_+[, \mathbb{R})$ das für die Polarkoordinaten angesetzte Anfangswertproblem (2.6). Umgekehrt definiert jede maximal fortgesetzte Lösung $r \equiv 1, \theta \in C^1(]t_-, t_+[, \mathbb{R})$ dieses Anfangswertproblems durch

$$\eta = e^{i\theta} \in C^1(]t_-, t_+[, \Omega_0)$$

eine Lösung des für die kartesischen Koordinaten angesetzten Anfangswertproblems (2.7). Von dem Anfangswertproblem (2.6) für die Winkelvariable lässt sich leicht zei-gen, dass die Funktionen $\theta^-, \theta^+ \in C^1(\mathbb{R}, \mathbb{R})$ mit

$$\theta^+(t) = \begin{cases} \pi\,\sin^2 t, & |t| \le \pi/2, \\ \pi, & |t| \ge \pi/2, \end{cases}$$

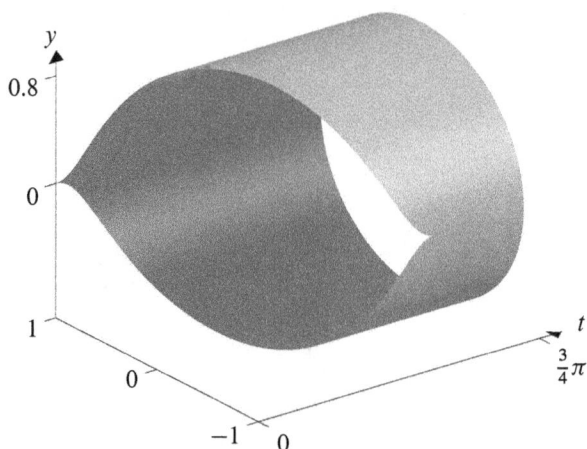

Abbildung 2.5. Integraltrichter auf einer Zylindermantelfläche

und $\theta^- = -\theta^+$ die Minimal- bzw. Maximallösung darstellen. Die Schnitte durch den Integraltrichter der Winkelvariablen sind daher

$$\Theta_t = \begin{cases} [-\pi \, \sin^2 t \, , \, \pi \, \sin^2 t], & |t| \leq \pi/2, \\ [-\pi, \pi], & |t| \geq \pi/2. \end{cases}$$

Daraus ergibt sich schließlich für die Schnitte durch den Integraltrichter des Anfangs-wertproblems (2.7) die Darstellung

$$\mathcal{L}_t = \left\{ z \in \Omega_0 : z = e^{i\theta}, \, \theta \in \Theta_t \right\}.$$

Insbesondere gilt für $|t| \geq \pi/2$, dass $\mathcal{L}_t = S^1$. Für diese Zeitpunkte herrscht also eine vollkommene Symmetrie der möglichen Lösungspunkte, eine topologische Aus-zeichnung einzelner Trajektorien ist daher nicht möglich.

Bemerkung 2.21. Abbildung 2.5 zeigt, wie die für $|t| \geq \pi/2$ geschlossene Kreisli-nie bei $t = \pi/2$ aufreißt und für $t \to 0$ gegen den Anfangswert konvergiert. Dieses Verhalten scheint anschaulich notwendig zu sein: wie könnten sonst im Innern des Trichters startende Trajektorien diesen rückwärts verlassen, ohne im Anfangswert des Trichters zu landen? C. Pugh hat aber 1975 ein wesentlich tieferliegendes Beispiel konstruiert [144], bei dem für *alle* Zeitpunkte $t \neq 0$ der Schnitt $\mathcal{L}_t$ durch den In-tegraltrichter *diffeomorph* zur Kreislinie S^1 ist, d. h. eine bijektive C^∞-Abbildung $\Gamma_t : \mathcal{L}_t \to S^1$ existiert, für die Γ_t^{-1} ebenfalls C^∞-Abbildung ist. Hier reißt also die geschlossene Linie $\mathcal{L}_t$ für kein $t \neq 0$ auf. Allerdings lässt sich dieser Integraltrich-ter nicht mehr zeichnen. Darüberhinaus hat C. Pugh den Versuch unternommen, die Klasse der unter den Voraussetzungen des Satzes von H. Kneser auftretenden Schnitte durch Integraltrichter topologisch zu charakterisieren. In seiner Arbeit [144] ist ihm für den Fall $d = 2$ eine Teilantwort geglückt, die zeigt, wie extrem reichhaltig diese Klasse ist: jedes Kontinuum K, für das $\mathbb{R}^2 \setminus K$ zusammenhängend ist, gehört ihr an.

2.4 Schwach singuläre Anfangswertprobleme

In naturwissenschaftlich-technischen Anwendungen trifft man zuweilen auf Anfangs-wertprobleme mit punktweise singulärer rechter Seite f, insbesondere im Anfangs-punkt t_0. Naive numerische „Lösung" solcher Probleme würde nichts weiter als Exponentenüberlauf produzieren – Anwendung von Standard-Software alleine reicht also nicht aus. Vielmehr müssen vor einer erfolgreichen numerischen Behandlung gewisse analytische Vorarbeiten geleistet werden, die im Folgenden begründet werden sollen.

Per Definition versagt in solchen Fällen unser Existenz- und Eindeutigkeitssatz. Nach der Darstellung des vorigen Abschnittes erwarten wir gegebenenfalls ein *Kontinuum* von Lösungen. Wie sich jedoch zeigen wird, lässt sich, unter gewissen Zusatz-bedingungen, sogar eine eindeutige *reguläre* Lösung aus einem solchen Kontinuum herausfiltern. Derartige Anfangswertprobleme nennen wir deshalb auch nicht singu-lär, sondern nur *schwach singulär*. Zur Beschreibung dieser Problemklasse wollen wir mit zwei Beispielen beginnen.

Beispiel 2.22. Wir gehen aus von der *Poissongleichung* $\Delta x = g$, worin Δ der Laplace-Operator ist, ein Differentialoperator zweiter Ordnung, der die Differentia-tion nach den Raumvariablen in $\mathbb{R}^d$ beschreibt; diese partielle Differentialgleichung tritt in zahlreichen Anwendungsfeldern auf, wie etwa der Elektrostatik oder der Me-chanik. Bei Vorliegen von radialer Symmetrie lässt sie sich in eine gewöhnliche Dif-ferentialgleichung umformen, wobei unsere unabhängige Variable t nun ein Radius, also eine Raumvariable, ist (vergleiche Aufgabe 2.3). Dadurch erhält man eine skalare Gleichung zweiter Ordnung

$$x'' + \frac{\kappa}{t}x' = g(t, x), \quad \kappa = d - 1,$$

zu der aufgrund der Radialsymmetrie des Ausgangsproblems noch der Anfangswert $x'(0) = 0$ kommt. Mit der Substitution $x' = y$ entsteht das System erster Ordnung

$$\begin{bmatrix} x \\ y \end{bmatrix}' = \frac{1}{t}\begin{bmatrix} 0 & 0 \\ 0 & -\kappa \end{bmatrix}\begin{bmatrix} x \\ y \end{bmatrix} + \begin{bmatrix} y \\ g(t, x) \end{bmatrix}.$$

Offenbar ist die rechte Seite für $t = 0$ singulär, und daher unser Existenzsatz nicht di-rekt anwendbar. Der vom Ausgangsproblem gegebene spezielle Anfangswert $x'(0) = y(0) = 0$ liefert jedoch für $t = 0$ auf der rechten Seite einen Ausdruck der Form $0/0$. Dies ist auch notwendig, damit sich (aus der Regel von de l'Hospital) ein endlicher Wert für $x''(0)$ ergibt und wir daher die Chance erhalten, dass dennoch eine Lösung $x \in C^2([0, T], \mathbb{R})$ existiert.

Wir wollen noch ein zweites Beispiel anführen, das auf den ersten Blick noch hoffnungsloser aussieht als das erste.

Beispiel 2.23. L. H. Thomas und E. Fermi wurden 1927 durch Überlegungen in der Kernphysik auf folgende skalare Differentialgleichung zweiter Ordnung geführt,

$$x'' = \frac{x^{3/2}}{\sqrt{t}}, \quad x(0) = x_0 > 0, \; x'(0) = \eta_0, \tag{2.8}$$

wobei auch hier t eine radiale Raumvariable darstellt. Auch auf diese Gleichung lässt sich unsere Existenz- und Eindeutigkeitstheorie nicht anwenden, da wiederum die rechte Seite der Differentialgleichung bei $t = 0$ singulär ist. Im Unterschied zum vorigen Beispiel jedoch gelingt es uns hier wegen der Vorgabe $x_0 > 0$ nicht, durch geeignete Wahl eines Anfangswertes die Singularität zu „entschärfen"; wir müssen zumindest für $t = 0$ die stetige Differenzierbarkeit von x' aufgeben, unseren Lösungsbegriff also abschwächen. In der Tat lässt sich durch Erweiterung des Lösungsbegriffes von stetig differenzierbaren auf absolutstetige Abbildungen mit Hilfe der Theorie von C. Carathéodory (1918) auch für dieses Anfangswertproblem die Existenz einer eindeutigen Lösung beweisen. Wesentlich für die Anwendbarkeit dieser weitreichenden Theorie ist, dass

$$\int_0^T \frac{dt}{\sqrt{t}} < \infty, \quad T > 0,$$

existiert. Der allgemeine Zugang findet sich am besten in dem klassischen Buch [32], skizziert auch in [171], und soll hier nicht weiter verfolgt werden.

Stattdessen wollen wir eine geeignete *Transformation* des vorliegenden Problems vornehmen. Dazu eliminieren wir $\sqrt{t}$ durch die Substitution

$$x(t) = y(s), \quad s = \sqrt{t}.$$

Bezeichnen wir nun die Ableitungen nach s durch Punkte, so erhalten wir das transformierte Anfangswertproblem

$$\ddot{y} = \frac{\dot{y}}{s} + 4sy^{3/2}, \quad y(0) = x_0 > 0, \; \dot{y}(0) = 0. \tag{2.9}$$

Es scheint von gleicher Struktur zu sein wie unser erstes Beispiel 2.22.

Um uns einen ersten Einblick zu verschaffen, ob in den beispielhaft genannten Fällen überhaupt Lösungen existieren können, betrachten wir zunächst das einfache skalare *Testproblem*

$$x' = \lambda x/t, \quad x(0) = x_0 \in \mathbb{C}, \tag{2.10}$$

mit $\lambda \in \mathbb{C}$. Der Eindeutigkeitssatz 2.7 und Trennung der Variablen zeigt, dass für $T > 0$ nur die Funktionenfamilie $\{x_\alpha\}_{\alpha \in \mathbb{C}} \subset C^1(]0, T], \mathbb{C})$,

$$x_\alpha(t) = \alpha t^\lambda, \quad t \in]0, T], \; \alpha \in \mathbb{C},$$

die Differentialgleichung erfüllt. Nehmen wir an, wir können eine auch bei $t = 0$ rechtsseitig stetig differenzierbare Funktion $x \in C^1([0, T], \mathbb{C})$ finden, die sowohl auf $]0, T]$ Lösung des Anfangswertproblems (2.10) ist als auch

$$x'(0) = \lim_{t \downarrow 0} \lambda x(t)/t$$

erfüllt. Wir sagen dann, dass $x \in C^1([0, T], \mathbb{C})$ Lösung des Anfangswertproblems (2.10) ist.

Diese Lösung x muss, auf $]0, T]$ eingeschränkt, zu unserer Familie gehören, so dass für ein $\alpha_0 \in \mathbb{C}$

$$x|_{]0,T]} = x_{\alpha_0}.$$

Unterscheiden wir drei Fälle:

(a) $\lambda = 0$. Hier ist $\alpha_0 = x_0$ und $x \equiv x_0$ eindeutige Lösung.

(b) $\operatorname{Re} \lambda < 1, \lambda \neq 0$. Jetzt gilt $x_\alpha \in C^1([0, T], \mathbb{C})$ nur für $\alpha = 0$, somit muss

$$x \equiv 0, \quad x_0 = 0$$

gelten.

(c) $\operatorname{Re} \lambda \geq 1$. Hier ist $x_\alpha \in C^1([0, T], \mathbb{C})$ und $x_\alpha(0) = 0$ für jedes $\alpha \in \mathbb{C}$. Daher ist $x_0 = 0$ und $\{x_\alpha\}$ ist ein Kontinuum von Lösungen des Anfangswertproblems (2.10).

Demnach ist für unser einfaches Beispiel im echt singulären Fall $\lambda \neq 0$ die Bedingung $x_0 = 0$ *notwendig* für die Lösbarkeit des Anfangswertproblems (2.10). Zu diesem speziellen Anfangswert gibt es je nach Wert von λ entweder *eine eindeutige* oder *unendlich viele* Lösungen (vgl. Abschnitt 2.3).

Wir wollen nach diesen Vorüberlegungen nun zum etwas komplizierteren Systemfall übergehen. Dazu betrachten wir ein Modellproblem des Typs

$$x' = Mx/t + g(t, x), \quad x(0) = x_0 \in \mathbb{R}^d, \tag{2.11}$$

mit $M \in \operatorname{Mat}_d(\mathbb{R})$ und $g \in C([0, T] \times \mathbb{R}^d, \mathbb{R}^d)$. Wiederum ist die rechte Seite f in $t = 0$ nicht stetig erklärt. Der folgende Satz von F. R. de Hoog und R. Weiss [40, 41] zeigt, dass das Anfangswertproblem (2.11) unter gewissen Bedingungen auch im Systemfall für *spezielle* Anfangswerte x_0 eine eindeutige Lösung besitzt. Wir werden diesen Satz allerdings nicht beweisen, ein technischer und etwas länglicher Beweis findet sich in den Originalarbeiten [40, 41]; er besteht im Wesentlichen aus einer Reduktion auf das Testproblem (2.10).

Satz 2.24. *Sei $M \in \operatorname{Mat}_d(\mathbb{R})$, so dass für alle Eigenwerte λ von M*

$$\operatorname{Re} \lambda < 1$$

gilt. Die Funktion $g \in C([0, T] \times \mathbb{R}^d, \mathbb{R}^d)$ *erfülle die globale Lipschitzbedingung*

$$|g(t, y) - g(t, z)| \leq L|y - z| \quad \textit{für alle } t \in [0, T], \ y, z \in \mathbb{R}^d.$$

Dann besitzt das schwach singuläre Anfangswertproblem

$$x' = Mx/t + g(t, x), \quad x(0) = x_0,$$

für jedes $x_0 \in$ *kern* M *eine eindeutige Lösung* $x \in C^1([0, T], \mathbb{R}^d)$.

Diskutieren wir nun die Bedeutung des Satzes für numerische Verfahren. Ziel muss es offenbar sein, der rechten Seite der Differentialgleichung an der Stelle $t = 0$ einen Sinn zu geben, das heißt die Ableitung der eindeutigen Lösung $x \in C^1([0, T], \mathbb{R}^d)$,

$$x'(0) = f(0, x_0)$$

für einen zulässigen Anfangswert $x_0 \in$ kern M zu definieren. (Dieser Wert muss dann auch im Algorithmus verwendet werden.) Für $0 < t \leq T$ gilt wegen $x_0 \in$ kern M, dass

$$x'(t) = M\frac{x(t)}{t} + g(t, x(t)) = M\frac{x(t) - x_0}{t} + g(t, x(t)).$$

Der Grenzübergang $t \to 0$ liefert

$$x'(0) = Mx'(0) + g(0, x_0).$$

Dieses lineare Gleichungssystem ist eindeutig lösbar, da nach Voraussetzung der Wert 1 kein Eigenwert der Matrix M ist. Somit ergibt sich die Festsetzung

$$x'(0) = f(0, x_0) = (I - M)^{-1}g(0, x_0). \tag{2.12}$$

Sie liefert gerade den Wert der Ableitung der eindeutigen Lösung in $t = 0$.

Kehren wir nun zurück zu unseren eingangs aufgeführten Beispielen. Versuchen wir zunächst, die Voraussetzungen des Satzes 2.24 in Beispiel 2.22 zu erfüllen: Die Matrix

$$M = \begin{bmatrix} 0 & 0 \\ 0 & -\kappa \end{bmatrix} \in \text{Mat}_2(\mathbb{R})$$

hat die Eigenwerte $\{0, -\kappa\}$. Demnach muss $\kappa > -1$ gelten. Ferner gilt

$$\begin{bmatrix} x_0 \\ y_0 \end{bmatrix} \in \text{kern } M \iff y_0 = 0.$$

Demnach lehrt uns Satz 2.24 für $\kappa > -1$ und im zweiten Argument uniform Lipschitz-stetiges $g \in C([0, T] \times \mathbb{R}, \mathbb{R})$, dass das Anfangswertproblem

$$x'' + \frac{\kappa}{t}x' = g(t, x), \quad x(0) = x_0, \ x'(0) = 0,$$

eine *eindeutige* Lösung in $x \in C^2([0, T], \mathbb{R})$ besitzt. Der Wert von $x''(0)$ ergibt sich aus der Beziehung (2.12) als

$$x''(0) = \frac{g(0, x_0)}{1 + \kappa}.$$

Als nächstes betrachten wir die Thomas-Fermi-Gleichung aus Beispiel 2.23 in der transformierten Form (2.9). Mit den gleichen Überlegungen wie am Beispiel 2.22 sehen wir, dass zwar die für die Existenz notwendige Kern-Bedingung von den Anfangswerten $y(0) = x_0$, $\dot{y}(0) = 0$, erfüllt wird, aber mit $\kappa = -1$ eben gerade die Eigenwert-Bedingung von Satz 2.24 verletzt ist. Der Satz liefert demnach zunächst keine Aussage für unser Beispiel. Für das skalare Testproblem (2.10) hatten wir in diesem Fall festgestellt, dass das Anfangswertproblem *unendlich viele* Lösungen besitzt. Dies wäre auch im vorliegenden Fall ausgesprochen *erwünscht*; denn wir müssen für Problem (2.8) auch noch die Anfangsbedingung $x'(0) = \eta_0$ erfüllen. Wegen

$$2x'(s^2) = \frac{\dot{y}(s)}{s}$$

führt dieser Anfangswert nach der Regel von de l'Hospital auf

$$\ddot{y}(0) = \lim_{s \downarrow 0} \frac{\dot{y}(s)}{s} = 2\eta_0.$$

Mit diesem zusätzlichen Anfangswert nimmt sich das Anfangswertproblem (2.9) immer noch recht eigentümlich aus. Substituieren wir aber den Singularitätenterm

$$z(s) = \frac{\dot{y}(s)}{s},$$

so erhalten wir das stetig differenzierbare System

$$\begin{aligned} \dot{y} &= sz, & y(0) &= x_0 > 0, \\ \dot{z} &= 4y^{3/2}, & z(0) &= 2\eta_0, \end{aligned} \tag{2.13}$$

auf dem erweiterten Phasenraum $\Omega = \mathbb{R} \times]0, \infty[\times \mathbb{R}$. Nach Satz 2.7 existiert für hinreichend kleines $s_1 > 0$ eine eindeutige Lösung $(y, z) \in C^1([0, s_1], \mathbb{R}^2)$ mit

$$y(s) > 0 \quad \text{für alle } s \in [0, s_1].$$

Führen wir schließlich alle unsere Transformationen in Rückwärtsrichtung durch, so haben wir ohne Zuhilfenahme der Theorie von Carathéodory (mit $t_1 = s_1^2 > 0$) bewiesen:

Lemma 2.25. *Die Funktion* $x \in C^2(]0, t_1], \mathbb{R}) \cap C^1([0, t_1], \mathbb{R})$, *gegeben durch*

$$x(t) = y(\sqrt{t}) \quad \text{für alle } t \in [0, t_1],$$

ist eindeutige Lösung des Thomas-Fermi-Anfangswertproblems (2.8). *Dabei ist* $y \in C^1([0, \sqrt{t_1}], \mathbb{R})$ *Lösung des transformierten Anfangswertproblems* (2.13).

Der Vollständigkeit halber erwähnen wir noch, dass L. H. Thomas und E. Fermi anstelle des Anfangswertproblems (2.8) tatsächlich das *asymptotische Randwertproblem*

$$x'' = \frac{x^{3/2}}{\sqrt{t}}, \quad x(0) = 1, \ \lim_{t \to \infty} x(t) = 0,$$

betrachtet hatten. Hierfür bewies A. Mambriani 1929 die Existenz einer eindeutigen Lösung, siehe dazu [106]. Es gibt demnach genau ein $\eta_0 \in \mathbb{R}$, so dass die Anfangsbedingung $x'(0) = \eta_0$ zu der Lösung des asymptotischen Randwertproblems führt: Die Berechnung dieses η_0 ist auch das tatsächliche numerische Vorgehen, die Lösung x ergibt sich dann aus der numerischen Lösung des transformierten Anfangswertproblems (2.13). E. Fermi selbst ermittelte 1927 mit graphischen (sic!) Methoden den Wert

$$\eta_0 \approx -1.58,$$

ein sehr gutes Resultat verglichen mit dem auf neun Stellen genauen Wert

$$\eta_0 = -1.58807102\ldots.$$

Vergleiche dazu Aufgabe 8.5.

2.5 Singuläre Störungsprobleme

Eine wichtige Klasse von Problemen entsteht aus dem Versuch der *Elimination schneller Freiheitsgrade* im Sinne einer singulären Störungstheorie, deren mathematische Grundstruktur wir hier erläutern wollen. Ausgangspunkt ist hierbei ein System von Differentialgleichungen in partitionierter Gestalt

$$y' = f(y, z), \quad \varepsilon z' = g(y, z), \tag{2.14}$$

worin der Parameter $\varepsilon > 0$ eine sehr kleine Zahl bedeuten soll. Dieses System beschreibt typischerweise eine gekoppelte Dynamik von langsamen Freiheitsgraden y (mit Zeitskala t) und schnellen Freiheitsgraden z (mit Zeitskala t/ε). Seien $\lambda(g_z)$ lokale Eigenwerte der Ableitungsmatrix g_z. Unter bestimmten, hier nicht näher spezifizierten Glattheitsannahmen sowie der Annahme

$$\text{Re}\,\lambda(g_z) < 0, \tag{2.15}$$

die natürlich die Annahme g_z *nichtsingulär* einschließt, werden dann die Komponenten $z(t)$ „rasch" in die Mannigfaltigkeit

$$\mathcal{M} = \{(y, z) \in \Omega_0 : g(y, z) = 0\}$$

einmünden, worin wir den Phasenraum mit Ω_0 bezeichnet haben. Im Grenzfall $\varepsilon \to 0$ verschwinden alle Ableitungen der schnellen Freiheitsgrade, in den Anwendungen spricht man deshalb auch von einem „Einfrieren" von Freiheitsgraden. Dabei entsteht ein gemischtes System aus Differentialgleichungen und algebraischen Gleichungen, ein sogenanntes *differentiell-algebraisches System*

$$y' = f(y, z), \quad 0 = g(y, z). \tag{2.16}$$

Seien Anfangswerte $(y(0), z(0))$ vorgegeben. Dann ist das zugehörige Anfangswertproblem sicher nur dann lösbar, wenn die Anfangswerte *konsistent* mit der algebraischen Nebenbedingung sind, d. h.

$$(y(0), z(0)) \in \mathcal{M}.$$

Für konsistente Anfangswerte beschreibt das System (2.16) eine Differentialgleichung auf der Mannigfaltigkeit $\mathcal{M}$. Zur Klärung der Frage nach der Existenz und Eindeutigkeit von Lösungen dieses Typs von Anfangswertproblemen bieten sich zwei prinzipielle Wege an.

Der *erste* Weg benutzt den *Satz über implizite Funktionen*: Unter der mit (2.15) kompatiblen Annahme, dass die Matrix g_z *nichtsingulär* in einer offenen Umgebung der Anfangswerte $(y(0), z(0))$ ist, lässt sich die Gleichung $g(y, z) = 0$ formal nach z auflösen, etwa

$$z = h(y). \tag{2.17}$$

Wir haben damit offenbar eine Parametrisierung der Mannigfaltigkeit $\mathcal{M}$ gefunden. Setzen wir diese Parametrisierung in den rein differentiellen Anteil von (2.16) ein, so erhalten wir schließlich die *reduzierte* gewöhnliche Differentialgleichung

$$y' = f(y, h(y)).$$

Sei $y(t)$ eindeutige Lösung dieses reduzierten Differentialgleichungssystems, dann erhalten wir $z(t)$ durch Einsetzen in die Darstellung (2.17). Diese formale Auflösung existiert natürlich nur in einer offenen Umgebung des Anfangswertes, eine Erweiterung etwa gar bis an den Rand des Phasenraumes würde weiterreichender topologischer Hilfsmittel bedürfen – wir werden später auf diesen Aspekt zurückkommen.

Der *zweite* Weg führt über eine *Differentiation der algebraischen Gleichung* nach t. Nehmen wir an, wir hätten für ein gewisses Zeitintervall I bereits eine Lösung $(y(t), z(t)), t \in I$, gefunden. Dann liefert Differentiation von $g(y, z) = 0$ nach t die Beziehung

$$g_y y' + g_z z' = 0. \tag{2.18}$$

Wiederum unter der Annahme, dass die Matrix g_z *nichtsingulär* ist, können wir die zweite Gleichung direkt nach z' auflösen und erhalten ein eindeutiges Paar (y', z'). Fassen wir in diesem Fall alle Differentialgleichungsanteile zusammen, so erhalten wir das quasilineare System

$$y' = f(y, z), \quad g_z(y, z)z' = -g_y(y, z)f(y, z). \tag{2.19}$$

Es ist nun keinesfalls klar, dass die Lösungen von (2.16) und (2.19) übereinstimmen. Als erstes müssen wir nachprüfen, ob die Lösung von (2.19) auch tatsächlich auf der Mannigfaltigkeit verbleibt. Anwendung des Mittelwertsatzes

$$
\begin{aligned}
g(y(t), z(t)) &= g(y(0), z(0)) + \int_0^t \left(g_y(y(s), z(s))y'(s) + g_z(y(s), z(s))z'(s) \right) ds \\
&= g(y(0), z(0))
\end{aligned}
$$

bestätigt, dass diese notwendige Bedingung für *konsistente* Anfangswerte erfüllt ist. Als zweites müssen wir noch untersuchen, ob zumindest eine lokale Lipschitzbedingung für (2.18) gilt. Differentiation der rechten Seite nach ihren Argumenten y, z führt zu einer unübersichtlichen Ansammlung von Differentialtermen. Da wir ja im betrachteten Fall (g_z nichtsingulär) das System (2.16) als Alternative zur Verfügung haben, wollen wir hier auch nicht weiter ins Detail gehen.

Bemerkung 2.26. Im Fall g_z *singulär*, der jedoch unserer hier zugrundegelegten Annahme (2.15) widerspräche, haben wir keine andere Wahl, als den obengenannten zweiten Weg fortzusetzen. Im Extremfall, dass g sogar *unabhängig* von z ist, also $g_z = 0$ *identisch* verschwindet, ist die zweite Gleichung in (2.19) eine weitere rein algebraische Bedingung

$$g_y(y)f(y, z) = 0.$$

Im allgemeinen Fall g_z singulär, aber nicht identisch null, stellt (2.19) eine Mischung aus Differentialgleichungen und versteckten algebraischen Gleichungen dar – wir sind also prinzipiell wieder in der Situation von (2.16) angekommen. Es bliebe nun wiederum zu prüfen, ob dieser algebraische Anteil nach den nichtdifferentiellen Variablen auflösbar ist. Hier zeichnen sich bereits die Grundzüge eines *rekursiven* Prozesses ab, auf den wir im allgemeineren Zusammenhang im nächsten Abschnitt 2.6 eingehen wollen.

Eine Ersetzung des Differentialgleichungssystems (2.14) durch das differentiell-algebraische System (2.16) erscheint nur dann sinnvoll, wenn die Differenz der zugehörigen Lösungen hinreichend klein ist. Eine erste systematische Untersuchung dieser Differenz geht auf A. Tikhonov [164] aus dem Jahre 1952 zurück. Asymptotische Entwicklungen, wie wir sie im Folgenden zitieren, wurden von A. B. Vasil'eva in einer Reihe von Arbeiten analysiert – siehe etwa [169] aus dem Jahre 1963.

Lemma 2.27. *Sei* $(y_\varepsilon(t), z_\varepsilon(t))$ *eindeutige Lösung des Differentialgleichungssystems* (2.14) *und* $(y_0(t), z_0(t))$ *eindeutige Lösung des differentiell-algebraischen Systems* (2.16). *Seien die Anfangswerte* $(y_0(0), z_0(0))$ *konsistent, die rechten Seiten* f, g *hinreichend oft differenzierbar. Für die Blockmatrix* g_z *gelte die Voraussetzung* (2.15) *bzgl. aller Argumente. Dann existiert die Entwicklung*

$$y_\varepsilon(t) = y_0(t) + \varepsilon\,(y_1(t) + \eta_1(t/\varepsilon)) + O(\varepsilon^2),$$

$$z_\varepsilon(t) = z_0(t) + \zeta_0(t/\varepsilon) + \varepsilon\,(z_1(t) + \zeta_1(t/\varepsilon)) + O(\varepsilon^2),$$

worin

$$y_1' = (f_y - f_z g_z^{-1} g_y) y_1 - f_z g_z^{-2} g_y f,$$

zu Anfangswerten

$$y_1(0) = -\eta_1(0) = \int_0^\infty (f(y_0(0), z_0(0) + \zeta_0(s)) - f(y_0(0), z_0(0)))\,ds.$$

Den Beweis dieses wichtigen Resultats überspringen wir; er findet sich in Lehrbüchern zur singulären Störungstheorie – siehe etwa das Buch von R. E. O'Malley [139] oder vergleiche Aufgabe 2.10.

Singuläre Störungsmethoden sind sowohl für das Verständnis als auch für die analytische Untersuchung dynamischer Systeme schön und oft nützlich. In einem praktischen Problem kann es allerdings recht schwierig sein, schnelle und langsame Freiheitsgrade lediglich auf der Basis von Einsicht in das gestellte natur- oder ingenieurwissenschaftliche Problem zu identifizieren und algorithmisch wirksam zu separieren. Damit steht und fällt natürlich auch die Frage nach einem brauchbaren Störungsparameter ε. Nicht umsonst spricht man in Fachkreisen vom „goldenen" ε, das es im konkreten Beispiel immer erst zu finden gilt.

Deshalb werden wir in Abschnitt 6.4.3 *numerische* Methoden zur singulären Störungsrechnung vorstellen. Dabei werden wir den direkten Zugang über das differentiell-algebraische System (2.16) wählen, nicht den Zugang über das erweiterte Differentialgleichungssystem (2.19) – was aus unserer obigen theoretischen Untersuchung klar genug sein sollte. Lemma 2.27 werden wir in diesem Zusammenhang gewinnbringend nutzen können, wenn auch nur in approximativer Form. Natürlich wird in der numerischen Realisierung die tatsächliche Prüfung der lokalen Fortsetzbarkeit, die sich oben als Dreh- und Angelpunkt erwiesen hat, eine wesentliche Rolle spielen: da hinter dem Satz über implizite Funktionen bekanntlich das Newton-Verfahren steckt, wird es nicht überraschen, dieses Verfahren in alle Algorithmen zu dieser Problemklasse hineinverwoben zu sehen.

2.6 Quasilineare differentiell-algebraische Probleme

Zahlreiche Differentialgleichungsmodelle der Naturwissenschaft und Technik führen nicht auf *explizite* Differentialgleichungen der Form $x' = f(t, x)$, sondern auf *impli-*

zite Differentialgleichungen

$$F(x, x') = 0,$$

wo $F : \Omega_0 \times \mathbb{R}^d \to \mathbb{R}^d$ zunächst für eine beliebige nichtlineare Abbildung steht. Anstelle dieser allgemeinen Form tritt fast ausnahmslos die speziellere *quasilineare* Form

$$B(x)x' = f(x) \tag{2.20}$$

auf, worin die Matrix B auch *singulär* sein kann. Wir werden uns auf diesen Spezialfall einschränken. Im Normalfall stimmt die Anzahl der Differentialgleichungen mit der Anzahl der Unbekannten überein ($k = d$); aber auch der *überbestimmte* Fall $k > d$ ist manchmal von Interesse und soll deshalb hier eingeschlossen werden.

Betrachten wir zunächst den einfachsten Fall $k = d$ und nehmen an, dass die (d, d)-Matrix $B(x)$ *invertierbar* für alle $x \in \Omega_0$ ist. Dann ist die Differentialgleichung (2.20) formal äquivalent zu

$$x' = g(x) = B(x)^{-1} f(x). \tag{2.21}$$

Es liegt damit im Wesentlichen der bereits behandelte explizite Fall vor. Zur Untersuchung der *lokalen Eindeutigkeit* müssen wir allerdings eine zumindest lokale Lipschitzbedingung herleiten; ein einfacher Weg dazu führt über eine Norm der Jacobimatrix $Dg(x)$ in einer Umgebung von $x \in \Omega_0$. Lassen wir der Bequemlichkeit halber das Argument x weg, so liefert Differenzieren der Gleichung

$$Bg = f$$

nach x in Richtung eines beliebigen Vektors $z \in \mathbb{R}^d$ den Ausdruck

$$DB \cdot (g, z) + B\, Dg \cdot z = Df \cdot z,$$

wobei die Ableitung DB natürlich symmetrisch bilinear ist. Die lineare Abbildung $z \mapsto DB \cdot (g, z)$ können wir durch die Matrix

$$\Gamma(x, g) \in \mathrm{Mat}_{k,d}(\mathbb{R}), \quad \Gamma(x, g) \cdot z = DB(x) \cdot (g, z) \tag{2.22}$$

beschreiben, wobei wir das Argument x wieder eingeführt haben. Nach Definition und mit $x' = g(x)$ sind die Komponenten von Γ durch

$$\Gamma_{i\ell} = \sum_{j=1}^{d} \frac{\partial B_{ij}(x)}{\partial x_\ell} x_j', \quad i = 1, \dots, k, \ \ell = 1, \dots, d,$$

gegeben. Setzen wir Γ oben ein, so können wir z fortlassen und erhalten wegen der Invertierbarkeit von B schließlich

$$Dg(x) = B(x)^{-1} \big(Df(x) - \Gamma(x, B(x)^{-1} f) \big).$$

Die Existenz und Stetigkeit von Dg impliziert nach Lemma 2.6 eine lokale Lipschitz-bedingung.

Im *überbestimmten* Fall $k > d$ definiert (2.20) für jedes $x \in \Omega_0$ genau dann ein *eindeutige* Ableitung x', wenn die Bedingungen

$$\text{Rang}\,(B(x)) = d \quad \text{und} \quad f(x) \in R(B(x)) \qquad \text{für alle } x \in \Omega_0$$

erfüllt sind, wobei $R(B(x))$ den Bildraum (engl. *range*) von $B(x)$ bezeichnet.

Mathematisch interessanter und in der Praxis häufiger ist der *rangdefekte* Fall

$$\text{Rang}\,(B(x)) = r < d. \tag{2.23}$$

In diesem Fall können immer noch eindeutige Lösungen existieren, wie wir im vorigen Abschnitt anhand des *separierten* Spezialfalles

$$y' = f(y, z), \quad 0 = g(y, z)$$

erkannt haben. Dieser Fall ist offenbar in (2.20) enthalten, wenn wir die Matrix B in partitionierter Form durch $B_{11} = I_r$ und sonst null definieren.

Der nichtseparierte allgemeinere Fall (2.20) tritt typischerweise auf, wenn eine mathematische Beschreibung in *redundanten* Koordinaten gewählt wurde, d. h. in Koordinaten mit gegenseitigen Abhängigkeiten. Eine solche Formulierung kann oft bequemer sein als eine Formulierung in *minimalen* Koordinaten, d. h. in wechselseitig unabhängigen Koordinaten. Allgemein gilt: Minimalkoordinaten sind nur für *kleinere* Probleme praktikabel; bei *großen* Systemen hingegen erhalten Koordinatensysteme den Vorzug, in deren Rahmen sich die hochdimensionalen Differentialgleichungen bequem und fehlerfrei aus niedrigdimensionalen Komponenten *modular* aufbauen lassen. In der Industrie werden sogar oft verschiedene Module in unterschiedlichen technischen Abteilungen erstellt, wie wir bereits in den einführenden Kapiteln erwähnt hatten. Aufgrund der Redundanz entsteht eine sogenannte *Deskriptorform*, die Kopplungen der Zustände x und ihrer Ableitungen x' enthält. Beispiele dieser Art finden sich in der Mehrkörperdynamik (etwa in der Robotik), der Elektrotechnik (etwa in der Schaltkreissimulation, vgl. Abschnitt 1.4), der Molekulardynamik (vgl. Abschnitt 1.2) oder der chemischen Reaktionskinetik (vgl. Abschnitt 1.3). Zur Illustration des Gesagten betrachten wir ein einfaches Beispiel aus der Mechanik.

Beispiel 2.28. *Pendel.* Ein Pendel der Länge r_0 und Masse m sei im Ursprung eines kartesischen Koordinatensystems (x_1, x_2) aufgehängt. Es schwinge unter dem Einfluss der Gravitationskraft, die in negativer x_2-Richtung wirke. In diesen Koordinaten lauten die Bewegungsgleichungen

$$mx_1'' = -mx_1\tau, \quad mx_2'' = -mg - mx_2\tau, \quad x_1^2 + x_2^2 = r_0^2.$$

Wir erkennen deutlich die in Abschnitt 1.1 diskutierte Form „Masse × Beschleunigung = Kraft" einer mechanischen Bewegungsgleichung, allerdings schränkt die algebraische Nebenbedingung die Dynamik auf die Mannigfaltigkeit

$$\mathcal{M} = \{(x_1, x_2) \in \mathbb{R}^2 : x_1^2 + x_2^2 = r_0^2\}$$

ein. Eine Möglichkeit zur Behandlung der Nebenbedingung ist die Einführung eines
Lagrange-Multiplikators: Physikalisch gesprochen stellt er die (virtuelle) Kraft dar,
welche die starre Verbindung aufbringen muss, um den Massenpunkt auf der Kreislinie zu halten. Eine andere Möglichkeit ist eine Parametrisierung der Mannigfaltigkeit,
etwa durch Übergang zu Polarkoordinaten

$$x_1 = r \cos\phi, \quad x_2 = r \sin\phi.$$

In dieser Formulierung des Problems ist der Radius $r = r_0$ zeitlich konstant, d. h., die
algebraische Nebenbedingung ebenso wie die virtuelle Kraft sind bereits durch die
Koordinatenwahl implizit erledigt. Es verbleibt nur noch eine Bewegungsgleichung
für den Winkel ϕ. Wählt man die Variable ϕ als Winkel der Auslenkung aus der
Ruhelage $3/2\pi$, so ergibt sich

$$m r_0 \phi'' = -mg \cos\phi.$$

Offenbar stellen Polarkoordinaten einen Satz von *Minimalkoordinaten* für das ebene
Pendel dar.

Kehren wir nun zurück zum allgemeinen Fall (2.20). Um auch hier die differentiellen und algebraischen Anteile separieren zu können, zerlegen wir den Urbildraum
$\mathbb{R}^d$ von $B(x)$ in die orthogonale Summe

$$\mathbb{R}^d = N(B(x)) \oplus N(B(x))^\perp$$

und den Bildraum $\mathbb{R}^k$ von $B(x)$ in die orthogonale Summe

$$\mathbb{R}^k = R(B(x)) \oplus R(B(x))^\perp,$$

wobei $N(B)$ den Nullraum der Matrix B und $R(B)$ wieder das Bild von B bezeichnet.
Führen wir die *Moore-Penrose-Pseudoinverse* B^+ ein (siehe etwa das Textbuch von
G. H. Golub und C. F. Van Loan [76] oder Band 1, Abschnitt 3.3), so können wir die
zugehörigen Projektoren darstellen als

$$P(x) = B(x)B(x)^+, \quad P^\perp = I - P,$$

$$Q(x) = B(x)^+ B(x), \quad Q^\perp = I - Q.$$

Durch Verwendung der Penrose-Axiome zeigt man rasch, dass die obigen Projektoren
orthogonal sind, wobei

$$Q^\perp(x) : \mathbb{R}^d \to N(B(x)), \quad P(x) : \mathbb{R}^k \to R(B(x)).$$

Unter der Annahme, dass eine Lösung $x \in C^1$ existiert, gelingt uns mit diesen Projektoren die gewünschte Separation der Variablen und ihrer Ableitungen: Partitionieren wir

$$x = Q(x)x + Q^\perp(x)x,$$

so folgt wegen

$$\begin{aligned}
x' &= Q(x)x' + Q^\perp(x)x' + DQ(x)(x',x) + DQ^\perp(x)(x',x) \\
&= Q(x)x' + Q^\perp(x)x' + DQ(x)(x',x) - DQ(x)(x',x) \\
&= Q(x)x' + Q^\perp(x)x'
\end{aligned}$$

die gleiche lokale Partitionierung für die Ableitung. Damit können wir den rein differentiellen Anteil identifizieren als

$$Q(x)x' = B(x)^+ B(x)x' = B(x)^+ f(x).$$

Dieses spezielle Richtungsfeld bekommen wir somit als „kürzestes" aller möglichen Richtungsfelder, d. h. durch Lösung des unterbestimmten linearen Ausgleichsproblems (2.20). Es fehlen uns nur noch die in (2.20) „versteckten" algebraischen Gleichungen: Anwendung des Projektors $P^\perp$ auf (2.20) liefert

$$F(x) = P^\perp(x)B(x)x' = P^\perp(x)f(x) = 0 \tag{2.24}$$

oder äquivalent die Bedingung

$$f(x) \in R(B(x)).$$

Dies definiert die Mannigfaltigkeit

$$\mathcal{M} = \{x \in \Omega_0 : F(x) = 0\} = \{x \in \Omega_0 : f(x) \in R(B(x))\}.$$

Anstelle von (2.20) untersuchen wir also das formale *differentiell-algebraische System*

$$Q(x)x' = B(x)^+ f(x), \quad P^\perp(x)f(x) = 0 \tag{2.25}$$

zu *konsistenten* Anfangswerten

$$x(0) \in \mathcal{M}.$$

Wie im vorigen Abschnitt 2.5 am einfachen Spezialfall dargestellt, haben wir auch im allgemeinen Fall wieder zwei mögliche Wege, die *Existenz und Eindeutigkeit* von Lösungen zu untersuchen: (a) Anwendung des Satzes über implizite Funktionen auf das differentiell-algebraische System, oder (b) Differentiation der algebraischen Gleichungen. Aus Gründen, die wir im separierten Spezialfall bereits erläutert haben, wählen wir auch hier den ersten Weg. Damit bleibt als wesentliche Frage zu untersuchen,

unter welcher Bedingung die algebraischen Gleichungen (2.24) nach den nichtdifferentiellen Variablen auflösbar sind. Das Äquivalent zur Bedingung g_z nichtsingulär
im separablen Fall wird hier eine Bedingung an die Matrix

$$DF(x)Q^\perp(x)$$

sein müssen. Dazu benötigen wir das folgende Hilfsresultat.

Lemma 2.29. *Gegeben sei das quasilineare System* (2.20) *mit der Rangbedingung*
(2.23). *Dann gilt*

$$DF(x) = P^\perp(x)\big(Df(x) - \Gamma(x, B^+(x)f(x))\big).$$

Beweis. Differentiation von $F(x) = P^\perp(x)f(x)$ nach x in Richtung z ergibt wegen
$P^\perp = I - P$

$$DF\cdot z = P^\perp Df\cdot z + DP^\perp\cdot(f,z) = P^\perp Df\cdot z - DP\cdot(f,z).$$

Für die Ableitung DP der Projektion P findet man etwa in [75] den Ausdruck

$$DP\cdot(f,z) = P^\perp DB\cdot(B^+ f,z) + (B^+)^T DB^T\cdot(P^\perp f,z).$$

Setzen wir hier die in (2.22) definierte Matrix Γ ein, so ergibt sich

$$P^\perp DB\cdot(B^+ f,z) = P^\perp\Gamma(x, B^+ f)\cdot z,$$

wohingegen der zweiten Summand wegen $P^\perp(x)f(x) = 0$ verschwindet.
   Einsetzen in DF bestätigt schließlich die Aussage des Lemmas.   □

   In vielen praktisch relevanten Fällen rührt unsere allgemeine quasilineare Gleichung von der noch spezielleren Gestalt

$$q'(x) = f(x)$$

her, die durch Ausdifferenzieren auf (2.20) mit der zusätzlichen Spezifikation

$$B = Dq : \Omega_0 \to \mathrm{Mat}_{k,d}(\mathbb{R})$$

führt. In diesem Spezialfall gilt das folgende einfachere Resultat.

Lemma 2.30. *Unter den Annahmen* (2.23) *und* $B = Dq$ *in* (2.20) *gilt*

$$DF(x)Q^\perp(x) = P^\perp(x)Df(x)Q^\perp(x).$$

Beweis. Für zunächst beliebiges $w \in \mathbb{R}^d$ beweisen wir das Hilfsresultat

$$P^{\perp}(x)\Gamma(x, Q^{\perp}(x)w) = 0.$$

Mit der Definition von Γ und wegen $B = BQ$ gilt

$$\begin{aligned}
\Gamma(x, Q^{\perp}w)z &= DB \cdot (Q^{\perp}w, z) = D(BQ) \cdot (Q^{\perp}w, z) \\
&= DB \cdot (\underbrace{QQ^{\perp}w}_{=0}, z) + BDQ \cdot (Q^{\perp}w, z) \\
&= BDQ \cdot (Q^{\perp}w, z).
\end{aligned}$$

Wir benötigen also die Ableitung DQ, welche wir – wie die Ableitung DP im Beweis von Lemma 2.29 – etwa aus der Arbeit [75] erhalten:

$$DQ \cdot (u, z) = B^+ DB \cdot (Q^{\perp}u, z) + Q^{\perp}DB^T \cdot ((B^+)^T u, z).$$

Setzen wir $u = Q^{\perp}w$ ein, so gelangen wir zu

$$\begin{aligned}
BDQ \cdot (Q^{\perp}w, z) &= \underbrace{BB^+}_{=P} DB \cdot (Q^{\perp}w, z) + \underbrace{BQ^{\perp}}_{=0} DB^T \cdot ((B^+)^T Q^{\perp}w, z) \\
&= PDB \cdot (Q^{\perp}w, z).
\end{aligned}$$

Insgesamt erhalten wir also für jedes $z \in \mathbb{R}^d$

$$P^{\perp}\Gamma(x, Q^{\perp}w)z = P^{\perp}BDQ \cdot (Q^{\perp}w, z) = \underbrace{P^{\perp}P}_{=0} DB \cdot (Q^{\perp}w, z) = 0,$$

womit das obige Hilfsresultat bewiesen ist. Aus der Symmetrie und Bilinearität von D^2q folgt sodann

$$\Gamma(x, g)z = DB \cdot (g, z) = D^2q \cdot (g, z) = D^2q \cdot (z, g) = DB \cdot (z, g) = \Gamma(x, z)g.$$

Dies liefert schließlich wegen

$$P^{\perp}\Gamma(x, w)Q^{\perp}z = P^{\perp}\Gamma(x, Q^{\perp}z)w = 0$$

die Aussage des Lemmas. $\square$

Wir haben damit unsere Vorbereitungen zur Charakterisierung der lokalen Auflösbarkeit der algebraischen Gleichungsanteile abgeschlossen.

Satz 2.31. *Gegeben sei ein quasilineares Anfangswertproblem*

$$B(x)x' = f(x), \quad x(0) = x_0, \quad x_0 \in \Omega_0,$$

mit der matrixwertigen Abbildung $B \in C^2(\Omega_0, \mathrm{Mat}_{k,d}(\mathbb{R}))$ und der Abbildung $f \in C^2(\Omega_0, \mathbb{R}^k)$. Sei gleichmäßig für alle $x \in \Omega_0$ die Rangbedingung

$$\mathrm{Rang}\, B(x) = r < d$$

erfüllt. Die Anfangswerte x_0 seien konsistent, d. h., mit den orthogonalen Projektoren $P(x) = B(x)B(x)^+$ und $Q(x) = B(x)^+ B(x)$ gilt

$$P(x_0)^\perp f(x_0) = 0.$$

Dann folgt: Unter der Bedingung

$$\mathrm{Rang}\left(P^\perp(x)\big(Df - \Gamma(x, B^+ f)\big)Q^\perp(x)\right) = d - r \quad \textit{für alle } x \in \Omega_0 \qquad (2.26)$$

beziehungsweise, falls $B = Dq$, unter der Bedingung

$$\mathrm{Rang}\left(P^\perp(x)Df(x)Q^\perp(x)\right) = d - r \quad \textit{für alle } x \in \Omega_0 \qquad (2.27)$$

existiert eine lokal eindeutig fortsetzbare Lösung $x \in C^1$.

Beweis. Wir skizzieren den Beweis nur. Zunächst hatten wir das quasilineare Differentialgleichungssystem (2.20) in das äquivalente differentiell-algebraische System (2.25) überführt. Durch Einführung von

$$x = y + z, \quad y = Q(x)x, \quad z = Q^\perp(x)x, \quad y' = Q(x)x'$$

lässt sich dieses System auf den separierten Spezialfall (2.16) zurückführen. Unter der Rangbedingung (2.26) lassen sich aufgrund des Satzes über implizite Funktionen die algebraischen Gleichungen in einer Umgebung des Anfangswertes formal nach z auflösen, etwa $z = h(y)$. Einsetzen von h in den differentiellen Anteil liefert dann die Gestalt

$$y' = f(y, h(y))$$

wie im einfachen Spezialfall. $\qquad\qquad\qquad\qquad\qquad\qquad\qquad\qquad\qquad\qquad\qquad \Box$

Falls die Rangbedingung (2.26) bzw. (2.27) verletzt ist, so können wir fortfahren wie im vorigen Abschnitt angedeutet: Wir differenzieren die algebraischen Gleichungen $F(x(t)) = 0$ nach t und identifizieren jeweils auflösbare algebraische Zusatzgleichungen. Diese Prozedur lässt sich prinzipiell *rekursiv* anwenden: Es werden sukzessive die jeweils nicht auflösbaren algebraischen Anteile weiter differenziert. Eine *algebraische* Beschreibung dieses rekursiven Prozesses (siehe etwa die Überblicksarbeit [126] von R. März) führt allerdings nahezu unvermeidlich zu einer recht unhandlichen Notation, wie schon aus unserer bisherigen Darstellung ersichtlich sein dürfte. Falls der rekursive Prozess nach endlich vielen Differentiationsschritten zur Konstruktion eines ersatzweisen äquivalenten expliziten Differentialgleichungssystems führt, bezeichnet man die minimal nötige Anzahl solcher Schritte als *Differentiationsindex*

ν_D. In dieser Definition gilt offenbar $\nu_D = 0$ für Systeme der Bauart (2.21), $\nu_D = 1$ für eindeutig lösbare differentiell-algebraische Gleichungen.

Bei der Durchführung der beschriebenen Rekursion kann es allerdings durchaus vorkommen, dass der Prozess zum Stillstand kommt, ohne dass alle rein algebraischen Anteile eliminiert werden können. In diesem Fall erweist sich der Begriff des Differentiationsindex natürlich als untauglich. Dies festigt den Eindruck, dass quasilineare Differentialgleichungen (und darüberhinaus allgemeinere implizite Differentialgleichungen) mathematisch einheitlicher als *Differentialgleichungen auf Mannigfaltigkeiten* gesehen werden sollten. Den Grundstein zu dieser Betrachtungsweise hat W. C. Rheinboldt in seiner fundamentalen Arbeit [149] aus dem Jahre 1984 gelegt, siehe auch weitere Arbeiten wie etwa [147, 145]. Ein empfehlenswerter Überblick über diese Thematik findet sich in dem jüngst erschienen Handbuchartikel [146].

Regularität lokaler Matrizenbüschel. Im allgemeinen Fall beinhaltet die bisherige Darstellung offenbar die numerische Prüfung der Rangbedingung (2.26), die natürlich allenfalls lokal, etwa für den Anfangswert $x(0)$, realisierbar sein wird. Dies würde auf eine subtile numerische Rangentscheidung hinauslaufen (siehe etwa Band 1, Abschnitt 3.2). Im gegebenen Kontext bietet sich allerdings noch eine einfachere Möglichkeit an: dazu bedienen wir uns einer äusserst hilfreichen Begriffsbildung aus der Matrizentheorie.

Definition 2.32. Seien zwei Matrizen $A, B \in \mathrm{Mat}_{k,d}(\mathbb{R})$ gegeben. Die Familie $\{B - \tau A\}_{\tau \in \mathbb{R}}$ heißt *Matrizenbüschel* (engl. *matrix pencil*). Ein Matrizenbüschel heißt *regulär*, wenn $k = d$ gilt und für wenigstens ein $\tau \in \mathbb{R}$ die Matrix $B - \tau A$ invertierbar ist. Anderenfalls heißt das Matrizenbüschel *singulär*.

In seinem Buch [72, Abschnitt 12.7] hat R. Gantmacher mit Hilfe von Matrizenbüscheln eine vollständige Klassifikationstheorie von *linearen autonomen* differentiell-algebraischen Problemen

$$Bx' = Ax$$

gegeben. Da wir numerisch ohnehin nur lokale Tests realisieren können, ist diese Theorie zugleich eine wichtige Grundlage für jedwede numerische Realisierung – siehe die Abschnitte 6.4 und 7.3.2.

Lemma 2.33. *Für $k = d$ folgt aus den Rangbedingungen (2.23) und (2.26), dass für jedes $x \in \Omega_0$ und $w \in \mathbb{R}^d$ das Matrizenbüschel*

$$\left\{ B(x) - \tau \big(Df(x) - \Gamma(x, w) \big) \right\}_{\tau \in \mathbb{R}}$$

regulär ist.

Beweis. Wir wählen $x \in \Omega_0$ und $w \in \mathbb{R}^d$ fest und setzen

$$B = B(x), \quad A = Df(x) - \Gamma(x, w).$$

In dieser Notation lauten die Rangbedingungen (2.23) und (2.26) dann

$$\text{Rang } B = r, \quad \text{Rang}(P^\perp A Q^\perp) = d - r. \tag{I}$$

Wir betrachten nun das linear-autonome differentiell-algebraische Anfangswertproblem

$$B z' = A z, \quad z(0) = 0. \tag{II}$$

Wir wenden nun hierauf Satz 2.31 an, wobei wir berücksichtigen, dass für linear autonome DAE-Systeme das Resultat zugleich als global gelten kann. Deshalb können wir aus der Rangbedingung (I) darauf schließen, dass

$$z_*(t) = 0 \quad \text{für alle } t \in \mathbb{R}$$

die *eindeutige* Lösung des Problems (II) darstellt.

Nach dieser Vorbereitung gelangen wir zum Beweis der Behauptung. Dazu wollen wir die Annahme, dass das Matrizenbüschel $\{B - \tau A\}_{\tau \in \mathbb{R}}$ *singulär* ist, auf einen Widerspruch führen.

Aus der Singularität von $\{B - \tau A\}_{\tau \in \mathbb{R}}$ folgt, dass das charakteristische Polynom

$$\chi(\tau) = \det(B - \tau A)$$

identisch verschwindet. Wählen wir daher $d + 1$ Werte

$$0 < \tau_1 < \cdots < \tau_{d+1},$$

so finden wir Vektoren $0 \neq v_i \in \mathbb{R}^d, i = 1, \ldots, d + 1$, so dass gilt

$$(B - \tau_i A) v_i = 0, \quad i = 1, \ldots, d + 1.$$

Da $d + 1$ Vektoren aus $\mathbb{R}^d$ linear abhängig sein müssen, gibt es Koeffizienten α_i, welche nicht sämtlich verschwinden und

$$\sum_{i=1}^{d+1} \alpha_i v_i = 0$$

erfüllen. Dabei sei i_0 der kleinste Index, für den $\alpha_i \neq 0$ ist. Die Funktion

$$z(t) = \sum_{i=1}^{d+1} \alpha_i \exp(t/\tau_i) v_i$$

erfüllt $z(0) = 0$ und es gilt für hinreichend großes $t_* > 0$

$$|z(t)| \geq \frac{|\alpha_{i_0}|}{2} \exp(t/\tau_{i_0}) |v_{i_0}| > 0, \quad t \geq t_*,$$

d. h., insbesondere ist die Funktion z nicht identisch Null. Nun erfüllt die Funktion z aber die Differentialgleichung $Bz' = Az$,

$$Bz' - Az = \sum_{i=1}^{d+1} \alpha_i \exp(t/\tau_i)(\tau_i^{-1}B - A)v_i$$

$$= \sum_{i=1}^{d+1} \alpha_i \exp(t/\tau_i)\tau_i^{-1}\underbrace{(B - \tau_i A)v_i}_{=0} = 0,$$

im Widerspruch zur oben festgestellten Eindeutigkeit der Lösung $z_* = 0$. □

In allen später diskutierten Diskretisierungsmethoden treten Matrizenbüschel auf, wobei der Parameter τ die Diskretisierungsschrittweite darstellt. Innerhalb dieser Diskretisierungen werden wir das Lemma in umgekehrter Richtung nutzen: Falls sich eine auftretende Matrix $B - \tau A$ für einen Wert von τ numerisch als „singulär" herausstellt, so werden wir die Schrittweite reduzieren und die neue Matrix erneut testen. Sollte sich numerische Singularität bei wiederholter Schrittweitenreduktion immer wieder zeigen, so werden wir aufgrund dieser punktweisen Tests schließlich annehmen, dass das zugehörige Matrizenbüschel singulär ist.

Es gibt jedoch Spezialfälle in den Anwendungen, bei denen die Rangbedingung direkt *strukturell* überprüft werden kann. Ein solches Beispiel wollen wir zum Abschluss dieses Kapitels geben.

Beispiel 2.34. *Index bei elektrischen Schaltkreisen.* In Abschnitt 1.4 hatten wir bereits die mathematische Modellierung elektrischer Schaltkreise als Beispiel für quasilineare Differentialgleichungssysteme kennengelernt. Die Kirchhoffschen Spannungs- und Stromgesetze sowie die charakteristischen Gleichungen der Induktivitäten und Spannungsquellen zusammen mit den Spannungs-Ladungs-Relationen der Kapazitäten und den Strom-Fluss-Relationen der Induktivitäten liefern ein DAE-System, das noch etwas allgemeiner als (1.17) ist: Packen wir Ladungen und magnetische Flüsse zusammen in $y = (Q, \Phi)$ und alle übrigen Variablen in x, so erhalten wir eine DAE der Gestalt

$$Ay' = f(x,t),$$
$$y = g(A^T x, t),$$
(2.28)

worin

$$A = \begin{bmatrix} A_C & 0 & 0 \\ 0 & I & 0 \\ 0 & 0 & 0 \end{bmatrix}.$$

Die Inzidenzmatrix A_C ist im Allgemeinen nicht quadratisch. Da alle differentiellen Variablen y auch in den algebraischen Gleichungen vorkommen, besitzt diese DAE den Index $\nu_D \geq 1$. Von Interesse ist ein automatisierbarer Test, ob die Eigenschaft $\nu_D = 1$ bei einer gegebenen komplexen Schaltung vorliegt.

Dazu differenzieren wir, wie üblich, die algebraischen Gleichungen in (2.28). Mit der Bezeichnung

$$G(u,t) := \frac{\partial g(u,t)}{\partial u}$$

ergibt sich

$$y' = G(A^T x, t) A^T x' + g_t(A^T x, t)$$

bzw.

$$A \, G(A^T x, t) \, A^T x' = f(x, t) - A g_t(A^T x, t).$$

Aus der Theorie elektrischer Schaltkreise ist bekannt, dass $G(\cdot)$ *positiv definit* ist. Daraus folgt, dass $AG(\cdot)A^T$ genau dann regulär ist, wenn A *vollen Zeilenrang* besitzt. Dies aber ist wiederum dann der Fall, wenn die Schaltung *keine Spannungsquellen* enthält (untere Nullzeilen von A entfallen) *und die Matrix A_C vollen Zeilenrang besitzt* – eine algorithmisch einfach überprüfbare Bedingung.

Die hier angegebene Index-1-Bedingung ist hinreichend, aber nicht notwendig. Eine Herleitung notwendiger Bedingungen erforderte wesentlich umfangreichere netzwerktheoretische Betrachtungen. Dazu und zur Klassifikation von Netzwerken mit Index $\nu_D = 2$ sei auf die Originalarbeiten von C. Tischendorf et al. [157, 165] verwiesen.

Was die *numerische* Lösung von quasilinearen DAE-Systemen angeht, werden wir uns in allen nachfolgenden Kapiteln auf den Fall $\nu_D \leq 1$ einschränken; als Einstieg in die Numerik für Probleme mit höherem Index empfehlen wir die Monographien [23] und [88].

Übungsaufgaben

Aufgabe 2.1. Betrachtet sei das Anfangswertproblem

$$x' = t^2 + x^2, \quad x(0) = 0.$$

Versuche mit Hilfe des Nachschlagewerkes [106] einen „geschlossenen" Ausdruck für $x(1/2)$ zu finden. Ist dies ein brauchbarer Weg zur Berechnung von $x(1/2)$? Zum Vergleich: Es ist $x(1/2) = 0.0417911461546\ldots$.

Aufgabe 2.2. Gegeben sei das Anfangswertproblem aus einer Differentialgleichung m-ter Ordnung,

$$x^{(m)} = f\big(t, x, x', x'', \ldots, x^{(m-1)}\big), \tag{I}$$

und Anfangswerten

$$x(t_0) = x_0, \; x'(t_0) = x_0', \; x''(t_0) = x_0'', \ldots, x^{(m-1)}(t_0) = x_0^{(m-1)}.$$

Zeige, dass dieses Anfangswertproblem mit Hilfe des Vektors

$$X = \left(x, x', x'', \ldots, x^{(m-1)}\right)^T$$

auf die Form (2.1), d. h.

$$X' = F(t, X), \quad X(t_0) = X_0,$$

gebracht werden kann. Diskutiere die Frage nach der Existenz und Eindeutigkeit von Lösungen des Problems (I).

Aufgabe 2.3. Betrachtet sei die *radialsymmetrische Poissongleichung*

$$\Delta u(x) = \sum_{k=1}^{d} \frac{\partial^2}{\partial x_k^2} u(x) = f(|x|), \quad x \in B_\rho(0),$$

in d Raumdimensionen. Dabei sei $f \in C([0, \rho], \mathbb{R})$. Zeige, dass das schwach singuläre Anfangswertproblem

$$\frac{d^2}{dr^2} v(r) + \frac{d-1}{r} \frac{d}{dr} v(r) = f(r), \quad v(0) = 1,$$

eine eindeutige Lösung $v \in C^2([0, \rho], \mathbb{R})$ besitzt und dass

$$u(x) = v(|x|)$$

Lösung der Poissongleichung mit $u(0) = 1$ ist.

Aufgabe 2.4. In den gängigen Lehrbüchern, etwa dem von P. Hartman [98] oder dem von W. Walter [171], wird das schwach singuläre Anfangswertproblem

$$x' = Mx/t + g(t, x), \quad x(0) = x_0, \, M \in \mathrm{Mat}_d(\mathbb{R}),$$

für die speziellen rechten Seiten

$$g(t, x) = \left(\sum_{k=0}^{\infty} t^k A_k \right) x, \quad A_k \in \mathrm{Mat}_d(\mathbb{R}),$$

behandelt. Hierbei konvergiere die Potenzreihe für $t \in]-T, T[$.

(i) Leite die (zuerst von H. Sauvage 1886 angegebenen) notwendigen und hinreichenden Bedingungen an das Spektrum der Matrix M her, unter denen die Differentialgleichung eine eindeutige Lösung der Form

$$x(t) = t^\lambda \sum_{k=0}^{\infty} v_k t^k, \quad v_k \in \mathbb{R}^d,$$

besitzt. Was muss dann zusätzlich für den Anfangswert x_0 gelten? Vergleiche das Ergebnis mit Satz 2.24 und erkläre den Unterschied anhand des Testproblems (2.10).

(ii) Welche Transformation wandelt die Differentialgleichung in ein System ohne Singularität um? Nutzt diese Transformation bei der Behandlung der Anfangsbedingung?

Hinweis zu (i): Argumentiere zunächst mit *formalen* Potenzreihen und bestimme zuerst λ und v_0, dann rekursiv $v_1, v_2, \ldots$.

Aufgabe 2.5. Betrachtet sei das Anfangswertproblem von Thomas und Fermi in der transformierten Form

$$x_1' = tx_2, \quad x_2' = 4x_1^{3/2}, \quad x_1(0) = \eta_1 > 0, \quad x_2(0) = \eta_2,$$

auf dem erweiterten Phasenraum $\Omega = \mathbb{R} \times]0, \infty[\times \mathbb{R}$. Zeige für die maximal fortgesetzte eindeutige Lösung $x \in C^1([0, t_+[, \mathbb{R}^2)$:

(i) Gilt $x_2(t_*) \geq 0$ für ein $t_* < t_+$, so liegt ein „Blow-up" bei $t_+ < \infty$ vor:

$$\lim_{t \uparrow t_+} x_1(t) = \infty.$$

(ii) „Kollabiert" die Lösung mit $\lim_{t \uparrow t_+} x_1(t) = 0$ am Rande des Phasenraumes, so gilt

$$\lim_{t \uparrow t_+} x_2(t) < 0.$$

(iii) Aus $t_+ = \infty$ folgt

$$\lim_{t \to \infty} x_1(t) = \lim_{t \to \infty} x_2(t) = 0.$$

Deute das Resultat (iii) vor dem Hintergrund des Resultates von A. Mambriani.

Aufgabe 2.6. Die Lösung $x \in C^1([0, T], \Omega_0)$ des Anfangswertproblems

$$x' = f(x), \quad x(0) = x_0,$$

auf dem Phasenraum $\Omega_0 \subset \mathbb{R}^d$ erfülle (von sich aus) die algebraischen Bedingungen

$$g(x(t)) = 0 \quad \text{für alle } t \in [0, T],$$

mit einer Abbildung $g : \Omega_0 \to \mathbb{R}^k$ und $k < d$. Solche Bedingungen sind z. B. Erhaltungseigenschaften von Energie, Masse, Impuls oder ähnlichem. Diese algebraischen Nebenbedingungen können mittels eines zeitabhängigen Lagrange-Multiplikators $\lambda(t) \in \mathbb{R}^k$ an die Differentialgleichung angekoppelt werden, so dass wir folgendes differentiell-algebraische System erhalten:

$$x' = f(x) + Dg^T(x)\lambda, \quad 0 = g(x), \quad x(0) = x_0.$$

Zeige:

(I) Sofern die Jacobimatrix Dg entlang der Lösung des ursprünglichen Anfangswertproblems vollen Zeilenrang k besitzt (d. h. linear unabhängige Bedingungen vorliegen), hat das differentiell-algebraische Anfangswertproblem den Differentiationsindex $\nu_D = 1$.

(II) Die eindeutige Lösung des differentiell-algebraischen Systems ist durch die Lösung x des ursprünglichen Anfangswertproblems, sowie durch $\lambda \equiv 0$ gegeben.

Aufgabe 2.7. Gegeben sei das differentiell-algebraische Anfangswertproblem

$$-x_1 E x' + x = f(t), \quad x(0) = 0,$$

auf dem Phasenraum $\mathbb{R}^d$ mit der nilpotenten Matrix

$$E = \begin{bmatrix} 0 & & & \\ 1 & \ddots & & \\ & \ddots & \ddots & \\ & & 1 & 0 \end{bmatrix} \in \mathrm{Mat}_d(\mathbb{R}).$$

Gib die Lösung in geschlossener Form an. Welchen Differentiationsindex hat dieses
Problem? Gibt es einen Zusammenhang mit dem Nilpotenzindex der Matrix E?

Aufgabe 2.8. Betrachtet wird das Anfangswertproblem

$$x' = x^{1/2}, \quad x(0) = 0.$$

Zeige, dass für $t \in [0, \infty)$ mehr als zwei positive Lösungen existieren, und gib solche
Lösungen explizit an. Betrachte nun die obige Differentialgleichung zum Anfangswert $x(0) = \varepsilon$ und zeige, dass dieses Anfangswertproblem auf $t \in [0, \infty)$ für jedes
$\varepsilon > 0$ eindeutig lösbar ist. Vergleiche auch Aufgabe 4.15.

Aufgabe 2.9. Berechne die lokale Lipschitzkonstante des Differentialgleichungssystems (2.19).

Aufgabe 2.10. Beweisskizze zu Lemma 2.27 in Abschnitt 2.5. Wir nehmen an, dass
die asymptotischen Entwicklungen

$$y_\varepsilon(t) = y_0(t) + \eta_0(t/\varepsilon) + \varepsilon(y_1(t) + \eta_1(t/\varepsilon)) + O(\varepsilon^2),$$
$$z_\varepsilon(t) = z_0(t) + \zeta_0(t/\varepsilon) + \varepsilon(y_1(t) + \zeta_1(t/\varepsilon)) + O(\varepsilon^2)$$

existieren und das Restglied gleichmäßig beschränkt ist.

a) Zeige zunächst, dass η_0 verschwindet und die Wahl der Anfangswerte $y_1(0) = -\eta_1(0)$ impliziert.

b) Leite den Integralausdruck für $\eta_1(0)$ aus der asymptotischen Stabilität her – vergleiche Voraussetzung (2.15).

c) Nutze die Invertierbarkeit von g_z, um einen Ausdruck für z_0' herzuleiten. Folgere daraus die Gültigkeit der Differentialgleichung für y_1.

Hinweis: Differentiation obiger Entwicklungen nach t, Einsetzen in das singulär gestörte Differentialgleichungssystem (2.14) und das DAE-System (2.16) sowie Koeffizientenvergleich nach Potenzen von ε.

Aufgabe 2.11. Betrachte das folgende singulär gestörte Differentialgleichungssystem

$$\frac{dy}{dt} = yz, \qquad y(0) = y_0,$$

$$\varepsilon \frac{dz}{dt} = z - z^3, \quad z(0) = z_0.$$

Für welche Wurzeln von $g = 0$ gilt die Voraussetzung (2.15)? Löse das zugehörige differentiell-algebraische System mit konsistenten Anfangsbedingungen und diskutiere das asymptotische Verhalten des singulären Störungsproblems für $t \to \infty$.

3 Kondition von Anfangswertproblemen

Falls nicht eigens erwähnt, werden wir in diesem Kapitel Anfangswertprobleme wieder in der expliziten Form

$$x' = f(t, x), \quad x(t_0) = x_0,$$

behandeln. Im Unterschied zum vorigen Kapitel setzen wir für dieses Kapitel durchgängig voraus, dass eine eindeutige Lösung $x \in C^1([t_0, t_1], \mathbb{R}^d)$ existiert. Wir wollen uns nun mit der Frage beschäftigen, wie sich *Störungen* des Problems auf die Lösung auswirken. Gedanklich schließen wir unmittelbar an Band 1, Kapitel 2 (Fehleranalyse), an: Dort hatten wir uns klar gemacht, dass es prinzipiell zwei Arten von Fehlern gibt, nämlich mehr oder weniger unvermeidbare *Eingabefehler* und beeinflussbare *Fehler durch den Algorithmus*. Die Wirkung von Eingabefehlern wird durch die *Kondition* des Problems beschrieben. Es sei in Erinnerung gerufen, dass die Kondition eines Problems unabhängig von einem Algorithmus zur numerischen Lösung ist und damit ein wesentliches Charakteristikum des Problems darstellt. Deshalb stellen wir auch hier der algorithmischen Behandlung von Anfangswertproblemen die Konditionsanalyse voran.

In Abschnitt 3.1 studieren wir die *Sensitivität*, das heißt die Empfindlichkeit der Lösung gegen problemtypische Störungen. Ohne Einführung von Normen wird die Störung durch die *Propagationsmatrix* weitergetragen, die ihrerseits einer Differentialgleichung genügt, der Variationsgleichung (Abschnitt 3.1.1). Nach Festlegung von Normen lassen sich spezielle Konditionszahlen definieren (Abschnitt 3.1.2), die uns im Folgenden wiederholt gute Dienste leisten werden. Für differentiell-algebraische Probleme erweitert sich der Begriff der Kondition zur Charakterisierung durch einen *Störungsindex*, welcher dem in Abschnitt 2.6 eingeführten Differentiationsindex verwandt ist.

In Abschnitt 3.2 diskutieren wir das asymptotische Verhalten von Lösungen für große Zeiten $t \rightarrow \infty$, was uns zu dem Begriff der *asymptotischen Stabilität einer Differentialgleichung* führen wird. (Zur Vermeidung von Missverständnissen im Vergleich mit Band 1, Kapitel 2, sei eigens darauf hingewiesen, dass dieser historisch geprägte Stabilitätsbegriff der Analysis nicht zu verwechseln ist mit dem Begriff der *numerischen Stabilität*, der ja eine Eigenschaft eines ausgewählten Algorithmus beschreibt.) Zunächst machen wir uns einige Gedanken über eine sinnvolle mathematische Charakterisierung mit Blick auf das Verhalten der Differentialgleichung gegenüber Affintransformationen (Abschnitt 3.2.1). Für den allgemeinen nichtlinearen nichtautonomen Fall lässt sich über Stabilität keine generelle Aussage machen. Wir schränken deshalb in Abschnitt 3.2.2 unsere Betrachtung ein auf *lineare autonome* Differentialgleichungen – für diesen Spezialfall erhält man befriedigende Charakterisierungen sowohl algebraischer als auch geometrischer Natur. Diese übertragen sich in Abschnitt 3.2.3 unmittelbar auf die Diskussion der *Stabilität stationärer Punkte* von Differentialgleichungen (Punkte, in denen die rechte Seite f verschwindet). Bei der numerischen Lösung von Differentialgleichungen entstehen durch *Diskretisierung* jeweils diskrete dynamische Systeme, also im Allgemeinen nichtlineare *rekursive Abbildungen*, die mit den kontinuierlichen dynamischen Systemen verwandt sind. Auch bei diesen diskreten Systemen gilt jedoch, dass sich eine befriedigende Theorie nur im linearen autonomen Fall ergibt; sie stimmt in zahlreichen Details mit der kontinuierlichen überein – weswegen wir sie auch im vorliegenden Kontext in Abschnitt 3.3 abhandeln.

3.1   Sensitivität gegen Störungen

Wollen wir Störungen einer eindeutigen Lösung in Abhängigkeit von Störungen der *Eingabedaten* untersuchen, so müssen wir uns vorab klar werden, welche Größen in dem oben definierten Anfangswertproblem als Eingabegrößen aufzufassen sind. Je nach Problemstellung und Anwendungsfeld können wir

- die Anfangswerte $x_0 \in \mathbb{R}^d$,

- in der Abbildung f enthaltene Parameter $\lambda \in \mathbb{R}^q$,

- die Abbildung f selbst

als Eingabedaten auffassen.

3.1.1   Propagationsmatrizen

Punktweise Störung der Integralkurve.   Beginnen wir damit, die Anfangswerte oder gleich etwas allgemeiner Zustände einer Integralkurve für ausgewählte Zeitpunkte zu stören. Dazu betrachten wir die eindeutige Lösung $x(t) = \Phi^{t,t_0} x_0$ des Anfangswertproblems und stören zum Zeitpunkt s den Zustand des Systems durch δx_s, d. h.

$$x(s) \mapsto x(s) + \delta x_s.$$

Wie in Band 1, Kapitel 2, wollen wir eine *linearisierte* Störungstheorie entwickeln, also die Auswirkung der Störung nur in erster Ordnung betrachten. Hierzu wird stets die Jacobimatrix der Abbildung

$$\text{Eingabe} \longrightarrow \text{Ausgabe}$$

bestimmt. So hatten wir beispielsweise in Band 1, Abschnitt 2.2.1, die Kondition des linearen Gleichungssystems $Ax = b$ durch Differentiation der Abbildung $(A, b) \mapsto x$ ermittelt.

In unserem Fall müssen wir demnach die Abbildung

$$x \mapsto \Phi^{t,s} x$$

differenzieren, die den zu störenden Zustand zum Zeitpunkt s (Eingabe) auf den Zustand zum Zeitpunkt t (Ausgabe) abbildet. Unter welchen Umständen existiert nun die Ableitung dieser Abbildung?

Das Mindeste, was wir an Eigenschaften der rechten Seite f zu benötigen scheinen, ist die stetige Differenzierbarkeit nach der Zustandsvariablen. Tatsächlich reicht dies auch aus, wie der folgende Satz belegt, dessen Beweis wir wiederum den zahlreichen Lehrbüchern zur Theorie gewöhnlicher Differentialgleichungen überlassen, z. B. [4, 98, 171].

Satz 3.1. *Sei f auf dem erweiterten Phasenraum Ω stetig und nach der Zustandsvariablen p-fach stetig partiell differenzierbar, $p \geq 1$. Ferner seien $(t_0, x_0) \in \Omega$ und t ein Zeitpunkt, bis zu dem die eindeutige Lösung des Anfangswertproblems $x' = f(t, x)$, $x(t_0) = x_0$ existiert. Dann gibt es eine Umgebung des Zustandes x_0, so dass dort für alle $s \in [t_0, t]$ die Evolution*

$$x \mapsto \Phi^{s, t_0} x$$

bezüglich der Zustandsvariablen x eine p-fach stetig differenzierbare Abbildung ist, d. h., stetige Differenzierbarkeit in der Zustandsvariablen überträgt sich von der rechten Seite auf die Evolution.

Wir setzen also im Folgenden die stetige Differenzierbarkeit von f nach der Zustandsvariablen voraus. Die linearisierte Zustandsstörung

$$\delta x(t) \;\dot{=}\; \Phi^{t,s}(x(s) + \delta x_s) - \Phi^{t,s} x(s)$$

wird beschrieben durch

$$\delta x(t) = W(t, s) \delta x_s \tag{3.1}$$

mit der Jacobimatrix

$$W(t, s) = D_\xi \Phi^{t,s} \xi \big|_{\xi = \Phi^{s, t_0} x_0} \in \mathrm{Mat}_d(\mathbb{R}). \tag{3.2}$$

Diese überträgt (propagiert) somit in linearer Näherung die Eingabestörung vom Zeitpunkt s entlang der Integralkurve durch (t_0, x_0) zur Ausgabestörung zum Zeitpunkt t, wir nennen sie die *Propagationsmatrix*. Aus der Darstellung (3.2) geht hervor, dass die Propagationsmatrix $W(t, s)$ nur von der Integralkurve durch (t_0, x_0), nicht aber vom Anfangspaar (t_0, x_0) selbst abhängt: Denn ist $(\hat{t}, \hat{x})$ eine weiterer Punkt auf der Integralkurve, so gilt $\Phi^{s,t_0} x_0 = \Phi^{s,\hat{t}} \hat{x}$.

Sowohl die propagierte Störung $\delta x(t)$ als auch die Propagationsmatrix $W(t, s)$ sind ihrerseits Lösungen einer Differentialgleichung. Diese erhalten wir durch Differentiation der Ausgangsdifferentialgleichung

$$\frac{d}{dt} \Phi^{t,s} \xi = f(t, \Phi^{t,s} \xi)$$

nach ξ an der Stelle $\xi = \Phi^{s,t_0} x_0$. Satz 3.1 berechtigt uns, bei dieser Differentiation die auftretenden Differentiale zu vertauschen, so dass wir zunächst

$$\frac{d}{dt} \left(D_\xi \Phi^{t,s} \xi \right) = D_\xi f(t, \Phi^{t,s} \xi) = f_x(t, \Phi^{t,s} \xi) \, D_\xi \Phi^{t,s} \xi$$

erhalten. Setzen wir sodann $\xi = \Phi^{s,t_0} x_0$ ein und nutzen ferner die Eigenschaft $\Phi^{t,s} \Phi^{s,t_0} x_0 = \Phi^{t,t_0} x_0$ einer Evolution, so ergibt sich letztlich

$$\frac{d}{dt} W(t, s) = f_x(t, \Phi^{t,t_0} x_0) \, W(t, s). \tag{3.3}$$

Die zweite Eigenschaft $\Phi^{s,s} \xi = \xi$ einer Evolution liefert uns noch den Anfangswert

$$W(s, s) = D_\xi \Phi^{s,s} \xi \big|_{\xi = \Phi^{s,t_0} x_0} = I.$$

Multiplizieren wir die Differentialgleichung (3.3) mit der Eingangsstörung δx_s, so erhalten wir mit der Darstellung (3.1) ein entsprechendes Anfangswertproblem für die Zustandsstörung (erster Ordnung) zum Zeitpunkt t:

$$\delta x' = f_x(t, \Phi^{t,t_0} x_0) \, \delta x, \quad \delta x(s) = \delta x_s. \tag{3.4}$$

Eigentlich handelt es sich in (3.3) und (3.4) um die gleiche Differentialgleichung, nur die Phasenräume sind verschieden: Für die Zustände in (3.4) ist $\Omega_0 = \mathbb{R}^d$, für die Propagationsmatrizen in (3.3) hingegen $\Omega_0 = \text{Mat}_d(\mathbb{R})$. Diese gemeinsame Differentialgleichung heißt *Variationsgleichung* zur Integralkurve durch (t_0, x_0).

Die Beziehung (3.1) besagt gerade, dass die Propagationsmatrizen die zu dem Anfangswertproblem (3.4) gehörige Evolution darstellen. Aus dem Beispiel 2.11 über die Existenzintervalle bei nichtautonomen linearen Differentialgleichungen erfahren wir, dass die Propagationsmatrix für alle (t, s) definiert ist, für die die eindeutige Lösung $\Phi^{t,t_0} x_0$ des Anfangswertproblems $x' = f(t, x)$, $x(t_0) = x_0$ existiert. Wir fassen nun diese Resultate zu folgendem wichtigen Lemma zusammen, das uns den Umgang mit der Propagationsmatrix in Zukunft erheblich erleichtert.

Lemma 3.2. *Sei J das Zeitintervall, auf dem die maximal fortgesetzte Lösung des Anfangswertproblems $x' = f(t, x)$, $x(t_0) = x_0$ existiert. Für $t, s \in J$ existiert die zur Integralkurve durch (t_0, x_0) gehörige Propagationsmatrix $W(t, s)$. Diese ist die Evolution der zugehörigen Variationsgleichung.*

Aus Gründen der Vollständigkeit geben wir noch an, wie die Eigenschaften der Evolution bei den Propagationsmatrizen aussehen:

$$W(t, \sigma)W(\sigma, s) = W(t, s), \quad W(s, s) = I. \tag{3.5}$$

Die Konstruktion der Propagationsmatrizen und der Variationsgleichung kann durch folgendes kommutative Diagramm zusammengefasst werden:

$$
\begin{array}{ccc}
\boxed{x' = f(t, x), x(t_0) = x_0} & \xrightarrow{\ d/dx_0\ } & \boxed{\delta x' = f_x(t, \Phi^{t,t_0} x_0)\delta x, \delta x(t_0) = \delta x_0} \\
\Big\downarrow {\scriptstyle \int} & & \Big\downarrow {\scriptstyle \int} \\
\boxed{x(t) = \Phi^{t,t_0} x_0} & \xrightarrow{\ d/dx_0\ } & \boxed{\delta x(t) = W(t, t_0)\delta x_0}
\end{array}
$$

Bemerkung 3.3. Die Evolution einer (evtl. nichtautonomen) *linearen* Differentialgleichung wird zuweilen *Wronski-Matrix* genannt. Somit ist $W(t, s)$ die Wronski-Matrix der Variationsgleichung, was die hier gewählte Bezeichnung motiviert.

Störung von Parametern. In vielen Anwendungsproblemen verbergen sich in der rechten Seite f der Differentialgleichung noch Modellparameter $\lambda = (\lambda_1, \ldots, \lambda_q) \in \mathbb{R}^q$, die nur im Rahmen der Messgenauigkeit bekannt sind. Wir interessieren uns für die Auswirkung dieser Ungenauigkeiten auf die Lösung des zugehörigen Anfangswertproblems. Mit einem einfachen Trick können wir diesen Fall zunächst formal auf die soeben geleistete Untersuchung von Störungen bezüglich der Anfangswerte zurückführen. Sei unser Problem gegeben in der Form

$$x' = f(t, x; \lambda_0), \quad x(t_0) = x_0. \tag{3.6}$$

Wir führen eine weitere *Variable* λ ein und zwingen diese durch das triviale Anfangswertproblem $\lambda' = 0$, $\lambda(t_0) = \lambda_0$ auf den Wert des Parameters λ_0. Nun erweitern wir die Komponenten von x um eben diese Komponenten λ und erhalten so das Anfangswertproblem

$$
\begin{bmatrix} x \\ \lambda \end{bmatrix}' = \begin{bmatrix} f(t, x; \lambda) \\ 0 \end{bmatrix}, \quad \begin{bmatrix} x(t_0) \\ \lambda(t_0) \end{bmatrix} = \begin{bmatrix} x_0 \\ \lambda_0 \end{bmatrix}.
$$

Hier hat der Parameter λ_0 die Funktion eines *Anfangswertes*, was uns erlaubt, mit Satz 3.1 die Frage zu beantworten, wann die Lösung $\Phi^{t,t_0} x_0$ der Differentialgleichung (3.6) nach den Parametern λ_0 differenziert werden darf. Ist also die rechte Seite f nach Zustand und Parameter stetig differenzierbar, so existiert die Jacobimatrix

$$P(t; \lambda_0) = D_\lambda \Phi^{t,t_0} x_0 \big|_{\lambda=\lambda_0} \in \mathrm{Mat}_{d,q}(\mathbb{R}),$$

welche den Zusammenhang zwischen einer Störung $\lambda_0 \mapsto \lambda_0 + \delta\lambda$ der Parameter und der linearisierten Störung $\delta x(t)$ der Lösung an der Stelle t beschreibt:

$$\delta x(t) = P(t; \lambda_0)\, \delta\lambda.$$

Die Matrix P heißt auch *Sensitivitätsmatrix bzgl. der Parameter*. Sie erfüllt eine erweiterte Variationsgleichung, welche wir analog zur Herleitung der Variationsgleichung (3.3) durch Differentiation des Anfangswertproblems (3.6) nach den Parametern λ_0 erhalten:

$$P'(t; \lambda_0) = f_x(t, x(t); \lambda_0)\, P(t; \lambda_0) + f_\lambda(t, x(t); \lambda_0), \quad P(t_0; \lambda_0) = 0. \quad (3.7)$$

Im Unterschied zur Variationsgleichung (3.4) ist diese *Sensitivitätsgleichung* für die Parameter *inhomogen*. Da die Propagationsmatrizen W gerade Lösung der entsprechenden *homogenen* Differentialgleichung sind, ergibt sich mit Variation der Konstanten die geschlossene Darstellung

$$P(t; \lambda_0) = \int_{t_0}^{t} W(t, s) f_\lambda(s, x(s); \lambda_0)\, ds, \quad (3.8)$$

die der Leser verifizieren möge.

Störung der rechten Seite.   Über die schon behandelten Störungen durch Ungenauigkeiten von Parametern hinaus interessieren häufig auch noch allgemeinere Störungen δf der rechten Seite f der Differentialgleichung. Bevor wir auch hierfür die elegante Antwort der linearisierten Störungstheorie herleiten, wollen wir für spätere Zwecke die *Struktur* der exakten gestörten Lösung beschreiben. Diese Beschreibung geht auf V. M. Aleksejew (1961) und W. Gröbner (1960) zurück.

Satz 3.4. *Seien die Abbildungen $f, \delta f$ auf dem erweiterten Phasenraum Ω stetig und dort nach der Zustandsvariablen stetig differenzierbar. Das Anfangswertproblem*

$$x' = f(t, x), \quad x(t_0) = x_0,$$

besitze für $(t_0, x_0) \in \Omega$ die Lösung x, des Weiteren das gestörte Problem

$$x' = f(t, x) + \delta f(t, x), \quad x(t_0) = x_0,$$

die Lösung $\bar{x} = x + \delta x$. Dann existiert für t_1 hinreichend nahe bei t_0 eine auf $\Delta = \{(t, s) \in \mathbb{R}^2 : t \in [t_0, t_1], s \in [t_0, t]\}$ stetige matrixwertige Abbildung $M : \Delta \to \mathrm{Mat}_d(\mathbb{R})$, so dass die Störung δx die Darstellung

$$\delta x(t) = \int_{t_0}^{t} M(t, s)\, \delta f(s, \bar{x}(s))\, ds \quad \text{für alle } t \in [t_0, t_1]$$

besitzt.

Beweis. Wir betrachten die einparametrige Familie

$$x' = f(t, x) + \lambda \cdot \delta f(t, \bar{x}(t)), \quad x(t_0) = x_0,$$

von Anfangswertproblemen. Für t_1 hinreichend nahe bei t_0 gibt es zu jedem Parameter $\lambda \in [0, 1]$ eine zugehörige Lösung $\phi(\cdot; \lambda) \in C^1([t_0, t_1], \mathbb{R}^d)$. Die Parametrisierung ist gerade so gewählt worden, dass $x = \phi(\cdot; 0)$ und $\bar{x} = \phi(\cdot; 1)$ ist. Nach Satz 3.1 und unseren Bemerkungen zu parameterabhängigen Problemen existiert die Ableitung

$$P(t; \lambda) = \frac{d}{d\lambda}\phi(t; \lambda),$$

so dass sich die Störung der Lösung durch

$$\delta x(t) = \phi(t; 1) - \phi(t; 0) = \int_0^1 P(t; \lambda)\, d\lambda \tag{3.9}$$

berechnen lässt. Nach unseren Überlegungen zu parameterabhängigen Problemen erfüllt P die inhomogene Variationsgleichung (3.7), die hier folgende Form annimmt:

$$P'(t; \lambda) = f_x(t, \phi(t; \lambda))P(t; \lambda) + \delta f(t, \bar{x}(t)), \quad P(t_0; \lambda) = 0.$$

Bezeichnen wir mit $W(t, s; \lambda)$ die zu $\phi(\cdot; \lambda)$ gehörige Propagationsmatrix, so lautet die geschlossene Darstellung (3.8) jetzt

$$P(t; \lambda) = \int_{t_0}^t W(t, s; \lambda)\, \delta f(s, \bar{x}(s))\, ds.$$

Setzen wir diesen Ausdruck in (3.9) ein und vertauschen die Integrale, so ergibt sich mit

$$M(t, s) = \int_0^1 W(t, s; \lambda)\, d\lambda. \tag{3.10}$$

die Behauptung des Satzes.   □

Bemerkung 3.5. Der wesentliche Punkt in dieser Darstellung der Störung δx der Lösung ist die *Multiplikation* unter dem Integral. Es liegt also strukturell die gleiche Situation vor, wie bei der Darstellung von Lösungen inhomogener linearer Differentialgleichungen durch Variation der Konstanten. Deshalb wird diese Darstellung zuweilen auch *nichtlineare* Variation der Konstanten genannt.

Aus dem Satz 3.4 ergibt sich sofort eine linearisierte Aussage für kleine Störungen δf.

Korollar 3.6. *(Voraussetzungen und Notation wie in Satz 3.4.) Für $\delta f \to 0$ gleichmäßig in einer Umgebung des Graphen der Lösung x gilt linearisiert*

$$\delta x(t) \doteq \int_{t_0}^t W(t, s)\, \delta f(s, x(s))\, ds \quad \text{für alle } t \in [t_0, t_1].$$

Hierbei bezeichnet $W(t, s)$ die zu x gehörige Propagationsmatrix.

Beweis. Für kleine Störungen gilt sowohl $\delta f(s, \bar{x}(s)) \doteq \delta f(s, x(s))$ als auch $W(t, s; \lambda) \doteq W(t, s)$, und daher $M(t, s) \doteq W(t, s)$. □

3.1.2   Konditionszahlen

Im vorigen Abschnitt haben wir uns Klarheit darüber verschafft, wie sich Störungen der Eingabedaten (Anfangswerte x_0, Parameter λ, rechte Seite f) als Störungen der Zustandsgrößen $x(t)$ zum Zeitpunkt t auswirken. In vielen Fällen, insbesondere in der Numerik, möchte man diesen Effekt in einer einzigen Zahl, der *Konditions-zahl*, zusammenfassen. Dazu müssen wir Normen $|\cdot|$ für die entsprechenden Störungen einführen. Zudem sollten wir genauer festlegen, was wir als *Resultat* der Lösung des Anfangswertproblems, das heißt als *Ausgabeinformation*, betrachten wollen. Beschränken wir uns hier auf eine Störung des Anfangswertes x_0 zu $x_0 + \delta x_0$, welche in *erster Näherung* eine Störung $\delta x(t)$ des Zustandes zum Zeitpunkt t hervorrufe, dann ergeben sich je nach konkreter Anwendungssituation folgende typische Fälle für die Ausgabe:

- Der Anwender ist an der Lösung nur zu einem spezifischen Zeitpunkt t interessiert, die Ausgabe ist dann einzig der Zustandsvektor $x(t)$. Für diesen Fall definieren wir die *punktweise Kondition* $\kappa_0(t)$ als die kleinste Zahl, so dass

$$|\delta x(t)| \le \kappa_0(t) \cdot |\delta x_0|.$$

  Der tiefgestellte Index 0 markiert die Tatsache, dass $\kappa_0(t_0) = 1$.

- Der Anwender ist am gesamten Verlauf der Lösung über einem Zeitintervall $[t_0, t]$ interessiert; somit ist der Graph der Lösung x in diesem Intervall die Ausgabeinformation. Entsprechend werden wir hierfür die *intervallweise Kondition* $\kappa[t_0, t]$ als die kleinste Zahl definieren, für die

$$\max_{s \in [t_0, t]} |\delta x(s)| \le \kappa[t_0, t] \cdot |\delta x_0|.$$

Aus Darstellung (3.1) erhalten wir unmittelbar

$$|\delta x(t)| \le \|W(t, t_0)\| \cdot |\delta x_0|$$

mit der zu $|\cdot|$ gehörigen Matrizennorm $\|\cdot\|$ – in diesem Zusammenhang sogar die bestmögliche Wahl. Auf der Basis dieser Abschätzung gelangen wir zum

Lemma 3.7. *Die punktweise Kondition des Anfangswertproblems ist gegeben durch*

$$\kappa_0(t) = \|W(t, t_0)\|,$$

die intervallweise Kondition des Anfangswertproblems hingegen durch

$$\kappa[t_0, t] = \max_{s \in [t_0, t]} \|W(s, t_0)\|. \tag{3.11}$$

Hierbei bezeichnet W die zur Integralkurve durch (t_0, x_0) gehörige Propagationsmatrix.

Da die Propagationsmatrix $W(t, s)$ Evolution der Variationsgleichung ist, ergeben sich für die intervallweise Konditionszahl des Anfangswertproblems einige nützliche Konsequenzen.

Lemma 3.8. *Die intervallweise Kondition κ eines Anfangswertproblems hat die Eigenschaften*

(i) $\kappa[t_0, t_0] = 1$,

(ii) $\kappa[t_0, t_1] \geq 1$,

(iii) $\kappa[t_0, t_1] \leq \kappa[t_0, t_2] \leq \kappa[t_0, t_1] \cdot \kappa[t_1, t_2]$, $\quad t_1 \in [t_0, t_2]$.

Beweis. Eigenschaft (i) folgt aus $\|I\| = 1$ in jeder zugehörigen Matrizennorm. Eigenschaft (ii) ist unmittelbare Konsequenz aus (i) und der max-Definition, woraus ebenso die linke Ungleichung in (iii) folgt. Für die rechte Ungleichung in (iii) haben wir $\|W(t, t_0)\|$ für $t \in [t_0, t_2]$ abzuschätzen. Betrachten wir zuerst $t \in [t_1, t_2]$, so erhalten wir mit der Eigenschaft (3.5) der Evolution W und der Submultiplikativität der Matrizennorm, dass

$$\|W(t, t_0)\| \leq \|W(t, t_1)\| \, \|W(t_1, t_0)\| \leq \kappa[t_1, t_2]\kappa[t_0, t_1].$$

Andererseits folgt aus Eigenschaft (ii) für $t \in [t_0, t_1]$, dass

$$\|W(t, t_0)\| \leq \kappa[t_0, t_1] \leq \kappa[t_1, t_2]\kappa[t_0, t_1]. \qquad \square$$

Für die tatsächliche numerische Berechnung der Konditionszahlen müsste die Matrix $W(t, t_0)$ entlang der zugehörigen Lösung berechnet werden. Dies erforderte die Lösung der Variationsgleichung, d. h. die Lösung des Systems

$$W(t, t_0)' = f_x(t, \Phi^{t, t_0} x_0)W(t, t_0), \quad W(t_0, t_0) = I \in \text{Mat}_d(\mathbb{R}), \qquad (3.12)$$

aus d^2 gewöhnlichen Differentialgleichungen. Ein solcher Aufwand verbietet sich in aller Regel aus Gründen der Rechenzeiten und des Speicherplatzes. Man sinnt deshalb auf Abhilfe durch Vereinfachung und geeignete Abschätzung. Glücklicherweise ist es zuweilen möglich, eine *majorisierende* skalare Funktion $\chi \in C([t_0, T], \mathbb{R})$ zu finden, etwa mit der Eigenschaft

$$\|f_x(t, \Phi^{t, t_0} x_0)\| \leq \chi(t).$$

Können wir hieraus eine Abschätzung für $\|W(t, t_0)\|$ und damit die Konditionszahlen gewinnen? Für Abschätzungszwecke erweist es sich oft als vorteilhaft, durch Integration von der Differentialgleichung (3.12) zu der *äquivalenten Integralgleichung* überzugehen,

$$W(t, t_0) = I + \int_{t_0}^{t} f_x(s, \Phi^{s, t_0} x_0)W(s, t_0)\, ds. \qquad (3.13)$$

Diese Darstellung eignet sich besser zur Anwendung des nun folgenden *Lemmas von T. H. Gronwall* (1919), einem zentralen Hilfsmittel für Abschätzungen bei Differentialgleichungen.

Lemma 3.9. *Seien $\psi, \chi \in C([t_0, t_1], \mathbb{R})$ nichtnegative Funktionen, $\rho \geq 0$. Dann folgt aus der Integralungleichung*

$$\psi(t) \leq \rho + \int_{[t_0,t]} \chi(s)\psi(s)\, ds \quad \text{für alle } t \in [t_0, t_1]$$

die Abschätzung

$$\psi(t) \leq \rho \exp\left(\int_{[t_0,t]} \chi(s)\, ds\right) \quad \text{für alle } t \in [t_0, t_1].$$

Insbesondere gilt für $\rho = 0$, dass $\psi \equiv 0$.

Beweis (nach E. C. Titchmarsh [166]). Sei zunächst $\rho > 0$. Die rechte Seite der Integralungleichung,

$$\Psi(t) = \rho + \int_{[t_0,t]} \chi(s)\psi(s)\, ds \quad \text{für alle } t \in [t_0, t_1],$$

definiert eine Funktion $\Psi \in C^1([t_0, t_1], \mathbb{R})$, für die auf $[t_0, t_1]$ zum einen $\psi \leq \Psi$, zum anderen $\Psi \geq \rho > 0$ gilt. Mit $\Psi' = \chi\psi \leq \chi\Psi$ gilt daher folgende Abschätzung der logarithmischen Ableitung von Ψ:

$$(\log \Psi)' = \Psi'/\Psi \leq \chi.$$

Hierbei stehen links und rechts auf $[t_0, t_1]$ stetige Funktionen. Integration der Ungleichung liefert

$$\log \Psi(t) - \log \Psi(t_0) \leq \int_{[t_0,t]} \chi(s)\, ds \quad \text{für alle } t \in [t_0, t_1].$$

Beachtet man $\Psi(t_0) = \rho$ und $\psi(t) \leq \Psi(t)$, so erhalten wir nach Anwendung der Exponentialfunktion die Behauptung.

Sei nun $\rho = 0$. Für beliebiges $\varepsilon > 0$ gilt $\psi(t) \leq \varepsilon + \int_{[t_0,t]} \chi(s)\psi(s)\, ds$, also auf $[t_0, t_1]$ nach dem bereits Bewiesenen

$$\psi(t) \leq \varepsilon \exp\left(\int_{[t_0,t]} \chi(s)\, ds\right) \to 0$$

beim Grenzübergang $\varepsilon \downarrow 0$. $\square$

Mit dieser Vorbereitung können wir nun die gewünschte Abschätzung unserer Konditionszahlen angeben.

Korollar 3.10. *Sei entlang der Lösung $\Phi^{t,t_0} x_0$ des Anfangswertproblems*

$$x' = f(t, x), \quad x(t_0) = x_0,$$

die Majorante

$$\| f_x(t, \Phi^{t,t_0} x_0) \| \le \chi(t)$$

für die Jacobimatrix der rechten Seite der Differentialgleichung gegeben. Dann besitzen die oben definierten Konditionszahlen die obere Schranke

$$\kappa_0(t) \le \kappa[t_0, t] \le \exp\left(\int_{[t_0,t]} \chi(s)\, ds \right).$$

Beweis. Zur Anwendung von Lemma 3.9 betrachten wir die Integralgleichung (3.13) und setzen lediglich $\rho = \|I\| = 1$ und $\|W(t, t_0)\| = \psi(t)$. Damit erhalten wir direkt die Abschätzung

$$\|W(t, t_0)\| \le \exp\left(\int_{[t_0,t]} \chi(s)\, ds \right).$$

Wegen der Monotonie in t der rechten Seite wird das Maximum innerhalb des Intervalles jeweils am Rand t angenommen, woraus schließlich die Behauptung folgt. $\qquad\square$

Ebenso erhalten wir allgemeiner eine Abschätzung für die Lösung *inhomogener* linearer Differentialgleichungssysteme, welche wir schon in Beispiel 2.11 erfolgreich angewendet haben.

Korollar 3.11. *Seien die Abbildungen $A : [t_0, t_1] \to \text{Mat}_d(\mathbb{R})$ und $g : [t_0, t_1] \to \mathbb{R}^d$ stetig, so dass das lineare Anfangswertproblem*

$$x' = A(t)x + g(t), \quad x(t_0) = x_0,$$

eine Lösung $x \in C^1([t_0, t_1], \mathbb{R}^d)$ besitzt. Gilt auf $[t_0, t_1]$ die Abschätzung

$$\|A(t)\| \le \chi(t)$$

mit einer stetigen Funktion $\chi \in C([t_0, t_1], \mathbb{R})$, so können wir die Lösung durch

$$|x(t)| \le \left(|x_0| + \int_{[t_0,t]} |g(s)|\, ds \right) \exp\left(\int_{[t_0,t]} \chi(s)\, ds \right) \quad \text{für alle } t \in [t_0, t_1]$$

abschätzen.

Den Beweis, der eine leichte Modifikation des Beweises von Korollar 3.10 ist, überlassen wir dem Leser (Aufgabe 3.6).

3.1.3   Störungsindex differentiell-algebraischer Probleme

In den Kapiteln 6 und 7 werden wir numerische Verfahren zur Approximation der in Abschnitt 2.6 eingeführten quasilinearen differentiell-algebraischen Anfangswertprobleme

$$B(x)x' = f(x), \quad x(0) = x_0,$$

behandeln. Wir können Einsicht in die Struktur der Approximationsfehler solcher Verfahren durch eine Strategie gewinnen, welche an die Rückwärtsanalyse (Band 1, Abschnitt 2.3.3) zur Analyse von Rundungsfehlern erinnert: Man fasst die approximative Lösung als exakte Lösung eines gestörten Problems auf. Sodann muss nur noch die Auswirkung einer Störung des Problems auf die exakte Lösung untersucht werden, was vorbereitend hier geschehen soll.

Dazu nehmen wir an, dass eine eindeutige Lösung $x \in C^1([0, T], \Omega_0)$ des quasilinearen Problems existiere. Kriterien dafür haben wir in Abschnitt 2.6 behandelt. Wir betrachten nun das gestörte Anfangswertproblem

$$B(\bar{x})\bar{x}' = f(\bar{x}) + \delta f(t), \quad \bar{x}(0) = x_0,$$

zu einer rein zeitabhängigen Störung $\delta f : [0, T] \to \mathbb{R}^d$. Um zu sinnvollen Fehlerabschätzungen zu gelangen, müssen wir mindestens folgende zwei Fragen positiv beantworten können:

- Existiert für „kleine" Störungen δf eine eindeutige Lösung $\bar{x}$?

- Hängt diese Lösung stetig von der Störung δf ab?

Das Problem ist dann *wohlgestellt* im Sinne von J. Hadamard. Man beachte, dass nicht ohne weiteres feststeht, was wir unter einer „kleinen" Störung verstehen sollen. Hierzu müssen wir einen Raum $\mathcal{F}$ zulässiger Störungen und eine Norm $\|\cdot\|_{\mathcal{F}}$ festlegen, welche die Größe einer Störung misst.

Zu praktikablen Abschätzungen gelangt man, wenn wir in der zweiten Frage sogar Lipschitzstetigkeit verlangen, d. h., wenn sich die Störung

$$\delta x = x - \bar{x}$$

in einer geeigneten Norm $\|\cdot\|$ für kleine Störungen δf durch

$$\|\delta x\| \le \kappa_f \|\delta f\|_{\mathcal{F}} \tag{3.14}$$

abschätzen lässt.

Bemerkung 3.12. Die Lipschitzbedingung (3.14) verlangt mehr als eine Konditionsanalyse, bei welcher der Fehler $\|\delta x\|$ nur eine Abschätzung in der ersten Ordnung der Störung $\|\delta f\|_{\mathcal{F}}$ zu erfüllen hat. Die Zahl κ_f stellt aber in jedem Fall eine obere Schranke für die Konditionszahl des Problems bezüglich der beiden Normen dar.

Da wir später an Approximationsfehlerabschätzungen in der Maximumsnorm

$$\|\delta x\|_{C^0} = \max_{t \in [0,T]} |\delta x(t)|$$

interessiert sind, werden wir diese Norm der verlangten Abschätzung (3.14) auf der linken Seite zugrunde legen.

Beispiel 3.13. Im Falle einer expliziten Differentialgleichung, d. h. $B \equiv I$, oder eines quasilinearen differentiell-algebraischen Problems vom Differentiationsindex $\nu_D = 0$ mit stetig differenzierbarer matrixwertiger Abbildung

$$B : \Omega_0 \to \mathrm{GL}(d),$$

können wir den Satz 3.4 von V. M. Aleksejew und W. Gröbner anwenden, um eine Abschätzung der Form (3.14) zu erhalten. Dieser Satz liefert zunächst

$$\delta x(t) = \int_0^t M(t,s)\,\delta f(s)\,ds,$$

wobei die Matrixfamilie $M(t,s)$ ebenfalls von der Störung δx abhängt. Nun kann mit Hilfe des Lemmas von T. H. Gronwall gezeigt werden (Aufgabe 3.7), dass die Störung $\|\delta x\|_{C^0}$ und damit $\|M(t,s)\|$ zumindest beschränkt bleibt, wenn $\|\delta f\|_{C^0}$ hinreichend klein ist. Beschränken wir also die Norm $\|\delta f\|_{C^0}$ in geeigneter Weise, so gelangen wir mit

$$\|\delta x\|_{C^0} \leq \underbrace{\max_{0 \leq t \leq T} \int_0^t \|M(t,s)\|\,ds}_{=\kappa_f} \cdot \|\delta f\|_{C^0}$$

zu einer Abschätzung der Form (3.14).

Betrachten wir nun differentiell-algebraische Systeme vom Differentiationsindex $\nu_D > 0$, so zeigt sich ein qualitativer Unterschied zu expliziten Differentialgleichungen: Wir sind im Allgemeinen nicht in der Lage, aus kleinen Störungen $\|\delta f\|_{C^0}$ auf kleine Störungen $\|\delta x(t)\|_{C^0}$ zu schließen.

Beispiel 3.14. Gegeben sei das differentiell-algebraische Anfangswertproblem

$$-Ex' + x = f(t), \quad x(0) = 0,$$

auf dem Phasenraum $\Omega_0 = \mathbb{R}^d$ mit der nilpotenten Matrix

$$E = \begin{bmatrix} 0 & & & \\ 1 & \ddots & & \\ & \ddots & \ddots & \\ & & 1 & 0 \end{bmatrix} \in \mathrm{Mat}_d(\mathbb{R})$$

und einer Abbildung $f \in C^{\infty}([0,T], \mathbb{R}^d)$. Schreiben wir das System koordinaten-weise aus, so erhalten wir

$$x_1 = f_1, \quad x_i - x'_{i-1} = f_i, \quad i = 2, \ldots, d.$$

Hieran können wir sofort ablesen, dass die Lösung durch

$$
\begin{aligned}
x_1(t) &= f_1(t), \\
x_2(t) &= f_2(t) + f'_1(t), \\
&\vdots \\
x_d(t) &= f_d(t) + f'_{d-1}(t) + \cdots + f_1^{(d-1)}(t)
\end{aligned}
\tag{3.15}
$$

gegeben ist. Differenzieren wir die Lösungen nach der Zeit t, so erhalten wir das zu-gehörige explizite Differentialgleichungssystem, in welchem die Funktion f_i in der $(d-i+1)$-ten Ableitung auftaucht. Also beträgt der Differentiationsindex des Pro-blems gerade

$$\nu_D = d.$$

Da das Problem *linear* ist, erhalten wir denselben Zusammenhang zwischen den Stö-rungen δx und δf, wie zwischen der Lösung x und der rechten Seite f. Somit können wir für $d > 1$ die Größe der Störung $\|\delta x\|_{C^0}$ auch dann nicht durch den Wert $\|\delta f\|_{C^0}$ allein beschränken, wenn wir nur beliebig kleine Störungen $\|\delta f\|_{C^0}$ zulassen: Wählen wir etwa die spezielle Störung

$$\delta f_1(t) = \varepsilon \sin(\omega t), \quad \delta f_2 = \cdots = \delta f_d = 0,$$

so können wir auf der einen Seite mit Hilfe von $\varepsilon > 0$ die Störung

$$\|\delta f\|_{C^0} = \varepsilon$$

beliebig klein machen. Auf der anderen Seite können wir für festes $\varepsilon > 0$ mit Hilfe des Parameters $\omega > 0$ die Störung der Lösung beliebig groß machen:

$$\|\delta x\|_{C^0} = \varepsilon \omega^d,$$

so dass mit diesen Normen eine Abschätzung der Form (3.14) unmöglich ist.

Wir können dieses Beispiel auch so interpretieren, dass für differentiell-algebra-ische Probleme vom Differentiationsindex $\nu_D > 0$ die Norm $\|\cdot\|_{C^0}$ der stetigen Funktionen das *falsche Maß* ist, um die „Größe" einer Störung δf zu messen. So wie wir in Abschnitt 2.6 Ableitungen der rechten Seite einbeziehen mussten, um zu einem expliziten Problem zu gelangen, so müssen jetzt Ableitungen in das Maß der Störungen einbezogen werden.

Wir führen dazu einige Notationen ein. Auf dem Raum $C^m([0, T], \mathbb{R}^d)$ der m-fach stetig differenzierbaren Funktionen betrachten wir die Norm

$$\|f\|_{C^m} = \max_{t \in [0,T]} |f(t)| + \max_{t \in [0,T]} |f'(t)| + \cdots + \max_{t \in [0,T]} |f^{(m)}(t)|.$$

Für eine Familie $\mathcal{F}$ von Funktionen $f : [0, T] \to \mathbb{R}^d$ bezeichnen wir mit

$$\mathcal{F}_{\rho,m} = \{f \in \mathcal{F} : \|f\|_{C^m} \leq \rho\}$$

die Teilmenge der bezüglich der C^m-Norm kleinen Elemente.

Definition 3.15. Sei m ist die kleinste natürliche Zahl, so dass für hinreichend kleines $\rho > 0$ gilt, dass $\mathcal{F}_{\rho,m} \neq \emptyset$ ist und ein $\kappa_f > 0$ existiert mit

$$\|\delta x\|_{C^0} \leq \kappa_f \|\delta f\|_{C^m} \quad \text{für alle } \delta f \in \mathcal{F}_{\rho,m}.$$

Dann heißt $\nu_S = m + 1$ der *Störungsindex* des differentiell-algebraischen Anfangswertproblems bezüglich der Familie von Störungen $\mathcal{F}$.

Die Definition des Störungsindex ist gerade so gewählt, dass für das Beispiel 3.14 der Störungsindex ν_S mit dem Differentiationsindex ν_D zusammenfällt,

$$\nu_S = \nu_D = d,$$

wenn wir als Familie von Störungen etwa $\mathcal{F} = C^\infty([0, T], \mathbb{R}^d)$ wählen.

Beispiel 3.16. Wählen wir im Beispiel 3.14 andere Familien zulässiger Störungen, so kann sich der Störungsindex drastisch verringern: Die Familie

$$\mathcal{F}_j = \{f \in C^\infty([0, T], \mathbb{R}^d) : f_1 = \cdots = f_j = 0\}$$

ist beispielsweise so gewählt, dass die in gewissem Sinne „am stärksten impliziten" Gleichungskomponenten 1 bis j ungestört bleiben. Die in (3.15) angegebene Lösungsstruktur des Beispiels 3.14 zeigt uns, dass der Störungsindex ν_S bezüglich $\mathcal{F}_j$ durch

$$\nu_S = d - j = \nu_D - j$$

gegeben ist.

In der Literatur zu differentiell-algebraischen Anfangswertproblemen ist der Ehrgeiz weitverbreitet, allgemeine Beziehungen zwischen Störungsindex ν_S und Differentiationsindex ν_D zu beweisen, etwa

$$\nu_D \leq \nu_S \leq \nu_D + 1. \tag{3.16}$$

Die untere Schranke widerspricht definitiv dem letzten Beispiel. Der oberen Schranke steht das folgende Gegenbeispiel von S. L. Campbell und C. W. Gear [31] aus dem Jahre 1993 entgegen:

Beispiel 3.17. Wir betrachten eine nichtlineare Variante des Beispiels 3.14. Gegeben sei das differentiell-algebraische Anfangswertproblem

$$-x_1 E x' + x = 0, \quad x(0) = 0, \tag{3.17}$$

mit der eindeutigen Lösung $x = 0$. In Aufgabe 2.7 sahen wir, dass dieses Anfangswertproblem den Differentiationsindex

$$\nu_D = 1$$

besitzt. Betrachten wir für $\delta f \in \mathcal{F} = C^\infty([0, T], \mathbb{R}^d)$ das gestörte Anfangswertproblem

$$-\delta x_1 E \delta x' + \delta x = \delta f, \quad x(0) = 0,$$

so sahen wir in Aufgabe 2.7, dass δx von der $(d-1)$-ten Ableitung von f_1 abhängt, also zum einen der Differentiationsindex des gestörten Anfangswertproblems

$$\nu_D|_{\delta x} = d$$

beträgt, zum anderen der Störungsindex ν_S des Anfangswertproblems (3.17) bezüglich $\mathcal{F}$ den Wert

$$\nu_S = d \geq \nu_D = 1$$

besitzt, der beliebig größer als ν_D ausfallen kann. Man beachte, dass in diesem Beispiel der Differentiationsindex ν_D *nicht stetig* von der Störung δf abhängt.

Wählen wir hingegen die in Beispiel 3.16 eingeführte Familie $\mathcal{F}_1$ von Störungen, so sieht man anhand der in Aufgabe 2.7 entwickelten Lösung, dass der Störungsindex bezüglich $\mathcal{F}_1$ den Wert

$$\nu_S = 1 = \nu_D$$

besitzt.

Nun sind die Herleitungen der Beziehungen (3.16) zwar nicht direkt falsch, aber unter Annahmen gewonnen, welche mit unseren Beispielen inkompatibel sind. Hier zeigt sich deutlich eine Problematik, der unserer Auffassung nach in der Literatur lange nicht genügend Aufmerksamkeit gewidmet wurde: Die Ergebnisse wurden unabhängig von den zu ihrer Herleitung nötigen Voraussetzungen angegeben und verwendet, so dass leicht Widersprüche entstanden. So wird vielfach die Klasse $\mathcal{F}$ der verwendeten Störungen nicht genannt, man muss sie anhand des Beweises rekonstruieren. Oder es wird stillschweigend vorausgesetzt, dass der betrachtete Index konstant unter kleinen Störungen bleibt, also stetig ist.

Wir fassen die Voraussetzungen und Hauptgesichtspunkte unserer Definitionen zusammen:

- Der Differentiationsindex ν_D ist für Anfangswertprobleme definiert und gehört daher stets zu einer speziellen Lösung.

- Der Störungsindex v_S ist für Anfangswertprobleme bezüglich einer gegebenen Familie $\mathcal{F}$ zulässiger Störungen definiert.

- Beziehungen zwischen den beiden Indizes sind für *allgemeine* Probleme nicht möglich.

- Wie wir in den Beispielen 3.14 und 3.17 sahen, gelangen Störungen der impliziten bzw. algebraischen Gleichungskomponenten in höherer Ableitung in die Störung der Lösung als Störungen der Differentialgleichungskomponenten. Ein weiteres Beispiel in dieser Richtung findet sich in Aufgabe 3.10. *Der Störungsindex wird sich daher verringern, wenn Störungen algebraischer Komponenten ausgeschlossen werden können.*

Für spezielle Problemklassen sind bei gegebener Familie $\mathcal{F}$ zulässiger Störungen konkrete Aussagen über v_D und v_S möglich (Aufgaben 3.8, 3.10). Als anwendungsrelevante Problemklassen sind hier etwa Anfangswertprobleme der Mehrkörperdynamik (unter Einschluss der Robotik) oder Anfangswertprobleme der chemischen Verfahrenstechnik zu nennen.

3.2   Stabilität von Differentialgleichungen

Unsere bisherige Sensitivitätsanalyse galt festen Endzeitpunkten $t < \infty$. Wie reagieren nun unsere Konditionszahlen auf wachsendes t? Diese Frage ist von großer Bedeutung, wenn wir beurteilen wollen, ob die Lösung eines Anfangswertproblems für „große" t, d. h. die Berechnung des sogenannten *Langzeitverhaltens*, mit befriedigender Genauigkeit prinzipiell bewerkstelligt werden kann. Der Einfachheit halber beschränken wir unsere Darstellung für den Rest dieses Kapitels auf den Fall expliziter Differentialgleichungen

$$x' = f(t, x).$$

Differentiell-algebraische Systeme vom Differentiationsindex $v_D > 0$ denken wir uns mit den Techniken des Abschnittes 2.6 auf den expliziten Fall, d. h. $v_D = 0$, umgeformt.

3.2.1   Begriff der Stabilität

Bevor wir uns grundlegende Gedanken machen, wollen wir die Problematik anhand eines simplen skalaren Beispieles illustrieren, das trotz seiner Einfachheit bereits einen wichtigen Aspekt zeigt.

Beispiel 3.18. Wir betrachten das skalare Anfangswertproblem

$$x' = \lambda(x - g(t)) + g'(t), \quad x(0) = g(0) + \delta x_0,$$

für eine vorgegebene stetig differenzierbare Funktion g, die über dem gesamten Intervall $[t_0, \infty]$ beschränkt sei. Mit Hilfe der Substitution $z = x - g(t)$ zeigt man, dass das Anfangswertproblem die eindeutige Lösung

$$x(t) = g(t) + \delta x_0 \exp(\lambda t)$$

besitzt. Fassen wir hierbei δx_0 als Störung der Eingabe auf, so wird die Wirkung dieser Störung beschrieben durch die Beziehung

$$\delta x(t) = \delta x_0 \exp(\lambda t),$$

ein Resultat, das wir auch aus der Propagationsmatrix $W(t, 0) = \exp(\lambda t)$ hätten erhalten können. Je nach *Vorzeichen* von λ können offenbar drei qualitativ verschiedene Situationen auftreten:

- $\lambda > 0$. Hier wächst $\kappa[0, t] = \kappa_0(t) = \exp(|\lambda| t) \to \infty$ für $t \to \infty$ exponentiell schnell. Eine Berechnung der Lösung für große t wäre hier wenig sinnvoll.

- $\lambda = 0$. Hier gilt $\kappa[0, t] = \kappa_0(t) = 1$ für *alle* $t \geq 0$. Jede Störung bleibt erhalten.

- $\lambda < 0$. Hier verschwindet $\kappa_0(t) = \exp(-|\lambda| t) \to 0$ für $t \to \infty$ exponentiell schnell. Jede Störung wird für große Zeiten herausgedämpft.

Das skalare Beispiel weist bereits auf die drei typischen Situationen hin, die wir auch im allgemeinen nichtlinearen Fall erhalten.

Definition 3.19. Sei $(t_0, x_0) \in \Omega$ gegeben, so dass die Lösung $\Phi^{t, t_0} x_0$ für alle $t \geq t_0$ existiert. Die Integralkurve durch (t_0, x_0) heißt *in Vorwärtsrichtung*

- *stabil* (im Sinne von Ljapunov), falls zu jedem $\varepsilon > 0$ ein $\delta > 0$ existiert, so dass

$$\Phi^{t, t_0} x \in B_\varepsilon \left(\Phi^{t, t_0} x_0 \right) \quad \text{für alle } t \geq t_0$$

für alle gestörten Anfangswerte $x \in B_\delta(x_0)$. Hinreichend kleine Störungen „verlassen einen ε-Schlauch um die Integralkurve nicht".

- *asymptotisch stabil*, falls es zusätzlich ein $\delta_0 > 0$ gibt, so dass

$$\lim_{t \to \infty} |\Phi^{t, t_0} x_0 - \Phi^{t, t_0} x| = 0$$

für alle gestörten Anfangswerte $x \in B_{\delta_0}(x_0)$. Hier werden also hinreichend kleine Störungen „herausgedämpft".

- *instabil*, falls sie nicht stabil ist.

Entsprechend definieren wir die Begriffe für die *Rückwärtsrichtung* $t \to -\infty$. Eine Integralkurve, die asymptotisch stabil in Vorwärtsrichtung ist, ist instabil in Rückwärtsrichtung.

Auf den ersten Blick hängt unsere Stabilitätsdefinition von der Wahl einer Norm $|\cdot|$ auf $\mathbb{R}^d$ ab. Nun sind aber in *endlichdimensionalen* Räumen *sämtliche* Normen äquivalent, so dass sich die Definition von (asymptotisch) stabilen Integralkurven als von der gewählten Norm *unabhängig* erweist. Die Definition ist also *invariant* gegen Umnormierung. Umnormierungen können zu erheblichen Verzerrungen der Abstandsverhältnisse führen. Wir benötigen aber für unsere Zwecke diese Freiheit nicht in vollem Umfang, da es zur Klassifizierung völlig ausreicht, spezielle Verzerrungen zu betrachten: Nämlich solche, die durch Wechsel des affinen Koordinatensystems (unter Beibehaltung des Ursprunges) entstehen. Sei dazu eine invertierbare Matrix $M \in \mathrm{GL}(d)$ gegeben, die wir als Abbildung

$$M : X \to \hat{X}$$

auffassen wollen. Dabei haben wir den Bild- und Urbildraum der besseren Unterscheidung wegen verschieden notiert. Beide sind natürlich isomorph zu $\mathbb{R}^d$.

Wir betrachten nun in X eine Differentialgleichung

$$x' = f(t, x)$$

auf dem erweiterten Phasenraum $\Omega \subset \mathbb{R} \times X$ mit der Evolution $\Phi^{t,s}$. Die Koordinatentransformation M transformiert die Evolution $\Phi^{t,s}$ zu

$$\hat{\Phi}^{t,s}\hat{x} = M\Phi^{t,s}M^{-1}\hat{x}, \tag{3.18}$$

einer zweiparametrigen Familie $\hat{\Phi}^{t,s}$ von Abbildungen auf dem transformierten erweiterten Phasenraum

$$\hat{\Omega} = \{(t, Mx) : (t, x) \in \Omega\} \subset \mathbb{R} \times \hat{X}.$$

Diese zweiparametrige Familie erbt von Φ unmittelbar die Eigenschaften einer Evolution, d. h. die Eigenschaften (i) und (ii) aus Lemma 2.9. Die zugehörige Differentialgleichung in $\hat{X}$ erhalten wir durch Differentiation:

$$\frac{d}{dt}\hat{\Phi}^{t,s}\hat{x} = \frac{d}{dt}\left(M\Phi^{t,s}M^{-1}\hat{x}\right)$$

$$= M\frac{d}{dt}\Phi^{t,s}M^{-1}\hat{x} = Mf(t, \Phi^{t,s}M^{-1}\hat{x}) = Mf(t, M^{-1}\hat{\Phi}^{t,s}\hat{x}).$$

Sie besitzt also die rechte Seite

$$\hat{f}(t, Mx) = Mf(t, x), \tag{3.19}$$

welche wir als die Wirkung der Koordinatentransformation M auf der rechten Seite f auffassen können. In der Differentialgeometrie nennt man eine vektorwertige

Abbildung f, deren Werte durch Multiplikation mit der Jacobimatrix einer Koordinatentransformation transformiert werden, ein *kontravariantes Vektorfeld*. Insbesondere sind die rechten Seiten von Differentialgleichungen stets kontravariante Vektorfelder, was uns (3.19) zumindest für den Fall affiner Transformationen zeigt. (*Kovarianz* ist entsprechend eine Multiplikation mit der Inversen der Jacobimatrix. Die Verteilung der Präfixe „Ko-" und „Kontra-" ist in der Differentialgeometrie traditionell so festgelegt worden und ist leider in unserem Fall nicht unbedingt suggestiv.) Die Notwendigkeit einer gezielten Transformation von f wird klar, wenn man bedenkt, dass eine Änderung des Koordinatensystems eine Änderung der Beschreibung von Tangenten an (Integral-)Kurven nach sich ziehen *muss*. Bild- und Urbildraum der rechten Seite einer Differentialgleichung sind also in einer wohldefinierten Weise gekoppelt, die gerade durch (3.19) beschrieben wird. Das Konzept von Stabilität ist nun *invariant* unter der Gruppe der affinen Transformationen: Denn eine Integralkurve in Ω ist genau dann (asymptotisch) stabil, wenn es ihr Bild in $\hat{\Omega}$ für jede lineare Transformation $M \in \mathrm{GL}(d)$ ist; entsprechend verändern auch Verschiebungen des Koordinatenursprungs nichts am asymptotischen Verhalten einer Trajektorie. Nach Kleins Erlanger Programm ist die (asymptotische) Stabilität daher ein Objekt der affinen Geometrie. Eine triviale, aber äußerst nützliche Folge ist, dass eine *Charakterisierung* (asymptotisch) stabiler Integralkurven nur über Invarianten der affinen Geometrie erfolgen kann.

Schließlich wollen wir noch erwähnen, dass wir eine lineare Koordinatentransformation als spezielle Umnormierung auffassen können. Wählen wir in X und $\hat{X}$ die gleiche Vektornorm, so ergibt sich für den Abstand zweier Punkte in $\hat{X}$

$$|\hat{x}_0 - \hat{x}_1| = |M x_0 - M x_1| = |x_0 - x_1|_M.$$

Identifizieren wir die Bilder und Urbilder unter M miteinander, so können wir die gesamte Transformation auch als *Umnormierung* $|\cdot| \mapsto |\cdot|_M$ deuten.

3.2.2   Lineare autonome Differentialgleichungen

Die Charakterisierung stabiler Integralkurven wollen wir zunächst für homogene lineare autonome Systeme durchführen,

$$x' = Ax, \quad A \in \mathrm{Mat}_d(\mathbb{R}).$$

Der Phasenfluss Φ^t beschreibt hier als lineare Abbildung auch die Propagation von Störungen, so dass wir sofort zu folgender Umformulierung der Stabilitätsbegriffe gelangen.

Lemma 3.20. *Die zum Anfangswert $x(0) = x_0$ gehörige Integralkurve eines homogenen linearen autonomen Systems ist genau dann stabil, wenn für die intervallweise Kondition gilt*

$$\sup_{t \geq 0} \kappa[0, t] = \sup_{t \geq 0} \|\Phi^t\| < \infty. \tag{3.20}$$

Sie ist genau dann asymptotisch stabil, wenn für die punktweise Kondition gilt

$$\lim_{t\to\infty} \kappa_0(t) = \lim_{t\to\infty} \|\Phi^t\| = 0. \tag{3.21}$$

Insbesondere sind alle Integralkurven stabil (asymptotisch stabil), sobald es auch nur eine ist.

Aus den Betrachtungen des vorigen Abschnittes folgte, dass Stabilität und asymptotische Stabilität affine Invarianten sind. Für die affine Transformation $x \mapsto \hat{x} = Mx$, $M \in \mathrm{GL}(d)$, ist die kontravariante Transformation (3.19) des Vektorfeldes Ax gerade durch

$$A \mapsto MAM^{-1}$$

gegeben. Somit müssen die Eigenschaften (3.20) und (3.21) Invarianten der Ähnlichkeitsklasse von A sein und insbesondere am Repräsentanten dieser Klasse, der Jordanschen Normalform von A, abzulesen sein.

Bevor wir diese Verbindung explizit angeben, wollen wir noch einen bequemen Umgang mit dem linearen Phasenfluss Φ^t zur Verfügung stellen.

Satz 3.21. *Der Phasenfluss der homogenen linearen Differentialgleichung*

$$x' = Ax, \quad A \in \mathrm{Mat}_d(\mathbb{R}),$$

ist gegeben durch $\Phi^t = \exp(tA)$. Hierbei definieren wir die Matrizenexponentielle $\exp(tA)$ durch die stets absolut konvergente Reihe

$$\exp(tA) = \sum_{k=0}^{\infty} \frac{(tA)^k}{k!}.$$

Diese konvergiert gleichmäßig auf kompakten Zeitintervallen $[-T, T]$. Die Matrizenexponentielle besitzt die Eigenschaften

(i) $\exp(tMAM^{-1}) = M\exp(tA)M^{-1}$ *für alle $M \in \mathrm{GL}(d)$,*

(ii) $\exp(t(A+B)) = \exp(tA)\exp(tB)$, *falls $AB = BA$,*

(iii) *für $\Lambda = \mathrm{Blockdiag}(\Lambda_1, \ldots, \Lambda_k)$ gilt*

$$\exp(t\Lambda) = \mathrm{Blockdiag}(\exp t\Lambda_1, \ldots, \exp t\Lambda_k).$$

Beweis. Da für $0 < T < \infty$ die reelle Reihe mit positiven Gliedern

$$\sum_{k=0}^{\infty} \frac{(T\|A\|)^k}{k!} = \exp(T\|A\|) < \infty$$

konvergiert, zeigt das Weierstraßsche Majorantenkriterium, dass die Reihe $\exp(tA)$ für $t \in [-T, T]$ gleichmäßig und absolut konvergiert. Gliedweises Differenzieren nach t produziert die auf $[-T, T]$ ebenfalls gleichmäßig konvergente Reihe $A \exp(tA)$. Diese stellt somit die Ableitung der Matrizenexponentiellen dar,

$$\frac{d}{dt} \exp(tA) = A \exp(tA).$$

Da nun außerdem der Anfangswert $\exp(0 \cdot A) = I$ angenommen wird, gilt nach der Eindeutigkeitsaussage für lineare Anfangswertprobleme

$$\Phi^t = W(t, 0) = \exp(tA).$$

Die Eigenschaft (i) ist eine erneute Formulierung der Transformationseigenschaft (3.18). Die Eigenschaft (ii) folgt durch Multiplikation der Potenzreihen für $\exp(tA)$ und $\exp(tB)$:

$$\exp(tA)\exp(tB) = \sum_{k=0}^{\infty} \frac{t^k}{k!} \sum_{j=0}^{k} \binom{k}{j} A^j B^{k-j}$$

$$= \sum_{k=0}^{\infty} \frac{t^k (A + B)^k}{k!} = \exp(t(A + B)),$$

wobei wir $AB = BA$ zum Umordnen der Produktterme benötigen, um den binomischen Lehrsatz im zweiten Schritt anwenden zu können. Die Eigenschaft (iii) schließlich ist eine unmittelbare Folge des Eindeutigkeitssatzes für Lösungen linearer Differentialgleichungen. □

Bemerkung 3.22. Die Eigenschaften (i) und (iii) bedeuten in einer koordinatenfreien Sprechweise, dass ein A-invarianter Unterraum von $\mathbb{R}^d$ für jedes t auch invariant unter dem Phasenfluss Φ^t ist. Wir werden uns in Zunkunft stets der für die jeweiligen Zwecke geeigneteren Sprechweise bedienen.

Zur weiteren Vorbereitung führen wir noch Abkürzungen für die Invarianten der Ähnlichkeitsklasse von A ein, welche im Folgenden benötigt werden:

- Das *Spektrum* einer Matrix $A \in \mathrm{Mat}_d(\mathbb{C})$ bezeichnet die Menge aller Eigenwerte von A,

$$\sigma(A) = \{\lambda \in \mathbb{C} : \det(\lambda I - A) = 0\}.$$

- Der *Index* $\iota(\lambda)$ eines Eigenwertes $\lambda \in \sigma(A)$ ist die maximale Dimension der zu λ gehörigen Jordanblöcke von A.

- Der maximale Realteil der Eigenwerte von A

$$\nu(A) = \max_{\lambda \in \sigma(A)} \mathrm{Re}(\lambda)$$

heißt *Spektralabszisse* der Matrix A.

Satz 3.23. *Die Integralkurve des linearen Anfangswertproblems* $x' = Ax$, $x(0) = x_0$, *mit* $A \in \mathrm{Mat}_d(\mathbb{C})$ *ist genau dann stabil, falls für die Spektralabszisse* $\nu(A) \leq 0$ *gilt und alle Eigenwerte* $\lambda \in \sigma(A)$ *mit* $\mathrm{Re}\,\lambda = 0$ *den Index* $\iota(\lambda) = 1$ *besitzen. Sie ist genau dann asymptotisch stabil, falls die Spektralabszisse* $\nu(A) < 0$ *erfüllt.*

Beweis. Da Stabilität eine affine Invariante ist, reicht es, die Jordansche Normalform der Matrix A zu betrachten. Satz 3.21(iii) zeigt weiter, dass die Diskussion eines Jordanblockes

$$J = \lambda I + N \in \mathrm{Mat}_k(\mathbb{C}), \quad \lambda \in \sigma(A), \; k \leq \iota(\lambda),$$

genügt. Hierbei bezeichnet N die nilpotente Matrix

$$N = \begin{bmatrix} 0 & 1 & & \\ & \ddots & \ddots & \\ & & \ddots & 1 \\ & & & 0 \end{bmatrix} \in \mathrm{Mat}_k(\mathbb{C}), \tag{3.22}$$

wobei $N^k = 0$ ist. Da die beiden Matrizen λI und N vertauschen, gilt wegen der Eigenschaften (ii) und (iii) des Satzes 3.21 und der Nilpotenz der Matrix N, dass

$$\exp(tJ) = e^{t\lambda} \exp(tN) = e^{t\lambda} \left(I + tN + \cdots + \frac{t^{k-1}}{(k-1)!} N^{k-1} \right). \tag{3.23}$$

Anwendung der Matrixnorm und der Dreiecksungleichung ergibt die Abschätzung

$$\| \exp(tJ) \| \leq e^{t\,\mathrm{Re}\,\lambda} \left(1 + t \|N\| + \cdots + \frac{t^{k-1}}{(k-1)!} \|N\|^{k-1} \right)$$

für $t \geq 0$. Der Ausdruck in Klammern ist ein Polynom p in t und kann durch jede auch noch so schwache Exponentialfunktion dominiert werden,

$$p(t) \leq M_\varepsilon e^{\varepsilon t} \quad \text{für alle } t \geq 0$$

für $\varepsilon > 0$. Ist nun $\mathrm{Re}\,\lambda < 0$ und $\varepsilon > 0$ so gewählt, dass auch noch $\mathrm{Re}\,\lambda + \varepsilon < 0$ ist, so gilt

$$\| \exp(tJ) \| \leq M_\varepsilon e^{(\mathrm{Re}\,\lambda + \varepsilon)t} \to 0$$

für $t \to \infty$. Ist hingegen $\text{Re}\,\lambda = 0$ und $k = 1$, so gilt

$$\|\exp(tJ)\| = 1 \quad \text{für alle } t \geq 0. \tag{I}$$

Das Lemma 3.20 zeigt nun, dass die angegebenen Bedingungen für Stabilität und asymptotische Stabilität *hinreichend* sind. Ist nun ferner $\text{Re}\,\lambda = 0$ und trotzdem $k > 1$, so gilt für den k-ten Einheitsvektor $e_k = (0, 0, \ldots, 1)^T \in \mathbb{R}^k$

$$\exp(tJ)e_k = e^{t\lambda}\big(t^{k-1}/(k-1)!, \ldots, t, 1\big)^T,$$

was für die 1-Norm das Wachstum

$$\|\exp(tJ)\|_1 \geq |\exp(tJ)e_k|_1 = 1 + t + \cdots + \frac{t^{k-1}}{(k-1)!} \to \infty$$

für $t \to \infty$ nach sich zieht. Also ist die angegebene Bedingung für die Stabilität auch *notwendig*. Die Beziehung (I) zeigt ferner die Notwendigkeit der Bedingung für asymptotische Stabilität. □

Der Beweis des Stabilitätssatzes ergibt eine nützliche Abschätzung, die es verdient, festgehalten zu werden.

Korollar 3.24. *Für eine Matrix $A \in \text{Mat}_d(\mathbb{C})$ gibt es zu jedem $\varepsilon > 0$ eine Konstante $M_\varepsilon > 0$, so dass die Abschätzung*

$$\|\exp(tA)\| \leq M_\varepsilon e^{(\nu(A)+\varepsilon)t} \quad \text{für alle } t \geq 0$$

gilt. Ist zusätzlich für jeden Eigenwert $\lambda \in \sigma(A)$ mit $\text{Re}\,\lambda = \nu(A)$ der Index $\iota(\lambda) = 1$, so gilt die Aussage auch für $\varepsilon = 0$.

Bemerkung 3.25. Die Verifikation von $\nu(A) < 0$ für reelle Matrizen A lässt sich *ohne* explizite Berechnung der Eigenwerte von A bewerkstelligen. E. J. Routh (1877) und W. A. Hurwitz (1895) haben ein Kriterium angegeben, das die Entscheidung anhand rationaler Ausdrücke in den Koeffizienten des charakteristischen Polynoms $\chi(A)$ der Matrix A ermöglicht. Zumindest für $d = 2, 3, 4$ wollen wir das Routh-Hurwitz-Kriterium dem Leser nicht vorenthalten:

- $d = 2$ und $\chi(A) = \lambda^2 + a_1\lambda + a_0$:

$$\nu(A) < 0 \iff a_1 > 0 \land a_0 > 0;$$

- $d = 3$ und $\chi(A) = \lambda^3 + a_2\lambda^2 + a_1\lambda + a_0$:

$$\nu(A) < 0 \iff a_2 > 0 \land a_0 > 0 \land a_2 a_1 > a_0;$$

- $d = 4$ und $\chi(A) = \lambda^4 + a_3\lambda^3 + a_2\lambda^2 + a_1\lambda + a_0$:

$$\nu(A) < 0 \iff a_3 > 0 \wedge a_0 > 0 \wedge a_3 a_2 > a_1 \wedge (a_3 a_2 - a_1)a_1 > a_3^2 a_0.$$

Andererseits wollen wir das Thema hier nicht weiter vertiefen, sondern verweisen auf die ausführliche Darstellung in Kapitel 16 des Buches [72] von R. Gantmacher über Matrizentheorie. Vor einer Verwendung des Kriteriums für große Dimension d sei allerdings bei endlicher Mantissenlänge wegen numerischer Instabilitäten gewarnt.

Nach der obigen algebraischen Darstellung wollen wir dem Satz 3.23 nun noch eine *geometrische* Deutung geben, die auf den nichtlinearen Fall verallgemeinerungsfähig ist. Dazu zerlegen wir das Spektrum $\sigma(A)$ der reellen Matrix $A \in \mathrm{Mat}_d(\mathbb{R})$ disjunkt in

$$\sigma(A) = \sigma_+(A) \cup \sigma_-(A) \cup \sigma_0(A),$$

gemäß des Vorzeichens der Realteile der Eigenwerte:

$$\sigma_\pm(A) = \{\lambda \in \sigma(A) : \mathrm{Re}\,\lambda \gtrless 0\}, \quad \sigma_0(A) = \{\lambda \in \sigma(A) : \mathrm{Re}\,\lambda = 0\}.$$

Die zugehörigen (verallgemeinerten) Eigenräume E_+, E_- und E_0 der Matrix A, d. h.

$$\sigma(A|_{E_*}) = \sigma_*(A), \quad * \in \{+, -, 0\},$$

liefern eine direkte Zerlegung des Zustandsraumes

$$\mathbb{R}^d = E_+ \oplus E_- \oplus E_0 \tag{3.24}$$

in invariante Teilräume

$$A(E_*) \subset E_*.$$

Diese sind nach Bemerkung 3.22 auch invariant unter dem Phasenfluss $\Phi^t = \exp(tA)$. Dabei heißt E_- *stabiler*, E_+ *instabiler* und E_0 *zentraler* invarianter Teilraum der linearen Differentialgleichung $x' = Ax$. Ferner heißt die direkte Summe $E_h = E_- \oplus E_+$ *hyperbolischer* invarianter Teilraum. Mit π_-, π_+, π_0 und $\pi_h = \pi_- + \pi_+$ bezeichnen wir die Projektionen bezüglich der Zerlegung (3.24). Diese Teilräume lassen sich nun elegant über Wachstumseigenschaften zugeordneter Anfangswertprobleme charakterisieren, *ohne* dass wir auf das Spektrum Bezug nehmen müssen.

Satz 3.26. *Es gelten die Charakterisierungen*

(i) $E_- = \{x \in \mathbb{R}^d : \Phi^t x \to 0$ *für* $t \to +\infty\}$,

(ii) $E_+ = \{x \in \mathbb{R}^d : \Phi^t x \to 0$ *für* $t \to -\infty\}$,

(iii) $E_0 = \{x \in \mathbb{R}^d : \sup_{t \in \mathbb{R}} |\pi_h \Phi^t x| < \infty\}$

und die Implikationen

(iv) $0 \neq x \in E_- \implies \Phi^t x \to \infty$ *für* $t \to -\infty$,

(v) $0 \neq x \in E_+ \implies \Phi^t x \to \infty$ *für* $t \to +\infty$,

(vi) $\sup_{t \in \mathbb{R}} |\Phi^t x| < \infty \implies x \in E_0$.

Beweis. Beim Übergang von A zu $-A$ tauschen die Teilspektren σ_- und σ_+ sowie die Teilräume E_- und E_+ ihre Rollen, und alles Weitere bleibt unverändert. Da $\exp((-t)A) = \exp(t(-A))$ ist, entsprechen die Aussagen für E_- genau denen für E_+, so dass es genügt, jeweils eine der beiden Aussagen (i) und (ii) bzw. (iv) und (v) zu beweisen. Invariante Teilräume der Matrix A sind nach der Reihendarstellung der Matrizenexponentiellen auch solche der Matrix $\Phi^t = \exp(tA)$, so dass für alle in Rede stehenden Projektionen π

$$\Phi^t \pi = \pi \, \Phi^t = \pi \, \Phi^t \pi$$

gilt. Wenden wir nun die Abschätzung aus Korollar 3.24 auf die eingeschränkten linearen Abbildungen $A|_{E_-}$ und $(-A)|_{E_+}$ an, so erhalten wir für $t \geq 0$

$$\|\Phi^t \pi_-\| \leq M_- e^{\nu_- t/2}, \quad \|\Phi^{-t} \pi_+\| \leq M_+ e^{-\nu_+ t/2}, \tag{I}$$

wobei wir folgende Abkürzungen verwenden:

$$\nu_- = \max_{\lambda \in \sigma_-(A)} \operatorname{Re} \lambda = \nu\big(A|_{E_-}\big) < 0 \quad \text{und} \quad \nu_+ = \min_{\lambda \in \sigma_+(A)} \operatorname{Re} \lambda = \nu\big(A|_{E_+}\big) > 0.$$

Wenden wir uns nun (i) zu: Ist $x \in E_-$, so gilt nach (I) für $t \to +\infty$

$$\Phi^t x = \Phi^t \pi_- x \to 0.$$

Sei andererseits ein $x \in \mathbb{R}^d$ gegeben, für das $\Phi^t x \to 0$ für $t \to +\infty$. Dann können wir nach (I) abschätzen, dass

$$|\pi_+ x| = |\Phi^{-t} \pi_+ \Phi^t x| \leq M_+ e^{-\nu_+ + t/2} |\Phi^t x| \to 0$$

für $t \to +\infty$ und daher $\pi_+ x = 0$. Da von Null verschiedene Polynome in t für $t \to +\infty$ niemals verschwinden, zeigt die Beziehung (3.23) aus dem Beweis von Satz 3.23, dass der Grenzwert

$$\pi_0 \Phi^t x = \Phi^t \pi_0 x \to 0 \quad \text{für } t \to \infty$$

nur für $\pi_0 x = 0$ vorliegen kann. Somit ist $x \in E_-$.

Nun zeigen wir die Gültigkeit von (iii). Ist $x \in E_0$ gegeben, so gilt $\pi_h \Phi^t x = \Phi^t \pi_h x = 0$, da $\pi_h x = 0$ ist. Bleibt andererseits für ein $x \in \mathbb{R}^d$ für alle $t \in \mathbb{R}$ gleichmäßig $|\pi_h \Phi^t x| \leq \mu$, so gibt es wegen der Struktur des hyperbolischen Teilraumes als direkte Summe zwei Konstanten $\mu_-, \mu_+ > 0$, so dass

$$|\pi_+ \Phi^t x| \leq \mu_+ \quad \text{und} \quad |\pi_- \Phi^t x| \leq \mu_-$$

für alle $t \in \mathbb{R}$ gilt. Nach der Abschätzung (I) gilt daher zum einen

$$|\pi_+ x| = |\Phi^{-t}\pi_+\Phi^t x| \leq \mu_+ M_+ e^{-t\nu_+/2} \to 0 \quad \text{für } t \to +\infty,$$

zum anderen

$$|\pi_- x| = |\Phi^t \pi_- \Phi^{-t} x| \leq \mu_- M_- e^{t\nu_-/2} \to 0 \quad \text{für } t \to +\infty,$$

also insgesamt $\pi_+ x = \pi_- x = 0$ und daher gerade $x \in E_0$.

Eigenschaft (vi) ist eine unmittelbare Folge der Charakterisierung (iii), so dass wir uns schließlich (iv) zuwenden. Sei dazu $x \in E_-$ und $\Phi^t x$ bleibe für eine Folge $t_n \to -\infty$ durch $\mu > 0$ beschränkt. Dann gilt wiederum nach Abschätzung (I)

$$|x| = |\Phi^{-t_n}\Phi^{t_n} x| \leq \mu M_- e^{-\nu_- t_n/2} \to 0$$

für $n \to \infty$, da auch $\Phi^{t_n} x \in E_-$ ist. Also ist $x = 0$. $\qquad\qquad\square$

Bemerkung 3.27. Wir sollten beachten, dass bei den Implikationen (iv)–(vi) die Umkehrungen im Allgemeinen *falsch* sind. So wird der instabile Teilraum E_+ keineswegs durch das Wachstum $\Phi^t x \to \infty$ für $x \neq 0$ und $t \to \infty$ charakterisiert: Zum einen könnten noch übertünchte stabile Komponenten vorhanden sein, zum anderen lehrt uns Satz 3.23, dass es sehr wohl Komponenten $x \in E_0$ geben kann, für die $\Phi^t x$ zumindest polynomial wächst.

Bemerkung 3.28. Die Charakterisierung des stabilen und instabilen Teilraumes zeigt, dass die *Richtung* der Zeitachse für diese Diskussion von immenser Bedeutung ist. Bei Zeitumkehr vertauschen sich der stabile und der instabile Teilraum. Dieser Umstand hat eine besonders eindrückliche Konsequenz für die Trajektorien, welche konstant einen Zustand x_* annehmen, d. h. für alle $t \in \mathbb{R}$

$$\Phi^t x_* = x_* \quad \text{oder äquivalent} \quad A x_* = 0.$$

Ein derartiges x_* heißt *Fixpunkt* oder auch *stationärer Punkt* der Differentialgleichung. Eine lineare Differentialgleichung $x' = Ax$ besitzt dabei mindestens den Fixpunkt $x_* = 0$. Setzen wir nun voraus, dass die lineare Differentialgleichung $x' = Ax$ asymptotisch stabil ist, so liegt der Fixpunkt $x_* = 0$ in dem stabilen invarianten Teilraum, $x_* \in E_-$, und eine Anwendung der Eigenschaft (iv) aus Satz 3.26 zeigt, dass die konstante Trajektorie x_* in *umgekehrter* Zeitrichtung instabil ist. Dies gilt in der Regel auch im allgemeinen nichtlinearen Fall – eine Einsicht, die für die numerische Lösung eminent wichtig ist, wie wir später sehen werden.

Die Kraft des vorangehenden Satzes soll anhand einer Konsequenz demonstriert werden. Zerlegen wir einen beliebigen Anfangswert $x \in \mathbb{R}^d$ eindeutig in

$$x = \pi_- x + \pi_+ x + \pi_0 x,$$

so „kennen" wir die Evolution der ersten beiden Summanden qualitativ für $t \to \pm\infty$. Also reicht es für das weitergehende qualitative Studium der Differentialgleichung, diese auf den zentralen invarianten Teilraum E_0 einzuschränken. Da im Allgemeinen dim $E_0 < d$, stellt dieses Vorgehen eine Dimensionsreduktion dar. Alle interessanten Objekte der Differentialgleichung wie Fixpunkte, periodische Orbits etc. finden sich nach der Eigenschaft (vi) des Satzes 3.26 in E_0. Auch diese Überlegungen besitzen – zumindest lokal – ein Gegenstück für nichtlineare Probleme.

Bemerkung 3.29. Es sei davor gewarnt, unser Stabilitätsresultat Satz 3.23 blind vom autonomen auf den nichtautonomen Fall auszudehnen. Als Gegenbeispiel betrachten wir

$$x' = A(t)x, \quad x(0) = (-\varepsilon, 0)^T,$$

mit

$$A(t) = \begin{bmatrix} -1 + 3/2\cos^2 t & 1 - 3/2\cos t \sin t \\ -1 - 3/2\cos t \sin t & -1 + 3/2\sin^2 t \end{bmatrix}.$$

Das Spektrum der Matrix $A(t)$ ist zeitunabhängig gegeben durch

$$\sigma(A(t)) = \{(-1 + i\sqrt{7})/4, (-1 - i\sqrt{7})/4\},$$

so dass die Spektralabszisse den Wert $\nu(A(t)) = -1/4 < 0$ besitzt. Obwohl aber der Anfangswert $x(0)$ eine beliebig kleine Störung des Fixpunktes 0 darstellt, explodiert die Lösung

$$x(t) = \varepsilon(-\cos t, \sin t)^T e^{t/2}$$

für $t \to \infty$.

3.2.3   Stabilität von Fixpunkten

Wir wenden uns nun der Stabilität von Integralkurven des allgemeinen nichtlinearen Anfangswertproblems $x' = f(t, x)$, $x(t_0) = x_0$, zu. Wollten wir wie bei der Konditionsanalyse vorgehen und lediglich Effekte erster Ordnung studieren, so müssten wir versuchen, etwas über die Stabilität des Fixpunktes $\delta x = 0$ (dies entspricht der ungestörten Integralkurve!) der Variationsgleichung

$$\delta x' = f_x(t, \Phi^{t,t_0} x_0)\, \delta x$$

in Erfahrung zu bringen. Leider ist diese lineare Gleichung im Allgemeinen nichtautonom, so dass wir – wie in Bemerkung 3.29 dargelegt – auf diese Weise nicht zu einer brauchbaren Charakterisierung kommen. Auch Autonomisierung durch Hinzufügen der trivialen Differentialgleichung $t' = 1$ mit $t(0) = t_0$ würde nicht helfen, denn so erhielten wir ein *nichtlineares* Problem – womit wir wieder am Ausgangspunkt wären! Andererseits wissen wir alles Notwendige für den Fall, dass die Variationsgleichung autonom ist. Dieser Fall liegt sicherlich dann vor, wenn sowohl

- f selbst autonom ist

als auch

- der Anfangswert $x_0 = x_*$ Fixpunkt der Differentialgleichung ist, also

$$f(x_*) = 0 \iff \Phi^t x_* = x_* \quad \text{für alle } t.$$

Wir beschränken uns daher im Folgenden darauf, die Stabilität von *Fixpunkten autonomer Differentialgleichungen* zu untersuchen. Für einen Fixpunkt x_* der Differentialgleichung besagen die Stabilitätsresultate aus Lemma 3.20 und Satz 3.23, angewandt auf die Variationsgleichung

$$\delta x' = Df(x_*)\, \delta x,$$

dass

- $\lim_{t \to \infty} \kappa_0(t) = 0 \iff \nu(Df(x_*)) < 0,$
- $\nu(Df(x_*)) > 0 \implies \lim_{t \to \infty} \kappa_0(t) = \infty.$

Somit ist $\nu(Df(x_*)) \leq 0$ *notwendig* für die asymptotische Stabilität des Fixpunktes. Leider können wir ohne weitere Überlegungen nicht entscheiden, ob die Negativität dieser Spektralabszissen wie im linearen Fall auch *hinreichend* für die asymptotische Stabilität des Fixpunktes ist. Denn das asymptotische Verschwinden der Störung in erster Näherung besagt noch lange nicht, dass die Störung in höherer Ordnung für $t \to \infty$ nicht zunehmend dominieren könnte. Glücklicherweise kann letzteres ausgeschlossen werden.

Satz 3.30. *Sei $x_* \in \Omega_0$ Fixpunkt der autonomen Differentialgleichung $x' = f(x)$, deren rechte Seite f auf dem Phasenraum Ω_0 stetig differenzierbar sei. Ist die Spektralabszisse der Jacobimatrix im Fixpunkt x_* negativ, das heißt*

$$\nu(Df(x_*)) < 0,$$

so ist x_* asymptotisch stabiler Fixpunkt.

Beweis. Ohne Einschränkung dürfen wir $x_* = 0$ und $\Omega_0 = \mathbb{R}^d$ wählen. Da nun $f(0) = 0$ ist, hat mit $A = Df(0)$ die rechte Seite die Darstellung

$$f(x) = Ax + g(x), \quad g(x) = o(|x|) \text{ für } |x| \to 0.$$

Sei zu einem Anfangswert $x_0 \in \Omega_0$ die Lösung $\Phi^t x_0$ auf ihrem maximalen Existenzintervall $J = [0, t_+[$ betrachtet. Variation der Konstanten zeigt, dass die Lösung für $t \in J$ die Darstellung

$$\Phi^t x_0 = \exp(tA)x_0 + \int_0^t \exp((t-s)A)g(\Phi^s x_0)\, ds \qquad (\mathrm{I})$$

besitzt. Nun kommt $\nu(A)$ zum Zuge, um den linearisierten Fluss $\exp(tA)$ abzuschätzen. Dazu wählen wir

$$\nu(A) < -\beta < 0,$$

so dass uns Korollar 3.24 eine Konstante $M \geq 1$ liefert, für die

$$\| \exp(tA)\| \leq M e^{-\beta t}.$$

Investieren wir dies in der Darstellung (I), so erhalten wir die Abschätzung

$$|\Phi^t x_0| \leq M e^{-\beta t}|x_0| + M \int_0^t e^{-\beta(t-s)}|g(\Phi^s x_0)|\, ds.$$

Damit auch das Integral sich als klein erweist, nutzen wir $g(x) = o(|x|)$ aus: Wir wählen nämlich ein $\delta_0 > 0$ so, dass

$$|g(x)| \leq \frac{\beta}{2M}|x| \quad \text{für alle } |x| < \delta_0.$$

Gilt also für den Anfangswert $|x_0| < \delta_0$ und wählen wir $0 < t_* \in J$ so klein, dass auch $|x(t)| < \delta_0$ für $0 \leq t \leq t_*$ gilt, so erhalten wir die Abschätzung

$$|\Phi^t x_0| \leq M e^{-\beta t}|x_0| + \beta/2 \int_0^t e^{-\beta(t-s)}|\Phi^s x_0|\, ds, \quad 0 \leq t \leq t_*.$$

Die nichtnegative Funktion $\psi(t) = \exp(\beta t)|\Phi^t x_0|$ besitzt daher die Abschätzung

$$\psi(t) \leq M|x_0| + \beta/2 \int_0^t \psi(s)\, ds, \quad 0 \leq t \leq t_*,$$

so dass das Lemma von T. H. Gronwall (Lemma 3.9) uns schließlich erlaubt, die Lösung durch

$$|\Phi^t x_0| \leq M e^{-\beta/2 t}|x_0|, \quad 0 \leq t \leq t_*, \tag{II}$$

zu beschränken. Schränken wir den Anfangswert sogar auf $|x_0| < \delta_0/M$ ein, so sehen wir, dass t_* beliebig im Intervall J gewählt werden darf, also die Abschätzung (II) in ganz J ihre Gültigkeit besitzt. Insbesondere ist die Lösung auf ganz J beschränkt, so dass die Maximalität $t_+ = \infty$ liefert. Die Abschätzung (II) ist somit für alle $t \geq 0$ gültig und $\Phi^t x_0 \to 0$ für $t \to \infty$. $\qquad\square$

Der „Witz" an der Voraussetzung $\nu(Df(x_*)) < 0$ liegt gerade darin, dass wir zwischen ν und 0 noch „Platz" für den Exponenten einer Exponentialfunktion besitzen, die uns die Störungen höherer Ordnung „auffrisst". Im Fall $\nu(Df(x_*)) = 0$ reicht hingegen die Linearisierung nicht mehr aus, um wenigstens über die *Stabilität* zu entscheiden: Hier können die Effekte höherer Ordnung durchaus für $t \to \infty$ dominieren. Zum Studium auch solcher Fälle gelingt es in ausgewählten, durchaus komplizierten Beispielen, sogenannte *Ljapunov-Funktionen* zu konstruieren, die trotzdem Aussagen zur Stabilität gestatten.

Beispiel 3.31 (E. J. Routh 1877). Zur Illustration betrachten wir das nichtlineare System

$$x_1' = -x_2 + x_1^3, \quad x_2' = x_1$$

mit dem Fixpunkt $x_* = 0$. Hier ist die Jacobimatrix

$$A = Df(0) = \begin{bmatrix} 0 & -1 \\ 1 & 0 \end{bmatrix}$$

mit Spektrum $\sigma(A) = \{+i, -i\}$, d. h. $\nu(A) = 0$. Die Indizes der Eigenwerte sind beide 1, also besitzt nach Satz 3.23 das linearisierte Problem $x' = Ax$ den stabilen Fixpunkt $x_* = 0$. Andererseits ist x_* kein stabiler Fixpunkt des nichtlinearen Systems, wie wir nun zeigen werden. Dazu führen wir die spezielle *Ljapunov-Funktion*

$$V(x) = x_1^2 + x_2^2$$

ein. Für $x(t) = \Phi^t x_0$ gilt, dass

$$\frac{d}{dt} V(\Phi^t x_0) = 2x_1(t)x_1'(t) + 2x_2(t)x_2'(t) = 2x_1^4(t).$$

Der Leser möge zur Übung daraus schließen, dass für $x_0 \neq x_* = 0$

$$V(\Phi^t x_0) \to \infty \quad \text{für } t \to t_+.$$

Wie dieses Beispiel belegt, besteht die Schwierigkeit darin, für ein vorgegebenes Problem jeweils eine geeignete Ljapunov-Funktion zu finden – was die Anwendbarkeit dieser Technik im allgemeinen Fall erheblich einschränkt. Interessierte Leser verweisen wir auf das Buch [152].

Abschließend wollen wir uns nochmals etwas allgemeiner dem Zusammenhang von einer nichtlinearen Differentialgleichung

$$x' = f(x), \quad f \in C^1(\Omega_0, \mathbb{R}^d), \tag{I}$$

und ihrer Linearisierung um einen Fixpunkt $x_* = 0$

$$x' = Ax, \quad A = Df(0) \in \text{Mat}_d(\mathbb{R}), \tag{II}$$

zuwenden. Satz 3.30 besagt in Kürze, dass der Punkt x_* genau dann asymptotisch stabiler Fixpunkt der nichtlinearen Differentialgleichung (I) ist, wenn er es für die linearisierte Differentialgleichung (II) ist. Die Linearisierung erlaubt in diesem Fall also die Beantwortung einer *qualitativen* Fragestellung. In Erweiterung besagt der *Satz von D. M. Grobman und P. Hartman* (1959/63), dass für $\sigma_0(A) = \emptyset$, also für sogenannte *hyperbolische* Fixpunkte, ein sehr enger qualitativer Zusammenhang zwischen (I) und (II) besteht: In diesem Fall existiert nämlich eine offene Umgebung U von x_* und eine stetig umkehrbare lokale Koordinatentransformation (Homöomorphismus) $h : U \to V$ mit $h(x_*) = 0$, so dass h lokal den Fluss Φ^t auf den linearen Fluss $W(t, 0) = \exp(tA)$ abbildet:

$$h(\Phi^t x) = \exp(tA)h(x) \quad \text{für alle } x \in U.$$

Man sagt auch, dass die „Phasenportraits" (durch die Brille der Topologie) der Differentialgleichungen (I) und (II) in der Nähe des Fixpunktes gleich (äquivalent) sind. Mit diesem tiefliegenden Resultat folgt z. B. das nichtlineare Stabilitätsresultat von Satz 3.30 aus dem linearen Stabilitätsresultat in Satz 3.23 ohne weitere Umschweife. Dass wir Eigenwerte aus $\sigma_0(A)$ ausschließen müssen, belegt übrigens schon unser Beispiel 3.31. In Satz 3.26 konnten wir sowohl den stabilen Teilraum E_- als auch den instabilen Teilraum E_+ des linearisierten Systems (II) *ohne* lineare Algebra, also ohne Projektionen, Eigenräume etc., einzig über das Verhalten des Phasenflusses charakterisieren. Diese Charakterisierung lässt sich auch lokal für das nichtlineare System (I) hinschreiben, sie *definiert* uns dann analoge Mengen. Dazu sei U wiederum offene Umgebung eines hyperbolischen Fixpunktes x_*. Der Beschreibung (i) aus Satz 3.26 des Teilraumes E_- entsprechend definieren wir

$$W_{\text{loc}}^-(x_*) = \{x \in U : \Phi^t x \to x_* \text{ für } t \to \infty, \text{ wobei } \Phi^t x \in U \text{ für alle } t \geq 0\},$$

und analog zur Beschreibung (ii) des Teilraumes E_+ definieren wir

$$W_{\text{loc}}^+(x_*) = \{x \in U : \Phi^t x \to x_* \text{ für } t \to -\infty, \text{ wobei } \Phi^t x \in U \text{ für alle } t \leq 0\}.$$

Man kann zeigen, dass für eine hinreichend kleine Umgebung U des Fixpunktes x_* die Mengen $W_{\text{loc}}^-(x_*)$ und $W_{\text{loc}}^+(x_*)$ differenzierbare *Mannigfaltigkeiten* der gleichen Glattheit wie f darstellen. Hierbei ist $W_{\text{loc}}^-(x_*)$ in Vorwärtsrichtung invariant unter dem Phasenfluss,

$$\Phi^t W_{\text{loc}}^-(x_*) \subset W_{\text{loc}}^-(x_*) \quad \text{für alle } t \geq 0,$$

und heißt daher *lokale stabile (invariante) Mannigfaltigkeit* des Fixpunktes x_*. Entsprechend ist $W_{\text{loc}}^+(x_*)$ in Rückwärtsrichtung invariant unter dem Phasenfluss,

$$\Phi^t W_{\text{loc}}^+(x_*) \subset W_{\text{loc}}^+(x_*) \quad \text{für alle } t \leq 0,$$

und heißt *lokale instabile (invariante) Mannigfaltigkeit* des Fixpunktes x_*. Die Linearisierung (II) findet sich jetzt geometrisch wieder, da E_- der Tangentialraum der Mannigfaltigkeit $W_{\text{loc}}^-(x_*)$ im Punkte x_* ist, entsprechend E_+ der Tangentialraum der Mannigfaltigkeit $W_{\text{loc}}^+(x_*)$ in x_*.

Mit etwas mehr Aufwand lassen sich auch für Fixpunkte, welche nicht hyperbolisch sind, eine eindeutige stabile und eine eindeutige instabile Mannigfaltigkeit konstruieren. Wesentlich schwieriger ist der Nachweis der Existenz einer *Zentrumsmannigfaltigkeit*, also einer unter dem Phasenfluss invarianten Mannigfaltigkeit, die im Fixpunkt x_* den zentralen Teilraum E_0 zum Tangentialraum hat. Angesichts der Schwierigkeiten, die uns bislang der zentrale Anteil $\sigma_0(A)$ des Spektrums machte, sollte uns dies nicht weiter verwundern, auch nicht, dass sich eine Zentrumsmannigfaltigkeit weniger wohl als die beiden anderen Partner verhält: Sie ist beispielsweise in der Regel weniger glatt und nicht eindeutig. Details und vieles mehr findet der Leser in [82, 33, 168].

3.3 Stabilität rekursiver Abbildungen

In den nachfolgenden Kapiteln 4 – 7 werden wir die numerische Lösung von Differentialgleichungen durch *Diskretisierung* behandeln. Formal bedeutet dies, dass wir die gewöhnliche Differentialgleichung durch in der Regel nichtlineare rekursive Abbildungen,

$$x_{n+1} = \Psi(x_n), \quad n = 0, 1, 2, \ldots,$$

sogenannte *diskrete dynamische Systeme* ersetzen. Die Rekursion ist dabei so zu verstehen, dass aus einem Anfangswert $x_0 \in \mathbb{R}^d$ die Zustände $x_1, x_2, \ldots$ entstehen, solange sich diese im Definitionsbereich der Abbildung Ψ befinden. Wir werden sodann wie bei der numerischen Quadratur in Band 1, Kapitel 9, versuchen, möglichst viele Eigenschaften des kontinuierlichen Problems auf das diskrete zu *vererben*.

Zur Vorbereitung entsprechender Untersuchungen entwickeln wir deshalb hier entsprechende Stabilitätsresultate für diskrete dynamische Systeme. Wie im Fall gewöhnlicher Differentialgleichungen lässt sich (Abschnitt 3.3.1) eine abschließende Antwort nur für den linearen autonomen Fall

$$x_{n+1} = Ax_n, \quad n = 0, 1, 2, \ldots, \tag{3.25}$$

geben, wobei $A \in \mathrm{Mat}_d(\mathbb{C})$ eine konstante, d. h. vom Iterationsindex n unabhängige Matrix bezeichne. In einem anschließenden Abschnitt beantworten wir die für das Kapitel 6 wichtige Frage, wie sich Spektren rationaler Funktionen von Matrizen ermitteln lassen.

3.3.1 Lineare autonome Rekursionen

Für die lineare autonome Rekursion (3.25) gilt

$$x_n = A^n x_0.$$

Daher übernimmt bei den linearen Rekursionen die Potenzfunktion A^n als Lösungsoperator eine Rolle analog zur Matrizenexponentiellen bei linearen autonomen Differentialgleichungen.

Mit dieser Analogie zu linearen Differentialgleichungen im Blick wollen wir nun die zugehörige Stabilitätstheorie ausarbeiten, ohne uns dabei allzusehr zu wiederholen. Daher nehmen wir hier gleich das Analogon zu Lemma 3.20 zur Definition des Stabilitätsbegriffes.

Definition 3.32. Die lineare Iteration $x_{n+1} = Ax_n$ heißt *stabil*, falls

$$\sup_{n \geq 1} \|A^n\| < \infty,$$

sie heißt *asymptotisch stabil*, falls

$$\lim_{n \to \infty} \|A^n\| = 0.$$

Da sich die Potenz einer Matrix (ebenso wie die Matrizenexponentielle) kontravariant transformiert,

$$(MAM^{-1})^n = MA^n M^{-1}, \quad M \in \mathrm{GL}(d),$$

stellt sich auch hier die Stabilität oder Instabilität der Iteration als *Invariante* der Ähnlichkeitsklasse heraus.

Wir bezeichnen mit

$$\rho(A) = \max_{\lambda \in \sigma(A)} |\lambda|$$

den *Spektralradius* der Matrix A. Er hat für lineare Iterationen die gleiche Bedeutung, welche die Spektralabszisse $\nu(A)$ für lineare Differentialgleichungen hat. Dies zeigt das folgende Resultat.

Satz 3.33. *Die lineare Iteration* $x_{n+1} = Ax_n$ *mit* $A \in \mathrm{Mat}_d(\mathbb{C})$ *ist genau dann stabil, wenn für den Spektralradius* $\rho(A) \leq 1$ *gilt und alle Eigenwerte* $\lambda \in \sigma(A)$ *mit* $|\lambda| = 1$ *den Index* $\iota(\lambda) = 1$ *besitzen. Sie ist genau dann asymptotisch stabil, wenn für den Spektralradius* $\rho(A) < 1$ *gilt.*

Beweis. Wir gehen analog zum Beweis von Satz 3.23 vor. Da Stabilität etc. eine Eigenschaft der Ähnlichkeitsklasse ist, genügt es wiederum, die Jordansche Normalform zu betrachten. Mehr noch, da die Iteration für die Jordansche Normalform genau dann (asymptotisch) stabil ist, wenn es die entsprechende Iteration für jeden einzelnen Block ist, genügt es, die Matrix

$$J = \lambda I + N \in \mathrm{Mat}_k(\mathbb{C}), \quad \lambda \in \sigma(A), \ k \leq \iota(\lambda),$$

zu betrachten. Dabei ist N eine nilpontente Matrix wie in (3.22). Der binomische Lehrsatz ergibt für $n \geq k$

$$J^n = \lambda^n I + \lambda^{n-1} \binom{n}{1} N + \cdots + \lambda^{n-k+1} \binom{n}{k-1} N^{k-1},$$

da ja $N^k = 0$ ist. Ist $\lambda = 0$, so ist $J^n = 0$ für $n \geq k$. Für $\lambda \neq 0$ ergibt Anwendung der Matrixnorm und der Dreiecksungleichung die Abschätzung

$$\|J^n\| \leq |\lambda^n|\left(1 + |\lambda|^{-1}\binom{n}{1}\|N\| + \cdots + |\lambda|^{-(k-1)}\binom{n}{k-1}\|N\|^{k-1}\right)$$

für $n \geq k$. Der Ausdruck in Klammern ist ein Polynom p in n und kann durch Potenzen eines jeden $\theta > 1$ beschränkt werden, so dass

$$p(n) \leq M_\theta \theta^n, \quad n = 0, 1, 2, \ldots.$$

Ist nun $|\lambda| < 1$ und $\theta > 1$ so gewählt, dass auch noch $\theta|\lambda| < 1$ ist, so gilt

$$\|J^n\| \leq M_\theta(\theta|\lambda|)^n \to 0$$

für $n \to \infty$. Ist hingegen $|\lambda| = 1$ und $k = 1$, so gilt

$$\|J^n\| = 1, \quad n = 0, 1, 2, \ldots. \tag{I}$$

Also sind die angegebenen Bedingungen für Stabilität und asymptotische Stabilität *hinreichend*.

Ist ferner $|\lambda| = 1$ und trotzdem $k > 1$, so gilt für den $k$ten Einheitsvektor $e_k = (0, 0, \ldots, 1)^T \in \mathbb{R}^k$

$$J^n e_k = \lambda^n\left(\lambda^{-(k-1)}\binom{n}{k-1}, \ldots, \lambda^{-1}\binom{n}{1}, 1\right)^T, \quad n \geq k,$$

was für die 1-Norm das Wachstum

$$\|J^n\|_1 \geq |J^n e_k|_1 = 1 + \binom{n}{1} + \cdots + \binom{n}{k-1} \to \infty$$

für $n \to \infty$ nach sich zieht. Also ist die angegebene Bedingung für die Stabilität auch *notwendig*. Die Beziehung (I) zeigt ferner die Notwendigkeit der Bedingung für asymptotische Stabilität. □

Als Konsequenz des Beweises erhalten wir eine zu Korollar 3.24 analoge Abschätzung der Normen der Potenzen einer Matrix.

Korollar 3.34. *Für eine Matrix $A \in \mathrm{Mat}_d(\mathbb{C})$ gibt es zu jedem $\theta > 1$ eine Konstante $M_\theta > 0$, so dass die Abschätzung*

$$\|A^n\| \leq M_\theta(\theta\rho(A))^n, \quad n = 0, 1, 2, \ldots,$$

gilt. Ist zusätzlich für jeden Eigenwert $\lambda \in \sigma(A)$ mit $|\lambda| = \rho(A)$ der Index $\iota(\lambda) = 1$, so gilt die Aussage auch für $\theta = 1$.

Die angedeuteten Analogien zu linearen Differentialgleichungen sind kein Zufall, sondern haben einen tieferen Hintergrund, den wir kurz diskutieren möchten.

Beispiel 3.35. Wir betrachten zu einer Matrix $A \in \text{Mat}_d(\mathbb{C})$ und einem $\tau > 0$ die Matrix

$$A_\tau = \exp(\tau A).$$

Die Potenzen von A_τ beleuchten stroboskopartig zu den diskreten Zeitpunkten $t_n = n\tau$ den Phasenfluss der Differentialgleichung:

$$A_\tau^n = \exp(t_n A).$$

Da die (asymptotische) Stabilität einer linearen Differentialgleichung schon anhand der diskreten Zeitpunkte $t_n = n\tau$ auszumachen ist, gilt: Sämtliche Integralkurven von $x' = Ax$ sind genau dann (asymptotisch) stabil, wenn die lineare Iteration $x_{n+1} = A_\tau x_n$ (asymptotisch) stabil ist. Wir wollen sehen, ob sich jetzt auch die beiden Stabilitätsresultate Satz 3.23 und Satz 3.33 verknüpfen lassen.

Die Beziehung (3.23) aus dem Beweis des Stabilitätsresultates für lineare Differentialgleichungen Satz 3.23 lehrt uns, dass die Spektren von A_τ und A durch

$$\sigma(A_\tau) = \exp(\tau\sigma(A)) \qquad (3.26)$$

verknüpft sind. Insbesondere gilt für den Spektralradius von A_τ und die Spektralabszisse der Matrix A

$$\rho(A_\tau) = \exp(\tau\nu(A)).$$

Darüber hinaus lässt sich zeigen (Aufgabe 3.12), dass die Indizes korrespondierender Eigenwerte gleich sind, d. h. $\iota(e^{\tau\lambda}) = \iota(\lambda)$ für $\lambda \in \sigma(A)$. Da für die Exponentialfunktion

$$|e^{\tau\nu}| \lesseqqgtr 1 \quad \Longleftrightarrow \quad \text{Re}\,\nu \lesseqqgtr 0$$

gilt, liefert der diskrete Satz 3.33 das Stabilitätsresultat Satz 3.23 für lineare Differentialgleichungen als *unmittelbare Folgerung*.

Bemerkung 3.36. Umgekehrt ist das nicht so einfach, da wir zu einer gegebenen Matrix A einen *Matrixlogarithmus* $B = \log(A)$ finden müssten, für den $A = \exp(B)$ gilt. Da eine Matrizenexponentielle stets invertierbar ist, wird zu diesem Zwecke die Bedingung $0 \notin \sigma(A)$ sicher notwendig sein. Diese Bedingung ist sogar hinreichend für die Konstruktion eines solchen Matrixlogarithmus, was vorzuführen aber hier zu weit führen würde. (Übrigens spielt $\lambda = 0$ auch in unserem Beweis von Satz 3.33 eine Sonderrolle.)

Wie im Falle der linearen Differentialgleichungen können wir Satz 3.33 eine geometrische Deutung geben, die verallgemeinerungsfähig auf den nichtlinearen Fall ist.

Mit Blick auf die Beziehung 3.26 des vorangegangenen Beispiels zerlegen wir das Spektrum $\sigma(A)$ einer reellen Matrix $A \in \mathrm{Mat}_d(\mathbb{R})$ entsprechend in

$$\sigma(A) = \sigma_s(A) \cup \sigma_u(A) \cup \sigma_c(A)$$

gemäß des *Betrages* der Eigenwerte:

$$\sigma_s(A) = \{\lambda \in \sigma(A) : |\lambda| < 1\}, \quad \sigma_u(A) = \{\lambda \in \sigma(A) : |\lambda| > 1\}$$

und

$$\sigma_c(A) = \{\lambda \in \sigma(A) : |\lambda| = 1\}.$$

Wir betrachten die Zerlegung

$$\mathbb{R}^d = E_s \oplus E_u \oplus E_c$$

in die zugehörigen (verallgemeinerten) Eigenräume von A,

$$A(E_*) \subset E_*, \quad \sigma(A|_{E_*}) = \sigma_*(A), \quad * \in \{s, u, c\}.$$

Auch hier heißen E_s (E_u, E_c) der *stabile* (*instabile, zentrale*) invariante Teilraum der linearen Iteration $x_{n+1} = Ax_n$, die Summe $E_{su} = E_s \oplus E_u$ heißt der *hyperbolische* invariante Teilraum. (Mnemotechnisch steht „s" für „stable", „u" für „unstable" und „c" für „center".) Mit π_s, π_u, π_c und $\pi_{su} = \pi_s + \pi_u$ bezeichnen wir die zugehörigen Projektionen. Wir können wiederum die Teilräume elegant über Wachstumseigenschaften charakterisieren, *ohne* uns auf das Spektrum beziehen zu müssen, sofern wir auch umgekehrt von x_{n+1} *eindeutig* zu x_n gelangen können. Dazu ist die Invertierbarkeit von A, d. h. $0 \notin \sigma(A)$, nötig. In diesem Falle können wir insbesondere aus dem Anfangswert x_0 eine Folge $\{x_n\}_{n \in \mathbb{Z}}$ gewinnen.

Satz 3.37. *Sei $A \in \mathrm{GL}(d)$. Dann gelten die Charakterisierungen*

(i) $E_s = \{x \in \mathbb{R}^d : A^n x \to 0 \text{ für } n \to \infty\}$,

(ii) $E_u = \{x \in \mathbb{R}^d : A^{-n} x \to 0 \text{ für } n \to \infty\}$,

(iii) $E_c = \{x \in \mathbb{R}^d : \sup_{n \in \mathbb{Z}} |\pi_{su} A^n x| < \infty\}$

und die Implikationen

(iv) $0 \neq x \in E_s \implies A^{-n} x \to \infty \text{ für } n \to \infty$,

(v) $0 \neq x \in E_u \implies A^n x \to \infty \text{ für } n \to \infty$,

(vi) $\sup_{n \in \mathbb{Z}} |A^n x| < \infty \implies x \in E_c$.

Diesen Satz möge der Leser in Anlehnung an Satz 3.26 selbst beweisen.
Zerlegen wir einen beliebigen Anfangswert $x \in \mathbb{R}^d$ eindeutig in

$$x = \pi_s x + \pi_u x + \pi_c x,$$

so „kennen" wir die Iterierten der ersten beiden Summanden qualitativ für $n \to \pm\infty$. Also reicht es für das weitergehende qualitative Studium der linearen Iteration, diese auf den zentralen invarianten Teilraum E_c einzuschränken. Da im Allgemeinen dim $E_c < d$, stellt dieses Vorgehen auch hier eine Dimensionsreduktion dar. Alle interessanten Objekte der linearen Iteration, wie Fixpunkte oder Zyklen $x_0, x_1, \ldots, x_k = x_0$ finden sich nach der Eigenschaft (vi) des Satzes 3.37 in E_c. Auch diese Überlegungen besitzen ein Gegenstück für nichtlineare Probleme.

Nach dem Bisherigen sollte es dem Leser nicht schwerfallen, sich von der Richtigkeit des folgenden Satzes zu überzeugen. Er kann dies in Analogie zum Beweis von Satz 3.30 tun, oder einen Beweis mit Hilfe des Banachschen Fixpunktsatzes führen (Aufgabe 3.13).

Satz 3.38. *Sei* $\Psi : \Omega_0 \to \Omega_0$ *eine stetig differenzierbare Abbildung auf der offenen Menge* $\Omega_0 \subset \mathbb{R}^d$. *Sie habe einen Fixpunkt* $x^* = \Psi(x^*)$. *Gilt für diesen*

$$\rho(D\Psi(x^*)) < 1,$$

so gibt es ein $\delta > 0$, *so dass für alle* $x_0 \in B_\delta(x^*) \subset \Omega_0$ *die Iteration*

$$x_{n+1} = \Psi(x_n), \quad n = 0, 1, 2, \ldots,$$

gegen x^* *konvergiert. Der Fixpunkt* x^* *ist also asymptotisch stabil.*

Beispiel 3.39. Eine sehr wichtige Anwendungsklasse unserer Stabilitätsuntersuchungen zu linearen Iterationen wird durch *homogene lineare Differenzengleichungen k-ter Ordnung* gegeben (vergleiche Abschnitt 7.1)

$$x_{n+k} + \alpha_{k-1} x_{n+k-1} + \cdots + \alpha_1 x_{n+1} + \alpha_0 x_n = 0 \qquad (3.27)$$

für $n = 0, 1, 2, \ldots$. Die Zahlen $\alpha_{k-1}, \ldots, \alpha_0 \in \mathbb{C}$ heißen die *Koeffizienten* der Differenzengleichung. Damit die Gleichung eine Folge von komplexen Zahlen rekursiv definiert, sind k Anfangswerte $x_0, \ldots, x_{k-1} \in \mathbb{C}$ nötig. Die Differenzengleichung (3.27) ist *stabil*, falls für jedes k-Tupel von Anfangswerten eine Konstante $M > 0$ existiert, so dass

$$|x_n| \le M, \quad n = 0, 1, 2, \ldots,$$

und *asymptotisch stabil*, falls zusätzlich $x_n \to 0$ für $n \to \infty$ gilt.

Jede lineare Differenzengleichung k-ter Ordnung lässt sich nun als eine lineare k-dimensionale Rekursion auffassen. Dazu fassen wir jeweils die k-Tupel der Folgenglieder $x_n, \ldots, x_{n+k-1}$ zu einem Vektor zusammen,

$$X_n = (x_n, \ldots, x_{n+k-1})^T \in \mathbb{C}^k.$$

Insbesondere ist durch die Anfangswerte der Vektor X_0 gegeben. Die Differenzengleichung (3.27) ist daher äquivalent zu der linearen Iteration

$$X_{n+1} = AX_n, \quad n = 0, 1, 2, \ldots, \tag{3.28}$$

mit der Matrix

$$A = \begin{bmatrix} 0 & 1 & & & \\ & 0 & 1 & & \\ & & \ddots & \ddots & \\ & & & 0 & 1 \\ -\alpha_0 & -\alpha_1 & \cdots & -\alpha_{k-2} & -\alpha_{k-1} \end{bmatrix} \in \mathrm{Mat}_d(\mathbb{C}).$$

Wir sehen, dass die (asymptotische) Stabilität der Differenzengleichung äquivalent
zur (asymptotischen) Stabilität der linearen Iteration (3.28) ist. Diese können wir nun
mit Hilfe des Satzes 3.33 analysieren. Dazu bringen wir aus der linearen Algebra in
Erinnerung, dass A eine *Frobenius-* oder *Begleitmatrix* ist, für die gilt [174, 1.10 –
1.13]:

(i) Das charakteristische Polynom ist gegeben durch $\chi(\lambda) = \det(\lambda I - A) = \lambda^k + \alpha_{k-1}\lambda^{k-1} + \cdots + \alpha_1\lambda + \alpha_0$.

(ii) A ist *nicht-derogatorisch*, d. h., zu jedem Eigenwert $\lambda \in \sigma(A)$ gibt es genau
einen Jordanblock, oder äquivalent, jeder Eigenwert ist geometrisch einfach.

Das charakteristische Polynom von A, welches sich so suggestiv aus der Differenzengleichung ergibt, heißt auch das *erzeugende Polynom* der Differenzengleichung, seine
Nullstellen die *charakteristischen Wurzeln* der Differenzengleichung. Unser Stabilitätsresultat Satz 3.33 liefert nun ohne weiteres Zutun:

Satz 3.40. *Eine lineare Differenzengleichung ist genau dann stabil, wenn für jede
charakteristische Wurzel λ gilt, dass $|\lambda| \leq 1$, und $|\lambda| = 1$ nur für (algebraisch)
einfache Wurzeln λ vorliegt. Sie ist genau dann asymptotisch stabil, wenn $|\lambda| < 1$ für
jede charakteristische Wurzel λ gilt.*

Bemerkung 3.41. Die in diesem Satz genannte notwendige und hinreichende Bedingung für die Stabilität einer Differenzengleichung heißt in der Literatur zur Numerischen Analysis häufig die *Dahlquistsche Wurzelbedingung*.

3.3.2 Spektren rationaler Funktionen von Matrizen

Bei der Analyse von Diskretisierungsmethoden werden wir die Situation antreffen,
dass die Iterationsmatrix nicht direkt gegeben ist, sondern nur indirekt als *Funktion*

einer bekannten Matrix A. In diesem Fall ist es hilfreich, die Spektren der beiden Matrizen in Beziehung setzen zu können. Dies wollen wir in einem für das Kapitel 6 wichtigen Fall durchführen, für *rationale Funktionen*. Sei dazu

$$R(z) = \frac{P(z)}{Q(z)}$$

die reduzierte Darstellung einer rationalen Funktion, d. h., P und Q sind teilerfremde, normierte (d. h. führender Koeffizient Eins) Polynome. Wir wollen jetzt für eine Matrix $A \in \text{Mat}_d(\mathbb{C})$ den Ausdruck $R(A)$ erklären. Für Polynome ist dies klar, also versuchen wir es mit

$$R(A) = P(A)Q(A)^{-1}.$$

Hierzu muss $Q(A)$ invertierbar sein. Dies und mehr soll jetzt anhand von A charakterisiert werden.

Satz 3.42. *Für eine Matrix $A \in \text{Mat}_d(\mathbb{C})$ ist $R(A)$ genau dann definiert, wenn kein Eigenwert der Matrix A Pol der rationalen Funktion R ist,*

$$R(\lambda) \neq \infty \quad \textit{für alle } \lambda \in \sigma(A).$$

In diesem Falle gilt für das Spektrum

$$\sigma(R(A)) = R(\sigma(A)),$$

und der Index eines Eigenwertes $\mu \in \sigma(R(A))$ genügt der Abschätzung

$$\iota(\mu) \leq \max\{\iota(\lambda) : \lambda \in \sigma(A), \mu = R(\lambda)\}.$$

Bezeichnen wir mit $E_\lambda(A)$, $\lambda \in \sigma(A)$, die verallgemeinerten Eigenräume von A und mit $E_\mu(R(A))$, $\mu \in \sigma(R(A))$, diejenigen von $R(A)$, so gilt

$$E_\mu(R(A)) = \bigoplus_{\lambda \in \sigma(A), \mu = R(\lambda)} E_\lambda(A).$$

Beweis. Für das Auswerten von Polynomen gilt ja sowohl

$$MP(A)M^{-1} = P(MAM^{-1}) \quad \text{für alle } M \in \text{GL}(d)$$

als auch

$$P(\text{Blockdiag}(J_1, \ldots, J_m)) = \text{Blockdiag}(P(J_1), \ldots, P(J_m)).$$

Somit ist erstens die Invertierbarkeit von $Q(A)$ eine Eigenschaft der Ähnlichkeitsklasse von A, zweitens genügt es, den Satz für einen Jordanblock

$$J = \lambda I + N \in \text{Mat}_k(\mathbb{C})$$

zu beweisen (wieder das „Leitmotiv" dieses Kapitels!). Bringen wir die Polynome P und Q auf Taylorform um λ, so erhalten wir die Darstellung

$$P(J) = P(\lambda)I + \sum_{j=1}^{\deg P} \frac{P^{(j)}(\lambda)}{j!} N^j = P(\lambda)I + N_P,$$

entsprechend $Q(J) = Q(\lambda)I + N_Q$. Hierbei sind N_P, N_Q obere Dreiecksmatrizen mit Nulldiagonale, also nilpotent. An dieser Darstellung erkennen wir, dass $\sigma(Q(J)) = \{Q(\lambda)\}$ und damit $Q(J)$ genau dann invertierbar ist, wenn $Q(\lambda) \neq 0$. In diesem Falle gilt

$$Q(J)^{-1} = \frac{1}{Q(\lambda)}I + N_{Q^{-1}},$$

also ausmultipliziert

$$R(J) = P(J)Q(J)^{-1} = R(\lambda)I + N_R,$$

wobei auch $N_{Q^{-1}}$ und N_R nilpotente obere Dreiecksmatrizen sind. Also gilt $\sigma(R(J)) = \{R(\lambda)\}$ und natürlich $\iota(R(\lambda)) \leq k$. Die Summendarstellung der verallgemeinerten Eigenräume folgt sofort daraus, dass die Blockstruktur der Jordanschen Normalform erhalten blieb. □

Bemerkung 3.43. In der Abschätzung der Indizes der Eigenwerte von $R(A)$ braucht durchaus nicht die Gleichheit zu gelten, wie dies für $\exp(A)$ (Bemerkung 3.35) der Fall ist. Dies zeigt das charakteristische Polynom χ der Matrix: Nach dem Satz von Cayley und Hamilton gilt nämlich $\chi(A) = 0$, so dass natürlich

$$\sigma(\chi(A)) = \{0\} = \chi(\sigma(A))$$

gilt. Der Index des Eigenwertes 0 der Nullmatrix ist aber 1, während der maximale Index eines Eigenwertes einer beliebigen Matrix beliebig ist.

Bemerkung 3.44. Dieser Satz ist der Spezialfall des wesentlich allgemeineren Resultates, dass $f(A)$ für jede in einer Umgebung der Eigenwerte von A *analytische Funktion* konsistent erklärt werden kann. Man ist dann legitimiert, mit den Ausdrücken $f(A)$ völlig naiv zu rechnen – dies nennt man einen *Funktionalkalkül*, hier den *Dunford-Taylor-Kalkül*. Der Leser sei für diese schöne Theorie, die auch geschlossene Ausdrücke für $f(A)$ gestattet, auf das Buch von N. Dunford und J. T. Schwartz [68, Kapitel VII.1] verwiesen.

Übungsaufgaben

Aufgabe 3.1. Beweise folgende Eigenschaft der Propagationsmatrizen für alle zulässigen Argumente t, s:

$$W(t, s)^{-1} = W(s, t).$$

Aufgabe 3.2. Gegeben sei das autonome Anfangswertproblem

$$x' = f(x), \quad x(0) = x_0,$$

mit stetig differenzierbarer rechter Seite f. Es besitze die eindeutige Lösung $x \in C^1[0, L]$. Die Lösung der Variationsgleichung

$$v' = Df(x(t))v, \quad x(0) = z,$$

ist nach Abschnitt 3.1.1 durch

$$v(t) = W(t, 0)z$$

gegeben, wobei W die Propagationsmatrix entlang der Lösung x bezeichne. Zeige, dass

$$u(t) = W^T(L, t)z$$

die *adjungierte* Variationsgleichung

$$u' = -Df^T(x(t))u, \quad u(L) = z,$$

auf $[0, L]$ löst.

Aufgabe 3.3. Die Lösung x des autonomen Anfangswertproblems

$$x' = f(x), \quad x(0) = x_0,$$

mit stetig differenzierbarer rechter Seite besitze die Periode $T > 0$, d. h., es gilt

$$x(0) = x(T) \quad \text{und} \quad x(0) \neq x(t) \qquad \text{für } 0 < t < T.$$

Zeige, dass die Zahl 1 Eigenwert der Matrix $W(T, 0)$ ist.

Aufgabe 3.4. Benutze das Lemma 3.9 von T. H. Gronwall, um direkt die Eindeutigkeit von Lösungen $x \in C^2]0, T] \cap C^1[0, T]$ des Thomas-Fermi-Problems

$$x'' = \frac{x^{3/2}}{\sqrt{t}}, \quad x(0) = x_0 > 0, \ x'(0) = \eta_0$$

zu zeigen.

Aufgabe 3.5. Betrachtet sei das Anfangswertproblem

$$x' = \sin(1/x) - 2, \quad x(0) = 1,$$

aus Beispiel 2.14. Zeige mit Hilfe des Lemmas 3.9 von T. H. Gronwall, dass die Lösung $x \in C^1([0, t_+[, \mathbb{R})$ der Ungleichung

$$x(t) \leq 1 - t \quad \text{für } 0 \leq t < t_+$$

genügt.

Aufgabe 3.6. Beweise Korollar 3.11 und zeige, dass hierfür das Ergebnis aus Beispiel 2.11 nicht benötigt wird.

Aufgabe 3.7. Gegeben sei das quasilineare differentiell-algebraische Anfangswert-problem

$$B(x)x' = f(x), \quad x(0) = x_0,$$

vom Differentiationsindex $\nu_D = 0$, wobei die Abbildungen

$$B : \mathbb{R}^d \to \mathrm{GL}(d), \quad f : \mathbb{R}^d \to \mathbb{R}^d,$$

beliebig glatt seien. Es besitze die eindeutige Lösung $x \in C^1([0, T], \mathbb{R}^d)$. Zeige mit Hilfe des Satzes 3.4 von V. M. Aleksejew und W. Gröbner, dass eine rein zeitabhängige Störung $f \mapsto f + \delta f$ mit hinreichend glattem

$$\delta f : [0, T] \to \mathbb{R}^d$$

zu einer Störung δx der Lösung führt, so dass für hinreichend kleines $\|\delta f\|_{C^0}$ eine Konstante $\kappa_f > 0$ existiert mit

$$\|\delta x\|_{C^0} \le \kappa_f \|\delta f\|_{C^0}.$$

Hinweis: Zeige mit Hilfe des Lemmas 3.9 von T. H. Gronwall vorab, dass für hinreichend kleine Störung $\|\delta f\|_{C^0}$ die Störung $\|\delta x\|_{C^0}$ *beschränkt* bleibt.

Aufgabe 3.8. Betrachtet werde folgendes separierte differentiell-algebraische Anfangswertproblem zu einer Partitionierung $x = (x_1, x_2) \in \mathbb{R}^d$:

$$x_1' = f(x_1, x_2), \quad 0 = g(x_1, x_2), \quad x(0) = x_0.$$

Wir setzen f und g auf dem Phasenraum Ω_0 als hinreichend glatt voraus und nehmen an, dass die Matrix

$$D_{x_2} g(x)$$

invertierbar ist für alle $x \in \Omega_0$. Zeige, dass das Problem für die Klasse $\mathcal{F} = C^\infty$ den Störungsindex $\nu_S = 1$ besitzt. Wie verändert sich ν_S, wenn nur noch Störungen von f zugelassen sind, also die algebraische Gleichung $0 = g(x_1, x_2)$ ungestört bleibt?

Hinweis: Wende den Satz über implizite Funktionen und das Lemma von T. H. Gronwall an.

Aufgabe 3.9. Verallgemeinere Aufgabe 3.8 auf den quasilinearen Fall

$$Bx' = f(x), \quad x(0) = x_0,$$

mit konstanter Matrix $B \in \mathrm{Mat}_d(\mathbb{R})$ vom Rang $r < d$. Dabei sei f als hinreichend glatt über dem Phasenraum Ω_0 vorausgesetzt, und es sei für alle $x \in \Omega_0$ die Rangbedingung

$$\mathrm{Rang}(P^\perp Df(x)Q^\perp) = d - r$$

erfüllt. Welchen Störungsindex ν_S besitzt das Problem für Störungen aus $\mathcal{F} = C^\infty$? Wie muss $\mathcal{F}$ gewählt werden, wenn wir die (impliziten) algebraischen Bedingungen nicht stören wollen und wie sieht für dieses $\mathcal{F}$ der Störungsindex ν_S aus?

Aufgabe 3.10. Zeige, dass das quasilineare differentiell-algebraische Anfangswert-problem

$$x_1' - x_3 x_2' + x_2 x_3' = 0, \quad x_2 = 0, \quad x_3 = 0,$$

mit den Anfangswerten $x_1(0) = x_2(0) = x_3(0)$ bezüglich Störungen $\mathcal{F} = C^\infty$ den Störungsindex $\nu_S = 2$ besitzt. Welchen Differentiationsindex ν_D besitzt das Problem? Wie verändert sich der Störungsindex, wenn nur die Differentialgleichung $x_1' - x_3 x_2' + x_2 x_3' = 0$ gestört wird? Diskutiere den Unterschied zu Aufgabe 3.9.

Aufgabe 3.11. Betrachtet sei folgendes System einer Reaktion dreier Spezies:

$$x_1' = -0.04 x_1 + 10^4 x_2 x_3,$$
$$x_2' = 0.04 x_1 - 10^4 x_2 x_3 - 3 \cdot 10^7 x_2^2,$$
$$x_3' = 3 \cdot 10^7 x_2^2.$$

Zeige:

(i) Es gilt $x_1(t) + x_2(t) + x_3(t) = x_1(0) + x_2(0) + x_3(0) = M$ für alle Zeiten $t \geq 0$, für die die Lösung existiert. (Massenerhaltung)

(ii) Für $x(0) \in Q_+$ gilt $x(t) \in Q_+$ für alle Zeiten $t \geq 0$, für die die Lösung existiert. Hierbei ist $Q_+ = [0, \infty[^3$.

(iii) Für $x(0) \in Q_+$ existiert eine eindeutige Lösung $x : [0, \infty[\to Q_+$.

(iv) Für $x(0) \in Q_+$ ist keine Trajektorie asymptotisch stabil.

Aufgabe 3.12. Zeige die Behauptung aus Beispiel 3.35, dass für die Indizes der Eigenwerte e^λ der Matrizenexponentiellen $\exp(A)$, $\lambda \in \sigma(A)$ gilt

$$\iota(e^\lambda) = \iota(\lambda).$$

Hinweis: Zeige zunächst, dass die Matrizenexponentielle eines Jordanblockes nicht-derogatorisch ist.

Aufgabe 3.13. Führe einen direkten Beweis des Satzes 3.38 mit Hilfe des Banach-schen Fixpunktsatzes.

Hinweis: Es sei an Aufgabe 4.2 aus Band 1 erinnert.

Aufgabe 3.14. Zeige folgenden Spezialfall des berühmten Kreiss-Matrix-Theorems von 1962: Für eine Matrix $A \in \mathrm{Mat}_d(\mathbb{C})$ ist die lineare Iteration $x_{n+1} = A x_n$ genau dann stabil, wenn die *Resolventenbedingung*

$$\|(zI - A)^{-1}\| \leq \frac{C}{|z| - 1} \quad \text{für alle } |z| > 1$$

für eine gewisse Konstante $C > 0$ gilt.

Hinweis. Argumentiere mit den Nullstellen des Minimalpolynoms von $zI - A$ und verwende Satz 3.33.

Aufgabe 3.15. Gesucht ist die Lösung des Anfangswertproblems für den harmonischen Oszillator:

$$y'' + \omega^2 y = 0, \quad y(0) = y_0, \quad y'(0) = v_0.$$

Wandle das Problem um in ein lineares System 1. Ordnung der Bauart

$$x' = A x \quad \text{mit } x \in \mathbb{R}^2.$$

Zur Lösung dieses Systems mittels der Matrizenexponentiellen $\exp^{As}$ werde die Reihenentwicklung bestimmt. Zeige, dass für $n \in \mathbb{N}_0$ gilt:

$$A^{2n} = (-1)^n \omega^{2n} I \quad \text{und} \quad A^{2n+1} = (-1)^n \omega^{2n} A.$$

Aufgabe 3.16. Betrachtet wird das System gewöhnlicher Differentialgleichungen

$$x' = a(x^2 + y^2) \cdot x - b(x^2 + y^2) \cdot y,$$
$$y' = a(x^2 + y^2) \cdot y + b(x^2 + y^2) \cdot x$$

in $\mathbb{R}^2$ mit differenzierbaren Funktionen $a, b : \mathbb{R} \to \mathbb{R}$.

a) Für die spezielle Wahl $a(z) = -z$ und $b(z) = 2$ untersuche das System auf Fixpunkte und bestimme deren Charakter (asymptotisch stabil bzw. instabil).

b) Zur weiteren Analyse transformiere auf *Polarkoordinaten* r, ϕ, worin

$$r^2 = x^2 + y^2 \quad \text{und} \quad \phi = \arctan(x/y).$$

Hinweis zur Kontrolle: Verwende die Beziehungen:

$$r' = \frac{1}{r}(xx' + yy'), \quad \phi' = \frac{1}{r^2}(xy' - yx').$$

Welche spezielle Form nimmt das System durch die Transformation an?

c) Wie kann man aus der transformierten Gleichung Rückschlüsse auf die Stabilität von Fixpunkten ziehen?

Aufgabe 3.17. Gegeben sei die Differentialgleichung

$$x' = x^2, \quad x(0) = 1.$$

Löse die zugehörige Variationsgleichung für $\delta x(t)$ und bestimme die Konditionszahlen $\kappa(t)$ sowie $\kappa[0, 1 - \varepsilon]$.

4 Einschrittverfahren für nichtsteife Anfangswertprobleme

In diesem Kapitel wenden wir uns dem Hauptthema des Buches zu, der numerischen Approximation der Lösung $x \in C^1([t_0, T], \mathbb{R}^d)$ eines Anfangswertproblems

$$x' = f(t, x), \quad x(t_0) = x_0.$$

Die Grundidee der in diesem Kapitel vorgestellten Verfahren erläutern wir zunächst anhand des historisch ältesten Beispiels.

Beispiel 4.1. Betrachten wir den Punkt $(t_0, x_0) \in \Omega$, so „kennen" wir von der durch diesen Punkt laufenden Integralkurve zunächst nur die Richtung der Tangente in diesem Punkt: den Vektor $f(t_0, x_0)$. Ersetzen wir nun die *unbekannte* Integralkurve durch die *bekannte* Tangente, so erhalten wir die Approximation

$$\Phi^{t,t_0} x_0 \approx x_0 + (t - t_0) f(t_0, x_0). \tag{4.1}$$

Natürlich ist die Tangente nur für „kleine" $t - t_0$ eine „gute" Approximation, so dass dies nur ein erster Schritt sein kann.

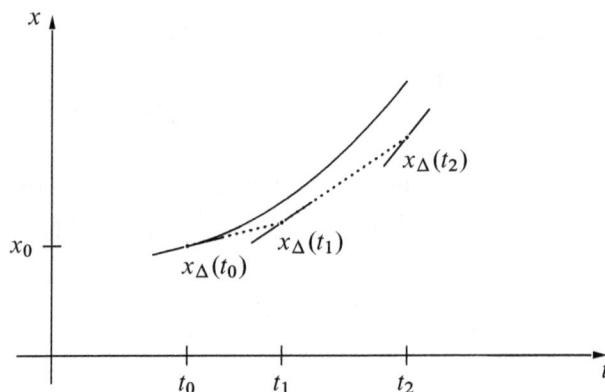

Abbildung 4.1. Geometrie des Eulerschen Polygonzug-Verfahrens

L. Euler hatte nun 1768 die Idee, diesen Schritt zu *wiederholen*: Nachdem wir eine Weile entlang der Tangente gegangen sind, verbessern wir unsere Information der Steigung, indem wir auf die Steigung der Integralkurve durch den Punkt zurückgreifen, an dem wir gelandet sind. Abbildung 4.1 macht diese Verbesserung anhand zweier Schritte deutlich. Dieses Vorgehen heißt das *Eulersche Polygonzug-Verfahren* zur Approximation der Lösung x des Anfangswertproblems. Zu seiner Beschreibung wählen wir eine Unterteilung $t_0 < t_1 < \cdots < t_n = T$ des Intervalls $[t_0, T]$, die wir mit Δ abkürzen, und konstruieren auf Δ die stückweise lineare C^0 Abbildung x_Δ gemäß

(i) $x_\Delta(t_0) = x_0$,

(ii) $x_\Delta(t) = x_\Delta(t_j) + (t - t_j) f(t_j, x_\Delta(t_j))$ für $t \in [t_j, t_{j+1}]$,   (4.2)
$$j = 0, \ldots, n - 1.$$

Damit dieser Polygonzug nicht zu weit von unserer Lösung x „wegdriftet", müssen die Punkte $t_0, \ldots, t_n$ natürlich passend gewählt werden.

Das Eulersche Polygonzug-Verfahren lässt sich also durch einen einzigen Baustein, die Tangente (4.1), mit Hilfe der rekursiven Darstellung (4.2(ii)) beschreiben. Ersetzt man die Tangente durch eine andere Rechenvorschrift, behält jedoch die Struktur einer Zweiterm-Rekursion bei, so gelangen wir zur Klasse der *Einschrittverfahren*. Diese werden wir zunächst allgemein in Abschnitt 4.1 untersuchen. In den Abschnitten 4.2 und 4.3 werden wir die zwei wichtigsten Familien von Einschrittverfahren konstruieren. Im anschließenden Kapitel 5 werden wir uns der für die Praxis extrem wichtigen Frage zuwenden, wie die Zeitpunkte $t_1, \ldots, t_n$ *automatisch* in einem Computerprogramm gesteuert werden können.

Die Überschrift zu diesem Kapitel deutet an, dass wir Anfangswertprobleme später in „nichtsteife" und „steife" Probleme klassifizieren werden. Eine erste Erläuterung für diese Klassifizierung werden wir in Abschnitt 4.1.3 geben. Es wird sich herausstellen, dass sich nur bestimmte Probleme, die „nichtsteifen" Probleme, *effizient* mit den hier vorgestellten expliziten Verfahren behandeln lassen. Eine eingehende Untersuchung der Gründe werden wir zu Beginn des Kapitels 6 durchführen, wenn wir uns um Verfahren für „steife" Probleme kümmern werden.

4.1 Konvergenztheorie

Für die Beschreibung allgemeiner Einschrittverfahren reduzieren wir das Beispiel 4.1 bis auf das logische Skelett. Wir unterteilen zunächst das kontinuierliche Intervall $[t_0, T]$ durch $n + 1$ ausgewählte *diskrete* Zeitpunkte

$$t_0 < t_1 < \cdots < t_n = T.$$

Diese diskreten Zeitpunkte bilden ein *Gitter* $\Delta = \{t_0, t_1, \ldots, t_n\}$ auf $[t_0, T]$ und heißen daher *Gitterpunkte*. Die Anzahl der Gitterpunkte hängt offenbar von der Wahl des

Gitters ab, weshalb wir in Zukunft n_Δ anstelle von n schreiben werden, sofern es die Klarheit erhöht. Ferner bezeichnen wir mit

$$\tau_j = t_{j+1} - t_j, \quad j = 0, \ldots, n_\Delta - 1,$$

die *Schrittweiten* von einem Gitterpunkt zum nächsten, die unter ihnen maximale Schrittweite bezeichnen wir mit

$$\tau_\Delta = \max_{0 \le j < n_\Delta} \tau_j.$$

Unsere weitere Aufgabe besteht nun darin, Algorithmen zur Konstruktion einer *Gitterfunktion*

$$x_\Delta : \Delta \to \mathbb{R}^d$$

anzugeben, welche die Lösung x eines Anfangswertproblems an den Gitterpunkten (möglichst gut) approximiert,

$$x_\Delta(t) \approx x(t) \quad \text{für alle } t \in \Delta.$$

Solche Algorithmen zur Approximation an diskreten Stellen heißen auch *Diskretisierungsverfahren* oder kurz *Diskretisierungen*. Außerdem soll die Gitterfunktion x_Δ rekursiv bestimmbar sein,

$$x_\Delta(t_0) = x_0 \mapsto x_\Delta(t_1) \mapsto \cdots \mapsto x_\Delta(t_{n_\Delta}) = x_\Delta(T),$$

wobei bei *Einschrittverfahren* der hier enthaltene Rechenvorgang für alle Gitter Δ einheitlich durch eine Zweiterm-Rekursion beschrieben wird:

(i) $x_\Delta(t_0) = x_0$,

(ii) $x_\Delta(t_{j+1}) = \Psi^{t_{j+1}, t_j} x_\Delta(t_j)$ für $j = 0, 1, \ldots, n_\Delta - 1$,

mit einer von Δ unabhängigen Funktion Ψ. Mit Blick auf die Evolution Φ der Differentialgleichung nennen wir Ψ eine *diskrete Evolution* auf dem erweiterten Phasenraum Ω, wenn für jedes $(t, x) \in \Omega$ der Ausdruck $\Psi^{t+\tau, t} x$ für hinreichend kleines τ erklärt ist. Ein Einschrittverfahren ordnet daher jeder Differentialgleichung, repräsentiert durch ihre rechte Seite f, eine diskrete Evolution Ψ zu:

$$f \mapsto \Psi = \Psi[f].$$

4.1.1   Konsistenz

Trivialerweise definiert die Evolution der Differentialgleichung genau diejenige diskrete Evolution $\Psi^{t,s} = \Phi^{t,s}$, die uns für alle Gitter Δ an den Gitterpunkten die *exakte* Lösung liefert. Diese spezielle diskrete Evolution ist jedoch nahezu nie auswertbar.

Wir suchen also nach möglichst elementar berechenbaren diskreten Evolutionen Ψ, die sich durch eine feste Anzahl von Operationen aus der rechten Seite f ergeben. Von den drei charakterisierenden Eigenschaften der Evolution,

(i) $\Phi^{t,t}x = x$ für alle $(t, x) \in \Omega$,

(ii) $\dfrac{d}{d\tau}\Phi^{t+\tau,t}x\big|_{\tau=0} = f(t, x)$ für alle $(t, x) \in \Omega$,

(iii) $\Phi^{t,\sigma}\Phi^{\sigma,s}x = \Phi^{t,s}x$ für alle $t, \sigma \in J_{\max}(s, x), (t, x) \in \Omega$,

werden im Allgemeinen *nicht* alle drei gleichzeitig von einer berechenbaren diskreten Evolution Ψ erfüllt werden. Eigenschaft (i) ist offenbar das Mindeste, was von einem sinnvollen Verfahren gefordert werden kann. Eigenschaft (ii) ist die einzige, die den Bezug zur rechten Seite der Differentialgleichung herstellt. Deshalb heißen diskrete Evolutionen, die den Eigenschaften (i) und (ii) genügen, *konsistent* mit der Differentialgleichung.

Bemerkung 4.2. Ein Einschrittverfahren, welches jeder gewöhnlichen Differentialgleichung einer gewissen Klasse eine konsistente diskrete Evolution zuordnet, nennen wir konsistent. Ebenso werden wir andere Eigenschaften diskreter Evolutionen kurzerhand dem zugehörigen Einschrittverfahren zusprechen, sobald die Eigenschaft unabhängig von der speziell betrachteten Differentialgleichung ist.

Die Konsistenz einer diskreten Evolution Ψ wird quantitativ dadurch beschrieben, wie sehr Ψ von der Evolution Φ abweicht:

Definition 4.3. Sei $(t, x) \in \Omega$. Die für hinreichend kleines τ erklärte Differenz

$$\varepsilon(t, x, \tau) = \Phi^{t+\tau,t}x - \Psi^{t+\tau,t}x$$

heißt *Konsistenzfehler* der diskreten Evolution Ψ.

Konsistente diskrete Evolutionen können wir in einfacher Weise durch folgendes Lemma charakterisieren.

Lemma 4.4. *Die diskrete Evolution $\Psi^{t+\tau,t}x$ sei für festes $(t, x) \in \Omega$ und hinreichend kleines τ bezüglich τ stetig differenzierbar. Dann sind folgende Eigenschaften äquivalent:*

(i) *Die diskrete Evolution ist konsistent.*

(ii) *Die diskrete Evolution besitzt die Darstellung*

$$\Psi^{t+\tau,t}x = x + \tau\psi(t, x, \tau), \quad \psi(t, x, 0) = f(t, x), \tag{4.3}$$

mit einer bezüglich τ stetigen Funktion ψ, der Inkrementfunktion.

(iii) *Der Konsistenzfehler erfüllt $\varepsilon(t, x, \tau) = o(\tau)$ für $\tau \to 0$.*

Beweis. Wir vergleichen die Taylorentwicklungen von $\Phi^{t+\tau,t} x$ und $\Psi^{t+\tau,t} x$ an der Stelle $\tau = 0$. Die zweite Eigenschaft der Evolution ist äquivalent zur Taylorentwicklung

$$\Phi^{t+\tau,t} x = x + \tau f(t, x) + o(\tau) \quad \text{für } \tau \to 0;$$

analog ist die Konsistenz der diskreten Evolution äquivalent zu

$$\Psi^{t+\tau,t} x = x + \tau f(t, x) + o(\tau) \quad \text{für } \tau \to 0.$$

Subtraktion dieser Entwicklungen zeigt die Äquivalenz von (i) und (iii). Eine leichte Umformung zeigt die Äquivalenz der Konsistenz mit der Entwicklung

$$\frac{\Psi^{t+\tau,t} x - x}{\tau} = f(t, x) + o(1) \quad \text{für } \tau \to 0.$$

Das Landau-o bedeutet dabei gerade, dass die rechte Seite eine in τ stetige Funktion $\psi(t, x, \tau)$ definiert, für welche $\psi(t, x, 0) = f(t, x)$ ist. $\square$

Eine diskrete Evolution ist also automatisch konsistent, wenn wir sie in der Form (4.3) mit einer Inkrementfunktion ψ schreiben können, welche $\psi(t, x, 0) = f(t, x)$ erfüllt. Diese Einsicht wird sich im Folgenden wiederholt als nützlich erweisen. Umgekehrt werden wir einer Konstruktion von Einschrittverfahren stets die Form (4.3) zugrundelegen.

Beispiel 4.5. Die simple Wahl $\psi(t, x, \tau) = f(t, x)$ für die Inkrementfunktion liefert uns gerade die diskrete Evolution des Eulerschen Polygonzug-Verfahrens (4.1)

$$\Psi^{t+\tau,t} x = x + \tau f(t, x).$$

Dieses Verfahren, das auch *explizites Euler-Verfahren* heißt, ist somit konsistent.

4.1.2 Konvergenz

Wir wollen zunächst präzisieren, in welchem Sinne eine Gitterfunktion x_Δ die kontinuierliche Lösung $x \in C([t_0, T], \mathbb{R}^d)$ des Anfangswertproblems approximieren kann, d. h., wir werden einen Konvergenzbegriff einführen. Den Vektor der Approximationsfehler auf dem Gitter Δ,

$$\varepsilon_\Delta : \Delta \to \mathbb{R}^d, \quad \varepsilon_\Delta(t) = x(t) - x_\Delta(t),$$

nennen wir *Gitterfehler* und bezeichnen seine Norm

$$\|\varepsilon_\Delta\|_\infty = \max_{t \in \Delta} |\varepsilon_\Delta(t)|$$

als *Diskretisierungsfehler*.

Definition 4.6. Zu jedem Gitter Δ auf $[t_0, T]$ mit hinreichend kleinem τ_Δ sei eine Gitterfunktion x_Δ gegeben. Die Familie dieser Gitterfunktionen *konvergiert* gegen die Abbildung $x \in C([t_0, T], \mathbb{R}^d)$, wenn der Diskretisierungsfehler

$$\|\varepsilon_\Delta\|_\infty \to 0 \quad \text{für } \tau_\Delta \to 0$$

erfüllt. Sie *konvergiert von der Ordnung $p > 0$*, wenn gilt

$$\|\varepsilon_\Delta\|_\infty = O(\tau_\Delta^p) \quad \text{für } \tau_\Delta \to 0.$$

Den Rest dieses Abschnittes widmen wir der Frage, unter welchen Bedingungen eine diskrete Evolution eine Familie von Gitterfunktionen definiert, die gegen die Lösung des Anfangswertproblemes auf dem Zeitintervall $[t_0, T]$ konvergiert. Dabei wird sich ein enger Zusammenhang zwischen Konsistenzfehler und Diskretisierungsfehler ergeben. Der Konsistenzfehler besitzt den großen Vorteil, am Verfahren mehr oder minder unmittelbar ablesbar zu sein. Deshalb klassifizieren wir Einschrittverfahren noch etwas eingehender anhand des Konsistenzfehlers.

Definition 4.7. Eine diskrete Evolution Ψ besitzt die *Konsistenzordnung p*, wenn der Konsistenzfehler die Beziehung

$$\varepsilon(t, x, \tau) = O(\tau^{p+1}) \quad \text{für } \tau \to 0,$$

lokal gleichmäßig in Ω erfüllt.

Diese Begriffsbildung wird von Lemma 4.4 gerechtfertigt, welches zeigt, dass eine diskrete Evolution der Konsistenzordnung $p > 0$ konsistent ist.

Beispiel 4.8. Wir wollen nun die Konsistenzordnung des expliziten Euler-Verfahrens aus Beispiel 4.5 bestimmen. Dazu gelte für die rechte Seite der Differentialgleichung $f \in C^1(\Omega, \mathbb{R}^d)$. Sei ferner $K \Subset \Omega$ und $\hat{K} \Subset \Omega$ ein weiteres Kompaktum, das K in seinem Inneren enthält. Dann gibt es nach dem Existenz- und Eindeutigkeitssatz ein $\hat{\tau} > 0$, so dass für alle $(t, x) \in K$ und $0 < \tau \le \hat{\tau}$

$$(t + \tau, \Phi^{t+\tau, t} x) \in \hat{K}$$

existiert. Für diese (t, x) und τ gilt

$$\varepsilon(t, x, \tau) = \Phi^{t+\tau, t} x - x - \tau f(t, x).$$

Mit den Ableitungen

$$\frac{d}{d\tau} \Phi^{t+\tau, t} x = f(t + \tau, \Phi^{t+\tau, t} x)$$

und

$$\frac{d^2}{d\tau^2} \Phi^{t+\tau, t} x = f_t(t + \tau, \Phi^{t+\tau, t} x) + f_x(t + \tau, \Phi^{t+\tau, t} x) f(t + \tau, \Phi^{t+\tau, t} x)$$

erhalten wir die Taylorentwicklung

$$
\begin{aligned}
\Phi^{t+\tau,t}x - x &= \Phi^{t+\tau,t}x - \Phi^{t,t}x \\
&= \tau f(t,x) + \tau^2 \int_0^1 (1-\sigma)\big(f_t(t+\sigma\tau, \Phi^{t+\sigma\tau,t}x) \\
&\quad + f_x(t+\sigma\tau, \Phi^{t+\sigma\tau,t}x)f(t+\sigma\tau, \Phi^{t+\sigma\tau,t}x)\big)\, d\sigma.
\end{aligned}
$$

Wir gelangen daher zu folgender Abschätzung für den Konsistenzfehler

$$
|\varepsilon(t,x,\tau)| \le \frac{\tau^2}{2} \max_{(s,z)\in\hat{K}} \big| f_t(s,z) + f_x(s,z)f(s,z) \big|
$$

für alle $(t,x) \in K$, $0 < \tau \le \hat{\tau}$. Kurz, das explizite Euler-Verfahren besitzt für jede rechte Seite $f \in C^1(\Omega, \mathbb{R}^d)$ die Konsistenzordnung $p = 1$.

Bemerkung 4.9. Wir werden in Zukunft nicht mehr so ausführlich mit den kompakten Mengen hantieren. Das Schema ist stets gleich, so dass dieses Beispiel als Orientierung für eine vollständige Argumentation dienen kann, wenn wir im Weiteren nur mehr von einem „Kompaktheitsargument" sprechen werden.

Nach all diesen Vorbereitungen gelangen wir zum Hauptergebnis dieses Abschnittes, dem Konvergenzsatz. Wir werden dabei für die diskrete Evolution Ψ zwar die Form

$$
\Psi^{t+\tau,t}x = x + \tau\psi(t,x,\tau)
$$

voraussetzen, aber *nicht* die Konsistenz auf dem gesamten erweiterten Phasenraum Ω. Wir werden stattdessen mit der weitaus schwächeren Konsistenz entlang einer kontinuierlichen Trajektorie auskommen, für welche wir noch nicht einmal eine Differentialgleichung zu kennen brauchen. Auf den ersten Blick mag diese Voraussetzung unnötig allgemein aussehen; sie wird aber in dem späteren Abschnitt 4.3.2 über Extrapolationsverfahren von Nutzen sein, wenn wir zu Beweiszwecken gezielt eine Lösungskurve so modifizieren werden, dass die gegebene diskrete Evolution bezüglich dieser modifizierten Trajektorie von höherer Ordnung ist.

Satz 4.10. *Gegeben sei eine diskrete Evolution Ψ mit in der Zustandsvariablen lokal Lipschitz-stetiger Inkrementfunktion ψ. Entlang einer Trajektorie $x \in C^1([t_0, T], \mathbb{R}^d)$ genüge der Konsistenzfehler der diskreten Evolution Ψ der Abschätzung*

$$
x(t+\tau) - \Psi^{t+\tau,t}x(t) = O(\tau^{p+1}).
$$

Dann definiert die diskrete Evolution Ψ für alle Gitter Δ mit hinreichend kleinem τ_Δ eine Gitterfunktion x_Δ zum Anfangswert $x_\Delta(t_0) = x(t_0)$. Die Familie dieser Gitterfunktionen konvergiert von der Ordnung p gegen die Trajektorie x.

Beweis. Sei $K \Subset \Omega$ irgendeine kompakte Umgebung des Graphen der Lösung x. Nach der Voraussetzung der lokalen Lipschitzstetigkeit von ψ in der Zustandsvariablen gibt es Konstanten $\tau_K, \Lambda_K > 0$, so dass

$$|\psi(t, x, \tau) - \psi(t, \bar{x}, \tau)| \leq \Lambda_K |x - \bar{x}|$$

für alle $(t, x), (t, \bar{x}) \in K$, $0 < \tau \leq \tau_K$. Ohne Einschränkung können wir dabei $\hat{\tau} \leq \tau_K$ annehmen. Insbesondere ist dann der Ausdruck $\Psi^{t+\tau,t} x$ für alle $(t, x) \in K$, $0 < \tau \leq \hat{\tau}$ definiert. Weiter gibt es ein $\delta_K > 0$, so dass für $t \in [t_0, T]$ gilt:

$$|x - x(t)| \leq \delta_K \implies (t, x) \in K.$$

Zur Vorbereitung des eigentlichen Beweisschrittes betrachten wir Gitter Δ auf $[t_0, T]$ mit $\tau_\Delta \leq \hat{\tau}$, von denen wir zunächst *voraussetzen*, dass die durch Ψ definierte Gitterfunktion x_Δ existiert und

$$|\varepsilon_\Delta(t)| = |x(t) - x_\Delta(t)| \leq \delta_K \quad \text{für alle } t \in \Delta$$

erfüllt. Für diese können wir den Gitterfehler ε_Δ genauer beschreiben. Dazu zerlegen wir für $j = 0, 1, \ldots, n_\Delta - 1$ den Fehler im Gitterpunkt t_{j+1} gemäß

$$\begin{aligned}
\varepsilon_\Delta(t_{j+1}) &= x(t_{j+1}) - x_\Delta(t_{j+1}) = x(t_{j+1}) - \Psi^{t_{j+1},t_j} x_\Delta(t_j) \\
&= x(t_{j+1}) - \Psi^{t_{j+1},t_j} x(t_j) + \Psi^{t_{j+1},t_j} x(t_j) - \Psi^{t_{j+1},t_j} x_\Delta(t_j) \\
&= \left(x(t_{j+1}) - \Psi^{t_{j+1},t_j} x(t_j)\right) + \varepsilon_j
\end{aligned}$$

in den Konsistenzfehleranteil $x(t_{j+1}) - \Psi^{t_{j+1},t_j} x(t_j)$ und einen zweiten Fehleranteil

$$\varepsilon_j = \Psi^{t_{j+1},t_j} x(t_j) - \Psi^{t_{j+1},t_j} x_\Delta(t_j),$$

welchen wir als Propagation des Fehlers $\varepsilon_\Delta(t_j)$ durch die diskrete Evolution vom Zeitpunkt t_j zum Zeitpunkt t_{j+1} auffassen können. Der zweite Fehleranteil kann mit Hilfe der Inkrementfunktion ψ dargestellt werden,

$$\varepsilon_j = x(t_j) - x_\Delta(t_j) + \tau_j\left(\psi(t_j, x(t_j), \tau_j) - \psi(t_j, x_\Delta(t_j), \tau_j)\right),$$

so dass wir ihn wegen der Lipschitzbedingung an ψ durch $\varepsilon_\Delta(t_j)$ wie folgt abschätzen können:

$$|\varepsilon_j| \leq (1 + \tau_j \Lambda_K)|\varepsilon_\Delta(t_j)|.$$

Dabei haben wir von $(t_j, x_\Delta(t_j)) \in K$ und $\tau_j \leq \tau_\Delta \leq \tau_K$ Gebrauch gemacht. Wegen der Voraussetzung an den Konsistenzfehler entlang der Trajektorie x erhalten wir insgesamt folgende rekursive Abschätzung:

(i) $|\varepsilon_\Delta(t_0)| = 0$,

(ii) $|\varepsilon_\Delta(t_{j+1})| \leq C\tau_j^{p+1} + (1 + \tau_j \Lambda_K)|\varepsilon_\Delta(t_j)|$ \quad für $j = 0, 1, \ldots, n_\Delta - 1$.

Induktiv erhalten wir daraus die direkte Abschätzung

$$|\varepsilon_\Delta(t)| \leq \tau_\Delta^p \frac{C}{\Lambda_K} \left(e^{\Lambda_K(t-t_0)} - 1 \right) \quad \text{für alle } t \in \Delta, \tag{4.4}$$

wie wir nun zeigen wollen. Zum einen ist die Abschätzung für t_0 richtig. Ist sie zum anderen für t_j, $j < n_\Delta$ richtig, so erhalten wir nach Einsetzen in die rekursive Abschätzung (ii)

$$|\varepsilon_\Delta(t_{j+1})| \leq C\tau_j^{p+1} + (1 + \tau_j \Lambda_K)\tau_\Delta^p \frac{C}{\Lambda_K} \left(e^{\Lambda_K(t_j-t_0)} - 1 \right)$$

$$\leq \tau_\Delta^p \frac{C}{\Lambda_K} \left(\tau_j \Lambda_K + (1 + \tau_j \Lambda_K)\left(e^{\Lambda_K(t_j-t_0)} - 1 \right) \right)$$

$$= \tau_\Delta^p \frac{C}{\Lambda_K} \left((1 + \tau_j \Lambda_K)e^{\Lambda_K(t_j-t_0)} - 1 \right).$$

Nun gilt aber $(1 + \tau_j \Lambda_K) \leq \exp(\tau_j \Lambda_K)$ und daher

$$(1 + \tau_j \Lambda_K)e^{\Lambda_K(t_j-t_0)} \leq e^{\Lambda_K(t_{j+1}-t_0)},$$

so dass die in Rede stehende Abschätzung auch für t_{j+1} richtig ist.

Mit der Abschätzung (4.4) gewappnet, können wir nun „den Spieß umdrehen". Denn wählen wir $\tau_* > 0$ so klein, dass

$$\tau_*^p \frac{C}{\Lambda_K} \left(e^{\Lambda_K(T-t_0)} - 1 \right) \leq \delta_K \quad \text{und} \quad \tau_* \leq \hat{\tau}$$

gilt, dann können wir für ein beliebiges Gitter Δ auf $[t_0, T]$ mit $\tau_\Delta \leq \tau_*$ wie folgt argumentieren: Schritt für Schritt (mit der gleichen Induktion wie oben!) zeigt man für $j = 0, 1, \ldots, n_\Delta - 1$, dass

- die Abschätzung

$$|\varepsilon_\Delta(t_j)| = |x(t_j) - x_\Delta(t_j)| \leq \tau_\Delta^p \frac{C}{\Lambda_K} \left(e^{\Lambda_K(t_j-t_0)} - 1 \right) \leq \delta_K$$

  gültig ist und daher

- $x_\Delta(t_{j+1})$ existiert.

Insbesondere erhalten wir abschließend für den Diskretisierungsfehler auf diesen Gittern

$$\|\varepsilon_\Delta\|_\infty \leq \tau_\Delta^p \frac{C}{\Lambda_K} \left(e^{\Lambda_K(T-t_0)} - 1 \right) = O(\tau_\Delta^p). \qquad \square$$

Die Konsistenzvoraussetzungen des Satzes gelten insbesondere für diskrete Evolutionen der Konsistenzordnung $p > 0$. Der Konvergenzsatz lautet demnach in Kürze:

$$\text{Konsistenzordnung } p \implies \text{Konvergenzordnung } p.$$

Hierbei lasse man sich nicht dadurch verwirren, dass die Konsistenzordnung p einen Konsistenzfehler $\varepsilon(t, x, \tau) = O(\tau^{p+1})$ benennt, hingegen die Konvergenzordnung p einen Diskretisierungsfehler $\|\varepsilon_\Delta\|_\infty = O(\tau_\Delta^p)$ bezeichnet.

Beispiel 4.11. Wir wollen jetzt den Konvergenzsatz auf das explizite Euler-Verfahren anwenden. Dazu betrachten wir Differentialgleichungen mit rechten Seiten $f \in C^1(\Omega, \mathbb{R}^d)$, für die das Euler-Verfahren die Konsistenzordnung $p = 1$ besitzt. Da die Inkrementfunktion des Euler-Verfahrens durch $\psi(t, x, \tau) = f(t, x)$ gegeben ist, ist sie in der geforderten Weise lokal Lipschitz-stetig, wobei $\tau_K > 0$ jeweils beliebig gewählt werden kann. Also führt das Euler-Verfahren für diese f zu Diskretisierungsfehlern

$$\|\varepsilon_\Delta\|_\infty = O(\tau_\Delta)$$

für hinreichend kleine maximale Schrittweite. Diese Konvergenzgeschwindigkeit muss aber unbefriedigend bleiben: Eine Halbierung des Fehlers erfordert asymptotisch eine Halbierung der maximalen Schrittweite und daher wegen

$$n_\Delta \geq (T - t_0)/\tau_\Delta$$

in etwa eine Verdoppelung der Gitterpunkte. Da n_Δ aber gerade auch die Anzahl der f-Auswertungen bedeutet, heißt dies eine Verdoppelung des Rechenaufwandes. Damit wird der Aufwand schon bei geringen Genauigkeiten schnell unvertretbar hoch. Ziel wird daher in den später folgenden Abschnitten sein, Verfahren höherer Konsistenzordnung p zu konstruieren.

4.1.3   Begriff der Steifheit

Der Konvergenzsatz 4.10 liefert die *asymptotische* Genauigkeitsaussage

$$\|\varepsilon_\Delta\|_\infty \leq C\tau_\Delta^p,$$

welche einen für die Praxis wichtigen Aspekt ungeklärt lässt: Denn das Ergebnis besagt zwar, wie sich der Diskretisierungsfehler verbessert, wenn wir eine *hinreichend kleine* maximale Schrittweite τ_Δ weiter verkleinern, aber leider nicht, *wie* klein τ_Δ sein muss, um eine halbwegs vernünftige Genauigkeit zu erreichen. Der Grund hierfür liegt in unserer Unkenntnis der Konstanten C. Ist die bestmögliche Konstante dieser Abschätzung für ein konkretes Problem zu groß, so verliert das Konvergenzresultat völlig an Wert, da wir in der Praxis nicht mit beliebig kleinen Schrittweiten arbeiten können.

Wie groß ist nun diese Konstante C? Es sind verschiedentliche Versuche unternommen worden, durch möglichst gute Abschätzungen in dem Beweis des Konvergenzsatzes oder durch veränderte Techniken für gewisse Problemklassen zu möglichst realistischen Abschätzungen zu gelangen. All diese Abschätzungen müssen aber stets den ungünstigsten Fall der Problemklasse berücksichtigen und sind daher entweder pathologisch pessimistisch oder nur auf sehr spezielle Probleme anwendbar.

Wir wollen deshalb die Konstante C nicht quantitativ a priori abschätzen, sondern *qualitativ* verstehen, unter welchen Umständen sie zu groß sein kann. Nehmen wir an, wir würden mit einer konkreten Schrittweite τ eine halbwegs vernünftige Gitterfunktion x_Δ berechnen. Dann können wir davon ausgehen, dass wir nicht nur zufällig für den Anfangswert x_0 zu einem befriedigenden Resultat gelangen, sondern auch für gestörte Anfangswerte $\bar{x}_0$. Diese Situation können wir mit Hilfe des Konditionsbegriffes präzisieren. In Analogie zur intervallweisen Kondition $\kappa[t_0, T]$ eines Anfangswertproblems, welche wir in Abschnitt 3.1.2 eingeführt haben, beschreiben wir die *linearisierte* Auswirkung von gestörten Anfangswerten auf die Gitterfunktion durch eine *diskrete Kondition*, unter welcher wir die kleinste Zahl κ_Δ verstehen, so dass gilt

$$\max_{t \in \Delta} |x_\Delta(t) - \bar{x}_\Delta(t)| \overset{.}{\leq} \kappa_\Delta |x_0 - \bar{x}_0| \quad \text{für } \bar{x}_0 \to x_0.$$

Dabei bezeichne $\bar{x}_\Delta$ die zum Anfangswert $\bar{x}_0$ gehörige Gitterfunktion. Stellen also die beiden Gitterfunktionen x_Δ und $\bar{x}_\Delta$ für kleine Störungen $|x_0 - \bar{x}_0|$ vernünftige Approximationen der entsprechenden kontinuierlichen Lösungen x und $\bar{x}$ dar, so wird

$$\kappa_\Delta \approx \kappa[t_0, T] \tag{4.5}$$

gelten. Umgekehrt werden wir für

$$\kappa_\Delta \gg \kappa[t_0, T]$$

keine brauchbare Lösung erwarten dürfen, da die diskrete Evolution Ψ völlig anders auf Störungen reagiert als die Evolution Φ des Anfangswertproblems. Dies bedeutet insbesondere, dass das Gitter Δ noch zu grob ist, da für ein konvergentes Verfahren gilt

$$\kappa_\Delta \to \kappa[t_0, T] \quad \text{für } \tau_\Delta \to 0.$$

Die Beziehung (4.5) ist daher eine qualitative Minimalforderung an eine brauchbare Approximation. Es gibt nun Anfangswertprobleme, für welche die im vorliegenden Kapitel vorgestellten expliziten Einschrittverfahren „zu kleine" τ_Δ und damit „zu großen" Aufwand benötigen, um dieser Forderung zu genügen. Solche Anfangswertprobleme werden in der Literatur *steif* genannt, alle anderen Anfangswertprobleme heißen *nichtsteif*. Diese „Definition" muss notwendigerweise vage bleiben, da Einschätzungen wie „zu klein" nur pragmatisch erfolgen können, indem der Rechenaufwand bewertet wird und sodann eine Entscheidung für oder wider die Verfahrensklasse getroffen wird. Hier führt also nicht eine Problemklasse zur Wahl von Verfahren, sondern eine Verfahrensklasse klassifiziert die Probleme!

Beispiel 4.12. Wir betrachten das skalare Modellproblem

$$x' = \lambda x, \quad x(0) = 1,$$

und approximieren es auf einem Gitter Δ mit dem expliziten Euler-Verfahren

$$x_\Delta(t_{j+1}) = (1 + \tau_j \lambda) x_\Delta(t_j).$$

Wegen der Linearität gilt

$$\kappa_\Delta = \max_{0 \leq k \leq n_\Delta - 1} \prod_{j=0}^{k} |1 + \tau_j \lambda|.$$

Wir unterscheiden zwei Fälle.

- $\lambda \geq 0$. Hier ist nach Beispiel 3.18 $\kappa[0, T] = e^{\lambda T}$ und κ_Δ lässt sich wegen $1 + \tau_j \lambda \leq e^{\tau_j \lambda}$ abschätzen durch

$$\kappa_\Delta = \prod_{j=0}^{n_\Delta - 1} (1 + \tau_j \lambda) \leq \exp\left(\sum_{j=0}^{n_\Delta - 1} \tau_j \lambda\right) = e^{\lambda T},$$

  so dass wir $\kappa_\Delta \leq \kappa[0, T]$ erhalten. Für $\lambda \geq 0$ ist damit das Anfangswertproblem *nichtsteif*.

- $\lambda \leq 0$. Aus Beispiel 3.18 folgt $\kappa[0, T] = 1$. Für die diskrete Kondition beschränken wir uns hier der Einfachheit halber auf *äquidistante* Gitter Δ, d. h. $\tau_j = \tau_\Delta$ für $j = 0, \ldots, n_\Delta - 1$. Dann gilt

$$\kappa_\Delta = \max_{1 \leq k \leq n_\Delta} \left|1 - \tau_\Delta |\lambda|\right|^k.$$

Im Falle $\tau_\Delta < 2/|\lambda|$ ist

$$\kappa_\Delta \leq \kappa[0, T],$$

hingegen für $\tau_\Delta \gg 2/|\lambda|$

$$\kappa_\Delta \geq \left|1 - \tau_\Delta |\lambda|\right| \gg 1 = \kappa[0, T].$$

Die Minimalforderung (4.5) führt demnach für $\lambda < 0$ zu einer *Schrittweitenbeschränkung*, die bewirkt, dass das explizite Euler-Verfahren für $\lambda \to -\infty$ zunehmend ineffizienter wird. In diesem Sinne verhält sich das Problem *steif*.

Wir werden die Diskussion des Begriffs „Steifheit" in Kapitel 6 aufgreifen und vertiefen, wenn wir uns der Frage zuwenden, mit welchen Verfahren wir steife Anfangswertprobleme effizient approximieren können.

4.2 Explizite Runge-Kutta-Verfahren

Wir werden in diesem Abschnitt eine Idee zur Konstruktion von Einschrittverfahren der Konsistenzordnung $p > 1$ vorstellen. Dazu sehen wir uns noch einmal die Struktur des Nachweises an, dass das explizite Euler-Verfahren die Konsistenzordnung $p = 1$ besitzt. Wir hatten den Konsistenzfehler dargestellt als

$$\varepsilon(t, x, \tau) = \Phi^{t+\tau,t}x - \Psi^{t+\tau,t}x = (\Phi^{t+\tau,t}x - x) - \tau\psi(t, x, \tau).$$

Den Term in Klammern hatten wir bis zur gewünschten Ordnung nach τ entwickelt,

$$\Phi^{t+\tau,t}x - x = \tau f(t, x) + O(\tau^2),$$

und dann gesehen, dass das explizite Euler-Verfahren wegen

$$\tau\psi(t, x, \tau) = \tau f(t, x)$$

gerade den in τ linearen Term eliminiert, so dass wir schließlich $\varepsilon(t, x, \tau) = O(\tau^2)$ erhielten. Treiben wir dieses Vorgehen einen Schritt weiter, so erhalten wir mit der Entwicklung

$$\Phi^{t+\tau,t}x - x = \tau f(t, x) + \frac{\tau^2}{2}\big(f_t(t, x) + f_x(t, x)f(t, x)\big) + O(\tau^3),$$

dass für $f \in C^2(\Omega, \mathbb{R}^d)$ die Inkrementfunktion

$$\psi^*(t, x, \tau) = f(t, x) + \frac{\tau}{2}\big(f_t(t, x) + f_x(t, x)f(t, x)\big)$$

eine diskrete Evolution der Konsistenzordnung $p = 2$ liefert. Analog kann man für $f \in C^p(\Omega, \mathbb{R}^d)$ Einschrittverfahren beliebiger Konsistenzordnung $p \in \mathbb{N}$ konstruieren, indem man schlichtweg vom Ausdruck $\Phi^{t+\tau,t}x - x$ das Taylorpolynom vom Grad p in τ als Inkrement $\tau\psi^*$ nimmt. Die so konstruierten Einschrittverfahren heißen *Taylor-Verfahren*. Zu ihrer rechnerischen Umsetzung müssen allerdings *elementare Differentiale* berechnet werden, wie beispielsweise für $p = 2$ der Ausdruck

$$f_t(t, x) + f_x(t, x)f(t, x). \tag{4.6}$$

Dies sieht auf den ersten Blick schlimmer aus, als es tatsächlich ist: Mit Hilfe moderner Software zur sogenannten *automatischen Differentiation* lässt sich bei gegebenem (t, x) und Vektor $f(t, x)$ das elementare Differential (4.6) mit einem Aufwand *auswerten*, der maximal erstaunlichen *drei* f-Auswertungen entspricht [79]. Somit entspräche der Aufwand des Taylorverfahrens der Konsistenzordnung $p = 2$ maximal 4 f-Auswertungen.

Bemerkung 4.13. Mit Hilfe der automatischen Differentiation können Ableitungen von Funktionen effizient berechnet werden, welche sich in ihrer algorithmischen Formulierung (z. B. als Computerprogramm) aus den arithmetischen Operationen $(+,-,*,/)$, den elementaren Funktionen (Bemerkung 1.1) sowie aus Schleifen und sogar aus bedingten Verzweigungen zusammensetzen. Die Berechnung von Ableitungen einer derartigen Funktion f in einem festen, gegebenen Argument x erfolgt in zwei Schritten:

(a) Während der Auswertung von $f(x)$ wird ein Protokoll der durchgeführten Operationen in ihrer Abfolge samt Zwischenresultaten erstellt.

(b) Anhand dieses Protokolls können durch eine geschickte Anwendung der Kettenregel dann im nachhinein die verschiedenen Ableitungen wie Gradient, Hessesche Matrix oder unsere elementaren Differentiale im Argument x berechnet werden.

Diese Vorgehensweise für *gegebenes* Argument darf auf keinen Fall mit dem symbolischen Ableiten verwechselt werden, bei welchem für ein *unbestimmtes* Argument die Differentiale in geschlossener Form berechnet werden, was bei halbwegs komplizierten Funktionen f zu einem unvertretbar hohen Aufwand führt. Bei höheren Ableitungen ist die Technologie der automatischen Differentiation noch nicht so ausgereift, vor allem der benötigte Speicherplatz beginnt dann ein gravierendes Problem darzustellen.

Mit einem einfachen Trick können wir aber die Differentiation völlig vermeiden und erhalten sogar effizientere Algorithmen.

4.2.1 Idee von Runge-Kutta-Verfahren

Die Konsistenzordnung p des Taylorverfahrens wird natürlich nicht beeinträchtigt, wenn wir dessen Inkrementfunktion ψ^* durch eine Inkrementfunktion

$$\psi(t, x, \tau) = \psi^*(t, x, \tau) + O(\tau^p)$$

ersetzen, welche nur in p-ter Ordnung von ψ^* abweicht. In welcher Form können wir dies einzig mit f-Auswertungen bewerkstelligen?

Dazu beginnen wir erneut mit $p = 2$. Gehen wir zur Integraldarstellung des Restgliedes der Taylorentwicklung über, so gilt für $p = 2$

$$\tau \psi^*(t, x, \tau) = \int_0^\tau f(t + \sigma, \Phi^{t+\sigma,t} x) \, d\sigma + O(\tau^3).$$

Dieses Integral approximieren wir mit der gleichen Fehlerordnung durch die Mittelpunktsregel (1-Punkt Gauß-Legendre-Quadratur, vergl. Band 1, Kapitel 9.4),

$$\int_0^\tau f(t + \sigma, \Phi^{t+\sigma,t} x) \, d\sigma = \tau f\big(t + \tau/2, \Phi^{t+\tau/2,t} x\big) + O(\tau^3).$$

Das einzige verbleibende Problem bereitet der Ausdruck $\Phi^{t+\tau/2,t}x$. Es sieht nämlich so aus, als ob wir das Ausgangsproblem der Approximation von $\Phi^{t+\tau,t}x$ nur um einen Faktor 2 in der Schrittweite verlagert hätten. Tatsächlich sind wir aber hier in einer etwas anderen Situation: Der noch verbleibende Ausdruck tritt in einem mit τ multiplizierten Term auf, so dass es völlig genügt, ihn bis auf $O(\tau^2)$ zu approximieren. Dieses leistet gerade das explizite Euler-Verfahren,

$$\Phi^{t+\tau/2,t}x = x + \frac{\tau}{2}f(t,x) + O(\tau^2).$$

Somit erhalten wir für $f \in C^2(\Omega, \mathbb{R}^d)$ mit

$$\psi(t,x,\tau) = f\left(t + \tau/2, x + \tau f(t,x)/2\right)$$

ein Einschrittverfahren der Konsistenzordnung $p = 2$, welches 1895 von C. Runge [153] angegeben wurde. Das Taylorpolynom ψ^* wird hierbei durch einen Ausdruck ψ von *ineinandergeschachtelten* f-*Auswertungen* ersetzt, dessen Taylorentwicklung gerade mit ψ^* beginnt. Verglichen mit dem Taylor-Verfahren der Konsistenzordnung $p = 2$ ist der Aufwand beim Verfahren von C. Runge in etwa halbiert.

Das Verfahren von C. Runge können wir in rekursiver Weise wie folgt schreiben:

$$k_1 = f(t,x), \quad k_2 = f(t + \tau/2, x + \tau k_1/2), \quad \Psi^{t+\tau,t}x = x + \tau k_2.$$

Diese Gestalt können wir wie W. Kutta 1901 zu allgemeineren Schachtelungen von f-Auswertungen erweitern, den s-stufigen *expliziten Runge-Kutta-Verfahren*:

$$\text{(i)} \ k_i = f\left(t + c_i\tau, x + \tau \sum_{j=1}^{i-1} a_{ij}k_j\right) \quad \text{für } i = 1, \dots, s,$$

$$\text{(ii)} \ \Psi^{t+\tau,t}x = x + \tau \sum_{i=1}^{s} b_i k_i. \tag{4.7}$$

Dabei heißt $k_i = k_i(t,x,\tau)$ die i-te *Stufe*. Die Koeffizienten des Verfahrens fassen wir wie folgt zusammen:

$$b = (b_1, \dots, b_s)^T \in \mathbb{R}^s, \quad c = (c_1, \dots, c_s)^T \in \mathbb{R}^s,$$

sowie

$$\mathfrak{A} = \begin{bmatrix} 0 & & & & \\ a_{21} & 0 & & & \\ a_{31} & a_{32} & 0 & & \\ \vdots & \vdots & \ddots & \ddots & \\ a_{s1} & \cdots & \cdots & a_{s,s-1} & 0 \end{bmatrix} \in \mathrm{Mat}_s(\mathbb{R}),$$

wobei wir im Folgenden auch die oberen Elemente der unteren Dreiecksmatrix $\mathfrak{A}$ mit a_{ij} bezeichnen werden, also $a_{ij} = 0$ für $i \leq j$. Dies erspart uns, die Summations- grenzen jeweils penibel aufzuschlüsseln. Die rekursive Struktur (4.7) des geschach- telten Einsetzens drückt sich jetzt in der *Nilpotenz* der Koeffizientenmatrix $\mathfrak{A}$ aus. Konkrete Verfahren werden wir verkürzt im *Butcher-Schema* (1963)

$$
\begin{array}{c|c}
c & \mathfrak{A} \\
\hline
 & b^T
\end{array}
$$

notieren und auch vom Runge-Kutta-Verfahren $(b, c, \mathfrak{A})$ sprechen. In dieser Schreib- weise geben wir das explizite Euler-Verfahren und das Verfahren von C. Runge in Tabelle 4.1 an.

explizites Euler-Verfahren

$$
\begin{array}{c|c}
0 & 0 \\
\hline
 & 1
\end{array}
$$

Verfahren von Runge

$$
\begin{array}{c|cc}
0 & 0 & \\
1/2 & 1/2 & 0 \\
\hline
 & 0 & 1
\end{array}
$$

Tabelle 4.1. Beispiele für Butcher-Schemata

Offensichtlich ist für jeden Parametersatz $b, c, \mathfrak{A}$ und festes $(t, x) \in \Omega$ der durch das Runge-Kutta-Verfahren gegebene Ausdruck $\Psi^{t+\tau,t} x$ bei hinreichend kleinem τ erklärt, so dass wir es mit einer diskreten Evolution zu tun haben. Nach Konstruktion benötigen wir dabei für die Berechnung des Schrittes $\Psi^{t+\tau,t} x$ eines s-stufigen Verfah- rens genau s f-Auswertungen. Somit sind s-stufige explizite Runge-Kutta-Verfahren in ihrem Rechenaufwand pro Schritt als in etwa gleich teuer anzusehen. Die

$$
s + s + \frac{(s-1)s}{2}
$$

Verfahrensparameter $b, c, \mathfrak{A}$ wollen wir nun so bestimmen, dass Verfahren möglichst hoher Konsistenzordnung p entstehen. Untersuchen wir zunächst die Frage der Kon- sistenz. Das Verfahren liegt in der inkrementellen Form

$$
\Psi^{t+\tau,t} x = x + \tau \psi(t, x, \tau) \quad \text{mit } \psi(t, x, \tau) = \sum_{i=1}^{s} b_i k_i
$$

vor. Nun erhalten wir für $\tau = 0$ gerade $k_i = k_i(t, x, 0) = f(t, x)$, also

$$
\psi(t, x, 0) = \Big(\sum_{i=1}^{s} b_i \Big) f(t, x).
$$

Da nach Lemma 4.4 die Konsistenz gleichbedeutend mit $\psi(t, x, 0) = f(t, x)$ ist, gelangen wir zu folgender Charakterisierung konsistenter Runge-Kutta-Verfahren.

Lemma 4.14. *Ein explizites Runge-Kutta-Verfahren $(b, c, \mathfrak{A})$ ist genau dann konsistent für alle $f \in C(\Omega, \mathbb{R}^d)$, wenn gilt*

$$\sum_{i=1}^{s} b_i = 1.$$

Wir erwarten nun für höhere Konsistenzordnung p einen steigenden Aufwand, also wachsende Stufenzahl s. Eine einfache Abschätzung in dieser Richtung liefert folgendes Lemma.

Lemma 4.15. *Ein s-stufiges explizites Runge-Kutta-Verfahren besitze für alle $f \in C^\infty(\Omega, \mathbb{R}^d)$ die Konsistenzordnung $p \in \mathbb{N}$. Dann gilt*

$$p \leq s.$$

Beweis. Wenden wir das Verfahren an auf das Anfangswertproblem

$$x' = x, \quad x(0) = 1,$$

so ist zum einen

$$\Phi^{\tau,0} 1 = e^\tau = 1 + \tau + \frac{\tau^2}{2!} + \cdots + \frac{\tau^p}{p!} + O(\tau^{p+1}),$$

zum anderen sieht man rekursiv

$$k_i(0, 1, \cdot) \in P_{i-1}, \quad i = 1, \ldots, s,$$

also dass $\Psi^{\tau,0} 1$ ein Polynom in τ vom Grad $\leq s$ ist. Damit demnach der Konsistenzfehler die Abschätzung $\varepsilon(0, 1, \tau) = \Phi^{\tau,0} 1 - \Psi^{\tau,0} 1 = O(\tau^{p+1})$ erfüllen kann, muss $s \geq p$ gelten. □

Bevor wir uns der Konstruktion von Verfahren höherer Ordnung zuwenden, wollen wir die Verfahrensklasse noch etwas vereinfachen. Dazu erinnern wir uns, dass beide bisher diskutierten Verfahren $f \in C^p(\Omega, \mathbb{R}^d)$ für die Konsistenzordnung p verlangt hatten. Anders als in dem Existenz- und Eindeutigkeitssatz 2.7 und dem Regularitätssatz 3.1 benötigen wir hier also die gleiche Differentiationsordnung bezüglich der Zeitvariablen wie der Zustandsvariablen. Deshalb können wir, um Notation zu sparen, ohne Einschränkung an Allgemeinheit für dieses Kapitel die Zeitvariable durch *Autonomisierung* zu einer Zustandsvariablen machen, d. h., wir betrachten statt des Anfangswertproblems

$$x' = f(t, x), \quad x(t_0) = x_0,$$

auf dem erweiterten Phasenraum Ω das äquivalente erweiterte System

$$
\begin{bmatrix} x \\ s \end{bmatrix}' = \begin{bmatrix} f(s, x) \\ 1 \end{bmatrix}, \quad \begin{bmatrix} x(0) \\ s(0) \end{bmatrix} = \begin{bmatrix} x_0 \\ t_0 \end{bmatrix},
$$

auf dem Phasenraum $\hat{\Omega}_0 = \Omega$. Bezeichnen wir die Evolution des erweiterten Systems mit $\hat{\Phi}^{t,s}$, so drückt sich die Äquivalenz der beiden Systeme gerade aus durch

$$
\begin{bmatrix} \Phi^{t+\tau,t} x \\ t + \tau \end{bmatrix} = \hat{\Phi}^{t+\tau,t} \begin{bmatrix} x \\ t \end{bmatrix}.
$$

Wir sind nun an Runge-Kutta-Verfahren interessiert, die diese Äquivalenz in dem Sinne berücksichtigen, dass bei ihnen das gleiche herauskommt, wenn wir sie auf das nichtautonome und das autonomisierte Problem anwenden. Dazu fordern wir, dass sie *invariant gegen Autonomisierung* sind, also

$$
\begin{bmatrix} \Psi^{t+\tau,t} x \\ t + \tau \end{bmatrix} = \hat{\Psi}^{t+\tau,t} \begin{bmatrix} x \\ t \end{bmatrix},
$$

wobei $\hat{\Psi}$ die zum erweiterten System gehörige diskrete Evolution des Runge-Kutta-Verfahrens bezeichne. Derartige Verfahren lassen sich einfach anhand ihrer Koeffizienten charakterisieren.

Lemma 4.16. *Ein explizites Runge-Kutta-Verfahren* $(b, c, \mathfrak{A})$ *ist genau dann invariant gegen Autonomisierung, wenn es konsistent ist und*

$$
c_i = \sum_{j=1}^{s} a_{ij} \quad \text{für } i = 1, \dots, s \tag{4.8}
$$

erfüllt.

Beweis. Bezeichnen wir die Stufen von $\hat{\Psi}$ mit $K_i = (\hat{k}_i, \theta_i)^T$, so gilt

$$
\hat{\Psi}^{t+\tau,t} \begin{bmatrix} x \\ t \end{bmatrix} = \begin{bmatrix} x + \tau \sum_i b_i \hat{k}_i \\ t + \tau \sum_i b_i \theta_i \end{bmatrix}
$$

mit

$$
\begin{bmatrix} \hat{k}_i \\ \theta_i \end{bmatrix} = \begin{bmatrix} f\left(t + \tau \sum_j^s a_{ij} \theta_j, x + \tau \sum_j a_{ij} \hat{k}_j \right) \\ 1 \end{bmatrix}
$$

für $i = 1, \ldots, s$. Bezeichnen wir die Stufen von $\Psi^{t+\tau,t}x$ mit k_i, so gilt $k_i = \hat{k}_i$, $i = 1, \ldots, s$, und $t + \tau \sum_{i=1}^{s} b_i \theta_i = t + \tau$ genau dann, wenn die Beziehung (4.8) für den Koeffizientenvektor c besteht und $\sum_{i=1}^{s} b_i = 1$ gilt, also das Verfahren nach Lemma 4.14 konsistent ist. $\square$

Gegen Autonomisierung invariante Runge-Kutta-Verfahren werden wir deshalb kurz mit Runge-Kutta-Verfahren $(b, \mathfrak{A})$ ansprechen. Für diese genügt es im Folgenden ohne Einschränkung, stets autonome Probleme

$$x' = f(x), \quad x(0) = x_0,$$

auf einem Phasenraum $\Omega_0 \subset \mathbb{R}^d$ mit Phasenfluss Φ^t zu betrachten, so dass sich die Notation weiter vereinfachen lässt: Wie beim Phasenfluss können wir gänzlich auf t in der Notation verzichten und den *diskreten Fluss*

$$\Psi^\tau x = x + \tau \psi(x, \tau) = \Psi^{t+\tau,t}x$$

einführen. Insbesondere ist auch der Konsistenzfehler

$$\varepsilon(x, \tau) = \Phi^\tau x - \Psi^\tau x$$

von der Zeit t unabhängig. Für gegebenes Gitter Δ auf $[t_0, T]$ bestimmt sich die durch Ψ definierte Gitterfunktion x_Δ aus

$$x_\Delta(t_{j+1}) = \Psi^{\tau_j} x_\Delta(t_j) \quad \text{für } j = 0, \ldots, n_\Delta - 1.$$

4.2.2 Klassische Runge-Kutta-Verfahren

Die Konstruktion von Runge-Kutta-Verfahren $(b, \mathfrak{A})$ der Konsistenzordnung $p \in \mathbb{N}$ zerfällt in zwei Schritte:

- Das Aufstellen von Bedingungsgleichungen an die $s(s+1)/2$ Koeffizienten $(b, \mathfrak{A})$ derart, dass das Verfahren von der Konsistenzordnung p für alle $f \in C^p(\Omega, \mathbb{R}^d)$ ist.

- Das Lösen dieser Bedingungsgleichungen, also die Angabe konkreter Koeffizientensätze, welche diesen Gleichungen genügen.

Dieses Vorgehen wollen wir exemplarisch am Fall $p = 4$ demonstrieren. Dazu betrachten wir die autonome Differentialgleichung $x' = f(x)$ auf dem Phasenraum $\Omega_0 \subset \mathbb{R}^d$ mit $f \in C^4(\Omega_0)$. Wie gehabt, schätzen wir den Konsistenzfehler

$$\varepsilon(x, \tau) = \Phi^\tau x - \Psi^\tau x$$

eines Runge-Kutta-Verfahrens $(b, \mathfrak{A})$ ab, indem wir beide Summanden durch ihre Taylorentwicklung bis auf $O(\tau^5)$ darstellen. Hierbei werden *höhere* Ableitungen der *multivariaten* rechten Seite $f : \Omega_0 \subset \mathbb{R}^d \to \mathbb{R}^d$ auftreten, welche wir zunächst diskutieren wollen.

Multivariate Taylorformel. Für eine Abbildung $f \in C^n(\Omega_0, \mathbb{R}^m)$ definiert man die $n$te-Ableitung $f^{(n)}(x)$ *angewendet* auf $h_1, \ldots, h_n \in \mathbb{R}^d$ durch den Ausdruck

$$f^{(n)}(x) \cdot (h_1, \ldots, h_n) = \sum_{i_1, \ldots, i_n = 1}^{d} \frac{\partial^n f(x)}{\partial x_{i_1} \ldots \partial x_{i_n}} h_{1,i_1} \ldots h_{n,i_n}.$$

Dieser Ausdruck ist linear in jedem seiner Argumente h_j und invariant unter beliebigen Permutationen der Vektoren $h_1, \ldots, h_n$. Für festes $x \in \Omega_0$ definiert daher

$$f^{(n)}(x) : \underbrace{\mathbb{R}^d \times \cdots \times \mathbb{R}^d}_{n\text{-fach}} \to \mathbb{R}^m$$

eine *symmetrische, n-lineare Abbildung.* Mit Hilfe dieser Begriffsbildung gelangt man zu einer besonders nützlichen und eleganten Version der multivariaten Taylorformel.

Lemma 4.17. *Sei* $f \in C^{p+1}(\Omega_0, \mathbb{R}^m)$, $x \in \Omega_0$ *und* $h \in \mathbb{R}^d$ *hinreichend klein. Dann gilt*

$$f(x+h) = \sum_{n=0}^{p} \frac{1}{n!} f^{(n)}(x) \cdot (\underbrace{h, \ldots, h}_{n\text{-fach}}) + O(|h|^{p+1}).$$

Der Beweis lässt sich durch Anwendung der univariaten Taylorformel in jeder Koordinatenrichtung führen, die entstehenden Ausdrücke müssen dann noch geeignet sortiert und zusammengefasst werden. Man kann das Lemma aber auch direkt so beweisen, dass es sich auf unendlichdimensionale Räume verallgemeinern lässt. Der Leser sei hierfür auf [64, Satz 8.14.3] verwiesen.

Taylorentwicklung des Phasenflusses Φ^τ. Kehren wir nun zur Ermittlung der Bedingungsgleichungen eines Runge-Kutta-Verfahrens der Ordnung $p = 4$ zurück und beginnen mit der Entwicklung des Phasenflusses nach Potenzen der Schrittweite τ. Aus der Diskussion des expliziten Euler-Verfahrens in Beispiel 4.5 wissen wir bereits, dass

$$\Phi^\tau x = x + \tau f(x) + \frac{\tau^2}{2} f'(x) \cdot f(x) + O(\tau^3).$$

Setzen wir diese Darstellung der Lösung in die Differentialgleichung ein, so erhalten wir mit Hilfe der multivariaten Taylorformel, dass

$$\frac{d}{d\tau} \Phi^\tau x = f(\Phi^\tau x) = f\left(x + \tau f(x) + \frac{\tau^2}{2} f'(x) \cdot f(x) + O(\tau^3) \right)$$

$$= f + f' \cdot \left(\tau f + \frac{\tau^2}{2} f' \cdot f \right) + \frac{1}{2!} f'' \cdot (\tau f, \tau f) + O(\tau^3)$$

$$= f + \tau f' f + \frac{\tau^2}{2!} \left(f' f' f + f''(f, f) \right) + O(\tau^3).$$

Hierbei haben wir ab der zweiten Zeile das Argument x unterdrückt, ab der dritten Zeile auch den die Multilinearität andeutenden Multiplikationspunkt. Außerdem haben wir darauf geachtet, Terme dritter und höherer Ordnung in τ gar nicht erst explizit hinzuschreiben, so etwa in den multilinearen Argumenten der zweiten Ableitung f''. Integration dieser Entwicklung liefert unter Berücksichtigung des Anfangswerts x

$$\Phi^\tau x = x + \tau f + \frac{\tau^2}{2!} f' f + \frac{\tau^3}{3!} (f'f'f + f''(f, f)) + O(\tau^4).$$

Wir haben auf diese Weise eine weitere Ordnung der Entwicklung dazugewonnen. Wiederholung dieser Technik liefert

$$f(\Phi^\tau x) = f + \tau f' f + \frac{\tau^2}{2!} (f''(f, f) + f'f'f)$$

$$+ \frac{\tau^3}{3!} (f'''(f, f, f) + 3f''(f'f, f) + f'f''(f, f) + f'f'f'f) + O(\tau^4)$$

und daher nach Aufintegration die gesuchte Taylorentwicklung

$$\Phi^\tau x = x + \tau f + \frac{\tau^2}{2!} f' f + \frac{\tau^3}{3!} (f''(f, f) + f'f'f) \tag{4.9}$$

$$+ \frac{\tau^4}{4!} (f'''(f, f, f) + 3f''(f'f, f) + f'f''(f, f) + f'f'f'f) + O(\tau^5).$$

Die Abschätzung des Restgliedes ist dabei lokal gleichmäßig in Ω_0.

Taylorentwicklung des diskreten Flusses Ψ^τ. Für die Bestimmung der Taylorentwicklung nach τ des Ausdruckes Ψ^τ gehen wir völlig analog vor. Wir setzen die aktuelle Entwicklung der Stufen k_j in die bestimmenden, rekursiven Gleichungen

$$k_i = f(x + \tau \sum_{j=1}^{s} a_{ij} k_j) \quad \text{für } i = 1, \ldots, s$$

ein. Wegen der Form $k_i = f(x + h)$ ist die multivariate Taylorformel anwendbar. Da die Stufen k_j *innerhalb* von f mit τ multipliziert werden, gewinnen wir jeweils eine weitere Ordnung. Aus der Stetigkeit von f erhalten wir zunächst $k_i = O(1)$ für $i = 1, \ldots, s$. Eingesetzt in die Bestimmungsgleichungen ergibt sich

$$k_i = f(x + O(\tau)) = f + O(\tau) \quad \text{für } i = 1, \ldots, s,$$

wobei wir wiederum das Argument x weglassen. Ein weiteres Mal eingesetzt erhalten wir

$$k_i = f(x + \tau \sum_{j} a_{ij} f + O(\tau^2)) = f + \tau c_i f' f + O(\tau^2) \quad \text{für } i = 1, \ldots, s,$$

wobei wir die Beziehung $c_i = \sum_j a_{ij}$ aus Lemma 4.16 zur Abkürzung verwendet haben und von hier ab die Summationsgrenzen weglassen. Ein dritter Schritt ergibt für $i = 1, \ldots, s$

$$k_i = f\left(x + \tau \sum_j a_{ij}(f + \tau c_j \, f'f) + O(\tau^3)\right)$$

$$= f + \tau c_i \, f'f + \tau^2 \sum_j a_{ij}c_j \, f'f'f + \frac{\tau^2}{2}c_i^2 \, f''(f,f) + O(\tau^3).$$

Ein letzter, vierter Schritt ergibt die Entwicklung von k_i für $i = 1, \ldots, s$,

$$k_i = f\left(x + \tau c_i \, f + \tau^2 \sum_j a_{ij}c_j \, f'f\right.$$

$$\left. + \tau^3 \sum_{jk} a_{ij}a_{jk}c_k \, f'f'f + \frac{\tau^3}{2} \sum_j a_{ij}c_j^2 \, f''(f,f) + O(\tau^4)\right)$$

$$= f + \tau c_i \, f'f + \tau^2 \sum_j a_{ij}c_j \, f'f'f + \frac{\tau^2}{2}c_i^2 \, f''(f,f)$$

$$+ \tau^3 \sum_{jk} a_{ij}a_{jk}c_k \, f'f'f'f + \frac{\tau^3}{2} \sum_j a_{ij}c_j^2 \, f'f''(f,f)$$

$$+ \tau^3 \sum_j c_i a_{ij}c_j \, f''(f'f,f) + \frac{\tau^3}{6}c_i^3 \, f'''(f,f,f) + O(\tau^4).$$

Diese iterative Vorgehensweise zeichnet sich dadurch aus, dass wir Schritt für Schritt mehr Information gewinnen, und dieses „mehr" an Information gleichzeitig wichtig ist, um die Argumentation fortführen zu können. Wir ziehen uns wie Münchhausen selbst aus dem Sumpf: Eine solche Schlussweise heißt im Englischen, kaum übersetzbar, „bootstrapping".

Setzen wir die Entwicklung der Stufen k_i in die Beziehung $\Psi^\tau x = x + \tau \sum_i b_i k_i$ ein, so erhalten wir schließlich die gewünschte Taylorentwicklung des diskreten Flusses

$$\Psi^\tau x = x + \tau\left(\sum_i b_i \, f\right) + \frac{\tau^2}{2!}\left(2\sum_i b_i c_i \, f'f\right)$$

$$+ \frac{\tau^3}{3!}\left(3\sum_i b_i c_i^2 \, f''(f,f) + 6\sum_{ij} b_i a_{ij}c_j \, f'f'f\right)$$

$$\hspace{10cm} (4.10)$$

$$+ \frac{\tau^4}{4!}\left(4\sum_i b_i c_i^3 \, f'''(f,f,f) + 24\sum_{ij} b_i c_i a_{ij}c_j \, f''(f'f,f)\right.$$

$$\left. + 12\sum_{ij} b_i a_{ij}c_j^2 \, f'f''(f,f) + 24\sum_{ijk} b_i a_{ij}a_{jk}c_k \, f'f'f'f\right) + O(\tau^5).$$

Wir müssen dazu $f \in C^4(\Omega_0, \mathbb{R}^d)$ voraussetzen und erhalten eine in Ω_0 lokal gleichmäßige Abschätzung des Restgliedes.

Vergleichen wir nun die Vorfaktoren der einzelnen elementaren Differentiale der Taylorentwicklung (4.9) des Phasenflusses Φ^τ mit denen der Taylorentwicklung (4.10) des diskreten Flusses Ψ^τ, so erhalten wir die gewünschten *Ordnungsbedingungen*.

Satz 4.18. *Ein Runge-Kutta-Verfahren* $(b, \mathfrak{A})$ *besitzt für jede rechte Seite* $f \in C^p(\Omega_0, \mathbb{R}^d)$, *jeden Phasenraum* $\Omega_0 \subset \mathbb{R}^d$ *und jede Dimension* $d \in \mathbb{N}$ *genau dann die Konsistenzordnung* $p = 1$, *wenn die Koeffizienten des Verfahrens der Bedingungsgleichung*

$$(1) \quad \sum_i b_i = 1$$

genügen; genau dann die Konsistenzordnung $p = 2$, *wenn sie zusätzlich der Bedingungsgleichung*

$$(2) \quad \sum_i b_i c_i = 1/2$$

genügen; genau dann die Konsistenzordnung $p = 3$, *wenn sie zusätzlich den zwei Bedingungsgleichungen*

$$(3) \quad \sum_i b_i c_i^2 = 1/3,$$

$$(4) \quad \sum_{ij} b_i a_{ij} c_j = 1/6$$

genügen; genau dann die Konsistenzordnung $p = 4$, *wenn sie zusätzlich den vier Bedingungsgleichungen*

$$(5) \quad \sum_i b_i c_i^3 = 1/4,$$

$$(6) \quad \sum_{ij} b_i c_i a_{ij} c_j = 1/8,$$

$$(7) \quad \sum_{ij} b_i a_{ij} c_j^2 = 1/12,$$

$$(8) \quad \sum_{ijk} b_i a_{ij} a_{jk} c_k = 1/24$$

genügen. Dabei erstrecken sich die Summationen jeweils von 1 *bis* s.

Bemerkung 4.19. Unsere bisherigen Überlegungen zeigen streng genommen lediglich, dass die Bedingungsgleichungen *hinreichend* sind. *Notwendig* sind sie nur, wenn wir zeigen können, dass sämtliche elementaren Differentiale wie etwa $f' f''(f, f)$

und $f''(f'f, f)$ *linear unabhängig* sind. Dies braucht für *spezielle* Situationen keineswegs der Fall zu sein: So ist für $d = 1$ gerade $f'f''(f, f) = f''f'f^2 = f''(f'f, f)$. Wir werden aber später in Lemma 4.25 rechte Seiten $f \in C^\infty(\mathbb{R}^d, \mathbb{R}^d)$ mit $d = p$ konstruieren, für die genau ein elementares Differential in der ersten Komponente den Wert 1 hat und alle anderen elementaren Differentiale in der ersten Komponente verschwinden, so dass notwendigerweise die zu diesem Differential gehörige Bedingungsgleichung erfüllt sein muss. Also sind die Bedingungsgleichungen im *allgemeinen Fall* auch notwendig. Umgekehrt sieht man ein, warum sich für spezielle Klassen rechter Seiten von Differentialgleichungen die Anzahl der Bedingungsgleichungen herabsetzen lässt. So sind im Falle skalarer autonomer Differentialgleichungen für $p = 4$ nur *sieben* statt acht Gleichungen zu erfüllen. Andere Beispiele werden wir in den Aufgaben 4.5, 4.6 und vor allem 4.7 diskutieren.

Lösen der Bedingungsgleichungen.   Wir suchen nun nach $s(s+1)/2$ Koeffizienten $(b, \mathfrak{A})$ eines s-stufigen Runge-Kutta-Verfahrens, die den 8 *nichtlinearen* Gleichungen (1)–(8) aus Satz 4.18 genügen. Dazu beachten wir, dass wir für

- Stufenzahl $s = 3$ genau $s(s + 1)/2 = 6$ Unbekannte,

- Stufenzahl $s = 4$ genau $s(s + 1)/2 = 10$ Unbekannte

erhalten. Das Gleichungssystem (1)–(8) des Satzes 4.18 ist demnach für $s = 3$ *überbestimmt*; und tatsächlich zeigt Lemma 4.15, dass es für diese Stufenzahl nicht erfüllbar ist. Für $s = 4$ ist das Gleichungssystem (1)–(8) des Satzes 4.18 hingegen *unterbestimmt*, so dass diese Stufenzahl einen Versuch wert zu sein scheint. Für die Unbekannten $b_1, b_2, b_3, b_4, a_{21}, a_{31}, a_{32}, a_{43}, a_{42}, a_{41}$ lautet das Gleichungssystem:

$$
\begin{align}
&(1) & b_1 + b_2 + b_3 + b_4 &= 1, \\
&(2) & b_2 c_2 + b_3 c_3 + b_4 c_4 &= 1/2, \\
&(3) & b_2 c_2^2 + b_3 c_3^2 + b_4 c_4^2 &= 1/3, \\
&(4) & b_3 a_{32} c_2 + b_4 (a_{42} c_2 + a_{43} c_3) &= 1/6, \\
&(5) & b_2 c_2^3 + b_3 c_3^3 + b_4 c_4^3 &= 1/4, \\
&(6) & b_3 c_3 a_{32} c_2 + b_4 c_4 (a_{42} c_2 + a_{43} c_3) &= 1/8, \\
&(7) & b_3 a_{32} c_2^2 + b_4 (a_{42} c_2^2 + a_{43} c_3^2) &= 1/12, \\
&(8) & b_4 a_{43} a_{32} c_2 &= 1/24,
\end{align}
$$

(4.11)

wobei wir $c_i = \sum_i a_{ij}$ für $i = 1, 2, 3, 4$, also insbesondere $c_1 = 0$ beachten. Nach Band 1, Abschnitt 9.2 zur Newton-Cotes-Quadratur, besitzen die Gleichungen (1)–(3) und (5) eine nutzbringende Deutung: die Koeffizienten b stellen die *Gewichte*, die

Koeffizienten c die *Knoten* einer Quadraturformel auf $[0, 1]$ dar,

$$\sum_{i=1}^{4} b_i \varphi(c_i) \approx \int_0^1 \varphi(t)\, dt,$$

die für Polynome P_3 *exakt* ist. Deshalb versuchen wir, jene zwei Newton-Cotes-Formeln (Band 1, Tabelle 9.1) mit maximal 4 Knoten, welche für P_3 exakt sind, zu Runge-Kutta-Verfahren der Ordnung $p = 4$ auszubauen.

Simpson-Regel.   Diese besitzt nur drei Knoten, so dass wir aus Symmetriegründen den mittleren verdoppeln,

$$c = (0, 1/2, 1/2, 1)^T, \quad b = (1/6, 1/3, 1/3, 1/6)^T.$$

Aus dem für a_{32} und $a_{42}c_2 + a_{43}c_3$ linearen Gleichungssystem (4.11(4)) und (4.11(6)) erhalten wir

$$a_{32} = 1/2, \quad a_{42}c_2 + a_{43}c_3 = 1/2, \tag{I}$$

aus (4.11(8)) ergibt sich dann $a_{43} = 1$ und daher aus (I) $a_{42} = 0$. Aus der Definition der c_i folgt schließlich $a_{21} = 1/2$, $a_{31} = a_{41} = 0$. Dabei blieb die Gleichung (4.11(7)) bisher unberücksichtigt, sie wird aber von den ermittelten Werten erfüllt. Das so gefundene Runge-Kutta-Verfahren 4. Ordnung ist „das" klassische Runge-Kutta-Verfahren. Es wurde erstmalig von W. Kutta 1901 [116] angegeben. Das zugehörige Butcher-Schema findet sich in Tabelle 4.2.

„das" klassische Runge-Kutta-Verfahren					Kuttasche 3/8-Regel			
0					0			
1/2	1/2				1/3	1/3		
1/2	0	1/2			2/3	−1/3	1	
1	0	0	1		1	1	−1	1
	1/6	1/3	1/3	1/6		1/8	3/8	3/8	1/8

Tabelle 4.2. Kuttas Verfahren 4. Ordnung, Stufenzahl 4

Newtonsche 3/8-Regel. Hier ist

$$c = (0, 1/3, 2/3, 1)^T, \quad b = (1/8, 3/8, 3/8, 1/8)^T.$$

Aus dem linearen Gleichungssystem (4.11(4)), (4.11(6)) erhalten wir

$$a_{32} = 1, \quad a_{42}c_2 + a_{43}c_3 = 1/3, \tag{II}$$

aus (4.11(8)) sodann $a_{43} = 1$ und daher aus (II) $a_{42} = -1$. Aus der Definition der c_i folgt schließlich $a_{21} = 1/3$, $a_{31} = -1/3$ und $a_{41} = 1$. Diese Werte erfüllen wiederum die Gleichung (4.11(7)). Dieses Verfahren 4. Ordnung wurde ebenfalls 1901 von W. Kutta aufgestellt und trägt den Namen „3/8-Regel". Das Butcher-Schema findet sich ebenfalls in Tabelle 4.2.

Bemerkung 4.20. Tatsächlich existiert eine zweiparametrige Schar von Lösungen der Bedingungsgleichungen (4.11) [90]. Notwendigerweise ist dabei $c_4 = 1$. Für beliebig gewähltes c_2, c_3 gibt es dann genau einen Koeffizientensatz $(b, \mathfrak{A})$, der die Gleichungen erfüllt.

4.2.3 Runge-Kutta-Verfahren höherer Ordnung

Die Berechnungen des letzten Abschnittes sind für höhere Ordnungen $p > 4$ nicht länger praktikabel, sie sind viel zu unübersichtlich und daher fehleranfällig. Tatsächlich sind in der Geschichte der Runge-Kutta-Verfahren immer wieder fehlerhafte Koeffizientensätze angegeben worden. Oder es wurden Koeffizientensätze, welche unter speziellen einfachen Voraussetzungen berechnet worden waren, wie etwa für nicht-autonome skalare Anfangswertprobleme, auf allgemeine Systeme angewendet, zuweilen mit eher zufälligem Erfolg.

Wir wollen deshalb im Folgenden eine Darstellung der systematischen Vorgehensweise heutiger Runge-Kutta-Experten geben. Der zugrundeliegende Ideenkreis geht auf die fundamentale Arbeit [29] des neuseeländischen Mathematikers J. C. Butcher aus dem Jahre 1963 zurück, wurde durch E. Hairer und G. Wanner seit 1973 wesentlich weiterentwickelt [91] und durch ihr gemeinsames Buch mit S. P. Nørsett [90] weithin zugänglich gemacht. Wir folgen dabei der einfacheren Darstellung [22], die sich auch unmittelbar für eine Realisierung in Computeralgebra-Paketen wie Maple oder Mathematica eignet.[1]

Aufstellen der Bedingungsgleichungen. Letztlich besteht unser Problem darin, einen geeigneten Kalkül zu finden, um den Überblick auch bei hoher Ordnung p zu behalten. Dazu wollen wir die Taylorentwicklungen des Phasenflusses und des diskreten Flusses nicht wie im vorigen Abschnitt Ordnung für Ordnung *simultan* aufbauen, sondern vielmehr unser Augenmerk auf das Entstehen der einzelnen elementaren

---

[1]Quellcode siehe: `http://www-m3.ma.tum.de/m3/ftp/Bornemann/Maple/RungeKutta.txt` oder: `http://www-m3.ma.tum.de/m3/ftp/Bornemann/Mathematica/RungeKutta.nb`

Differentiale richten. Dabei haben wir es zunächst mit ihrem *Aufzählen* zu tun, d. h. dem vollständigen (gedanklichen) Hinschreiben aller elementaren Differentiale: Dies ist ein Problem der *Kombinatorik*. Diese Teildisziplin der Mathematik versucht, die betrachteten Objekte (hier: die elementaren Differentiale) durch übersichtlichere Objekte mit äquivalenter Aufzählstruktur zu ersetzen. Dies führt in unserem Fall auf die sogenannten *Wurzelbäume*, wie wir nun vorführen wollen.

Ein elementares Differential kann allein durch die Struktur des Einsetzens von Ausdrücken beschrieben werden – so muss zum Beispiel im elementaren Differential $f'''(f'f, f'f, f)$ schon deshalb f''' *dritte* Ableitung sein, weil *drei* Argumente eingesetzt werden. Es reicht also, die *Struktur des Einsetzens von Argumenten* anzugeben, etwa durch einen Graphen. Geeignete Graphen sind gerade die (unbezeichneten) Wurzelbäume, z. B.

 für $f'f''(f, f)$,   für $f''(f'f, f)$.

Dabei markiert jeder Knoten mit n Kindern eine $n$te Ableitung der rechten Seite f an der festen Stelle $x \in \Omega_0$, in die dann n Ausdrücke so eingesetzt werden, wie es der Baum vorgibt. Das Einsetzen beginnt mit der Wurzel $\odot$. Diesen Vorgang wollen wir jetzt *rekursiv* beschreiben: Dazu beobachten wir, dass ein Wurzelbaum β nach Wegnahme der Wurzel $\odot$ und der zu ihr laufenden Kanten in Wurzelbäume $\beta_1, \ldots, \beta_n$ niedrigerer Knotenzahl zerfällt. Dabei sind die Wurzeln der Bäume $\beta_1, \ldots, \beta_n$ gerade die n Kinder der Wurzel $\odot$ von β. Umgekehrt lässt sich der Baum β auf diese Weise als *ungeordnetes* Tupel der so erhaltenen Teilbäume darstellen,

$$\beta = [\beta_1, \ldots, \beta_n], \quad \#\beta = 1 + \#\beta_1 + \cdots + \#\beta_n,$$

wobei wir die *Ordnung* des Wurzelbaumes β, d. h. die Anzahl seiner Knoten, mit $\#\beta$ bezeichnen. Die Wurzel selbst wird durch das kinderlose, also leere Tupel dargestellt,

$$\odot = [\,].$$

Für die beiden oben benutzten Wurzelbäume lautet die Darstellung als ungeordnetes Tupel von Wurzelbäumen

Führen wir diese Zerlegung rekursiv bis zum Ende, so wird das elementare Differential

$$f'f''(f, f) \quad \text{dargestellt durch} \quad [[\odot, \odot]],$$

was die vollständige Klammerung $f'(f''(f, f))$ der Struktur des Einsetzen wiedergibt; ferner wird das elementare Differential

$$f''(f'f, f) \quad \text{dargestellt durch} \quad [[\odot], \odot],$$

die vollständige Klammerung $f''(f'(f), f)$ widerspiegelnd.

Das zum Wurzelbaum $\beta = [\beta_1, \ldots, \beta_n]$ gehörige elementare Differential $f^{(\beta)}(x)$ ist rekursiv definiert durch

$$f^{(\beta)}(x) = f^{(n)}(x) \cdot \left(f^{(\beta_1)}(x), \ldots, f^{(\beta_n)}(x) \right).$$

Wir leisten uns fortan wieder den Multiplikationspunkt für die multilinearen Argumente, werden aber häufig das Argument x weglassen. Wegen der Symmetrie der n-linearen Abbildung $f^{(n)}$ kommt es auf die Reihenfolge der $\beta_1, \ldots, \beta_n$ bei der Angabe des ungeordneten n-Tupels β nicht an, d. h., $f^{(\beta)}$ hängt tatsächlich nur von β ab, ist also wohldefiniert. Aus der Darstellung der Wurzel $\odot = [\,]$ folgt sofort

$$f^{(\odot)} = f.$$

Im Folgenden kann jeder derartigen rekursiven Konstruktion stets für die Wurzel $\odot = [\,]$ eine eindeutige, wohldefinierte Bedeutung gegeben werden, zumeist indem wir uns auf die übliche, sinnvolle Kovention berufen, dass leere Produkte den Wert 1 und leere Summen den Wert 0 besitzen.

Taylorentwicklung des Phasenflusses Φ^τ. Mit Hilfe der Wurzelbaumnotation können wir die Taylorentwicklung des Phasenflusses jetzt sehr übersichtlich herleiten und komprimiert notieren. Die allgemeine *Form* der Entwicklung kann aus der Diskussion des Falls $p = 4$ erraten werden, die konkreten Koeffizienten ergeben sich allerdings erst aus dem Beweis des folgenden Lemmas.

Lemma 4.21. *Für $f \in C^p(\Omega_0, \mathbb{R}^d)$ gilt*

$$\Phi^\tau x = x + \sum_{\#\beta \leq p} \frac{\tau^{\#\beta}}{\beta!} \alpha_\beta \, f^{(\beta)}(x) + O(\tau^{p+1}). \tag{4.12}$$

Die Koeffizienten $\beta!$ und α_β sind für einen Baum $\beta = [\beta_1, \ldots, \beta_n]$ rekursiv definiert durch

$$\beta! = (\#\beta)\,\beta_1! \cdots \beta_n!, \quad \alpha_\beta = \frac{\delta_\beta}{n!} \alpha_{\beta_1} \cdots \alpha_{\beta_n}.$$

Hierbei bezeichnet δ_β die Anzahl der verschiedenen Möglichkeiten, dem ungeordneten n-Tupel $\beta = [\beta_1, \ldots, \beta_n]$ ein geordnetes n-Tupel $(\beta_1, \ldots, \beta_n)$ zuzuordnen.

Beweis. Wir führen einen Induktionsbeweis. Für $p = 0$ ist die Behauptung offensichtlich richtig. Setzen wir nun die Richtigkeit für p voraus, so werden wir zeigen, dass die Entwicklung auch für $p + 1$ gültig ist. Dazu verfahren wir wie bei der Diskussion von $p = 4$ in Abschnitt 4.2.2 und setzen die Entwicklung in die rechte Seite der Differentialgleichung ein. Die multivariate Taylorformel des Lemma 4.17 und die Multilinearität der höheren Ableitungen ergeben

$$f(\Phi^\tau x) = f\left(x + \sum_{\#\beta \le p} \frac{\tau^{\#\beta}}{\beta!}\alpha_\beta f^{(\beta)} + O(\tau^{p+1})\right)$$

$$= \sum_{n=0}^{p} \frac{1}{n!} f^{(n)} \cdot \left(\sum_{\#\beta_1 \le p} \frac{\tau^{\#\beta_1}}{\beta_1!}\alpha_{\beta_1} f^{(\beta_1)}, \ldots, \sum_{\#\beta_n \le p} \frac{\tau^{\#\beta_n}}{\beta_n!}\alpha_{\beta_n} f^{(\beta_n)}\right)$$
$$+ O(\tau^{p+1})$$

$$= \sum_{n=0}^{p} \frac{1}{n!} \sum_{\#\beta_1 + \cdots + \#\beta_n \le p} \frac{\tau^{\#\beta_1 + \cdots + \#\beta_n}}{\beta_1! \cdots \beta_n!} \cdot \alpha_{\beta_1} \cdots \alpha_{\beta_n} \cdot$$
$$f^{(n)} \cdot \left(f^{(\beta_1)}, \ldots, f^{(\beta_n)}\right) + O(\tau^{p+1})$$

$$= \sum_{n=0}^{p} \sum_{\beta = [\beta_1, \ldots, \beta_n] \atop \#\beta \le p+1} \frac{\#\beta \cdot \tau^{\#\beta - 1}}{\beta!} \cdot \underbrace{\frac{\delta_\beta}{n!} \alpha_{\beta_1} \cdots \alpha_{\beta_n}}_{= \alpha_\beta} f^{(\beta)} + O(\tau^{p+1})$$

$$= \sum_{\#\beta \le p+1} \frac{\#\beta \cdot \tau^{\#\beta - 1}}{\beta!}\alpha_\beta f^{(\beta)} + O(\tau^{p+1}).$$

Beim Übergang zur dritten Zeile haben wir nur jene Terme der Summe berücksichtigt, welche nicht von der Ordnung $O(\tau^{p+1})$ sind. Wegen der Symmetrie der beteiligten Summanden durften wir beim Übergang von der dritten zur vierten Zeile von geordneten n-Tupeln zu ungeordneten übergehen. Dabei musste berücksichtigt werden, dass jeder Summand in der Zeile zuvor δ_β-fach auftrat. Aus der so erhaltenen Entwicklung der Differentialgleichung

$$\frac{d}{d\tau}\Phi^\tau x = f(\Phi^\tau x) = \sum_{\#\beta \le p+1} \frac{\#\beta \cdot \tau^{\#\beta - 1}}{\beta!}\alpha_\beta f^{(\beta)} + O(\tau^{p+1})$$

ergibt sich durch Integration unter Berücksichtigung des Anfangswertes x schließlich

$$\Phi^\tau x = x + \sum_{\#\beta \le p+1} \frac{\tau^{\#\beta}}{\beta!}\alpha_\beta f^{(\beta)} + O(\tau^{p+2}),$$

also die für den Übergang von p auf $p + 1$ behauptete Entwicklung.   □

Da leere Produkte den Wert 1 besitzen, gilt übrigens

$$\odot! = \alpha_\odot = 1.$$

Weitere Beispiele für die Koeffizienten $\beta!$ und α_β finden sich in Tabelle 4.3.

Bemerkung 4.22. Die Notation $\beta!$ suggeriert eine Verallgemeinerung der gewöhnlichen *Fakultät*. Dazu betrachten wir die speziellen Bäume θ_q

mit q Knoten, die rekursiv gegeben sind durch

$$\theta_1 = \odot \quad \text{und} \quad \theta_{q+1} = [\theta_q] \quad \text{für } q = 1, 2, \dots .$$

Diese Bäume liefern gerade $\theta_q! = q!$.

Taylorentwicklung des diskreten Flusses Ψ^τ. In der Taylorentwicklung (4.10) des diskreten Flusses bis zur Ordnung 4 standen vor jedem elementaren Differential gewisse Faktoren, die sich aus den Koeffizienten des Runge-Kutta-Verfahrens $(b, \mathfrak{A})$ ergeben. Analysiert man die formale Struktur dieser Faktoren näher, so findet sich eine den elementaren Differentialen äquivalente Darstellung durch Wurzelbäume. Hierzu definieren wir für den Wurzelbaum $\beta = [\beta_1, \dots, \beta_n]$ den Vektor $\mathfrak{A}^{(\beta)} \in \mathbb{R}^s$ durch

$$\mathfrak{A}_i^{(\beta)} = \left(\mathfrak{A} \cdot \mathfrak{A}^{(\beta_1)}\right)_i \cdots \left(\mathfrak{A} \cdot \mathfrak{A}^{(\beta_n)}\right)_i, \quad i = 1, \dots, s.$$

Wegen der Symmetrie der rechten Seite kommt es auch hier auf die Reihenfolge der $\beta_1, \dots, \beta_n$ bei der Angabe des ungeordneten n-Tupels β nicht an, d. h., $\mathfrak{A}^{(\beta)}$ hängt tatsächlich nur von β ab, ist also wohldefiniert. Da leere Produkte den Wert 1 besitzen, gilt somit für die Wurzel selbst

$$\mathfrak{A}^{(\odot)} = (1, \dots, 1)^T \in \mathbb{R}^s.$$

Weitere Beispiele für den Ausdruck $\mathfrak{A}^{(\beta)}$ finden sich in Tabelle 4.3, wobei wir dort zur Verkürzung ausgiebig von der Beziehung

$$c_i = \sum_j a_{ij}$$

aus Lemma 4.16 Gebrauch gemacht haben.

Lemma 4.23. *Für $f \in C^p(\Omega_0, \mathbb{R}^d)$ gilt*

$$\Psi^\tau x = x + \sum_{\#\beta \le p} \tau^{\#\beta} \alpha_\beta \cdot b^T \mathfrak{A}^{(\beta)} f^{(\beta)}(x) + O(\tau^{p+1}). \tag{4.13}$$

$\#\beta$	β	Wurzelbaum	$\beta!$	α_β	$f^{(\beta)}$	$\mathfrak{A}_i^{(\beta)}$
1	β_{11}		1	1	f	1
2	β_{21}		2	1	$f'f$	c_i
3	β_{31}		3	1/2	$f''(f,f)$	c_i^2
	β_{32}		6	1	$f'f'f$	$\sum_j a_{ij}c_j$
4	β_{41}		4	1/6	$f'''(f,f,f)$	c_i^3
	β_{42}		8	1	$f''(f'f,f)$	$\sum_j c_i a_{ij}c_j$
	β_{43}		12	1/2	$f'f''(f,f)$	$\sum_j a_{ij}c_j^2$
	β_{44}		24	1	$f'f'f'f$	$\sum_{jk} a_{ij}a_{jk}c_k$
5	β_{51}		5	1/24	$f^{IV}(f,f,f,f)$	c_i^4
	β_{52}		10	1/2	$f'''(f'f,f,f)$	$\sum_j c_i^2 a_{ij}c_j$
	β_{53}		15	1/2	$f''(f''(f,f),f)$	$\sum_j c_i a_{ij}c_j^2$
	β_{54}		30	1	$f''(f'f'f,f)$	$\sum_{jk} c_i a_{ij}a_{jk}c_k$
	β_{55}		20	1/2	$f''(f'f,f'f)$	$\left(\sum_j a_{ij}c_j\right)^2$
	β_{56}		20	1/6	$f'f'''(f,f,f)$	$\sum_j a_{ij}c_j^3$
	β_{57}		40	1	$f'f''(f'f,f)$	$\sum_{jk} a_{ij}c_j a_{jk}c_k$
	β_{58}		60	1/2	$f'f'f''(f,f)$	$\sum_{jk} a_{ij}a_{jk}c_k^2$
	β_{59}		120	1	$f'f'f'f'f$	$\sum_{jkl} a_{ij}a_{jk}a_{kl}c_l$

Tabelle 4.3. Wurzelbäume und elementare Differentiale bis zur Ordnung 5

Beweis. Aufgrund der definierenden Gleichung (4.7.ii) des diskreten Flusses,

$$\Psi^\tau x = x + \tau \sum_{i=1}^{s} b_i k_i,$$

reicht es, induktiv folgende Taylorentwicklung für die Stufen k_i des Runge-Kutta-Verfahrens zu beweisen,

$$k_i = \sum_{\#\beta \le p} \tau^{\#\beta-1}\alpha_\beta\, \mathfrak{A}_i^{(\beta)} f^{(\beta)} + O(\tau^p).$$

Da diese für $p = 0$ offensichtlich richtig ist, kümmern wir uns um den Übergang von p auf $p + 1$ und setzen die Entwicklung für p als gültig voraus. Setzen wir sie in die rekursiven Definitionsgleichungen (4.7.i) der k_i ein, so erhalten wir mit Hilfe der multivariaten Taylorformel aus Lemma 4.17 und der Multilinearität der höheren Ableitungen

$$k_i = f\left(x + \tau \sum_{j=1}^{s} a_{ij} k_j\right)$$

$$= f\left(x + \sum_{\#\beta \le p} \tau^{\#\beta}\alpha_\beta \left(\mathfrak{A}\cdot\mathfrak{A}^{(\beta)}\right)_i f^{(\beta)} + O(\tau^{p+1})\right)$$

$$= \sum_{n=0}^{p} \frac{1}{n!} f^{(n)} \cdot \left(\sum_{\#\beta_1 \le p} \tau^{\#\beta_1}\alpha_{\beta_1} \left(\mathfrak{A}\cdot\mathfrak{A}^{(\beta_1)}\right)_i f^{(\beta_1)}, \ldots\right.$$

$$\left.\ldots, \sum_{\#\beta_n \le p} \tau^{\#\beta_n}\alpha_{\beta_n} \left(\mathfrak{A}\cdot\mathfrak{A}^{(\beta_n)}\right)_i f^{(\beta_n)}\right) + O(\tau^{p+1})$$

$$= \sum_{n=0}^{p} \frac{1}{n!} \sum_{\#\beta_1+\cdots+\#\beta_n \le p} \tau^{\#\beta_1+\cdots+\#\beta_n} \cdot \alpha_{\beta_1}\cdots\alpha_{\beta_n}$$

$$\cdot \left(\mathfrak{A}\cdot\mathfrak{A}^{(\beta_1)}\right)_i \cdots \left(\mathfrak{A}\cdot\mathfrak{A}^{(\beta_n)}\right)_i f^{(n)} \cdot \left(f^{(\beta_1)}, \ldots, f^{(\beta_n)}\right) + O(\tau^{p+1})$$

$$= \sum_{n=0}^{p} \sum_{\substack{\beta=[\beta_1,\ldots,\beta_n]\\ \#\beta \le p+1}} \tau^{\#\beta-1} \cdot \underbrace{\frac{\delta_\beta}{n!}\alpha_{\beta_1}\cdots\alpha_{\beta_n}}_{=\alpha_\beta} \cdot \mathfrak{A}_i^{(\beta)} f^{(\beta)} + O(\tau^{p+1})$$

$$= \sum_{\#\beta \le p+1} \tau^{\#\beta-1}\alpha_\beta \cdot \mathfrak{A}_i^{(\beta)} f^{(\beta)} + O(\tau^{p+1}).$$

Beim Übergang zur vierten Zeile haben wir nur jene Terme der Summe berücksichtigt, welche nicht von der Ordnung $O(\tau^{p+1})$ sind. Wegen der Symmetrie der beteiligten Summanden durften wir beim Übergang von der vierten zur fünften Zeile von geordneten n-Tupeln zu ungeordneten übergehen. Dabei musste berücksichtigt werden, dass jeder Summand in der Zeile zuvor δ_β-fach auftrat. Damit ist die für den Übergang von p auf $p + 1$ behauptete Entwicklung der Stufe k_i bewiesen. $\square$

Bedingungsgleichungen. Nach diesen Vorarbeiten gelangen wir zu folgendem fundamentalen Satz von J. C. Butcher (1963), welcher die Frage nach den Bedingungsgleichungen abschließend klärt.

Satz 4.24. (i) *Ein Runge-Kutta-Verfahren* $(b, \mathfrak{A})$ *besitzt für jede rechte Seite* $f \in C^p(\Omega_0, \mathbb{R}^d)$ *eines Anfangswertproblems die Konsistenzordnung* $p \in \mathbb{N}$, *wenn*

$$b^T \mathfrak{A}^{(\beta)} = \frac{1}{\beta!}$$

für alle Wurzelbäume β *der Ordnung* $\#\beta \leq p$ *gilt.*

(ii) *Diese Gleichungen werden andererseits von den Koeffizienten* $(b, \mathfrak{A})$ *erfüllt, wenn das Runge-Kutta-Verfahren für jede Dimension* $d \in \mathbb{N}$ *und jede rechte Seite* $f \in C^\infty(\mathbb{R}^d, \mathbb{R}^d)$ *eines Anfangswertproblems mit Anfangswert* $x(0) = 0$ *die Konsistenzordnung* p *besitzt.*

Beweis. Ein Koeffizientenvergleich der beiden Taylorentwicklungen (4.12) und (4.13) liefert sofort die in (i) behauptete Hinlänglichkeit der Bedingungsgleichungen. Die in (ii) behauptete Notwendigkeit der Bedingungsgleichungen folgt aus der für die zugrundeliegende Problemklasse gegebenen *linearen Unabhängigkeit* der elementaren Differentiale, welche wir in dem untenstehenden Lemma 4.25 formulieren und beweisen werden. Die Bedeutung dieser Unabhängigkeit hatten wir für den Fall $p = 4$ in Bemerkung 4.19 bereits ausführlich diskutiert. $\square$

Aufgrund dieses Satzes kann man nun anhand von Tabelle 4.3 leicht die Bedingungsgleichungen für $p = 5$ aufstellen. Eine entsprechende Tabelle für $p = 8$ findet sich in der Originalarbeit von J. C. Butcher [29]. Nachdem wir die Bedingungsgleichungen für die Konsistenzordnung p den Wurzelbäumen mit nicht mehr als p Knoten zugeordnet haben, erlaubt es uns die Kombinatorik, ihre Anzahl N_p abzuzählen, ohne alle Wurzelbäume explizit aufzuzählen. Speziell leistet dies für das Abzählen von Graphen die mächtige Zähltheorie von G. Polya, siehe etwa das Lehrbuch [1] zur Kombinatorik. Ihr Ergebnis für Wurzelbäume findet sich in Tabelle 4.4.

p	1	2	3	4	5	6	7	8	9	10	20
N_p	1	2	4	8	17	37	85	200	486	1205	20247374

Tabelle 4.4. Anzahl der Bedingungsgleichungen N_p für Runge-Kutta-Verfahren

Lemma 4.25. *Für einen gegebenen Wurzelbaum* β *lässt sich eine Abbildung* $f_\beta \in C^\infty(\mathbb{R}^{\#\beta}, \mathbb{R}^{\#\beta})$ *konstruieren, so dass für alle Wurzelbäume* θ *an der Stelle* $x = 0$ *gilt*

$$\left(f_\beta^{(\theta)}(x) \right)_1 = \delta_{\theta\beta} = \begin{cases} 1 & \text{für } \theta = \beta, \\ 0 & \text{für } \theta \neq \beta. \end{cases}$$

Beweis. Wir folgen der in [90, Exercise II.2.4] skizzierten Idee und geben zunächst eine rekursive Konstruktion der Abbildung f_β an. Für $\beta = [\beta_1, \ldots, \beta_n]$ partitionieren wir $x \in \mathbb{R}^{\#\beta}$ gemäß

$$x = (\xi, x^1, \ldots, x^n)^T, \quad \xi \in \mathbb{R}, \ x^j \in \mathbb{R}^{\#\beta_j}, \ j = 1, \ldots, n.$$

Wir setzen

$$f_\beta(x) = \left(x_1^1 \cdots x_1^n, f_{\beta_1}(x^1), \ldots, f_{\beta_n}(x^n) \right)^T.$$

Da diese Definition nicht invariant unter beliebigen Permutationen der Bäume $\beta_1, \ldots, \beta_n$ ist, müssen wir uns für jeden Wurzelbaum β eine fest gewählte Reihenfolge dieser Bäume denken, welche wir der Konstruktion zugrunde legen. So verstanden, werden in diesem Beweis zwei Wurzelbäume $\beta = [\beta_1, \ldots, \beta_n]$ und $\theta = [\theta_1, \ldots, \theta_m]$ genau dann gleich sein, wenn $n = m$ und $\theta_j = \beta_j$ für $j = 1, \ldots, n$ ist. Der Beweis verläuft jetzt rekursiv, in gedanklicher Parallele zur rekursiven Konstruktion des Wurzelbaums β.

Da leere Produkte den Wert 1 besitzen, gilt für die Wurzel $\odot = []$, dass $f_\odot = 1$ und damit die Behauptung. Denn jeder Wurzelbaum $\theta \neq \odot$ stellt mindestens eine erste Ableitung dar, welche für $f_\odot = 1$ natürlich identisch verschwinden muss. Sei nun $\beta = [\beta_1, \ldots, \beta_n]$ so gegeben, dass die Behauptung bereits für $\beta_1, \ldots, \beta_n$ als richtig erwiesen ist. Für den Wurzelbaum $\theta = [\theta_1, \ldots, \theta_m]$ leiten wir daraus her, dass

$$
\begin{aligned}
\left(f_\beta^{(\theta)}(0) \right)_1 &= \left(f_\beta^{(m)}(0) \cdot (f_\beta^{(\theta_1)}(0), \ldots, f_\beta^{(\theta_m)}(0)) \right)_1 \\
&= \sum_{j_1, \ldots, j_m} \frac{\partial^m (x_1^1 \cdots x_1^n)}{\partial x_{j_1} \cdots \partial x_{j_m}} \Big|_{x=0} \left(f_\beta^{(\theta_1)}(0) \right)_{j_1} \cdots \left(f_\beta^{(\theta_m)}(0) \right)_{j_m} \\
&= \begin{cases} \left(f_{\beta_1}^{(\theta_1)}(0) \right)_1 \cdots \left(f_{\beta_n}^{(\theta_n)}(0) \right)_1 & \text{für } m = n, \\ 0 & \text{für } m \neq n, \end{cases} \\
&= \begin{cases} \delta_{\theta_1 \beta_1} \cdots \delta_{\theta_n \beta_n}, & \text{für } m = n, \\ 0 & \text{für } m \neq n, \end{cases} \\
&= \delta_{\theta\beta},
\end{aligned}
$$

was die Gültigkeit der Behauptung auch für den Wurzelbaum β beweist. $\square$

Lösen der Bedingungsgleichungen. Das Aufstellen der Bedingungsgleichungen ist leider nur der erste Schritt in Richtung der Konstruktion konkreter Verfahren. Die Gleichungen müssen ja auch noch explizit gelöst werden: Dies erscheint für die exponentiell wachsende Anzahl von nichtlinearen Gleichungen der Tabelle 4.4 für größere p nahezu hoffnungslos zu sein. Aber durch den Satz von J. C. Butcher sind die Gleichungen nicht nur aufgestellt, sie haben auch Struktur erhalten. Einsicht in diese Struktur führt zu sogenannten *vereinfachenden Annahmen* an die Koeffizienten

p	1	2	3	4	5	6	7	8	≥ 9
s_p	1	2	3	4	6	7	9	11	$\geq p + 3$

Tabelle 4.5. Minimale Stufenzahlen

$(b, \mathfrak{A})$, die ein gut Teil der *Redundanz* der Bedingungsgleichungen repräsentieren. Sie erlauben, durch einen graphischen Eliminationsprozess bestimmte Wurzelbäume auf einfachere zurückzuführen und damit die Anzahl der Bedingungsgleichungen herabzusetzen. Mit Hilfe dieser vereinfachenden Annahmen ist es gelungen, Verfahren bis $p = 10$ per Hand zu konstruieren. Natürlich ist die Wahl der Stufenzahl $s \geq p$ kritisch für die Lösbarkeit der Systeme. Dabei hat sich herausgestellt, dass die Gleichungen für $p \geq 6$ in drastisch *überbestimmten* Fällen gelöst werden können, d. h. mit bei weitem mehr Bedingungsgleichungen als Koeffizienten im Runge-Kutta-Verfahren. Dies ist auch der Grund, warum die Größe

$$s_p \; = \; \text{minimale Stufenzahl eines Runge-Kutta-Verfahrens der Ordnung } p,$$

die ja den minimalen Aufwand an f-Auswertungen für die Ordnung p bedeutet, nicht exponentiell in p wächst. J. C. Butcher hat einen Teil seines wissenschaftlichen Lebens der Frage gewidmet, s_p zu bestimmen. Seine Ergebnisse aus den Jahren 1964 – 1985 finden sich in Tabelle 4.5.

Sie laufen in der Literatur unter der Überschrift Butcher-Schranken (engl. Butcher barriers). Für $p = 10$ findet sich der von E. Hairer [87] seit 1978 gehaltene Rekord $s_{10} \leq 17$ im Guinness Buch der Rekorde.

Die meisten dieser minimalen Konstruktionen verdienen allerdings nur theoretisches Interesse, praktisch brauchbare Verfahren müssen noch weiteren Kriterien genügen. Diese werden wir in Abschnitt 5.4 diskutieren und dort auch praktisch bewährte Methoden der Ordnungen $p = 5$ und $p = 8$ vorstellen.

4.2.4   Diskrete Konditionszahlen

Um von der Konsistenzordnung p eines Runge-Kutta-Verfahrens mit Satz 4.10 auf die Konvergenzordnung p schließen zu können, müssen wir noch überprüfen, ob die Inkrementfunktion der diskreten Evolution lokal Lipschitz-stetig ist. Diese Lipschitzstetigkeit ist eine Konsequenz aus der Tatsache, dass Runge-Kutta-Verfahren in gewisser Weise eine globale Lipschitzbedingung der rechten Seite der Differentialgleichung erben.

Lemma 4.26. *Die rechte Seite* $f \in C(\Omega_0, \mathbb{R}^d)$ *einer autonomen Differentialgleichung erfülle die Lipschitzbedingung*

$$|f(x) - f(\bar{x})| \leq L|x - \bar{x}| \quad \text{für } x, \bar{x} \in \Omega_0.$$

Dann genügt der diskrete Fluss Ψ eines Runge-Kutta-Verfahrens $(b, \mathfrak{A})$ der Lipschitz-bedingung

$$|\Psi^\tau x - \Psi^\tau \bar{x}| \leq e^{\tau\gamma L}|x - \bar{x}| \quad \text{für } x, \bar{x} \in \Omega_0.$$

Die positive Konstante $\gamma = \gamma(b, \mathfrak{A})$ hängt dabei nur von den Koeffizienten $(b, \mathfrak{A})$ des Runge-Kutta-Verfahrens ab.

Beweis. Bezeichnen wir die Stufen des Runge-Kutta-Verfahrens mit $k_i(x, \tau)$, so folgt aus den definierenden Gleichungen

$$k_i(x, \tau) = f\left(x + \tau \sum_j a_{ij} k_j(x, \tau)\right)$$

mit Hilfe der Lipschitzbedingung an f, dass

$$|k_i(x, \tau) - k_i(\bar{x}, \tau)| \leq L\left(|x - \bar{x}| + \tau \sum_j |a_{ij}||k_j(x, \tau) - k_j(\bar{x}, \tau)|\right).$$

Setzen wir diese Ungleichung wiederholt auf der rechten Seite ein (bootstrapping), so erhalten wir

$$|k_i(x, \tau) - k_i(\bar{x}, \tau)|$$

$$\leq L\left(1 + \tau L \sum_j |a_{ij}|\right)|x - \bar{x}| + (\tau L)^2 \sum_{jl} |a_{ij}||a_{jl}||k_l(x, \tau) - k_l(\bar{x}, \tau)|$$

$$\leq L\left(1 + \tau L \sum_j |a_{ij}| + (\tau L)^2 \sum_{jl} |a_{ij}||a_{jl}|\right)|x - \bar{x}|$$
$$+ (\tau L)^3 \sum_{jlm} |a_{ij}||a_{jl}||a_{lm}||k_m(x, \tau) - k_m(\bar{x}, \tau)|$$

$$\leq \cdots.$$

Fassen wir die Beträge der Koeffizienten $(b, \mathfrak{A})$ zu Koeffizienten $(b_+, \mathfrak{A}_+)$ zusammen,

$$(b_+)_i = |b_i|, \quad (\mathfrak{A}_+)_{ij} = |a_{ij}| \quad \text{für } i, j = 1, \ldots, s,$$

so können wir, mit $e^T = (1, \ldots, 1)$, den $q$ten Schritt des „bootstrapping" verkürzt schreiben als

$$|k_i(x, \tau) - k_i(\bar{x}, \tau)| \leq L\left(1 + \tau L (\mathfrak{A}_+ e)_i + \cdots + (\tau L)^q (\mathfrak{A}_+^q e)_i\right)|x - \bar{x}| \tag{I}$$
$$+ (\tau L)^{q+1} \sum_j (\mathfrak{A}_+^{q+1})_{ij} \cdot |k_j(x, \tau) - k_j(\bar{x}, \tau)|.$$

Da $\mathfrak{A}_+ \in \mathrm{Mat}_s(\mathbb{R})$ wie $\mathfrak{A}$ *nilpotente* Matrix mit $\mathfrak{A}_+^s = 0$ ist, liefert uns die Abschätzung (I) für $q = s - 1$ die Lipschitzbedingung

$$|k_i(x, \tau) - k_i(\bar{x}, \tau)| \leq L\left(1 + \tau L (\mathfrak{A}_+ e)_i + \cdots + (\tau L)^{s-1} (\mathfrak{A}_+^{s-1} e)_i\right)|x - \bar{x}|.$$

Hieraus erhalten wir schließlich

$$|\Psi^\tau x - \Psi^\tau \bar{x}| \le |x - \bar{x}| + \tau \sum_i |b_i|\,|k_i(x,\tau) - k_i(\bar{x},\tau)|$$

$$\le \Big(1 + \sum_{k=1}^{s}(\tau L)^k b_+^T \mathfrak{A}_+^{k-1} e\Big)|x - \bar{x}|.$$

Mit der positiven Konstanten

$$\gamma = \gamma(b, \mathfrak{A}) = \max_{1 \le k \le s}\big(k!\cdot b_+^T \mathfrak{A}_+^{k-1} e\big)^{1/k} \tag{4.14}$$

folgt die gewünschte Abschätzung

$$|\Psi^\tau x - \Psi^\tau \bar{x}| \le \sum_{k=0}^{s}\frac{(\tau\gamma L)^k}{k!}|x - \bar{x}| \le e^{\tau\gamma L}|x - \bar{x}|. \qquad \Box$$

Bemerkung 4.27. Unter den Voraussetzungen des Lemmas lässt sich eine vergleichbare Lipschitzbedingung des Phasenflusses herleiten: Die Integraldarstellung

$$\Phi^\tau x - \Phi^\tau \bar{x} = x - \bar{x} + \int_0^\tau \big(f(\Phi^\sigma x) - f(\Phi^\sigma \bar{x})\big)\,d\sigma$$

liefert eine Abschätzung für den Fehler des Phasenflusses

$$|\Phi^\tau x - \Phi^\tau \bar{x}| \le |x - \bar{x}| + L\int_0^\tau |\Phi^\sigma x - \Phi^\sigma \bar{x}|\,d\sigma,$$

auf die sich das Lemma von T. H. Gronwall (Lemma 3.9) anwenden lässt. Dieses macht daraus die Lipschitzbedingung

$$|\Phi^\tau x - \Phi^\tau \bar{x}| \le e^{\tau L}|x - \bar{x}|,$$

die eine starke formale Ähnlichkeit mit der des diskreten Flusses von Runge-Kutta-Verfahren aufweist.

Folgende lokale Fassung des Lemmas gestattet schließlich die Anwendung des Konvergenzsatzes 4.10 auf explizite Runge-Kutta-Verfahren. Den einfachen Beweis überlassen wir dem Leser zur Übung mit Kompaktheitsschlüssen.

Korollar 4.28. *Für* $f \in C^1(\Omega_0, \mathbb{R}^d)$ *besitzt der diskrete Fluss* Ψ *eines Runge-Kutta-Verfahrens* $(b, \mathfrak{A})$ *ein lokal Lipschitz-stetiges Inkrement* ψ.

Lemma 4.26 erlaubt uns, für global Lipschitz-stetige rechte Seiten f eine *Abschätzung* der diskreten Kondition anzugeben.

Korollar 4.29. *Unter den Voraussetzungen des Lemmas 4.26 existiere für ein Gitter* Δ *auf* $[0, T]$ *die diskrete Approximation* x_Δ *einer Lösung* $x \in C^1([0, T], \Omega_0)$. *Dann gilt mit* $\gamma = \gamma(b, \mathfrak{A})$ *für die diskrete Kondition*

$$\kappa_\Delta \leq e^{\gamma L \cdot T}$$

und für die intervallweise Kondition des zugehörigen Anfangswertproblems

$$\kappa[0, T] \leq e^{L \cdot T}.$$

Beweis. Aus Lemma 4.26 folgt rekursiv

$$|x_\Delta(t_{j+1}) - \bar{x}_\Delta(t_{j+1})| \leq e^{\tau_j \gamma L} |x_\Delta(t_j) - \bar{x}_\Delta(t_j)|, \quad j = 0, \ldots, n_\Delta - 1,$$

also

$$\max_{t \in \Delta} |x_\Delta(t) - \bar{x}_\Delta(t)| \leq \exp\Big(\sum_{j=0}^{n_\Delta - 1} \tau_j \gamma L \Big) |x_0 - \bar{x}_0|.$$

Dies liefert wegen $\sum_j \tau_j = T$ die Behauptung für die diskrete Kondition. Die Aussage für die intervallweise Kondition des Anfangswertproblems ist aber eine Wiederholung der Aussage des Korollars 3.10 oder der Bemerkung 4.27. $\qquad\square$

Aus den Abschätzungen des Korollars schließen wir, dass Anfangswertprobleme mit

$$\kappa[0, T] \approx e^{L \cdot T} \tag{4.15}$$

nichtsteif sind, sofern wir bei den üblichen expliziten Runge-Kutta-Verfahren $(b, \mathfrak{A})$ eine Größenordnung

$$\gamma(b, \mathfrak{A}) \approx 1 \text{ bis } 10 \tag{4.16}$$

erhalten. Dabei reicht es völlig, wenn die Eigenschaft (4.15) nur *lokal* gültig ist, d. h. für kleine T und Umgebungen der Trajektorie. Umgekehrt werden wir (4.16) zur Beurteilung von expliziten Runge-Kutta-Verfahren heranziehen. Diese Größenordnung von γ kann in der Tat erwartet werden, wie folgendes Lemma zeigt, das im Wesentlichen auf C. Runge (1905) zurückgeht.

Lemma 4.30. *Für ein* s-*stufiges Runge-Kutta-Verfahren* $(b, \mathfrak{A})$ *der Konsistenzordnung* p *gilt* $\gamma(b, \mathfrak{A}) \geq 1$. *Dabei ist* $\gamma(b, \mathfrak{A}) = 1$, *falls* $p = s$ *und alle Koeffizienten* b_i, a_{ij} *nichtnegativ sind.*

Beweis. Die Definition (4.14) von γ zeigt, dass gilt

$$\gamma \geq \sum_{i=1}^{s} |b_i| \geq 1, \tag{4.17}$$

da für konsistente Runge-Kutta-Verfahren $\sum_{i=1}^{s} b_i = 1$ ist. Mit den Schreibweisen des Abschnittes 4.2.3, insbesondere der Bemerkung 4.22, ist für nichtnegative Koeffizienten, also $b = b_+$, $\mathfrak{A} = \mathfrak{A}_+$,

$$\gamma = \max_{1 \leq k \leq s} \left(\theta_k! \, b^T \mathfrak{A}^{(\theta_k)} \right)^{1/k}.$$

Nach Satz 4.24 gilt aber

$$\theta_k! \, b^T \mathfrak{A}^{(\theta_k)} = 1 \quad \text{für } k = 1, \ldots, p,$$

so dass wir aus $p = s$ auf $\gamma = 1$ schließen können. $\qquad \square$

Die Konstante γ hat also den Charakter eines *Verstärkungsfaktors* für Lipschitzkonstanten der rechten Seite f.

Beispiel 4.31. Aus dem Lemma folgt sofort, dass $\gamma = 1$ für folgende Verfahren vorliegt: das explizite Euler-Verfahren, das Verfahren von Runge (Tabelle 4.1) und „das" klassische Runge-Kutta-Verfahren (Tabelle 4.2). Für die 3/8-Regel von W. Kutta (Tabelle 4.2) ist hingegen

$$\gamma = \sqrt{2}.$$

Bemerkung 4.32. Von den Koeffizienten b eines Runge-Kutta-Verfahrens wissen wir aus Abschnitt 4.2.2, dass sie die Gewichte einer Quadraturformel bilden. In Band 1, Abschnitt 9.1, hatten wir die Abweichung der Gewichte von der eigentlich gewünschten Positivität durch die Größe

$$\sum_{i=1}^{s} |b_i| \geq 1$$

gemessen. Wegen der Beziehung (4.17) stellt die Forderung (4.16) daher eine Verallgemeinerung unserer Überlegungen zur Quadratur dar.

4.3 Explizite Extrapolationsverfahren

Die Konstruktion von expliziten Runge-Kutta-Verfahren hoher Konsistenzordnung $p > 8$ ist, wie wir gesehen haben, per Hand eigentlich kaum durchführbar. Auch erscheint die Konstruktion ineinander geschachtelter Verfahren variabler Ordnung, welche die problemangepasste Wahl einer optimalen Ordnung zulassen, nahezu ausgeschlossen. Vergleichen wir mit der Situation beim Quadraturproblem in Band 1, Kapitel 9, so bemerken wir eine Entsprechung der Runge-Kutta-Verfahren mit der Newton-Cotes-Quadratur oder der Gauß-Legendre-Quadratur. Diesen Quadraturformeln hatten wir die Romberg-Quadratur zur Seite gestellt, die es erlaubte, Quadraturformeln hoher Ordnung durch *Extrapolation* aus der Trapezregel aufzubauen. Die Extrapolationstechnik wollen wir nun auch bei Einschrittverfahren zur Anwendung bringen. Dabei wird sich zwar herausstellen, dass wir spezielle Runge-Kutta-Verfahren erhalten, nur wird die Betrachtungsweise in zweierlei Hinsicht von derjenigen in den vorangehenden Abschnitten verschieden sein:

- Die Koeffizienten des zugehörigen Runge-Kutta-Verfahrens werden gar nicht explizit bestimmt. Stattdessen wird die Rekursion (4.7) des sukzessiven Einsetzens in die rechte Seite f über die Polynomextrapolation organisiert.

- Man versucht erst gar nicht, die Stufenzahl s (also die Anzahl der f-Auswertungen pro Schritt!) für die Ordnung p in die Nähe des Minimums s_p zu bringen. Diesen Effizienzverlust für die *einzelne* Ordnung nimmt man für die höhere Flexibilität des Ansatzes zur Erzeugung *variabler* Ordnungen in Kauf.

4.3.1 Idee von Extrapolationsverfahren

Wir gehen aus von der diskreten Evolution Ψ eines Einschrittverfahrens der Konsistenzordnung $p > 0$, welches den Voraussetzungen des Konvergenzsatzes 4.10 genüge. Angenommen, wir approximieren mit einem solchen Verfahren als Basisdiskretisierung den Lösungswert $x(T) = \Phi^{T,t_0} x_0$ zu *sukzessive kleiner werdenden* Schrittweiten $\sigma_1, \sigma_2, \ldots$; dann können wir hoffen, sukzessive bessere Approximationen $x_{\sigma_1}(T), x_{\sigma_2}(T), \ldots$ zu erhalten. Einerseits besagt nun der Konvergenzsatz 4.10, dass

$$\lim_{\sigma \to 0} x_\sigma(T) = x(T). \qquad (4.18)$$

Andererseits wächst bei diesem Vorgehen aber auch der Aufwand sukzessive.

Die bestechend einfache Idee der Extrapolation ist nun, aus $k + 1$ Approximationen – erhalten aus ein und demselben Einschrittverfahren – zu Schrittweiten $\sigma_1 > \cdots > \sigma_{k+1} > 0$ *ohne* weitere Funktionsauswertungen eine verbesserte Approximation des Grenzwerts zu konstruieren. Dazu bestimmt man komponentenweise je ein *Interpolationspolynom* $\chi(\sigma)$ zu den Stützstellen

$$\begin{array}{c|ccc} \sigma & \sigma_1 & \cdots & \sigma_{k+1} \\ \hline x_\sigma(T) & x_{\sigma_1}(T) & \cdots & x_{\sigma_{k+1}}(T) \end{array},$$

also durch die Interpolationsbedingungen

$$\chi(\sigma_\nu) = x_{\sigma_\nu}(T) \quad \text{für } \nu = 1, \ldots, k+1, \qquad (4.19)$$

und wertet χ schließlich an der Stelle $\sigma = 0$ aus – *außerhalb* des Interpolationsintervalls, was die Bezeichnung *Extra*polation erklärt. Wegen der Grenzwerteigenschaft (4.18) heißt diese Art der Extrapolation auch *Grenzwertextrapolation*.

Damit die Realisierung dieser Idee erfolgreich sein kann, muss $x_\sigma(T)$ als Funktion von σ eine gewisse „Polynomähnlichkeit" aufweisen, die von der Interpolanten χ ausgebeutet werden kann. In Band 1 hatten wir für die Romberg-Quadratur bereits herausgearbeitet, dass sich diese Polynomähnlichkeit in der Existenz einer *asymptotischen Entwicklung*

$$x_\sigma(T) = x(T) + e_0(T)\sigma^p + e_1(T)\sigma^{p+\omega} +$$
$$\cdots + e_{k-1}(T)\sigma^{p+(k-1)\omega} + E_k(T;\sigma)\sigma^{p+k\omega}, \tag{4.20}$$

ausdrückt, wobei der nichtpolynomiale Restterm E_k „unter Kontrolle" bleiben muss. Bei der Romberg-Quadratur ist $\omega = 2$, d. h., es existiert eine *quadratische* asymptotische Entwicklung. Für den hier vorliegenden Fall von Einschrittverfahren bei Anfangswertaufgaben gewöhnlicher Differentialgleichungen müssen wir zusätzlich noch $\omega = 1$ in die Diskussion mit einbeziehen. Der rein polynomiale Rumpf

$$\bar{\chi}(\sigma) = x(T) + e_0(T)\sigma^p + e_1(T)\sigma^{p+\omega} + \cdots + e_{k-1}(T)\sigma^{p+(k-1)\omega}$$

der Entwicklung (4.20) liegt in dem speziellen $d \cdot (k+1)$-dimensionalen Polynomraum

$$\mathcal{V}_{k+1} = \{\chi \in \mathbf{P}^d_{p+(k-1)\omega} : \chi(\sigma) = \alpha_* + \alpha_0\sigma^p + \cdots + \alpha_{k-1}\sigma^{p+(k-1)\omega}\}.$$

In diesem Buch werden wir uns auf Einschrittverfahren konzentrieren, bei denen $p = \omega$ vorliegt, da dies zu den effizientesten Extrapolationsverfahren führt. Hierfür ist die Interpolationsaufgabe trivial lösbar – siehe etwa Band 1, Abschnitt 7.1. Im Sinne einer geschlossenen Darstellung, nicht zuletzt mit Blick auf eine allgemeinere Anwendung im Beispiel 5.11, wollen wir jedoch den nichttrivialen Fall beliebiger voneinander unabhängiger p und ω behandeln.

Lemma 4.33. *Es seien $k + 1$ paarweise verschiedene positive Interpolationsknoten $\sigma_1, \ldots, \sigma_{k+1}$ gegeben. Dann gibt es zu $k + 1$ Vektoren $\eta_1, \ldots, \eta_{k+1} \in \mathbb{R}^d$ genau ein Polynom $\chi \in \mathcal{V}_{k+1}$, das die Interpolationsaufgabe*

$$\chi(\sigma_\nu) = \eta_\nu \quad \text{für } \nu = 1, \ldots, k+1$$

löst. Die Abbildung $(\eta_1, \ldots, \eta_{k+1}) \mapsto \chi(0)$, und damit auch diejenige Norm $\Lambda_0(\sigma_1, \ldots, \sigma_{k+1})$ dieser Abbildung, für die gilt

$$|\chi(0)| \leq \Lambda_0(\sigma_1, \ldots, \sigma_{k+1}) \max_{1 \leq \nu \leq k+1} |\eta_\nu|,$$

ist bezüglich der Interpolationsknoten skalierungsinvariant:

$$\Lambda_0(\rho\sigma_1, \ldots, \rho\sigma_{k+1}) = \Lambda_0(\sigma_1, \ldots, \sigma_{k+1}) \quad \text{für alle } \rho \neq 0.$$

Beweis. Es reicht, den skalaren Fall $d = 1$ zu behandeln, da im Systemfall $d > 1$ die Interpolation komponentenweise vollzogen wird. Jedes Polynom $\chi \in \mathcal{V}_{k+1}$ lässt sich schreiben als

$$\chi(\sigma) = \alpha_* + \sigma^p \chi_*(\sigma^\omega)$$

mit $\chi_* \in \boldsymbol{P}_{k-1}$, d. h. vom Grad $\le k - 1$. Führen wir die lineare Abbildung

$$\Theta : \boldsymbol{P}_{k-1} \to \mathbb{R}^{k+1}, \quad \chi_* \mapsto \left(\sigma_1^p \chi_*(\sigma_1^\omega), \dots, \sigma_{k+1}^p \chi_*(\sigma_{k+1}^\omega) \right)^T,$$

ein sowie den Vektor $e = (1, \dots, 1)^T \in \mathbb{R}^{k+1}$, so besteht unsere Interpolationsaufgabe darin, für jeden Datenvektor $\eta = (\eta_1, \dots, \eta_{k+1})^T$ einen Skalar α_* und ein Polynom $\chi_* \in \boldsymbol{P}_{k-1}$ zu finden, so dass gilt

$$\eta = \alpha_* e + \Theta(\chi_*).$$

Darüber hinaus soll diese Darstellung eindeutig sein. Wir müssen also zeigen, dass

$$\mathbb{R}^{k+1} = \text{lin}\{e\} \oplus R(\Theta).$$

Da ein von Null verschiedenes Polynom $\chi_* \in \boldsymbol{P}_{k-1}$ nicht mehr als $k-1$ verschiedene Nullstellen besitzen kann, muss der Kern $N(\Theta)$ trivial und daher Θ injektiv sein. Somit ist das Bild $R(\Theta)$ ein k-dimensionaler Unterraum von $\mathbb{R}^{k+1}$. Aus Dimensionsgründen haben wir obige direkte Zerlegung bewiesen, sobald wir $e \notin R(\Theta)$ gezeigt haben.

Nehmen wir das Gegenteil $e \in R(\Theta)$ an. Dann gibt es ein $\chi_* \in \boldsymbol{P}_{k-1}$, so dass

$$\sigma_\nu^p \chi_*(\sigma_\nu^\omega) = 1 \quad \text{für } \nu = 1, \dots, k+1. \tag{I}$$

Da $\sigma_\nu > 0$ für $\nu = 1, \dots, k+1$ ist, interpoliert das Polynom $\chi_*(\sigma^\omega)$ vom Grad $k-1$ an den k Stellen $\sigma_1^\omega, \dots, \sigma_k^\omega$ die Funktion $\varphi(\sigma^\omega) = \sigma^{-p}$. Nach der Fehlerdarstellung für die klassische Polynominterpolation (Band 1, Satz 7.16) gibt es daher zu jedem $\sigma > 0$ ein $\zeta_\sigma > 0$, so dass

$$\varphi(\sigma^\omega) = \chi_*(\sigma^\omega) + \frac{\varphi^{(k)}(\zeta_\sigma)}{k!}(\sigma^\omega - \sigma_1^\omega) \cdots (\sigma^\omega - \sigma_k^\omega).$$

Hier benutzen wir $\varphi \in C^\infty(]0, \infty[, \mathbb{R})$, so dass auch deutlich wird, warum wir die Knoten σ_ν als *positiv* vorausgesetzt haben. Wegen $p > 0$ gilt aber $\varphi^{(k)}(\zeta_\sigma) \ne 0$, und wir erhalten

$$\varphi(\sigma_{k+1}^\omega) \ne \chi_*(\sigma_{k+1}^\omega)$$

im Widerspruch zu (I).

Die Skalierungsinvarianz der Abbildung $\eta \mapsto \chi(0)$ erhalten wir aus der folgenden Beobachtung: Wenn das Polynom $\chi(0) + \sigma^p \chi_*(\sigma^\omega)$ die Aufgabe für die Knoten $\sigma_1, \dots, \sigma_{k+1}$ löst, dann löst das Polynom $\chi(0) + \sigma^p \rho^{-p} \chi_*(\rho^{-\omega} \sigma^\omega)$ die entsprechende Aufgabe für die Knoten $\rho\sigma_1, \dots, \rho\sigma_{k+1}$. $\qquad \square$

Bemerkung 4.34. Die Größe $\Lambda_0(\sigma_1, \dots, \sigma_{k+1})$ ist die *Lebesgue-Konstante* der hier betrachteten Interpolationsaufgabe. Lebesgue-Konstanten haben wir schon in Band 1, Abschnitt 7.1, als (absolute) Kondition von Interpolationsaufgaben kennengelernt.

Wenden wir uns wieder der ursprünglichen Interpolationsaufgabe (4.19) zu, so wissen wir jetzt, dass das interpolierende Polynom $\chi \in \mathcal{V}_{k+1}$ eindeutig existiert. Die Differenz $\chi - \bar{\chi} \in \mathcal{V}_{k+1}$ aus dem Interpolationspolynom χ und dem polynomialen Rumpf $\bar{\chi}$ der asymptotischen Entwicklung interpoliert den Restterm der asymptotischen Entwicklung (4.20):

$$\chi(\sigma_\nu) - \bar{\chi}(\sigma_\nu) = E_k(T;\sigma_\nu)\sigma_\nu^{p+k\omega} \quad \text{für } \nu = 1,\ldots,k+1.$$

Mit $\bar{\chi}(0) = x(T)$ gilt also für den Approximationsfehler

$$|\chi(0) - x(T)| \leq \Lambda_0(\sigma_1,\ldots,\sigma_{k+1}) \max_{1\leq\nu\leq k+1} \left|E_k(T;\sigma_\nu)\sigma_\nu^{p+k\omega}\right|.$$

Seien Schrittweiten

$$\sigma_\nu = (T - t_0)/n_\nu$$

zu einer Unterteilungsfolge $\mathcal{F} = \{n_1,\ldots,n_{k+1}\}$ definiert. Unter Berücksichtigung der Skalierungsinvarianz von Λ_0 folgt dann daraus, dass

$$|\chi(0) - x(T)| \leq \Lambda_0(n_1^{-1},\ldots,n_{k+1}^{-1}) \max_{1\leq\nu\leq k+1} \left|E_k(T;\sigma_\nu)\sigma_\nu^{p+k\omega}\right|.$$

Aus der Theorie der asymptotischen Entwicklung (siehe nachfolgenden Abschnitt 4.3.2) erhalten wir zusätzlich noch für den *Grundschritt* (engl. *basic step*) der Länge $\tau = T - t_0$ die Beziehung

$$|E_k(T;\sigma_\nu)| = O(\tau).$$

Mit $\sigma_\nu \sim \tau$ gilt schließlich

$$|\chi(0) - x(T)| = O\left(\tau^{p+k\omega+1}\right). \tag{4.21}$$

Wir haben soeben, mit Bedacht, den Blickwinkel verändert: Statt das Intervall $[t_0, T]$ als unveränderlich gegeben anzusehen, haben wir seine Länge τ variiert. In der Tat legt die Fehlerabschätzung (4.21) eine weitere Deutung für Extrapolationsverfahren nahe: Durch

$$\Psi_k^{t_0+\tau,t_0} x_0 = \chi(0)$$

wird ein Einschrittverfahren mit diskreter Evolution Ψ_k und Konsistenzordnung $p + k\omega$ definiert. Durch k Extrapolationsschritte haben wir die Konsistenzordnung p des Basisverfahrens Ψ um $k\omega$ erhöht.

Die tatsächliche Konstruktion von Extrapolationsverfahren fassen wir im folgenden Algorithmus zusammen. Wie oben eingeführt, bezeichnet τ die (äußere) Schrittweite der durch die Extrapolation konstruierten diskreten Evolution, σ_ν hingegen die in der Diskretisierung des Basisverfahrens realisierten *inneren* Schrittweiten.

Algorithmus 4.35. Wir fixieren eine aufsteigende Folge $\mathscr{F} = \{n_1, n_2, \dots\}$ natürlicher Zahlen $n_1 < n_2 < \dots$. Die durch *Extrapolation der Ordnung* $k\omega$ aus Ψ erzeugte diskrete Evolution Ψ_k bestimmt sich für $(t, x) \in \Omega$ und hinreichend kleines τ durch folgende Schritte:

(i) Bestimme für $\nu = 1, \dots, k+1$ die Werte $x_\nu(t + \tau)$ durch n_ν-fache Anwendung der diskreten Evolution Ψ zur Schrittweite $\sigma_\nu = \tau/n_\nu$:

$$x_\nu(t) = x, \quad x_\nu(t_{j+1}^\nu) = \Psi^{t_{j+1}^\nu, t_j^\nu} x_\nu(t_j^\nu) \quad \text{für } j = 0, \dots, n_\nu - 1,$$

wobei $t_j^\nu = t + j\sigma_\nu$ mit $\sigma_\nu = \tau/n_\nu$ ist.

(ii) Bestimme das Polynom $\chi \in \mathcal{V}_{k+1}$ durch die Interpolation

$$\chi(\sigma_\nu) = x_\nu(t + \tau) \quad \text{für } \nu = 1, \dots, k+1.$$

(iii) Die diskrete Evolution Ψ_k ist gegeben durch den extrapolierten Wert

$$\Psi_k^{t+\tau, t} x = \chi(0).$$

Die Resultate dieses Abschnittes fassen wir schließlich, mit den üblichen Gleichmäßigkeitsaussagen ergänzt, zu folgendem Satz zusammen.

Satz 4.36. *Die diskrete Evolution* Ψ *der Konsistenzordnung* $p > 0$ *genüge den Voraussetzungen des Konvergenzsatzes* 4.10. *Es existiere eine asymptotische Entwicklung* (4.20), *so dass das Restglied der Abschätzung*

$$E_k(t_0 + \tau; \sigma) = O(\tau)$$

gleichmäßig in $0 < \sigma \leq \tau$ *genügt. Dann besitzt die durch Extrapolation der Ordnung* $k\omega$ *erzeugte diskrete Evolution* Ψ_k *die Konsistenzordnung* $p + k\omega$ *und genügt ebenfalls den Voraussetzungen des Konvergenzsatzes* 4.10.

Die weiteren Betrachtungen zu Extrapolationsverfahren für *nichtsteife* Anfangswertprobleme gliedern sich wie folgt:

- Klärung der Existenz asymptotischer Entwicklungen mit $\omega = 1$ oder $\omega = 2$ (Abschnitt 4.3.2).

- Konstruktion eines speziellen Extrapolationsverfahren mit $\omega = 2$ (Abschnitt 4.3.3).

Für die Lösung *steifer* Anfangswertprobleme liefert das vorliegende Kapitel zwar einen formalen Rahmen, der aber theoretisch nicht ausreicht, wie wir in Kapitel 6 erläutern werden.

4.3.2   Asymptotische Entwicklung des Diskretisierungsfehlers

Wir wenden uns nun der Frage zu, ob eine asymptotische Entwicklung der Form
(4.20) tatsächlich existiert, wobei wir ab jetzt wieder die ursprüngliche Bezeichnung
τ statt σ für die interne Schrittweite nehmen. Um dabei nicht in technischen Voraussetzungen zu ersticken, nehmen wir im vorliegenden Abschnitt stets an, dass sowohl
die rechte Seite f der Differentialgleichung als auch die diskrete Evolution Ψ nach
allen Argumenten hinreichend häufig differenzierbar sind, also – kurz gesagt – *glatt*
sind. Dies wird im Folgenden wegen eines einfachen Tricks (siehe den Beweis von
Satz 4.46) keine Einschränkung darstellen.

Fall $\omega = 1$.   Der Beweis der Existenz asymptotischer Entwicklungen wurde zuerst
von P. Henrici [99] 1962 und W. B. Gragg [77] 1964 geführt. Der hier angegebene
Beweis geht auf M. Crouzeix und A. L. Mignot [35] zurück.

Satz 4.37. *Es existiert eine Folge $e_0, e_1, e_2, \ldots$ glatter Funktionen mit den Anfangs-*
werten $e_k(t_0) = 0$, so dass für jedes $k \in \mathbb{N}_0$ die asymptotische Entwicklung

$$x_\tau(t) = x(t) + e_0(t)\tau^p + \cdots + e_{k-1}(t)\tau^{p+k-1} + O(\tau^{p+k})$$

gleichmäßig in $t \in \Delta_\tau$ gilt.

Beweis.   Wir führen den Beweis, indem wir durch eine geeignete Wahl der Koeffizientenfunktionen $e_0, e_1, \ldots$ rekursiv modifizierte Trajektorien

$$x^0(t) = x(t), \quad x^k(t) = x^{k-1}(t) + e_{k-1}(t)\tau^{p+k-1},$$

so konstruieren, dass die Konsistenzordnung der diskreten Evolution Ψ *entlang* dieser
Hilfstrajektorien sukzessive wächst,

$$x^k(t+\tau) - \Psi^{t+\tau,t}x^k(t) = O(\tau^{p+k+1}). \tag{$*$}$$

Dabei besitzen sämtliche Hilfstrajektorien wegen $e_k(t_0) = 0$ den gemeinsamen Anfangswert $x^k(t_0) = x_0$. Der Konvergenzsatz 4.10 liefert aus der Abschätzung $(*)$
sofort die gewünschte asymptotische Entwicklung:

$$\left(x(t) + e_0(t)\tau^p + \cdots + e_{k-1}(t)\tau^{p+k-1}\right) - x_\tau(t) = x^k(t) - x_\tau(t) = O(\tau^{p+k}).$$

Die Abschätzung $(*)$ wird dabei letztlich durch Taylorentwicklung gewonnen. Treibt
man diese einen Entwicklungsterm weiter, so erhält man aufgrund der vorausgesetzten
Glattheit die detailliertere Beziehung

$$x^k(t+\tau) - \Psi^{t+\tau,t}x^k(t) = d_k(t)\tau^{p+k+1} + O(\tau^{p+k+2}). \tag{$**$}$$

Wir werden nun induktiv aus einem bereits bekannten x^k die nächste Hilfstrajektorie
x^{k+1} bestimmen. Dazu ermitteln wir aus dem Entwicklungskoeffizienten d_k die

Funktion e_k, so dass die Konsistenzfehlerabschätzung (*) für x^{k+1} erfüllt ist. Hierdurch ist der nächste Koeffizient d_{k+1} gemäß (**) bestimmt, und der Induktionsprozess kann fortgeführt werden.

Zur Durchführung dieses Plans benötigen wir ein Hilfslemma, welches das lokale Störungsverhalten einer konsistenten diskreten Evolution beschreibt.

Lemma 4.38. *Für* $\delta x = O(\tau^k)$ *mit* $k \in \mathbb{N}$ *gilt*

$$\Psi^{t+\tau,t}(x + \delta x) = \Psi^{t+\tau,t}x + \delta x + \tau f_x(t, x)\delta x + O(\tau^{k+2}).$$

Beweis. Wir stellen die konsistente diskrete Evolution Ψ mit Hilfe ihrer Inkrementfunktion ψ dar und entwickeln erst nach x und dann nach τ:

$$\begin{aligned}
\Psi^{t+\tau,t}(x + \delta x) &= x + \delta x + \tau \psi(t, x + \delta x, \tau) \\
&= x + \delta x + \tau\big(\psi(t, x, \tau) + \psi_x(t, x, \tau)\delta x + O(\tau^{2k})\big) \\
&= \Psi^{t+\tau,t}x + \delta x + \tau \psi_x(t, x, 0)\delta x + O(\tau^{k+2}).
\end{aligned}$$

Wegen der Konsistenz gilt $\psi(t, x, 0) = f(t, x)$, so dass die vorausgesetzte Glattheit $\psi_x(t, x, 0) = f_x(t, x)$ impliziert, womit alles bewiesen ist. $\qquad\square$

Setzen wir nun den Ansatz $x^{k+1}(t) = x^k(t) + e_k(t)\tau^{p+k}$ in die Forderung (*) ein, so erhalten wir aufgrund von (**) und mit Hilfe des vorangeschickten Lemmas

$$\begin{aligned}
O(\tau^{p+k+2}) &= x^{k+1}(t + \tau) - \Psi^{t+\tau,t}x^{k+1}(t) \\
&= x^k(t + \tau) + e_k(t + \tau)\tau^{p+k} - \Psi^{t+\tau,t}(x^k(t) + e_k(t)\tau^{p+k}) \\
&= x^k(t + \tau) - \Psi^{t+\tau,t}x^k(t) + (e_k(t + \tau) - e_k(t))\,\tau^{p+k} \\
&\quad - f_x(t, x^k(t))e_k(t)\tau^{p+k+1} + O(\tau^{p+k+2}) \\
&= \big(d_k(t) + e_k'(t) - f_x(t, x^k(t))e_k(t)\big)\,\tau^{p+k+1} + O(\tau^{p+k+2}).
\end{aligned}$$

Also bestimmt sich die Funktion e_k eindeutig als Lösung des Anfangswertproblems

$$e_k'(t) = f_x(t, x^k(t))e_k(t) - d_k(t), \quad e_k(t_0) = 0. \tag{4.22}$$

Die induktive Konstruktion kann daher wie geplant durchgeführt werden. $\qquad\square$

Die im Beweis aufgetretene *inhomogene Variationsgleichung* (4.22) liefert eine interessante Interpretation des Entwicklungsterms $e_k(T)\tau^{p+k}$. Bei diesem handelt es sich um den linearisierten globalen Fehler zum Zeitpunkt T, wenn zu jedem Zeitpunkt t die Lösungstrajektorie des Anfangswertproblems um die lokale Fehlerquelle $-d_k(t)\tau^{p+k+1}$ gestört wird. Diese lokalen Fehlerquellen kompensieren Ordnung für Ordnung den Konsistenzfehler des Verfahrens und der Satz besagt, dass entsprechend der resultierende Gesamtfehler Ordnung um Ordnung korrigiert wird.

Bemerkung 4.39. Selbst für analytisches f und Ψ braucht der Grenzwert

$$\lim_{k \to \infty} \left(x(t) + \sum_{j=0}^{k} e_j(t) \tau^{p+j} \right)$$

für festes $\tau > 0$ keineswegs zu existieren. Im Gegensatz zur Entwicklung einer Funktion in eine Potenzreihe oder Fourierreihe interessiert also an der gewonnenen Entwicklung des Diskretisierungsfehlers weniger der Fall $k \to \infty$, als vielmehr für festes k der Fall $\tau \to 0$. Solche Entwicklungen tragen seit H. Poincaré den Namen „asymptotisch".

Fall $\omega = 2$.   Wenn in einer asymptotischen Entwicklung nur jede zweite Potenz in τ auftreten soll, so bedarf es wie bei geraden oder ungeraden Polynomen einer gewissen zusätzlichen *Symmetrie*. Eine solche Symmetrie weisen diskrete Evolutionen auf, die eine weitere Eigenschaft der Evolution von Differentialgleichungen modellieren. Zwar hatten wir zu Anfang des Kapitels gesehen, dass die Eigenschaft

$$\Phi^{t,\sigma} \Phi^{\sigma,s} x = \Phi^{t,s} x$$

der Evolution nicht zu retten ist. Der Spezialfall $t = s$ jedoch, die *Reversibilität*

$$\Phi^{t,t+\tau} \Phi^{t+\tau,t} x = x,$$

kann von bestimmten diskreten Evolutionen erfüllt werden.

Definition 4.40. Eine diskrete Evolution Ψ auf Ω heißt *reversibel*, wenn die Beziehung

$$\Psi^{t,t+\tau} \Psi^{t+\tau,t} x = x$$

für alle $(t, x) \in \Omega$ und alle hinreichend kleinen τ besteht.

Wir beachten, dass wir zwar den Ausdruck $\Psi^{t_2,t_1} x$ bisher nur für $t_2 \geq t_1$ verwendet haben, aber all unsere Definitionen und Überlegungen $t_2 < t_1$ keineswegs ausschließen. Wir werden sehen, dass die Reversibilität der diskreten Evolution von zentraler Bedeutung für die Existenz asymptotischer Entwicklungen mit $\omega = 2$ ist.

Beispiel 4.41. Da explizite Runge-Kutta-Verfahren stets zu nichtreversiblen diskreten Evolutionen führen, wie wir anhand des späteren Lemmas 4.43 sehen werden, muss eine reversible diskrete Evolution für allgemeine Differentialgleichungen nach neuen Konstruktionsprinzipien aufgebaut werden. Diese werden wir allerdings erst in Abschnitt 4.3.3 kennenlernen. Stattdessen seien hier zunächst nur *Quadraturprobleme* behandelt, welche sich in folgender Form als ein spezielles Anfangswertproblem schreiben lassen:

$$x' = f(t), \quad x(t_0) = 0,$$

mit der Lösung

$$x(t) = \int_{t_0}^t f(s)\, ds.$$

Die *Trapezregel* (Band 1, Abschnitt 9.2) definiert die konsistente diskrete Evolution

$$\Psi^{t+\tau,t} x = x + \frac{\tau}{2}\big(f(t) + f(t+\tau)\big).$$

Sie liefert auf dem äquidistanten Gitter Δ_τ die Gitterfunktion

$$x_\tau(t) = \frac{\tau}{2}\Big(f(t_0) + f(t) \;+\; 2 \sum_{t_0 < t_0 + j\tau < t} f(t_0 + j\tau)\Big),$$

also gerade die *Trapezsumme* für $t \in \Delta_\tau$. Die diskrete Evolution Ψ ist *reversibel*, da

$$\Psi^{t,t+\tau}\Psi^{t+\tau,t} x = \Psi^{t,t+\tau}\Big(x + \frac{\tau}{2}\big(f(t) + f(t+\tau)\big)\Big)$$

$$= \Big(x + \frac{\tau}{2}\big(f(t) + f(t+\tau)\big)\Big) - \frac{\tau}{2}\big(f(t+\tau) + f(t)\big) = x.$$

Wie wir in Band 1, Abschnitt 9.4.1, gesehen haben, besitzt der Approximationsfehler der Trapezsumme eine Entwicklung mit $\omega = 2$.

Für reversible diskrete Evolutionen lässt sich nun folgende Verschärfung des Satzes 4.37 beweisen.

Satz 4.42. *Sei Ψ eine reversible diskrete Evolution. Dann existiert eine Folge $e_0, e_1, e_2, \ldots$ glatter Funktionen mit Anfangswerten $e_k(t_0) = 0$, so dass für jedes $k \in \mathbb{N}_0$ die asymptotische Entwicklung*

$$x_\tau(t) = x(t) + e_0(t)\tau^{2q} + \cdots + e_{k-1}(t)\tau^{2(q+k-1)} + O(\tau^{2(q+k)})$$

in geraden Potenzen von τ gleichmäßig in $t \in \Delta_\tau$ gilt.

Beweis. Satz 4.37 liefert zunächst eine asymptotische Entwicklung der Form

$$x_\tau(t) = x(t) + \hat{e}_0(t)\tau^p + \cdots + \hat{e}_{k-1}(t)\tau^{p+k-1} + O(\tau^{p+k}),$$

wobei nach dem Beweis jenes Satzes die Koeffizientenfunktionen $\hat{e}_k$ das Anfangswertproblem

$$\hat{e}_k'(t) = f_x(t, x^k(t))\hat{e}_k(t) - d_k(t), \quad \hat{e}_k(t_0) = 0, \tag{I}$$

lösen. Weiter erfüllen die Funktionen d_k die Entwicklungen

$$x^k(t+\tau) - \Psi^{t+\tau,t} x^k(t) = d_k(t)\tau^{p+k+1} + O(\tau^{p+k+2}) \tag{II}$$

für gewisse Hilfstrajektorien $x^k(t)$. Setzen wir p als maximal voraus, so folgt aus (**) für $k = 0$ insbesondere $d_0 \not\equiv 0$, da wir anderenfalls p um wenigstens eins erhöhen könnten. Aus all diesen Tatsachen können wir nun darauf schließen, dass $p = 2q$ gerade ist und die Koeffizientenfunktionen $\hat{e}_k$ für *ungerade* Indizes k verschwinden, womit der Satz bewiesen ist. Nutzen wir nämlich die Reversibilität und das Lemma 4.38, so erhalten wir durch zweimalige Anwendung von (**)

$$
\begin{aligned}
x^k(t) &= \Psi^{t,t+\tau}\Psi^{t+\tau,t}x^k(t) \\
&= \Psi^{t,t+\tau}\big(x^k(t+\tau) - d_k(t)\tau^{p+k+1} + O(\tau^{p+k+2})\big) \\
&= \Psi^{t,t+\tau}x^k(t+\tau) - d_k(t)\tau^{p+k+1} + O(\tau^{p+k+2}) \\
&= x^k(t) - d_k(t+\tau)(-\tau)^{p+k+1} - d_k(t)\tau^{p+k+1} + O(\tau^{p+k+2}) \\
&= x^k(t) + \big((-1)^{p+k} - 1\big)d_k(t)\tau^{p+k+1} + O(\tau^{p+k+2}).
\end{aligned}
$$

Koeffizientenvergleich liefert

$$
(-1)^{p+k}d_k = d_k.
$$

Somit muss $d_k \equiv 0$ gelten oder $p + k$ gerade sein. Da $d_0 \not\equiv 0$ gilt, ist also $p = 2q$ gerade. Folglich muss $d_k \equiv 0$ für alle *ungeraden* Indizes k gelten. Damit wird die Variationsgleichung (*) für ungerade Indizes k *homogen* und das Anfangswertproblem zum Anfangswert Null besitzt die eindeutige Lösung $\hat{e}_k \equiv 0$. $\square$

4.3.3 Extrapolation der expliziten Mittelpunktsregel

Satz 4.42 zeigt, dass wir bei der Extrapolation *reversibler* diskreter Evolutionen in jedem Extrapolationsschritt *zwei* Ordnungen gewinnen können. Es besteht also die Hoffnung, *hohe* Ordnungen mit geringerem Aufwand als bei der Extrapolation des expliziten Euler-Verfahrens (Programm EULEX) zu erhalten. Suchen wir allerdings unter den expliziten Runge-Kutta-Verfahren nach einem geeigneten Basisverfahren, so werden wir enttäuscht:

Lemma 4.43. *Es existiert kein konsistentes explizites Runge-Kutta-Verfahren, das für alle Anfangswertprobleme reversible diskrete Evolutionen liefert.*

Beweis. Wir zeigen dies anhand des speziellen skalaren Anfangswertproblems

$$
x' = x, \quad x(0) = 1.
$$

Ein Runge-Kutta-Verfahren liefere eine diskrete Evolution Ψ der Konsistenzordnung $p \geq 1$. Wie wir im Beweis von Lemma 4.15 sahen, ist Ψ von der Gestalt

$$
\Psi^{t+\tau,t}x = P(\tau) \cdot x
$$

mit einem Polynom P vom Grad $\deg P \geq p$. Wäre Ψ nun für hinreichend kleine τ reversibel, so müsste gelten

$$
1 = \Psi^{0,\tau}\Psi^{\tau,0}1 = P(-\tau)P(\tau).
$$

Dies ist aber für das nichtkonstante Polynom P unmöglich.   □

Auf der Suche nach einem geeigneten Basisverfahren sehen wir uns erneut die Struktur einer konsistenten diskreten Evolution Ψ an sowie die von ihr auf einem äquidistanten Gitter Δ_τ über $[t_0, T]$ erzeugte Gitterfunktion x_τ mit $\tau = (T - t_0)/n$. Die inkrementelle Darstellung $\Psi^{t+\tau,t} x = x + \tau \psi(t, x, \tau)$ konsistenter diskreter Evolutionen liefert uns, dass die Gitterfunktion x_τ die *Differenzengleichung*

$$\frac{x_\tau(t + \tau) - x_\tau(t)}{\tau} = \psi(t, x_\tau(t), \tau)$$

erfüllt. Diese ergibt sich aus der Differentialgleichung $x' = f(t, x)$ durch zwei Änderungen: Zum einen haben wir die Ableitung x' durch den *Differenzenquotienten*

$$\frac{x_\tau(t + \tau) - x_\tau(t)}{\tau}$$

ersetzt, zum anderen die rechte Seite f durch die Inkrementfunktion

$$\psi(t, x, \tau) \approx f(t, x).$$

Die angestrebte Reversibilität hieße für die Inkrementfunktion ψ

$$\psi(t, x_\tau(t), \tau) = \psi(t + \tau, x_\tau(t + \tau), -\tau) \tag{4.23}$$

und kann mit expliziten Runge-Kutta-Verfahren, wie wir oben gesehen haben, nicht erreicht werden. Also versuchen wir stattdessen, die Reversibilität durch einen *symmetrischen* Differenzenquotienten zur Approximation von x' zu erreichen. L. F. Richardson erkannte 1910, dass der *zentrale Differenzenquotient*

$$\frac{x_\tau(t + \tau) - x_\tau(t - \tau)}{2\tau}$$

geeignet ist. Lassen wir die rechte Seite der Differentialgleichung der Einfachheit halber unverändert, so erhalten wir die Dreiterm-Rekursion

$$x_\tau(t + \tau) = x_\tau(t - \tau) + 2\tau f(t, x_\tau(t)) \quad \text{für } t \in \Delta_\tau \setminus \{t_0, T\}. \tag{4.24}$$

Sie heißt *explizite Mittelpunktsregel*. Leider stellt sie *kein* Einschrittverfahren dar, sondern benötigt zusätzlich zu $x_\tau(t_0) = x_0$ noch eine Festlegung des Wertes

$$x_\tau(t_0 + \tau),$$

den sogenannten *Startschritt*. Der für unsere Zwecke geeignete Startschritt wird sich aus den weiteren Überlegungen automatisch ergeben, weshalb wir ihn zunächst als gegeben behandeln wollen. Damit die explizite Mittelpunktsregel als Grundlage eines

Extrapolationsverfahrens dienen kann, das in jedem Extrapolationsschritt zwei Ordnungen gewinnt, muss für den Diskretisierungsfehler eine asymptotische Entwicklung in τ^2 existieren. Unserer bisherigen Analyse scheint das Verfahren auf den ersten Blick aber nicht zugänglich zu sein. H. J. Stetter [162] hatte 1970 die elegante Idee, die Rekursion (4.24) in ein reversibles Einschrittverfahren *doppelter Dimension* zur Schrittweite $\tau_* = 2\tau$ umzuschreiben. Dazu werden die Gitterpunkte $t_0 + j\tau$ nach geraden und ungeraden Indizes getrennt; dabei wollen wir im Folgenden der Einfachheit halber $n = 2m$ als gerade voraussetzen. Mit der Bezeichnung

$$\Delta_* = \{t_0 + j\tau_* : j = 0, \ldots, m\}$$

definieren wir aus der Gitterfunktion $x_\tau : \Delta_\tau \to \mathbb{R}^d$ durch

$$x_{\tau_*}(t) = x_\tau(t) \quad \text{für } t \in \Delta_*$$

und

$$y_{\tau_*}(t) = \begin{cases} \dfrac{1}{2}\big(x_\tau(t+\tau) + x_\tau(t-\tau)\big) & \text{für } t \in \Delta_* \setminus \{t_0\}, \\ x_0 & \text{für } t = t_0, \end{cases}$$

zwei Gitterfunktionen $x_{\tau_*}, y_{\tau_*} : \Delta_* \to \mathbb{R}^d$. Hierbei ist der wegen $T + \tau \notin \Delta$ formal nicht definierte Wert $x_\tau(T + \tau)$ wie alle Gitterwerte durch die Rekursion (4.24) zu berechnen. Die Fallunterscheidung bei der Definition von y_{τ_*} kann in einer Form vermieden werden, die uns auch den richtigen Startschritt beschert: Aus der Dreiterm-Rekursion (4.24) erhalten wir nämlich für $t \in \Delta_* \setminus \{t_0\}$

$$y_{\tau_*}(t) = x_\tau(t+\tau) - \tau f\big(t, x_{\tau_*}(t)\big). \tag{4.25}$$

Damit diese Beziehung auch für $t = t_0$ gilt, muss

$$x_\tau(t_0 + \tau) = x_0 + \tau f(t_0, x_0)$$

gelten, d. h., der Startschritt wird gerade durch das explizite Euler-Verfahren geliefert. Mit dieser Wahl lautet die Rekursion (4.24) für x_{τ_*}, y_{τ_*}: Ausgehend von den Startwerten

$$x_{\tau_*}(t_0) = y_{\tau_*}(t_0) = x_0$$

erklären wir für $t \in \Delta_* \setminus \{T\}$

$$x_{\tau_*}(t + \tau_*) = x_{\tau_*}(t) + \tau_* f\big(t + \tau_*/2, x_\tau(t+\tau)\big)$$

$$= x_{\tau_*}(t) + \tau_* f\big(t + \tau_*/2, y_{\tau_*}(t) + \frac{\tau_*}{2} f\big(t, x_{\tau_*}(t)\big)\big),$$

wobei wir (4.25) ausgenutzt haben. Ferner erhalten wir durch Einsetzen der Rekursion (4.24) in den definierenden Ausdruck (4.25), dass für $t \in \Delta_* \setminus \{T\}$

$$y_{\tau_*}(t + \tau_*) = y_{\tau_*}(t) + \frac{\tau_*}{2}\big(f\big(t, x_{\tau_*}(t)\big) + f\big(t + \tau_*, x_{\tau_*}(t + \tau_*)\big)\big).$$

Insgesamt erhalten wir also die diskrete Evolution

$$\Psi^{t+\tau_*,t}\begin{bmatrix} x \\ y \end{bmatrix} = \begin{bmatrix} x \\ y \end{bmatrix} + \tau_*\psi\left(t, \begin{bmatrix} x \\ y \end{bmatrix}, \tau_*\right) \tag{4.26}$$

mit der Inkrementfunktion

$$\psi\left(t, \begin{bmatrix} x \\ y \end{bmatrix}, \tau_*\right) = \begin{bmatrix} f\left(t + \tau_*/2, y + \dfrac{\tau_*}{2} f(t,x)\right) \\ \left(f(t,x) + f(t + \tau_*, \bar{x})\right)/2 \end{bmatrix},$$

wobei wir zur Abkürzung

$$\bar{x} = x + \tau_* f\left(t + \tau_*/2, y + \frac{\tau_*}{2} f(t,x)\right)$$

gesetzt haben. Setzen wir in die Inkrementfunktion ψ den Wert $\tau_* = 0$ ein, so sehen wir, dass die diskrete Evolution mit folgender Differentialgleichung in $\mathbb{R}^{2d}$ konsistent ist:

$$\begin{bmatrix} x \\ y \end{bmatrix}' = \begin{bmatrix} f(t,y) \\ f(t,x) \end{bmatrix}. \tag{4.27}$$

Bezeichnen wir die Evolution der Differentialgleichung $x' = f(t,x)$ mit Φ, so besitzt das System (4.27) zu den Anfangswerten $x(t_0) = y(t_0) = x_0$ die Lösung

$$x(t) = y(t) = \Phi^{t,t_0} x_0,$$

wie man durch Einsetzen aufgrund der Eindeutigkeit sofort bestätigt. Das folgende Lemma zeigt, dass sich die Mühe bis hierher gelohnt hat.

Lemma 4.44. *Die durch (4.26) definierte diskrete Evolution ist reversibel.*

Beweis. Setzen wir

$$\begin{bmatrix} \bar{x} \\ \bar{y} \end{bmatrix} = \Psi^{t+\tau_*,t}\begin{bmatrix} x \\ y \end{bmatrix},$$

so müssen wir (4.23) zeigen, d. h.

$$\psi\left(t, \begin{bmatrix} x \\ y \end{bmatrix}, \tau_*\right) = \psi\left(t + \tau_*, \begin{bmatrix} \bar{x} \\ \bar{y} \end{bmatrix}, -\tau_*\right).$$

Formal bedeutet dies, dass ψ invariant ist gegen folgende Vertauschungen:

$$t \leftrightarrow t + \tau_*, \quad \tau_* \leftrightarrow -\tau_*, \quad x \leftrightarrow \bar{x}, \quad y \leftrightarrow \bar{y}.$$

Für die zweite Komponente

$$\big(f(t,x)+f(t+\tau_*,\bar{x})\big)/2$$

der Inkrementfunktion ist dies offensichtlich. Die erste Komponente der Inkrement-funktion ist wegen $t+\tau_*/2 \leftrightarrow t+\tau_*/2$ genau dann invariant, wenn es der Ausdruck

$$y+\frac{\tau_*}{2}f(t,x)$$

ist. Aus der Beziehung

$$\bar{y}=y+\tau_*\big(f(t,x)+f(t+\tau_*,\bar{x})\big)/2$$

erhalten wir aber sofort die invariante Darstellung

$$y+\frac{\tau_*}{2}f(t,x)=\frac{y+\bar{y}}{2}+\frac{\tau_*}{4}\big(f(t,x)-f(t+\tau_*,\bar{x})\big). \qquad \square$$

Nach Satz 4.42 besitzt die konsistente reversible diskrete Evolution Ψ für $f \in C^\infty(\Omega,\mathbb{R}^d)$ eine *gerade* Konsistenzordnung $p \geq 2$. Tatsächlich ist im Allgemeinen $p=2$. Satz 4.42 liefert ferner die Existenz asymptotischer Entwicklungen in τ^2, genauer erhalten wir für $f \in C^\infty(\Omega,\mathbb{R}^d)$ und $k \in \mathbb{N}$ Abbildungen $e_0,\dots,e_{k-1}$, $g_0,\dots,g_{k-1} \in C^\infty([t_0,T],\mathbb{R}^d)$, so dass $e_j(t_0)=g_j(t_0)=0$ für $j=0,\dots,k-1$ und

$$x_{\tau_*}(t)=x(t)+e_0(t)\tau^2+\cdots+e_{k-1}(t)\tau^{2k}+O(\tau^{2k+2}),$$
$$y_{\tau_*}(t)=x(t)+g_0(t)\tau^2+\cdots+g_{k-1}(t)\tau^{2k}+O(\tau^{2k+2}),$$

wobei wir die Lösungsstruktur des Differentialgleichungssystems (4.27) beachtet haben. Insbesondere besitzt die durch die explizite Mittelpunktsregel (4.24) mit explizi-tem Euler-Startschritt erzeugte Gitterfunktion x_τ eine asymptotische Entwicklung in τ^2, deren Restglied in *jedem zweiten* Gitterpunkt $t \in \Delta_* \subset \Delta_\tau$ des Gitters Δ_τ die gewünschte Form hat. Wie in Abschnitt 4.3.1 beschrieben, können wir daher durch Extrapolation der Ordnung k in τ^2 eine diskrete Evolution Ψ_k der Konsistenzordnung $2k+2$ erzeugen, wir erhalten also schließlich doch wieder ein Einschrittverfahren. Da wir es hier wegen $p=\omega=2$ mit der klassischen Polynominterpolation in τ^2 zu tun haben, kann der Extrapolationsschritt mit dem Algorithmus von Aitken und Ne-ville (Band 1, Abschnitt 7.1.2) erfolgen. Fassen wir nun die Berechnung der diskreten Evolution Ψ_k der extrapolierten expliziten Mittelpunktsregel zusammen.

Algorithmus 4.45. Der Wert $\Psi_k^{t+\tau,t}x$ der extrapolierten expliziten Mittelpunktsregel wird für die feste Unterteilungsfolge $\mathscr{F}=\{2n_1,2n_2,\dots\}$ rekursiv berechnet durch:

(i) Für $v = 1, \ldots, k + 1$ bestimme rekursiv mit dem Startschritt

$$x_v(t) = x, \quad x_v(t + \sigma_v) = x + \sigma_v f(t, x)$$

die Werte

$$x_v(t^v_{j+1}) = x_v(t^v_{j-1}) + 2\sigma_v f\left(t^v_j, x_v(t^v_j)\right)$$

mit $j = 1, \ldots, 2n_v - 1$, wobei $t^v_j = t + j\sigma_v$ mit $\sigma_v = \tau/2n_v$ ist.

(ii) Setze

$$X_{v1} = x_v(t + \tau) \quad \text{für } v = 1, \ldots, k + 1.$$

(iii) Berechne für $v = 2, \ldots, k + 1$

$$X_{v,\mu+1} = X_{v,\mu} + \frac{X_{v,\mu} - X_{v-1,\mu}}{(n_v/n_{v-\mu})^2 - 1} \quad \text{für } \mu = 1, \ldots, v - 1.$$

(iv) Setze

$$\Psi^{t+\tau,t}_k x = X_{k+1,k+1}.$$

Diese diskrete Evolution ist unseren bisherigen Techniken wieder zugänglich.

Satz 4.46. *Die diskrete Evolution Ψ_k, die durch Extrapolation der Ordnung $2k$ aus der expliziten Mittelpunktsregel mit explizitem Euler-Startschritt hervorgeht, ist von einem gegen Autonomisierung invarianten Runge-Kutta-Verfahren erzeugt. Dieses Runge-Kutta-Verfahren besitzt für jede rechte Seite $f \in C^{2k+2}(\Omega, \mathbb{R}^d)$ die Konsistenzordnung $2k + 2$.*

Beweis. Man überprüft leicht, dass die explizite Mittelpunktsregel, gestartet mit dem expliziten Euler-Verfahren, invariant gegen Autonomisierung ist. Aufgrund der linearen Struktur des Extrapolationsprozesses vererbt sich diese Invarianz auch auf Ψ_k. Die Berechnung von Ψ_k besitzt dabei genau die algorithmische Struktur eines expliziten Runge-Kutta-Verfahrens: Schachtelungen von Linearkombinationen von f-Auswertungen.

Wenden wir uns nun der Behauptung zu, dass das so berechnete Runge-Kutta-Verfahren die Konsistenzordnung $2k + 2$ besitzt. Hierfür sei zunächst $f \in C^\infty(\Omega, \mathbb{R}^d)$. Die oben angestellten Überlegungen zur expliziten Mittelpunktsregel zeigen, dass genau die von Satz 4.36 geforderten asymptotischen Entwicklungen vorliegen, damit Ψ_k die Konsistenzordnung $2k + 2$ besitzt. Also besitzt das zugehörige Runge-Kutta-Verfahren für jede glatte rechte Seite und jede Dimension d die Konsistenzordnung $2k + 2$. Nun ist der Satz von J. C. Butcher (Satz 4.24) anwendbar, der zeigt, dass das Runge-Kutta-Verfahren die Konsistenzordnung $2k + 2$ dann tatsächlich schon für rechte Seiten $f \in C^{2k+2}(\Omega, \mathbb{R}^d)$ besitzen muss. $\qquad\square$

So wissen wir jetzt, was wir zuvor höchstens ahnten: Es gibt Runge-Kutta-Verfahren *beliebiger* Konsistenzordnung. Der Aufwand zur Berechnung von $\Psi^{t+\tau,t}_k x$

wird mit der Anzahl der nötigen f-Auswertungen, d. h. der Stufenzahl des zugehörigen Runge-Kutta-Verfahrens, gemessen. Da in jedem Schritt der expliziten Mittelpunktsregel eine f-Auswertung anfällt und sich die Startschritte die f-Auswertung $f(t, x)$ teilen können, erhalten wir die Stufenzahl

$$s = 1 + \sum_{\nu=1}^{k+1} (2n_\nu - 1) = 2 \sum_{\nu=1}^{k+1} n_\nu - k. \tag{4.28}$$

Wählen wir hier die billigstmögliche Unterteilungsfolge mit

$$n_\nu = \nu,$$

die sogenannte *doppelt harmonische* Folge $\mathcal{F}_{2H} = \{2, 4, 6, \dots\}$, so erhalten wir die Stufenzahl

$$s_q^+ = (k+1)^2 + 1 = (q/2)^2 + 1,$$

wobei $q = 2k + 2$ die erreichte Konsistenzordnung ist. Dies ist zur Zeit die beste Abschätzung der optimalen Stufenzahl $s_q \leq s_q^+$ von expliziten Runge-Kutta-Verfahren. Die Werte $X_{\nu\mu}$ des Extrapolationstableaus des Schrittes (iii) im Algorithmus 4.45 extrapolieren die μ Werte der expliziten Mittelpunktsregel zu der Unterteilung $2n_{\nu-\mu+1}, \dots, 2n_\nu$. Nach Satz 4.46 entsprechen ihnen daher explizite Runge-Kutta-Verfahren, deren diskrete Evolution

$$\Psi_{\nu\mu}^{t+\tau,t} x = X_{\nu\mu}$$

liefert. Für spätere Zwecke müssen wir ihre Konsistenzfehler vergleichen können.

Lemma 4.47. *Für hinreichend glatte rechte Seiten gibt es eine von der Unterteilungsfolge $\mathcal{F} = \{2n_1, 2n_2, \dots\}$ unabhängige und stetig differenzierbare Funktion η_μ, so dass der Konsistenzfehler im Extrapolationstableau der expliziten Mittelpunktsregel gegeben ist durch*

$$\Phi^{t+\tau,t} x - \Psi_{\nu\mu}^{t+\tau,t} x = \frac{\eta_\mu(t)}{n_\nu^2 \cdots n_{\nu-\mu+1}^2} \tau^{2\mu+1} + O(\tau^{2\mu+2}).$$

Beweis. Wir fixieren einen Punkt $(t_0, x_0) \in \Omega$. Da wir aufgrund der gewählten Unterteilungsfolge $\mathcal{F}$ jeweils eine *gerade* Anzahl von Schritten ausführen, erhalten wir aus den vorangehenden Überlegungen zur expliziten Mittelpunktsregel die asymptotische Entwicklung

$$\Psi_{\ell 1}^{t_0+\tau,t_0} x_0 = \Phi^{t_0+\tau,t_0} x_0 + e_0(t_0 + \tau)\sigma_\ell^2 + \cdots + e_{\mu-1}(t_0 + \tau)\sigma_\ell^{2\mu} + O(\tau^{2\mu+2}),$$

wobei $e_j(t_0) = 0$ für $j = 0, \dots, \mu - 1$ ist. Mit den Lagrangepolynomen L_ℓ zu den Knoten $\sigma_\nu^2, \dots, \sigma_{\nu-\mu+1}^2$ erhalten wir die Darstellung

$$\Psi_{\nu\mu}^{t_0+\tau,t_0} x_0 = \sum_{\ell=\nu-\mu+1}^{\nu} L_\ell(0) \, \Psi_{\ell 1}^{t_0+\tau,t_0} x_0. \tag{I}$$

Band 1, Lemma 9.23 lehrt nun, dass gilt

$$\sum_{\ell=v-\mu+1}^{v} L_\ell(0) = 1, \qquad \sum_{\ell=v-\mu+1}^{v} L_\ell(0)\,\sigma_\ell^{2m} = 0 \qquad \text{für } m = 1, \dots, \mu-1$$

sowie

$$\sum_{\ell=v-\mu+1}^{v} L_\ell(0)\,\sigma_\ell^{2\mu} = (-1)^{\mu-1}\sigma_v^2 \cdots \sigma_{v-\mu+1}^2.$$

Setzen wir dies zusammen mit der asymptotischen Entwicklung in (I) ein, so sehen wir

$$\Psi_{v\mu}^{t_0+\tau,t_0} x_0 = \Phi^{t_0+\tau,t_0} x_0 + \frac{(-1)^{\mu-1}\tau^{2\mu}}{n_v^2 \cdots n_{v-\mu+1}^2} e_{\mu-1}(t_0+\tau) + O(\tau^{2\mu+2}).$$

Mit $e_{\mu-1}(t_0+\tau) = \tau e'_{\mu-1}(t_0) + O(\tau^2)$ folgt die Behauptung, wenn wir $\eta_\mu(t_0) = (-1)^\mu e'_{\mu-1}(t_0)$ setzen. □

Bemerkung 4.48. Nahezu alle derzeit verfügbaren Programme, welche auf der extrapolierten expliziten Mittelpunktsregel basieren, benutzen im Schritt (ii) von Algorithmus 4.45 statt des Wertes

$$X_{v1} = x_v(t+\tau)$$

den speziell gemittelten Wert

$$X_{v1} = \frac{1}{4}\big(x_v(t+\tau-\sigma_v) + 2x_v(t+\tau) + x_v(t+\tau+\sigma_v)\big), \qquad (4.29)$$

welcher in der Literatur oft *Graggscher Schlussschritt* heißt. Da wir den Wert $x_v(t+\tau+\sigma_v)$ im Algorithmus 4.45 nicht berechnen müssen, benötigt der Graggsche Schlussschritt eine zusätzliche f-Auswertung für jede Zeile des Extrapolationstableaus. In der Notation der Herleitung von Algorithmus 4.45 können wir mit $\sigma_* = 2\sigma_v$ auch

$$X_{v1} = \frac{1}{2}\big(x_{\sigma_*}(t+\tau) + y_{\sigma_*}(t+\tau)\big)$$

schreiben. Das arithmetische Mittel der asymptotischen Entwicklungen von $x_{\sigma_*}(t+\tau)$ und $y_{\sigma_*}(t+\tau)$ liefert eine asymptotische Entwicklung gleicher Bauart für den durch (4.29) gegebenen Wert von X_{v1}, so dass der Graggsche Schlussschritt zur gleichen Konsistenzordnung des Extrapolationsverfahrens führt, wie die in Algorithmus 4.45 notierte Wahl von X_{v1}. Man versprach sich früher vom Graggschen Schlussschritt ein verbessertes Verhalten der Diskretisierung; in der Praxis stellte sich die durch ihn erzielte Beschleunigung der Gesamtrechenzeit eher als marginal heraus.

Bemerkung 4.49. Die extrapolierte explizite Mittelpunktsregel – gestartet mit dem explizitem Euler-Verfahren und beendet mit dem Graggschen Schlussschritt – wird in der Literatur zuweilen auch Gragg-Bulirsch-Stoer-Verfahren (kurz: *GBS-Verfahren*) genannt: R. Bulirsch und J. Stoer [28] schlugen nämlich 1966 eine erste Implementierung dieses Verfahrens vor, welche zudem eine *Schrittweitensteuerung* enthielt – ein Thema, mit welchem wir uns ausführlich in Kapitel 5 befassen werden.

4.3.4   Extrapolation der Störmer/Verlet-Diskretisierung

In einer Reihe von wichtigen Anwendungen treten Anfangswertprobleme der speziellen Form

$$x'' = f(x), \quad x(0) = x_0, \, x'(0) = v_0 \tag{4.30}$$

auf. Die spezielle Form der Differentialgleichung (4.30) legt eine Diskretisierung von x'' durch den *symmetrischen Differenzenquotienten*

$$\frac{x_\tau(t+\tau) - 2x_\tau(t) + x_\tau(t-\tau)}{\tau^2}$$

nahe. Zusammen mit einem passenden Startschritt und Schlussschritt erhalten wir dann eine diskrete Evolution Ψ gemäß

$$\begin{aligned} x_1 &= x_0 + \tau\left(v_0 + \frac{\tau}{2} f(x_0)\right), \\ x_{\nu+1} &= 2x_\nu - x_{\nu-1} + \tau^2 f(x_\nu), \quad \nu = 1, \dots, \ell-1, \\ v_\ell &= \frac{x_\ell - x_{\ell-1}}{\tau} + \frac{\tau}{2} f(x_\ell). \end{aligned} \tag{4.31}$$

Diese Diskretisierung heißt *Störmer*-Diskretisierung, da sie bereits 1907 von C. Störmer vorgeschlagen worden ist (Literaturzitate siehe in [90]).

Extrapolation.   Variieren wir in (4.31) den Index l aus einer Unterteilungsfolge $\mathcal{F}$ und wählen dazu Schrittweiten $\tau = t/l$ bei festem Intervall $[0, t]$, so können wir aus dieser Basisdiskretisierung ein Extrapolationsverfahren mit

$$x_l = x_\tau(t) \approx x(t), \quad v_l = v_\tau(t) \approx x'(t)$$

konstruieren. Als Voraussetzung für die Konvergenz eines solchen Extrapolationsverfahren benötigen wir, wie im vorigen Abschnitt, eine theoretische Garantie für die Existenz einer asymptotischen Entwicklung nach Potenzen von τ; wegen der Symmetrie erwarten wir hier sogar eine Entwicklung in τ^2.

Satz 4.50. *Für die diskrete Evolution* (4.31) *existieren, unter der Annahme hinreichender Differenzierbarkeit der rechten Seite f, die quadratischen asymptotischen Entwicklungen*

$$\begin{aligned} x_\tau(t) &= x(t) + e_0(t)\tau^2 + \cdots + e_{k-1}(t)\tau^{2k} + O(\tau^{2k+2}), \\ v_\tau(t) &= x'(t) + g_0(t)\tau^2 + \cdots + g_{k-1}(t)\tau^{2k} + O(\tau^{2k+2}). \end{aligned}$$

Beweis. Zunächst schreiben wir obige Rekursion (4.31) unter Einbeziehung der Variablen v in *jedem* Schritt um in die Rekursion

$$
\left.\begin{aligned}
x_\nu &= x_{\nu-1} + \tau \left(v_{\nu-1} + \frac{\tau}{2} f(x_{\nu-1}) \right) \\
v_\nu &= \frac{x_\nu - x_{\nu-1}}{\tau} + \frac{\tau}{2} f(x_\nu).
\end{aligned}\right\} \quad \nu = 1, \dots, \ell. \tag{4.32}
$$

Die Äquivalenz beider Rekursionen zeigt man rasch durch Einsetzen in die Dreiterm-Rekursion in (4.31). Setzen wir nun x_ν aus der ersten Zeile in die zweite ein, so erhalten wir

$$
\frac{v_\nu - v_{\nu-1}}{\tau} = \frac{1}{2} \left(f(x_\nu) + f(x_{\nu-1}) \right). \tag{4.33}
$$

Die hier auftretende Inkrementfunktion ist symmetrisch gegen Vertauschung der Argumente x_ν und $x_{\nu-1}$. Multiplizieren wir dieses Resultat mit dem Faktor $\tau/2$ und addieren es zur ersten Zeile von (4.32), so ergibt sich

$$
\frac{x_\nu - x_{\nu-1}}{\tau} = \frac{1}{2}(v_\nu + v_{\nu-1}) - \frac{\tau}{4} \left(f(x_\nu) - f(x_{\nu-1}) \right). \tag{4.34}
$$

Damit ist auch diese Inkrementfunktion symmetrisch gegen Vertauschung der Argumente x_ν, v_ν und $x_{\nu-1}, v_{\nu-1}$ sowie τ und $-\tau$. Die beiden Rekursionen (4.33) und (4.34) zusammen definieren ein Einschrittverfahren, also eine diskrete Evolution. Im Grenzübergang $\tau \to 0$ sehen wir das dazu konsistente Differentialgleichungssystem

$$
v' = f(x), \quad x' = v,
$$

also gerade unsere spezielle kontinuierliche Evolution. Unter der Annahme hinreichender Differenzierbarkeit haben wir damit nach Satz 4.37 die Existenz einer asymptotischen Entwicklung in τ zur Konsistenzordnung $p = 1$ gesichert. Da die gesamte Inkrementfunktion symmetrisch und somit die diskrete Evolution *reversibel* ist, folgt nach Satz 4.42 die Existenz von *quadratischen* asymptotischen Entwicklungen. □

Dieses theoretische Resultat ist die Basis der ausgereiften numerischen Integratoren DIFEX2 [51] und ODEX2 [90], bei denen zu vorgegebener lokaler Fehlertoleranz Ordnung und Schrittweiten simultan adaptiert werden (vergleiche das nachfolgende Kapitel 5 zur Schrittweitensteuerung). Im Unterschied zu den Integratoren DIFEX1 oder ODEX1, den Extrapolationsverfahren zur expliziten Mittelpunktsregel, besteht bei der Extrapolation der Störmerregel keine Einschränkung an die Unterteilungsfolge $\mathcal{F}$, wir können also die einfache harmonische Folge $\mathcal{F}_H = \{1, 2, 3, 4, \dots\}$ wählen. Als Konsequenz davon ist DIFEX2 für Systeme vom Typ (4.30) etwa einen Faktor 2 schneller als DIFEX1, und sogar noch etwas robuster.

Verlet-Algorithmus. Wichtigste Beispielklasse vom Typ (4.30) sind Hamiltonsche Systeme, also mechanische Systeme ohne Reibung – vergleiche etwa Abschnitt 1.1 zur Himmelsmechanik und Abschnitt 1.2 zur Moleküldynamik. Wir gehen aus von der *Hamiltonfunktion*

$$H(q, p) = \frac{1}{2} p^T M^{-1} p + V(q), \quad q, p \in \mathbb{R}^d,$$

worin M die nichtsinguläre Massenmatrix ist. In der Moleküldynamik und in der Astronomie ist die Massenmatrix M in der Regel diagonal, in der Mehrkörperdynamik (z. B. Robotik) manchmal auch, je nach Koordinatenwahl, von der Diagonalgestalt leicht abweichend. Auf jeden Fall ist M extrem dünnbesetzt, so dass der Aufwand für die Lösung der entsprechenden linearen Gleichungssysteme vernachlässigbar ist. Aus $H(q, p)$ erhält man *Hamiltonsche Differentialgleichungen*

$$q' = H_p = M^{-1} p, \quad p' = -H_q = -\nabla V(q) \tag{4.35}$$

zu gegebenen Anfangswerten $q(0) = q_0$, $p(0) = M v_0$. Differenzieren wir die erste Gleichung ein weiteres Mal nach t, so erhalten wir obige Standardform

$$q'' = -M^{-1} \nabla V(q) \equiv f(q) \tag{4.36}$$

zu analogen Anfangswerten $q(0) = q_0$, $q'(0) = v_0$. Offenbar sind die $2d$ Differentialgleichungen erster Ordnung (4.35) und die d Differentialgleichungen zweiter Ordnung (4.36) äquivalent.

Physikalisch ist die Hamiltonfunktion die *Gesamtenergie* des mechanischen Systems. Wegen

$$\frac{dH}{dt} = H_q q' + H_p p' = H_q H_p + H_p (-H_q) = 0$$

ist sie eine dynamische *Invariante*, d. h., für alle Zeiten t gilt

$$H(q(t), p(t)) = H(q(0), p(0)) = \text{const},$$

beziehungsweise

$$H(t) = \frac{1}{2} q'(t)^T M q'(t) + V(q(t)) = \frac{1}{2} v_0^T M v_0 + V(q_0). \tag{4.37}$$

In der Moleküldynamik hat sich für die Störmer-Diskretisierung die Bezeichnung *Verlet*-Diskretisierung eingebürgert, da L. Verlet [170] sie im Jahre 1967 in dieses Gebiet eingeführt hat. Ihre numerische Realisierung für Hamiltonsche Systeme lautet zu gegebenen Anfangswerten q_0, p_0:

$$q_{\frac{1}{2}} = q_0 + \frac{\tau}{2} M^{-1} p_0,$$

$$\left.\begin{array}{l} p_{\nu+1} = p_\nu - \tau \nabla V(q_{\nu+\frac{1}{2}}) \\[2mm] q_{\nu+\frac{1}{2}} = q_\nu + \frac{\tau}{2} M^{-1} p_\nu \end{array}\right\} \quad \nu = 1, \ldots, \ell - 1, \qquad (4.38)$$

$$q_\ell = q_{\ell-\frac{1}{2}} + \frac{\tau}{2} M^{-1} p_l.$$

Dieser Algorithmus wird in der naturwissenschaftlichen Literatur oft auch als *Leap-frog* bezeichnet. Bereits L. Verlet hatte durch numerische Experimente gezeigt, dass diese simple Basis-Diskretisierung *ohne* Ordnungserhöhung oder Schrittweitensteuerung die kontinuierliche Energieerhaltung (4.37) am besten ins Diskrete vererbt. In seiner Pionierarbeit [154] aus dem Jahre 1988 hat J. M. Sanz-Serna das Verlet-Verfahren als Spezialfall einer ganzen Klasse von *symplektischen* Runge-Kutta-Verfahren erkannt. Für diese Klasse leitete er Bedingungsgleichungen an die Koeffizienten her – siehe dazu auch sein Textbuch [155]. Symplektische Verfahren sind reversibel und vererben die lokale Flächentreue von der kontinuierlichen Evolution Φ an die diskrete Evolution Ψ – vergleiche Aufgabe 1.1. Noch wichtiger scheint die Tatsache, dass sie die Energie „asymptotisch im Mittel" erhalten – eine Aussage, die im Sinn einer Rückwärtsanalyse zu verstehen ist: Die diskreten Lösungen $(q_\tau(t), p_\tau(t))$ erhalten die leicht gestörte Hamiltonfunktion

$$H^\tau(q_\tau(t), p_\tau(t)) = H(t) + O(\tau^p) = \text{const} \qquad (4.39)$$

über „exponentiell lange" Zeit. Eine Klärung dieses Begriffes zusammen mit dem Beweis dieser Tatsache erfordert tieferliegende Resultate aus dynamischen Systemen, das sogenannte „Schattenlemma"; der eleganteste Beweis dazu findet sich bei S. Reich [148]. Wir werden im Rahmen unseres Buches nicht näher auf diese interessante Klasse von Integratoren eingehen, da sich dieses Teilgebiet der Numerischen Analysis gerade in jüngster Zeit enorm entwickelt und in Richtung „geometrischer" Integratoren ausgeweitet hat; Interessenten verweisen wir deshalb auf Spezialliteratur, etwa auf das neuere Buch [89] von E. Hairer, Ch. Lubich und G. Wanner.

Zur Illustration der Beziehung (4.39) wollen wir ein Beispiel aus der Molekül-dynamik angeben.

Beispiel 4.51. *Simulation von n-Butan.* Wir gehen aus von einem dynamischen Modell des kleinen Moleküls n-Butan. Zur Herleitung des zugehörigen Hamiltonschen Systems siehe Aufgabe 1.8. Numerische Vergleiche erfolgen zwischen dem adaptiven Extrapolationsintegrator DIFEX2 mit Ordnungs- und Schrittweitensteuerung zu verlangter Genauigkeit TOL und dem simplen Verlet-Algorithmus (4.38), den wir hier mit LF (für Leapfrog) abkürzen. Die Zeit t ist in Femtosekunden (fs) angegeben, wobei 1 fs $= 10^{-15}$ Sekunden (s) ist. Die tatsächlich erzielten Diskretisierungsfehler der

Komponenten (in skalierter Form: skal) messen wir durch die Norm

$$\text{Err(q(t), p(t))} = \Big(\frac{1}{2d}\sum_{i=1}^{d}\big[(q_\tau(t)-q(t))^2_{\text{skal}}+(p_\tau(t)-p(t))^2_{\text{skal}}\big]\Big)^{\frac{1}{2}},$$

worin wir die unbekannten Lösungen q, p durch extrem hohe verlangte Genauigkeit approximiert haben. Die Abweichung von der konstanten Hamiltonfunktion messen wir durch

$$\text{Err (H(t))} = \frac{1}{H(q(0), p(0))}|H(q(0), p(0)) - H(q_\tau(t), p_\tau(t))|.$$

Beide Größen sind *relative* Fehlermaße, so dass log Err jeweils eine brauchbare Skala abgibt. Den Rechenaufwand messen wir in Anzahl (NF) von Auswertungen des Gradienten des Potentials $\nabla V(q)$. In Abbildung 4.2 ist der Energiefehler Err(H) in Abhängigkeit von t für die Zeitintervalle $t \in [0, 5000]$ (oben) sowie $t \in [0, 500000]$ (unten) angegeben. Wie oben behauptet, bleibt dieser Fehler bei LF über beide Intervalle in etwa konstant, während er bei DIFEX2 (schwach) anwächst. Der hier nicht aufgetragene Lösungsfehler Err(q,p) würde allerdings bei beiden Integratoren auf ähnliche Weise anwachsen.

Im Algorithmus LF haben wir für das Zeitintervall $[0, 5000]$ die konstante Schrittweite $\tau = 0.01$ gewählt, für $[0, 500000]$ dagegen $\tau = 1$, was über beiden Intervallen einem Aufwand von NF=$5 \cdot 10^5$ Gradientenauswertungen entspricht. Der vergleichbare Aufwand von DIFEX2 beträgt

- für das Zeitintervall $[0, 5000]$ bei Toleranzen TOL = 10^{-6}, 10^{-8}, 10^{-10} gerade mal NF = 5389, 8187, 12109,

- für das Zeitintervall $[0, 500000]$ bei Toleranzen TOL = 10^{-4}, 10^{-6}, 10^{-8} immerhin schon NF $\approx 3 \cdot 10^5$, $5 \cdot 10^5$, $7.5 \cdot 10^5$.

Es fällt auf, dass über dem *kurzen* Intervall der Integrator DIFEX2 mit TOL= 10^{-8}, also bei vergleichbarem Energiefehler, wesentlich schneller als LF ist, während über dem *langen* Intervall DIFEX2 (hier mit TOL= 10^{-6}) etwa gleich schnell wie LF ist.

Um dieses Phänomen zu verstehen, studieren wir die *Kondition* $\kappa(t)$ dieses Anfangswertproblems, genauer gesagt: eine untere Schranke der Kondition. Dazu lösen wir das Problem über dem Intervall $[0, 20000]$ für zwei nahe benachbarte Anfangswerte, die sich nur um eine relative Differenz von 10^{-8} unterscheiden – siehe Abbildung 4.3. Auf den ersten Blick springen zwei signifikante Anstiege, bei $t \approx 0$ und bei $t \approx 8000$, ins Auge. Der Anfangsanstieg von 10^{-8} nach etwa 10^{-6} ist eine Folge der Anpassung der Skalierung, also nicht wirklich beachtenswert. Bei $t = 5000$ sind allerdings weitere 2 Dezimalstellen verloren gegangen, jenseits von $t \approx 8000$ sogar nochmals weitere 3. Offenbar ist das Anfangswertproblem bereits ab $t \approx 8000$

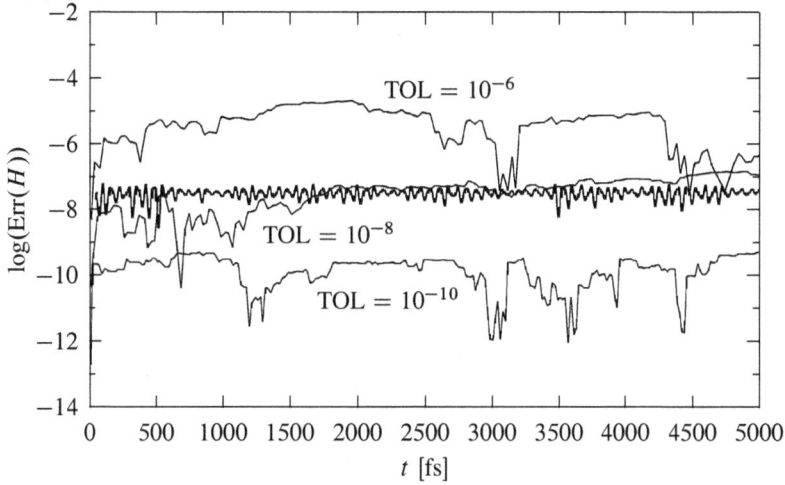

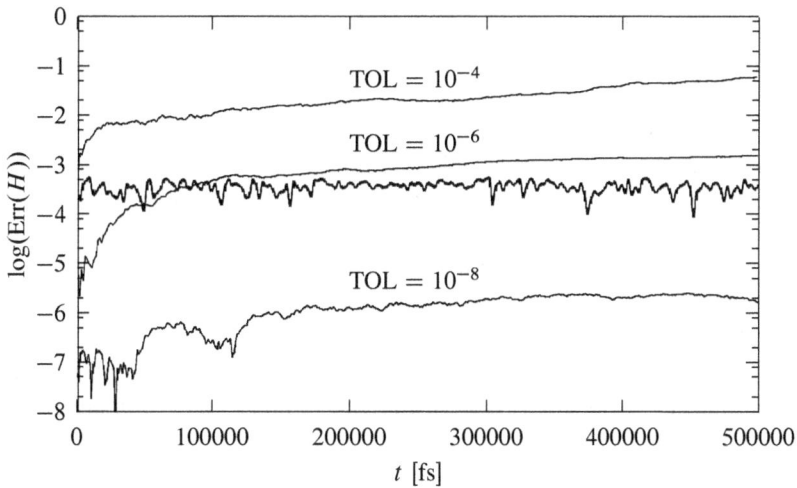

Abbildung 4.2. Relativer Fehler der Energie $H(t) = H(0)$. Fette Linien: Leapfrog-Algorithmus LF; schlanke Linien: DIFEX2 mit lokaler Fehlertoleranz TOL. *Oben*: Zeitintervall $[0, 5000]$. *Unten*: Zeitintervall $[0, 500000]$

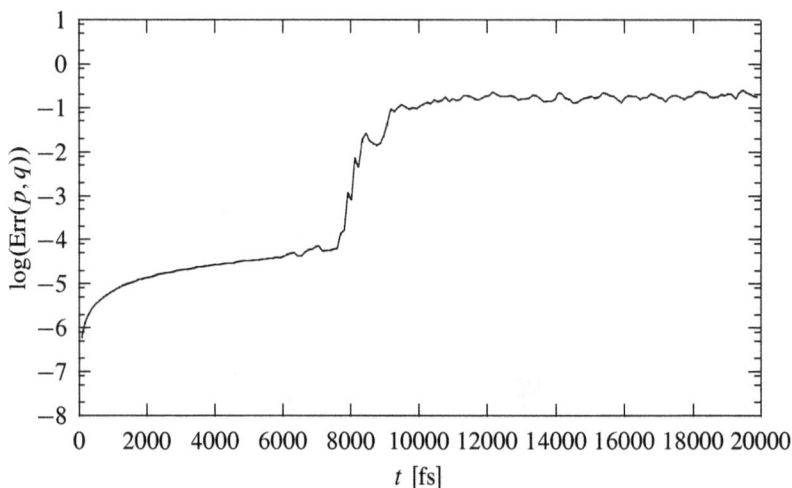

Abbildung 4.3. Zeitintervall $[0, 20000]$: Propagation einer relativen Anfangsstörung von 10^{-8}

Femtosekunden schlechtgestellt, die Zeiten von Interesse liegen im Bereich von Millisekunden oder gar Minuten! Wir hatten ein vergleichbares Phänomen bereits bei komplexeren Hamiltonschen Systemen der Moleküldynamik in Abschnitt 1.2 kennengelernt.

Simulationsrechnungen jenseits der Zeitschranke, für die das Anfangswertproblem gutkonditioniert ist (siehe z. B. Abbildung 4.2, unten), bedürfen einer anderen mathematischen Interpretation – siehe etwa Kapitel 4 des einführenden Lehrbuches von A. Lasota/C. Mackey [120]. Falls eine sogenannte *Ergodenhypothese* gilt, liefern direkte numerische Simulationen immerhin noch Information über *langfristige Mittelwerte* physikalischer Größen. Mathematische Basis dieser Interpretation ist das Birkhoffsche Ergodentheorem; leider gehen einige Naturwissenschaftler mit dieser Hypothese, die eine Berechnung statistischer Mittel über zeitliche Mittel gestattet, etwas zu großzügig um. In vielen wichtigen Anwendungsproblemen (z. B. beim Entwurf von Medikamenten im Rechner) braucht man allerdings nicht nur zeitliche Mittelwerte, sondern auch Information über die *Dynamik* in Zeitskalen jenseits der kurzen Zeitspanne, für die das Anfangswertproblem gutkonditioniert ist. Dann müssen konzeptionell andere Wege beschritten werden, wie sie etwa in [156] vorgeschlagen worden sind. Innerhalb dieser Algorithmen sind dann nur wohlkonditionierte Anfangswertprobleme über kurze Zeiten numerisch zu lösen.

Deshalb wollen wir zum Abschluss nochmals zur numerischen Lösung über dem kurzen Intervall $[0, 5000]$ zurückkehren, in dem laut Abbildung 4.3 das Anfangswertproblem noch einigermaßen wohlkonditioniert ist. In Abbildung 4.4 vergleichen wir den Aufwand der beiden Integratoren DIFEX2 und LF in Abhängigkeit von der *er-*

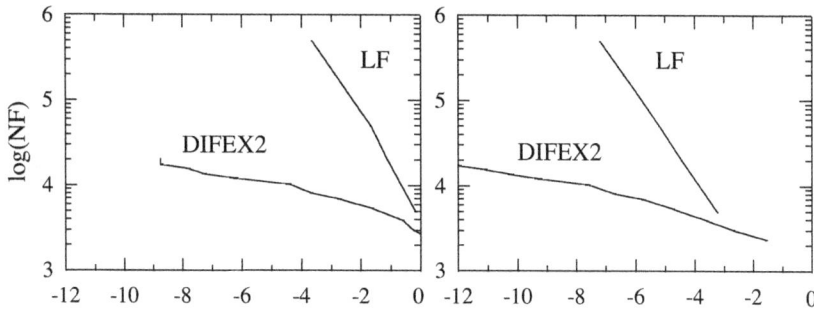

Abbildung 4.4. Zeitintervall $[0, 5000]$: Aufwand log NF über erreichter Genauigkeit. *Links*: aufgetragen über dem Lösungsfehler $\log \varepsilon_{qp}$. *Rechts*: aufgetragen über dem Energiefehler $\log \varepsilon_H$

reichten Genauigkeit. Links messen wir den Aufwand am tatsächlich erzielten Lösungsfehler

$$\varepsilon_{qp} = \max_{t \in [0,5000]} \text{Err}\,(q(t), p(t)),$$

rechts am Energiefehler

$$\varepsilon_H = \max_{t \in [0,5000]} \text{Err}\,(H(t)).$$

Die linke Graphik zeigt, dass DIFEX2 nur bis zu einer erzielten Genauigkeit von ca. 10^{-9} rechnet (bei TOL $= 10^{-11}$), für TOL$< 10^{-11}$ verlässt der Aufwand die vorgegebene Skala. Dies erklärt sich schön im Licht unserer obigen Konditionsanalyse.

Übungsaufgaben

Aufgabe 4.1. Betrachtet werde eine Differentialgleichung

$$x' = f(t, x). \tag{I}$$

Die Koordinatentransformation $\hat{x} = M x$ mit $M \in GL(d)$ führt nach Abschnitt 3.2.1 auf die Differentialgleichung

$$\hat{x}' = \hat{f}(t, \hat{x}) = Mf(t, M^{-1}\hat{x}) \tag{II}$$

und der Zusammenhang der jeweils zugehörigen Evolutionen ist durch

$$\hat{\Phi}^{t,s}\hat{x} = M \Phi^{t,s} M^{-1} \hat{x}$$

gegeben. Zeige, dass jedes Runge-Kutta-Verfahren dieses Transformationsverhalten ins Diskrete vererbt, d. h., es ordnet der Differentialgleichung (I) eine diskrete Evolution Ψ und der Differentialgleichung (II) eine diskrete Evolution $\hat{\Psi}$ zu, so dass auch

$$\hat{\Psi}^{t+\tau,t}\hat{x} = M\Psi^{t+\tau,t}M^{-1}\hat{x}$$

gilt.

Aufgabe 4.2. Wende das Verfahren von C. Runge aus Tabelle 4.1 auf das skalare, schwach singuläre Anfangswertproblem

$$x' = -\frac{\kappa}{t}x + g(t), \quad x(0) = x_0,$$

an, wobei $\kappa > 0$ und $g \in C^2([0,\infty[,\mathbb{R})$ gelte. Welcher Anfangswert x_0 führt zu einer eindeutigen Lösung des Anfangswertproblems und wie muss dann im ersten Schritt

$$x_\Delta(\tau) = \Psi^{\tau,0}x_0$$

die Stufe k_1 des Verfahrens von C. Runge gewählt werden? Zeige, dass dann die Entwicklung des Konsistenzfehlers durch

$$\Phi^{\tau,0}x_0 - \Psi^{\tau,0}x_0 = C_2\tau^2 g'(0) + O(\tau^3), \quad C_2 \neq 0,$$

gegeben ist, obwohl das Verfahren von C. Runge für glatte Probleme die Konsistenzordnung $p = 2$ besitzt.
Hinweis. Es sei an Satz 2.24 sowie an die Formel (2.12) aus Abschnitt 2.4 über schwach singuläre Anfangswertprobleme erinnert.

Aufgabe 4.3. Programmiere „das" klassische Runge-Kutta-Verfahren vierter Ordnung aus Tabelle 4.2 zur Integration eines Anfangswertproblems

$$x' = f(t,x), \quad x(t_0) = x_0 \in \mathbb{R}^d.$$

Die Eingabeparameter der Integrationsroutine sollten sein:

- d : Dimension des Zustandsraumes,

- t_0 : Anfangszeitpunkt,

- T : Endzeitpunkt,

- x_0 : Vektor der Anfangswerte,

- f : Unterprogramm zur Berechnung der rechten Seite,

- n : Anzahl der Integrationsschritte mit der Schrittweite $\tau = (T - t_0)/n$.

Nutze die Nullen in der Runge-Kutta-Matrix $\mathfrak{A}$ des Verfahrens, um möglichst wenig Speicherplatz zu verwenden. Wende das Programm auf ein einfaches Anfangswertproblem eigener Wahl an und teste es. Das Ergebnis sollte gut dokumentiert werden.

Aufgabe 4.4. In Abschnitt 1.1 diskutierten wir das restringierte Dreikörperproblem. Die Differentialgleichungen der Bewegung eines Satelliten um das System Erde/Mond lauteten in den Koordinaten $x = (x_1, x_2)$ des mitrotierenden Schwerpunktsystems

$$x_1'' = x_1 + 2x_2' - \hat{\mu}\frac{x_1 + \mu}{N_1} - \mu\frac{x_1 - \hat{\mu}}{N_2},$$
$$x_2'' = x_2 - 2x_1' - \hat{\mu}\frac{x_2}{N_1} - \mu\frac{x_2}{N_2}$$

mit den Abkürzungen

$$N_1 = \left((x_1 + \mu)^2 + x_2^2\right)^{3/2}, \quad N_2 = \left((x_1 - \hat{\mu})^2 + x_2^2\right)^{3/2},$$

sowie den Daten

$$\mu = 0.012277471, \quad \hat{\mu} = 1 - \mu.$$

Dabei ist μ das Verhältnis der Mondmasse zur Masse des Gesamtsystems. Längeneinheit für die euklidische Norm $|x|$ ist die mittlere Entfernung Erde-Mond (ca. 384000 km), Zeiteinheit ein Monat. Die Anfangswerte

$$x(0) = 0.994, \quad x_1'(0) = 0, \quad x_2(0) = 0, \quad x_2'(0) = -2.001585106$$

sind so gewählt, dass sich der kleeblattförmige Arenstorf-Orbit ergibt, welcher auf der rechten Seite der Abbildung 1.2 zu finden ist. Die Periode dieses Orbits beträgt

$$T = 17.0652166.$$

(i) Überlege, welche Genauigkeit für

$$|x_\Delta(T) - x(T)|$$

erforderlich ist, wenn ein Astronom an einer Präzision von ± 1km interessiert ist.

(ii) Forme durch die Substitution $x_3 = x_1'$ und $x_4 = x_2'$ das Anfangswertproblem in ein Anfangswertproblem erster Ordnung um und wende das Programm aus Aufgabe 4.3 darauf an. Dieses sollte den Fehler $|x_\Delta(T) - x(T)|$ in der euklidischen Norm ausgeben. Beginne mit $n = 6000$ Schritten und verdopple n so lange, bis die Rechnungen zu viel Zeit erfordern. Tabelliere n, $|x_\Delta(T) - x(T)|$ und die für n Schritte nötige Rechenzeit.

(iii) Schätze ab, welches n für die im ersten Punkt geforderte Genauigkeit nötig wäre und wie lange die Rechnung dauern würde.

Aufgabe 4.5. Betrachtet seien autonome lineare Anfangswertprobleme der Form

$$x' = Ax, \quad x(0) = x_0 \in \mathbb{R}^d, \quad A \in \text{Mat}_d(\mathbb{R}).$$

Zeige, dass ein Runge-Kutta-Verfahren $(b, \mathfrak{A})$ genau dann für jedes $A \in \text{Mat}_d(\mathbb{R})$ die Konsistenzordnung $p \in \mathbb{N}$ besitzt, wenn die speziellen Bedingungsgleichungen

$$b^T \mathfrak{A}^{(\theta_q)} = \frac{1}{q!}, \quad 1 \le q \le p,$$

gelten. Hierbei sind die Wurzelbäume θ_q wie in Bemerkung 4.22 definiert. Welches spezielle p-stufige Runge-Kutta-Verfahren erzeugt die durch

$$\Psi^\tau = 1 + \tau A + \frac{\tau^2 A^2}{2!} + \cdots + \frac{\tau^p A^p}{p!}$$

gegebene diskrete Evolution der Konsistenzordnung p?

Aufgabe 4.6. Betrachtet sei ein Quadraturproblem der Form

$$x' = f(t), \quad x(a) = 0.$$

Zeige, dass für jedes $f \in C^\infty([a, b], \mathbb{R})$ ein Runge-Kutta-Verfahren $(b, \mathfrak{A})$ genau dann die Konsistenzordnung $p \in \mathbb{N}$ besitzt, wenn die speziellen Bedingungsgleichungen

$$b^T \mathfrak{A}^{(\beta)} = \frac{1}{\beta!}, \quad \beta = [\odot, \dots, \odot], \; \#\beta \le p,$$

gelten. Berechne für diese Wurzelbäume β den Wert $\beta!$ und deute das Ergebnis im Rahmen der Newton-Cotes-Quadratur (Band 1, Abschnitt 9.2).

Aufgabe 4.7. Betrachtet seien Anfangswertprobleme der Form

$$x' = A(t)x + f(t), \quad x(t_0) = x_0 \in \mathbb{R}^d,$$

mit einer matrixwertigen Abbildung $A \in C^\infty([t_0, \infty[, \text{Mat}_d(\mathbb{R}))$ und einer Abbildung $f \in C^\infty([t_0, \infty[, \mathbb{R}^d)$. Zeige, dass ein Runge-Kutta-Verfahren $(b, \mathfrak{A})$ genau dann für jedes dieser Probleme die Konsistenzordnung $p \in \mathbb{N}$ besitzt, wenn die Koeffizienten folgenden Bedingungsgleichungen genügen:

$$\sum_j b_j c_j^{q-1} = \frac{1}{q}, \quad q \le p,$$

$$\sum_{j,k} b_j c_j^{q-1} a_{jk} c_k^{r-1} = \frac{1}{(q+r)r}, \quad q+r \le p,$$

$$\sum_{j,k,\ell} b_j c_j^{q-1} a_{jk} c_k^{r-1} a_{k\ell} c_\ell^{s-1} = \frac{1}{(q+r+s)(r+s)s}, \quad q+r+s \le p,$$

$$\dots \text{etc.}$$

Zähle die Anzahl der (verschiedenen) Bedingungsgleichungen bis $p = 10$ und bewerte anhand von Tabelle 4.4 die Ersparnis gegenüber der Anzahl von Bedingungsgleichungen, welche für allgemeine rechte Seiten erfüllt werden müssen.

Hinweis: Schreibe das System in autonomer Form und untersuche, für welche Wurzelbäume die elementaren Differentiale identisch verschwinden, so dass die zu diesen Wurzelbäumen gehörenden Bedingungsgleichungen des Satzes 4.24 nicht betrachtet werden müssen, vgl. Bemerkung 4.19.

Aufgabe 4.8. Ziel der Aufgabe ist eine Herleitung der Euler-MacLaurinschen Summenformel (Band 1, Satz 9.16). Betrachte dazu das Quadraturproblem

$$x(b) = \int_a^b f(t)\,dt$$

als Anfangswertproblem

$$x' = f(t), \quad x(a) = 0.$$

Hierauf wenden wir die durch die Trapezregel gegebene diskrete Evolution

$$\Psi^{t+\tau,t} = x + \frac{\tau}{2}(f(t) + f(t+\tau))$$

an (vgl. Beispiel 4.41).

(i) Zeige, dass die durch Ψ zur Schrittweite $\tau = (b-a)/n$ erzeugte Gitterfunktion in $t = b$ den Wert

$$x_\Delta(b) = \frac{\tau}{2}\big(f(a)+2f(a+\tau)+2f(a+2\tau)+\cdots+2f(b-2\tau)+2f(b-\tau)+f(b)\big)$$

besitzt und daher die Trapezsummenapproximation des Integrals $x(b)$ darstellt.

(ii) Zeige für $f \in C^{2k+2}([a,b],\mathbb{R})$ mit Hilfe der Konstruktion aus dem Beweis des Satzes 4.42 die Existenz einer asymptotischen Entwicklung der Form

$$\int_a^b f(t)\,dt - x_\Delta(b) = \sum_{j=1}^k \alpha_{2j}\left(f^{(2j-1)}(b) - f^{(2j-1)}(a)\right)\tau^{2j} + O(\tau^{2k+2}),$$

wobei die α_{2j} problemunabhängige reelle Zahlen sind. Zeige ferner, dass der O-Term entfällt, falls f ein Polynom vom Grade höchstens $2k+1$ ist.

(iii) Definiere durch

$$\alpha_{2k} = -\frac{B_{2k}}{(2k)!}$$

reelle Zahlen B_{2k} und zeige, dass diese der Rekursion

$$B_{2k} = \frac{1}{2} - \frac{1}{2k+1} - \sum_{j=1}^{k-1} \frac{B_{2j}}{2j}\binom{2k}{2j-1}$$

genügen. (Womit gezeigt ist, dass es sich bei den B_{2k} um die sogenannten *Bernoulli-Zahlen* handelt.) Berechne B_{2j} für $j = 1, 2, 3, 4$.

Hinweis zu (iii): Wende die asymptotische Entwicklung aus (ii) auf das Polynom $f(t) = t^{2k}$ an und wähle dabei $a = 0$, $b = 1$ und $\tau = 1$.

Aufgabe 4.9. Konstruiere ein explizites Runge-Kutta-Verfahren $(b, \mathfrak{A})$ mit $s = p = 3$, dessen diskrete Kondition die Verstärkungskonstante

$$\gamma(b, \mathfrak{A}) = 1$$

enthält.

Hinweis: Lemma 4.30.

Aufgabe 4.10. Betrachtet wird das dynamische Verhalten eines molekularen Systems in einem *Doppelminimumpotential*

$$q'' = -\nabla V(q) \quad \text{mit} \quad V(q) = (q^2 - 1)^2$$

zu gegebenen Anfangswerten $q(0) = q_0$ und $q'(0) = p_0$. Vergleiche die beiden adaptiven Integratoren DIFEX2 bzw. ODEX2 mit dem einfachen Leapfrog-Verfahren in Aufwand und Energieerhaltung im Diskreten – zur Notation siehe Abschnitt 4.3.4.

Aufgabe 4.11. Gegeben sei ein Anfangswertproblem der Form

$$x'' = f(t, x), \quad x(0) = x_0, \ x'(0) = v_0.$$

a) Zeige, dass x die Peano-Darstellung

$$x(t) = x_0 + v_0 t + \int_0^t f(s, x(s))(t - s) \, ds$$

besitzt. Stelle die Ableitung $x'(t)$ analog dar.

b) Diskretisiere das obige Integral formal mittels der Trapezregel über dem Gitter $\Delta = \{0, \tau/2, \tau\}$. Vergleiche diese Diskretisierung mit der Störmerdiskretisierung (4.31).

Aufgabe 4.12. Explizite Extrapolationsverfahren lassen sich als explizite Runge-Kutta-Verfahren interpretieren. Für die explizite Mittelpunktsregel mit Extrapolation (DIFEX1) soll dies hier konstruktiv nachgewiesen und die Konsequenzen untersucht werden.

a) Schreibe die explizite Mittelpunktsregel zu einer Unterteilung des Basisschrittes in n Teilschritte als Runge-Kutta-Verfahren $(b_n, \mathfrak{A}_n)$.

Hinweis: Definiere das Runge-Kutta-Verfahren wie folgt:

$$\text{(i)} \quad g_i = x + \tau \sum_{j=1}^{i-1} a_{ij} f(t + c_j \tau, g_j), \quad i = 1, \ldots, s,$$

$$\text{(ii)} \quad \Psi^{t+\tau,t} x = x + \tau \sum_{j=1}^{s} b_j f(t + c_j \tau, g_j).$$

b) Berechne mit Hilfe eines selbstgewählten Computeralgebraprogramms das Butcher-Tableau $(b_{\mathrm{ex}}, \mathfrak{A}_{\mathrm{ex}})$ für die extrapolierte Mittelpunktsregel zu gegebener Unterteilungsfolge $\mathscr{F} = \{n_\nu\}$.

c) Berechne den Faktor γ in der diskreten Kondition für die extrapolierte Mittelpunktsregel.

Aufgabe 4.13. Betrachtet wird ein Runge-Kutta-Verfahren der Ordnung p mit Stufenzahl s. Dieses RK-Verfahren sei die Basis für eine Extrapolationsmethode mit der einfachen und doppelten harmonischen Unterteilungsfolge $\mathscr{F}_H = \{1, 2, \dots\}$ und $\mathscr{F}_{2H} = \{2, 4, \dots\}$.

Berechne jeweils den Aufwand s_k an Funktionsaufrufen der rechten Seite als Funktion von s. Wähle insbesondere das klassische RK4-Verfahren und die verbesserte Euler-Methode

$$x_{\nu+1} = x_\nu + f\left(x_\nu + \frac{\tau}{2} f(x_\nu)\right)$$

als Beispiele und vergleiche sie mit den Extrapolationsverfahren, die auf der expliziten Euler-Diskretisierung (EULEX) und auf der expliziten Mittelpunktsregel (DIFEX1) basieren. Konsequenz?

Aufgabe 4.14. *Ordnung ist nicht alles.* Berechne die Lösung des Anfangswertproblems

$$x' = |1.1 - x| + 1, \quad x(0) = 1$$

analytisch wie numerisch bis zum Zeitpunkt $T = 0.1$. Zur numerischen Integration vergleiche das explizite Euler-Verfahren mit Runge-Kutta-Verfahren der Ordnung $2, 3, 4$, jeweils zu mehreren konstanten Schrittweiten τ.

Stelle die Fehler aller Verfahren am Endzeitpunkt graphisch dar (doppeltlogarithmische Darstellung). Trage zudem die Fehler über dem benötigten Aufwand auf, in *flops* gemessen.

Aufgabe 4.15. Diskretisiere das Anfangswertproblem

$$x' = \sqrt{x}, \quad x(0) = 0$$

mit dem expliziten Euler-Verfahren

$$x_{\nu+1} = x_\nu + \tau \sqrt{x_\nu}, \quad \nu = 0, 1, \dots$$

und dem impliziten Euler-Verfahren

$$x_{\nu+1} = x_\nu + \tau \sqrt{x_{\nu+1}}, \quad \nu = 0, 1, \dots.$$

Vergleiche die erhaltenen numerischen Resultate mit der analytischen Lösung (siehe Aufgabe 2.8). Für festes t untersuche den Grenzübergang $\tau \to 0$.

Aufgabe 4.16. Für $x(t) \in \mathbb{R}$ und $\mu > 0$ sei die folgende Differentialgleichung zweiter Ordnung gegeben:

$$x''(t) + \mu^2 x(t) = f(x(t)), \quad x(0) = x_0, \quad x'(0) = v_0.$$

a) Untersuche das qualitative Verhalten von $x(t)$ für $\| f_x(x) \| \ll \mu^2$. In welcher Größenordnung müsste eine vernünftige Schrittweite τ für einen numerischen Integrator liegen?

b) Sei definiert:

$$g(t) = \frac{\sin(\mu t)}{\mu}, \quad \overline{x}(t) = \frac{1}{T} \int_{t-T/2}^{t+T/2} x(\sigma) \, d\sigma, \quad T = \frac{2\pi}{\mu}.$$

Zeige:

(i) $x(t) = x_0 \cos(\mu t) + v_0 g(t) + \displaystyle\int_{s=0}^{t} f(x(s)) g(t-s) \, ds.$

(ii) $\overline{x}(t) = \dfrac{2}{\mu^2 T} \displaystyle\int_{t-T/2}^{t+T/2} f(x(s)) \cos^2 \left(\frac{\mu}{2}(t-s) \right) \, ds.$

(iii) Unter der Voraussetzung

$$\lim_{\mu \to \infty} \frac{f(x(s))}{\mu^2} = \alpha$$

gilt $\displaystyle\lim_{\mu \to \infty} \overline{x}(t) = \alpha.$

c) Versuche eine Differentialgleichung für $\overline{x}$ herzuleiten. Welcher Term stört dabei?

5   Adaptive Steuerung von Einschrittverfahren

Wir haben im vorigen Kapitel eine Reihe von Einschrittverfahren kennengelernt, die uns gestatten, die Lösung $x \in C^1([t_0, T], \mathbb{R}^d)$ des Anfangswertproblems

$$x' = f(t, x), \quad x(t_0) = x_0,$$

durch eine Gitterfunktion x_Δ zu approximieren – bei einem *gegebenem* Gitter $\Delta = \{t_0, t_1, \ldots, t_n\}$, $t_0 < t_1 < \cdots < t_n = T$. Für Verfahren der Ordnung p erhielten wir eine Charakterisierung des Diskretisierungsfehlers der Form

$$\max_{t \in \Delta} |x(t) - x_\Delta(t)| \le C \tau_\Delta^p,$$

wobei τ_Δ die maximale Schrittweite innerhalb eines Gitters Δ bezeichnete. Mit dieser Information allein können wir kein Gitter Δ *vorab (a priori)* festlegen. Vielmehr wird uns – ohne weitere Informationen über die Lösung – gewiss nichts Besseres einfallen, als mit $\tau = \tau_\Delta$ ein *äquidistantes Gitter*

$$\Delta_n = \left\{ t_0 + j \frac{T - t_0}{n} : j = 0, 1, \ldots, n \right\},$$

zu wählen. Es ist jedoch nicht zu erwarten, dass äquidistante Gitter wirklich der Vielfalt unterschiedlicher Probleme gerecht werden können. Deshalb wollen wir uns im nun folgenden Kapitel mit der Frage beschäftigen, wie man *problemangepasste* Gitter auf effiziente Weise konstruiert.

Bei der Konstruktion von Gittern Δ werden wir die folgenden Gesichtspunkte zu beachten haben:

(a) Die Genauigkeit der Approximation x_Δ.

(b) Die Anzahl der Gitterpunkte n_Δ.

(c) Den Rechenaufwand zur Erzeugung der Approximation x_Δ.

In der Approximationstheorie betrachtet man meist nur die Punkte 1 und 2 und sucht *optimale* Gitter, die bei vorgegebener Genauigkeit die Knotenanzahl minimieren. Den Anwender von Algorithmen hingegen interessieren Punkt 1 und Punkt 3, er will möglichst *minimalen Aufwand* treiben, um eine Approximation auf verlangte Genauigkeit zu berechnen. Falls der Aufwand (inklusive desjenigen zur Erzeugung des Gitters!) in der Knotenanzahl wächst, stimmen natürlich beide Gesichtspunkte überein. Bei der numerischen Lösung ist jedoch der Aufbau eines problemangepassten Gitters Δ ebenfalls ein Kostenfaktor, der vorab nicht bekannt, aber dennoch zu berücksichtigen ist. Also ist eine gute Heuristik gefragt, die dann in der Regel nur *suboptimale* Gitter erzeugt.

Beispiel 5.1. Berechnet man den dreischlaufigen periodischen Satellitenorbit aus Abschnitt 1.1 (Periode $T = 11.12\ldots$) mit dem klassischen Runge-Kutta-Verfahren der Ordnung 4 (Tabelle 4.2) auf eine absolute Genauigkeit in den Ortsvariablen von $2.5_{10} - 7$ (entsprechend 100m Positionsfehler), so benötigt man ein äquidistantes Gitter Δ_1 mit

$$n_1 = 117\,000$$

Knoten. Dies bedeutet $4n_1 = 468\,000$ f-Auswertungen! Daneben kostet die Erzeugung des äquidistanten Gitters (nahezu) nichts.

Mit den Techniken, die wir in den folgenden Abschnitten vorstellen werden, lässt sich aber für diese Genauigkeit ein problemangepasstes Gitter Δ_2 berechnen, das nur

$$n_2 = 1883$$

Knoten enthält. Insgesamt werden 7669 f-Auswertungen benötigt, so dass die Bestimmung des Gitters die Kosten von zusätzlichen $7669 - 4n_2 = 137$ f-Auswertungen verursacht. Die Kostenersparnis gegenüber dem äquidistanten Gitter (gemessen in Anzahl der Auswertungen von f) beträgt hier einen Faktor 61 – ein Beschleunigungsfaktor in der Größenordnung von einer Rechnergeneration zur nächsten!

Offenbar lohnt es sich, problemangepasste Gitter zu verwenden. Die Konstruktion derartiger Gitter lässt sich bei Anfangswertproblemen zurückführen auf das Problem der *adaptiven* Bestimmung der nächsten *Schrittweite*

$$\tau_j = t_{j+1} - t_j.$$

Die lokalen Schrittweiten sollten dabei möglichst groß ausfallen, um den Aufwand (im Sinne der schon erwähnten Heuristik) möglichst klein zu halten. Zugleich sollten sie jedoch klein genug sein, um eine gewisse *Qualität* der Approximation $x_\Delta(t_{j+1})$ sicherzustellen. Eben dies ist das Problem einer effizienten *Schrittweitensteuerung*.

5.1   Lokale Genauigkeitskontrolle

Wie dargelegt, müssen wir uns vorab überlegen, wie wir die oben erwähnte Qualität der Approximation x_Δ sicherstellen. Zunächst würde man wohl daran denken, als Qualitätsmaßstab den *Diskretisierungsfehler*

$$\varepsilon_\Delta(t_{j+1}) = x(t_{j+1}) - x_\Delta(t_{j+1})$$

am neuen Gitterpunkt t_{j+1} heranzuziehen. Dieser Fehler hängt von dem bereits berechneten Wert $x_\Delta(t_j)$ in folgender Weise ab:

$$\varepsilon_\Delta(t_{j+1}) = \left(\Phi^{t_{j+1},t_j} x(t_j) - \Phi^{t_{j+1},t_j} x_\Delta(t_j)\right) + \left(\Phi^{t_{j+1},t_j} x_\Delta(t_j) - \Psi^{t_{j+1},t_j} x_\Delta(t_j)\right).$$

Hieran erkennen wir, dass der Fehler $\varepsilon_\Delta(t_{j+1})$ in zwei Anteile zerfällt: den sogenannten *lokalen* Diskretisierungsfehler (Konsistenzfehler)

$$\varepsilon_{j+1} = \Phi^{t_{j+1},t_j} x_\Delta(t_j) - \Psi^{t_{j+1},t_j} x_\Delta(t_j)$$

und einen Anteil

$$\bar\varepsilon_{j+1} = \Phi^{t_{j+1},t_j} x(t_j) - \Phi^{t_{j+1},t_j} x_\Delta(t_j),$$

der die Propagation des „vorigen" Approximationsfehlers $\varepsilon_\Delta(t_j)$ durch die Evolution des Anfangswertproblems darstellt. In linearisierter Form erhielte man mit der in Abschnitt 3.1.1 eingeführten Propagationsmatrix W

$$\bar\varepsilon_{j+1} = W(t_{j+1}, t_j)\varepsilon_\Delta(t_j) + O(|\varepsilon_\Delta(t_j)|^2). \tag{5.1}$$

Dieser Fehlerbestandteil wäre nur durch Verbesserung der Approximation $x_\Delta(t_j)$ zu korrigieren, was aber bedeuten würde, die gesamte bisherige Rechnung *global* neu aufzurollen. Wegen dieses globalen Anteils heißt $\varepsilon_\Delta(t)$ auch *globaler Diskretisierungsfehler*. Man beschränkt sich deshalb in aller Regel darauf, den lokalen Fehleranteil ε_{j+1} zu kontrollieren und die Bedingung

$$|\varepsilon_{j+1}| \leq \text{TOL}$$

als Qualitätsforderung zu stellen. Im Allgemeinen können wir nicht einmal die Größe $|\varepsilon_{j+1}|$ *exakt* bestimmen, sondern sind auf eine *berechenbare Schätzung* $|[\varepsilon_{j+1}]| \approx |\varepsilon_{j+1}|$ angewiesen. So landen wir schließlich bei einer implementierbaren Ersatzforderung der Form

$$|[\varepsilon_{j+1}]| \leq \text{TOL}, \tag{5.2}$$

wobei die *lokale Toleranz* TOL als Steuergröße vom Benutzer vorzugeben ist.

Die Fehlerschätzung $|[\varepsilon_{j+1}]|$ beschreibt die Qualität des Schrittes von t_j zu t_{j+1}. *Genügt* die Schätzung der Bedingung (5.2), so wollen wir aus dieser aktuellen Information einen Vorschlag für den Zeitpunkt t_{j+2} gewinnen, d. h. die *neue* Schrittweite τ_{j+1} angeben. Hierfür würden wir eigentlich zukünftige Information benötigen, welche uns noch nicht zur Verfügung steht. Deshalb werden wir uns damit begnügen, aus der aktuellen Information eine „optimierte" *aktuelle* Schrittweite τ_j^* zu berechnen und diese für den nächsten Schritt *vorzuschlagen:* $\tau_{j+1} = \tau_j^*$.

Verletzt die Schätzung hingegen die Bedingung (5.2), so werden wir ebenfalls aus der aktuellen Information die „optimierte" aktuelle Schrittweite τ_j^* berechnen und den Schritt mit der *Korrektur* $\tau_j = \tau_j^*$ wiederholen.

Von der „optimierten" aktuellen Schrittweite τ_j^* wollen wir verlangen, dass der von ihr erzeugte lokale Fehler $|\varepsilon_{j+1}^*|$ die verlangte Toleranz weder groß unterschreitet (Effizienz), noch groß überschreitet (Verlässlichkeit):

$$\text{TOL} \approx |\varepsilon_{j+1}^*|.$$

Nun besteht zwischen den lokalen Fehlern $|\varepsilon_{j+1}|$, $|\varepsilon_{j+1}^*|$ und den Schrittweiten τ_j, τ_j^* der näherungsweise Zusammenhang

$$\|[\varepsilon_{j+1}]\| \approx |\varepsilon_{j+1}| = c(t_j)\tau_j^{p+1} + O(\tau_j^{p+2}) \approx c(t_j)\tau_j^{p+1} \tag{5.3}$$

und entsprechend auch

$$\text{TOL} \approx |\varepsilon_{j+1}^*| \approx c(t_j)(\tau_j^*)^{p+1}. \tag{5.4}$$

Dividieren wir die Beziehung (5.4) durch die Beziehung (5.3), lösen nach τ_j^* auf und „verzieren" zur Sicherheit die verlangte Genauigkeit TOL noch mit einem Faktor $\rho < 1$, so erhalten wir schließlich

$$\tau_j^* = \sqrt[p+1]{\frac{\rho \cdot \text{TOL}}{\|[\varepsilon_{j+1}]\|}}\, \tau_j. \tag{5.5}$$

In obiger Schätzformel (5.5) kann im Prinzip der Nenner verschwinden oder so klein werden, dass Exponentenüberlauf auftritt. Deshalb wird man in der Regel eine zusätzliche *Hochschaltungsbeschränkung* einführen: Entweder wird die Hochschaltung intern (d. h. innerhalb des Programms) durch einen Faktor $q > 1$ beschränkt oder extern durch eine vom Benutzer vorzugebende, vom Problem her sinnvolle maximale Schrittweite $\tau_{\max}$.

Wir fassen nun den algorithmischen Teil der vorangegangenen Überlegungen in einem *Pseudocode* zusammen. Zu beachten ist, dass wir im ersten Schritt mit einem *externen* Schrittweitenvorschlag τ_0 beginnen müssen.

Algorithmus 5.2. Adaptiver Grundalgorithmus.

$j := 0$

$\Delta := \{t_0\}$

$x_\Delta(t_0) := x_0$

while $(t_j < T)$

   $t := t_j + \tau_j$

   $x := \Psi^{t,t_j} x_\Delta(t_j)$

   berechne die Fehlerschätzung $\|[\varepsilon_j]\|$

   $\tau := \min\left(q\tau_j, \tau_{\max}, \sqrt[p+1]{\frac{\rho \cdot \text{TOL}}{\|[\varepsilon_j]\|}}\, \tau_j\right)$

   if $(\|[\varepsilon_j]\| \leq \text{TOL})$ **then**   (* Schritt wird akzeptiert *)

      $t_{j+1} := t$

$$\Delta := \Delta \cup \{t_{j+1}\}$$

$$x_\Delta(t_{j+1}) := x$$

$$\tau_{j+1} := \min(\tau, T - t_{j+1})$$

$$j := j + 1$$

else   (* Schritt wird verworfen *)

$$\tau_j := \tau$$

end if

end while

Man beachte, dass die **while**-Schleife des Algorithmus keineswegs abbrechen muss. Das in den Beispielen 2.12 (Blow-up), 2.13 und 2.14 (Kollaps) beschriebene Verhalten, dass ein guter Algorithmus sich am Endpunkt t_+ des Existenzintervalls der Lösung „festfrisst", bedeutet gerade, dass wir bei einer Eingabe $T \geq t_+$ eine unendliche Schleife mit $t_j \to t_+$, $\tau_j \to 0$ erhalten. Andererseits sei ausdrücklich darauf hingewiesen, dass natürlich auch ein adaptiver Algorithmus, wie er hier skizziert ist, lokale Singularitäten schlichtweg „übersehen" kann – dies gilt jedoch für äquidistante Gitter in weit höherem Maß!

Skalierung. Wir haben bisher *Normen* der Diskretisierungsfehler betrachtet, ohne uns auf eine Spezifikation einzulassen. In der Tat spielt jedoch die Wahl der Norm eine ganz entscheidende Rolle für den Ablauf des gesamten Algorithmus. Dabei ist es für adaptive Algorithmen empfehlenswert, als Fehlermaß jeweils *glatte* Normen – wie etwa die euklidische Norm – zu wählen. (So kann z. B. bei Wahl der Maximumsnorm ein „Hin- und Herspringen" der das Maximum repräsentierenden Fehlerkomponenten zu „unglattem" Ablauf der Schrittweitensteuerung führen.) Ferner ist dringend geraten, sich über die *Skalierung* der Komponenten innerhalb der Vektornorm möglichst gründliche Gedanken zu machen, falls sie von außen, also durch den Anwender, vorgeschrieben werden soll (sogenannte *externe* Skalierung). Zur Sicherheit sollte jedoch auch innerhalb jedes halbwegs effizienten Integrationsprogramms eine *interne* Skalierung vorgesehen sein. Formal wird eine Skalierung dargestellt durch eine positive Diagonalmatrix der Form

$$D_j = \operatorname{diag}\big(\sigma_1(t_j), \ldots, \sigma_d(t_j)\big).$$

Anstelle der obigen Fehlernormen $\|[\varepsilon_j]\|$ sind dann die skalierten Fehlernormen $\|D_j^{-1}[\varepsilon_j]\|$ an den entsprechenden Stellen des adaptiven Grundalgorithmus einzusetzen. Typische Skalierungskonzepte sind *relative* Skalierung $\sigma_k(t_j) = |(x_\Delta(t_j))_k|$ und *absolute* Skalierung $\sigma_k(t_j) = \sigma_k^*$ mit festgewählten Werten $\sigma_k^* > 0$. Bei programminterner relativer Skalierung gilt zusätzlich noch eine Invarianz gegen äußere Umskalierung (Aufgabe 5.1), was eine oft wünschenswerte Eigenschaft von Programmen ist.

Da das Konzept des relativen Fehlers bekanntlich in der Nähe der Null zusammen-
bricht (vergleiche Band 1), ist häufig vom Anwender neben der Vorgabe der relativen
Fehlertoleranz TOL noch ein absoluter Schwellwert $s_{\min} > 0$ anzugeben, so dass

$$\sigma_k(t_j) = \max(s_{\min}, |(x_\Delta(t_j))_k|), \quad k = 1, \ldots, d.$$

Simultane Ordnungssteuerung. In Band 1, Abschnitt 9.5.3, haben wir am Beispiel
der Romberg-Quadratur bereits vorgeführt, wie sich Ordnung und Schrittweite simultan steuern lassen. Die dort beschriebene Technik überträgt sich unmittelbar auf die in
Abschnitt 4.3 vorgestellten Extrapolationsverfahren für Differentialgleichungen. Es
genügt also, die Zusammenhänge hier lediglich zu skizzieren.

In Extrapolationsverfahren werden für gegebene Spaltenzahl k sukzessive diskrete
Evolutionen

$$
\begin{array}{ccccccc}
\Psi_{11} & & & & & & \\
& \searrow & & & & & \\
\Psi_{21} & \rightarrow & \Psi_{22} & & & & \\
\vdots & & & \ddots & & & \\
\Psi_{k-1,1} & \rightarrow & \cdots & & \rightarrow & \Psi_{k-1,k-1} & \\
& \searrow & & \searrow & & & \searrow \\
\Psi_{k,1} & \rightarrow & \cdots & & \rightarrow & \Psi_{k,k-1} & \rightarrow & \Psi_{k,k}
\end{array}
$$

berechnet, wobei $\Psi_{\nu\mu}$ für die extrapolierte explizite Mittelpunktsregel (Abschnitt
4.3.3) die Ordnung $2 \cdot \mu$ besitzt. Die Berechnung der diskreten Evolutionen $\Psi_{\nu\mu}$ für
eine gegebene Unterteilungsfolge

$$\mathcal{F} = \{2n_1, 2n_2, \ldots\}$$

findet sich in Algorithmus 4.45. Der *Aufwand* zur Berechnung von $\Psi_{\mu\mu}$ entspricht
– gemessen in der Anzahl von f-Auswertungen – der Stufenzahl s_μ des zu $\Psi_{\mu\mu}$
gehörigen Runge-Kutta-Verfahrens. So gelangen wir zu der *Aufwandsfolge*

$$\mathcal{A} = \{s_1, s_2, \ldots\},$$

die von der Unterteilungsfolge $\mathcal{F}$ abhängt und sich für die explizite Mittelpunktsregel gemäß der Beziehung (4.28) berechnet. Grundidee der Ordnungssteuerung ist –
wie im Fall der adaptiven Romberg-Quadratur – die *Minimierung des Aufwands pro
Schrittweite*. Zur Erläuterung dieses Minimierungsprinzips erinnern wir daran, dass
jede diagonale diskrete Evolution $\Psi_{\mu\mu}$, $\mu = 2, \ldots, k$, nach Formel (5.5) einen zugehörigen Schrittweitenvorschlag τ_μ^* liefert. Wir bestimmen nun den *optimalen* Spal-
tenindex k^* und die zugehörige Schrittweite τ^* des nächsten Schrittes derart, dass

gilt:

$$\frac{s_{k^*}}{\tau^*} = \min_{2 \le \mu \le k} \frac{s_\mu}{\tau_\mu^*}.$$

Für weitere algorithmische Details wie *Ordnungsfenster* oder die Festlegung gewisser Parameter mit Hilfe der Shannonschen Informationstheorie verweisen wir auf den ersten Band oder auf die Originalliteratur [49, 51], welche dem Programm DIFEX1 zugrundeliegt. Ein anderes Vorgehen zur Bestimmung der Parameter wird in [90] beschrieben und liegt dem Programm ODEX zugrunde.

Bemerkung 5.3. Im Vergleich mit den besten expliziten Runge-Kutta-Verfahren fester Ordnung sind explizite Extrapolationsverfahren bei gleicher fester Ordnung nicht besonders ökonomisch. Durch die oben beschriebene zusätzliche Möglichkeit der dynamischen Anpassung der Ordnung an das Problem sind sie jedoch in zahlreichen Problemen und über weite Genauigkeitsbereiche durchaus konkurrenzfähig. Für Spezialfälle wie etwa Differentialgleichungen zweiter Ordnung, in welchen keine erste Ableitungen auftreten, stellen sie unter den Einschrittverfahren die Methode der Wahl dar, vgl. [51].

5.2 Regelungstechnische Analyse

Tiefere Einsicht in den adaptiven Mechanismus der Schrittweitensteuerung gewinnen wir, wenn wir ihn aus der Sicht der Regelungstechnik studieren. Dort wird er als Abgleich von einem *Istwert* $\|[\varepsilon_{j+1}]\|$ mit dem *Sollwert* TOL interpretiert. Der Istwert $\|[\varepsilon_{j+1}]\|$, also der geschätzte Fehler am nächsten Integrationspunkt t_{j+1}, ist die Antwort des gesamten Systems *Einschrittverfahren + Problem*, zusammengefasst in der diskreten Evolution Ψ, auf den Input $\tau_j = t_{j+1} - t_j$. In der Regelungstechnik spricht man von *Steuerung*, wenn der Input exakt so gewählt wird, dass die Systemantwort der Sollwert ist. Im Allgemeinen wird aber dieser Input nicht bestimmbar sein, da das Systemverhalten nicht völlig bekannt ist und zusätzlich Störungen unterworfen sein kann. In diesem Falle geht man zu einer *Regelung* über, einem *iterativen* Prozess, der die Systemantwort auf den Sollwert regelt. Dieser Prozess wird abgebrochen, sobald Istwert und Sollwert befriedigend übereinstimmen. Streng genommen müssten wir also statt von Schrittweiten*steuerung* von Schrittweiten*regelung* sprechen. (Der angelsächsische Begriff *stepsize control* deckt beide Bedeutungen ab.) Aus Gründen der Tradition wollen wir jedoch die Bezeichnung *Schrittweitensteuerung* beibehalten.

5.2.1 Exkurs über PID-Regler

Wenden wir uns nun einer mathematischen Beschreibung des Regelungsproblems zu. Das System sei durch eine Abbildung

$$F : \mathbb{R} \to \mathbb{R}$$

beschrieben, als Sollwert definieren wir $F = 0$. Diese Definition hat den Vorteil, dass der Istwert stets die Abweichung vom Sollwert ist. Wir suchen also denjenigen Input ξ_*, für den gilt

$$F(\xi_*) = 0.$$

Damit sind wir in mathematisch vertrauten Gefilden und könnten im Prinzip irgendein Iterationsverfahren zur Nullstellenbestimmung anwenden. Sehen wir uns stattdessen das Vorgehen der *linearen* Regelungstechnik an. Man beginnt mit einem guten linearen *Modell F_0* von F, d. h.

$$F(\xi) \approx F_0(\xi) = \alpha(\xi - \xi_0)$$

für die interessierenden Bereiche von ξ. Das System von F deutet man wie bei der Rückwärtsanalyse in Band 1, Kapitel 2, als System F_0 mit gestörter Eingabe:

$$F(\xi) = F_0(\xi + \delta).$$

Dabei hängt die unbekannte Störung δ in der Regel noch von ξ ab. Diese Störung muss jetzt iterativ „weggeregelt" werden. Im ungestörten Fall wäre

$$\xi = \xi_0$$

der korrekte Input. Dieser Wert wird nun iterativ zu

$$\xi_k = \xi_0 - \delta_k$$

verändert, so dass nach Möglichkeit $\delta_k \approx \delta$ die Störung δ kompensiert. Beim relativ allgemeinen *PID-Regler* setzt man

$$\delta_k = \beta_P \, F(\xi_{k-1}) + \beta_I \sum_{j=0}^{k-1} F(\xi_j) + \beta_D \nabla F(\xi_{k-1}).$$

Mit ∇ bezeichnen wir den Rückwärtsdifferenzenoperator

$$\nabla F(\xi_k) = F(\xi_k) - F(\xi_{k-1}).$$

Außerdem vereinbaren wir $F(\xi_j) = 0$ für $j < 0$, so dass konsistent $\delta_0 = 0$ gilt.

Der PID-Regler reagiert also mit einer Korrektur aus drei Summanden (Regelgliedern):

- P-Glied: Proportional zur letzten Abweichung vom Sollwert.

- I-Glied: proportional zur Summe aller bisherigen Abweichungen vom Sollwert (im Falle der zeitkontinuierlichen Regelung das Integral).

- D-Glied: proportional zur letzten Änderung der Differenzen.

Man hofft, damit die Störung δ gut abzutasten und dann kompensieren zu können.

Als Iterationsverfahren zur Lösung von $F(\xi_*) = 0$ sieht der PID-Regler zunächst noch etwas ungewohnt aus. Wir führen deshalb die Differenz $\xi_{k+1} - \xi_k = \nabla \xi_{k+1}$ ein und erhalten so die Iteration in der Form

$$\xi_{k+1} = \xi_k - \nabla \xi_{k+1} = \xi_k - \beta_I F(\xi_k) - \beta_P \nabla F(\xi_k) - \beta_D \nabla^2 F(\xi_k). \tag{5.6}$$

Die Konvergenz dieser Iteration für nichtlineares F zu beurteilen ist nicht einfach. Beschränken wir uns zunächst auf *lineare* Systeme,

$$F(\xi) = \alpha(\xi - \xi_*),$$

oder äquivalent, die konstante Eingabestörung $\delta = \xi_0 - \xi_*$. Führen wir die Differenz

$$\eta_k = \xi_k - \xi_*$$

ein, so erfüllt diese die homogene lineare Differenzengleichung dritter Ordnung

$$\eta_{k+1} = \eta_k - \beta_I \alpha \, \eta_k - \beta_P \alpha \, \nabla \eta_k - \beta_D \alpha \, \nabla^2 \eta_k. \tag{5.7}$$

Die Frage nach der Konvergenz $\eta_k \to 0$ ist somit nichts anderes als die Frage, ob die Differenzengleichung (5.7) *asymptotisch stabil* ist. Die Antwort haben wir bereits in Satz 3.40 gegeben: $\eta_k \to 0$ gilt dann und nur dann, wenn sämtliche Wurzeln λ der charakteristischen Gleichung

$$\lambda^3 = \lambda^2 - \beta_I \alpha \, \lambda^2 - \beta_P \alpha \, \nabla \lambda^2 - \beta_D \alpha \, \nabla^2 \lambda^2 \tag{5.8}$$

die Bedingung $|\lambda| < 1$ erfüllen, wobei $\nabla \lambda^2 = \lambda^2 - \lambda$ und $\nabla^2 \lambda^2 = \lambda^2 - 2\lambda + 1$ ist. In diesem Falle nennen wir den PID-Regler *für α stabil*.

Nun können wir aber einen Schritt weiter gehen und auch den nichtlinearen Fall betrachten, haben wir doch die wesentlichen Vorarbeiten in Abschnitt 3.3 bereits geleistet.

Satz 5.4. *Sei $F : \mathbb{R} \to \mathbb{R}$ stetig differenzierbar und gelte*

$$F(\xi_*) = 0, \quad \alpha_* = F'(\xi_*) \neq 0.$$

Sind die Parameter $(\beta_P, \beta_I, \beta_D)$ des PID-Reglers so gewählt, dass dieser für α_* stabil ist, so konvergiert die Iteration

$$\xi_{k+1} = \xi_k - \beta_I F(\xi_k) - \beta_P \nabla F(\xi_k) - \beta_D \nabla^2 F(\xi_k), \quad k = 0, 1, 2, \ldots,$$

des PID-Reglers bei der Festlegung $F(\xi_{-2}) = F(\xi_{-1}) = 0$ für jedes hinreichend nahe bei ξ_* gelegene ξ_0 gegen ξ_*.

Beweis. Der gleiche Trick, der uns in Beispiel 3.39 von Satz 3.33 zu dem eben benutzten Satz 3.40 für lineare Modelle führte, ermöglicht die Herleitung des behaupteten Resultates für nichtlineare Modelle aus Satz 3.38. Details überlassen wir dem Leser. Wir weisen allerdings erneut auf das Muster hin: Das lineare Stabilitätsresultat $\xi_k \to \xi_*$ für alle ξ_0 gilt im nichtlinearen Fall für Startwerte ξ_0 in der Umgebung des Fixpunktes ξ_* der Iteration. Die Festlegung $F(\xi_{-2}) = F(\xi_{-1}) = 0$ sorgt nun gerade dafür, dass ξ_* Fixpunkt der PID-Iteration ist.   □

Somit kann ein PID-Regler bei „kleinen" nichtlinearen Abweichungen benutzt werden, vorausgesetzt er wird geeignet dimensioniert. Die Wahl der Parameter $(\beta_P, \beta_I, \beta_D)$ erfolgt nun nach folgendem Schema:

Da das lineare Modell F_0 als gut vorausgesetzt wird, ist

$$\alpha_* \approx \alpha. \tag{5.9}$$

Die Parameter $(\beta_P, \beta_I, \beta_D)$ werden so gewählt, dass der PID-Regler für α stabil ist. Geht man mit diesen Parametern nicht bis an den Rand des Möglichen, so wird bei einer guten Approximation (5.9) der PID-Regler auch für α_* stabil sein. Einen Hinweis zur Wahl der Parameter liefert das folgende

Lemma 5.5. *Für jedes β_I, das*

$$|1 - \alpha\beta_I| < 1 \tag{5.10}$$

erfüllt, gibt es ein $\beta_0 = \beta_0(\beta_I, \alpha) > 0$, so dass der PID-Regler für α stabil ist, wenn

$$|\beta_P|, |\beta_D| \le \beta_0.$$

Beweis. Für $\beta_P = \beta_D = 0$ lautet die charakteristische Gleichung (5.8)

$$\lambda^3 = (1 - \beta_I\alpha)\lambda^2.$$

Diese hat die Nullstellen $\lambda_0 = 0$ und $\lambda_1 = (1 - \beta_I\alpha)$. Die Stabilitätsbedingung ist also gerade durch (5.10) gegeben. Nun hängen die Wurzeln eines Polynoms stetig von den Koeffizienten ab, so dass wir bei festem β_I mit $|\beta_P|$ und $|\beta_D|$ ein klein wenig von der Null weg können, ohne dass eine Wurzel an den Rand des Einheitskreises stieße.   □

5.2.2 Schrittweitensteuerung als Regler

Wir wollen nun die oben dargestellten Stabilitätskriterien für Regler auf den Algorithmus für die Schrittweitensteuerung anwenden. Zunächst wollen wir dem Istwert-Sollwert-Abgleich ein Abbruchkriterium geben: Dazu transformieren wir mit einem Sicherheitsfaktor $\rho < 1$ den Benutzerparameter TOL zu dem *Sollwert* $\rho \cdot$ TOL und brechen weiterhin bei $\|[\varepsilon_{k+1}]\| \leq \text{TOL}$ ab. Wir versuchen also, mit dem Regler etwas mehr zu erreichen, geben uns aber mit dem ursprünglich Verlangten zufrieden. Der Index k bei den Fehlerschätzungen $\|[\varepsilon_{k+1}]\|$ und den Schrittweiten τ_k stellt hier den Iterationsindex der Regelungsiteration dar und nicht den Index j des zugehörigen Zeitintervalls $[t_j, t_j + \tau_k]$.

Wie oben dargelegt, benötigen wir für die regelungstechnische Betrachtung ein geeignetes lineares Modell des Systems

$$\tau \mapsto \|[\varepsilon]\|.$$

Zur Herleitung des adaptiven Grundalgorithmus benutzten wir das nichtlineare Modell

$$\|[\varepsilon]\| \approx c\tau^{p+1}. \tag{5.11}$$

Um daraus ein lineares Modell zu konstruieren, könnte man zunächst an Taylorentwicklung denken, die jedoch nur für sehr beschränkte Bereiche von τ Aussagekraft hätte. Ein geeigneteres lineares Modell erhalten wir durch Logarithmieren, wobei wir zugleich noch den Sollwert auf Null transformieren:

$$\log \frac{\|[\varepsilon]\|}{\rho \cdot \text{TOL}} \approx (p+1) \log \frac{\tau}{\tau_{\text{ref}}}.$$

Dabei definiert sich τ_{ref} über die unbekannte Konstante c. Durch die Transformation

$$\xi = \log \frac{\tau}{\tau_{\text{ref}}} \mapsto F(\xi) = \log \frac{\|[\varepsilon]\|}{\rho \cdot \text{TOL}}$$

ist nun das Modell F_0 linear und gegeben durch

$$F_0(\xi) = (p+1)\xi.$$

Die Iteration (5.6) des PID-Reglers lautet jetzt

$$\log \frac{\tau_{k+1}}{\tau_{\text{ref}}} = \log \frac{\tau_k}{\tau_{\text{ref}}} - \beta_I \log \frac{\|[\varepsilon_{k+1}]\|}{\rho \cdot \text{TOL}} - \beta_P \nabla \log \frac{\|[\varepsilon_{k+1}]\|}{\rho \cdot \text{TOL}} - \beta_D \nabla^2 \log \frac{\|[\varepsilon_{k+1}]\|}{\rho \cdot \text{TOL}}$$

oder nach einigen Umformungen

$$\tau_{k+1} = \left(\frac{\rho \cdot \text{TOL}}{\|[\varepsilon_{k+1}]\|} \right)^{\beta_I + \beta_P + \beta_D} \left(\frac{\|[\varepsilon_k]\|}{\rho \cdot \text{TOL}} \right)^{\beta_P + 2\beta_D} \left(\frac{\rho \cdot \text{TOL}}{\|[\varepsilon_{k-1}]\|} \right)^{\beta_D} \tau_k.$$

Dabei setzen wir $\|[\varepsilon_0]\| = \|[\varepsilon_{-1}]\| = \rho \cdot \text{TOL}$ in Übereinstimmung mit den beim PID-Regler getroffenen Konventionen.

Die Wahl der Konstanten erfolgt nun nach Satz 5.4 und Lemma 5.5 durch

$$|1 - (p+1)\beta_I| < 1, \quad \beta_P, \beta_D \approx 0.$$

In diesem Rahmen spricht nichts gegen die Wahl des reinen I-Reglers, d. h. $\beta_P = \beta_D = 0$. Wir werden allerdings in Bemerkung 6.12 eine Situation kennenlernen, in der ein PID-Regler vorzuziehen ist. Mit der Wahl des I-Reglers und $\beta_I = 1/\gamma$ erhalten wir

$$\tau_{k+1} = \sqrt[\gamma]{\frac{\rho \cdot \text{TOL}}{\|[\varepsilon_{k+1}]\|}}\, \tau_k,$$

mit einem Parameter

$$\gamma > \frac{p+1}{2}. \tag{5.12}$$

Dies ist aber gerade die Schrittweitenformel des adaptiven Grundalgorithmus 5.2, nur mit einer größeren Freiheit im Wurzelexponenten. Insbesondere lehrt uns Satz 5.4, dass wir eine konvergente Schrittweitenregelung erhalten, sofern γ nicht zu groß oder zu dicht an $(p+1)/2$ ist – abhängig von der Güte des Modells (5.11). Die im vorigen Abschnitt hergeleitete Wahl $\gamma = p + 1$ meidet obige Grenze, ist aber aus Sicht dieses Abschnittes keineswegs zwingend!

Beispiel 5.6. Sehen wir uns das Verhalten des I-Reglers zur Schrittweitenbestimmung für das schon in Beispiel 5.1 behandelte Dreikörperproblem an. Wir wählen dazu ein Verfahren mit

$$p + 1 = 4$$

bei einer relativ kleinen Toleranz $\text{TOL} = 4.0 \cdot 10^{-9}$, die hier Genauigkeiten wie in Beispiel 5.1 entspricht. In Abbildung 5.1 sind die Anzahlen N_{Accept} der akzeptierten

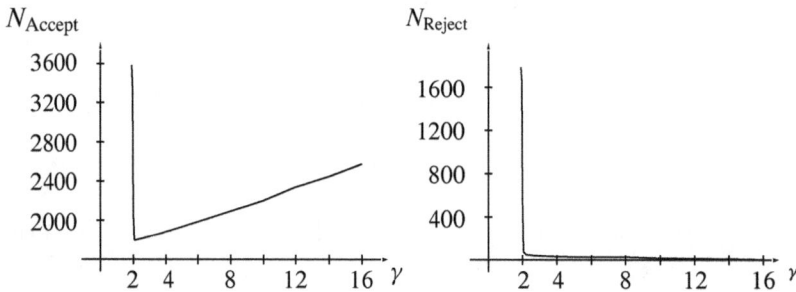

Abbildung 5.1. Abhängigkeit der Schrittweitensteuerung vom Wurzelexponenten γ

Schritte und N_{Reject} der verworfenen Schritte in Abhängigkeit von γ zu sehen. Dabei ist die Grenze

$$\gamma \approx \frac{p+1}{2} = 2$$

des Konvergenzbereiches deutlich zu erkennen. Im Übrigen zeigt sich, dass die kanonische Parameterwahl $\gamma = p + 1$ nicht die bestmögliche zu sein braucht.

Wir wollen als Fazit dieses Abschnittes zwei Gesichtspunkte explizit festhalten.

- Die Wahl des Wurzelexponenten $\gamma = p + 1$ in der Schrittweitenformel des adaptiven Grundalgorithmus 5.2 ist *nicht sensitiv*; vielmehr realisiert der Algorithmus einen I-Regler, der für weite Parameterbereiche sinnvoll arbeitet.

- Die Ordnung p eines Einschrittverfahrens hängt von der Differentiationsordnung der rechten Seite f der Differentialgleichung ab. In einem Programm stellt man typischerweise die Schrittweitensteuerung auf die Ordnung $p_{\max}$ des Verfahrens für $f \in C^\infty(\Omega, \mathbb{R}^d)$ ein. Aus Satz 4.24 wissen wir andererseits, dass Runge-Kutta-Verfahren für $f \in C^m(\Omega, \mathbb{R}^d)$ die Ordnung

$$p = \min(p_{\max}, m)$$

besitzen. Die Parameterwahl

$$\gamma = p_{\max} + 1 \geq p + 1$$

erfüllt daher die Stabilitätsbedingung (5.12) *unabhängig* von der Differentiationsordnung der rechten Seite f.

Bemerkung 5.7. Die Deutung der Schrittweitensteuerung als I-Regler geht auf eine Arbeit von K. Gustafsson, M. Lundh und G. Söderlind aus dem Jahre 1988 zurück [86, 93]. Im Unterschied zu der von uns gewählten Darstellung betrachten diese Autoren Regler im zeitkontinuierlichen Fall und erhalten somit keine Bedingungen an die Parameter $\beta_P, \beta_I, \beta_D$.

5.3 Fehlerschätzung

Wie in Abschnitt 5.1 ausgeführt, benötigen wir zur Realisierung der Schrittweitensteuerung noch eine brauchbare *Schätzung des lokalen Diskretisierungsfehlers*. Eine solche Schätzung gewinnen wir aus dem Vergleich von zwei nebeneinanderher gerechneten diskreten Evolutionen $(\Psi, \hat{\Psi})$. Diese besitzen die lokalen Fehler (Konsistenzfehler)

$$\varepsilon = \Phi^{t+\tau,t}x - \Psi^{t+\tau,t}x$$

und

$$\hat{\varepsilon} = \Phi^{t+\tau,t}x - \hat{\Psi}^{t+\tau,t}x.$$

Dabei setzen wir Ψ als die genauere diskrete Evolution voraus, so dass

$$\theta = \frac{|\varepsilon|}{|\hat{\varepsilon}|} < 1. \tag{5.13}$$

Die Differenz der beiden diskreten Evolutionen

$$[\hat{\varepsilon}] = \Psi^{t+\tau,t}x - \hat{\Psi}^{t+\tau,t}x = \hat{\varepsilon} - \varepsilon$$

ist eine *Schätzung des ungenaueren lokalen Fehlers* $\hat{\varepsilon}$, da für die zugehörige relative Abweichung nach (5.13) gilt

$$\frac{|\hat{\varepsilon} - [\hat{\varepsilon}]|}{|\hat{\varepsilon}|} = \theta < 1.$$

Hieraus folgt unter Verwendung der Dreiecksungleichung sofort

$$\frac{1}{1 + \theta}\,|[\hat{\varepsilon}]| \;\le\; |\hat{\varepsilon}| \;\le\; \frac{1}{1 - \theta}\,|[\hat{\varepsilon}]|, \tag{5.14}$$

also der in Band 1, Abschnitt 9.5.2, geforderte Typ von Ungleichung für einen Fehlerschätzer. Gilt zusätzlich $\theta \to 0$ für $\tau \to 0$, so nennen wir den Fehlerschätzer *asymptotisch exakt*. Dies ist offenbar der Fall, wenn

$$|\hat{\varepsilon}| = \hat{c}\tau^{\hat{p}+1} + O(\tau^{\hat{p}+2}), \quad \hat{c} \neq 0 \text{ und } |\varepsilon| = O(\tau^{\hat{p}+2}),$$

also Ψ nicht nur genauer, sondern von *echt* höherer Ordnung als $\hat{\Psi}$ ist.

Nun wird ein *Dilemma* deutlich: Wir schätzen den lokalen Fehler für $\hat{\Psi}$, so dass sich die Schrittweitenvorschläge des Grundalgorithmus 5.2 auf $\hat{\Psi}$ beziehen. Andererseits ist die Fehlerschätzung genau dann brauchbar, wenn die durch Ψ gegebene Lösung genauer ist. Mit dieser genaueren Lösung

$$x_\Delta(t_{j+1}) = \Psi^{t_{j+1}, t_j} x_\Delta(t_j) \tag{5.15}$$

sollte dann der Algorithmus auch weiterrechnen, wobei $\tau_j = t_{j+1} - t_j$ die durch $\hat{\Psi}$ ermittelte Schrittweite ist. Dieser Ausweg aus dem Dilemma rechtfertigt sich wie folgt.

Bei der *Schrittweitenkorrektur* ($|[\hat{\varepsilon}]| > \text{TOL}$) wird nur mit $\hat{\Psi}$ gearbeitet, da sich die Verwendung von Ψ für die Gitterfunktion x_Δ ja einzig auf den für die Korrekturschleife gemeinsamen Anfangswert $x_\Delta(t_j)$ beschränkt. Wir befinden uns also in dem im vorigen Abschnitt analysierten stabilen Regelkreis.

Die *Schrittweitenvorhersage* ($|[\hat{\varepsilon}]| \le \text{TOL}$) befindet sich auf der sicheren Seite, sofern die diskrete Evolution Ψ so viel genauer ist als $\hat{\Psi}$, dass gilt

$$\theta \le 1/2.$$

Hieraus folgt nämlich nach (5.14) und (5.13) die Fehlerabschätzung

$$|\varepsilon_j| \;\le\; \frac{\theta}{1 - \theta}|[\hat{\varepsilon}_j]| \;\le\; |[\hat{\varepsilon}_j]| \tag{5.16}$$

und ein Schrittweitenvorschlag τ_j mit

$$\tau_j = \sqrt[\hat{p}+1]{\frac{\rho \cdot \text{TOL}}{|[\hat{\varepsilon}_j]|}}\,\tau_{j-1} \;\le\; \sqrt[\hat{p}+1]{\frac{\rho \cdot \text{TOL}}{|\varepsilon_j|}}\,\tau_{j-1} = \tau_j^*.$$

Nach Abschnitt 5.2.1 wäre aber selbst τ_j^* ein vertretbarer Schrittweitenvorschlag für die diskrete Evolution Ψ, sofern der Wurzelexponent $\gamma = \hat{p} + 1$ die Bedingung (5.12) erfüllt, d. h.

$$\hat{p} < p \le 2\hat{p}.$$

Diese Bedingung wird von allen später diskutierten Paaren $(\Psi, \hat{\Psi})$ erfüllt.

Bemerkung 5.8. Da wir die Gitterfunktion x_Δ aus der diskreten Evolution Ψ bestimmen, würde die von uns eigentlich gewünschte, aber nicht implementierbare lokale Fehlerkontrolle lauten:

$$|\varepsilon_j| \le \text{TOL}. \tag{5.17}$$

Der Beziehung (5.16) entnehmen wir nun, dass diese Wunschkontrolle von der implementierten Kontrolle

$$\|[\hat{\varepsilon}_j]\| \le \text{TOL}$$

garantiert wird, sofern die diskrete Evolution Ψ gegenüber der vergleichenden diskreten Evolution $\hat{\Psi}$ wenigstens *ein Bit* an Information gewinnt ($\theta \le 1/2$) – und dies, obwohl sich das implementierte Kriterium ursprünglich auf $\hat{\Psi}$ bezieht. Andererseits zeigt (5.16), dass für sehr kleines θ die Wunschkontrolle (5.17) *übererfüllt* wird, man rechnet genauer als verlangt und treibt daher mehr Aufwand als nötig. Zwar ist $\theta = O(\tau)$ für Schrittweiten $\tau \to 0$, aber man sollte aus Aufwandsgründen bei der Konstruktion der Verfahren darauf achten, dass der verfahrensabhängige Teil der Konstanten nicht zu klein ausfällt.

Bemerkung 5.9. Historisch hat sich das Weiterrechnen gemäß (5.15) erst durchsetzen müssen. In früheren Programmen wurde mit

$$x_\Delta(t_{j+1}) = \hat{\Psi}^{t_{j+1}, t_j} x_\Delta(t_j)$$

weitergerechnet, da man den Schrittweitenvorschlag $\tau_j = t_{j+1} - t_j$ allzu genau nur der diskreten Evolution $\hat{\Psi}$ zuordnete. Dies ist etwa bei den immer noch weitverbreiteten Verfahren von E. Fehlberg [70, 71] aus den 60er Jahren der Fall. Mit Blick auf diesen (eigentlich überholten) Unterschied verwendet man die folgende *Nomenklatur*: Runge-Kutta-Verfahren, die gemäß (5.15) mit Ordnung p weiterrechnen, werden mit $\text{RK}\,p(\hat{p})$ bezeichnet; solche, die mit der niedrigeren Ordnung $\hat{p}$ weiterrechnen, mit $\text{RK}\,\hat{p}(p)$. Falls aus dem Zusammenhang klar ist, dass die höhere Ordnung ausgewählt wird, dann genügt auch die Schreibweise $\text{RK}\,p\,\hat{p}$.

Beispiel 5.10. *Subdiagonale Fehlerschätzung bei Extrapolationsverfahren.* Zur Fehlerschätzung für die diskrete Evolution $\Psi_{\mu\mu}$ der extrapolierten expliziten Mittelpunktsregel werden wir einen Partner niedrigerer Ordnung aus dem schon berechneten Tableau diskreter Evolutionen wählen. Im Lichte der Bemerkung 5.8 sollten wir dazu nach Möglichkeit die nach $\Psi_{\mu\mu}$ genaueste diskrete Evolution identifizieren. Die höchste Ordnung besitzen dabei genau zwei diskrete Evolutionen: der *subdiagonale*

Eintrag $\Psi_{\mu,\mu-1}$ und der *diagonale* Eintrag $\Psi_{\mu-1,\mu-1}$. Vergleichen wir mit Hilfe von Lemma 4.47 deren führende lokale Fehlerterme, so erhalten wir

$$\Phi^{t+\tau,t}x - \Psi^{t+\tau,t}_{\mu,\mu-1}x = \frac{\eta_{\mu-1}(t)}{n_\mu^2 \cdots n_2^2}\tau^{2\mu-1} + O(\tau^{2\mu})$$

$$= \frac{n_1^2}{n_\mu^2} \cdot \frac{\eta_{\mu-1}(t)}{n_{\mu-1}^2 \cdots n_1^2}\tau^{2\mu-1} + O(\tau^{2\mu})$$

$$= \frac{n_1^2}{n_\mu^2}\bigl(\Phi^{t+\tau,t}x - \Psi^{t+\tau,t}_{\mu-1,\mu-1}x\bigr) + O(\tau^{2\mu}).$$

Da $n_1^2/n_\mu^2 < 1$ ist, fällt die Wahl auf den genaueren subdiagonalen Eintrag. Wir gelangen somit – wie bei der adaptiven Romberg-Quadratur im Band 1 – zu dem *subdiagonalen Fehlerschätzer*

$$[\hat{\varepsilon}_{\mu-1}] = \Psi^{t+\tau,t}_{\mu,\mu-1}x - \Psi^{t+\tau,t}_{\mu,\mu}x.$$

Dieser Fehlerschätzer ist besonders einfach zu implementieren, da die benötigte Differenz bei zeilenweiser Auswertung des Extrapolationstableaus ohnehin direkt anfällt, so dass kein weiterer Speicherplatz benötigt wird und zudem Auslöschung bei expliziter Subtraktion vermieden wird.

Beispiel 5.11. *Extrapolation bei Runge-Kutta-Verfahren fester Ordnung.* Die Extrapolationstechnik erlaubt in einfacher Weise die Konstruktion einer diskreten Evolution höherer Ordnung aus einem gegebenen Runge-Kutta-Verfahren $(\hat{b}, \hat{\mathfrak{A}})$ der Ordnung $\hat{p}$. Für die Unterteilungsfolge $\mathscr{F} = \{1, 2\}$ erhalten wir die durch Extrapolation der Ordnung 1 erzeugte diskrete Evolution Ψ wie folgt: Man bestimmt die Koeffizienten $\alpha_* = \Psi^{t+\tau,t}x$ und α_0 des Polynoms $\chi(\tau) = \alpha_* + \alpha_0\tau^p$ durch die Interpolationsbedingungen

$$\chi(\tau) = \hat{\Psi}^{t+\tau,t}x, \quad \chi(\tau/2) = \hat{\Psi}^{t+\tau,t+\tau/2}\hat{\Psi}^{t+\tau/2,t}x.$$

Man errechnet leicht, dass

$$\Psi^{t+\tau,t}x = \alpha_* = \chi(\tau/2) + \frac{\chi(\tau/2) - \chi(\tau)}{2^{\hat{p}} - 1}.$$

Nach Satz 4.36 wissen wir, dass die diskrete Evolution Ψ für rechte Seiten $f \in C^{\hat{p}+1}(\Omega, \mathbb{R}^d)$ die Ordnung $p = \hat{p} + 1$ besitzt. Bezeichnen wir mit $\hat{s}$ die Stufenzahl des Runge-Kutta-Verfahrens $(\hat{b}, \hat{\mathfrak{A}})$, so erhalten wir für das zu Ψ gehörige Runge-Kutta-Verfahren $(b, \mathfrak{A})$ die Stufenzahl

$$s = 3\hat{s} - 1.$$

Diese Möglichkeit, ein gegebenes Runge-Kutta-Verfahren mit einer Schrittweitensteuerung zu versehen, ist programmtechnisch sehr einfach zu realisieren. Sie geht aber nicht gerade sparsam um mit der Anzahl der f-Auswertungen pro Schritt, die ja gerade durch die Stufenzahl s gegeben wird.

5.4 Eingebettete Runge-Kutta-Verfahren

Eine Möglichkeit, *gezielt* die Anzahl der f-Auswertungen für das Paar $(\Psi, \hat{\Psi})$ zu optimieren, besteht in der Konstruktion *eingebetteter Runge-Kutta-Verfahren*. Dabei wird Ψ durch $(b, \mathfrak{A})$, $\hat{\Psi}$ durch $(\hat{b}, \mathfrak{A})$ gegeben, d. h., die diskreten Evolutionen verwenden wegen der gleichen Koeffizientenmatrix $\mathfrak{A}$ dieselben f-Auswertungen. Ein eingebettetes Verfahren wird im Butcherschema

$$
\begin{array}{c|c}
c & \mathfrak{A} \\
\hline
 & b^T \\
\hline
 & \hat{b}^T
\end{array}
$$

notiert. Allerdings ist die minimale Stufenzahl, die zur Realisierung eines eingebetteten Verfahrens des Typs RKp ($p-1$) nötig ist, größer als die in Tabelle 4.5 angegebene optimale Stufenzahl für ein alleinstehendes Verfahren der Ordnung p.

Beispiel 5.12. Wir greifen das klassische Runge-Kutta-Verfahren $(b, \mathfrak{A})$ der Ordnung 4 und optimaler Stufenzahl $s = 4$ aus Tabelle 4.2 auf. Um hieraus ein eingebettetes Verfahren vom Typ RK4(3) zu gewinnen, benötigen wir Koeffizienten $\hat{b} = (\hat{b}_1, \hat{b}_2, \hat{b}_3, \hat{b}_4)^T$, so dass das Runge-Kutta-Verfahren $(\hat{b}, \mathfrak{A})$ nach Satz 4.18 die vier Bedingungsgleichungen

$$
\begin{aligned}
\hat{b}_1 + \hat{b}_2 + \hat{b}_3 + \hat{b}_4 &= 1, \\
\hat{b}_2/2 + \hat{b}_3/2 + \hat{b}_4 &= 1/2, \\
\hat{b}_2/4 + \hat{b}_3/4 + \hat{b}_4 &= 1/3, \\
\hat{b}_3/4 + \hat{b}_4/2 &= 1/6
\end{aligned}
$$

für Ordnung 3 erfüllt. Dazu haben wir in die Gleichungen (4.11) für Stufe 4 die Koeffizientenmatrix $\mathfrak{A}$ der Tabelle 4.2 eingesetzt. Dieses Gleichungssystem besitzt nun aber die *eindeutige* Lösung $\hat{b} = b = (1/6, 1/3, 1/3, 1/6)^T$, was auf $\Psi = \hat{\Psi}$ führt und daher kein sinnvolles eingebettetes Verfahren darstellt, d. h., $s = 4$ reicht nicht.

Die notwendige Erhöhung der Stufenzahl kann allerdings durch Verwendung des sogenannten *Fehlberg-Tricks* im Gesamtaufwand geschickt kompensiert werden. E. Fehlberg [71] hatte nämlich die Idee, die letzte Stufe k_s eines s-stufigen Verfahrens als f-Auswertung *effektiv* dadurch einzusparen, dass sie identisch mit der ersten Stufe k_1^* des nächsten Schrittes ist: Wegen

$$
k_s = f(t + c_s \tau, x + \tau \sum_{j=1}^{s-1} a_{sj} k_j)
$$

und

$$k_1^* = f(t + \tau, \Psi^{t+\tau,t}x) = f(t + \tau, x + \tau \sum_{j=1}^{s} b_j k_j)$$

ist dies für alle rechten Seiten f genau dann der Fall, wenn die Koeffizienten die Bedingungen

$$c_s = 1, \quad b_s = 0, \quad a_{sj} = b_j \quad \text{für } j = 1, \dots, s-1 \tag{5.18}$$

erfüllen. Dabei bleibt die für die Autonomisierungsinvarianz wichtige Beziehung $c_s = \sum_j a_{sj}$ aufgrund der Konsistenzbedingung $\sum_j b_j = 1$ gesichert. Sehen wir uns den Gesamtaufwand in Anzahl der f-Auswertungen eines solchen Verfahrens an, so kosten n Schritte dieses s-stufigen Verfahrens statt $n \cdot s$ nur $n \cdot (s-1) + 1$ f-Auswertungen, so dass wir von einem *effektiv* $(s-1)$-*stufigen* Verfahren sprechen.

Beispiel 5.13. Wir fahren mit der Konstruktion eines Verfahrens vom Typ RK4(3) fort, das auf dem klassischen Runge-Kutta-Verfahren aus Tabelle 4.2 aufbaut. Mit 5 Stufen gelangen wir zu dem Ansatz:

$$
\begin{array}{c|ccccc}
0 & & & & & \\
1/2 & 1/2 & & & & \\
1/2 & 0 & 1/2 & & & \\
1 & 0 & 0 & 1 & & \\
c_5 & a_{51} & a_{52} & a_{53} & a_{54} & \\
\hline
 & 1/6 & 1/3 & 1/3 & 1/6 & 0 \\
\hline
 & \hat{b}_1 & \hat{b}_2 & \hat{b}_3 & \hat{b}_4 & \hat{b}_5
\end{array}
$$

Wenden wir jetzt den Fehlberg-Trick (5.18) an, so erhalten wir die Koeffizienten

$$c_5 = 1, \quad a_{51} = 1/6, \quad a_{52} = 1/3, \quad a_{53} = 1/3, \quad a_{54} = 1/6.$$

Verbleibt die Bestimmung von $\hat{b}$ aus den Gleichungen

$$\hat{b}_1 + \hat{b}_2 + \hat{b}_3 + \hat{b}_4 + \hat{b}_5 = 1,$$
$$\hat{b}_2/2 + \hat{b}_3/2 + \hat{b}_4 + \hat{b}_5 = 1/2,$$
$$\hat{b}_2/4 + \hat{b}_3/4 + \hat{b}_4 + \hat{b}_5 = 1/3,$$
$$\hat{b}_3/4 + \hat{b}_4/2 + \hat{b}_5/2 = 1/6,$$

die wir wiederum aus Satz 4.18 durch Einsetzen des jetzt ergänzten $\mathfrak{A}$ erhalten. Da dieses Gleichungssystem invariant gegen Vertauschung von $\hat{b}_4$ und $\hat{b}_5$ ist, muss mit $(b^T, 0) = (1/6, 1/3, 1/3, 1/6, 0)$ auch

$$\hat{b}^T = (1/6, 1/3, 1/3, 0, 1/6)$$

Lösung sein. Der Fehlerschätzer dieses effektiv 4-stufigen Verfahrens vom Typ RK4(3) ist besonders einfach durch

$$[\hat{\varepsilon}] = \tau(k_4 - k_1^*)/6$$

gegeben, wobei k_1^* wie oben die erste Stufe des nächsten Schrittes bezeichnet. Mit dieser einfachen Modifikation des klassischen Runge-Kutta-Verfahrens vierter Ordnung wurden die Beispiele 5.1 und 5.6 behandelt.

Die wohl ausgereiftesten eingebetteten Verfahren vom Typ $RK\,p(p-1)$ sind Anfang der 80er Jahre von J. R. Dormand und P. J. Prince [66, 67] konstruiert worden, darunter ein effektiv 6-stufiges Verfahren vom Typ RK5(4) (Tabelle 5.1) und ein 13-stufiges Verfahren vom Typ RK8(7) (Tabelle 5.2). Man beachte, dass die in Tabelle 5.2 abgedruckten Koeffizienten nur rationale Approximationen mit relativem Fehler $5 \cdot 10^{-18}$ darstellen, was allerdings für doppelt genaue Rechnungen (eps $= 2^{-52} = 2.22 \cdot 10^{-16}$) völlig ausreicht.

$$
\begin{array}{c|ccccccc}
0 & & & & & & & \\[4pt]
\frac{1}{5} & \frac{1}{5} & & & & & & \\[4pt]
\frac{3}{10} & \frac{3}{40} & \frac{9}{40} & & & & & \\[4pt]
\frac{4}{5} & \frac{44}{45} & -\frac{56}{15} & \frac{32}{9} & & & & \\[4pt]
\frac{8}{9} & \frac{19372}{6561} & -\frac{25360}{2187} & \frac{64448}{6561} & -\frac{212}{729} & & & \\[4pt]
1 & \frac{9017}{3168} & -\frac{355}{33} & \frac{46732}{5247} & \frac{49}{176} & -\frac{5103}{18656} & & \\[4pt]
1 & \frac{35}{384} & 0 & \frac{500}{1113} & \frac{125}{192} & -\frac{2187}{6784} & \frac{11}{84} & \\[4pt]
\hline
& \frac{35}{384} & 0 & \frac{500}{1113} & \frac{125}{192} & -\frac{2187}{6784} & \frac{11}{84} & 0 \\[4pt]
\hline
& \frac{5179}{57600} & 0 & \frac{7571}{16695} & \frac{393}{640} & -\frac{92097}{339200} & \frac{187}{2100} & \frac{1}{40}
\end{array}
$$

Tabelle 5.1. Der Dormand-Princesche Koeffizientensatz vom Typ RK5(4)

Beispiel 5.14. Wenden wir die beiden Verfahren von J. R. Dormand und P. J. Prince auf das in Beispiel 5.1 mit dem klassischen Runge-Kutta-Verfahren vierter Ordnung behandelte Dreikörperproblem an, so erhalten wir folgende Schrittanzahlen:

- Typ RK5(4): $n_\Delta = 346$ bei 2329 f-Auswertungen,

- Typ RK8(7): $n_\Delta = 101$ bei 1757 f-Auswertungen.

Dabei wurde die lokale Toleranz TOL jeweils so gewählt, dass die Ortsgenauigkeit von $2.5 \cdot 10^{-7}$ erreicht wird. Zum Vergleich notieren wir nochmals die Daten aus

c	a_1	a_2	a_3	a_4	a_5	a_6	a_7	a_8	a_9	a_{10}	a_{11}	a_{12}	a_{13}
0													
$\frac{1}{18}$	$\frac{1}{18}$												
$\frac{1}{12}$	$\frac{1}{48}$	$\frac{1}{16}$											
$\frac{1}{8}$	$\frac{1}{32}$	0	$\frac{3}{32}$										
$\frac{5}{16}$	$\frac{5}{16}$	0	$\frac{-75}{64}$	$\frac{75}{64}$									
$\frac{3}{8}$	$\frac{3}{80}$	0	0	$\frac{3}{16}$	$\frac{3}{20}$								
$\frac{59}{400}$	$\frac{29443841}{614563906}$	0	0	$\frac{77736538}{692538347}$	$\frac{-28693883}{1125000000}$	$\frac{23124283}{1800000000}$							
$\frac{93}{200}$	$\frac{16016141}{946692911}$	0	0	$\frac{61564180}{158732637}$	$\frac{22789713}{633445777}$	$\frac{545815736}{2771057229}$	$\frac{-180193667}{1043307555}$						
$\frac{5490023248}{9719169821}$	$\frac{39632708}{573591083}$	0	0	$\frac{-433636366}{683701615}$	$\frac{-421739975}{2616292301}$	$\frac{100302831}{723423059}$	$\frac{790204164}{839813087}$	$\frac{800635310}{3783071287}$					
$\frac{13}{20}$	$\frac{246121993}{1340847787}$	0	0	$\frac{-37695042795}{15268766246}$	$\frac{-309121744}{1061227803}$	$\frac{-12992083}{490766935}$	$\frac{6005943493}{2108947869}$	$\frac{393006217}{1396673457}$	$\frac{123872331}{1001029789}$				
$\frac{1201146811}{1299019798}$	$\frac{-1028468189}{846180014}$	0	0	$\frac{8478235783}{508512852}$	$\frac{1311729495}{1432422823}$	$\frac{-10304129995}{1701304382}$	$\frac{-48777925059}{3047939560}$	$\frac{15336726248}{1032824649}$	$\frac{-45442868181}{3398467696}$	$\frac{3065993473}{597172653}$			
1	$\frac{185892177}{718116043}$	0	0	$\frac{-3185094517}{667107341}$	$\frac{-477755414}{1098053517}$	$\frac{-703635378}{230739211}$	$\frac{5731566787}{1027545527}$	$\frac{5232866602}{850066563}$	$\frac{-4093664535}{808688257}$	$\frac{3962137247}{1805957418}$	$\frac{65686358}{487910083}$		
1	$\frac{403863854}{491063109}$	0	0	$\frac{-5068492393}{434740067}$	$\frac{-411421997}{543043805}$	$\frac{652783627}{914296604}$	$\frac{11173962825}{925320556}$	$\frac{-13158990841}{6184727034}$	$\frac{3936647629}{1978049680}$	$\frac{-160528059}{685178525}$	$\frac{248638103}{1413531060}$	0	
	$\frac{14005451}{335480064}$	0	0	0	0	$\frac{-59238493}{1068277825}$	$\frac{181606767}{758867731}$	$\frac{561292985}{797845732}$	$\frac{-1041891430}{1371343529}$	$\frac{760417239}{1151165299}$	$\frac{118820643}{751138087}$	$\frac{-528747749}{2220607170}$	$\frac{1}{4}$
	$\frac{13451932}{455176623}$	0	0	0	0	$\frac{-808719846}{976000145}$	$\frac{1757004468}{5645159321}$	$\frac{656045339}{265891186}$	$\frac{-3867574721}{1518517206}$	$\frac{465885868}{322736535}$	$\frac{53011238}{667516719}$	$\frac{2}{45}$	0

Tabelle 5.2. Der Dormand-Princesche Koeffizientensatz vom Typ RK8(7)

Beispiel 5.1:

- „das" klassische Runge-Kutta-Verfahren der Ordnung $p = 4$ über *äquidistantem* Gitter: $n_\Delta = 117\,000$ bei $468\,000$ f-Auswertungen,

- Typ RK4(3) aus Beispiel 5.13: $n_\Delta = 1883$ bei 7669 f-Auswertungen.

Wir wollen uns noch kurz – in der Notation von Abschnitt 4.2.3 – die Konstruktionskriterien ansehen, welche den Verfahren von J. R. Dormand und P. J. Prince zugrundeliegen. Sei $f \in C^{p+1}(\Omega, \mathbb{R}^d)$. Dann besitzen die lokalen Fehler die Darstellungen

$$\varepsilon = \Phi^{t+\tau,t}x - \Psi^{t+\tau,t}x = \tau^{p+1} \sum_{\#\beta = p+1} e_\beta^{(p+1)} f^{(\beta)} + O(\tau^{p+2})$$

und

$$\hat{\varepsilon} = \Phi^{t+\tau,t}x - \hat{\Psi}^{t+\tau,t}x = \tau^p \sum_{\#\beta = p} \hat{e}_\beta^{(p)} f^{(\beta)} + \tau^{p+1} \sum_{\#\beta = p+1} \hat{e}_\beta^{(p+1)} f^{(\beta)} + O(\tau^{p+2}).$$

Dabei hängen die konstanten Koeffizienten $e_\beta^{(p+1)}$, $\hat{e}_\beta^{(p)}$ und $\hat{e}_\beta^{(p+1)}$ nur von dem Runge-Kutta-Verfahren ab. Der lokale Fehler ε der diskreten Evolution Ψ wird nun über eine große Problemklasse im Schnitt umso besser ausfallen, je kleiner die problemunabhängige *Fehlerkonstante*

$$A_{p+1} = \|e^{(p+1)}\|_2 = \left(\sum_{\#\beta = p+1} |e_\beta^{(p+1)}|^2 \right)^{1/2}$$

ist. Wegen $\varepsilon = \hat{\varepsilon} - [\hat{\varepsilon}]$ erhöht eine kleine Fehlerkonstante gleichzeitig auch die Qualität der Fehlerschätzung. Beim lokalen Fehler $\hat{\varepsilon}$ der diskreten Evolution $\hat{\Psi}$ sollte indes der Faktor von τ^p denjenigen von τ^{p+1} deutlich dominieren, so dass wir von einem Verbesserungsfaktor

$$\theta = \frac{|\varepsilon|}{|\hat{\varepsilon}|} < 1$$

ausgehen können. Dies wird problemunabhängig durch eine möglichst kleine Größe

$$B_p = \frac{\|\hat{e}^{(p+1)}\|_2}{\|\hat{e}^{(p)}\|_2}$$

beschrieben. Schließlich sollte die Fehlerschätzung

$$[\hat{\varepsilon}] = \hat{\varepsilon} - \varepsilon = \tau^p \sum_{\#\beta = p} \hat{e}_\beta^{(p)} f^{(\beta)} + \tau^{p+1} \sum_{\#\beta = p+1} (\hat{e}_\beta^{(p+1)} - e_\beta^{(p+1)}) f^{(\beta)} + O(\tau^{p+2})$$

möglichst nahe am Modell

$$|[\hat{\varepsilon}]| = c\tau^p \tag{5.19}$$

sein, so dass wir auch von der Größe

$$C_p = \frac{\|\hat{e}^{(p+1)} - e^{(p+1)}\|_2}{\|\hat{e}^{(p)}\|_2}$$

fordern, dass sie möglichst klein ist. Die Kriterien von J. R. Dormand und P. J. Prince zur Konstruktion eingebetteter Verfahren vom Typ RK p ($p-1$), realisiert etwa in den Programmen DOPRI5 oder DOP853, lauten nun ([67]):

(a) Die Verfahrensgrößen A_{p+1}, B_p und C_p sollten möglichst klein sein.

(b) Die Koeffizienten $c_i = \sum_j a_{ij}$ sollten $c_i \in [0, 1]$ erfüllen und möglichst verschieden sein. Sonst drohen große b_i und a_{ij} mit den entsprechenden Schwierigkeiten.

(c) Für die Fehlerkoeffizienten der diskreten Evolution $\hat{\Psi}$ sollte $\hat{e}_\beta^{(p)} \neq 0$ für alle Wurzelbäume β der Ordnung p gelten. Sonst gibt es spezielle rechte Seiten f, für die der Fehlerschätzer bei weitem zu optimistisch ist.

Diese Kriterien stellen zusammen mit den Bedingungsgleichungen für die Konsistenzordnung natürlich kein wohldefiniertes Optimierungsproblem dar, sondern dienen als Richtlinie bei der computergestützten Suche nach geeigneten Koeffizientensätzen. Diese liefert typischerweise mehrere nach den Kriterien nicht vergleichbare Kandidaten. Die Beurteilung und Auswahl setzt dann viel Fingerspitzengefühl und Erfahrung voraus.

Bemerkung 5.15. Bei der Konstruktion von Verfahren des Typs RK $p-1$ (p) wurde früher statt des ersten Kriteriums die Fehlerkonstante $\hat{A}_p = \|\hat{e}^{(p)}\|_2$ des Verfahrens $(\hat{b}, \mathfrak{A})$ optimiert. Dies wirkt sich aber negativ auf die Größe C_p aus, welche die Qualität des Modells (5.19) für die Fehlerschätzung beschreibt – ein Umstand, der das teilweise schlechte Verhalten der Schrittweitensteuerung bei diesen Verfahren erklärt.

Beispiel 5.16. Sehen wir uns den konkreten Vergleich der neueren Verfahren von J. R. Dormand und P. J. Prince mit den älteren von Fehlberg näher an.

• Für das Verfahren vom Typ RK5(4) aus Tabelle 5.1 gilt

$$A_6^{\mathrm{DP}} = 3.99 \cdot 10^{-4}.$$

Der vielbenutzte Koeffizientensatz von E. Fehlberg [70] besitzt als Typ RK5(4) die größere Fehlerkonstante

$$A_6^{\mathrm{F}} = 3.36 \cdot 10^{-3} = 8.42 \cdot A_6^{\mathrm{DP}}.$$

• Das Verfahren vom Typ RK8(7) aus Tabelle 5.2 besitzt die Verfahrensgrößen

$$A_9^{\mathrm{DP}} = 4.51 \cdot 10^{-6}, \quad B_8^{\mathrm{DP}} = 2.24, \quad C_8^{\mathrm{DP}} = 2.36.$$

Der Koeffizientensatz von E. Fehlberg [70] besitzt als Typ RK8(7) hingegen die Größen

$$A_9^F = 1.09 \cdot 10^{-5}, \quad B_8^F = 4.29, \quad C_8^F = 4.47.$$

Man sieht sehr schön das deutlich größere C_8. Im Übrigen verletzt der Koeffizientensatz von E. Fehlberg das dritte Kriterium: Es ist

$$\hat{e}_\beta^{(p)} = 0 \quad \text{für den Wurzelbaum } \beta = [\odot, \dots, \odot], \ \#\beta = p.$$

Da dieser Wurzelbaum für Quadraturprobleme „zuständig" ist (vgl. Aufgabe 4.6), erwarten wir für solche Probleme einen zu optimistischen Fehlerschätzer des Verfahrens. Tatsächlich ist die Situation sogar dramatischer, da der Koeffizientensatz von E. Fehlberg bei Quadraturproblemen *grundsätzlich* die Fehlerschätzung $[\hat{\varepsilon}] = 0$ abliefert. Dieser Schönheitsfehler des ansonsten sehr erfolgreichen Verfahrens von Fehlberg war letztlich der Grund für die Aufnahme des dritten Punktes in den Kriterienkatalog.

5.5 Lokale gegen erzielte Genauigkeit

In Abschnitt 5.1 hatten wir aufgrund algorithmischer Überlegungen die Kontrolle des globalen Diskretisierungsfehlers durch diejenige des lokalen Fehleranteils ersetzt. Im nun folgenden Abschnitt wollen wir uns die Konsequenz dieses Vorgehens für die tatsächlich erzielte Genauigkeit $\varepsilon_\Delta(T)$ am Ende $T = t_n, n = n_\Delta$ des Integrationsintervalls vor Augen führen.

Unter Benutzung von (5.1) erhalten wir für den tatsächlichen Diskretisierungsfehler – in linearisierter Näherung – die rekursive Beziehung

$$\varepsilon_\Delta(t_{j+1}) \doteq W(t_{j+1}, t_j)\varepsilon_\Delta(t_j) + \varepsilon_{j+1}.$$

Ohne Eingabefehler ($\varepsilon_\Delta(t_0) = 0$) erhält man daraus die Darstellung

$$\varepsilon_\Delta(T) \doteq \sum_{j=1}^n W(T, t_j)\varepsilon_j.$$

Dabei haben wir ausgenutzt, dass die Propagationsmatrizen $W(t, s)$ nach Lemma 3.2 eine Evolution bilden. Mit den in Abschnitt 3.1.2 definierten *punktweisen* Konditionszahlen $\kappa_j(t) = \|W(t, t_j)\|$ ergibt sich – unter Beachtung der lokalen Fehlerkontrolle (5.2) – die genäherte Abschätzung

$$|\varepsilon_\Delta(T)| \overset{.}{\leq} \text{TOL} \sum_{j=1}^n \kappa_j(T). \tag{5.20}$$

Für sogenannte *strikt dissipative* Systeme (vgl. Aufgabe 6.6), bei denen sämtliche lokale Fehler durch die Dynamik des Systems selbst herausgedämpft werden, spielt im Wesentlichen nur der letzte Term $\kappa_n(T) = 1$ eine Rolle, so dass gilt

$$|\varepsilon_\Delta(T)| \approx \text{TOL}\,.$$

Für solche Systeme reicht also eine lokale Genauigkeitskontrolle völlig aus. Für nicht dissipative Systeme sind die Verhältnisse komplizierter. Insbesondere tritt nicht etwa eine Proportionalität des globalen Fehlers $|\varepsilon_\Delta(T)|$ zu TOL auf: Bei Reduktion von TOL würde sich in aller Regel die Anzahl an Summanden in Formel (5.20) erhöhen. Um ein noch behandelbares analytisches Modell für adaptive Gitter zu erhalten, verwendet man häufig die Annahme

$$\kappa_j(t_{j+1}) \leq \kappa, \quad \kappa \geq 1.$$

Dieses Modell setzt voraus, dass die Schrittweitensteuerung die Gitterpunkte gerade dort verdichtet, wo die lokale Fehlerverstärkung groß ist, und dort ausdünnt, wo nur geringe Fehlerverstärkung auftritt. Die Annahme spiegelt somit die Struktur der oben dargestellten Schrittweitensteuerung zumindest in der ersten Ordnung wider. Aus den Evolutionseigenschaften von W erhalten wir

$$\kappa_j(T) \leq \kappa_{n-1}(t_n) \cdot \kappa_{n-2}(t_{n-1}) \cdots \kappa_j(t_{j+1}) \leq \kappa^{n-j}$$

und damit für (5.20) die obere Schranke

$$|\varepsilon_\Delta(T)| \stackrel{\cdot}{\leq} \frac{\kappa^n - 1}{\kappa - 1}\,\text{TOL}\,.$$

Diese reduziert sich im Grenzfall $\kappa \downarrow 1$ auf die Beziehung

$$|\varepsilon_\Delta(T)| \approx n_\Delta \cdot \text{TOL}\,.$$

Diese Formel wird häufig – ohne Berücksichtigung ihrer Herleitung – von Praktikern als Faustformel verwendet, um den Einfluss der globalen Verstärkung lokaler Diskretisierungsfehler immerhin noch in gewisser Weise zu berücksichtigen. Auch hier ist nicht von vornherein von einer Proportionalität des erzielten globalen Fehlers mit der verlangten lokalen Toleranz TOL auszugehen: Bei Reduktion von TOL erhöht sich im Allgemeinen die Anzahl n_Δ von benötigten Integrationsschritten. Die Abhängigkeit $n_\Delta(\text{TOL})$ ist jedoch bei Einschrittverfahren *fester* Ordnung nur etwa *logarithmisch*, bei Extrapolationsverfahren mit *simultaner Ordnungs- und Schrittweitensteuerung* sogar im Wesentlichen *konstant*. Adaptive Extrapolationsverfahren zeichnen sich also häufig durch eine wünschenswerte Proportionalität $|\varepsilon_\Delta(T)| \propto \text{TOL}$ aus.

Skalierung. Führen wir den Effekt der Skalierung der einzelnen Komponenten des Fehlers durch Diagonalmatrizen $D_j = \mathrm{diag}\left(\sigma_1(t_j), \ldots, \sigma_d(t_j)\right)$ zum Zeitpunkt t_j ein, so erhalten wir

$$|D_j^{-1}[\varepsilon_j]| \leq \mathrm{TOL}$$

für die lokale Fehlerkontrolle und

$$D_{j+1}^{-1}\varepsilon_\Delta(t_{j+1}) \doteq \left(D_{j+1}^{-1}W(t_{j+1},t_j)D_j\right)D_j^{-1}\varepsilon_\Delta(t_j) + D_{j+1}^{-1}\varepsilon_{j+1}.$$

Wir erhalten also genau wie oben im unskalierten Fall durch Einführung der skalierten punktweisen Kondition

$$\hat{\kappa}_j(t_{j+1}) = \|D_{j+1}^{-1}W(t_{j+1},t_j)D_j\| \leq \hat{\kappa}, \quad \hat{\kappa} \geq 1,$$

die Abschätzung

$$|D_n^{-1}\varepsilon_\Delta(T)| \dot{\leq} \frac{\hat{\kappa}^n - 1}{\hat{\kappa} - 1}\,\mathrm{TOL}\,.$$

Eine geeignete Skalierung kann nun Anteile der Fehlerverstärkung derart kompensieren, dass trotz größerer Schritte

$$\hat{\kappa} \approx 1$$

und damit die Faustformel

$$|D_n^{-1}\varepsilon_\Delta(T)| \approx n_\Delta \cdot \mathrm{TOL}$$

gilt.

Einfluss von Rundungsfehlern. Wir hatten zu Beginn dieses Kapitels darauf hingewiesen, dass problemangepasste Gitter im Allgemeinen deutliche Vorzüge vor uniformen Gittern haben, was den benötigten *Rechenaufwand* betrifft. Darüber hinaus gibt es jedoch noch ein weiteres gewichtiges Argument, die Knotenanzahl n_Δ eines Gitters Δ so klein wie möglich zu halten, wie wir im Folgenden zeigen werden. Sei $\hat{x}_\Delta$ die mit endlicher Mantissenlänge tatsächlich berechnete Gitterfunktion. Die Rundungsfehlertheorie aus Band 1, Kapitel 2, lehrt uns, dass es bei *numerisch stabiler* Realisierung des Einschrittverfahrens eine moderate Konstante $\sigma \geq 1$ (den Stabilitätsindikator *eines* Schrittes) gibt, so dass

$$\max_{t \in \Delta} |x_\Delta(t) - \hat{x}_\Delta(t)| \leq \sigma\, n_\Delta \kappa_\Delta\, \mathrm{eps} + O(\mathrm{eps}^2).$$

Dabei ist eps die Maschinengenauigkeit und κ_Δ die in Abschnitt 4.1 eingeführte diskrete Kondition des Einschrittverfahrens. Somit lässt sich der tatsächliche Gesamtfehler eines Einschrittverfahrens der Ordnung p abschätzen durch

$$\max_{t \in \Delta} |x(t) - \hat{x}_\Delta(t)| \lesssim C\tau_\Delta^p + \sigma\, n_\Delta \kappa_\Delta\, \mathrm{eps}, \tag{5.21}$$

wobei für hinreichend kleine maximale Schrittweite τ_Δ gilt:

$$\kappa_\Delta \approx \kappa[t_0, T].$$

Wir sehen hier zwei gegenläufige Effekte: Reduktion der maximalen Schrittweite τ_Δ reduziert den Diskretisierungsfehleranteil, aber erhöht den Rundungsfehleranteil. Offenbar lassen sich bei fester Mantissenlänge nicht beliebige Genauigkeiten erzielen – eine Aussage, die *qualitativ* selbstverständlich ist. Im Falle eines *quasiuniformen* Gitters, d. h. falls

$$n_\Delta = O(\tau_\Delta^{-1}),$$

erhält man als Faustformel für den bestmöglich erreichbaren Fehler $\varepsilon_{\min}$, dass

$$\varepsilon_{\min} = O\big(\mathrm{eps}^{p/(p+1)}\big).$$

Da die darin versteckten Konstanten schlecht abschätzbar sind, liefert diese Formel nur eine Aussage über die Verbesserung bei *Wechsel* der Maschinengenauigkeit.

Beispiel 5.17. Kehren wir zu dem Problem aus Beispiel 5.1 zurück und betrachten nun das explizite Euler-Verfahren bei äquidistantem Gitter. Aus Probeläufen bei relativ groben Schrittweiten τ und der Diskretisierungsfehlerbeziehung

$$\max_{t \in \Delta} |x(t) - x_\Delta(t)| \approx C\tau$$

schätzen wir ab, dass für den Fehler $2.5_{10} - 7$ in den Ortsvariablen eine Knotenzahl

$$n \approx 1.58_{10}11$$

erforderlich sein wird. Bei der typischen Mantissenlänge von 52 Bit für doppelt genaue Rechnungen erhalten wir daher für den Rundungsfehlerbestandteil des Fehlers (5.21)

$$\sigma\, n\, \kappa[t_0, T]\, \mathrm{eps} \approx 3.5 \cdot 10^{-5} \cdot \sigma\, \kappa[t_0, T].$$

Da $\sigma\kappa[t_0, T] \geq 1$ gilt, wird die gewünschte Genauigkeit mit dem expliziten Euler-Verfahren bei äquidistantem Gitter nicht erzielbar sein! Im Vergleich dazu liefern uns die Daten aus Beispiel 5.1 für das Runge-Kutta-Verfahren der Ordnung 4 in etwa den Rundungsfehlerbestandteil

$$2.6 \cdot 10^{-11} \cdot \sigma_{\mathrm{RK4}}\kappa[t_0, T]$$

bei äquidistantem Gitter und

$$4.2 \cdot 10^{-13} \cdot \sigma_{\mathrm{RK4}}\kappa[t_0, T]$$

bei angepasstem Gitter.

Zu einschränkende Fehlertoleranzen TOL in der Nähe der Maschinengenauigkeit eps sind also mit Vorsicht zu genießen. Allerdings ist die Angabe einer unteren Schranke für TOL mit obigen Abschätzungen nicht möglich, da zu viele unbekannte Problem- und Verfahrenskonstanten eine Rolle spielen. Je größer beispielsweise die diskrete Kondition κ_Δ ist, desto empfindlicher wird ein Verfahren auch auf eventuelle instabile Programmierung der rechten Seite f reagieren. Für „hinreichend feine" Gitter allerdings werden sich die Verfahrensunterschiede nivellieren, da dann im Wesentlichen die Kondition des Problems regiert. Nur – „hinreichend fein" kann bei bestimmten Problemen und Verfahren so klein sein, dass sich damit nicht länger effektiv rechnen lässt.

Übungsaufgaben

Aufgabe 5.1. Betrachtet sei eine Differentialgleichung

$$x' = f(t, x). \tag{I}$$

Die Koordinatentransformation $\hat{x} = M x$ mit $M \in \mathrm{GL}(d)$ führt nach Abschnitt 3.2.1 auf die Differentialgleichung

$$\hat{x}' = \hat{f}(t, \hat{x}) = M f(t, M^{-1}\hat{x}), \tag{II}$$

und der Zusammenhang der jeweils zugehörigen Evolutionen ist durch

$$\hat{\Phi}^{t,s}\hat{x} = M \Phi^{t,s} M^{-1}\hat{x}$$

gegeben. In Aufgabe 4.1 sahen wir, dass jedes Runge-Kutta-Verfahren dieses Transformationsverhalten ins Diskrete vererbt, d. h., es ordnet der Differentialgleichung (I) eine diskrete Evolution Ψ und der Differentialgleichung (II) eine diskrete Evolution $\hat{\Psi}$ zu, so dass auch

$$\hat{\Psi}^{t+\tau,t}\hat{x} = M \Psi^{t+\tau,t} M^{-1}\hat{x}$$

gilt. Insbesondere gilt für ein *festes* Gitter Δ, dass sich auch die Gitterfunktionen durch M transformieren,

$$\hat{x}_\Delta = M x_\Delta. \tag{III}$$

Begründe, warum die Beziehung (III) für ein Runge-Kutta-Verfahren mit Schrittweitensteuerung in der Regel nicht nur falsch, sondern auch unsinnig ist.

Das Transformationsverhalten (III) lässt sich für Verfahren mit Schrittweitensteuerung jedoch für die eingeschränkte Klasse der *Skalierungstransformationen*

$$M = \mathrm{diag}(s_1, \dots, s_d) > 0$$

„retten", sofern der Algorithmus mit der in Abschnitt 5.1 diskutierten internen relativen Skalierung arbeitet. Präzisiere und begründe diese Aussage.

Aufgabe 5.2. Modifiziere das Programm aus Aufgabe 4.3 durch die in Beispiel 5.11 vorgestellte Extrapolationstechnik zu einem Verfahren des Typs RK5(4) mit Schrittweitensteuerung. Wende das Programm auf das in Aufgabe 4.4 mit konstanter Schrittweite gerechnete Anfangswertproblem (restringierte Dreikörperproblem) an. Verwende dabei:

- Sicherheitsfaktor $\rho = 0.9$,
- Hochschaltungsbegrenzung $q = 5$,
- euklidische Norm,
- interne relative Skalierung mit absolutem Schwellwert $s_{min} = 1.0$.

Führe Rechnungen für die Toleranzen TOL $= 10^{-1}, \ldots, 10^{-9}$ durch und tabelliere für diese Läufe folgende Ergebnisse:

$$\text{TOL} \mid n_\Delta \mid \# \text{ Schrittweitenreduktionen} \mid \# f\text{-Auswertungen} \mid$$
$$\text{Fehler zum Zeitpunkt } T$$

Welche Toleranz TOL ist für den Fehler ± 1km nötig? Vergleiche den Aufwand mit den Ergebnissen für konstante Schrittweite aus Aufgabe 4.4.

Aufgabe 5.3. Modifiziere das Programm aus Aufgabe 4.3 durch Einbettung des Runge-Kutta-Verfahrens der Konsistenzordnung $p = 3$ aus Beispiel 5.13 zu einem Verfahren des Typs RK4(3) mit Schrittweitensteuerung. Beachte:

- der Fehlberg-Trick sollte genutzt werden,
- bei Schrittweitenreduktion sollte die Stufe k_1 nicht erneut berechnet werden.

Wähle die Parameter (Sicherheitsfaktor, Norm, Skalierung, Schwellwert) der Schrittweitensteuerung wie in Aufgabe 5.2 und wende das Programm in der dort beschriebenen Weise an. Vergleiche mit dem dort diskutierten Verfahren vom Typ RK5(4).

Aufgabe 5.4. Beweise, dass es *kein* vierstufiges Runge-Kutta-Verfahren $(b, \mathfrak{A})$ der Konsistenzordnung $p = 4$ mit einer Einbettung $(\hat{b}, \mathfrak{A})$ der Konsistenzordnung $\hat{p} = 3$ gibt, vgl. Beispiel 5.12.

Aufgabe 5.5. Programmiere ein Verfahren vom Typ 5(4) mit Schrittweitensteuerung unter Zuhilfenahme des Koeffizientensatzes von J.R. Dormand und P.J. Prince aus Tabelle 5.1. Gehe des Weiteren wie in Aufgabe 5.2 vor.

Aufgabe 5.6. Berechne die in Lemma 4.26 eingeführte Verfahrenskonstante γ für die diagonalen und subdiagonalen Einträge der Extrapolationstableaus von EULEX und DIFEX1 bzw. ODEX. Vergleiche dafür verschiedene Unterteilungsfolgen $\mathcal{F}$ bis zur Ordnung $p = 10\omega$. Erkläre mit den Ergebnissen, warum EULEX für hohe Genauigkeitsanforderungen nicht geeignet ist.

Aufgabe 5.7. Betrachte ein Runge-Kutta-Verfahren der Ordnung p und verwende Extrapolation nach L. F. Richardson zur Schrittweitensteuerung. Als Basis zur Interpolation der Werte

$$x_0, f(t_0, x_0), \quad \hat{x}_1, f(t_0 + \tau, x_1), \quad \hat{x}_2, f(t_0 + 2\tau, \hat{x}_2)$$

mit einem quintischen Polynom berücksichtige die numerischen Lösungen $x_0, x_1 = \Psi^{\tau/2} x_0$, $x_2 = \Psi^{\tau/2} x_1$ sowie die extrapolierten Werte

$$\hat{x}_1 = x_1 + \frac{x_2 - w}{(2^p - 1)2}, \quad \hat{x}_2 = x_2 + \frac{x_2 - w}{2^p - 1}, \quad \text{wobei } w = \Psi^{\tau} x_0.$$

Zeige, dass das hieraus resultierende Verfahren die Ordnung $p^* = \min(5, p + 1)$ besitzt.

6 Einschrittverfahren für steife und differentiell-algebraische Anfangswertprobleme

Die Konvergenz eines Verfahrens ist ein *asymptotisches Resultat* für hinreichend kleine Schrittweiten, es besagt nichts über die Qualität der Lösung für eine *gegebene* Schrittweite τ. Dabei können sich hinter dem mathematischen Terminus „hinreichend klein" sogar Schrittweiten verstecken, die für praktische Zwecke *zu klein* sind. So beobachteten C. F. Curtiss und J. O. Hirschfelder 1952 [36], dass explizite Verfahren bei bestimmten Problemen absurd kleine Schrittweiten benötigen, um eine auch nur einigermaßen akzeptable Lösung zu erhalten. Dabei trat das Phänomen *unabhängig* vom gewählten expliziten Verfahren auf, so dass die beiden es als Charakteristikum der betrachteten Anfangswertprobleme auffassen konnten, welchen sie den Namen „steif" gaben. Steife Probleme sträuben sich also gegen die Approximation durch explizite Einschrittverfahren und verlangen zu ihrer effektiven Lösung neue Verfahrensklassen, welche im vorliegenden Kapitel entwickelt werden sollen.

Der Konditionsbegriff des Kapitels 3 hatte uns in Abschnitt 4.1.3 erlaubt, das Phänomen der „Steifheit" zu präzisieren. Wir wollen zunächst unsere damaligen Ergebnisse wiederholen und mit ihrer Hilfe begründen, warum „Steifheit" auch als *numerische Instabilität* expliziter Verfahren aufgefasst werden kann. In Abschnitt 4.1.3 hatten wir gesehen, dass die Diskretisierung eines Anfangswertproblems nur dann eine *qualitativ* richtige Approximation liefern kann, wenn sie auf Störungen des Anfangswertes in etwa gleicher Weise reagiert wie das kontinuierliche Problem. D. h., die Konditionszahl $\kappa[t_0, T]$ des Anfangswertproblems

$$x' = f(t, x), \quad x(t_0) = x_0,$$

muss von der Konditionszahl κ_Δ des diskreten Problems widergespiegelt werden:

$$\kappa_\Delta \approx \kappa[t_0, T]. \tag{6.1}$$

Es sei nochmals betont, dass wir andernfalls mit einer völlig falschen „Lösung" rechnen müssen. Dies wollen wir hier erneut verdeutlichen anhand der Fehlerabschätzung (5.21), d. h.

$$\max_{t \in \Delta} |x(t) - \hat{x}_\Delta(t)| \lesssim C\tau_\Delta^p + \sigma\, n_\Delta \kappa_\Delta \text{ eps},$$

welche den Einfluss endlicher Mantissenlänge miteinbezieht. Die Konstante C hängt nach dem Beweis des Konvergenzsatzes 4.10 für ein gegebenes Schrittweitenintervall

$]0, \tau_*]$ von der ungünstigsten Fehlerverstärkung in der diskreten Evolution ab, d. h. $C \gg 1$ für $\kappa_\Delta \gg 1$. Berücksichtigen wir die Konvergenz

$$\kappa_\Delta \to \kappa[t_0, T] \quad \text{für } \tau_\Delta \to 0,$$

so sehen wir, dass die *Vererbung* (6.1) der Kondition zur Stabilisierung der Konstanten C nötig ist: Ist die Bedingung (6.1) deutlich verletzt, so ist die Konstante C im Approximationsfehler unnötig groß. Vergleichen wir außerdem den unvermeidbaren Fehler $\kappa[t_0, T]$ eps mit dem Rundungsfehlerbestandteil des Anfangswertproblems, so erhalten wir bei wesentlicher Verletzung der Bedingung (6.1)

$$\frac{\sigma\, n_\Delta \kappa_\Delta}{\kappa[t_0, T]} \gg \sigma\, n_\Delta.$$

Dies ist exakt eine numerische Instabilität im Sinne der Vorwärtsanalyse (Band 1, Abschnitt 2.3.2).

Wir werden ein Verfahren (bezogen auf ein gegebenes Problem) durch die maximale Schrittweite τ_c charakterisieren, welche dadurch gegeben ist, dass für $\tau_\Delta < \tau_c$ die Bedingung (6.1) noch erfüllt ist. Eine sehr kleine charakteristische Zeitschrittweite τ_c bedeutet *Ineffizienz* des Verfahrens. Fällt τ_c für alle expliziten Einschrittverfahren „zu klein" aus, so heißt das Anfangswertproblem auf $[t_0, T]$ *steif*. Beginnen wir mit einer einfachen *Modellvorstellung* – anknüpfend an Beispiel 4.12.

Beispiel 6.1. Wir betrachten das skalare Anfangswertproblem

$$x' = \lambda x, \quad x(0) = 1,$$

mit $\lambda < 0$. Als Vertreter der expliziten Einschrittverfahren wählen wir das explizite Euler-Verfahren auf einem äquidistanten Gitter der Schrittweite $\tau > 0$,

$$x_\tau(j\tau) = (1 + \tau\lambda)^j, \quad j = 0, 1, 2, \ldots.$$

In Beispiel 4.12 sahen wir, dass für $T = n\tau$

$$\kappa_\tau \leq \kappa[0, T] = 1$$

genau dann gilt, wenn die Schrittweite durch

$$\tau \leq \tau_c = 2/|\lambda|$$

beschränkt ist. Für $\tau \gg 2/|\lambda|$ wächst die Gitterfunktion x_τ sehr schnell oszillierend an – exponentiell in der Schrittzahl j. Dies hat mit der *exponentiell monoton fallenden* Lösung

$$x(t) = e^{\lambda t}$$

des Anfangswertproblems aber auch nichts mehr gemein! Die Schrittweitenbeschränkung

$$\tau_c = O(1/|\lambda|)$$

wird für wachsendes $|\lambda|$ sehr schnell ineffizient.

Suchen wir nun nach einem geeigneten Verfahren, so werden wir auf Funktionen geführt, die in $|\tau\lambda|$ fallen. Diese sollten noch elementar berechenbar sein, also rational. Einen ersten Kandidaten erhalten wir, wenn wir den expliziten Eulerschritt als lineares Taylorpolynom einer geometrischen Reihe deuten:

$$1 + \tau\lambda = \frac{1}{1 - \tau\lambda} + O(|\tau\lambda|^2).$$

Die Gitterfunktion

$$x_\tau(j\tau) = \left(\frac{1}{1 - \tau\lambda}\right)^j$$

besitzt nun die gleiche Konvergenzordnung $p = 1$ wie das explizite Eulerverfahren, erfüllt aber für *alle* $\tau > 0$ die Vererbungsbedingung

$$\kappa_\tau = \kappa[0, T] = 1.$$

Des Weiteren ist $x_\tau(j\tau)$ *exponentiell monoton fallend* in j, d. h., die diskrete Lösung erbt eine weitere qualitative Eigenschaft der kontinuierlichen Lösung.

Nun ist die Kondition eines Anfangswertproblems im Allgemeinen eine schlecht handhabbare Größe. Allerdings hatten wir in Abschnitt 3.2 in der Stabilitätsanalyse autonomer linearer Differentialgleichungen eine elegante Methode kennengelernt, Konditionsbetrachtungen auf dem Zeitintervall $[0, \infty]$ durchzuführen: für dieses Zeitintervall gehören die wohlgestellten (gut konditionierten) Probleme gerade zu einer stabilen Differentialgleichung. In Abschnitt 6.1 werden wir deshalb verlangen, dass ein Verfahren die Stabilität einer autonomen linearen Differentialgleichung „ins Diskrete", d. h. an die diskrete Evolution, vererbt. Dabei werden wir feststellen, dass das Versagen des expliziten Euler-Verfahrens im letzten Beispiel kein Einzelfall ist, sondern dass explizite Verfahren die Stabilität gar nicht oder nur bedingt (d. h. unter empfindlicher *Beschränkung* der Schrittweite) vererben. Unsere Analyse wird ergeben, dass zur Behandlung von „Steifheit" Verfahren nötig sind, welche in jedem Zeitschritt ein lineares Gleichungssystem lösen. In Abschnitt 6.1.5 werden wir auch für nichtlineare Probleme in einer Stabilitätsanalyse den bequemen Fall der Konditionsanalyse erkennen. Genauer werden wir von den Verfahren zur Behandlung nichtlinearer „steifer" Probleme verlangen, dass sie die asymptotische Stabilität von Fixpunkten vererben. Dieses *Modell* erfordert, dass die *Linearisierung* der Differentialgleichung um den Fixpunkt in der Weise behandelt wird, wie wir es zu Beginn des Abschnittes 6.1 für lineare Probleme diskutieren werden, nämlich durch Verfahren, welche in jedem Schritt wenigstens ein lineares Gleichungssystem lösen. Diese Struktur führt uns im Wesentlichen auf zwei Methodenklassen als Verallgemeinerung der expliziten Runge-Kutta-Verfahren: die *impliziten* Runge-Kutta-Verfahren (Abschnitte 6.2 und 6.3), bei welchen in jedem Zeitschritt ein *nichtlineares* Gleichungssystem gelöst werden muss, sowie die *linear-impliziten* Runge-Kutta-Verfahren (Abschnitt 6.4), bei welchen in jedem Zeitschritt ein *lineares* Gleichungssystem gelöst werden muss. Die linear-impliziten Runge-Kutta-Verfahren erfordern sowohl geringeren theoretischen als auch geringeren praktischen Aufwand, so dass sie sich als Methode der Wahl für die in diesem Abschnitt entwickelte Modellvorstellung von „steifen" Problemen erweisen. In Abschnitt 6.3 lernen wir mit der *Kollokation* eine neue Idee zur Konstruktion diskreter Evolutionen kennen, wobei sich herausstellt, dass durch sie spezielle implizite Runge-Kutta-Verfahren erzeugt werden. Die hier vorgestellten impliziten Runge-Kutta-Verfahren vom Kollokationstyp besitzen Vererbungseigenschaften für zwei weitere qualitative Aspekte, welche stärker als „Steifheit" sind: Dissipativität und Erhalt quadratischer erster Integrale. Wir können also die Behandlung von „Steifheit" als Bestandteil eines umfassenderen *Vererbungskonzepts* verstehen: Viele Problemklassen besitzen ein zentrales qualitatives Merkmal, für das wir jeweils Verfahren konstruieren, welche es *unbedingt*, d. h. ohne Einschränkung der Schrittweite an die diskrete Lösung, vererben. In der Praxis wird die Wahl eines geeigneten Verfahrens davon abhängen, welche Merkmale sich in der Anwendungssituation als wesentlich erweisen.

6.1 Vererbung asymptotischer Stabilität

Eine Analyse des Phänomens „Steifheit" verlangt die Konditionsanalyse von Anfangswertproblemen über einem beschränkten Intervall $[t_0, T]$. Dies kann für *gegebene* Beispiele durch Lösung der in Abschnitt 3.1.1 vorgestellten Variationsgleichung geschehen. Da wir aber an einem grundsätzlichen Zusammenhang zwischen der Kondition eines Problems und der Kondition einer Diskretisierung interessiert sind, müssen wir Situationen betrachten, welche einer einfacheren Analyse zugänglich sind. Eine geeignete Situation dieser Art haben wir in Abschnitt 3.2 mit der *Stabilitätsanalyse* als Konditionsanalyse über dem *unbeschränkten* Intervall $[t_0, \infty]$ kennengelernt. Dabei ergab sich

- eine vollständige, handhabbare Charakterisierung der Stabilität linearer autonomer Probleme (Satz 3.23, sowie für diskrete Probleme Satz 3.33),

- eine handhabbare Charakterisierung der asymptotischen Stabilität von Fixpunkten nichtlinearer autonomer Probleme (Satz 3.30, sowie für diskrete Probleme Satz 3.38).

Wir werden daher im Abschnitt 6.1.1 damit beginnen, eine Vorstellung steifen Verhaltens über dem Intervall $[0, \infty]$ für homogene autonome lineare Anfangswertprobleme zu entwickeln. In Abschnitt 6.1.5 werden wir schließlich diese Vorstellung auf die

Umgebung von Fixpunkten autonomer, nichtlinearer Differentialgleichungen erweitern.

Bemerkung 6.2. Eine interessante Methode zur Konditionsanalyse *linearer* Anfangswertprobleme und ihrer Diskretisierungen über *endlichen* Intervallen $[0, T]$ findet sich in dem Artikel [101], in welchem D. J. Higham und L. N. Trefethen den Begriff des „steifen Anfangswertproblems" einer lesenswerten kritischen Diskussion unterziehen.

6.1.1   Rationale Approximation der Matrizenexponentiellen

In den folgenden Abschnitten werden wir der Frage nachgehen, ob und für welche Schrittweiten τ die Stabilität einer linearen Differentialgleichung der Form

$$x' = Ax, \quad A \in \mathrm{Mat}_d(\mathbb{R}),$$

vererbt wird an das diskrete dynamische System

$$x_{n+1} = \Psi^\tau x_n, \quad n = 0, 1, \ldots,$$

welches durch einen diskreten Phasenfluss Ψ^τ als Approximation des Phasenflusses $\Phi(t) = \exp(tA)$ gegeben ist.

Zur Vorbereitung dieser Diskussion müssen wir Ψ^τ etwas näher spezifizieren. Das Eingangsbeispiel 6.1 legt nahe, Phasenflüsse zu betrachten, welche durch eine *rationale* Funktion $R : \mathbb{C} \to \hat{\mathbb{C}} = \mathbb{C} \cup \{\infty\}$ in der Form

$$\Psi^\tau = R(\tau A)$$

gegeben werden. Stellen wir

$$R(z) = \frac{P(z)}{Q(z)}$$

als Quotienten zweier teilerfremder Polynome P, Q dar, so berechnet man $\Psi^\tau x$ als Lösung des *linearen Gleichungssystems*

$$Q(\tau A)(\Psi^\tau x) = P(\tau A)x.$$

Im Beweis von Lemma 4.15 hatten wir gesehen, dass der diskrete Phasenfluss Ψ^τ für explizite Runge-Kutta-Verfahren die Gestalt $\Psi^\tau = P(\tau A)$ besitzt, wobei $P \in \boldsymbol{P}_s$ ein Polynom und s die Stufenzahl des Runge-Kutta-Verfahrens ist. Das Polynom P approximiert die Exponentialfunktion mit genau der Ordnung p des Runge-Kutta-Verfahrens. Eine rationale Approximation R der Exponentialfunktion,

$$e^z \approx R(z),$$

führt ebenso auf eine Approximation des Phasenflusses (Matrizenexponentiellen):

$$\Phi^\tau = \exp(\tau A) \approx R(\tau A) = \Psi^\tau.$$

Definition 6.3. Die Konsistenzordnung einer durch die rationale Funktion R gegebenen Approximation der Exponentialfunktion ist die größte ganze Zahl p, so dass

$$R(z) = \exp(z) + O(z^{p+1}) \quad \text{für } z \to 0$$

gilt. Wir sprechen von einer konsistenten rationalen Approximation, falls $p \geq 1$ ist.

Der Leser möge überprüfen, dass sich mit Hilfe der Sätze 3.21 und 3.42 die Konsistenzordnung p der rationalen Approximation auf den diskreten Phasenfluss als Approximation des Phasenflusses überträgt,

$$\Psi^\tau x = \Phi^\tau x + O(\tau^{p+1}) \quad \text{für } \tau \to 0.$$

Im Beweis von Lemma 4.15 haben wir gezeigt, dass eine polynomiale Approximation P der Exponentialfunktion von der Konsistenzordnung p mindestens den Grad $\deg P \geq p$ besitzen muss. Dieses einfache Resultat lässt sich auf rationale Funktionen verallgemeinern.

Lemma 6.4. *Sei R eine rationale Approximation der Exponentialfunktion von der Ordnung p. Für jede Darstellung $R(z) = P(z)/Q(z)$ der rationalen Funktion als Quotient zweier Polynome P, Q gilt*

$$p \leq \deg P + \deg Q.$$

Beweis. Nehmen wir an, es gäbe Polynome P und Q mit

$$\deg P \leq k, \quad \deg Q \leq j,$$

so dass $k + j < p$ und daher

$$P(z)/Q(z) - e^z = O(z^{k+j+2}) \quad \text{für } z \to 0$$

gilt. Dann wäre nach Multiplikation mit $Q(z)$

$$P(z) - Q(z)e^z = O(z^{k+j+2}) \quad \text{für } z \to 0. \tag{I}$$

Wir zeigen jetzt durch Induktion nach k, dass aus (I) notwendigerweise $P = Q = 0$ folgt, und erhalten damit den gewünschten Widerspruch. Sei also zunächst $k = 0$, d. h., P ist eine Konstante. Aus (I) folgt dann durch Multiplikation mit e^{-z}, dass

$$Pe^{-z} - Q(z) = O(z^{j+2}) \quad \text{für } z \to 0 \tag{II}$$

ist. Differenzieren wir diese Beziehung $(j + 1)$-fach nach z, so erhalten wir wegen $\deg Q \leq j$

$$(-1)^{j+1} P = O(z), \quad \text{d. h. } P = 0.$$

Damit folgt aus (II) auch $Q = 0$.

Sei die Behauptung für $k - 1 \geq 0$ richtig. Aus (I) folgt durch Differentiation nach z

$$P'(z) - (Q'(z) + Q(z))e^z = O(z^{k+j+1}) \quad \text{für } z \to 0.$$

Da deg $P' \leq k - 1$ und deg$(Q' + Q) \leq j$ gilt, befinden wir uns in der Situation der Induktionsvoraussetzung und können auf $P' = 0$ schließen. Also ist deg $P = 0$, so dass wir wie im Fall $k = 0$ schließlich $P = Q = 0$ erhalten. $\square$

6.1.2   Stabilitätsgebiete

Wir betrachten ein *stabiles* lineares Anfangswertproblem

$$x' = Ax, \quad x(0) = x_0, \quad A \in \mathrm{Mat}_d(\mathbb{R}),$$

und quantifizieren die Frage, ob und für welche Schrittweiten τ die Stabilität an den diskreten Phasenfluss $\Psi^\tau = R(\tau A)$ vererbt wird, durch den Wert der *charakteristischen Schrittweite*

$$\tau_c = \sup\{\bar{\tau} > 0 : \text{die Rekursion } x_{n+1} = \Psi^\tau x_n \text{ ist für } 0 < \tau \leq \bar{\tau} \text{ stabil}\}.$$

Die Größe der charakteristischen Schrittweite τ_c wird im Wesentlichen davon abhängen, welche qualitativen Eigenschaften der Exponentialfunktion von der rationalen Funktion R geerbt werden. Dabei wird sich schon für lineare Probleme das generelle Dilemma von „Steifheit" zeigen: Es können nicht sämtliche für dynamische Systeme wichtige qualitative Eigenschaften gleichzeitig an R vererbt werden. Dies hängt damit zusammen, dass die Exponentialfunktion bei ∞ eine wesentliche Singularität besitzt, ein Facettenreichtum, welcher von dem eindeutigen Verhalten einer rationalen Funktion bei ∞ stets nur dürftig modelliert wird. Wir werden darauf zum Abschluss des Abschnittes 6.1.4 genauer zu sprechen kommen, wenn wir die zentralen qualitativen Eigenschaften kennengelernt haben werden, die wir vererben möchten. Nach Satz 3.33 führt die rekursive Anwendung von Ψ^τ genau dann auf eine stabile Gitterfunktion x_τ, wenn

$$\rho(\Psi^\tau) \leq 1$$

gilt und die Eigenwerte $\mu \in \sigma(\Psi^\tau) = \sigma(R(\tau A))$ vom Betrag $|\mu| = 1$ gewissen zusätzlichen Bedingungen genügen. Der Spektralradius von $\Psi^\tau = R(\tau A)$ bestimmt sich aus Satz 3.42 durch

$$\rho(\Psi^\tau) = \max_{\lambda \in \sigma(A)} |R(\tau \lambda)|.$$

Wir sind also für die Vererbung von Stabilität an Schrittweiten τ interessiert, so dass $|R(\tau \lambda)| \leq 1$ gilt für alle Eigenwerte $\lambda \in \sigma(A)$; oder äquivalent mit Hilfe der Menge

$$\mathcal{S} = \{z \in \mathbb{C} : |R(z)| \leq 1\},$$

welche *Stabilitätsgebiet* der betrachteten rationalen Funktion R heißt, ausgedrückt:
Es soll $\tau\lambda \in \mathscr{S}$ für alle $\lambda \in \sigma(A)$ gelten. Die für die Stabilität von Ψ^τ nötigen
Bedingungen an Eigenwerte $\mu \in \sigma(\Psi^\tau)$ mit Betrag $|\mu| = 1$ werden uns also auf
zusätzliche Bedingungen im Falle

$$\tau\lambda \in \partial\mathscr{S}$$

führen. Deshalb widmen wir unsere Untersuchungen zunächst dem Rand $\partial\mathscr{S}$ des Stabilitätsgebietes.

Lemma 6.5. *Für eine konsistente rationale Approximation der Exponentialfunktion*
gilt
$$0 \in \partial\mathscr{S}.$$

Beweis. Aus der Konsistenz von R folgt

$$R(z) = 1 + z + O(z^2),$$

so dass einerseits $R(0) = 1$, d. h. $0 \in \mathscr{S}$, gilt, andererseits kleine $z > 0$ auf $|R(z)| > 1$,
d. h. $z \notin \mathscr{S}$, führen. Also ist $0 \in \partial\mathscr{S}$. $\qquad\square$

Wir wollen jetzt den zusammenhängenden Teil des Randes von $\mathscr{S}$ „abtasten", der
den Ursprung enthält: Dazu betrachten wir den unter dem Winkel $\phi \in [0, 2\pi[$ vom
Ursprung abgehenden Strahl. Zum einen spielt eine Rolle, wie weit wir uns vom Ur-

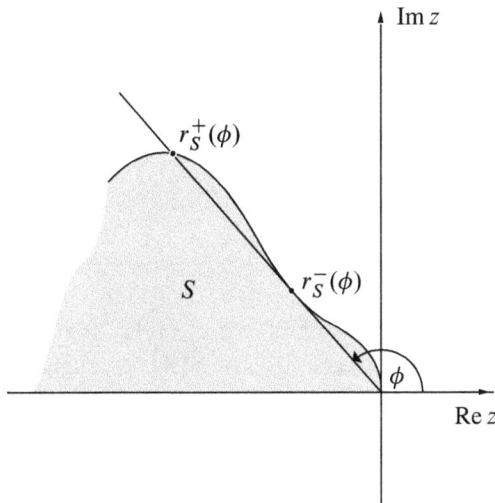

Abbildung 6.1. Veranschaulichung der beiden Radien $r_{\mathscr{S}}^-(\phi)$ und $r_{\mathscr{S}}^+(\phi)$

sprung aus auf dem Strahl im (*topologisch*) *Inneren* des Stabilitätsgebietes bewegen können:

$$r_{\mathscr{S}}^-(\phi) = \sup\{\hat{r} : re^{i\phi} \in \mathrm{int}(\mathscr{S}) \quad \text{für alle } r \in \,]0, \hat{r}]\}.$$

Wir setzen $r_{\mathscr{S}}^-(\phi) = 0$, wenn der Strahl zunächst auf dem Rand oder außerhalb des Stabilitätsgebietes verläuft, d. h. die Menge leer ist, über der wir das Supremum bilden. Zum anderen ist das größte Intervall auf dem Strahl von Bedeutung, das noch im Stabilitätsgebiet liegt. Seine Länge bezeichnen wir mit

$$r_{\mathscr{S}}^+(\phi) = \sup\{\hat{r} : re^{i\phi} \in \mathscr{S} \quad \text{für alle } r \in [0, \hat{r}]\}.$$

Es folgt unmittelbar

$$r_{\mathscr{S}}^-(\phi) \le r_{\mathscr{S}}^+(\phi).$$

Zur Veranschaulichung dieser Definitionen dient Abbildung 6.1. Nun können wir endlich die charakteristische Zeitschrittweite bestimmen.

Lemma 6.6. *Die charakteristische Schrittweite τ_c zur Vererbung der Stabilität des Anfangswertproblems*

$$x' = Ax, \quad x(0) = x_0,$$

an den durch eine rationale Funktion R gegebenen diskreten Phasenfluss $\Psi^\tau = R(\tau A)$ erfüllt die Abschätzung

$$\tau_c^- \le \tau_c \le \tau_c^+$$

mit den Größen

$$\tau_c^- = \min_{\lambda \in \sigma(A)\setminus\{0\}} \frac{r_{\mathscr{S}}^-(\arg \lambda)}{|\lambda|}, \quad \tau_c^+ = \min_{\lambda \in \sigma(A)\setminus\{0\}} \frac{r_{\mathscr{S}}^+(\arg \lambda)}{|\lambda|}.$$

Dabei gilt sicher $\tau_c = \tau_c^+$, wenn alle Eigenwerte $\lambda \in \sigma(A)$ mit

$$r_{\mathscr{S}}^-(\arg \lambda) < \infty$$

den Index $\iota(\lambda) = 1$ besitzen.

Beweis. Wir setzen das Anfangswertproblem $x' = Ax$ als stabil voraus.

1. *Schritt*: Wir diskutieren zunächst für $\lambda \in \sigma(A)$ den zugehörigen Eigenwert $\mu = R(\tau\lambda) \in \sigma(\Psi^\tau)$. Ein Eigenwert $\lambda = 0$ besitzt nach Satz 3.23 den Index $\iota(\lambda) = 1$, so dass der zugehörige Eigenwert $\mu = 1$ allenfalls aufgrund weiterer Eigenwerte $0 \ne \hat{\lambda} \in \sigma(A)$ mit $R(\tau\hat{\lambda}) = \mu = 1$ eine größeren Index als $\iota(\mu) = 1$ besitzt. Sei nun $\lambda \ne 0$. Dann gilt mit $\tau\lambda = re^{i\phi}$ nach Definition von τ_c^-, dass aus $\tau < \tau_c^-$ folgt:

$$r < r_{\mathscr{S}}^-(\phi), \quad \tau\lambda \in \mathrm{int}(\mathscr{S}), \quad |\mu| = |R(\tau\lambda)| < 1.$$

Genauso folgt aus $\tau < \tau_c^+$:

$$r < r_{\mathcal{S}}^+(\phi), \quad \tau\lambda \in \mathcal{S}, \quad |\mu| = |R(\tau\lambda)| \leq 1.$$

2. *Schritt*: Wir zeigen nun $\tau_c \geq \tau_c^-$. Für $\tau < \tau_c^-$ gilt nach dem ersten Schritt

$$\rho(\Psi^\tau) = \max_{\lambda \in \sigma(A)} |R(\tau\lambda)| \leq 1,$$

wobei wir ebenfalls aus dem ersten Schritt wissen, dass allein $\mu = 1$ als Eigenwert von Ψ^τ mit Betrag $|\mu| = 1$ in Frage kommt und dann den Index $\iota(\mu) = 1$ besitzt. Nach Satz 3.33 ist damit die diskrete Rekursion stabil. Da $\tau < \tau_c^-$ beliebig war, gilt $\tau \geq \tau_c^-$.

3. *Schritt*: Aufgrund der Definition von $r_{\mathcal{S}}^+(\phi)$ als Supremum gibt es – falls $\tau_c^+ < \infty$ ist – zu jedem $\varepsilon > 0$ ein $\tau \in]\tau_c^+, \tau_c^+ + \varepsilon[$ mit $\rho(\Psi^\tau) > 1$. Also gilt $\tau_c \leq \tau_c^+$.

4. *Schritt*: Nach dem ersten Schritt gilt für $\tau < \tau_c^+$

$$\rho(\Psi^\tau) = \max_{\lambda \in \sigma(A)} |R(\tau\lambda)| \leq 1.$$

Unter der Voraussetzung, dass Eigenwerte $\lambda \in \sigma(A)$ mit

$$r_{\mathcal{S}}^-(\arg \lambda) < \infty$$

den Index $\iota(\lambda) = 1$ besitzen, haben für $\tau_c^- \leq \tau \leq \tau_c^+$ die Eigenwerte μ von Ψ^τ mit Betrag $|\mu| = 1$ ebenfalls den Index $\iota(\mu) = 1$, so dass die diskrete Rekursion nach Satz 3.33 stabil ist und daher $\tau_c = \tau_c^+$ gilt. $\qquad \square$

Die ersten zwei Schritte des Beweises ergeben zugleich noch das entsprechende Resultat zur Vererbung *asymptotischer* Stabilität.

Korollar 6.7. *Das Anfangswertproblem*

$$x' = Ax, \quad x(0) = x_0,$$

sei asymptotisch stabil. Die Schrittweite τ_c^- aus Lemma 6.6 ist das Supremum aller Schrittweiten $\bar{\tau}$, für die auch der diskrete Phasenfluss Ψ^τ für $\tau < \bar{\tau}$ asymptotisch stabil ist.

Dabei ist die Vererbung asymptotischer Stabilität für hinreichend kleine Schrittweiten stets garantiert:

Lemma 6.8. *Sei R eine konsistente rationale Approximation der Exponentialfunktion. Dann gilt für $\phi \in]\pi/2, 3\pi/2[$*

$$r_{\mathcal{S}}^-(\phi) > 0,$$

d. h., für asymptotisch stabile Differentialgleichungen ist stets $\tau_c^- > 0$.

Beweis. Aus der Konsistenz von R folgt

$$R(z) = 1 + z + O(z^2).$$

Nun gilt für hinreichend kleines $z \neq 0$ mit $\arg z \in {]}\pi/2, 3\pi/2{[}$

$$|1 + z| < 1.$$

Dabei können wir $|z|$ sogar so klein wählen, dass $|R(z)| \leq |1 + z| + O(z^2) < 1$ und damit $z \in \text{int}(\mathcal{S})$ gilt. Die Aussage des Lemmas folgt aus der Definition von $r_{\mathcal{S}}^-$ und Korollar 6.7. $\qquad\square$

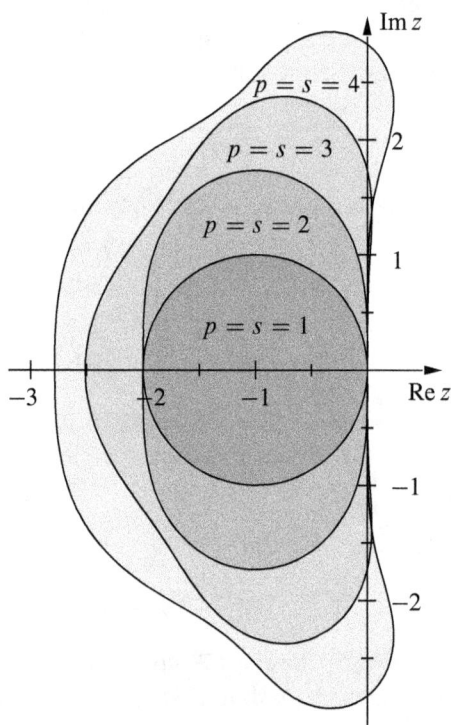

Abbildung 6.2. Stabilitätsgebiete der einfachen expliziten Runge-Kutta-Verfahren

Beispiel 6.9. Für das explizite Euler-Verfahren gilt

$$R(z) = 1 + z,$$

so dass wir als Stabilitätsgebiet

$$\mathcal{S} = \{z \in \mathbb{C} : |1 + z| \leq 1\} = \bar{B}_1(-1)$$

den Kreis um $z_0 = -1$ vom Radius 1 erhalten (vgl. Abbildung 6.2). Für das skalare Anfangswertproblem

$$x' = \lambda x, \quad x(0) = x_0, \quad \lambda < 0,$$

das *asymptotisch stabil* ist, ergibt sich die charakteristische Zeitschrittweite

$$\tau_c = \frac{r_{\mathcal{S}}^-(\pi)}{|\lambda|} = \frac{r_{\mathcal{S}}^+(\pi)}{|\lambda|} = \frac{2}{|\lambda|}$$

zur Vererbung von asymptotischer Stabilität. Dies steht in perfekter Übereinstimmung mit Beispiel 6.1.

Die Aussage des Lemmas 6.8 lässt sich *nicht* auf die zur imaginären Achse gehörenden Winkel $\phi \in \{\pi/2, 3\pi/2\}$ erweitern, wie folgendes Beispiel zeigt:

Beispiel 6.10. Wenden wir nun das explizite Euler-Verfahren auf das zwar stabile, aber nicht asymptotisch stabile Anfangswertproblem

$$x' = \begin{bmatrix} 0 & 1 \\ -1 & 0 \end{bmatrix} x, \quad x(0) = \begin{bmatrix} 1 \\ 0 \end{bmatrix},$$

an.

Das Spektrum $\sigma = \{i, -i\}$ der Matrix liegt auf der imaginären Achse, so dass wir die zur Vererbung von Stabilität charakteristische Zeitschrittweite

$$\tau_c = r_{\mathcal{S}}^-(\pi/2) = r_{\mathcal{S}}^+(\pi/2) = 0$$

erhalten! Die durch das explizite Euler-Verfahren gegebene diskrete Evolution ist also hier für *jede* Schrittweite $\tau > 0$ *instabil*,

$$\kappa_\tau[0, \infty] = \infty.$$

Andererseits ist für die Differentialgleichung

$$\kappa[0, \infty] = 1.$$

Dies widerspricht keineswegs dem Konvergenzsatz 4.10, da dieser nur für *endliche Intervalle* $[0, T]$, $T < \infty$ gültig ist. So sehen wir deutlich in Abbildung 6.3, dass sich zwar für kleinere Schrittweiten die Instabilität nicht vermeiden lässt, sie aber erst *später* in der Zeit sichtbar wird. Rechnen wir hingegen mit dem klassischen Runge-Kutta-Verfahren vierter Ordnung (vgl. Abbildung 6.2), also mit dem Polynom

$$R(z) = 1 + z + z^2/2 + z^3/6 + z^4/24,$$

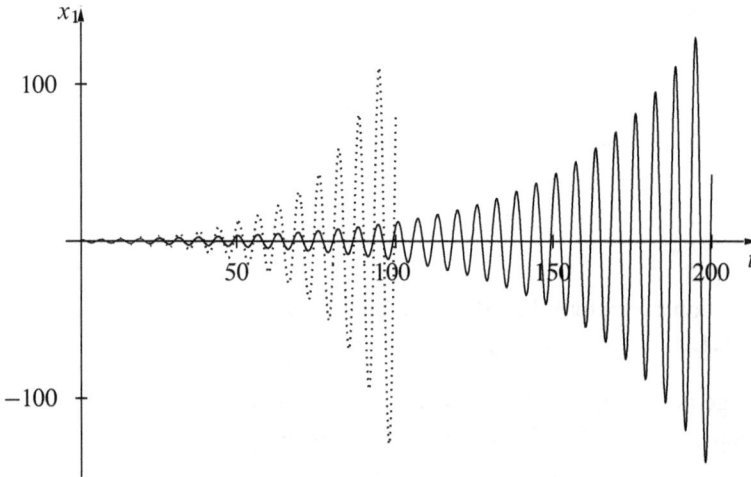

Abbildung 6.3. Expliziter Euler: Lösung für $\tau = 1/10\,(\cdots)$ und $\tau = 1/20\,(-)$

so ist stattdessen

$$\tau_c = r_8^-(\pi/2) = r_8^+(\pi/2) = 2\sqrt{2} = 2.828\ldots\,.$$

Im Beweis des Konvergenzsatzes 4.10 sahen wir, dass der Fehlertransport durch die diskrete Evolution entscheidend beeinflusst, wie die Konstanten der Konvergenzabschätzung für das Intervall $[0, T]$ in T wachsen. Für lineare Probleme ist dieser Fehlertransport aber komplett durch die Konditionszahl $\kappa_\tau[0, T]$ beschrieben. Gilt nun wie hier $\tau_c > 0$, so lässt sich der Beweis des Konvergenzsatzes für stabile Anfangswertprobleme so modifizieren, dass wir Konvergenz sogar auf dem unendlichen Intervall $[0, \infty[$ erhalten (Aufgabe 6.2).

Die Beispiele zeigen, dass für zwei spezielle explizite Runge-Kutta-Verfahren durch

$$\tau_c < \infty$$

stets eine *Schrittweitenbeschränkung* für die Vererbung qualitativen Verhaltens vorliegt. Zusätzlich gilt dann sogar

$$\tau_c = O(|\lambda|^{-1}),$$

wenn wir die charakteristische Schrittweite als Funktion eines Eigenwertes $|\lambda| \to \infty$ mit $\mathrm{Re}\,\lambda \leq 0$ betrachten: Sehr schnell abklingende Lösungskomponenten, welche für die kontinuierliche Lösung für größere Zeiten keine Rolle spielen, erzwingen widersinnig kleine Schrittweiten. Wie folgender Satz zeigt, handelt es sich bei diesem „Versagen" um ein Merkmal der *gesamten* in Kapitel 4 betrachteten *Verfahrensklasse*, also um „Steifheit" im Intervall $[0, \infty]$.

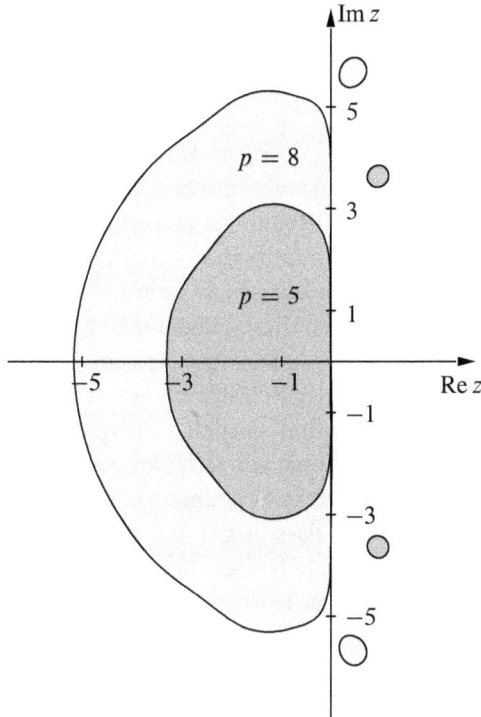

Abbildung 6.4. Stabilitätsgebiete der Verfahren von J. R. Dormand und P. J. Prince

Lemma 6.11. *Das Stabilitätsgebiet $\mathscr{S}$ von Polynomen P ist kompakt. Insbesondere gilt*

$$r_{\mathscr{S}}^{+}(\phi) < \infty \quad \text{für alle } \phi \in [0, 2\pi[.$$

Die zur Vererbung von Stabilität des Anfangswertproblems

$$x' = Ax, \quad x(0) = x_0,$$

nötige charakteristische Zeitschrittweite τ_c des diskreten Phasenflusses $\Psi^{\tau} = P(\tau A)$ ist endlich, $\tau_c < \infty$.

Beweis. Da für Polynome

$$|P(z)| \to \infty \quad \text{für } |z| \to \infty$$

gilt, muss das Stabilitätsgebiet $\mathscr{S}$ beschränkt sein. Der Rest ist dann unmittelbar klar.   □

Bemerkung 6.12. Für sehr große lineare Anfangswertprobleme, wie sie z. B. bei der numerischen Behandlung partieller Differentialgleichungen auftreten können, kann es Situationen geben, in welchen wir aus Aufwandsgründen mit expliziten Runge-Kutta-Verfahren arbeiten müssen. Verwenden wir ein solches Runge-Kutta-Verfahren mit *Schrittweitensteuerung* (Kapitel 5), so wird die automatische Schrittweite τ für grobe Toleranzen in die Nähe von τ_c geregelt werden. Hierbei stellt sich – in der Begriffsbildung des Abschnittes 5.2 – heraus, dass der I-Regler des Algorithmus 5.2 zur Schrittweitensteuerung bei *einigen* Runge-Kutta-Verfahren zu starken Oszillationen der Schrittweitenvorschläge führt: Insbesondere wird in fast jedem zweiten Schritt die vorgeschlagene Schrittweite verworfen, was zu einer hohen Ineffizienz führt. G. Hall [95, 96] hat 1985 gezeigt, dass sich dieses Phänomen als Instabilität des Fixpunktes $\tau = \tau_c$ für dasjenige diskrete dynamische System erklären lässt, welches aus dem Runge-Kutta-Verfahren und der Schrittweitensteuerung besteht. D. J. Higham und G. Hall [100] schlugen daraufhin speziell konstruierte explizite Runge-Kutta-Verfahren aus der Familie der Verfahren von J. R. Dormand und P. J. Prince (Abschnitt 5.4) vor, welche den genannten Effekt weitgehend vermeiden. Die von G. Hall eingeführte Analyse zeigt aber auch, dass es bei den meisten expliziten Runge-Kutta-Verfahren ausreicht, den I-Regler durch einen PI- oder PID-Regler zu ersetzen, welche wir in Abschnitt 5.2.2 diskutiert haben – eine Beobachtung, die auf die Arbeit [86] zurückgeht.

6.1.3   Stabilitätsbegriffe

Mit dem Werkzeug des Stabilitätsgebietes können wir Forderungen an die rationale Funktion R stellen, die es uns erlauben, qualitative Eigenschaften der Matrizenexponentiellen ohne Schrittweitenbeschränkung, d. h. mit $\tau_c = \infty$, zu vererben. „Steifheit" drückt sich nun darin aus, dass keine dieser Forderungen von expliziten Verfahren, d. h. Polynomen, erfüllt werden können. Wir sind also *gezwungen*, gebrochen rationale Funktionen R zu betrachten. Eine Übersicht über die im Folgenden vorgestellten Vererbungskonzepte findet der Leser in Tabelle 6.1 am Ende des Abschnittes 6.1.4.

A-**Stabilität.**   Es ist naheliegend, die Vererbung der Stabilität unabhängig vom Spektrum der Matrix A des Anfangswertproblems zu fordern. Dazu muss das Stabilitätsgebiet der rationalen Funktion das Stabilitätsgebiet der Exponentialfunktion enthalten, d. h. die negative komplexe Halbebene $\mathbb{C}_- = \{z \in \mathbb{C} : \operatorname{Re} z \leq 0\} = \{z \in \mathbb{C} : |\exp(z)| \leq 1\}$:

$$\mathbb{C}_- \subset \mathcal{S}.$$

G. Dahlquist gab 1963 gebrochen rationalen Funktionen mit dieser Eigenschaft den Namen *A-stabil* – nach eigener Auskunft *bewusst neutral*, dafür wenig suggestiv. Bevor wir uns Beispiele ansehen, wollen wir noch zeigen, dass diese Begriffsbildung das Gewünschte leistet.

Satz 6.13. *Sei* $\Psi^\tau = R(\tau A)$ *der durch eine rationale Funktion R gegebene diskrete Phasenfluss. Dieser ist genau dann für alle Schrittweiten* $\tau > 0$ *und alle (asymptotisch) stabilen Anfangswertprobleme*

$$x' = Ax, \quad x(0) = x_0,$$

selbst (asymptotisch) stabil, wenn die rationale Funktion A-stabil ist.

Beweis. Nach Lemma 6.6 und Korollar 6.7 liegt die *unbedingte* (d. h. für alle Schrittweiten $\tau > 0$) Vererbung der (asymptotischen) Stabilität für alle möglichen Spektren genau dann vor, wenn

$$r_g^-(\phi) = \infty \quad \text{für } \phi \in \,]\pi/2, 3\pi/2[\tag{I}$$

ist und

$$r_g^+(\phi) = \infty \quad \text{für } \phi \in \{\pi/2, 3\pi/2\}. \tag{II}$$

Es kann dabei durchaus $r_g^-(\phi) < \infty$ für $\phi \in \{\pi/2, 3\pi/2\}$ gelten, aber nach Satz 3.23 besitzen die Eigenwerte λ von A mit $\arg \lambda \in \{\pi/2, 3\pi/2\}$ im Falle einer stabilen Differentialgleichung den Index $\iota(\lambda) = 1$. Nach Definition von r_g^- und r_g^+ sind die Bedingungen (I) und (II) äquivalent zur A-Stabilität von R.   □

Nach Lemma 6.11 können Polynome nicht A-stabil sein.

Der Vererbung asymptotischer Stabilität geben wir nun noch im Lichte der Abschnitte 3.2.2 und 3.3.1 eine größere Allgemeinheit. Diese haben wir bisher vermieden, sinngemäß lassen sich aber entsprechende Verallgemeinerungen bei allen bisherigen Vererbungsresultaten erzielen.

Korollar 6.14. *Sei* E_- *der stabile Teilraum der Differentialgleichung*

$$x' = Ax.$$

Der durch eine A-stabile rationale Funktion R gegebene diskrete Phasenfluss $\Psi^\tau = R(\tau A)$ *besitze als Rekursion* $x_{n+1} = \Psi^\tau x_n$ *den stabilen Teilraum* E_s. *Dann gilt*

$$E_- \subset E_s$$

für alle Schrittweiten $\tau > 0$.

Beweis. Schränken wir die Differentialgleichung auf E_- ein, so ist sie nach Definition dort asymptotisch stabil. Nach Satz 6.13 ist daher $\Psi^\tau|_{E_-}$ als Rekursion auf E_- ebenfalls asymptotisch stabil, wobei wir ausnutzen, dass

$$\Psi^\tau E_- \subset E_-.$$

Ist also $x \in E_-$, so gilt $(\Psi^\tau)^n x \to 0$ für $n \to \infty$ und damit nach Satz 3.37 $x \in E_s$. $\qquad\qquad\qquad\qquad\qquad\qquad\qquad\qquad\qquad\qquad\qquad\qquad\qquad\qquad$ $\square$

Wir sollten festhalten, dass umgekehrt $E_- \not\subset E_s$ steifes Verhalten bedeutet: Eine Lösungskomponente in Richtung $x \in E_- \setminus E_s$, die also im Kontinuierlichen binnen kürzester Zeit (exponentiell!!) keine Rolle mehr spielt, explodiert im Diskreten. Diese Explosion zerstört völlig das qualitative Lösungsverhalten, wenn sie schneller erfolgt als die eigentlich vorhandenen instabilen Komponenten.

Beispiel 6.15. Der einfachste Fall einer gebrochen rationalen Approximation der Exponentialfunktion ist durch die in Beispiel 6.1 eingeführte Funktion

$$R(z) = \frac{1}{1-z} = 1 + z + z^2 + O(z^3) = e^z + O(z^2)$$

gegeben. Die Konsistenzordnung beträgt also $p = 1$. Das zugehörige Stabilitätsgebiet

$$\mathcal{S} = \{z \in \mathbb{C} : |1 - z| \geq 1\} = \mathbb{C} \setminus B_1(1)$$

enthält die negative komplexe Halbebene $\mathbb{C}_-$, so dass die Funktion A-stabil ist.

Wir werden diese lineare diskrete Evolution später als Spezialfall zweier allgemeinerer Verfahren kennenlernen: des *impliziten* Euler-Verfahrens sowie des *linear-impliziten* Euler-Verfahrens.

L-Stabilität. Bisher haben wir die asymptotische Stabilität der Differentialgleichung an den diskreten Phasenfluss als rekursive Abbildung vererbt, d. h., wir haben

$$(\Psi^\tau)^n \to 0 \quad \text{für } n \to \infty$$

verlangt. Das letzte Beispiel zeigt, dass zusätzlich die Möglichkeit besteht, für *große Schrittweiten* τ das asymptotische Verhalten der kontinuierlichen Lösung innerhalb *eines* Schrittes einzufangen, d. h. $\Psi^\tau x \to 0$ für $\tau \to \infty$. Dazu müssen wir die Eigenschaft

$$\lim_{\mathrm{Re}\, z \to -\infty} \exp(z) = 0$$

der Exponentialfunktion vererben.

Lemma 6.16. *Das Anfangswertproblem*

$$x' = Ax, \quad x(0) = x_0,$$

sei asymptotisch stabil. Eine A-stabile rationale Approximation R der Exponentialfunktion erfüllt genau dann

$$\Psi^\tau = R(\tau A) \to 0 \quad \textit{für } \tau \to \infty,$$

wenn gilt

$$R(\infty) = \lim_{z \to \infty} R(z) = 0.$$

Beweis. Die gewünschte Konvergenz liegt offenbar genau dann vor, wenn

$$\rho(R(\tau A)) = \max_{\lambda \in \sigma(A)} |R(\tau \lambda)| \to 0$$

für $\tau \to \infty$. Da aufgrund der asymptotischen Stabilität für die Eigenwerte Re $\lambda < 0$ gilt (Satz 3.23) und die A-stabile rationale Funktion für alle $z \in \mathbb{C}_-$ beschränkt ist, erhalten wir

$$\lim_{\tau \to \infty} \rho(R(\tau A)) = \lim_{z \to \infty} |R(z)| \le 1. \qquad \square$$

Polynome erfüllen grundsätzlich $|P(\infty)| = \infty$ und scheiden daher aus. B. L. Ehle taufte 1969 rationale Funktionen, welche der Bedingung $R(\infty) = 0$ genügen und A-stabil sind, *L-stabil.* Die rationale Funktion $R(z) = 1/(1 - z)$ aus Beispiel 6.15 ist also *L*-stabil. Wir können das Ergebnis in genau der Weise verallgemeinern, in der wir aus Satz 6.13 das Korollar 6.14 erhielten.

Korollar 6.17. *Sei E_- der stabile Teilraum der Differentialgleichung*

$$x' = Ax.$$

Ferner sei $\Psi^\tau = R(\tau A)$ der durch eine L-stabile rationale Funktion R gegebene diskrete Phasenfluss. Für $x \in E_-$ gilt dann, dass

$$\Psi^\tau x \to 0 \quad \text{für } \tau \to \infty.$$

$A(\alpha)$-Stabilität.   Sind wir nur an der Vererbung asymptotischer Stabilität interessiert, so können wir die imaginäre Achse außer Acht lassen und werden so auf eine *Familie* von schwächeren Stabilitätsbegriffen geführt. Wir suchen dazu symmetrisch zur reellen Achse liegende abgeschlossene konvexe Gebiete $\mathcal{S}_* \subset \mathbb{C}_-$, so dass der diskrete Phasenfluss einer rationalen Funktion mit

$$\sigma(A) \subset \text{int}(\mathcal{S}_*) \subset \mathcal{S}$$

die asymptotische Stabilität der Differentialgleichung $x' = Ax$ *unabhängig* von der Schrittweite τ erbt. Zu diesem Zwecke muss

$$\lambda \in \mathcal{S}_* \implies \tau \lambda \in \mathcal{S}_*$$

für alle $\tau > 0$ gelten. Gebiete mit dieser Eigenschaft sind durch

$$\tau \mathcal{S}_* = \mathcal{S}_* \quad \text{für alle } \tau > 0$$

als konvexer Kegel gekennzeichnet und müssen daher ein *Sektor* der negativen komplexen Halbebene sein:

$$\mathcal{S}_* = \mathcal{S}_\alpha = \{z \in \mathbb{C} : |\arg(-z)| \le \alpha\} \quad \text{für ein } \alpha \in [0, \pi/2].$$

Rationale Funktionen R, deren Stabilitätsgebiet den Sektor $\mathcal{S}_\alpha$ enthalten, wurden 1967 von O. B. Widlund $A(\alpha)$-*stabil* getauft. Gilt zusätzlich $R(\infty) = 0$, so sprechen wir von $L(\alpha)$-*Stabilität*. Für $\alpha = \pi/2$ reproduziert die neue Begriffsbildung die A- bzw. L-Stabilität, stellt aber für $\alpha < \pi/2$ eine echte Abschwächung dar, welche – sofern der Winkel α nicht zu klein ausfällt – für viele Anwendungen ausreicht.

6.1.4   Reversibilität und diskrete Isometrien

In einigen linearen Anwendungsproblemen möchte man eine spezielle Struktur des kontinuierlichen Problems ins Diskrete vererben, welche mit Spektren auf der imaginären Achse zusammenhängt, nämlich den *Erhalt* der euklidischen Norm entlang von Trajektorien. Wir betrachten also eine autonome lineare Differentialgleichung

$$x' = Ax, \quad x(0) = x_0,$$

deren Phasenfluss $\Phi^t = \exp(tA)$ die Eigenschaft

$$|\Phi^t x_0|_2 = |x_0|_2 \quad \text{für alle } t \in \mathbb{R}$$

besitzt. Die Matrizenexponentielle ist dann für jeden festen Zeitpunkt eine *Isometrie*, d. h. eine orthogonale Matrix. Wir wollen zunächst die Matrizen A charakterisieren, für die der Phasenfluss isometrisch ist.

Satz 6.18. *Sei $A \in \mathrm{Mat}_d(\mathbb{R})$. Die Matrizenexponentielle ist orthogonal,*

$$\exp(tA) \in \mathbf{O}(d) \quad \text{für alle } t \in \mathbb{R},$$

genau dann, wenn A schiefsymmetrisch ist,

$$A^T = -A.$$

Schiefsymmetrische Matrizen besitzen ein rein imaginäres Spektrum und jeder Eigenwert hat den Index 1.

Beweis. Ist die Matrizenexponentielle für alle Zeiten orthogonal, so gilt

$$I = \exp(tA^T)\exp(tA) \quad \text{für alle } t \in \mathbb{R}. \tag{I}$$

Dabei haben wir die Beziehung $\exp(tA)^T = \exp(tA^T)$ verwendet, die sofort aus Satz 3.21 folgt. Differenzieren wir (I) nach t und setzen dann $t = 0$, so erhalten wir

$$0 = \left(A^T \exp(tA^T)\exp(tA) + \exp(tA^T)A\exp(tA)\right)_{t=0} = A^T + A,$$

d. h. die Schiefsymmetrie von A. Setzen wir andererseits A als schiefsymmetrisch voraus, so folgt aus Eigenschaft (ii) in Satz 3.21, dass

$$I = \exp(-tA) \cdot \exp(tA) = \exp(tA^T) \cdot \exp(tA) = \exp(tA)^T \exp(tA)$$

für alle $t \in \mathbb{R}$. Damit ist $\exp(tA) \in \mathbf{O}(d)$ nachgewiesen.

Die Behauptung über das Spektrum einer schiefsymmetrischen Matrix A folgt aus der Beobachtung, dass wegen

$$(iA)^H = -iA^T = iA$$

die Matrix iA nach Komplexifizierung des $\mathbb{R}^d$ hermitesch ist. $\qquad\Box$

Bemerkung 6.19. Dieser Satz spielt in verschiedenen Bereichen der Mathematik eine Rolle. So bildet seine Verallgemeinerung für Hilberträume, der *Satz von Stone*, die mathematische Grundlage zur Behandlung der Schrödingergleichung in der Quantenmechanik.

Der Beweis des Satzes 6.18 zeigt, dass die Isometrie des Phasenflusses Konsequenz aus der Eigenschaft

$$\exp(z)\exp(-z) = 1 \quad \text{für alle } z \in \mathbb{C}$$

ist. Wollen wir die Isometrie ins Diskrete vererben, so werden wir wohl rationale Funktionen mit eben dieser Eigenschaft betrachten müssen, welche gerade die *Reversibilität* des (diskreten) Phasenflusses im Sinne der Definition 4.40 bedeutet.

Lemma 6.20. *Sei R eine konsistente rationale Approximation der Exponentialfunktion ohne Polstellen in $\mathbb{C}_-$. Sie besitze außerdem reelle Koeffizienten. Dann sind folgende Eigenschaften äquivalent:*

(i) $\mathcal{S} = \mathbb{C}_-$,

(ii) $|R(it)| = 1$ *für alle $t \in \mathbb{R}$,*

(iii) *R ist reversibel, d.h. $R(z)R(-z) = 1$ für alle $z \in \mathbb{C}$.*

Beweis. Aus (i) folgt (ii): Wäre $|R(it)| < 1$ für ein $t \in \mathbb{R}$, so gäbe es hinreichend dicht an it ein $z \in \mathbb{C}$ mit $|R(z)| < 1$ und $\operatorname{Re} z > 0$. Dies hieße aber $z \in \mathcal{S} \setminus \mathbb{C}_-$, ein Widerspruch.

Eigenschaft (ii) ist äquivalent zu (iii): Sei $z \in \mathbb{C}$ mit $\operatorname{Re} z = 0$, also $\bar{z} = -z$. Da die rationale Funktion R reelle Koeffizienten besitzt, gilt

$$1 = |R(z)|^2 = R(z)\overline{R(z)} = R(z)R(\bar{z}) = R(z)R(-z).$$

Da hier links und rechts meromorphe Funktionen stehen, müssen diese dann auch für alle $z \in \mathbb{C}$ übereinstimmen.

Aus (ii) folgt (i): Dieser Schritt ist nicht ganz so einfach. Zuerst zeigen wir, dass R eine A-stabile rationale Funktion ist. Hierzu benutzen wir das Maximumprinzip – allerdings müssen wir dazu die Kompaktifizierung $\mathbb{C}_- \cup \{\infty\}$ der negativen komplexen Halbebene in der Riemannschen Zahlensphäre betrachten: R ist analytisch im Gebiet $\operatorname{int}(\mathbb{C}_-) = \{z \in \mathbb{C} : \operatorname{Re} z < 0\}$, für dessen Rand gilt

$$|R(z)| \leq 1 \quad \text{für alle } z \in \partial\mathbb{C}_- \cup \{\infty\} = \{z \in \mathbb{C} : \operatorname{Re} z = 0\} \cup \{\infty\}.$$

Dabei haben wir die Rationalität der Funktion R genutzt, um den Randpunkt $\{\infty\}$ einschließen zu können. Aus dem Maximumprinzip folgt, dass $|R(z)| \leq 1$ für alle $z \in \mathbb{C}_-$, d. h. $\mathbb{C}_- \subset \mathcal{S}$. Wir müssen hier noch die Gleichheit zeigen. Gäbe es nun einen inneren Punkt $z \in \text{int}(\mathcal{S}) \setminus \mathbb{C}_-$, so wäre zum einen $-z \in \mathbb{C}_-$, zum anderen nach der zu (ii) äquivalenten Aussage (iii)

$$|R(-z)| = 1/|R(z)| \geq 1.$$

Da nun $-z \in \mathcal{S}$ ist, muss deshalb $|R(-z)| = 1$ gelten. Betrachten wir einen Kreis um $-z$, der noch ganz in $\mathcal{S}$ liegt, so muss erneut nach dem Maximumprinzip R dort konstant sein. Damit ist aber $R \equiv 1$, im Widerspruch zur Konsistenz. $\square$

Die durch dieses Lemma charakterisierten rationalen Funktionen erlauben nun, den Satz von Stone ins Diskrete zu übertragen.

Satz 6.21. *Die rationale Approximation R der Exponentialfunktion besitze reelle Koeffizienten und die Konsistenzordnung $p \geq 1$. Ferner gelte*

$$\mathcal{S} = \mathbb{C}_-.$$

Für eine Matrix $A \in \text{Mat}_d(\mathbb{R})$ ist

$$R(\tau A) \in \mathbf{O}(d) \quad \text{für alle } \tau \in \mathbb{R}$$

genau dann, wenn A schiefsymmetrisch ist, d. h. $A^T = -A$.

Beweis. Nach Lemma 6.20 besitzt R die Eigenschaft $1 = R(z)R(-z)$ für alle $z \in \mathbb{C}$, aus Satz 3.42 schließt man sofort auf die Vertauschbarkeit der Transposition, $R(\tau A^T) = R(\tau A)^T$. Genau diese zwei Eigenschaften wurden entsprechend bei der Exponentialfunktion benutzt, um den Satz von Stone 6.18 zu beweisen. Dabei beachten wir, dass die rationale Funktion R auf schiefsymmetrische Matrizen nach Satz 3.42 angewendet werden darf, da diese ein rein imaginäres Spektrum besitzen und R auf der imaginären Achse keine Polstellen hat. $\square$

Beispiel 6.22. Das einfachste Beispiel einer rationalen Approximation der Exponentialfunktion, welche die isometrische Struktur von Phasenflüssen erhält, ist

$$R(z) = \frac{1 + z/2}{1 - z/2} = 1 + z + z^2/2 + z^3/4 + O(z^4) = e^z + O(z^3).$$

Diese rationale Approximation besitzt die Konsistenzordnung 2, erfüllt offensichtlich $1 = R(z)R(-z)$ und hat keine Polstellen in $\mathbb{C}_-$. Nach Lemma 6.20 gilt daher $\mathcal{S} = \mathbb{C}_-$, so dass R isometrie-erhaltend und A-stabil ist. Die von R erzeugte Abbildung der schiefsymmetrischen Matrizen in die orthogonalen Matrizen heißt *Cayley-Transformation*.

Wir werden diese rationale Funktion später als Spezialfall sowohl der impliziten Trapez- als auch der impliziten Mittelpunktsregel kennenlernen.

Nach Lemma 6.16, Lemma 6.20 und Satz 6.21 ist es nicht möglich, eine A-stabile rationale Funktion R zu finden, die sowohl für asymptotisch stabile Anfangswertprobleme

$$R(\tau A) \to 0 \quad \text{für } \tau \to \infty$$

als auch für schiefsymmetrische Matrizen A

$$R(\tau A) \in \mathbf{O}(d) \quad \text{für alle } \tau \in \mathbb{R}$$

erfüllt. Das eine verlangt nämlich $R(\infty) = 0$, das andere hingegen $|R(\infty)| = 1$. Die Exponentialfunktion kann dies beides gleichzeitig schaffen, da sie als ganze transzendente Funktion bei ∞ eine *wesentliche Singularität* besitzt, d. h., das Verhalten bei ∞ hängt vom Weg ab, auf dem man sich nähert:

$$\lim_{\mathrm{Re}\, z=0, z \to \infty} |e^z| = 1, \quad \lim_{\mathrm{Re}\, z \to -\infty} |e^z| = 0.$$

Da diese Wegabhängigkeit bei rationalen Funktionen nicht vorliegt, kann jeweils nur ein Aspekt der wesentlichen Singularität der Exponentialfunktion eingefangen werden. Man wird sich daher je nachdem, welche lineare Problemklasse behandelt werden soll, für $R(\infty) = 0$ (L-stabil) oder $\mathcal{S} = \mathbb{C}_-$ entscheiden. Tabelle 6.1 fasst die bislang eingeführten Vererbungskonzepte und ihre Bezeichnungen zusammen.

Begriff	Definition	Vererbung
A-stabil	$\mathcal{S} \supset \mathbb{C}_-$	(asymptotische) Stabilität
L-stabil	A-stabil und $R(\infty) = 0$	– und $\Psi^\tau x \to 0$ für $\tau \to \infty$
$A(\alpha)$-stabil	$\mathcal{S} \supset \mathcal{S}_\alpha$	asymptotische Stabilität, falls
		$\sigma(A) \subset \mathrm{int}(\mathcal{S}_\alpha)$
$L(\alpha)$-stabil	$A(\alpha)$-stabil und $R(\infty) = 0$	– und $\Psi^\tau x \to 0$ für $\tau \to \infty$
Isometrie erhaltend	$\mathcal{S} = \mathbb{C}_-$, reelle Koeffizienten	Isometrie

Tabelle 6.1. Vererbungskonzepte bei linearen Problemen

6.1.5 Erweiterung auf nichtlineare Probleme

Wir haben mit der Problemklasse der homogenen autonomen linearen Differentialgleichungen eine Modellvorstellung steifen Verhaltens im Intervall $[0, \infty]$ entwickelt. Wir werden jetzt zeigen, dass diese Vorstellung auf die in Abschnitt 3.2.3 diskutierten nichtlinearen Probleme erweitert werden kann, deren Stabilität durch eine Linearisierung qualitativ richtig beschrieben wird. Wir betrachten also die autonome Differentialgleichung

$$x' = f(x) \tag{6.2}$$

mit einem Fixpunkt x_*,

$$f(x_*) = 0,$$

der gemäß Satz 3.30 stabil ist, d. h., die Spektralabszisse der Jacobimatrix $Df(x_*)$ erfülle

$$\nu\big(Df(x_*)\big) < 0.$$

Der Differentialgleichung (6.2) wurde im Beweis von Satz 3.30 ihre Linearisierung um den Fixpunkt x_* zur Seite gestellt,

$$x' = A(x - x_*), \quad A = Df(x_*). \tag{6.3}$$

Diese Struktur soll nun von einem Einschrittverfahren berücksichtigt werden. Wir nennen es *invariant gegen Linearisierung um einen Fixpunkt*, wenn es zu (6.2) einen diskreten Phasenfluss Ψ^τ und zu (6.3) einen diskreten Phasenfluss Ψ_*^τ erzeugt, so dass gilt:

  (i) $\Psi^\tau x_* = x_*$ für alle zulässigen $\tau > 0$,

 (ii) $\Psi_*^\tau x = x_* + R(\tau A)(x - x_*)$ mit einer rationalen Funktion R, die nur vom Einschrittverfahren abhängt,

(iii) $D_x \Psi^\tau x|_{x=x_*} = \Psi_*^\tau$ für alle zulässigen $\tau > 0$.

Ein solches Einschrittverfahren heißt A-, $A(\alpha)$-, L- bzw. $L(\alpha)$-stabil, wenn die zugehörige rationale Funktion R, welche *Stabilitätsfunktion* des Verfahrens genannt wird, A-, $A(\alpha)$-, L- bzw. $L(\alpha)$-stabil ist.

   Man überzeugt sich leicht, dass explizite Runge-Kutta-Verfahren invariant gegen Linearisierung um einen Fixpunkt sind, vgl. Aufgabe 6.3.

Satz 6.23. *Es gelten die Voraussetzungen von Satz 3.30. Für ein gegen Linearisierung um den Fixpunkt x_* invariantes Einschrittverfahren sei $\tau_c^- \geq 0$ die charakteristische Zeitschrittweite von Ψ_*^τ aus Korollar 6.7 zur Vererbung von asymptotischer Stabilität im linearen Fall. Dann ist x_* asymptotisch stabiler Fixpunkt der Rekursion*

$$x_{n+1} = \Psi^\tau x_n, \quad n = 0, 1, 2, \ldots,$$

wenn $\tau < \tau_c^-$ zulässig ist.
   Ist das Einschrittverfahren A-stabil, so gilt $\tau_c^- = \infty$.

Beweis. Folgt sofort aus Korollar 6.7 und Satz 6.13 mit Hilfe der Sätze 3.30 und 3.38. □

Bemerkung 6.24. Nutzt man den in Abschnitt 3.2.3 vorgestellten Satz von D. M. Grobman und P. Hartman, so kann man für A-stabile Verfahren zeigen, dass stabile Lösungsanteile in der Nähe eines *hyperbolischen* Fixpunktes stabil diskretisiert werden. Entgegengesetztes Verhalten würde zu qualitativ falschen Lösungen führen und kleinere Schrittweiten erzwingen.

Beispiel 6.25. Die skalare Differentialgleichung

$$x' = \lambda(1 - x^2), \quad \lambda > 0,$$

besitzt im Phasenraum $\Omega_0 = \mathbb{R}$ den asymptotisch stabilen Fixpunkt $x_s = 1$ und den instabilen Fixpunkt $x_u = -1$. Ferner gilt für die Lösung $x(t)$ des Anfangswertproblems zum Startwert $x(0) = x_0$,

$$\lim_{t \to \infty} x(t) = x_s \quad \text{für } x_0 > -1,$$

wobei die Konvergenz für $x_0 \neq x_s$ strikt monoton ist. Die linearisierte Gleichung im Fixpunkt x_s lautet

$$x' = -2\lambda(x - 1).$$

Wenden wir hierauf das explizite Euler-Verfahren an, so ist x_s genau dann asymptotisch stabiler Fixpunkt des diskreten linearen Phasenflusses, wenn die Schrittweite τ durch

$$\tau < 1/\lambda$$

beschränkt ist (vgl. Beispiel 6.9). Für diese Schrittweiten ist nach Satz 6.23 x_s auch asymptotisch stabiler Fixpunkt des diskreten *nichtlinearen* Phasenflusses. Tatsächlich gilt beispielsweise

$$\underbrace{\Psi^\tau \cdots \Psi^\tau}_{n\text{-fach}} x_0 \to x_s \quad \text{für } n \to \infty$$

für alle $x_0 \in [0, 5/4]$ genau dann, wenn $\tau < 1/\lambda$ ist. Die Konvergenz ist dabei genau dann monoton für $x_0 \in [0, 1[$, wenn $\tau \le 1/2\lambda$ gilt.

Nachdem wir in Abschnitt 6.1.3 rationale Approximationen der Exponentialfunktion kennengelernt haben, welche die Stabilität einer *linearen* Differentialgleichung für jede positive Schrittweite τ ins Diskrete vererben, stellt sich die Frage, wie wir diese rationalen Approximationen zu Verfahren für *nichtlineare* Probleme ausbauen können. Es sei dabei nochmals darauf hingewiesen, dass Spektralanteile auf der imaginären Achse im Nichtlinearen nicht notwendigerweise stabile Komponenten beschreiben. Auf ihre Vererbung in die Zentrumsmannigfaltigkeit des diskreten Problems kann daher im Allgemeinen verzichtet werden, so dass wir für *nichtlineare* Probleme in der Regel *L-stabile* Verfahren wählen werden. Das folgende Beispiel zeigt, dass der Ausbau rationaler Approximationen der Exponentialfunktion zu Verfahren für nichtlineare Probleme im Wesentlichen auf zwei Weisen gewonnen werden kann.

Beispiel 6.26. Die L-stabile rationale Funktion

$$R(z) = \frac{1}{1 - z}$$

aus Beispiel 6.15 liefert für das Anfangswertproblem

$$x' = Ax, \quad x(0) = x_0,$$

den durch

$$\Psi^\tau x = \xi, \quad \xi = x + \tau A\xi,$$

bestimmten diskreten Phasenfluss. Diese Vorschrift ist die Spezialisierung des *impliziten Euler-Verfahrens*, dessen diskreter Phasenfluss Ψ^τ für die autonome Differentialgleichung

$$x' = f(x)$$

durch die implizite Bestimmung

$$\Psi^\tau x = \xi, \quad \xi = x + \tau f(\xi)$$

gegeben ist, d. h. durch ein nichtlineares Gleichungssystem.

Eine weitere Möglichkeit, im linearen Spezialfall zu der rationalen Funktion R zu gelangen, besteht darin, nur den linearen Anteil von f (das lineare Taylorpolynom) implizit zu behandeln. Dazu schreiben wir für festes $x \in \Omega_0$ die Differentialgleichung in der Form

$$x'(t) = Jx(t) + (f(x(t)) - Jx(t))$$

mit der Jacobimatrix

$$J = Df(x).$$

Auf den ersten linearen Term wenden wir das implizite Euler-Verfahren, auf den Restterm das explizite Euler-Verfahren an:

$$\Psi^\tau x = \xi, \quad \xi = x + \tau J\xi + \tau(f(x) - Jx).$$

Dies ist der diskrete Phasenfluss des *linear-impliziten* oder *semi-impliziten Euler-Verfahrens*, bei dem pro Schritt nur ein *lineares Gleichungssystem* zu lösen ist.

Wir werden also allgemein Verfahren für nichtlineare Probleme dadurch gewinnen, dass wir entweder

- ein *implizites* nichtlineares Gleichungssystem zur Berechnung der diskreten Evolution aufstellen, was uns auf die *impliziten Runge-Kutta-Verfahren* (Abschnitt 6.2 und 6.3) führt,

oder

- das lineare Taylorpolynom heraustrennen und so ein *lineares Gleichungssystem* erzeugen, was uns die *linear-impliziten Runge-Kutta-Verfahren* (Abschnitt 6.4) liefert.

Beide Verfahrensklassen genügen den Voraussetzungen des Satzes 6.23, so dass sie für die Behandlung der im vorliegenden Abschnitt betrachteten steifen Probleme zunächst theoretisch gleichwertig sind. Es wird sich aber herausstellen, dass die iterative Lösung des nichtlinearen Gleichungssystems impliziter Verfahren ein Newton-Verfahren verlangt und somit implizite Verfahren mehr Aufwand benötigen als linear-implizite Verfahren.

6.2 Implizite Runge-Kutta-Verfahren

J. C. Butcher führte 1964 als Verallgemeinerung der Definition (4.7) durch formales Auffüllen der Koeffizientenmatrix $\mathfrak{A}$ die allgemeinen s-stufigen Runge-Kutta-Verfahren ein:

$$
\begin{aligned}
&\text{(i)} \ k_i = f\left(t + c_i\tau, x + \tau \sum_{j=1}^{s} a_{ij}k_j\right), \quad i = 1, \ldots, s, \\
&\text{(ii)} \ \Psi^{t+\tau,t}x = x + \tau \sum_{j=1}^{s} b_j k_j.
\end{aligned}
\tag{6.4}
$$

Man beachte, dass die Summation in (6.4(i)) stets bis $j = s$ läuft und nicht wie in (4.7(i)) nur bis $j = i - 1$. Genau wie in Abschnitt 4.2.1 fassen wir die Koeffizienten in den zwei Vektoren $b, c \in \mathbb{R}^s$ und der Matrix $\mathfrak{A} \in \mathrm{Mat}_s(\mathbb{R})$ zusammen. Das Runge-Kutta-Verfahren ist *explizit*, wenn $\mathfrak{A}$ eine strikte untere Dreiecksmatrix ist. Anderenfalls ist wenigstens eine Stufe k_i durch (6.4(i)) nur implizit definiert und wir sprechen von einem *impliziten* Runge-Kutta-Verfahren, bei dem im Allgemeinen in jedem Integrationsschritt ein nichtlineares Gleichungssystem zu lösen ist. Um im Folgenden unbefangen von *der* durch das allgemeine Runge-Kutta-Verfahren definierten diskreten Evolution reden zu können, müssen wir uns mit der Frage *eindeutiger Lösbarkeit* des Gleichungssystems (6.4(i)) für hinreichend kleine Schrittweiten τ befassen. Hierfür ist es zweckmäßiger, das Runge-Kutta-Verfahren (6.4) durch Einführung der Größen

$$
g_i = x + \tau \sum_{j=1}^{s} a_{ij}k_j, \quad i = 1, \ldots, s,
$$

in der symmetrischen Form

$$
\begin{aligned}
&\text{(i)} \ g_i = x + \tau \sum_{j=1}^{s} a_{ij} f(t + c_j\tau, g_j), \quad i = 1, \ldots, s, \\
&\text{(ii)} \ \Psi^{t+\tau,t}x = x + \tau \sum_{j=1}^{s} b_j f(t + c_j\tau, g_j)
\end{aligned}
\tag{6.5}
$$

zu schreiben. Sie ist wegen der Beziehung

$$k_i = f(t + c_i\tau, g_i), \quad i = 1, \ldots, s, \tag{6.6}$$

äquivalent zur ursprünglichen Gestalt (6.4).

Beispiel 6.27. Das implizite Euler-Verfahren ist durch das Butcher-Schema in Tabelle 6.2 gegeben. Das zugehörige implizite Gleichungssystem ist

(i) $g_1 = x + \tau f(t + \tau, g_1)$,

(ii) $\Psi^{t+\tau,t}x = x + \tau f(t + \tau, g_1)$,

insbesondere gilt hier $\Psi^{t+\tau,t}x = g_1$.

$$\begin{array}{c|c} 1 & 1 \\ \hline & 1 \end{array}$$

Tabelle 6.2. Butcher-Schema des impliziten Euler-Verfahrens

Satz 6.28. *Die Abbildung* $f \in C(\Omega, \mathbb{R}^d)$ *sei auf dem erweiterten Phasenraum* $\Omega \subset \mathbb{R} \times \mathbb{R}^d$ *bezüglich der Zustandsvariablen lokal Lipschitz-stetig. Für ein implizites Runge-Kutta-Verfahren gibt es zu* $(x, t) \in \Omega$ *ein* $\tau_* > 0$ *und eindeutige stetige Funktionen* $g_i \in C(] - \tau_*, \tau_*[, \mathbb{R}^d), i = 1, \ldots, s,$ *so dass*

(i) $g_i(0) = x$ *für* $i = 1, \ldots, s,$

(ii) *für* $|\tau| < \tau_*$ *die Vektoren* $g_i(\tau), i = 1, \ldots, s,$ *den impliziten Gleichungen des Runge-Kutta-Verfahrens genügen.*

Diese stetigen Funktionen definieren eine diskrete Evolution Ψ*, die genau dann konsistent ist, wenn*

$$\sum_{i=1}^{s} b_i = 1$$

gilt. Ist $f \in C^p(\Omega, \mathbb{R}^d), p \geq 1,$ *so sind bei festem* (t, x) *und hinreichend kleinem* τ *sowohl die eindeutigen stetigen Funktionen* g_i *als auch die diskrete Evolution* $\Psi^{t+\tau,t}x$ *in* τ *p-fach stetig differenzierbar.*

Beweis. Sei $(t_0, x_0) \in \Omega$ fest gewählt. Dann gibt es nach Voraussetzung an f Parameter $\tau_1, \rho, L > 0$, so dass f der Lipschitzbedingung

$$|f(t, x) - f(t, \bar{x})| \leq L|x - \bar{x}| \quad \text{für alle } (t, x), (t, \bar{x}) \in]t_0 - \tau_1, t_0 + \tau_1[\times B_\rho(x_0) \subset \Omega$$

genügt. Indem wir notfalls τ_1 verkleinern, können wir auch die Beschränkung

$$|f(t,x_0)| < M \quad \text{für alle } t \in]t_0 - \tau_1, t_0 + \tau_1[$$

voraussetzen. Wir werden die Behauptung bei fest gewähltem $0 < \theta < 1$ für

$$\tau_* = \min\left(\tau_1/|c|_\infty, \rho(1-\theta)/M\|\mathfrak{A}\|_\infty, \theta/L\|\mathfrak{A}\|_\infty\right)$$

beweisen. Dazu fassen wir das Runge-Kutta-Gleichungssystem auf als *parameterabhängige* Fixpunktgleichung

$$g = F(\tau, g)$$

mit $g = (g_1, \ldots, g_s)^T$ und $F(\tau, g) = (F_1(\tau, g), \ldots, F_s(\tau, g))^T$,

$$F_i(\tau, g) = x_0 + \tau \sum_{j=1}^{s} a_{ij} f(t_0 + c_j \tau, g_j), \quad i = 1, \ldots, s.$$

Auf $\mathbb{R}^{s\cdot d}$ wählen wir die Norm $\|g\| = \max_{1\leq i\leq s} |g_i|$, ferner benutzen wir die Abkürzung

$$g_* = (x_0, \ldots, x_0) \in \mathbb{R}^{s\cdot d}.$$

Definieren wir die offenen Mengen

$$U =]-\tau_*, \tau_*[, \quad V = \{g \in \mathbb{R}^{s\cdot d} : \|g - g_*\| < \rho\},$$

so ist

$$F : U \times V \to \mathbb{R}^{s\cdot d} \tag{I}$$

nach der Wahl von τ_* wohldefiniert und stetig. Weiter ist für $(\tau, g), (\tau, \bar{g}) \in U \times V$ die kontraktive Lipschitzbedingung

$$\|F(\tau, g) - F(\tau, \bar{g})\| \leq \theta\|g - \bar{g}\| \tag{II}$$

erfüllt. Dies folgt sofort aus der Lipschitzbedingung für f, da

$$\|F(\tau, g) - F(\tau, \bar{g})\| \leq \tau_*\|\mathfrak{A}\|_\infty \max_{1\leq j\leq s} |f(t_0 + c_j\tau, g_j) - f(t_0, c_j\tau, \bar{g}_j)|$$
$$\leq \tau_*\|\mathfrak{A}\|_\infty L\|g - \bar{g}\|$$
$$\leq \theta\|g - \bar{g}\|.$$

Schließlich gilt für $\tau \in U$

$$\|F(\tau, g_*) - F(0, g_*)\| < \rho(1 - \theta), \tag{III}$$

da $F(0, g_*) = g_*$ gilt und wir τ_1 und τ_* so gewählt haben, dass

$$\left| \tau \sum_{j=1}^{s} a_{ij} f(t_0 + c_j \tau, x_0) \right| \leq \tau_* \|\mathfrak{A}\|_\infty \max_{1 \leq j \leq s} |f(t_0 + c_j \tau, x_0)|$$

$$< \tau_* \|\mathfrak{A}\|_\infty M \leq \rho(1 - \theta).$$

Aus (I), (II) und (III) folgt aber mit dem parameterabhängigen Banachschen Fixpunktsatz [64, Satz 10.1.1] die Existenz eindeutiger $g(\tau) \in V$ für $\tau \in U$, so dass

$$g(\tau) = F(\tau, g(\tau))$$

erfüllt ist. (Insbesondere konvergiert die mit g_* gestartete Fixpunktiteration gegen $g(\tau)$.) Der gleiche Satz besagt, dass diese eindeutigen Lösungen eine stetige Abbildung $g : U \to V$ definieren. Da $g_* \in V$ die Gleichung $g_* = F(0, g_*)$ erfüllt, folgt aus der Eindeutigkeit zudem, dass

$$g(0) = g_*.$$

Die Stetigkeit der Funktionen $g_i(\tau)$ hat zusammen mit $g_i(0) = x_0$ für hinreichend kleine τ die Beziehung $g(\tau) \in V$ zur Folge, so dass wir sofort die behauptete lokale Eindeutigkeit erhalten. Bildet man aus diesen stetigen Funktionen durch

$$\Psi^{t_0+\tau, t_0} x_0 = x_0 + \tau \sum_{j=1}^{s} b_j f(t_0 + c_j \tau, g_j(\tau))$$

eine diskrete Evolution, so gilt

$$\frac{d}{d\tau} \Psi^{t_0+\tau, t_0} x_0 \Big|_{\tau=0} = \lim_{\tau \to 0} \frac{\Psi^{t_0+\tau, t_0} x_0 - \Psi^{t_0, t_0} x_0}{\tau} = \left(\sum_{i=1}^{s} b_i \right) f(t_0, x_0).$$

Für $f \not\equiv 0$ können wir $(t_0, x_0) \in \Omega$ so wählen, dass $f(t_0, x_0) \neq 0$ ist. Also ist die diskrete Evolution Ψ genau dann konsistent, wenn $\sum_i b_i = 1$ gilt.

Ist nun $f \in C^p(\Omega, \mathbb{R}^d)$ mit $p \geq 1$, so können wir den Satz über implizite Funktionen auf die Abbildung

$$\Gamma : U \times V \to \mathbb{R}^{s \cdot d}, \quad \Gamma(\tau, g) = g - F(\tau, g)$$

anwenden. Denn aus $\Gamma(0, g_*) = 0$ und

$$D_g \Gamma(0, g_*) = I \in \mathrm{GL}(s \cdot d)$$

folgt, dass die eindeutige stetige Funktion $g : U \to V$ mit

$$\Gamma(\tau, g(\tau)) = 0 \quad \text{für alle } \tau \in U, \quad g(0) = g_*,$$

bei eventueller weiterer Verkleinerung von τ_* so oft stetig differenzierbar ist wie Γ, d. h. letztlich so häufig wie f. □

Diskussion des Satzes 6.28. Bevor wir Satz 6.28 anwenden und damit unmittelbar seine Bedeutung deutlich machen, wollen wir einige Aspekte seines Beweises und seiner Aussage diskutieren.

A. Ist f auf dem erweiterten Phasenraum $\Omega = \mathbb{R} \times \mathbb{R}^d$ *global* Lipschitz-stetig mit Lipschitzkonstante L, so besitzt das Gleichungssystem (6.5(i)) eine *eindeutige* Lösung $(g_i)_{i=1}^s$ für

$$|\tau| < \frac{1}{L\|\mathfrak{A}\|_\infty}. \tag{6.7}$$

Dies zeigt der Beweis von Satz 6.28, wenn wir τ_1 und ρ beliebig groß sowie θ beliebig nahe an 1 wählen. Insbesondere erhalten wir diese Schranke für die lineare Differentialgleichung

$$x' = Ax, \quad A \in \mathrm{Mat}_d(\mathbb{R}),$$

mit $L = \|A\| \geq \rho(A)$. Damit bedeutet (6.7) für steife Probleme genau die Einschränkung, die wir loswerden wollten! Nun müssen wir beachten, dass die Einschränkung (6.7) zunächst rein beweisspezifisch ist, sie ist hinreichend, aber *nicht notwendig* für die Aussage des Satzes. Sie kam ins Spiel, da wir letztlich zur Lösung des Gleichungssystems (6.5(i)) eine Fixpunktiteration verwendeten. Für *spezielle* steife Anfangswertprobleme lassen sich mit anderen Methoden weiterreichende Existenz- und Eindeutigkeitsaussagen *ohne* Schrittweitenbeschränkung beweisen, vgl. Abschnitt 6.3.3. Für allgemeine Anfangswertprobleme, welche insbesondere auch nichtsteife Probleme umfassen, kann Satz 6.28 aber nicht verschärft werden. Betrachten wir die Fixpunktiteration für autonome lineare Probleme etwas genauer. Hier ergibt sich der diskrete Phasenfluss $\Psi^\tau x$ aus der Berechnung von $R(\tau A)$ für eine rationale Funktion $R = P/Q$, d. h. aus dem Lösen des Gleichungssystems

$$Q(\tau A)\xi = P(\tau A)x \tag{6.8}$$

nach ξ. Dabei wählen wir die Polynome P, Q so, dass $Q(0) = 1$ gilt. Die Fixpunktiteration

$$\xi \mapsto (\xi - Q(\tau A)\xi) + P(\tau A)x$$

ist aber gerade die klassische *Richardson-Iteration* zur Lösung des linearen Gleichungssystems (6.8). Nach Band 1, Abschnitt 8.1, konvergiert sie genau dann, wenn

$$\rho(I - Q(\tau A)) < 1$$

ist. Führen wir das Polynom $Q_0(z) = 1 - Q(z)$ ein, so muss demnach

$$\tau\lambda \in \mathcal{S}_{Q_0} \quad \text{für alle } \lambda \in \sigma(A)$$

gelten, wobei wir mit $\mathcal{S}_{Q_0}$ das Stabilitätsgebiet von Q_0 bezeichnen. Da $Q_0(0) = 0$ und damit 0 innerer Punkt von $\mathcal{S}_{Q_0}$ ist, gibt es also in Übereinstimmung mit dem

Beweis des Satzes 6.28 eine Schrittweitenschranke $\tau_* > 0$, so dass die Iteration genau für $\tau < \tau_*$ konvergiert. Da andererseits $\mathcal{S}_{Q_0}$ als Stabilitätsgebiet eines Polynoms kompakt ist (Lemma 6.11), muss $\tau_* < \infty$ gelten. Diese Schrittweitenschranke hängt nur vom Spektrum der Matrix A ab, und es gilt für die Abhängigkeit von einem herausgegriffenen Eigenwert λ

$$\tau_* = O(1/|\lambda|), \quad |\lambda| \to \infty.$$

Im Falle steifer Probleme ist die Fixpunktiteration demnach *grundsätzlich ungeeignet* zur Lösung des Gleichungssystems (6.5(i)). Stattdessen müssen wir auf Iterationsverfahren zurückgreifen, welche für lineare Probleme das Gleichungssystem (6.8) im ersten Schritt lösen – d. h. auf Iterationsverfahren vom *Newton-Typ* (vgl. Band 1, Kapitel 4). Diese Erkenntnis wurde wohl erstmalig von W. Liniger und R. A. Willoughby [122] im Jahre 1970 publiziert. Die Realisierung einer solchen Newton-Iteration zur Lösung des nichtlinearen Gleichungssystems impliziter Runge-Kutta-Verfahren werden wir genauer im nächsten Abschnitt 6.2.2 diskutieren.

B. Wir betrachten jetzt eine autonome Differentialgleichung auf dem Phasenraum $\Omega_0 = \mathbb{R}^d$, deren rechte Seite f zwar lokal, aber *nicht global Lipschitz-stetig* ist. Wählen wir einen festen Punkt $x_0 \in \Omega_0$, so besitzt f in jeder Kugel $B_\rho(x_0)$ eine minimale Lipschitzkonstante L_ρ und es gilt

$$L_\rho \to \infty \quad \text{für } \rho \to \infty.$$

Der Beweis des Satzes 6.28 zeigt nun, dass für

$$\tau < \frac{1}{L_\rho \|\mathfrak{A}\|_\infty}$$

die Lösung $(g_i)_i$ in $B_\rho(x_0)^s$ eindeutig ist. Hat also das Gleichungssystem (6.5(i)) für kleine $\tau > 0$ eine von der in Satz 6.28 konstruierten Lösung verschiedene Lösung $(\bar{g}(\tau)_i)_i$, so muss

$$\lim_{\tau \to 0} \max_{1 \leq i \leq s} |\bar{g}_i(\tau)| = \infty$$

gelten.

Beispiel 6.29. Wir greifen die Differentialgleichung

$$x' = \lambda(1 - x^2), \quad \lambda > 0,$$

aus Beispiel 6.25 auf. Wenden wir das implizite Euler-Verfahren an, so haben wir nach Beispiel 6.27 zur Berechnung von $\Psi^\tau x = g_1$ die quadratische Gleichung

$$g_1 = x + \tau\lambda(1 - g_1^2)$$

zu lösen. Wir erwarten daher im Allgemeinen *zwei verschiedene* Lösungen. Da die Lipschitzkonstante der rechten Seite in $B_\rho(x)$ durch $L_\rho = \lambda(2|x| + \rho)$ gegeben ist, wird nach dem oben unter Punkt B Gesagten eine der beiden Lösungen für g_1 wie

$$|g_1(\tau) - x| > \frac{1}{2\lambda\tau} - |x|$$

für $\tau \to 0$ wachsen. Tatsächlich erhalten wir die beiden Lösungen

$$g_1^{\pm}(\tau) = \frac{1}{2\lambda\tau}\left(\pm \sqrt{1 + 4\tau\lambda(x + \tau\lambda)} - 1\right).$$

Dabei ist der diskrete Phasenfluss durch

$$\Psi^\tau x = g_1^+(\tau) = \Phi^\tau x + O(\tau^2)$$

gegeben, die andere Lösung explodiert für $\tau \to 0$ gemäß

$$g_1^-(\tau) = -\frac{1}{\tau\lambda} + O(1).$$

Sehen wir uns jetzt noch das Definitionsintervall von $\Psi^\tau x$ an. Man rechnet leicht nach, dass der diskrete Fluss für alle $\tau \geq 0$ genau dann existiert, wenn $x \geq -1$ gilt. Dies spiegelt exakt das Verhalten des Phasenflusses Φ^t wider! Nach Satz 6.23 ist deshalb $x_s = 1$ für alle $\tau > 0$ asymptotisch stabiler Fixpunkt der Rekursion $x_{n+1} = \Psi^\tau x_n$.

Anwendung des Satzes 6.28. Satz 6.28 berechtigt uns für eine rechte Seite f, welche den Voraussetzungen des Existenz- und Eindeutigkeitssatzes 2.7 genügt, von *der* durch ein (implizites) Runge-Kutta-Verfahren $(b, c, \mathfrak{A})$ erzeugten diskreten Evolution $\Psi^{t+\tau,t} x$ zu sprechen: Diese denken wir uns nämlich von den lokal eindeutigen, im Zeitschritt τ stetigen Funktionen g_i bzw. Stufen k_i erzeugt, die

$$g_i|_{\tau=0} = x, \quad k_i|_{\tau=0} = f(t, x), \qquad i = 1, \ldots, s, \tag{6.9}$$

erfüllen. Damit übertragen sich wesentliche Eigenschaften expliziter Runge-Kutta-Verfahren auf den impliziten Fall. Diese wollen wir jetzt zusammentragen.

- Für den Beweis von Lemma 4.16 wurde nur die im expliziten Fall triviale Eindeutigkeit der Stufen k_i verwendet. Der gleiche Beweis liefert unter Überprüfung der Bedingung (6.9), dass ein implizites Runge-Kutta-Verfahren $(b, c, \mathfrak{A})$ genau dann invariant gegen Autonomisierung ist, wenn es konsistent ist und

$$c_i = \sum_{j=1}^{s} a_{ij} \quad \text{für } i = 1, \ldots, s$$

erfüllt. Auch hier schreiben wir dann das Runge-Kutta-Verfahren einfach in der Form $(b, \mathfrak{A})$. Wir werden uns im Folgenden auf Runge-Kutta-Verfahren dieses Typs beschränken.

- Ebenso überträgt sich der zentrale Satz 4.24 von J. C. Butcher zur Charakterisierung der Konsistenzordnung p *wörtlich* auf implizite Runge-Kutta-Verfahren. Er benutzte nämlich nur die p-fache stetige Differenzierbarkeit der Stufen k_i in τ – für kleine τ unter der Voraussetzung $f \in C^p(\Omega_0, \mathbb{R}^d)$. Eben dies wird von Satz 6.28 garantiert, wenn wir zusätzlich (6.6) beachten. So besitzt also das implizite Euler-Verfahren als konsistentes Runge-Kutta-Verfahren die Ordnung $p = 1$ für stetig differenzierbare rechte Seiten f.

  Mit Hilfe des Satzes 4.24 von J. C. Butcher erhalten wir die gleiche Anzahl von Bedingungsgleichungen (Tabelle 4.4) für die Koeffizienten $(b, \mathfrak{A})$ wie im expliziten Fall, um eine gewisse Ordnung p zu erreichen. Nur stehen uns im impliziten Fall bei gleicher Stufenzahl s mehr Freiheitsgrade als im expliziten Fall zur Verfügung, um diese Bedingungen zu erfüllen.

- Schließlich erwähnen wir noch als weitere Folge des Satzes 6.28, dass implizite Runge-Kutta-Verfahren den Voraussetzungen des Satzes 6.23 genügen, d. h. invariant sind gegen Linearisierung um einen Fixpunkt. Den einfachen Beweis überlassen wir dem Leser zur Übung.

6.2.1 Stabilitätsfunktionen

Für lineare autonome Differentialgleichungen

$$x' = Ax$$

reduziert sich die Berechnung des diskreten Flusses Ψ eines Runge-Kutta-Verfahrens $(b, \mathfrak{A})$ auf das Lösen eines linearen Gleichungssystems, so dass der diskrete Phasenfluss durch eine rationale Funktion R gegeben ist,

$$\Psi^\tau = R(\tau A).$$

Die Funktion R heißt *Stabilitätsfunktion* des Runge-Kutta-Verfahrens und kann in einfacher Weise aus $(b, \mathfrak{A})$ berechnet werden.

Lemma 6.30. *Die Stabilitätsfunktion R eines s-stufigen (impliziten) Runge-Kutta-Verfahrens $(b, \mathfrak{A})$ ist durch*

$$R(z) = 1 + zb^T(I - z\mathfrak{A})^{-1}e$$

gegeben. Dabei ist $e = (1, \ldots, 1)^T \in \mathbb{R}^s$. Die rationale Funktion R kann in eindeutiger Weise in der Form

$$R(z) = P(z)/Q(z)$$

mit teilerfremden, durch $P(0) = Q(0) = 1$ normierten Polynomen $P, Q \in P_s$ dargestellt werden.

implizite Trapezregel   implizite Mittelpunktsregel

$$
\begin{array}{c|cc}
0 & 0 & 0 \\
1 & 1/2 & 1/2 \\
\hline
  & 1/2 & 1/2
\end{array}
\qquad\qquad
\begin{array}{c|c}
1/2 & 1/2 \\
\hline
    & 1
\end{array}
$$

Tabelle 6.3. Implizite Runge-Kutta-Verfahren der Ordnung $p = 2$

Beweis. Das Runge-Kutta-Verfahren liefert, angewendet auf das skalare Anfangs-wertproblem

$$ x' = \lambda x, \quad x(0) = 1, $$

das lineare Gleichungssystem

$$ \Psi^\tau 1 = R(\tau\lambda) = 1 + \tau \sum_{j=1}^{s} b_j \lambda g_j, \quad g_i = 1 + \tau \sum_{j=1}^{s} a_{ij} \lambda g_j, \ i = 1,\dots,s. $$

Setzen wir $z = \tau\lambda$ und $g = (g_1, \dots, g_s)^T \in \mathbb{R}^s$, so können wir das System kürzer in der Form

$$ R(z) = 1 + z b^T g, \quad g = e + z \mathfrak{A} g, $$

schreiben. Auflösen nach g ergibt die behauptete Gestalt von R.

Wenden wir zum Auflösen des Gleichungssystems die Cramersche Regel an, so sehen wir, dass

$$ g_i = \frac{P_i}{\det(I - z\mathfrak{A})}, \quad i = 1, \dots, s, $$

mit Polynomen $P_i \in \boldsymbol{P}_{s-1}$. Da $\hat{Q}(z) = \det(I - z\mathfrak{A})$ ein Polynom vom Grad s mit $\hat{Q}(0) = 1$ ist, besitzt

$$ R(z) = \frac{\hat{Q}(z) + z \sum_{j=1}^{s} b_j P_j(z)}{\hat{Q}(z)} $$

die gewünschte Gestalt als Quotient zweier Polynome, sobald wir gemeinsame Teiler in Zähler und Nenner entfernt haben.   □

Beispiel 6.31. In Tabelle 6.3 stellen wir zwei weitere implizite Runge-Kutta-Verfahren vor. Mit Hilfe von Satz 4.18 (der sich als Spezialfall des Satzes 4.24 von J. C. Butcher ebenfalls auf implizite Runge-Kutta-Verfahren überträgt) rechnet man leicht nach, dass diese Verfahren für $f \in C^2(\Omega_0, \mathbb{R})$ die Konsistenzordnung $p = 2$ besitzen.

Ihre Namen erklären sich aus speziellen Formen, in die ihre Gleichungssysteme gebracht werden können: Die implizite Trapezregel besitzt die kanonische Form

$$\Psi^{t+\tau,t}x = \xi, \quad \xi = x + \frac{\tau}{2}\left(f(t+\tau,\xi) + f(t,x)\right),$$

die implizite Mittelpunktsregel die kanonische Form

$$\Psi^{t+\tau,t}x = \xi, \quad \xi = x + \tau f(t+\tau/2, (\xi+x)/2).$$

Anhand dieser kanonischen Formen erkennt man unmittelbar, dass beide Verfahren für lineare rechte Seiten das gleiche Ergebnis liefern. Sie müssen daher die gleiche Stabilitätsfunktion besitzen, welche

$$R(z) = \frac{1+z/2}{1-z/2} = 1 + \frac{z}{1-z/2}$$

lautet. Dabei ergibt sich die zweite Darstellung von R unmittelbar aus Lemma 6.30 für die implizite Mittelpunktsregel. Aus Beispiel 6.22 wissen wir, dass diese rationale Funktion die isometrische Struktur eines linearen Phasenflusses ins Diskrete vererbt.

Wir erinnern uns an die Feststellung zum Schluss des Abschnittes 6.1.4, dass wir uns in der Regel zwischen Verfahren entscheiden müssen, die (wie im letzten Beispiel) diskrete Isometrien erhalten, und solchen, deren Stabilitätsfunktion $R(\infty) = 0$ erfüllt. Für Letztere gibt es ein einfaches hinreichendes Bauprinzip.

Lemma 6.32. *Ist für ein Runge-Kutta-Verfahren $(b, \mathfrak{A})$ die Matrix $\mathfrak{A}$ nicht-singulär und der Zeilenvektor b^T identisch mit einer Zeile der Matrix $\mathfrak{A}$, so gilt*

$$R(\infty) = 0.$$

Beweis. Da $\mathfrak{A}$ nicht-singulär ist, gilt nach Lemma 6.30

$$R(\infty) = 1 - b^T \mathfrak{A}^{-1} e.$$

Ist nun b^T die Zeile j der Matrix $\mathfrak{A}$, so gilt

$$b^T = e_j^T \mathfrak{A}$$

mit dem zugehörigen Einheitsvektor e_j. Von daher ist

$$R(\infty) = 1 - e_j^T \mathfrak{A}\mathfrak{A}^{-1} e = 1 - e_j^T e = 0. \qquad \square$$

Beispiel 6.33. Die Voraussetzungen des Lemmas sind beispielsweise für das implizite Euler-Verfahren (Tabelle 6.2) erfüllt. Die Stabilitätsfunktion ist

$$R(z) = \frac{1}{1-z} = 1 + \frac{z}{1-z},$$

wobei wir in der zweiten Darstellung die Aussage von Lemma 6.30 erkennen.

Die Voraussetzung, dass die Runge-Kutta-Matrix $\mathfrak{A}$ nicht-singulär ist, ist für die Aussage des Lemmas wesentlich: So ist für die implizite Trapezregel (Tabelle 6.3) zwar b^T identisch mit der zweiten Zeile der Matrix $\mathfrak{A}$, aber trotzdem $R(\infty) = -1$.

Maximal erzielbare Ordnung impliziter Verfahren. Wie Lemma 4.15 zeigt, besitzt ein s-stufiges explizites Runge-Kutta-Verfahren für allgemeine rechte Seiten maximal die Konsistenzordnung $p \leq s$. Für implizite Runge-Kutta-Verfahren erhalten wir aus Lemma 6.4 zunächst folgende einfache Schranke:

Lemma 6.34. *Ein s-stufiges implizites Runge-Kutta-Verfahren besitze für alle $f \in C^\infty(\Omega, \mathbb{R}^d)$ die Konsistenzordnung $p \in \mathbb{N}$. Dann gilt*

$$p \leq 2s.$$

Beweis. Wenden wir das Runge-Kutta-Verfahren an auf das Anfangswertproblem

$$x' = x, \quad x(0) = 1,$$

so gilt also

$$\Psi^\tau 1 - \Phi^\tau 1 = R(\tau) - e^\tau = O(\tau^{p+1}).$$

Nach Lemma 6.30 ist die rationale Funktion $R = P/Q$ Quotient zweier Polynome mit

$$\deg P, \deg Q \leq s.$$

Lemma 6.4 liefert daher $p \leq 2s$. $\qquad\square$

Die Ordnungsschranke für explizite Verfahren wird für $s > 4$ durch die nichttrivialen Resultate aus Tabelle 4.5 verschärft. Im Gegensatz dazu kann die Schranke des Lemmas für implizite Runge-Kutta-Verfahren nicht weiter verschärft werden: J. C. Butcher konstruierte nämlich 1964 eine Familie von impliziten Runge-Kutta-Verfahren mit $p = 2s$, die sogenannten *Gauß-Verfahren*. Wir werden diese Familie in Abschnitt 6.3 mit Hilfe einer neuen Methode (Kollokation) gewinnen.

6.2.2 Lösung der nichtlinearen Gleichungssysteme

Wollen wir ein implizites Runge-Kutta-Verfahren implementieren, so müssen wir uns Gedanken zur Lösung des nichtlinearen Gleichungssystems

$$\text{(i)} \quad g_i = x + \tau \sum_{j=1}^{s} a_{ij} f(t + c_j \tau, g_j), \quad i = 1, \dots, s,$$

$$\text{(ii)} \quad \Psi^{t+\tau,t} x = x + \tau \sum_{j=1}^{s} b_j f(t + c_j \tau, g_j)$$

machen. Dies ist ein Gleichungssystem für s Vektoren $g_i \in \mathbb{R}^d$, d. h. $s \cdot d$ Gleichungen in $s \cdot d$ Unbekannten. Da die Differenzen $g_i - x = O(\tau)$ klein sein werden, sollten wir zur Vermeidung von Auslöschung statt Gleichungen für die g_i solche für die Korrekturen

$$z_i = g_i - x, \quad i = 1, \dots, s,$$

einführen. Damit erhalten wir das Gleichungssystem

$$
\begin{aligned}
&\text{(i)} \ z_i = \tau \sum_{j=1}^{s} a_{ij} f(t + c_j \tau, x + z_j), \quad i = 1, \dots, s, \\
&\text{(ii)} \ \Psi^{t+\tau, t} x = x + \tau \sum_{j=1}^{s} b_j f(t + c_j \tau, x + z_j).
\end{aligned}
\tag{6.10}
$$

Nehmen wir zunächst an, wir hätten die Vektoren $z_1, \dots, z_s$ berechnet und wollten jetzt $\Psi^{t+\tau, t} x$ auswerten. Die Implementierung der Definitionsgleichung (6.10(ii)) erscheint aus zwei Gründen unattraktiv:

- Wir benötigen nochmals den Aufwand von s f-Auswertungen.

- Die Auswertung von f kann für steife Probleme sehr schlecht konditioniert sein: Die Konditionszahl ist durch eine lokale Lipschitzkonstante bezüglich der Zustandsvariablen gegeben und kann für steife Probleme aufgrund betragsmäßig sehr großer *stabiler* Eigenwerte von Df zu groß werden. Aus Band 1 wissen wir, dass wir einen Algorithmus (hier zur Auswertung der diskreten Evolution) nicht mit schlecht konditionierten Bestandteilen enden lassen sollten.

Wenn die Runge-Kutta-Matrix $\mathfrak{A}$ invertierbar ist, können wir mit folgendem einfachen Trick Abhilfe schaffen: Wir fassen die Komponenten der Vektoren $z_i = (z_i^1, \dots, z_i^d)^T \in \mathbb{R}^d$ mit gleichem Index zusammen zu

$$z^\ell = (z_1^\ell, \dots, z_s^\ell) \in \mathbb{R}^s, \quad \ell = 1, \dots, d.$$

Das Gleichungssystem (6.10(i)) lässt sich dann mit $f = (f_1, \dots, f_d)$ wie folgt schreiben:

$$
z^\ell = \tau \mathfrak{A}
\begin{bmatrix}
f_\ell(t + c_1 \tau, x + z_1) \\
\vdots \\
f_\ell(t + c_s \tau, x + z_s)
\end{bmatrix}, \quad \ell = 1, \dots, d,
$$

so dass wir

$$
\tau
\begin{bmatrix}
f_\ell(t + c_1 \tau, x + z_1) \\
\vdots \\
f_\ell(t + c_s \tau, x + z_s)
\end{bmatrix}
= \mathfrak{A}^{-1} z^\ell, \quad \ell = 1, \dots, d,
$$

erhalten und damit endlich für $\ell = 1, \ldots, d$

$$\left(\Psi^{t+\tau,t}x\right)_\ell = x_\ell + \tau b^T \begin{bmatrix} f_\ell(t + c_1\tau, x + z_1) \\ \vdots \\ f_\ell(t + c_s\tau, x + z_s) \end{bmatrix} = x_\ell + b^T \mathfrak{A}^{-1} z^\ell.$$

Dieses Ergebnis lautet auf die Vektoren z_i umgeschrieben

$$\Psi^{t+\tau,t}x = x + \sum_{j=1}^{s} d_j z_j, \quad \text{wobei } d^T = b^T \mathfrak{A}^{-1}. \tag{6.11}$$

Beispiel 6.35. Eine besonders einfache Gestalt erhält diese Beziehung für Verfahren, die den Voraussetzungen des Lemmas 6.32 genügen, wo also der Zeilenvektor b^T identisch mit einer Zeile der Matrix $\mathfrak{A}$ ist, etwa der letzten:

$$b^T = e_s^T \mathfrak{A}, \quad e_s = (0, \ldots, 0, 1)^T \in \mathbb{R}^s.$$

Für solche Verfahren erhalten wir

$$d = e_s,$$

so dass sich (6.10(ii)) wegen (6.11) insgesamt zu

$$\Psi^{t+\tau,t}x = x + z_s$$

vereinfacht. Wichtige Verfahren dieser Bauart werden wir in Abschnitt 6.3.2 kennenlernen.

Die Diskussion des Satzes 6.28 hatte ergeben, dass wir bei steifen Problemen zur Lösung der nichtlinearen Gleichungssysteme Iterationsverfahren vom Newton-Typ verwenden müssen. Damit wir ein solches Iterationsverfahren übersichtlich notieren können, schreiben wir das Gleichungssystem (6.10(i)) kompakter auf:

$$Z = \begin{bmatrix} z_1 \\ \vdots \\ z_s \end{bmatrix} \in \mathbb{R}^{s \cdot d}, \quad F(Z) = Z - \tau \begin{bmatrix} \sum_{j=1}^{s} a_{1j} f(t + c_j\tau, x + z_j) \\ \vdots \\ \sum_{j=1}^{s} a_{sj} f(t + c_j\tau, x + z_j) \end{bmatrix} = 0.$$

Da es sich bei den Komponenten z_ℓ um kleine Werte handeln wird, ist der Startwert 0 für die Iteration sinnvoll. Dem entspräche ein Startwert $g_i = x$ für das ursprüngliche

Gleichungssystem. Die Newton-Iteration aus Band 1, Kapitel 4, lautet daher

$$\text{(i) } Z^0 = 0,$$

$$\text{(ii) } DF(Z^k)\,\Delta Z^k = -F(Z^k),$$

$$\text{(iii) } Z^{k+1} = Z^k + \Delta Z^k, \quad k = 0, 1, \ldots.$$

Wir haben in jedem Iterationsschritt ein lineares Gleichungssystem im $\mathbb{R}^{s \cdot d}$ mit der Jacobimatrix

$$DF(Z) = \begin{bmatrix} I - \tau a_{11} f_x(t + c_1\tau, x + z_1) & \ldots & -\tau a_{1s} f_x(t + c_s\tau, x + z_s) \\ \vdots & \ddots & \vdots \\ -\tau a_{s1} f_x(t + c_1\tau, x + z_1) & \ldots & I - \tau a_{ss} f_x(t + c_s\tau, x + z_s) \end{bmatrix}$$

zu lösen. Wir wissen zwar aus Satz 6.28 und dem Konvergenzsatz für Newton-Verfahren (Band 1, Satz 4.10), dass diese Iteration für hinreichend kleine τ *quadratisch* gegen die gewünschte Lösung konvergiert, müssen aber feststellen, dass uns dieses Wohlverhalten zu teuer zu stehen kommt: In *jedem* Schritt des Newton-Verfahrens müssen wir die Jacobimatrix f_x für s verschiedene Argumente auswerten! Wir entscheiden uns daher, zugunsten des Aufwandes auf die quadratische Konvergenz zu verzichten und uns mit linearer Konvergenz zu begnügen, die wir nach [140, Abschnitt 12.6] – zumindest für hinreichend kleine Schrittweiten τ – bei folgender *Vereinfachung* des Newton-Verfahrens erzielen: Wir ersetzen $DF(Z)$ durch die Matrix $DF(0)$, welche mit

$$J = f_x(t, x)$$

folgende Darstellung besitzt:

$$\begin{bmatrix} I - \tau a_{11} J & \ldots & -\tau a_{1s} J \\ \vdots & \ddots & \vdots \\ -\tau a_{s1} J & \ldots & I - \tau a_{ss} J \end{bmatrix} = I - \tau \mathfrak{A} \otimes J.$$

Wir haben uns dabei der verkürzenden Schreibweise des *Tensorproduktes* zweier Matrizen bedient, das für $A \in \text{Mat}_{n,m}(\mathbb{R})$, $B \in \text{Mat}_{k,l}(\mathbb{R})$ durch die Blockmatrix

$$A \otimes B = \begin{bmatrix} a_{11} B & \ldots & a_{1m} B \\ \vdots & \ddots & \vdots \\ a_{n1} B & \ldots & a_{nm} B \end{bmatrix} \in \text{Mat}_{nk,ml}(\mathbb{R})$$

definiert ist. Die vereinfachte Newton-Iteration lautet zusammengefasst

$$\text{(i)} \quad Z^0 = 0, \quad J = f_x(t, x),$$

$$\text{(ii)} \quad (I - \tau \mathfrak{A} \otimes J) \Delta Z^k = -F(Z^k),$$

$$\text{(iii)} \quad Z^{k+1} = Z^k + \Delta Z^k, \quad k = 0, 1, \ldots .$$

(6.12)

Wir sollten festhalten, dass in jedem Zeitschritt eine *einzige* LR-Zerlegung der Matrix $(I - \tau \mathfrak{A} \otimes J)$ nötig ist. Diese kann in führender Ordnung mit

$$\frac{2}{3}(s \cdot d)^3$$

Operationen (Additionen und Multiplikationen) durchgeführt werden. Zuweilen lässt sich der Aufwand bei Spezialstruktur der Matrix $\mathfrak{A}$ durch geschickte Ausnutzung des Tensorproduktes herabsetzen; ein Beispiel dafür werden wir in Bemerkung 6.47 erwähnen.

Abbruchkriterium für die vereinfachte Newton-Iteration. Als letztes algorithmisches Detail, welches Erwähnung verdient, wollen wir den Abbruch der Iteration (6.12) diskutieren. Das Abbruchkriterium beruht einzig auf der linearen Konvergenz der Iteration und lässt sich demzufolge auch auf andere Iterationsverfahren übertragen. Sei dazu Z die Lösung des Gleichungssystems. Wir werden abbrechen, wenn der Fehler einer Iterierten in sinnvoller Relation zur Toleranz TOL der Schrittweitensteuerung steht, etwa:

$$|Z - Z^{k+1}| \leq \sigma \, \text{TOL}, \quad \sigma \ll 1.$$

Um diesen Abbruch zu implementieren, müssen wir eine Schätzung für $|Z - Z^{k+1}|$ zur Verfügung stellen. Wir setzen τ als so klein voraus, dass die Iteration linear konvergiert, d. h. ein Kontraktionsfaktor $\theta < 1$ mit

$$|\Delta Z^{k+1}| \leq \theta \, |\Delta Z^k|, \quad k = 0, 1, \ldots,$$

existiert. Aus entsprechenden Abschätzungen bei linear konvergenten Fixpunktiterationen (Banachscher Fixpunktsatz: Band 1, Satz 4.4) wissen wir, dass hieraus für den Fehler der Iterierten Z^{k+1} folgt

$$|Z - Z^{k+1}| \leq \frac{\theta}{1 - \theta} |\Delta Z^k|.$$

Wir ersetzen jetzt den unbekannten Kontraktionsfaktor θ durch den bekannten Quotienten

$$\theta_k = \frac{|\Delta Z^k|}{|\Delta Z^{k-1}|}, \quad k = 1, 2, \ldots .$$

Das implementierbare Abbruchkriterium lautet daher

$$\frac{\theta_k}{1 - \theta_k}|\Delta Z^k| \leq \sigma \text{ TOL}.$$

Für den ersten Schritt mit $k = 0$ wählen wir ein θ_0 auf heuristischer Basis möglichst so, dass die Iteration für lineare Probleme sofort abbricht.

Bedient man sich für die Schrittweitensteuerung eines relativen Fehlerkonzepts, so ersetze man im Abbruchkriterium alle Normen durch skalierte Normen.

6.3 Kollokationsverfahren

Im vorliegenden Abschnitt werden wir eine recht alte und eingängige Idee der Diskretisierung gewöhnlicher Differentialgleichungen kennenlernen, die *Kollokation*, von der sich in den frühen 70er Jahren zeigte, dass sie implizite Runge-Kutta-Verfahren erzeugt. Überdies entpuppten sich viele brauchbare implizite Runge-Kutta-Verfahren, die anhand der Bedingungsgleichungen konstruiert worden waren, nachträglich als Kollokationsverfahren.

6.3.1 Idee der Kollokation

Sei

$$x' = f(t, x)$$

eine Differentialgleichung auf dem erweiterten Phasenraum Ω. Zu gegebenem $(t, x) \in \Omega$ und Schrittweite τ soll eine diskrete Evolution $\Psi^{t+\tau,t} x$ berechnet werden. Die Kollokation konstruiert dazu ein Polynom $u \in P_s^d$, das neben dem Anfangswert $u(t) = x$ die Differentialgleichung an wenigstens s vorgegebenen Stellen erfüllt („kol-lokiert"):

(i) $u(t) = x$,

(ii) $u'(t + c_i \tau) = f(t + c_i \tau, u(t + c_i \tau))$, $i = 1, \ldots, s$,   (6.13)

(iii) $\Psi^{t+\tau,t} x = u(t + \tau)$.

Das Verfahren ist also vollständig durch die Vorgabe eines Vektors $c = (c_1, \ldots, c_s)^T$ von *relativen* Stützstellen gegeben. Relativ, da die Stützstellen $t + c_i \tau$ bezogen auf das Gesamtintervall $[t, t + \tau]$ eine affin-invariante Position besitzen. Sinnvollerweise werten wir dabei nur Information im Zeitintervall $[t, t + \tau]$ aus, so dass wir in diesem Abschnitt stets

$$0 \leq c_1 < \cdots < c_s \leq 1$$

voraussetzen. Da die Komponenten c_i paarweise verschieden sind, werden insgesamt $s + 1$ Bedingungen an das Polynom $u \in P_s$ gestellt. Somit vermuten wir, dass u

für hinreichend kleine Schrittweiten existiert und eindeutig ist. Wegen der Nichtlinearität der Bestimmungsgleichungen ist dies keineswegs trivial. Anstatt nun dieses Gleichungssystem näher zu studieren, werden wir das Kollokationsverfahren als s-stufiges implizites Runge-Kutta-Verfahren interpretieren, so dass uns Satz 6.28 die Existenz- und Eindeutigkeitsfrage beantwortet.

Nehmen wir zunächst an, dass eine Lösung $u \in P_s^d$ existiert, und betrachten wir sie etwas näher:

Dazu sei $\{L_1, \ldots, L_s\}$ die Lagrange-Basis des Polynomraumes P_{s-1} bezüglich der Stützstellen $c_1, \ldots, c_s$ (Band 1, Kapitel 7), also

$$L_i(c_j) = \delta_{ij}, \quad i, j = 1, \ldots, s.$$

Kürzen wir die Werte der Ableitung von u an den Kollokationspunkten durch

$$k_i = u'(t + c_i \tau), \quad i = 1, \ldots, s,$$

ab, so erhält das Polynom u' mit Hilfe der Lagrangeschen Interpolationsformel die Gestalt

$$u'(t + \theta \tau) = \sum_{j=1}^{s} k_j L_j(\theta).$$

Diese wollen wir nun nutzen, um die Werte von u an den Kollokationspunkten zu bestimmen. Integration unter Verwendung des Anfangswertes (6.13(i)) ergibt

$$u(t + c_i \tau) = x + \tau \int_0^{c_i} u'(t + \theta \tau) \, d\theta = x + \tau \sum_{j=1}^{s} a_{ij} k_j,$$

wobei wir abkürzend setzen

$$a_{ij} = \int_0^{c_i} L_j(\theta) \, d\theta, \quad i, j = 1, \ldots, s. \tag{6.14}$$

Setzen wir diese Werte in die Kollokationsbedingung (6.13(ii)) ein, so erhalten wir das nichtlineare Gleichungssystem

$$k_i = f\left(t + c_i \tau, x + \tau \sum_{j=1}^{s} a_{ij} k_j\right), \quad i = 1, \ldots, s. \tag{6.15}$$

Entsprechend liefern diese Werte in (6.13(iii)) den Wert der diskreten Evolution durch

$$\Psi^{t+\tau,t} x = u(t + \tau) = x + \tau \int_0^1 u'(t + \theta \tau) \, d\theta = x + \tau \sum_{j=1}^{s} b_j k_j \tag{6.16}$$

mit

$$b_j = \int_0^1 L_j(\theta) \, d\theta, \quad j = 1, \ldots, s. \tag{6.17}$$

Die Koeffizienten $\mathfrak{A} = (a_{ij})_{i,j=1}^s$ aus (6.14) und $b = (b_1, \ldots, b_s)^T$ aus (6.17) hängen offensichtlich nur vom Vektor c ab. Sehen wir uns mit dieser Information das Gleichungssystem (6.15) und die diskrete Evolution (6.16) an, so erkennen wir die Gestalt (6.4) des impliziten Runge-Kutta-Verfahrens $(b, c, \mathfrak{A})$ wieder: die Werte der Ableitung von u in den Kollokationspunkten sind dabei gerade die Stufen des Runge-Kutta-Verfahrens!

Hat andererseits das so definierte Runge-Kutta-Verfahren $(b, c, \mathfrak{A})$ eine Lösung mit Stufen $k_1, \ldots, k_s$, so können wir unsere Umformungen rückwärts durchgehen und erhalten mit

$$u(t + \theta\tau) = x + \tau \sum_{j=1}^s k_j \int_0^\theta L_j(\eta)\, d\eta \tag{6.18}$$

ein Kollokationspolynom, das dem Gleichungssystem (6.13) genügt. Wir haben daher folgenden Satz bewiesen.

Satz 6.36. *Ein zum Vektor c gehöriges Kollokationsverfahren ist äquivalent zu dem durch (6.14) und (6.17) definierten impliziten Runge-Kutta-Verfahren $(b, c, \mathfrak{A})$.*

Wir haben also mit der Kollokationsidee eine erhebliche Reduktion der Anzahl von Freiheitsgraden für implizite Runge-Kutta-Verfahren erreicht: Statt $2s + s^2$ Werten in $(b, c, \mathfrak{A})$ verfügen wir nur noch über die s Werte c. Dies verknüpfen wir mit der Hoffnung, dass wir damit auch schon implizit einige der Bedingungsgleichungen erfüllt haben, welche die Koeffizienten $(b, c, \mathfrak{A})$ für die mit s Stufen erreichbare Konsistenzordnung erfüllen müssen, und dass wir diese Ordnung durch geschickte Wahl der Stützstellen c_i auch erreichen können. Einen ersten Hinweis darauf gibt uns folgendes Lemma.

Lemma 6.37. *Die Koeffizienten eines durch Kollokation definierten impliziten Runge-Kutta-Verfahrens $(b, c, \mathfrak{A})$ erfüllen die Beziehungen (mit der Vereinbarung $0^0 = 1$)*

$$\text{(i)} \quad \sum_{j=1}^s b_j c_j^{k-1} = 1/k, \quad k = 1, \ldots, s,$$

$$\text{(ii)} \quad \sum_{j=1}^s a_{ij} c_j^{k-1} = c_i^k/k, \quad i, k = 1, \ldots, s.$$

Insbesondere ist dieses Runge-Kutta-Verfahren konsistent und invariant gegen Autonomisierung.

Beweis. In der Notation dieses Abschnittes erhalten wir aus der Definition (6.17)

$$\sum_{j=1}^s b_j c_j^{k-1} = \sum_{j=1}^s \int_0^1 c_j^{k-1} L_j(\theta)\, d\theta = \int_0^1 \theta^{k-1}\, d\theta = 1/k.$$

Dabei nutzen wir die Interpolationsformel

$$\theta^{k-1} = \sum_{j=1}^{s} c_j^{k-1} L_j(\theta),$$

die für $k = 1, \ldots, s$ gültig ist, da die Lagrangepolynome als Basis von P_{s-1} konstruiert wurden. Sehen wir uns speziell den Fall $k = 1$ an, so erhalten wir die Konsistenzbedingung

$$\sum_{j=1}^{s} b_j = 1.$$

Entsprechend liefert uns Definition (6.14)

$$\sum_{j=1}^{s} a_{ij} c_j^{k-1} = \sum_{j=1}^{s} \int_0^{c_i} c_j^{k-1} L_j(\theta)\, d\theta = \int_0^{c_i} \theta^{k-1}\, d\theta = c_i^k / k$$

für $i, k = 1, \ldots, s$. Spezialisierung auf den Fall $k = 1$ ergibt

$$\sum_{j=1}^{s} a_{ij} = c_i, \quad i = 1, \ldots, s,$$

so dass das Runge-Kutta-Verfahren nach Lemma 4.16 (vgl. die Bemerkungen dazu in Abschnitt 6.2) invariant gegen Autonomisierung ist.   □

Wie wir aus Abschnitt 4.2.2 und Aufgabe 4.6 wissen, bedeuten die Beziehungen (i) des Lemmas, dass die Quadraturformel

$$\sum_{i=1}^{s} b_i \varphi(c_i) \approx \int_0^1 \varphi(t)\, dt \tag{6.19}$$

für Polynome aus P_{s-1} *exakt* ist.

Bemerkung 6.38. Die Beziehungen (ii) des Lemmas sind ein Beispiel für die zum Schluss des Abschnittes 4.2.3 erwähnten *vereinfachenden Annahmen*, die hilfreich beim Lösen der Bedingungsgleichungen sind. Sei heißen *Kollokationsbedingungen*. Wie wir sehen, kann eine gute Idee eine Menge Arbeit ersparen.

Wenden wir uns nun der Frage zu, welche Konsistenzordnungen ein durch Kollokation definiertes Runge-Kutta-Verfahren erreichen kann. Wir werden sehen, dass dies im Wesentlichen durch die Eigenschaften der Quadraturformel (6.19) bestimmt wird. Dieses elegante Ergebnis erlaubt es, bewährten Quadraturformeln ein implizites Runge-Kutta-Verfahren *gleicher* Konsistenzordnung zuzuweisen. Zur Bequemlichkeit des Lesers sammeln wir zunächst einige Eigenschaften von Quadraturformeln und interpretieren vor allem den Begriff der Konsistenzordnung in diesem Rahmen.

Lemma 6.39. *Sei* $m \geq s - 1$. *Die Quadraturformel*

$$\int_t^{t+\tau} \varphi(\sigma) \, d\sigma = \tau \sum_{j=1}^{s} b_j \varphi(t + c_j \tau) + R(\varphi; \tau) \qquad (6.20)$$

besitze die Eigenschaft, für Polynome vom Grade m exakt zu sein, d. h., aus $\varphi \in P_m$
folgt für den Fehlerterm $R(\varphi; \tau) = 0$. *Dann gilt*

$$m \leq 2s - 1.$$

Weiter gibt es eine positive Konstante C, *so dass der Quadraturfehler für* $\varphi \in$
$C^{m+1}([t, t + \tau])$ *die Abschätzung*

$$|R(\varphi; \tau)| \leq C \cdot \tau^{m+2} \max_{t \leq \sigma \leq t+\tau} |\varphi^{(m+1)}(\sigma)|$$

erfüllt. Die Quadraturformel besitzt also als diskrete Evolution zur Lösung der Differentialgleichung $x' = \varphi(t)$ *die Konsistenzordnung* $p = m + 1$.

Beweis. Die Theorie der Gauß-Legendre-Quadratur (Band 1, Abschnitt 9.3) lehrt,
dass sich mit s Stützstellen maximal Polynome vom Grade $2s - 1$ exakt integrieren
lassen. Wenden wir uns nun dem Fehler zu. Zu seiner Abschätzung benutzen wir
die Technik, die wir exemplarisch in Band 1, Abschnitt 9.2, anhand der Trapez- und
Simpson-Regel vorgeführt hatten.

Wir füllen zunächst die Stützstellen $c_1, \dots, c_s$ durch weitere, beliebig gewählte
$c_{s+1}, \dots, c_{m+1}$ zu insgesamt $m + 1$ paarweise verschiedenen, im Intervall $[0, 1]$ liegenden Stützstellen auf. Nun können wir φ mit einem Polynom $q \in P_m$ durch

$$q(t + c_j \tau) = \varphi(t + c_j \tau), \quad j = 1, \dots, m + 1,$$

interpolieren. Da die Quadraturformel linear in φ ist und das Polynom q exakt integriert wird, gilt wegen der Übereinstimmung in den Stützstellen der Quadraturformel

$$R(\varphi; \tau) = R(\varphi - q; \tau) = \tau \int_0^1 (\varphi(t + \theta\tau) - q(t + \theta\tau)) \, d\theta.$$

Die Differenz $\varphi - q$ stellen wir nach Band 1, Satz 7.10 über dividierte Differenzen,
dar:

$$\varphi(t + \theta\tau) - q(t + \theta\tau) = [t + \theta\tau, t + c_1\tau, \dots, t + c_{m+1}\tau]\varphi$$

$$\cdot \tau^{m+1} (\theta - c_1) \cdots (\theta - c_{m+1}).$$

Dabei folgt aus der Hermite-Genocchi-Formel (siehe Band 1, Satz 7.12) für jedes
$0 \leq \theta \leq 1$ die Existenz eines $t \leq t_* \leq t + \tau$, so dass die dividierte Differenz über
die Ableitung darstellbar ist,

$$[t + \theta\tau, t + c_1\tau, \dots, t + c_{m+1}\tau]\varphi = \frac{\varphi^{(m+1)}(t_*)}{(m + 1)!}.$$

Damit erhalten wir

$$|R(\varphi; \tau)| \le \tau^{m+2} \frac{\int_0^1 |\theta - c_1| \cdots |\theta - c_{m+1}| \, d\theta}{(m+1)!} \max_{t \le \sigma \le t+\tau} |\varphi^{(m+1)}(\sigma)|.$$

Schließlich beachten wir, dass der Bruch von τ und φ unabhängig ist. □

Wir gelangen nun zum angekündigten Hauptergebnis dieses Abschnittes, ein erstaunliches Resultat, das 1964 von Butcher mit Hilfe seines Satzes 4.24 und der in Bemerkung 6.38 erwähnten vereinfachenden Annahmen bewiesen wurde. Wir folgen stattdessen der eleganten Beweisidee von S. P. Nørsett und G. Wanner [133] aus dem Jahre 1979.

Satz 6.40. *Ein durch Kollokation erzeugtes implizites Runge-Kutta-Verfahren* $(b, c, \mathfrak{A})$ *besitzt die Konsistenzordnung p für rechte Seiten* $f \in C^p(\Omega, \mathbb{R}^d)$ *genau dann, wenn die durch die Stützstellen c und Gewichte b gegebene Quadraturformel für p-fach stetig differenzierbare Funktionen die Ordnung p besitzt.*

Beweis. Da Quadraturprobleme spezielle Anfangswertprobleme sind, folgt die Konsistenzordnung p der Quadraturformel unmittelbar aus der Konsistenzordnung p des impliziten Runge-Kutta-Verfahrens. Widmen wir uns der Umkehrung. Der Einfachheit halber beschränken wir uns auf rechte Seiten $f \in C^\infty(\Omega, \mathbb{R}^d)$. Dies erspart uns ein genaues Auszählen der Differentiationsstufen und bedeutet mit Blick auf Satz 4.24 keine Beschränkung der Allgemeinheit.

Sei also die Schrittweite τ hinreichend klein, so dass das Kollokationspolynom $u \in P_s^d$ existiert, welches das Gleichungssystem (6.13) erfüllt. Die Idee des Beweises besteht nun darin, das Polynom u als Lösung einer Störung des Anfangswertproblems

$$x'(\bar{t}) = f(\bar{t}, x(\bar{t})), \quad x(t) = x,$$

aufzufassen. Dazu fällt uns unmittelbar die Differentialgleichung

$$u'(\bar{t}) = f(\bar{t}, u(\bar{t})) + \big(u'(\bar{t}) - f(\bar{t}, u(\bar{t}))\big), \quad u(t) = x,$$

ein. Bezeichnen wir den in Klammern stehenden Störungsterm der rechten Seite mit $\delta f(\bar{t})$, so wollen wir den Konsistenzfehler $\Phi^{t+\tau, t} x - \Psi^{t+\tau, t} x = x(t+\tau) - u(t+\tau)$ aus der Größe von $\delta f(\bar{t})$ rekonstruieren. Der Vorteil hierbei ist, dass wir von dieser Störung bereits wissen, dass sie aufgrund der Kollokationsbedingungen in den durch die Quadraturformel gegebenen Punkten verschwindet. Sie sollte daher auch an den anderen Punkten klein bleiben.

Die gewünschte Rekonstruktion des Konsistenzfehlers aus der Störung der rechten Seite wird durch den Satz 3.4 von V. M. Aleksejew und W. Gröbner gegeben, der uns eine beliebig häufig differenzierbare matrixwertige Familie $M(\bar{t}, \sigma)$ liefert, so dass sich der Konsistenzfehler ergibt als

$$x(t + \tau) - u(t + \tau) = \int_t^{t+\tau} M(t + \tau, \sigma)\,\delta f(\sigma)\,d\sigma.$$

Das Integral auf der rechten Seite schätzen wir nun mit Hilfe der Quadraturformel (6.20) ab:

$$\int_t^{t+\tau} M(t + \tau, \sigma)\,\delta f(\sigma)\,d\sigma = \tau \sum_{j=1}^{s} M(t + \tau, t + c_j\tau)\,\delta f(t + c_j\tau) + O(\tau^{p+1}).$$

Nun ist aber aufgrund der Kollokationsbedingungen (6.13(ii)) $\delta f(t + c_j\tau) = 0$ für $j = 1, \ldots, s$, so dass sich der Konsistenzfehler wie behauptet als $O(\tau^{p+1})$ entpuppt.

Bei dieser Argumentation ist etwas Vorsicht geboten: Die Konstante in dem obigen Fehlerterm $O(\tau^{p+1})$ involviert Abschätzungen höherer Ableitungen von $M(t + \tau, s)\,\delta f(s)$ nach s. Dieser Ausdruck hängt insbesondere vom Polynom u ab, das aber seinerseits von der Schrittweite τ abhängt. Somit ist unser Beweis erst vollständig, wenn wir zeigen, dass für hinreichend kleine τ die höheren Ableitungen von u sich *gleichmäßig* in τ beschränken lassen. Diesen Beweis verschieben wir auf das nächste Lemma, das auch ansonsten wertvolle Information enthält.   □

Lemma 6.41. *Die rechte Seite f der Differentialgleichung sei hinreichend glatt und τ_* hinreichend klein. Dann gibt es eine positive Konstante C, so dass für das durch (6.13) definierte, von der Schrittweite τ abhängige, Kollokationspolynom $u \in \boldsymbol{P}_s^d$ als Approximation der Lösung $x(\sigma) = \Phi^{\sigma,t}x$ gilt*

$$\max_{t \le \sigma \le t+\tau} |x^{(k)}(\sigma) - u^{(k)}(\sigma)| \le C \cdot \tau^{s+1-k}, \quad 0 < \tau \le \tau_*, \, k = 0, 1, \ldots, s.$$

Beweis. Um die Lösung x mit dem Kollokationspolynom u bequem vergleichen zu können, schreiben wir x als Integral eines Interpolationspolynoms der Ableitung x' mit Restterm. Der Vergleich zerfällt dann in zwei Bestandteile: zum einen in den Unterschied zwischen Interpolationspolynom und Kollokationspolynom, zum anderen in den Restterm der Interpolation. Die Interpolation von x' an den Stellen c_j führt auf die Darstellung

$$x'(t + \theta\tau) = \sum_{j=1}^{s} f(t + c_j\tau, x(t + c_j\tau))L_j(\theta) + \tau^s X(\theta)\omega(\theta), \qquad \text{(I)}$$

wobei wir den Restterm gemäß Band 1, Satz 7.16, mit Hilfe der dividierten Differenz

$$X(\theta) = [t + \theta\tau, t + c_1\tau, \ldots, t + c_s\tau]x'$$

und des Newtonschen Polynoms

$$\omega(\theta) = (\theta - c_1)\cdots(\theta - c_s)$$

darstellen. Dabei ist die dividierte Differenz X in θ hinreichend häufig differenzierbar, weiter gilt nach den Rechenregeln für dividierte Differenzen und der Hermite-Genocchi-Formel (Satz 7.12, Band 1)

$$\max_{0 \leq \theta \leq 1} |X^{(k)}(\theta)| \leq \tau^k \frac{k!}{s!} \max_{t \leq \sigma \leq t+\tau} |x^{(s+1+k)}(\sigma)| \tag{II}$$

für $k = 0, 1, 2, \ldots$. Diese Abschätzung ist letztlich der Schlüssel zu unserem Resultat.

Integration von (I) ergibt die gewünschte Darstellung der Lösung x,

$$x(t+\theta\tau) = x + \tau \sum_{j=1}^{s} f(t+c_j\tau, x(t+c_j\tau)) \int_0^\theta L_j(\eta)\,d\eta + \tau^{s+1} \int_0^\theta X(\eta)\omega(\eta)\,d\eta.$$

Subtraktion der entsprechenden Darstellung (6.18) für das Kollokationspolynom u ergibt

$$x(t+\theta\tau) - u(t+\theta\tau) = \tau \sum_{j=1}^{s} \delta f_j \int_0^\theta L_j(\eta)\,d\eta + \tau^{s+1} \int_0^\theta X(\eta)\omega(\eta)\,d\eta \tag{III}$$

mit der Abkürzung

$$\delta f_j = f(t + c_j\tau, x(t + c_j\tau)) - f(t + c_j\tau, u(t + c_j\tau)), \quad j = 1, \ldots, s.$$

Die rechte Seite f genügt als stetig differenzierbare Abbildung in einer Umgebung von (t, x) einer Lipschitzbedingung mit der Lipschitzkonstanten $L > 0$. Für hinreichend kleines τ gilt daher die Abschätzung

$$|\delta f_j| \leq L\,|x(t + c_j\tau) - u(t + c_j\tau)|, \quad j = 1, \ldots, s,$$

wobei wir nach dem Satz 6.28 über implizite Runge-Kutta-Verfahren ausnutzen, dass das *von τ abhängige* Polynom u

$$\lim_{\tau \to 0} u(t + c_j\tau) = x, \quad j = 1, \ldots, s,$$

erfüllt. Kürzen wir schließlich die uns interessierende Fehlergröße mit

$$\varepsilon = \max_{t \leq \sigma \leq t+\tau} |x(\sigma) - u(\sigma)|$$

ab und führen die Lebesgue-Konstanten

$$\Lambda_0 = \max_{0 \leq \theta \leq 1} \sum_{j=1}^{s} \left| \int_0^\theta L_j(\eta)\,d\eta \right|; \quad \Lambda_k = \max_{0 \leq \theta \leq 1} \sum_{j=1}^{s} |L_j^{(k-1)}(\theta)|, \quad k = 1, 2, \ldots,$$

ein, so erhalten wir aus (III) die Ungleichung

$$\varepsilon \leq \tau L \Lambda_0 \varepsilon + \tau^{s+1} \max_{0 \leq \theta \leq 1} |X(\theta)\omega(\theta)|.$$

Für hinreichend kleines τ können wir diese Ungleichung nach ε auflösen und erhalten

$$\varepsilon = O(\tau^{s+1}).$$

Dabei dürfen wir nach (II) bedenkenlos das Landau-O wieder einführen, da die Konstanten nur noch von L, der Lösung x und den Koeffizienten c, nicht aber von der Schrittweite τ abhängen! Differentiation von (III) nach θ ergibt für $k = 1, \ldots, s+1$

$$\tau^k \left(x^{(k)}(t+\theta\tau) - u^{(k)}(t+\theta\tau) \right)$$
$$= \tau \sum_{j=1}^{s} \delta f_j L_j^{(k-1)}(\theta) + \tau^{s+1} \sum_{j=1}^{k-1} \binom{k-1}{j} X^{(k-1-j)}(\theta) \, \omega^{(j)}(\theta).$$

Nach (II) folgt daraus

$$\max_{t \leq \sigma \leq t+\tau} |x^{(k)}(\sigma) - u^{(k)}(\sigma)| \leq \tau^{1-k} L \Lambda_k \varepsilon + O(\tau^{s+1-k}),$$

also wegen $\varepsilon = O(\tau^{s+1})$ die Behauptung.   □

Dieses Lemma rettet nicht nur den Beweis von Satz 6.40, sondern gibt uns auch weitere wertvolle Information, die wir noch einmal zusammenfassend beschreiben wollen.

Ein s-stufiges Kollokationsverfahren beinhaltet nach Lemma 6.37 und Lemma 6.39 eine Quadraturformel der Konsistenzordnung $s \leq p \leq 2s$. Diese Ordnung wird nach unserem Satz 6.40 an das Kollokationsverfahren vererbt, womit die Güte der Approximation $u(t+\tau)$ beschrieben ist. Zusätzlich approximieren wir die Lösung x durch das Kollokationspolynom aber auf dem *gesamten* Intervall $[t, t+\tau]$ von der Ordnung s (und die k-te Ableitung mit der Ordnung $s-k$). Dies kann von Nutzen sein, wenn man an globalen Approximationen interessiert ist.

Für $p > s$ ist die Approximation am ausgewählten Punkt $t+\tau$ von *höherer* Ordnung als im Rest des Intervalles $[t, t+\tau]$ – ein Phänomen, welches *Superkonvergenz* genannt wird.

Behandeln wir das Kollokationsverfahren nur als implizites Runge-Kutta-Verfahren und stellen das Kollokationspolynom nicht explizit auf, so ist zuweilen folgende Beobachtung hilfreich: Da die Stufen des Runge-Kutta-Verfahrens über $k_j = u'(t + c_j\tau)$ direkt mit dem Kollokationspolynom verknüpft sind, können wir sie nach Lemma 6.41 als Approximationen von x' auffassen:

$$|k_j - x'(t + c_j\tau)| = O(\tau^s).$$

Bemerkung 6.42. Vielleicht hat es den einen oder anderen Leser erstaunt, wie selbstverständlich wir stets davon ausgegangen sind, es handelte sich bei Runge-Kutta-Verfahren vom Kollokationstyp um *implizite* Verfahren. Da wir $p \geq s$ für hinreichend glatte rechte Seiten bewiesen haben, müssen Kollokatiosverfahren aufgrund der Butcher-Schranken in Tabelle 4.5 spätestens für $s \geq 5$ implizit sein. Weitaus am interessantesten sind Kollokationsverfahren mit Superkonvergenz, d. h. $p > s$. Diese müssen nach Lemma 4.15 *stets* implizit sein.

6.3.2 Gauß- und Radau-Verfahren

Das Hauptresultat Satz 6.40 des vorherigen Abschnittes legt eine einfache und effektive Strategie zur Konstruktion von s-stufigen impliziten Runge-Kutta-Verfahren der Ordnung $s \leq p \leq 2s$ nahe: Wir nehmen eine Quadraturformel, welche für Polynome vom Grade $p - 1$ exakt ist, und konstruieren das zugehörige Kollokationsverfahren über (6.14) und (6.17). Wir beginnen mit dem maximal Möglichen, mit $p = 2s$.

Gauß-Verfahren. Ist eine Quadraturformel

$$\int_0^1 \varphi(t)\, dt \approx \sum_{i=1}^{s} b_i \varphi(c_i)$$

exakt für Polynome des höchstmöglichen Grades $2s-1$, so sind die Stützstellen c nach der Theorie der Gauß-Quadratur (Band 1, Abschnitt 9.3) *eindeutig* als diejenigen der Gauß-Legendre-Quadratur für die Gewichtsfunktion 1 gegeben. Dabei sind

$$0 < c_1 < \cdots < c_s < 1$$

die Nullstellen der (auf das Intervall $[0, 1]$ bezogenen) *Legendre-Polynome* P_s (Band 1, Tabelle 9.3). Satz 6.40 liefert unmittelbar das folgende Ergebnis.

Satz 6.43. *Für* $f \in C^{2s}(\Omega, \mathbb{R}^d)$ *besitzt das* s-*stufige Gauß-Verfahren die Konsistenzordnung* $p = 2s$.

Wir wissen jetzt insbesondere, dass die in Korollar 6.34 festgestellte Grenze $p \leq 2s$ tatsächlich angenommen wird. Im Gegensatz dazu ist die Bestimmung der maximal möglichen Ordnung eines s-stufigen expliziten Verfahrens (Tabelle 4.5) ein noch nicht abgeschlossenes, nichttriviales Forschungsprogramm.

Die Koeffizienten der Gauß-Verfahren der Stufenzahl $s = 1, 2, 3$ finden sich in den Tabellen 6.4 und 6.5. Im Gauß-Verfahren der Stufenzahl $s = 1$ erkennen wir die implizite Mittelpunktsregel aus Tabelle 6.3 wieder. Von ihr wissen wir aus Beispiel 6.31, dass sie A-stabil ist und das Stabilitätsgebiet $\mathcal{S} = \mathbb{C}_-$ besitzt, sie also nach Satz 6.21 die Orthogonalität eines linearen Phasenflusses ins Diskrete vererbt. Diese Eigenschaften sind charakteristisch für Gauß-Verfahren.

$$
\begin{array}{c|c}
\dfrac{1}{2} & \dfrac{1}{2} \\[2mm]
\hline
 & 1
\end{array}
\qquad
\begin{array}{c|cc}
\dfrac{1}{2}-\dfrac{\sqrt{3}}{6} & \dfrac{1}{4} & \dfrac{1}{4}-\dfrac{\sqrt{3}}{6} \\[2mm]
\dfrac{1}{2}+\dfrac{\sqrt{3}}{6} & \dfrac{1}{4}+\dfrac{\sqrt{3}}{6} & \dfrac{1}{4} \\[2mm]
\hline
 & \dfrac{1}{2} & \dfrac{1}{2}
\end{array}
$$

Tabelle 6.4. Gauß-Verfahren der Ordnung $p = 2$ und $p = 4$

$$
\begin{array}{c|ccc}
\dfrac{1}{2}-\dfrac{\sqrt{15}}{10} & \dfrac{5}{36} & \dfrac{2}{9}-\dfrac{\sqrt{15}}{15} & \dfrac{5}{36}-\dfrac{\sqrt{15}}{30} \\[2mm]
\dfrac{1}{2} & \dfrac{5}{36}+\dfrac{\sqrt{15}}{24} & \dfrac{2}{9} & \dfrac{5}{36}-\dfrac{\sqrt{15}}{24} \\[2mm]
\dfrac{1}{2}+\dfrac{\sqrt{15}}{10} & \dfrac{5}{36}+\dfrac{\sqrt{15}}{30} & \dfrac{2}{9}+\dfrac{\sqrt{15}}{15} & \dfrac{5}{36} \\[2mm]
\hline
 & \dfrac{5}{18} & \dfrac{4}{9} & \dfrac{5}{18}
\end{array}
$$

Tabelle 6.5. Gauß-Verfahren der Ordnung $p = 6$

Satz 6.44. *Jedes Gauß-Verfahren ist reversibel und A-stabil. Es besitzt insbesondere das Stabilitätsgebiet $\mathcal{S} = \mathbb{C}_-$ und ist daher isometrie-erhaltend.*

Beweis. Die A-Stabilität der Gauß-Verfahren wird sich mit Hilfe eines neuen Konzeptes im nächsten Abschnitt erweisen, *ohne* dass wir uns explizit die Stabilitätsfunktion ansehen müssten. Die Behauptung $\mathcal{S} = \mathbb{C}_-$ folgt nach Lemma 6.20 aus der A-Stabilität, sobald wir die Reversibilität nachgewiesen haben.

Sei also f hinreichend glatt und die Schrittweite τ hinreichend klein. Wir haben

$$\Psi^{t,t+\tau}\Psi^{t+\tau,t}x = x$$

zu zeigen. Sei $u \in P_s$ das Kollokationspolynom, welches dem Gleichungssystem (6.13) genügt, so dass

$$\Psi^{t+\tau,t}x = u(t + \tau).$$

Nun gilt für die geordneten Stützstellen der Gauß-Legendre-Quadratur

$$1 - c_i = c_{s+1-i}, \quad i = 1,\ldots,s,$$

da die Quadraturaufgabe im Intervall $[0, 1]$ invariant unter der Abbildung $\theta \to 1 - \theta$ ist. Dabei sei daran erinnert, dass die Stützstellen der Gauß-Legendre-Quadratur *ein-*

deutig durch die Eigenschaft festliegen, Polynome vom Grade $2s-1$ exakt zu integrieren. Schreiben wir also die Gleichungen des Gleichungssystems (6.13) in umgekehrter Reihenfolge auf:

(i) $u(t + \tau) = \Psi^{t+\tau,t} x$,

(ii) $u'(t + \tau - c_i \tau) = f\big(t + \tau - c_i \tau, u(t + \tau - c_i \tau)\big), \quad i = 1, \ldots, s$,

(iii) $x = u(t + \tau - \tau)$.

Dies sind aber gerade die Kollokationsgleichungen für die Berechnung von $\Psi^{t,t+\tau}\Psi^{t+\tau,t} x$. Da nach Satz 6.28 eine sich in τ stetig ändernde Lösung der Kollokationsgleichungen *eindeutig* ist, erhalten wir die gewünschte Reversibilität. $\qquad\square$

Bemerkung 6.45. Die Gauß-Verfahren spielen eine große Rolle bei der numerischen Lösung von *Randwertproblemen* gewöhnlicher Differentialgleichungen – siehe Abschnitt 8.4.2 oder das Lehrbuch [7].

Radau-Verfahren. Nachdem wir mit den Gauß-Verfahren eine Familie A-stabiler, reversibler Verfahren konstruiert haben, sind wir mit Blick auf den Schluss von Abschnitt 6.1.4 noch an einer Familie L-stabiler Verfahren interessiert.

Zu diesem Zwecke liefert uns Lemma 6.32 eine Idee: Wir wählen $c_s = 1$ und erhalten daher nach (6.14) und (6.17)

$$a_{sj} = \int_0^{c_s} L_j(\theta)\, d\theta = \int_0^1 L_j(\theta)\, d\theta = b_j, \quad j = 1, \ldots, s,$$

d. h., der Vektor b^T ist identisch mit der letzten Zeile der Matrix $\mathfrak{A}$. Können wir nun die restlichen Stützstellen $c_1, \ldots, c_{s-1}$ so wählen, dass $\mathfrak{A}$ nichtsingulär ist, so gilt nach Lemma 6.32 $R(\infty) = 0$.

Wir verfolgen diesen Punkt nun nicht gezielt, sondern verlassen uns auf unsere mathematische Intuition, indem wir die restlichen Stützstellen so wählen, dass die Quadraturformel für möglichst hohen Polynomgrad exakt ist. Analog zur Theorie der Gauß-Quadratur erhält man *eindeutige* Stützstellen, so dass die zugehörige Quadraturformel für den Polynomgrad $2s - 2$ exakt ist. Dabei ergeben sich die restlichen Stützstellen

$$0 < c_1 < \cdots < c_{s-1} < 1$$

als die Nullstellen des (auf das Intervall $[0, 1]$ bezogenen) *Jacobi-Polynoms* $P_{s-1}^{(1,0)}$. Die so konstruierte Quadraturformel wird nach dem französischen Mathematiker, R. Radau benannt, der sie 1880 untersuchte. Wir empfehlen dem Leser, die Theorie der Radau-Quadratur in Analogie zu Band 1, Abschnitt 9.3, selbst aufzubauen. Bei Schwierigkeiten hilft die Konsultation des Buches [39, Abschnitt 2.7] von P. J. Davis und P. Rabinowitz.

Satz 6.46. *Für* $f \in C^{2s-1}(\Omega, \mathbb{R}^d)$ *besitzt das s-stufige Radau-Verfahren die Konsistenzordnung* $p = 2s - 1$. *Jedes Radau-Verfahren ist L-stabil.*

Beweis. Die Behauptung über die Konsistenzordnung folgt sofort aus Lemma 6.39 und Satz 6.40. Mit der schon bei den Gauß-Verfahren versprochenen neuen Technik werden wir im nächsten Abschnitt auch die A-Stabilität der Radau-Verfahren beweisen. Fehlt nur noch $R(\infty) = 0$. Dies hatten wir ja im Wesentlichen schon zum Konstruktionsprinzip gemacht, uns fehlte nur noch die Invertierbarkeit der Runge-Kutta-Matrix $\mathfrak{A}$. In Aufgabe 6.4 werden wir sehen, dass dies eine Folge von

$$c_1 \cdots c_s \neq 0$$

ist.   □

Die Koeffizienten der Radau-Verfahren der Stufenzahl $s = 1, 2, 3$ finden sich in den Tabellen 6.6 und 6.7. Im einstufigen Radau-Verfahren erkennen wir unseren guten Bekannten, das implizite Euler-Verfahren, wieder (vgl. Tabelle 6.2).

$$
\begin{array}{c|cc}
\dfrac{1}{3} & \dfrac{5}{12} & -\dfrac{1}{12} \\[2mm]
1 & \dfrac{3}{4} & \dfrac{1}{4} \\[2mm]
\hline
 & \dfrac{3}{4} & \dfrac{1}{4}
\end{array}
\qquad
\begin{array}{c|c}
1 & 1 \\
\hline
 & 1
\end{array}
$$

Tabelle 6.6. Radau-Verfahren der Ordnung $p = 1$ und $p = 3$

$$
\begin{array}{c|ccc}
\dfrac{4-\sqrt{6}}{10} & \dfrac{88-7\sqrt{6}}{360} & \dfrac{296-169\sqrt{6}}{1800} & \dfrac{-2+3\sqrt{6}}{225} \\[3mm]
\dfrac{4+\sqrt{6}}{10} & \dfrac{296+169\sqrt{6}}{1800} & \dfrac{88+7\sqrt{6}}{360} & \dfrac{-2-3\sqrt{6}}{225} \\[3mm]
1 & \dfrac{16-\sqrt{6}}{36} & \dfrac{16+\sqrt{6}}{36} & \dfrac{1}{9} \\[3mm]
\hline
 & \dfrac{16-\sqrt{6}}{36} & \dfrac{16+\sqrt{6}}{36} & \dfrac{1}{9}
\end{array}
$$

Tabelle 6.7. Radau-Verfahren der Ordnung $p = 5$

Bemerkung 6.47. Beim 3-stufigen Radau-Verfahren kann der durch $18d^3$ Operationen gegebene Aufwand für die *LR*-Zerlegung der Matrix $I - \tau\mathfrak{A} \otimes J$ des Gleichungssystems (6.12) um einen Faktor 5.4 auf $10d^3/3$ Operationen dadurch herabgesetzt werden, dass man geschickten Gebrauch von der (konkret gegebenen) Jordan-Zerlegung der Matrix $\mathfrak{A}$ macht. Diese Behandlung der linearen Algebra ist zusammen mit einer Schrittweitensteuerung durch Einbettung eines Verfahrens dritter Ordnung in dem Programm RADAU5 von E. Hairer und G. Wanner realisiert worden. Für Details verweisen wir auf das Buch [93]. Das Programm RADAU5 ist auch auf quasilineare differentiell-algebraische Probleme

$$B(x)x' = f(x), \quad x(0) = x_0,$$

vom Differentiationsindex $\nu_D = 1$ anwendbar. Allerdings muss dazu das Problem in die äquivalente, separierte Form

$$x' = y, \quad 0 = B(x)y - f(x),$$

vom Differentiationsindex $\nu_D = 2$ gebracht werden.

6.3.3 Dissipative Differentialgleichungen

Ziel dieses Abschnittes ist zunächst, den Nachweis der A-Stabilität für das Gauß- und das Radau-Verfahren nachzuliefern. Wir werden dies bequem dadurch bewerkstelligen, dass wir *mehr* beweisen. Zudem haben wir hier die Gelegenheit, ein Konzept vorzustellen, in welchem einige Autoren die entscheidende Charakterisierung stabiler Orbits nichtlinearer Differentialgleichungen sehen.

Dazu beschränken wir uns wiederum auf autonome Differentialgleichungen

$$x' = f(x)$$

auf einem Phasenraum $\Omega_0 \subset \mathbb{R}^d$. Die spezielle skalare lineare rechte Seite $f(x) = \lambda x$, $\lambda \in \mathbb{R}$, liefert genau für $\lambda \leq 0$ *stabile* Trajektorien. Wie sich zeigen wird, ist hierbei entscheidend, dass f *monoton fallend* in x ist. Die Verallgemeinerung von Monotonie in höhere Systemdimensionen verlangt die Verwendung eines Skalarproduktes $\langle \cdot, \cdot \rangle$. In diesem Abschnitt verstehen wir unter $|\cdot|$ stets die zugehörige Norm.

Definition 6.48. Eine Abbildung $f : \Omega_0 \to \mathbb{R}^d$ heißt *dissipativ* bezüglich des Skalarproduktes $\langle \cdot, \cdot \rangle$, wenn für alle $x, \bar{x} \in \Omega_0$ gilt

$$\langle f(x) - f(\bar{x}), x - \bar{x} \rangle \leq 0.$$

Das folgende einfache Lemma zeigt, dass diese Verallgemeinerung im Rahmen der gewöhnlichen Differentialgleichungen das Gewünschte leistet.

Lemma 6.49. *Sei $x' = f(x)$ Differentialgleichung auf dem Phasenraum Ω_0 mit lokal Lipschitz-stetiger rechter Seite f. Der Phasenfluss Φ ist genau dann nichtexpansiv, d. h., für $x, \bar{x} \in \Omega_0$ gilt*

$$|\Phi^t x - \Phi^t \bar{x}| \leq |x - \bar{x}|$$

für alle zulässigen $t \geq 0$, wenn die rechte Seite f dissipativ ist.

Beweis. Der Beweis ergibt sich unmittelbar aus Differentiation der Funktion

$$\chi(t) = |\Phi^t x - \Phi^t \bar{x}|^2 = \langle \Phi^t x - \Phi^t \bar{x}, \Phi^t x - \Phi^t \bar{x} \rangle.$$

Wir erhalten nämlich

$$\chi'(t) = 2 \langle f(\Phi^t x) - f(\Phi^t \bar{x}), \Phi^t x - \Phi^t \bar{x} \rangle. \qquad (I)$$

Ist f dissipativ, so ergibt Integration von (I)

$$\chi(t) = \chi(0) + 2 \int_0^t \langle f(\Phi^s x) - f(\Phi^s \bar{x}), \Phi^s x - \Phi^s \bar{x} \rangle \, ds \leq \chi(0).$$

Ist andererseits Φ nichtexpansiv, so heißt dies für hinreichend kleine t gerade $\chi(t) \leq \chi(0)$. Also ist χ bei $t = 0$ monoton fallend, was nach (I)

$$\chi'(0) = 2 \langle f(x) - f(\bar{x}), x - \bar{x} \rangle \leq 0$$

zur Folge hat. $\qquad\qquad\qquad\qquad\qquad\qquad\qquad\qquad\qquad\qquad\qquad\qquad\qquad$ $\square$

B-Stabilität. J. C. Butcher [30] untersuchte 1975 Runge-Kutta-Verfahren, welche die Nichtexpansivität eines Phasenflusses ins Diskrete vererben und nannte sie *B-stabil* (warum wohl gerade B?). B-stabile Runge-Kutta-Verfahren erzeugen also für dissipative, hinreichend glatte rechte Seiten einen *nichtexpansiven* diskreten Phasenfluss, d. h.

$$|\Psi^\tau x - \Psi^\tau \bar{x}| \leq |x - \bar{x}|$$

für alle $x, \bar{x} \in \Omega_0$ und alle zulässigen Schrittweiten $\tau \geq 0$. Dieses Konzept umfasst die A-Stabilität für lineare Probleme:

Lemma 6.50. *B-stabile Runge-Kutta-Verfahren sind A-stabil.*

Beweis. Wir wenden das Verfahren auf das komplexe Anfangswertproblem

$$x' = \lambda x, \quad x(0) = 1,$$

mit $\operatorname{Re} \lambda \leq 0$ an. Um hier die Dissipativität der rechten Seite der Differentialgleichung einzusehen, reellifizieren wir die Gleichung durch

$$x = u + iv, \quad \lambda = \alpha + i\beta,$$

zu

$$\begin{bmatrix} u \\ v \end{bmatrix}' = \underbrace{\begin{bmatrix} \alpha & -\beta \\ \beta & \alpha \end{bmatrix}}_{=A} \begin{bmatrix} u \\ v \end{bmatrix}.$$

Wir halten fest, dass das euklidische Skalarprodukt $\langle \cdot, \cdot \rangle$ auf $\mathbb{R}^2 = \mathbb{C}$ gerade den komplexen Betrag als Norm induziert. Aus $\alpha = \operatorname{Re} \lambda \leq 0$ folgt

$$\langle Ax, x \rangle = \alpha(u^2 + v^2) \leq 0,$$

d. h. die Dissipativität der linearen Abbildung $x \mapsto Ax$. Die vorausgesetzte B-Stabilität liefert sodann die Nichtexpansivität des diskreten Phasenflusses $\Psi^\tau = R(\tau A) = R(\tau \lambda)$, d. h.

$$|R(\tau \lambda)| \leq 1 \quad \text{für alle } \tau \geq 0,$$

wobei wir die Linearität von Ψ^τ ausgenutzt haben. Setzen wir $\tau = 1$, so erhalten wir $|R(\lambda)| \leq 1$ und damit $\lambda \in \mathcal{S}$. Da $\lambda \in C_-$ beliebig ist, gilt also $\mathbb{C}_- \subset \mathcal{S}$: Das Verfahren ist A-stabil. $\qquad\square$

Die B-Stabilität der Gauß- und Radau-Verfahren lässt sich nun bequem nachweisen. Im Gegensatz dazu ist es verhältnismäßig aufwendig, ihre A-Stabilität direkt anhand der Stabilitätsfunktionen zu beweisen.

Satz 6.51. *Die Gauß- und Radau-Verfahren sind B-stabil.*

Beweis. Wir beginnen mit den Gauß-Verfahren. Der folgende besonders elegante Beweis wurde von G. Wanner [172] im Jahre 1976 geführt.

Sei also die rechte Seite f dissipativ und hinreichend glatt. Wir haben die Nichtexpansivität des diskreten Phasenflusses zu zeigen. Zu $x, \bar{x} \in \Omega_0$ existieren für hinreichend kleine Schrittweiten $\tau > 0$ die Kollokationspolynome $u, \bar{u} \in P_s$, welche

$$u(0) = x, \quad u(\tau) = \Psi^\tau x, \quad \bar{u}(0) = \bar{x}, \quad \bar{u}(\tau) = \Psi^\tau \bar{x}$$

erfüllen. Da die Norm $| \cdot |$ von einem Skalarprodukt induziert ist, ist die Differenz

$$q(\theta) = |u(\theta \tau) - \bar{u}(\theta \tau)|^2$$

ein Polynom in θ, genauer $q \in P_{2s}$. Der Hauptsatz der Differential- und Integralrechnung ergibt

$$|\Psi^\tau x - \Psi^\tau \bar{x}|^2 = q(1) = q(0) + \int_0^1 q'(\theta)\,d\theta = |x - \bar{x}|^2 + \int_0^1 q'(\theta)\,d\theta,$$

so dass die Behauptung der Nichtexpansivität von Ψ^τ äquivalent ist zu

$$\int_0^1 q'(\theta)\,d\theta \leq 0. \qquad\qquad\qquad\qquad\text{(I)}$$

Um Letzteres nachzuweisen, wenden wir auf das Integral die Gauß-Quadratur an, die ja für das Polynom $q' \in \boldsymbol{P}_{2s-1}$ *exakt* ist:

$$\int_0^1 q'(\theta)\, d\theta = \sum_{j=1}^s b_j q'(c_j). \tag{II}$$

Betrachten wir die Werte $q'(c_j)$ etwas genauer. Aufgrund der Kollokationsbeziehungen

$$u'(c_j \tau) = f(u(c_j \tau)), \quad \bar{u}'(c_j \tau) = f(\bar{u}(c_j \tau)), \quad j = 1, \ldots, s,$$

folgt aus der Dissipativität von f

$$q'(c_j) = 2\tau \left\langle u'(c_j \tau) - \bar{u}'(c_j \tau), u(c_j \tau) - \bar{u}(c_j \tau) \right\rangle$$

$$= 2\tau \left\langle f(u(c_j \tau)) - f(\bar{u}(c_j \tau)), u(c_j \tau) - \bar{u}(c_j \tau) \right\rangle \le 0$$

für $j = 1, \ldots, s$. Nach Band 1, Satz 9.11, gilt für die Gewichte der Gauß-Quadratur $b_j > 0$, $j = 1, \ldots, s$. Wie gewünscht folgt daher aus (II) die Abschätzung (I).

Der Beweis für das Radau-Verfahren verläuft im Wesentlichen genauso, d. h., wir werden wiederum (I) zeigen und wenden dazu die Radau-Quadratur an. Nur müssen wir hier mit der zusätzlichen Schwierigkeit zurecht kommen, dass die Radau-Quadratur maximal für Polynome vom Grade $2s - 2$ exakt ist, aber auf $q' \in \boldsymbol{P}_{2s-1}$ angewendet wird. Wir berücksichtigen daher den Fehlerterm der Quadraturformel [39, Abschnitt 2.7], was uns statt (II)

$$\int_0^1 q'(\theta)\, d\theta = \sum_{j=1}^s b_j q'(c_j) - \frac{s\big((s-1)!\big)^4}{2\big((2s-1)!\big)^3} q^{(2s)}(\eta) \tag{III}$$

für ein gewisses $\eta \in \,]0, 1[$ liefert. Da auch bei der Radau-Quadratur die Gewichte positiv sind [39, Abschnitt 2.7], zeigt man genau wie oben beim Gauß-Verfahren die Nichtpositivität des ersten Terms. Wir sind daher fertig, wenn wir

$$q^{(2s)}(\eta) \ge 0$$

zeigen können. Wegen $q \in \boldsymbol{P}_{2s}$ ist $q^{(2s)} = (2s)!\,\alpha_{2s}$ konstant, wobei wir mit α_{2s} den führenden Koeffizienten von q bezeichnen. Da nach Definition das Polynom q stets nichtnegativ ist, muss $\alpha_{2s} \ge 0$ gelten. Anderenfalls hätten wir nämlich $q(\theta) \to -\infty$ für $\theta \to \infty$. $\qquad\square$

Beispiel 6.52. Die implizite Mittelpunktsregel ist als das einstufige Gauß-Verfahren B-stabil. In Beispiel 6.31 sahen wir, dass die zugehörige Stabilitätsfunktion identisch mit derjenigen der impliziten Trapezregel ist. Letzteres Verfahren ist aber *nicht B-stabil*. Dazu betrachten wir die skalare Differentialgleichung mit der rechten Seite

$$f(x) = \begin{cases} |x|^3, & x \le 0, \\ -x^2, & x \ge 0, \end{cases}$$

auf $\mathbb{R}$. Man beachte, dass diese rechte Seite stetig differenzierbar ist und als monoton fallende Funktion dissipativ. Man rechnet nun leicht nach, dass für jedes $x \in \mathbb{R}$ der diskrete Fluss $\Psi^\tau x$ der impliziten Trapezregel für alle $\tau \geq 0$ existiert. Wäre die implizite Trapezregel B-stabil, so müsste insbesondere

$$|\Psi^\tau x| \leq |x|, \quad x \in \mathbb{R}, \tau \geq 0,$$

gelten, da $x_* = 0$ Fixpunkt der Differentialgleichung ist. Die spezielle Wahl $x = -2$, $\tau = 36/7$ liefert aber $\Psi^\tau x = 2.5$ und damit einen Widerspruch.

Dieses Beispiel zeigt, dass die Umkehrung von Lemma 6.50 falsch ist und die implizite Mittelpunktsregel im Nichtlinearen stärkere Vererbungseigenschaften besitzt als die implizite Trapezregel.

Bemerkung 6.53. In der Literatur werden seit 1975 Differentialgleichungen mit dissipativer rechter Seite häufig zu *dem* Modell für steife Probleme im nichtlinearen Fall erhoben. Dieser Gepflogenheit haben wir uns aus folgenden Gründen nicht angeschlossen:

- Es ist für allgemeinere nichtlineare Probleme nicht klar, ob ein qualitativ wesentlicher Teilaspekt des dynamischen Systems durch Dissipativität beschrieben wird. Im Gegensatz dazu beschreiben die stabilen Komponenten der Linearisierung für hyperbolische Fixpunkte wesentliche qualitative Aspekte, d. h., das lineare Modell für Steifheit hat weitreichende Bedeutung auch für nichtlineare Systeme (vgl. Bemerkung 6.24).

- Erklärt man Dissipativität zum Standardparadigma im Nichtlinearen, so *muss* man die B-Stabilität eines Verfahrens verlangen. In Aufgabe 6.10 werden wir aber sehen, dass linear-implizite Runge-Kutta-Verfahren *niemals* B-stabil sein können. Da diese Verfahren sich aber in der Praxis als sehr erfolgreich erwiesen haben, ist B-Stabilität wohl ein zu restriktives Konzept.

Bei Anwendungsproblemen, in denen Dissipativität vorliegt und vererbt werden soll, wird man natürlich B-stabile Verfahren wählen.

Die Existenz- und Eindeutigkeitsaussage des Satzes 6.28 über die Lösung des nichtlinearen Gleichungssystems eines impliziten Runge-Kutta-Verfahrens kann für *allgemeine* Differentialgleichungen nicht verschärft werden. Für dissipative Differentialgleichungen gilt jedoch folgendes Ergebnis, welches *keine* Schrittweitenbeschränkung enthält.

Satz 6.54. *Sei* $f \in C^1(\mathbb{R}^d, \mathbb{R}^d)$ *dissipativ. Dann besitzt das nichtlineare Gleichungssystem* (6.5) *eines Gauß- oder Radau-Verfahrens für jede Schrittweite* $\tau \geq 0$ *und jedes* $x \in \mathbb{R}^d$ *eine eindeutige Lösung* $g_1, \ldots, g_s$.

Beweis. Um größeren technischen Aufwand zu vermeiden, führen wir den Beweis nur für die jeweils einfachsten Vertreter der beiden Verfahrensklassen, das implizite EulerVerfahren (Radau) und die implizite Mittelpunktsregel (Gauß). Einen vollständigen

Beweis, welcher allerdings einer anderen Idee folgt, findet der Leser in dem Buch [93].

Wir haben für $\tau \geq 0$ und $x \in \mathbb{R}^d$ zu zeigen, dass die Abbildung

$$F(g) = x + \tau f(g) - g, \quad \text{bzw.} \quad F(g) = x + \tau f\left(\frac{x+g}{2}\right) - g,$$

eine eindeutige Nullstelle $g_* \in \mathbb{R}^d$ besitzt. Aus der Dissipativität von f folgt in beiden Fällen die Abschätzung

$$\langle F(g) - F(\bar{g}), g - \bar{g}\rangle \leq -|g - \bar{g}|^2. \tag{I}$$

Hieraus lässt sich unmittelbar die *Eindeutigkeit* ablesen: Gibt es nämlich zwei Nullstellen $g_*, \bar{g}_*$, so haben wir

$$0 \leq -|g_* - \bar{g}_*|^2$$

und daher $g_* = \bar{g}_*$. Wenden wir uns jetzt der *Existenz* zu. Dazu betrachten wir die Differentialgleichung

$$g' = F(g)$$

auf $\mathbb{R}^d$ mit dem Phasenfluss Φ_F. Aus der *strikten* Dissipativität (I) der rechten Seite F folgt in Verschärfung von Lemma 6.49, dass der Phasenfluss $\Phi_F^t g$ für alle $t \geq 0$ und $g \in \mathbb{R}^d$ existiert und der Abschätzung

$$|\Phi_F^t g - \Phi_F^t \bar{g}| \leq e^{-t} |g - \bar{g}| \tag{II}$$

genügt (Aufgabe 6.6). Insbesondere ist die Abbildung Φ_F^T für ein *fest gewähltes* $T > 0$ eine strikte Kontraktion auf $\mathbb{R}^d$, so dass der Banachsche Fixpunktsatz (Band 1, Satz 4.4) die Existenz eines Punktes $g_* \in \mathbb{R}^d$ mit

$$\Phi_F^T g_* = g_*$$

liefert. Dieser Punkt g_* ist tatsächlich sogar stationärer Punkt des Phasenflusses und damit die gewünschte Nullstelle der Abbildung F,

$$F(g_*) = 0.$$

Denn aus (II) folgt für *alle* $t \geq 0$ die Abschätzung

$$|\Phi_F^t g_* - g_*| = |\Phi_F^{t+T} g_* - \Phi_F^T g_*| \leq e^{-T} |\Phi_F^t g_* - g_*|,$$

welche nur für $\Phi_F^t g_* = g_*$ möglich ist. $\qquad\square$

6.3.4   Erhalt quadratischer erster Integrale

In Abschnitt 6.1.4 diskutierten wir normerhaltende (*isometrische*) lineare Phasenflüsse

$$|\Phi^t x| = |x|, \quad \text{für alle } x \in \mathbb{R}^d, \ t \in \mathbb{R}.$$

Der Satz von Stone 6.18 hatte uns dort gelehrt, dass der Phasenfluss der linearen Differentialgleichung

$$x' = Ax$$

genau dann isometrisch ist, wenn die Matrix A schiefsymmetrisch ist, $A^T = -A$. Dabei transponieren wir bezüglich des Skalarproduktes $\langle \cdot, \cdot \rangle$, welches die Norm $|\cdot|$ erzeugt. Die Sätze 6.21 und 6.44 zeigen, dass für derartige lineare Probleme die Gauß-Verfahren die isometrische Struktur ins Diskrete vererben – eine Eigenschaft, die sich auch auf nichtlineare Probleme ausdehnen lässt, wie wir im vorliegenden Abschnitt zeigen werden.

Wir betrachten hierzu gleich allgemeinere Erhaltungsgrößen $\mathcal{E}$ einer autonomen Differentialgleichung

$$x' = f(x)$$

auf dem Phasenraum Ω_0.

Definition 6.55. Eine Funktion $\mathcal{E} : \Omega_0 \to \mathbb{R}$ heißt *erstes Integral*, wenn

$$\mathcal{E}(\Phi^t x) = \mathcal{E}(x)$$

für alle $x \in \Omega_0$ und alle zulässigen t gilt.

Ein erstes Integral $\mathcal{E}$ lässt sich durch eine einfache Bedingung an f charakterisieren, welche die spezielle Bedingung der Schiefsymmetrie linearer rechter Seiten im Satz von Stone 6.21 verallgemeinert.

Lemma 6.56. *Sei $x' = f(x)$ eine Differentialgleichung auf dem Phasenraum Ω_0 mit lokal Lipschitz-stetiger rechter Seite f. Eine Funktion $\mathcal{E} \in C^1(\Omega_0, \mathbb{R})$ ist genau dann erstes Integral der Differentialgleichung, wenn*

$$\nabla \mathcal{E}(x) \cdot f(x) = 0$$

für alle $x \in \Omega_0$ gilt.

Beweis. Wir betrachten die Abbildung

$$\chi(t) = \mathcal{E}(\Phi^t x).$$

Nun ist $\mathcal{E}$ genau dann erstes Integral, wenn

$$0 = \chi'(t) = \nabla \mathcal{E}(\Phi^t x) \cdot f(\Phi^t x) \tag{I}$$

für alle $x \in \Omega_0$ und alle zulässigen t gilt. Ist die Bedingung des Satzes an f erfüllt, so gilt erst recht (I). Andererseits folgt aus (I) für $t = 0$ die Bedingung an f.   □

Beispiel 6.57. Die Isometrie des Phasenflusses Φ kann äquivalent dadurch ausgedrückt werden, dass die spezielle Funktion

$$\mathcal{E}(x) = \langle x, x \rangle$$

erstes Integral der Differentialgleichung ist. Die Bedingung des Satzes an die rechte Seite f der Differentialgleichung lautet jetzt

$$0 = \nabla \mathcal{E}(x) \cdot f(x) = 2 \langle x, f(x) \rangle \quad \text{für alle } x \in \Omega_0.$$

Für lineares $f(x) = Ax$, $A \in \mathrm{Mat}_d(\mathbb{R})$, heißt dies

$$\langle Ax, x \rangle = 0 \quad \text{für alle } x \in \mathbb{R}^d,$$

was äquivalent zur Schiefsymmetrie von A ist (Aufgabe 6.7). Somit umfasst Lemma 6.56 den Satz von Stone 6.18.

Eine in der Praxis wichtige Klasse erster Integrale sind quadratische Funktionen der Form
$$\mathcal{E} = x^T E x + e^T x + \eta$$

mit $E \in \mathrm{Mat}_d(\mathbb{R})$, $e \in \mathbb{R}^d$, $\eta \in \mathbb{R}$. So ist beispielsweise die Energie mechanischer Systeme in der Regel durch eine quadratische Form ($e = 0$, $\eta = 0$) gegeben. Man beachte, dass die Klasse der quadratischen Funktionen die in Beispiel 6.57 betrachteten Klasse der Skalarprodukte umfasst und erweitert.

Dem Leser dürften die Parallelen des Bisherigen zum vorangehenden Abschnitt nicht entgangen sein. Insofern erstaunt es auch nicht, dass sich mit der gleichen Technik, mit der wir im vorherigen Abschnitt die B-Stabilität nachgewiesen haben, der Erhalt *quadratischer* erster Integrale durch Gauß-Verfahren im Diskreten zeigen lässt.

Satz 6.58. *Die Differentialgleichung $x' = f(x)$ auf dem Phasenraum Ω_0 mit lokal Lipschitz-stetiger rechter Seite f besitze das quadratische erste Integral $\mathcal{E}$. Jedes Gauß-Verfahren erzeugt einen diskreten Phasenfluss Ψ, der $\mathcal{E}$ erhält, d.h.*

$$\mathcal{E}(\Psi^\tau x) = \mathcal{E}(x)$$

für alle $x \in \Omega_0$ und alle zulässigen Schrittweiten τ.

Beweis. Zu $x \in \Omega_0$ existiert für hinreichend kleine Schrittweite $\tau > 0$ das Kollokationspolynom $u \in P_s$, welches

$$u(0) = x, \quad u(\tau) = \Psi^\tau x$$

erfüllt. Da die Funktion $\mathcal{E}$ quadratisch ist, ist

$$q(\theta) = \mathcal{E}(u(\theta\tau))$$

ein Polynom in θ, genauer $q \in P_{2s}$. Der Hauptsatz der Differential- und Integral-rechnung ergibt

$$\mathcal{E}(\Psi^\tau x) = q(1) = q(0) + \int_0^1 q'(\theta)\,d\theta = \mathcal{E}(x) + \int_0^1 q'(\theta)\,d\theta,$$

so dass $\mathcal{E}$ genau dann von Ψ^τ erhalten wird, wenn gilt

$$\int_0^1 q'(\theta)\,d\theta = 0. \tag{I}$$

Um Letzteres nachzuweisen, wenden wir auf das Integral die Gauß-Quadratur an, die ja für das Polynom $q' \in P_{2s-1}$ *exakt* ist:

$$\int_0^1 q'(\theta)\,d\theta = \sum_{j=1}^s b_j q'(c_j). \tag{II}$$

Betrachten wir die Werte $q'(c_j)$ etwas genauer. Aufgrund der Kollokationsbeziehungen

$$u'(c_j \tau) = f(u(c_j \tau)), \quad j = 1, \ldots, s,$$

folgt aus der Beziehung $\nabla\mathcal{E} \cdot f = 0$ für erste Integrale aus Lemma 6.56

$$q'(c_j) = \tau\,\nabla\mathcal{E}(u(c_j \tau)) \cdot u'(c_j \tau)$$

$$= \tau\,\nabla\mathcal{E}(u(c_j \tau)) \cdot f(u(c_j \tau)) = 0$$

für $j = 1, \ldots, s$. Wie gewünscht folgt daher aus (II) die Beziehung (I). $\square$

Zum Erhalt quadratischer erster Integrale sind demnach die Gauß-Verfahren die Methode der Wahl. Entgegen einer immer noch weitverbreiteten Ansicht ist es also nicht nötig, zur Behandlung einer Differentialgleichung mit quadratischer Erhaltungs-größe diese wie in Aufgabe 2.6 als algebraische Nebenbedingung anzukoppeln.

Bemerkung 6.59. Man beachte auch hier die Vorzüge der impliziten Mittelpunktsre-gel (einstufiges Gauß-Verfahren) gegenüber der impliziten Trapezregel: Letztere fällt zwar für lineare Probleme mit ersterer zusammen, erhält aber in der Regel *nicht* die quadratischen ersten Integrale *nichtlinearer* Probleme (Aufgabe 6.8).

Die Gauß-Verfahren besitzen noch wesentlich weiterreichende Erhaltungseigen-schaften: Sie erhalten die *symplektische Geometrie* eines Hamiltonschen Systems. Den interessierten Leser verweisen wir auf die Darstellung in dem Buch [90].

6.4   Linear-implizite Einschrittverfahren

Bei *linearen* Problemen hatten wir zur Vererbung von Stabilität ohne Schrittweiten-beschränkung gebrochen rationale Approximationen der Exponentialfunktion als nö-tig erkannt: Sie führen auf eine implizite Struktur, nämlich die Lösung von *linearen* Gleichungssystemen. Die impliziten Runge-Kutta-Verfahren übertragen die implizite Struktur auf *nichtlineare* steife Anfangswertprobleme, indem sie *nichtlineare* Glei-chungssysteme aufstellen. Die Lösung dieser Gleichungssysteme erfordert die Durch-führung einer vereinfachten Newton-Iteration, d. h. die Lösung einer *Folge* linearer Gleichungssysteme. Andererseits hat uns jedoch die Übertragung unserer Modellvor-stellung von steifen Problemen ins Nichtlineare (Satz 6.23) darauf hingewiesen, dass es eigentlich ausreicht, *nur* den linearen Anteil implizit zu behandeln. Wir könnten al-so die Newton-Iteration vermeiden, ohne uns aus Stabilitätsgründen eine Schrittwei-teneinschränkung einzuhandeln. Diese Einsicht führt geradewegs zur Konstruktion von *linear-impliziten* Einschrittverfahren, denen wir uns im vorliegenden Abschnitt widmen wollen.

6.4.1   Linear-implizite Runge-Kutta-Verfahren

Wie lassen sich nun Runge-Kutta-Verfahren konstruieren, die invariant gegen Lineari-sierung um einen Fixpunkt und implizit im linearen Fall, aber *nicht* implizit im nicht-linearen Fall sind?

Wir beschränken uns der Einfachheit halber auf eine autonome Differentialglei-chung

$$x' = f(x), \quad f \in C^1(\Omega_0, \mathbb{R}^d);$$

für nichtautonome Probleme beachte man Aufgabe 6.12. Die Idee besteht nun darin, zur Berechnung des diskreten Flusses $\Psi^\tau x$ für festes $x \in \Omega_0$ die Differentialglei-chung in der Form

$$x'(t) = J x(t) + (f(x(t)) - J x(t)), \quad J = Df(x),$$

zu schreiben und nur den ersten, *linearen* Summanden implizit zu diskretisieren. Dazu greifen wir erneut die Runge-Kutta-Idee auf, was uns zu diskreten Phasenflüssen der Form

$$\Psi^\tau x = x + \tau \sum_{j=1}^{s} b_j k_j$$

führt mit Stufen

$$k_i = J\left(x + \tau \sum_{j=1}^{i} \beta_{ij} k_j\right) + \left(f\left(x + \tau \sum_{j=1}^{i-1} \alpha_{ij} k_j\right) - J\left(x + \tau \sum_{j=1}^{i-1} \alpha_{ij} k_j\right)\right)$$

für $i = 1, \ldots, s$. Wir haben dabei i (und nicht s) als oberen Summationsindex im ersten Argument von J gewählt, damit sich der diskrete Phasenfluss durch sukzessives Lösen *linearer Gleichungssysteme* berechnen lässt:

(i) $J = Df(x)$,

(ii) $(I - \tau\beta_{ii}J)k_i = \tau \sum_{j=1}^{i-1} (\beta_{ij} - \alpha_{ij})Jk_j + f\left(x + \tau \sum_{j=1}^{i-1} \alpha_{ij}k_j\right)$

$\qquad i = 1, \ldots, s,$

(iii) $\Psi^\tau x = x + \tau \sum_{j=1}^{s} b_j k_j.$

$\hfill (6.21)$

Verfahren dieses Typus nennen wir deshalb s-stufige *linear-implizite* Runge-Kutta-Verfahren.

Bemerkung 6.60. In der Literatur heißen diese Verfahren zu Ehren von H. H. Rosenbrock, der 1963 Verfahren dieses Typs vorgeschlagen hatte, oft auch *Rosenbrock-Verfahren*. Allerdings hatte H. H. Rosenbrock obige Verfahrensklasse speziell für $\beta_{ij} = 0$ vorgeschlagen, der Zusatz stammt von G. Wanner, weshalb diese Verfahren manchmal auch als *Rosenbrock-Wanner-Verfahren*, oder kurz *ROW-Verfahren*, bezeichnet werden.

Die Koeffizienten eines linear-impliziten Runge-Kutta-Verfahrens fassen wir durch Auffüllen mit Nullen in den Matrizen $\mathfrak{A} = (\alpha_{ij})_{i,j=1}^{s}$, $\mathfrak{B} = (\beta_{ij})_{i,j=1}^{s}$ und dem Vektor $b = (b_1, \ldots, b_s)^T$ zusammen. Wählt man

$$\beta_{ii} = \beta, \quad i = 1, \ldots, s,$$

so benötigt man statt der (maximal) s nötigen *LR*-Zerlegungen in Schritt (6.21(ii)) nur eine einzige.

Die *Lösbarkeitsfrage* lässt sich hier wesentlich einfacher beantworten als bei impliziten Runge-Kutta-Verfahren.

Lemma 6.61. *Sei $\beta \geq 0$ und $J \in \mathrm{Mat}_d(\mathbb{R})$. Die Matrix $I - \tau\beta J$ ist für $0 \leq \tau < \tau_*$ invertierbar, wobei τ_* in folgender Weise von der Spektralabszisse $\nu(J)$ abhängt:*

$$\tau_* = \infty \quad \text{für } \nu(J) \leq 0, \qquad \tau_* = 1/\beta\nu(J) \quad \text{für } \nu(J) > 0.$$

Besitzt die Matrix J keine reellen Eigenwerte, so kann grundsätzlich $\tau_* = \infty$ gewählt werden.

Beweis. Sei $\lambda \in \sigma(J)$ und $0 \leq \tau < \tau_*$. Wir müssen nach Satz 3.42 zeigen, dass $1 - \tau\beta\lambda \neq 0$ ist. Für $\mathrm{Re}\,\lambda \leq 0$ ist grundsätzlich

$$\mathrm{Re}(1 - \tau\beta\lambda) = 1 - \tau\beta \cdot \mathrm{Re}\,\lambda \geq 1.$$

Im Fall $0 < \operatorname{Re} \lambda \le \nu(J)$ hingegen gilt

$$\operatorname{Re}(1 - \tau\beta\lambda) \ge 1 - \tau\beta\nu(J) > 0.$$

Die letzte Behauptung folgt sofort aus der Tatsache, dass $1 - \tau\beta\lambda$ nur die reelle Nullstelle $1/\tau\beta$ besitzt.   □

Abgesehen von dieser Einschränkung an τ unterliegt die Frage der Existenz des Ausdruckes $\Psi^\tau x$ genau der gleichen Bedingung wie bei expliziten Verfahren: Wir dürfen mit

$$x + \tau \sum_{j=1}^{i-1} \alpha_{ij} k_j$$

nicht aus dem Phasenraum Ω_0 (Definitionsbereich von f) fallen.

Insbesondere erfährt ein linear-implizites Runge-Kutta-Verfahren mit Koeffizienten

$$\beta_{ii} \ge 0, \quad i = 1, \dots, s,$$

für die *Lösbarkeit* der linearen Gleichungssysteme (6.21(ii)) *keine* Schrittweitenbeschränkung durch Eigenwerte mit nichtpositivem Realteil, d. h. durch die „steifen" (stabilen) Komponenten.

Für autonome *lineare* Probleme ist das linear-implizite Runge-Kutta-Verfahren $(b, \mathfrak{A}, \mathfrak{B})$ offensichtlich äquivalent zum impliziten Runge-Kutta-Verfahren $(b, \mathfrak{B})$. Daher ist die Stabilitätsfunktion R des linear-impliziten Verfahrens nach Lemma 6.30 durch

$$R(z) = 1 + z b^T (I - z\mathfrak{B})^{-1} e \tag{6.22}$$

gegeben.

Die zur Konstruktion von linear-impliziten Verfahren der Ordnung p nötigen Bedingungsgleichungen an die Koeffizienten können unter leichten Modifikationen mit der in Abschnitt 4.2.3 vorgestellten Technik der Wurzelbäume ermittelt werden. Es stellt sich dabei insbesondere heraus, dass ihre *Anzahl* die gleiche wie bei impliziten Runge-Kutta-Verfahren ist, Tabelle 4.4 behält also ihre Gültigkeit. Für $p = 1$ lautet die Bedingung wie gewöhnlich

$$\sum_{i=1}^{s} b_i = 1.$$

Dies folgt beispielsweise aus (6.22), der Leser möge sich überlegen warum.

Beispiel 6.62. Das in Beispiel 6.26 motivierte linear-implizite Euler-Verfahren lässt sich mit $J = Df(x)$ in die Form

$$\text{(i)} \ (I - \tau J) k_1 = f(x),$$

$$\text{(ii)} \ \Psi^\tau x = x + \tau k_1$$

bringen. Es handelt sich also um ein *einstufiges* linear-implizites Runge-Kutta-Verfahren mit den Koeffizienten

$$b_1 = 1, \quad \beta_{11} = 1, \quad \alpha_{11} = 0.$$

Es besitzt daher für $f \in C^1(\Omega_0, \mathbb{R}^d)$ die Konsistenzordnung $p = 1$ und die Stabilitätsfunktion des impliziten Euler-Verfahrens.

P. Kaps und A. Ostermann [108] konstruierten eingebettete linear-implizite Runge-Kutta-Verfahren mit $|R(\infty)| = |\hat{R}(\infty)| = 0$, wobei $\hat{R}$ die Stabilitätsfunktion des durch die Einbettung erzeugten Vergleichsverfahrens zur Schrittweitensteuerung ist. Eingebettete linear-implizite Verfahren sind bis auf die Auswertung der Jacobimatrix und die nötige lineare Algebra ebenso einfach zu implementieren wie die eingebetteten expliziten Runge-Kutta-Verfahren des Abschnittes 5.4. Dieser Umstand macht einen gut Teil ihrer Attraktivität aus.

Methoden mit inexakter Jacobimatrix. Die Aufstellung der Bedingungsgleichungen für die Konsistenzordnung p eines linear-impliziten Runge-Kutta-Verfahrens macht regen Gebrauch von dem Umstand $J = Df(x)$, handelt es sich doch um das Abgleichen von Koeffizienten zweier Taylorentwicklungen von Ausdrücken in f. Die Jacobimatrix enthält aber in der Regel mehr Information, als für die Vererbung von Stabilität nötig ist. So spielen beispielsweise die Eigenwerte mit positivem Realteil in der Nähe eines Fixpunktes (instabile Komponenten) keine Rolle für die Qualität der Diskretisierung. Man kann sich daher aus Stabilitätsgründen oft mit gezielten Approximationen $J \approx Df(x)$ zufrieden geben, die eventuell *billiger* zu berechnen sind. Hierzu gehört beispielsweise das *Einfrieren* von J über mehrere Schritte, d. h., dass die Jacobimatrix nur sporadisch neu berechnet wird.

Um in solchen Fällen für $f \in C^p(\Omega_0, \mathbb{R}^d)$ die Konsistenzordnung p des linear-impliziten Verfahrens zu bewahren, müssen die Bedingungsgleichungen so aufgestellt werden, dass eine *beliebige* Matrix $J \in \mathrm{Mat}_d(\mathbb{R})$ akzeptiert wird. Auf solche Art konstruierte Verfahren wurden 1979 von T. Steihaug und A. Wolfbrandt studiert. Da sie die inexakte Jacobimatrix mit W bezeichneten, werden diese Verfahren in der Literatur auch oft *W-Methoden* genannt werden.

Die Bedingungsgleichungen werden mittels einer nichttrivialen Modifikation der Wurzelbaumtechnik ermittelt. So viel sei gesagt, dass zwei Arten von Knoten eingeführt werden müssen: „fette" und „magere".... Da hierbei die „Unterstützung" der Jacobimatrix beim Aufstellen der Bedingungsgleichungen entfällt und diese zusätzlich sogar mit einem Bestandteil von Willkür (der Wahl von J) fertig werden müssen, verwundert es nicht weiter, dass die Anzahl der Bedingungsgleichungen (Tabelle 6.8) bei W-Methoden sehr viel schneller in p wächst als die entsprechende Anzahl bei (linear-impliziten) Runge-Kutta-Verfahren. Die Entwicklung einer effizienten W-Methode für steife Anfangswertprobleme erfordert dementsprechend einen vielfachen

p	1	2	3	4	5	6	7	8
N_p (W-Methoden)	1	3	8	21	58	166	498	1540
N_p (Runge-Kutta-Verfahren)	1	2	4	8	17	37	85	200

Tabelle 6.8. Anzahl der Bedingungsgleichungen N_p für W-Methoden

Aufwand verglichen mit dem schon beträchtlichen Aufwand, den etwa J. R. Dormand und P. J. Prince in die Entwicklung effizienter expliziter Runge-Kutta-Verfahren für nichtsteife Anfangswertprobleme investiert haben. Die Sisyphusarbeit der Konstruktion von W-Methoden höherer Ordnung *von Hand* hat daher bisher niemand ernstlich übernommen.

Wir werden im folgenden Abschnitt eine methodische Alternative kennenlernen, wie wir W-Methoden variabler Ordnung aus einer einfachen linear-impliziten Diskretisierung *automatisch* aufbauen können.

6.4.2   Linear-implizite Extrapolationsverfahren

Unabhängig von der Entwicklung linear-impliziter Runge-Kutta-Verfahren wurde von P. Deuflhard seit 1975 versucht, *Extrapolationsverfahren* für steife Anfangswertprobleme zu konstruieren. Wie bei unserer Herleitung der linear-impliziten Runge-Kutta-Verfahren war auch hier der Ausgangspunkt die Idee, die Differentialgleichung $x' = f(x)$ umzuschreiben in die äquivalente Form

$$x'(t) - Jx(t) = f(x(t)) - Jx(t), \quad J \approx Df(x).$$

Linear-implizite Mittelpunktsregel.   Aus der Erfahrung mit expliziten Extrapolationsverfahren richtete sich das Augenmerk zunächst auf die Konstruktion eines Verfahrens mit asymptotischer τ^2-Entwicklung. Als Erweiterung der expliziten Mittelpunktsregel (vgl. Abschnitt 4.3.3) wurde von G. Bader und P. Deuflhard [10] die *linear-implizite Mittelpunktsregel* (ursprünglich: *semi-implizite Mittelpunktsregel*) angegeben wie folgt:

$$(I - \tau J)\, x_\tau(t + \tau) - (I + \tau J)\, x_\tau(t - \tau) = 2\tau \left(f(x_\tau(t)) - Jx_\tau(t) \right). \qquad (6.23)$$

Aus der Theorie der asymptotischen Entwicklung des Diskretisierungsfehlers ergab sich (mit Hilfe des Stetterschen Beweistricks) der *Startschritt*

$$\begin{aligned}
x_\tau(\tau) &= (I - \tau J)^{-1} \left(x_0 + \tau(f(x_0) - Jx_0) \right) \\
&= x_0 + \tau(I - \tau J)^{-1} f(x_0),
\end{aligned} \qquad (6.24)$$

also ein linear-impliziter Euler-Schritt (vgl. Beispiel 6.62). Ein geeigneter *Schluss-schritt* wurde von G. Bader 1977 auf Basis der *linearen Stabilitätsanalyse* gefunden, d. h. durch Analyse der Diskretisierung an Hand des Modellproblems $x' = \lambda x$, $x(0) = 1$. Sei $R_j(z)$ für $z = \tau\lambda \in \mathbb{C}$ das Resultat nach j Schritten. Im Grenzfall $z \to -\infty$ ergibt sich daraus, wie eine kurze Rechnung zeigt (vgl. Aufgabe 6.17),

$$R_{2m}(z) \to (-1)^m, \quad R_{2m-1} \sim (-1)^{m-1}\frac{1}{z} \to 0. \tag{6.25}$$

Zur Unterdrückung dieser unerwünschten Oszillationen definiert man (für einen Endpunkt $T = 2m\tau$):

$$x_\tau^*(T) = \frac{1}{2}\big(x_\tau(T + \tau) + x_\tau(T - \tau)\big). \tag{6.26}$$

Die zugehörige Stabilitätsfunktion R_{2m}^* liefert für $z \to -\infty$

$$R_{2m}^*(z) \sim \frac{(-1)^{m-1}}{z^2} \to 0,$$

also eine Glättung. Durch die Vorzeichenfestlegung

$$(-1)^{m-1} = 1$$

sowie durch die heuristische Einschränkung $n_j/n_{j+1} \le \alpha = 5/7$ lässt sich der Algorithmus weiter verbessern, woraus sich schließlich die Unterteilungsfolge

$$\mathcal{F}_\alpha = \{2, 6, 10, 14, 22, 34, 50, \dots\}$$

ergibt. Das so definierte Verfahren ist $L(\alpha)$-stabil mit $\alpha > 86°$ bis zur siebten Extrapolationsspalte, vgl. [51, 93].

Implementierungen dieser Diskretisierung, mit *Ordnungs- und Schrittweitensteuerung*, finden sich in den Programmen METAN1 von G. Bader und P. Deuflhard [10] sowie SODEX von E. Hairer und G. Wanner [93]. Allerdings eignet sich das Verfahren *nicht für differentiell-algebraische* Probleme: Nach Analyse (6.25) entarten die Zwischenschritte im DAE-Fall, der sich ja als Fall „unendlich steifer" gewöhnliche Differentialgleichungsprobleme auffassen lässt. Als Konsequenz davon ist das Verfahren nicht ausreichend robust in harten Anwendungsproblemen, weshalb wir es hier auch nicht weiter betrachten wollen.

Linear-implizites Euler-Verfahren. Als geeigneterer Kandidat zur Extrapolation empfiehlt sich das linear-implizite Euler-Verfahren aus Beispiel 6.62. Hier können wir natürlich nur eine asymptotische τ-Entwicklung erwarten. Es besitzt die gleiche lineare Stabilitätsfunktion wie das implizite Euler-Verfahren, so dass insbesondere $R(\infty) = 0$ für alle Zwischenschritte gesichert ist. Wir wollen dieses Verfahren nun in geeigneter Weise modifizieren, um DAE-Probleme mit Differentiationsindex $\nu_D \le 1$

behandeln zu können. Dabei beschränken wir uns wie in Abschnitt 2.6 auf quasilineare Probleme:

$$B(x)x' = f(x), \quad x(0) = x_0.$$

Mit dem orthogonalen Projektor $P(x) = B(x)B(x)^+$ lautet die versteckte algebraische Gleichung

$$P^\perp(x)f(x) = 0.$$

Wir nehmen *konsistente* Anfangswerte x_0 an, für die demnach gilt:

$$P^\perp(x_0)f(x_0) = 0.$$

Die Grundidee für das modifizierte linear-implizite Euler-Verfahren ist wiederum die äquivalente Umformung

$$B(x)x' - Jx = f(x) - Jx, \quad x(0) = x_0,$$

wobei mit Blick auf Abschnitt 2.6 die spezielle Wahl

$$J = Df(x_0) - \Gamma(x_0, x_0') \tag{6.27}$$

oder eine Approximation davon angezeigt erscheint. Die Modifikation lautet jetzt

$$\big(B(x_\tau(t)) - \tau J\big)\big(x_\tau(t+\tau) - x_\tau(t)\big) = \tau f\big(x_\tau(t)\big). \tag{6.28}$$

Sie wurde 1987 von P. Deuflhard und U. Nowak [59] angegeben. Da die Matrix J keiner Einschränkung unterliegt, liegt eine W-Methode vor.

Numerische Realisierung. Wir beginnen mit einer Diskussion der Gleichung (6.28) und klären zunächst, unter welchen Bedingungen das lineare Gleichungssystem eine Lösung besitzt. Hier helfen uns die Vorüberlegungen des Abschnittes 2.6, speziell die Aussage des Lemmas 2.33: Unter der Voraussetzung, dass der Rang der Matrix B in Ω_0 konstant ist und die für den Differentiationsindex $\nu_D = 1$ nötige Rangbedingung in Ω_0 stets erfüllt ist, ist das Matrizenbüschel

$$\{B(x) - \tau\big(Df(x) - \Gamma(x, x_0')\big)\}$$

regulär für alle Argumente $x \in \Omega_0$ und für beliebige Wahl des Vektors w. Nun wird das Gleichungssystem (6.28) mit der Wahl (6.27) im Folgenden die *inneren* Schritte eines Extrapolationsverfahrens beschrieben. Insbesondere wird x_0 den Startwert des aktuellen äußeren Schrittes (Grundschrittes) darstellen. Aus der Regularität des Matrizenbüschels für $x_\tau(t) = x_0$ folgt daher, dass das Gleichungssystem für hinreichend kleine *äußere* Schrittweiten lösbar ist: Denn für solche äußeren Schrittweiten sind sowohl die inneren Schrittweiten (hier τ) als auch die Störungen $x_\tau(t) - x_0$ hinreichend klein.

Wenn wir aus Kostengründen nicht in jedem Schritt eine *LR*-Zerlegung der Matrix

$$B(x) - \tau\big(Df(x_0) - \Gamma(x_0, x_0')\big)$$

vornehmen können, werden wir so lange wie möglich die vorhandene Zerlegung

$$(B(x_0) - \tau\big(Df(x_0) - \Gamma(x_0, x_0')\big) = LR$$

benutzen. Mit ihrer Hilfe kann das Gleichungssystem (6.28) über die folgende *Fixpunktiteration* gelöst werden:

(i) $LR\Delta x_\tau^0 = f(x_\tau(t))$,

(ii) $x_\tau^0(t + \tau) = x_\tau(t) + \tau\Delta x_\tau^0$,

(iii) $\Delta B = B(x_0) - B(x_\tau(t))$,

(iv) $\begin{cases} LR\Delta x_\tau^{i+1} = \Delta B \Delta x_\tau^i, \\ x_\tau^{i+1}(t + \tau) = x_\tau^i(t + \tau) + \tau\Delta x_\tau^{i+1} \end{cases}$ für $i = 0, 1, \ldots$.

(6.29)

Als Wert $x_\tau(t + \tau)$ wird die letzte Iterierte der Fixpunktiteration genommen. Diese Fixpunktiteration konvergiert nach Band 1, Satz 8.1, wenn gilt:

$$\rho\big((B(x_0) - \tau J)^{-1}(B(x_0) - B(x_\tau(t)))\big) < 1.$$

Diese Bedingung ist für hinreichend kleine äußere Schrittweiten des Extrapolationsverfahrens erfüllbar. Eine effiziente Implementierung wird noch etwas detaillierter mit der Konvergenz dieser Iteration umgehen und den Aufwand in Abhängigkeit von der verlangten Genauigkeit sorgfältig abschätzen – siehe [59]. Andernfalls wird eine *direkte* Zerlegung der Matrizen $B(x) - \tau J$ ausgeführt, natürlich mit Pivotstrategie, um die Regularität der Matrix auch tatsächlich zu überprüfen.

Nachdem wir nun erklärt haben, wie wir uns die Lösung der auftretenden Gleichungssysteme vorstellen, können wir analog zum Algorithmus 4.45 für die extrapolierte explizite Mittelpunktsregel nun das extrapolierte linear-implizite Euler-Verfahren wie folgt schreiben:

Algorithmus 6.63. Es sei $J \in \mathrm{Mat}_d(\mathbb{R})$ gegeben. Der Wert $\Psi_k^\tau x$ des extrapolierten *linear-impliziten Euler-Verfahrens* wird für die feste Unterteilungsfolge $\mathcal{F} = \{n_1, n_2, \ldots\}$ rekursiv berechnet durch:

(i) Für $\nu = 1, \ldots, k + 1$ bestimme mit $x_\nu(0) = x$ rekursiv

(a) $\big(B(x_\nu(t_j^\nu)) - \sigma_\nu J\big)\Delta x_j^\nu = f\big(x_\nu(t_j^\nu)\big)$,

(b) $x_\nu(t_{j+1}^\nu) = x_\nu(t_j^\nu) + \sigma_\nu\Delta x_j^\nu$

mit $j = 0, \ldots, n_\nu - 1$, wobei $t_j^\nu = j\sigma_\nu$ mit $\sigma_\nu = \tau/n_\nu$ ist.

(ii) Setze

$$X_{\nu 1} = x_\nu(t + \tau) \quad \text{für } \nu = 1, \ldots, k + 1.$$

(iii) Berechne für $\nu = 2, \ldots, k + 1$

$$X_{\nu,\mu+1} = X_{\nu,\mu} + \frac{X_{\nu,\mu} - X_{\nu-1,\mu}}{(n_\nu/n_{\nu-\mu}) - 1} \quad \text{für } \mu = 1, \ldots, \nu - 1.$$

(iv) Setze

$$\Psi_k^\tau x = X_{k+1,k+1}.$$

In obiger Diskretisierung haben wir stillschweigend angenommen, dass wir die Matrix $J = Df(x_0) - \Gamma(x_0, x_0')$ tatsächlich auswerten können. Leider ist in den meisten Anwendungsproblemen der Wert $x_0' = B(x_0)^+ f(x_0)$ nicht gegeben; dies würde die Lösung unterbestimmten linearen Ausgleichsproblems erfordern. Deshalb werden wir also im *ersten* Integrationsschritt, in der Situation völliger Unkenntnis von x_0', mit Blick auf Satz 2.31 einfach die Wahl $\Gamma = 0$ treffen. Ab dem *zweiten* Integrationsschritt können wir uns eine Näherung für x_0' aus dem vorhergehenden Integrationsschritt beschaffen, indem wir die Struktur des Extrapolationsverfahrens nochmals nützen. Dies geschieht nach [59] durch τ-Extrapolation der „rechtsbündigen" dividierten Differenzen

$$[t, t - \tau]x_\tau = \frac{x_\tau(t) - x_\tau(t - \tau)}{\tau},$$

die sich auf bequeme Weise im Laufe der Rechnung ergeben. Somit liegt nach Abschluss des ersten Integrationsschrittes eine brauchbare Approximation für $x'(T)$ vor, die im nächsten Schritt als Näherung für x_0' verwendet werden kann.

Lineare Stabilitätsanalyse. Für die *harmonische* Unterteilungsfolge

$$\mathcal{F}_H = \{1, 2, 3, \ldots\}$$

besitzt die Stabilitätsfunktion $R_{\nu\mu}$ des Verfahrens, welches die Position (ν, μ) des Extrapolationstableaus beschreibt, für $z \to \infty$ die Eigenschaft:

$$|R_{\nu\mu}(z)| \sim \frac{1}{|z|^{\nu-\mu+1}} \to 0.$$

Dabei sind die $R_{\nu,1}$ und $R_{\nu,2}$ sogar L-stabil, ansonsten gilt für $3 \le \mu \le \nu \le 7$, dass $R_{\nu\mu}$ wenigstens

$$L(89.77°)\text{-stabil}$$

ist.

Asymptotische Entwicklung. Wir haben bisher die Frage der Existenz einer asymptotischen Entwicklung zurückgestellt, und das aus gutem Grund: Im differentiell-algebraischen Fall, selbst im hier behandelten einfacheren Fall mit Differentiationsindex $\nu_D = 1$, ist die Situation nämlich wesentlich komplizierter als für $\nu_D = 0$. Für den Spezialfall $B(x) = B$ sind die ersten Untersuchungen in [55] veröffentlicht, für den allgemeinen quasilinearen Fall mit lösungsabhängigem $B(x)$ wurde diese Frage von Ch. Lubich [123] geklärt. Wir wollen hier nicht auf die Details seiner Herleitung eingehen, sondern lediglich die Struktur herausarbeiten. Im Unterschied zu expliziten Differentialgleichungen, oder äquivalent zum Differentiationsindex $\nu_D = 0$, existieren bei differentiell-algebraischen Problemen im Allgemeinen nur *gestörte asymptotische Entwicklungen* der Form

$$x_\tau(t_j) = x(t_j) + e_0(t_j)\tau + \big(e_1(t_j) + \varepsilon_j^1\big)\tau^2 + \cdots + \big(e_k(t_j) + \varepsilon_j^k\big)\tau^{k+1} + \cdots . \quad (6.30)$$

Hierbei hängen die Werte ε_j^ℓ im Unterschied zu $e_\ell(t_j)$ nicht vom Zeitpunkt t_j, sondern von seinem *Index j* im Gitter ab. Anders ausgedrückt besitzt möglicherweise jeder Gitterpunkt eine andere asymptotische Entwicklung im Sinne des Abschnittes 4.3.2. Im Prozess der Extrapolation lassen sich die Koeffizientenfunktionen e_ℓ sukzessive *eliminieren*, während die Störungen ε_j^ℓ lediglich sukzessive *gedämpft* werden. Analytischer Grund für das Auftreten der Störungen ist die Tatsache, dass der Konsistenzfehler

$$\big(B(x(t)) - \tau J\big)\big(x(t+\tau) - x(t)\big) - \tau f(x(t)) = d_0(t)\tau^2 + d_1(t)\tau^3 + \cdots$$

Anteile besitzt, welche mit den versteckten algebraischen Bedingungen inkonsistent sind. Dabei spielt der erste Term in der Entwicklung (6.30) eine Sonderrolle, da hier keine Störung auftritt ($\varepsilon_j^0 = 0$). In der Tat liefert eine kurze Zwischenrechnung

$$d_0(t) = -Jx'(t) + \frac{1}{2}B(x(t))x''(t),$$

woraus wir durch Einsetzen von

$$B(x)x'' = \big(Df(x) - \Gamma(x, x')\big)x'$$

und $J = Df(x_0) - \Gamma(x_0, x_0')$ an der Stelle $t = 0$ erhalten:

$$d_0(0) = -\frac{1}{2}B(x_0)x_0''.$$

Der erste Term in der Entwicklung des Konsistenzfehlers genügt der Beziehung

$$P^\perp(x_0)d_0(0) = 0,$$

ist also interpretierbar als *konsistente* Störung. Für $k > 0$ gilt jedoch im Allgemeinen die Beziehung

$$P^\perp(x_0)d_k(0) \neq 0,$$

was das Auftreten der entsprechenden Störungen in der Entwicklung des Diskretisierungsfehlers bewirkt. Falls die Matrix J nicht durch (6.27) gegeben ist, entsteht auch für $k = 0$ ein nichtkonsistenter Anteil, welcher eine Störung $\varepsilon_j^0 \neq 0$ erzeugt. Im Fall $v_D = 0$, in welchem keine algebraischen Bedingungen stecken, wissen
wir aus Abschnitt 4.3.2, dass sämtliche Störungen ε_j^ℓ verschwinden. Im differentiell-
algebraischen Fall $v_D = 1$ besitzen die Störungen eine gewisse Struktur, die wir hier
lediglich aus der Arbeit [123] zitieren wollen: Man erhält

$$\varepsilon_j^k = 0, \quad j \geq k \geq 1, \tag{6.31}$$

sowie im Fall, dass das Bild $R(B(x))$ der Matrix konstant ist, darüber hinaus

$$\varepsilon_j^1 = 0, \quad j \geq 1; \qquad \varepsilon_j^k = 0, \quad j \geq k - 1 \geq 1.$$

Für die harmonische Unterteilungsfolge $\mathcal{F}_H$ gilt $n_1 = 1$, woraus folgt, dass die Störung ε_j^1 am rechten Zeitpunkt $t + \tau$ des Extrapolationsschrittes verschwindet. Hierbei
bezeichnet τ wieder die Schrittweite für den diskreten Phasenfluss Ψ_k. Die gestörte
asymptotische Entwicklung wird *schlimmstenfalls* innerhalb der adaptiven Extrapolation zu einem *Ordnungsabfall* führen, *bestenfalls* hingegen keinerlei Auswirkung
haben – in Abhängigkeit vom Beispiel und von der verlangten Genauigkeit.

Indexmonitor. Aus [55] beziehen wir die Einsicht, dass für den ersten Eulerschritt
bei konsistenten Anfangswerten gilt:

$$x_\tau(\tau) - x_0 \approx C\tau^{2-v_D}.$$

Diese Beziehung lässt sich innerhalb eines Extrapolationsverfahrens besonders einfach rekursiv kontrollieren, indem man die unbekannte Konstante C durch Wiederholung mit unterschiedlicher innerer Schrittweite eliminiert. Auf diese Weise lässt sich
die führende Fehlerordnung in τ experimentell studieren und somit der lokale Differentiationsindex schätzen. Für $v_D = 0$ ergibt sich das $O(\tau^2)$-Resultat, welches die
Konsistenzordnung $p = 1$ des linear-impliziten Euler-Verfahrens widerspiegelt. Für
$v_D = 1$ und konsistente Anfangswerte x_0 erhält man $O(\tau)$, während für inkonsistente
Anfangswerte oder höheren Differentiationsindex ein Verhalten mit $O(1)$ oder sogar
mit *negativen* τ-Potenzen zu beobachten ist. Somit kontrolliert der Algorithmus seine
eigenen Anwendbarkeitsgrenzen.

Eine Implementierung entlang der hier dargestellten Linien findet sich in dem Programm LIMEX (mnemotechnisch für: *Linear-IMp*liziertes *E*uler-Verfahren mit *EXtrapolation*) von P. Deuflhard und U. Nowak [59]. Die Ordnungs- und Schrittweitensteuerung wird auf den bestmöglichen Fall *ohne Ordnungsabfall* eingestellt – was
durch die regelungstechnische Interpretation von Abschnitt 5.2 gerechtfertigt ist: Sie
stellt sicher, dass diese Schrittweitensteuerung auch bei tatsächlich auftretendem Ordnungsabfall funktioniert, weil in eben diesem Fall die Stabilitätsbedingung (5.12) für

den I-Regler erfüllt ist. Diese Robustheit der Schrittweitensteuerung war längst experimentell beobachtet worden, ist jedoch erst im Licht der regelungstechnischen Sichtweise verständlich. Somit können Schrittweite und Ordnung ähnlich gesteuert werden, wie wir es zum Schluss des Abschnittes 5.1 für die extrapolierte explizite Mittelpunktsregel beschrieben haben (wobei wir natürlich die τ^2-Entwicklung durch eine τ-Entwicklung ersetzen). Lediglich müssen die Aufwandszahlen noch zusätzlich die benötigte Anzahl an *LR*-Zerlegungen sowie an Vorwärts-Rückwärtssubstitutionen berücksichtigen. Für die Anwendung der Shannonschen Informationstheorie (vergleiche Band 1, Abschnitt 9.5) zählt hingegen nach wie vor die Anzahl der f-Aufrufe. Dieses Verfahren hat sich in zahlreichen interessanten technischen Anwendungen äußerst bewährt – zum Beispiel in Kombination mit einer Linienmethode bei partiellen Differentialgleichungen, etwa in der chemischen Verfahrenstechnik [61].

Bemerkung 6.64. Eine alternative Implementierung der extrapolierten linear-impliziten Eulerdiskretisierung ist das Programm SEULEX von E. Hairer und G. Wanner [93], das sich in einer Reihe von Details von LIMEX unterscheidet. Es realisiert eine leichte Modifikation des oben dargestellten Vorgehens: So wird etwa die Fixpunktiteration (6.29) nach der ersten Iterierten abgebrochen. Damit lässt sich die Anzahl an Berechnungen der Matrix $B(x_\tau)$ reduzieren – für den Preis eines etwas schlechteren Konvergenzverhaltens (vergleichende Konvergenzuntersuchungen für beide Diskretisierungen finden sich in [123]). Als Kompensation startet SEULEX die Unterteilung mit $n_1 = 2$, womit nach (6.31) zusätzlich noch $\varepsilon_j^2 = 0$ am rechten Rand $t + \tau$ gilt; diese Wahl schiebt also die Störungen der asymptotischen Entwicklung um eine Ordnung in τ weiter. Die Ordnungs- und Schrittweitensteuerung orientiert sich wiederum am Muster für die nichtsteifen Integratoren wie etwa ODEX, leitet allerdings aus der Konvergenztheorie *Ordnungsschranken* für das Extrapolationsverfahren ab.

Dynamische Ausdünnung von Jacobimatrizen. Das linear-implizite Euler-Verfahren mit Extrapolation stellt als W-Methode für *jede* Wahl der Matrix J ein wohldefiniertes Einschrittverfahren dar. Diese Einsicht gestattet speziell bei *sehr großen* Systemen Manipulationen an der Jacobimatrix, die eine spürbare Reduktion der Rechenzeiten bzw. des Speicherplatzes zum Ziel haben. Vergleichbare Manipulationen an *impliziten* Diskretisierungsverfahren (wie etwa den impliziten Runge-Kutta-Verfahren von Abschnitt 6.3 oder den impliziten Mehrschrittverfahren vom BDF-Typ in Abschnitt 7.3.2) beeinflussen zugleich die Konvergenz der Iterationsverfahren für die *nichtlinearen* Gleichungssysteme und reduzieren so die Robustheit der Verfahren. Eine besonders einfache Methode zur systematischen zeitabhängigen Ausdünnung (engl. *dynamic sparsing*) wurde von U. Nowak in [134] angegeben: Sie benutzt eine durch die lineare Stabilitätstheorie motivierte Heuristik. Bezeichnen wir mit J_{ik} die Komponenten der approximierten, *skalierten* Jacobimatrix J, so werden diese Elemente zu null gesetzt, falls sie der Bedingung

$$|J_{ik}| \le \frac{\rho}{\tau}, \quad \rho < 1,$$

genügen; der Einzelprozess (i, k) wird auf diese Weise *explizit* diskretisiert. Natürlich setzt ein solches Vorgehen voraus, dass das linear-implizite Verfahren für $J = 0$ ebenfalls ein wohldefiniertes Verfahren ist – hier also gerade das extrapolierte explizite Eulerverfahren. Durch diese Heuristik wird zwar nicht die Berechnung der Elemente J_{ik} eingespart, wohl aber die in den linearen Gleichungssystemen auftretenden Matrizen *ausgedünnt*, was in Kombination mit einem direkten Sparse-Löser für lineare Gleichungssysteme zu spürbaren Rechenzeitgewinnen führen kann. Die Methode ist besonders wirkungsvoll in der transienten Phase von steifen Anfangswertproblemen, während in der Nähe des Fixpunktes keine allzu großen Gewinne zu erwarten sein werden. Zur Illustration des Effektes geben wir ein Beispiel aus der *Epidemiologie*.

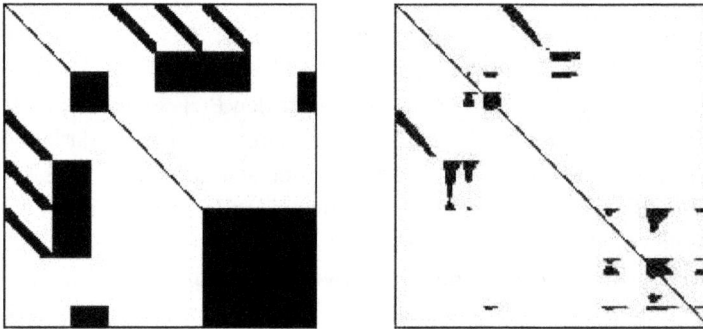

Abbildung 6.5. Effekt der dynamischen Ausdünnung von Jacobimatrizen (AIDS-Modell)

Beispiel 6.65. Die Ausbreitung der Immunschwächekrankheit AIDS ist für unsere Gesellschaft ein drängendes Problem, Prognoserechnungen auf der Basis seriöser mathematischer Modelle eine konkrete Aufgabe. Modellüberlegungen der gleichen Art wie für die Reaktionskinetik (vgl. Abschnitt 1.3) führen in diesem Problem zu ähnlich gebauten Differentialgleichungen, wenn auch mit einer Reihe von Zusatzbedingungen. Die Beschaffung und Bewertung der Eingabeparameter solcher Modelle ist darüber hinaus ein zentral wichtiges und äußerst schwieriges Unterfangen. Ein seriöses Differentialgleichungsmodell muss nicht nur die verschiedenen soziologischen Zielgruppen und die unterschiedlichen Infektionsstadien enthalten, sondern auch die Altersstruktur und die Gewohnheitsstruktur der Bevölkerung. Aus diesem Grund kam eine Modellstudie [60] aus dem Jahr 1991 schließlich auf ein System von gewöhnlichen Differentialgleichungen der Dimension $d = 1650$. In Abbildung 6.5 ist eine typische Jacobimatrix zu einem Zwischenzeitpunkt der Simulation angegeben: links das Muster der Nichtnullelemente in der Jacobimatrix, rechts das entsprechende Muster nach der Ausdünnung mit Hilfe der Nowakschen Heuristik. Allein durch diese Ausdünnungsmethode ergaben sich Rechenzeitgewinne in der Größenordnung von einem Faktor 10. Erst damit ließen sich im konkreten Fall die dringend notwendigen Sensitivitätsstudien zu nicht zugänglichen Parametern in vertretbaren Rechenzeiten durchführen.

Linienmethode für zeitabhängige partielle Differentialgleichungen. Die numerische Lösung von *Anfangsrandwertproblemen* für zeitabhängige partielle Differentialgleichungen verlangt eine Diskretisierung bezüglich Raum und Zeit. Diskretisiert man die *Zeit zuerst*, so erhält man Randwertprobleme für gewöhnliche oder partielle Differentialgleichungen, je nach Dimension der Raumvariablen. Dieses Vorgehen heißt *Rothe-Methode*. Es gestattet eine einfache Kombination mit adaptiven Mehrgittermethoden für partielle Randwertprobleme, geht aber theoretisch weit über den gesteckten Rahmen dieses Buches hinaus. Deshalb wollen wir es nicht weiter vertiefen, sondern verweisen interessierte Leser auf die Spezialliteratur [21, 119]. Diskretisiert man den *Raum zuerst*, so erhält man ein großes blockstrukturiertes System gewöhnlicher Differentialgleichungen. Dieses algorithmische Vorgehen heißt *Linienmethode* (engl. *method of lines*). Sowohl für die Linienmethode als auch für die Rothe-Methode spielen linear-implizite Einschrittverfahren mit *inexakter* Jacobimatrix eine Schlüsselrolle.

Insbesondere bei sehr großen Systemen ergibt die Kombination der Linienmethode mit linear-impliziten Einschrittverfahren klare Vorteile gegenüber der Kombination mit impliziten Runge-Kutta-Verfahren oder BDF-Verfahren (einem impliziten Mehrschrittverfahren für steife und differentiell-algebraische Probleme, das wir im nächsten Kapitel 7 behandeln):

- Während die impliziten RK-Verfahren oder die BDF-Verfahren bei sehr großen Systemen *zwei* Iterationsschleifen benötigen, eine Newton-ähnliche äußere Iteration und eine innere Iteration zur Lösung der linearen Korrekturgleichungen, kommen die linear-impliziten Verfahren mit *einer* Iterationsschleife für die Korrekturen aus.

- Von der modularen Struktur komplexer Systeme her (wir haben dazu mehrmals Beispiele gegeben) ist häufig zusätzliches Wissen über die Struktur des Problems verfügbar, das zu Manipulationen an der Approximation der Jacobimatrix genutzt werden kann; derlei Manipulationen sind unproblematisch im Kontext der linear-impliziten Einschrittverfahren, falls diese nicht eine exakte Jacobimatrix voraussetzen; bei impliziten Ein- oder Mehrschrittverfahren hingegen beeinflussen solche Manipulationen zugleich das Konvergenzverhalten der äußeren Iteration – mit gewissen Risiken für die Robustheit der Verfahren.

- Wird die Linienmethode mit einer *statischen Anpassung der räumlichen Gitter* kombiniert, so besitzen Einschrittverfahren gegenüber Mehrschrittverfahren den Vorteil des *Selbststartes* auch bei höheren Ordnungen (siehe wiederum die Diskussion im nächsten Kapitel 7); die Alternative des Starts von Mehrschrittverfahren durch Einschrittverfahren führt bei ausreichend häufigem Gitterwechsel schließlich im Effekt zur Verwendung des als Starter gewählten Einschrittverfahrens.

- Bei Kombination der Linienmethode mit *dynamischer Gitteranpassung* entstehen nichtlineare implizite Differentialgleichungen, oft auch differentiell-algebraische Probleme vom *quasilinearen* Typ mit Differentiationsindex 1 – im vorliegenden Buch haben wir uns gerade auf diesen Fall beschränkt.

Eine effiziente *adaptive* Linienmethode für Systeme nichtlinearer parabolischer partieller Differentialgleichungen in einer Raumdimension wurde von U. Nowak [135] entwickelt und erfreut sich einiger Verbreitung in den Ingenieurwissenschaften, insbesondere in der chemischen Verfahrenstechnik.

6.4.3 Dynamische Elimination schneller Freiheitsgrade

Die Klasse der linear-impliziten Einschrittverfahren eignet sich besonders gut als Basis für *numerische singuläre Störungsrechnung*. Um den Kontext herzustellen, rufen wir uns zunächst Abschnitt 2.5 ins Gedächtnis. Ausgangspunkt waren singulär gestörte Systeme der Form

$$y' = f(y, z), \quad \varepsilon z' = g(y, z), \tag{6.32}$$

deren Lösung wir mit $(y_\varepsilon, z_\varepsilon)$ bezeichnet hatten. Unter der Annahme von *Quasistationarität*

$$\varepsilon z' = 0$$

waren wir zu dem differentiell-algebraischen System (engl. DAE: *differential algebraic equation*)

$$y' = f(y, z), \quad 0 = g(y, z) \tag{6.33}$$

gelangt, dessen Lösung wir mit (y_0, z_0) bezeichnet hatten. Der Übergang von (6.32) nach (6.33) ließ sich aus der Dynamik der beiden Systeme nur rechtfertigen unter der Mindestvoraussetzung

$$\operatorname{Re} \lambda(g_z) < 0 \tag{6.34}$$

an die Eigenwerte λ der Teilmatrix g_z. Damit war zugleich g_z *nichtsingulär* gesichert und somit die Mannigfaltigkeit

$$\mathcal{M} = \{(y, z) \in \Omega_0 : g(y, z) = 0\}$$

explizit parametrisierbar in der Form

$$z = h(y).$$

Bei Vorliegen *konsistenter* Anfangswerte

$$(y(0), z(0)) \in \mathcal{M}$$

konnte schließlich das System (6.33) durch das *reduzierte* Differentialgleichungssystem

$$y' = f(y, h(y)) \tag{6.35}$$

ersetzt werden. Der Übergang von (6.32) nach (6.35), also von d Variablen $x = (y, z)$ auf $r < d$ reduzierte Variable y, heißt *Dimensionsreduktion*, oft auch, etwas weniger präzise, *Modellreduktion*.

Für eine praktische Realisierung dieser Methodik stellen sich allerdings die folgenden Fragen:

- Wie sind die Variablen y für die langsamen Freiheitsgrade (und entsprechend die Variablen z für die schnellen Freiheitsgrade) aus dem gesamten Satz von Variablen x *auszuwählen*?

- Wie ist die Existenz einer *expliziten* Parametrisierung numerisch zu sichern, wie ist sie effizient zu speichern und auszuwerten?

- Wie ist der Fehler $y_\varepsilon(t) - y_0(t)$ beim Übergang von (6.32) nach (6.35) zu kontrollieren?

Alle Fragen sind dynamisch, d. h. abhängig von t, numerisch zu klären – weshalb man auch von *dynamischer Dimensionsreduktion* spricht. Im Folgenden wollen wir die algorithmische Beantwortung eines Teils dieser Fragen kurz darstellen, in Anlehnung an die Originalarbeit [56]. Wie schon mehrfach erwähnt, können wir von der Numerik nur eine *lokale* Beantwortung der gestellten Fragen erwarten, die im besten Fall *adaptiv* realisiert ist.

Auswahl schneller Freiheitsgrade. In vielen Anwendungsgebieten beruht die Auswahl schneller Freiheitsgrade traditionell auf Einsicht in das zugrundeliegende naturwissenschaftliche Problem: Man spricht von QSSA (engl. *quasi-stationary state assumption*). In der chemischen Reaktionskinetik etwa wählt man für z die sogenannten „Radikale", chemische Spezies, die innerhalb einer Reaktionskette nur kurzlebig auftreten. Leider stellt sich allzu oft heraus, dass ein solcherart bestimmtes DAE-System nicht eindeutig lösbar ist, sondern Index $\nu_D > 1$ aufweist. Deshalb hat sich in jüngster Zeit eine von U. Maas und S. B. Pope [125, 124] vorgeschlagene Methodik durchgesetzt, die wir hier ausführen wollen.

Der Einfachheit halber betrachten wir nur das explizite Differentialgleichungssystem

$$x' = F(x), \quad x(0) = x_0, \tag{6.36}$$

der allgemeinere Fall eines quasilinearen Systems (2.20) ergibt sich entsprechend. Eine lokale Trennung in schnelle und langsame Variable ist äquivalent zu einer lokalen Koordinatentransformation. Dazu gehen wir aus von der lokalen Linearisierung

$$J = DF(x(0)),$$

wie sie in jeder linear-impliziten Diskretisierung realisiert ist. Im linearisierten System

$$x' = Jx$$

stecken Lösungskomponenten mit einem Wachstumsverhalten $\exp(\mathrm{Re}\,\lambda_i t)$, wobei λ_i, $i = 1,\ldots,d$, die Eigenwerte von J sind. Für $\mathrm{Re}\,\lambda_i < 0$ existieren damit *Relaxationszeiten*

$$\tau_i = \frac{1}{|\mathrm{Re}\,\lambda_i|}, \tag{6.37}$$

denen Lösungskomponenten $\exp(-t/\tau_i)$ entsprechen.

Zur Berechnung der Zeitskalen $\{\tau_i\}$ ist also das zugehörige Eigenwertproblem zu lösen. Allerdings kann dies bei einer unsymmetrischen Matrix J *schlechtkonditioniert* sein, wenn die Links- und Rechtseigenvektoren „fast-orthogonal" sind – vergleiche etwa Band 1, Kapitel 5.1, oder [76]. Glücklicherweise kann in diesem Fall immer noch die Berechnung der invarianten Eigenräume wohlkonditioniert sein, falls die zugehörigen Eigenwerte eine ausreichend große Lücke zum Rest des Spektrums aufweisen. Zur Lösung dieses Problems transformieren wir die Jacobimatrix J in zwei Schritten. Im ersten Schritt führen wir eine Ähnlichkeitstransformation auf *reelle Schurform* mittels *Orthogonaltransformationen* Q durch:

$$Q^T J Q = \bar{S} = \begin{bmatrix} S_{11} & S_{12} \\ 0 & S_{22} \end{bmatrix}.$$

Die Matrix $\bar{S}$ hat dann obere Dreiecksgestalt, mit etwaigen nichtverschwindenden Elementen auf der ersten Subdiagonalen bei komplex konjugierten Eigenwertpaaren. Seien die Diagonalelemente (bzw. die $(2,2)$-Diagonalblöcke) von $\bar{S}$ nach der Größe der Realteile der Eigenwerte geordnet, was sich algorithmisch gut realisieren lässt. Falls mindestens einer dieser Realteile negativ ist, so können wir obige Blockzerlegung von $\bar{S}$ sowie einen Parameter $\mu_r < 0$ zu reduzierter Dimension $r < d$ wie folgt definieren:

$$\mu_r = \max_{\lambda \in S_{22}} \mathrm{Re}\,\lambda = \mathrm{Re}\,\lambda_{r+1} < 0 \quad \text{und} \quad \min_{\lambda \in S_{11}} \mathrm{Re}\,\lambda = \mathrm{Re}\,\lambda_r > \mu_r.$$

Im zweiten Schritt eliminieren wir die Kopplungsmatrix S_{12} durch Lösung der *Sylvester-Gleichung*

$$S_{11} C_r - C_r S_{22} = -S_{12}.$$

Insgesamt haben wir eine *nichtorthogonale* Ähnlichkeitstransformation

$$T_r^{-1} J \, T_r = S = \begin{bmatrix} S_{11} & 0 \\ 0 & S_{22} \end{bmatrix}$$

realisiert, wobei die Transformationsmatrix und ihre Inverse die Gestalt

$$T_r = Q \left(I + \begin{bmatrix} 0 & C_r \\ 0 & 0 \end{bmatrix} \right) \quad \text{und} \quad T_r^{-1} = \left(I - \begin{bmatrix} 0 & C_r \\ 0 & 0 \end{bmatrix} \right) Q^T$$

haben. Auf diese Weise haben wir die gesuchte lokale Koordinatentransformation gefunden

$$T_r^{-1} x = \begin{bmatrix} y \\ z \end{bmatrix}, \quad T_r^{-1} F = \begin{bmatrix} f \\ g \end{bmatrix}$$

und den Zusammenhang des Ausgangsproblems (6.36) mit dem singulären Störungsproblem (6.32) wieder hergestellt. Details des gesamten Algorithmus finden sich in [76], die Kondition des Problems der Berechnung des invarianten r-dimensionalen Unterraumes lässt sich an der Zahl $\kappa_r = \text{cond}_2(T_r)$ ablesen, die wegen $\text{cond}_2(Q) = 1$ natürlich nur die Information der Kopplungsmatrix C_r enthält.

Offenbar ist die Wahl der Dimension r mit der Wahl des Störungsparameters ε gekoppelt. Falls die Dimensionsreduktion $r < d$ vorgegeben ist, ergibt sich

$$\varepsilon = \frac{1}{|\mu_r|} = \frac{1}{|\operatorname{Re} \lambda_{r+1}|}.$$

Im Vergleich mit (6.37) erkennen wir, dass $\varepsilon = \tau_{r+1}$ eine Zeitskala für die Relaxation des dynamischen Systems auf die Mannigfaltigkeit bezeichnet, unterhalb derer eine Auflösung der Dynamik nicht angestrebt wird. Umgekehrt, falls eine Zeitskala ε von außen vorgegeben ist, muss die Dimension r so groß gewählt werden, dass die Beziehung

$$\operatorname{Re} \lambda_{r+1} = \mu_r \leq -\frac{1}{\varepsilon} < \operatorname{Re} \lambda_r \qquad (6.38)$$

erfüllt ist. Zusätzlich wünschenswert ist, wie oben bereits erwähnt, noch eine deutliche Spektrallücke $\mu_r \ll \operatorname{Re} \lambda_r$. Im Erfolgsfall ist dann offenbar die Voraussetzung (6.34) zumindest *lokal* erfüllt. Allerdings ist damit auch die Koordinatentransformation nur lokal abgesichert. Aus algorithmischen Gründen wollen wir jedoch die Koordinatentransformation möglichst über mehrere Integrationsschritte beibehalten. Wir benötigen deshalb Kriterien, die uns gestatten, die Zulässigkeit der Transformation an nachfolgenden Integrationspunkten zu überprüfen und gegebenenfalls adaptiv nachzuführen.

Dimensionsmonitor.   Aus Lemma 2.27 wissen wir, dass sich die Lösung von (6.32) für $\varepsilon \to 0$ asymptotisch entwickeln lässt gemäß

$$y_\varepsilon(t) = y_0(t) + \varepsilon(y_1(t) + \eta_1(t/\varepsilon)) + O(\varepsilon^2),$$
$$z_\varepsilon(t) = z_0(t) + \zeta_0(t/\varepsilon) + \varepsilon(z_1(t) + \zeta_1(t/\varepsilon)) + O(\varepsilon^2).$$

Darin sind die Anfangswerte

$$z_\varepsilon(0) = z_0(0) + \zeta_0(0) \quad \text{und} \quad y_\varepsilon(0) = y_0(0),$$

stillschweigend vereinbart. Wegen unserer Wahl von ε wird die Dynamik der Grenz-schichtterme $\zeta_0(s)$ und $\eta_1(s)$ (mit $s = t/\varepsilon$) dominiert von dem Verhalten (cf. [139])

$$\zeta_0(s) \approx \zeta_0(0)e^{-s}, \quad \eta_1(s) \approx \eta_1(0)e^{-s}. \tag{6.39}$$

Der Übergang von (6.32) zu dem reduzierten Modell (6.35) erzeugt im Integrati-onspunkt $t = \tau$ einen Fehler $y_\varepsilon(\tau) - y_0(\tau)$ in den langsamen Lösungskomponenten, den wir algorithmisch im Griff behalten und deshalb numerisch möglichst gut und billig schätzen wollen. In erster Näherung $O(\varepsilon)$ erhalten wir

$$y_\varepsilon(\tau) - y_0(\tau) \doteq \varepsilon(y_1(\tau) + \eta_1(\tau/\varepsilon)).$$

Wegen $\tau \gg \varepsilon$ gilt $\eta_1(\tau/\varepsilon) \approx 0$ und somit

$$y_\varepsilon(\tau) - y_0(\tau) \doteq \varepsilon y_1(\tau).$$

Nach Lemma 2.27 ist y_1 Lösung der Differentialgleichung

$$y_1' = (f_y - f_z g_z^{-1} g_y)y_1 - f_z g_z^{-2} g_y f.$$

Der zugehörige Anfangswert ist

$$y_1(0) = -\eta_1(0) = \int_0^\infty (f(y_0(0), z_0(0) + \zeta_0(s)) - f(y_0(0), z_0(0)))\, ds. \tag{6.40}$$

Die obige Schur-Zerlegung der gesamten Jacobimatrix J war nun gerade so angelegt, dass die beiden Kopplungsanteile verschwinden, in der gegenwärtigen Notation also $f_z(y(0), z(0)) = 0$, $g_y(y(0), z(0)) = 0$. In einer Umgebung von $t = 0$ reduziert sich damit obige Differentialgleichung auf

$$y_1' \approx f_y\, y_1,$$

d. h., y_1 startet in etwa mit einem Wachstumsverhalten wie die langsamen Lösungs-komponenten y. Sei dieses Wachstum, wie bei nichtsteifen Differentialgleichungen sachgerecht, durch eine Lipschitzkonstante L beschrieben, so gilt näherungsweise

$$\|y_1(\tau)\| \overset{.}{\le} e^{L\tau}\|y_1(0)\|.$$

Die Zeitschrittweite τ werden wir in einem adaptiven Integrator gerade so steuern, dass das Wachstum dieser Komponenten korrekt erfasst wird, womit dann wiederum gilt $e^{L\tau} = O(1)$.

Fassen wir unsere bisherigen Approximationsüberlegungen zusammen, so genügt offenbar die Kontrolle des wesentlichen Fehleranteils $\varepsilon y_1(0)$. Dazu müssen wir das Integral (6.40) auswerten, wobei wir für Zwischenrechnungen das erste Argument $y_0(0)$ in f weglassen. Anwendung des Mittelwertsatzes liefert zunächst

$$y_1(0) = \int_0^\infty \int_0^1 f_z(z_0(0) + \theta\zeta_0(s))\,\zeta_0(s)\,d\theta\,ds. \qquad (6.41)$$

Um eine Approximation dafür herzuleiten, greifen wir auf (6.39) zurück und erhalten so

$$y_1(0) \approx \int_0^1 \int_0^\infty f_z(z_0(0) + \theta\zeta_0(s))\,\zeta_0(0)e^{-s}\,ds\,d\theta.$$

Für das Teilintegral von $s = 0$ bis $s = \infty$ mit der Gewichtsfunktion e^{-s} eignet sich maßgeschneidert die *Gauß-Laguerre-Quadratur* (siehe etwa Band 1, Abschnitt 9.3): Sie ergibt hier

$$y_1(0) \approx \int_0^1 f_z(z_0(0) + \theta\zeta_0(1))\zeta_0(0)d\theta + R_1$$

mit einem Restglied

$$R_1 = \frac{1}{2}\int_0^1 \left[\frac{d^2}{ds^2}f_z(z_0(0) + \theta\zeta_0(s))\zeta_0(0)\right]_{s=\sigma} d\theta, \quad \sigma \in (0, \infty).$$

Unter der Annahme

$$f_{zz} = \text{konstant in Richtung von } \zeta_0(s)$$

würde das Restglied verschwinden. Da diese Annahme in einer hinreichend kleinen Umgebung zumindest approximativ erfüllt sein wird, vernachlässigen wir R_1 im Folgenden. Es verbleibt also die Berechnung von

$$y_1(0) \approx \int_0^1 f_z(z_0(0) + \theta\zeta_0(1))\zeta_0(0)\,d\theta.$$

Aus (6.39) folgt $\zeta_0(1) \approx \zeta_0(0)e^{-1}$. Durch Anwendung des Mittelwertsatzes, diesmal in der umgekehrten Richtung, kommen wir zu

$$y_1(0) \approx e\big(f(z_0(0) + \zeta_0(0)e^{-1}) - f(z_0(0))\big).$$

Den Wert $f(z_0(0) + \zeta_0(0)e^{-1})$ haben wir innerhalb der Rechnung üblicherweise nicht. In linearer Näherung bezüglich $\zeta_0(0)$ erhalten wir dafür den Wert

$$e\big(f(z_0(0) + \zeta_0(0)e^{-1}) - f(z_0(0))\big) \doteq f(z_0(0) + \zeta_0(0)) - f(z_0(0)).$$

Wegen der Vereinbarung über $z_0(0)$ und $y_0(0)$ steht dieser Wert in jeder linear-impliziten Diskretisierung bequem zur Verfügung. Damit landen wir zum Schluss unserer Approximationskette bei dem bestechend einfachen Resultat

$$y_1(0) \approx f(y_\varepsilon(0), z_\varepsilon(0)) - f(y_\varepsilon(0), z_0(0)).$$

Dieses Resultat eignet sich als theoretische Basis für ein komponentenweises Kriterium zur Kontrolle des durch die singuläre Näherung eingeschleppten Fehlers: Bezeichne TOL eine vorgeschriebene Genauigkeitstoleranz, so werden wir im Algorithmus fordern, dass

$$\varepsilon | f(y_\varepsilon(0), z_\varepsilon(0)) - f(y_\varepsilon(0), z_0(0)) | \leq \text{TOL} . \tag{6.42}$$

Das Kriterium verlangt offenbar die Berechnung eines konsistenten Anfangswertes $(y_0(0), z_0(0)) \in \mathcal{M}$. Ausgehend von den zugänglichen Startwerten $y_\varepsilon(0) = y_0(0)$, $z^0 = z_\varepsilon(0)$ realisieren wir die vereinfachte Newton-Iteration

$$g_z(y_0(0), z^0) \, \Delta z^i = -g(y_0(0), z^i), \quad z^{i+1} = z^i + \Delta z^i .$$

Falls wir die Zerlegung über mehrere Integrationsschritte beibehalten wollen, realisieren wir eine Newton-ähnliche Iteration, worin dann $g_z(\hat{y}, \hat{z})$ gerade die Jacobimatrix am letzten Zerlegungspunkt $(\hat{y}, \hat{z})$ sein wird. Falls diese Iteration zu langsam konvergiert, führen wir am aktuellen Punkt eine neue Zerlegung durch. Man beachte, dass auf diese Weise der in der Theorie verwendete *Satz über implizite Funktionen* algorithmisch zum Einsatz kommt: Falls das Newton-Verfahren oder eine Variante davon nicht konvergiert, ist die Umgebung zu groß für eine lokale Fortsetzung.

Sowie konsistente Anfangswerte bekannt sind, kann die Bedingung (6.42) ausgewertet und ein zulässiger Wert von ε berechnet werden. Falls dieser zulässige Wert die Separationsbedingung (6.38) zur gegebenen Dimension r verletzt, so muss die Dimension erhöht werden. Kann eine neue Separation auf diese Weise nicht erreicht werden, so muss das volle Ausgangssystem gelöst werden. Aus diesem Grund heißt (6.42) auch *Dimensionsmonitor*. Nebenbei sei erwähnt, dass dieses Kriterium eine wohldurchdachte *Skalierung* der Variablen und rechten Seiten erfordert, aber invariant gegen Umskalierung der Zeitvariablen t ist.

Linear-implizite Euler-Diskretisierung. Die Zerlegung in schnelle und langsame Komponenten wie eben beschrieben kann im Rahmen jedes linear-impliziten Integrators bequem durchgeführt werden. Hier wählen wir die linear-implizite Euler-Diskretisierung mit Extrapolation, wie sie in [56] realisiert wurde. Sei die Quasistationaritätsannahme für die gegebene Dimension r erfüllt und ein Störungsparameter ε definiert. Formale Anwendung der Transformationsmatrix T_r^{-1} auf beide Seiten der Ausgangsgleichung (6.36) liefert dann für $\varepsilon = 0$ das lineare Blocksystem

$$\begin{bmatrix} I_r - \tau A_1 & -\tau A_2 \\ -\tau A_3 & -\tau A_4 \end{bmatrix} \begin{bmatrix} \Delta y \\ \Delta z \end{bmatrix} = \tau \begin{bmatrix} f \\ g \end{bmatrix} \tag{6.43}$$

sowie die diskrete Lösung am nächsten Integrationspunkt

$$y_\tau(\tau) = y(0) + \Delta y,$$
$$z_\tau(\tau) = z(0) + \Delta z.$$

In der Standardform gelten die Beziehungen

$$A_1 = f_y(y_0, z_0), \quad A_2 = f_z(y_0, z_0), \quad A_3 = g_y(y_0, z_0), \quad A_4 = g_z(y_0, z_0).$$

Schreiben wir die zweite Blockzeile separat und dividieren durch die Schrittweite τ, so erhalten wir

$$g_y \Delta y + g_z \Delta z = -g.$$

Aus der Block-Schur-Zerlegung folgt am Startpunkt $A_3 = g_y(y_0, z_0) = 0$; unter der hier gegebenen Annahme, dass $A_4 = g_z$ nichtsingulär ist, stellt dies einen einzigen Newtonschritt für die algebraische Bedingung $g = 0$ dar – siehe weiter oben die Berechnung konsistenter Anfangswerte.

In unserer oben eingeführten Notation haben wir uns jedoch bewusst die Wahl der Blockmatrizen $A_1, \ldots, A_4$ offen gehalten. Insbesondere haben wir nicht die Entkopplungseigenschaft $A_2 = f_z = 0$, $A_3 = g_y = 0$ aus der Schur-Zerlegung angenommen, da sie ja ohnehin nur am Startpunkt gilt, also bei Verwendung über mehrere Integrationsschritte wegfallen muss. Eine rein *explizite* Euler-Diskretisierung nur für die Variablen y wäre in diesem Schema durch $A_1 = 0$, $A_2 = 0$ gekennzeichnet.

Wie in Abschnitt 6.4.2 dargelegt, besitzt der Diskretisierungsfehler eine *gestörte asymptotische Entwicklung* vom Typ (6.30), was wir mit Blick auf Extrapolation zu beachten haben. In [55] wurde die Entwicklung speziell für singulär gestörte DAE-Systeme noch genauer studiert: Es ergeben sich zwei unterschiedliche Entwicklungen, für die langsamen Variablen

$$y_\tau(t_j) = y(t_j) + b_1(t_j)\tau + \big(b_2(t_j) + \beta_j^2\big)\tau^2 + \cdots + \big(b_k(t_j) + \beta_j^k\big)\tau^k + \cdots,$$

für die schnellen Variablen

$$z_\tau(t_j) = z(t_j) + c_1(t_j)\tau + \big(c_2(t_j) + \gamma_j^2\big)\tau^2 + \cdots + \big(c_k(t_j) + \gamma_j^k\big)\tau^k + \cdots.$$

Unter der Annahme

$$A_2 = f_z(y_0, z_0), \quad A_4 = g_z(y_0, z_0),$$

jedoch bei *beliebig* wählbaren A_1 and A_3, verschwinden die Störterme

$$\beta_j^2 = \beta_j^3 = \beta_j^4 = 0, \quad \gamma_j^2 = \gamma_j^3 = 0.$$

Extrapolation bis zur Ordnung $p = 3$, auch bei partiell expliziter Diskretisierung mit $A_1 = 0$, ist also unkritisch.

Zur numerischen Lösung des linearen Gleichungssystems (6.43) nutzen wir die Struktur der Zerlegung und realisieren die Fixpunktiteration ($i = 0, 1, \dots$)

$$(I_r - \tau A_1)\Delta y^{i+1} = \tau(f - A_3\Delta z^i),$$
$$A_4\Delta z^{i+1} = -g + A_3\Delta y^i$$

zu Startwerten $\Delta y^{-1} = 0$, $\Delta z^{-1} = 0$. Die Teilmatrix $A_4 = g_z$ ist nach Konstruktion nichtsingulär, die Zeitschrittweite τ wird für $A_1 \neq 0$ durch einen adaptiven Integrator sicher derart gewählt, dass auch die Teilmatrix $(I_r - \tau A_1)$ nichtsingulär ist. Formal haben wir also die gewählte Approximation der Jacobimatrix $A = (A_1, A_2, A_3, A_4)$ durch die blockdiagonale Approximation $\hat{A} = (A_1, 0, 0, A_4)$ ersetzt. Sei $\rho(\cdot)$ der Spektralradius der zugehörigen Iterationsmatrix, so gilt für die Konvergenzrate der Iteration

$$[\rho]_i = \frac{\|(\Delta y^{i+1}, \Delta z^{i+1}) - (\Delta y^i, \Delta z^i)\|}{\|(\Delta y^i, \Delta z^i) - (\Delta y^{i-1}, \Delta z^{i-1})\|} \leq \rho(\tau(I - \tau\hat{A})^{-1}(\hat{A} - A)).$$

Unabhängig von der Wahl von A_1 und A_3 gilt am letzten Zerlegungspunkt wegen der Entkopplung durch die Block-Schur-Zerlegung $\hat{A} = A$, woraus $[\rho] = \rho = 0$ folgt, d. h. Konvergenz im ersten Schritt. Solange im Zuge der weiteren numerischen Integration die Bedingung $[\rho] \leq \rho_{max}$ für einen gewählten Schwellwert $\rho_{max} \ll 1$ gilt, behalten wir die einmal gewählte Zerlegung in schnelle und langsame Variable bei. Andernfalls wird eine neue Zerlegung generiert und die Bedingung (6.42) erneut geprüft. Zusammen mit der adaptiven Steuerung der Zeitschrittweite τ schränkt also dieses Kriterium die Umgebung des Anfangswertes ein – hier insbesondere mit Blick auf die Separation der Variablen.

Algorithmus.   Der Übersicht wegen fassen wir nochmals alle Einzelschritte zusammen, die im Rahmen des linear-impliziten Euler-Verfahrens (etwa im Integrator LI-MEX) algorithmisch zu realisieren sind:

1. Skalierung der ursprünglichen Variablen x und der rechten Seite F des Ausgangsproblems (6.36).

2. Block-Schur-Zerlegung der Jacobimatrix $J = DF(x(0))$ bzw. einer geeigneten Approximation.

3. Transformation der skalierten Variablen x auf die Variablen y, z.

4. Projektion der Anfangswerte $(y_\varepsilon(0), z_\varepsilon(0))$ auf $(y_\varepsilon(0), z_0(0)) \in \mathcal{M}$; falls die Newton-Iteration zu langsam konvergiert (oder divergiert): Neugenerierung der Zerlegung.

5. Bestimmung von ε aus Kriterium (6.42) zu vorgegebener Genauigkeit TOL.

6. Bestimmung der reduzierten Dimension r zu ε aus Bedingung (6.38).

7. Iterative Lösung des Gleichungssystems zur linear-impliziten Euler-Diskretisierung zur Schrittweite τ; falls Konvergenzrate $[\rho] \leq \rho_{\max}$, so wird die Zerlegung beibehalten, andernfalls im nächsten Integrationsschritt neu generiert.

Wegen des recht kostspieligen Schrittes 2 ($\approx 15d^3$ flops) eignet sich der hier beschriebene Algorithmus, auch bei kontrollierter Beibehaltung der Zerlegung über mehrere
Schritte, allenfalls für Systeme bis zu moderaten Dimensionen $d \approx 100$. Der Algorithmus ist auf jeden Fall langsamer als die direkte numerische Integration des ursprünglich gestellten Anfangswertproblems (6.36), also *ohne* Behandlung als singuläres Störungsproblem. Dies verwundert auch nicht weiter: Immerhin behandelt die
linear-implizite Struktur auch singulär gestörte Problem völlig befriedigend, wie wir
oben gezeigt hatten.

Zur Illustration des oben beschriebenen Algorithmus geben wir im Folgenden ein
Beispiel, das für singuläre Störungsrechnung eine bekannte Herausforderung darstellt.

Beispiel 6.66. *Knallgasreaktion.* Diese heftige Reaktion gehört fast schon zur Allge-
meinbildung: In ihr wandeln sich molekularer Wasserstoff (H_2) und Sauerstoff (O_2)
spontan in Wasser ($H_2 O$) um. Wir stützen uns auf die chemische Modellierung nach
[125, 124], die 37 chemische Elementarreaktionen für 8 chemische Spezies berücksichtigt, was auf $d = 8$ Differentialgleichungen führt (Details hier weggelassen). In
[103] wurde eine abgemagerte Variante dieses Anfangswertproblems mit nur 8 chemischen Reaktionen als Beispiel dafür angegeben, dass die klassische QSSA-Methodik
versagen kann: Vor, während und nach der Reaktion sind jeweils sehr unterschiedliche
Anteile als singulär gestört einzustufen.

Die hier dokumentierten Resultate wurden mittels LIMEX zu gewählter Genauigkeit TOL $= 10^{-2}$ gewonnen. In diesem Beispiel konnten wir ohne Effizienzeinbuße
die Wahl $A_1 = 0$ treffen, also die jeweils langsamen Variablen explizit diskretisieren.
Zur Illustration wurde die Block-Schur-Zerlegung in *jedem* Integrationsschritt durchgeführt; eine Beibehaltung der Zerlegung über mehrere Integrationsschritte unter der
Kontrolle der oben skizzierten Kontraktionskriterien hat nur unwesentliche Änderungen zur Folge. Vor Behandlung als singuläres Störungsproblem wurden die beiden
dynamischen Invarianten des Systems eliminiert, da sie zugehörige Eigenwerte null
induzieren. Damit reduziert sich die Dimension $d = 8$ auf eine effektive Dimension
$d_{\mathrm{eff}} = 6$.

In Abbildung 6.6, oben, ist die Lösung für die Spezies H_2, O_2 und $H_2 O$ als Funktion der Zeit t graphisch dargestellt. Sie stimmt auf die verlangte Genauigkeit mit der
numerischen Lösung überein, die wir zuvor durch einfache Anwendung desselben Integrators auf das volle Ausgangsmodell berechnet hatten. Wie Abbildung 6.6, Mitte,
zeigt, reduziert sich die Dimension von $d_{\mathrm{eff}} = 6$ auf $r = 2$ vor der Verbrennung,
$r = 1$ während und sogar $r = 0$ nach der Verbrennung. Sobald die Verbrennung
abgelaufen ist, hat das System offenbar seinen Gleichgewichtspunkt im Wesentlichen
erreicht; die erwartete vollständige Umwandlung der Ausgangsstoffe erfolgt nicht wegen des komplizierteren chemischen Mechanismus von 37 Elementarreaktionen. Die

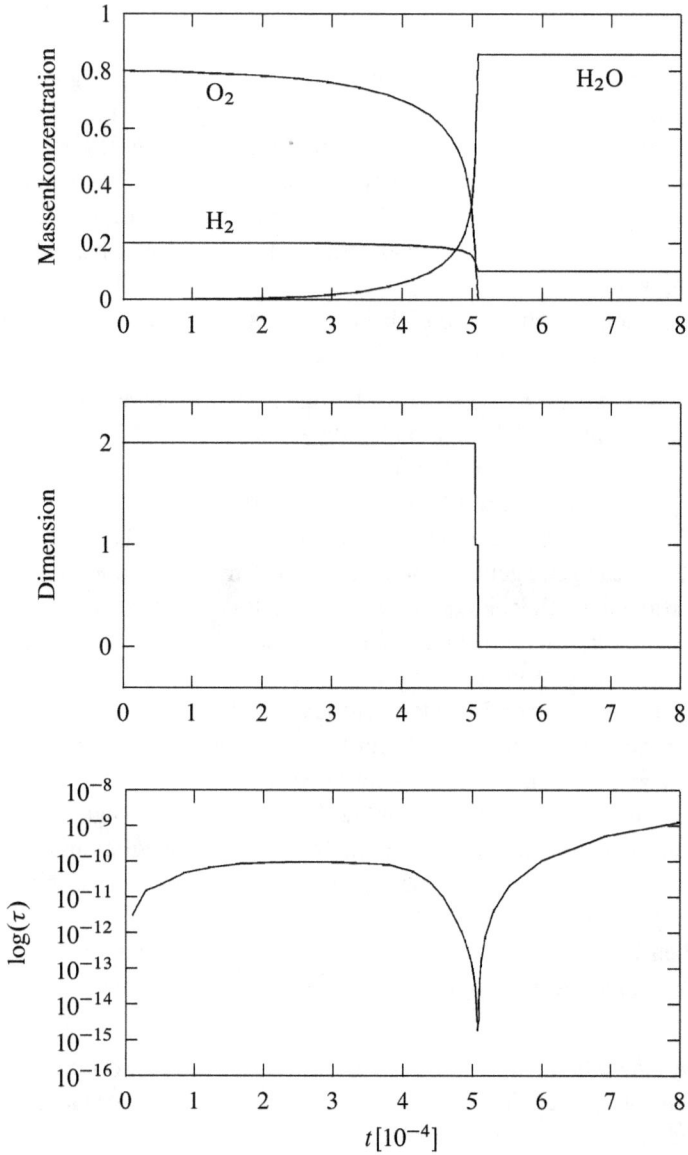

Abbildung 6.6. Knallgasreaktion. *Oben*: Chemische Spezies. *Mitte*: Dimensionsreduktion. *Unten*: Schrittweitensteuerung

Schrittweitensteuerung des Extrapolationsverfahrens LIMEX, mit zusätzlicher singulärer Störungsbehandlung, ist in Abbildung 6.6, unten, angegeben: Die schmale zeitliche Brennzone wird wie bei der Lösung des vollen Differentialgleichungssystems adäquat aufgelöst – ein Beleg für die Effizienz der dargestellten singulären Störungsmethode.

Eine tatsächliche *Elimination* der schnellen Freiheitsgrade z gelingt nur, wenn die algebraischen Gleichungen $g = 0$ in Form einer expliziten Parametrisierung $z = h(y)$ der Mannigfaltigkeit $\mathcal{M}$ behandelt werden. In diesem Fall löst man lediglich das reduzierte Differentialgleichungssystem

$$y' = f(y; z),$$

worin sich die punktweise Auswertung der schnellen Variablen z auf einfache *Table-Lookups* reduziert. Natürlich muss auch diese Variante in jedem Integrationsschritt mit einem Dimensionsmonitor überprüft werden, um die Verlässlichkeit der Störungsrechnung zu garantieren. Alle Kontraktionsbedingungen zum Newton-Verfahren entfallen zwar, aber der Satz über implizite Funktionen taucht weiterhin algorithmisch auf, diesmal über die Konstruktion der expliziten Parametrisierung.

Der Aufwand für die Vorabberechnung der Parametrisierung lohnt sich bei *gewöhnlichen* Differentialgleichungen im Allgemeinen nicht, jedoch im erweiterten Kontext von *partiellen* Differentialgleichungen, etwa für *reaktive Strömungen* (siehe [124]). Dort bedeutet Dimensionsreduktion eine Reduktion der Anzahl partieller Differentialgleichungen und somit eine Einsparung der zugehörigen Raumdiskretisierungen. Wegen dieses enormen Einsparpotentials ist man interessiert, die Zerlegung in schnelle und langsame Variable über möglichst lange Integrationsintervalle beizubehalten. Dann nämlich lohnt sich die teure, vorab berechenbare Parametrisierung $z = h(y)$ der Mannigfaltigkeit $\mathcal{M}$ besonders. In diesem Kontext wird die *effiziente* Parametrisierung zu einem Problem, das gesonderte Beachtung verdient: Sie soll möglichst wenig Speicheraufwand erfordern und eine schnelle punktweise Auswertung gestatten.

Übungsaufgaben

Aufgabe 6.1. Betrachtet sei die Reaktion dreier Spezies, beschrieben durch das Differentialgleichungssystem

$$x_1' = -0.04x_1 + 10^4 x_2 x_3,$$
$$x_2' = 0.04x_1 - 10^4 x_2 x_3 - 3 \cdot 10^7 x_2^2,$$
$$x_3' = 3 \cdot 10^7 x_2^2$$

aus Aufgabe 3.11 und durch die Anfangswerte

$$x_1(0) = 1, \quad x_2(0) = 0, \quad x_3(0) = 0.$$

Wende darauf ein explizites Verfahren mit Schrittweitensteuerung an, etwa ein Programm aus einer der Aufgaben 5.2, 5.3 oder 5.5. Führe Rechnungen durch bis zur Zeit $T = 0.3$ mit den Toleranzen TOL $= 10^{-2}, \ldots, 10^{-9}$ und den absoluten Schwellwerten $s_{\min} = 1.0$ bzw. $s_{\min} = 10^{-5}$ und tabelliere für diese Läufe folgende Ergebnisse:

$$\text{TOL} \mid n_\Delta \mid \# \text{ Schrittweitenreduktionen} \mid \# \, f\text{-Auswertungen} \mid$$
$$\text{Fehler zum Zeitpunkt } T$$

Die „exakte" Lösung für $T = 0.3$ ist durch

$$x_1(0.3) = 9.886739393819 \cdot 10^{-1},$$
$$x_2(0.3) = 3.447715743689 \cdot 10^{-5},$$
$$x_3(0.3) = 1.129158346063 \cdot 10^{-2}$$

gegeben. Ist das Anfangswertproblem steif?

Aufgabe 6.2. Gegeben sei die stabile lineare Differentialgleichung

$$x' = Ax, \quad A \in \mathrm{Mat}_d(\mathbb{R}).$$

Zeige folgendes Konvergenzresultat für eine rationale Approximation R der Exponentialfunktion von der Konsistenzordnung p: Genügt die charakteristische Zeitlänge τ_c aus Lemma 6.6 der Bedingung

$$\tau_c > 0,$$

so gibt es eine Konstante $C > 0$, für welche die Konvergenzabschätzung

$$|\exp(n\tau A) - R(\tau A)^n| \leq C\,\tau^p, \quad 0 < \tau < \tau_c, \, n \in \mathbb{N},$$

gültig ist.

Aufgabe 6.3. Zeige, dass explizite, implizite und linear-implizite Runge-Kutta-Verfahren invariant gegen Linearisierung um einen Fixpunkt sind.

Aufgabe 6.4. Gegeben sei ein s-stufiges Runge-Kutta-Verfahren $(b, c, \mathfrak{A})$ vom Kollokationstyp. Zeige, dass die Runge-Kutta-Matrix $\mathfrak{A}$ genau dann invertierbar ist, wenn das Produkt der Stützstellen c die Beziehung

$$c_1 \cdots c_s \neq 0$$

erfüllt.

Hinweis: Verwende Lemma 6.37.

Aufgabe 6.5. Zeige die B-Stabilität des impliziten Euler-Verfahrens direkt, ohne Verwendung von Satz 6.51.

Aufgabe 6.6. Eine Abbildung $f : \mathbb{R}^d \to \mathbb{R}^d$ heißt *strikt dissipativ* bezüglich des Skalarproduktes $\langle \cdot, \cdot \rangle$, wenn es eine Konstante $\mu < 0$ gibt, so dass für alle $x, \bar{x} \in \mathbb{R}^d$

$$\langle f(x) - f(\bar{x}), x - \bar{x} \rangle \leq \mu \, |x - \bar{x}|^2$$

gilt. Zeige, dass für eine strikt dissipative, lokal Lipschitz-stetige Abbildung f der Phasenfluss Φ der Differentialgleichung

$$x' = f(x)$$

folgender Abschätzung genügt:

$$|\Phi^t x - \Phi^t \bar{x}| \leq e^{\mu t} \, |x - \bar{x}|$$

für alle $x, \bar{x} \in \mathbb{R}^d$ und alle zulässigen $t \in \mathbb{R}$. Folgere daraus, dass für jedes $x \in \mathbb{R}^d$ die Trajektorie $\Phi^t x$ für alle $t \geq 0$ existiert.

Hinweis: Gehe vor wie im Beweis von Lemma 6.49.

Aufgabe 6.7. Zeige, dass eine Matrix $A \in \mathrm{Mat}_d(\mathbb{R})$ genau dann schiefsymmetrisch bezüglich des Skalarproduktes $\langle \cdot, \cdot \rangle$ ist, d. h. $A^T = -A$, wenn

$$\langle Ax, x \rangle = 0$$

für alle $x \in \mathbb{R}^d$ gilt.

Aufgabe 6.8. Konstruiere eine autonome nichtlineare Differentialgleichung mit quadratischem ersten Integral $\mathcal{E}$, welches vom diskreten Phasenfluss der impliziten Trapezregel nicht erhalten wird.

Aufgabe 6.9. Gegeben sei auf einem Phasenraum Ω_0 eine Ljapunov-Funktion

$$V : \Omega_0 \to \mathbb{R}.$$

Charakterisiere, für welche rechten Seiten $f : \Omega_0 \to \mathbb{R}^d$ einer autonomen Differentialgleichung

$$x' = f(x)$$

auf dem Phasenraum Ω_0 mit Phasenfluss Φ folgende Beziehung gilt:

$$V(\Phi^t x) \leq V(x) \tag{I}$$

für alle $x \in \Omega_0$ und alle zulässigen $t > 0$.

Zeige, dass Gauß- und Radau-Verfahren für *quadratische* Ljapunov-Funktionen V die Beziehung (I) ins Diskrete vererben, d. h.

$$V(\Psi^\tau x) \leq V(x)$$

für alle $x \in \Omega_0$ und alle zulässigen Schrittweiten $\tau > 0$.

Aufgabe 6.10. Zeige, dass linear-implizite Runge-Kutta-Verfahren nicht B-stabil sein können.

Hinweis: Wende das linear-implizite Verfahren auf das skalare Anfangswertproblem

$$x' = f_\varepsilon(x), \quad x(0) = 1,$$

an, wobei $f_\varepsilon : \mathbb{R} \to \mathbb{R}$ eine nichtwachsende, *glatte* Funktion mit folgender Eigenschaft ist:

$$f(x) = \begin{cases} -x, & |x - 1| \geq 2\varepsilon, \\ -1, & |x - 1| \leq \varepsilon. \end{cases}$$

Wähle $\varepsilon > 0$ passend.

Aufgabe 6.11. Zeige, dass die implizite Trapezregel eine asymptotische Entwicklung des Diskretisierungsfehlers in τ^2 besitzt.

Sei Ψ_1 die durch Extrapolation der Ordnung 2 enstehende diskrete Evolution mit der Unterteilungsfolge $\mathscr{F} = \{n_1, n_2\}$. Wir bezeichnen mit R_{22} die zu Ψ_1 gehörige Stabilitätsfunktion. Zeige:

(i) Für $\mathscr{F} = \{1, 2\}$ gilt $R_{22}(\infty) = 5/3$.

(ii) Für $\mathscr{F} = \{2, 4\}$ gilt $|R_{22}(\infty)| = 1$.

(iii) Es gibt keine Wahl von $\mathscr{F}$, so dass das zu Ψ_1 gehörige Verfahren A-stabil ist.

Aufgabe 6.12. Für die Erweiterung des linear-impliziten Euler-Verfahrens auf nicht-autonome Probleme

$$x' = f(t, x)$$

stehen im Wesentlichen drei Möglichkeiten zur Verfügung:

(a) Man autonomisiert die Differentialgleichung durch Hinzufügen der trivialen Gleichung $t' = 1$ und wendet dann das linear-implizite Euler-Verfahren auf die erweiterte, autonome Differentialgleichung an.

(b) Man berechnet die diskrete Evolution $\xi = \Psi^{t+\tau,t}x$ aus dem linearen Gleichungssystem

$$(I - \tau J)(\xi - x) = \tau f(t, x), \quad J = D_x f(t, x).$$

(c) Man berechnet die diskrete Evolution $\xi = \Psi^{t+\tau,t}x$ aus dem linearen Gleichungssystem

$$(I - \tau J)(\xi - x) = \tau f(t + \tau, x), \quad J = D_x f(t, x).$$

Betrachtet sei das Anfangswertproblem des Beispiels 3.18, d. h.

$$x' = \lambda(x - g(t)) + g'(t), \quad x(t_0) = g(t_0)$$

mit $\lambda < 0$. Es besitzt die asymptotisch stabile Lösung $x(t) = g(t)$. Zeige, dass die Anwendung der oben genannten Erweiterungen des linear-impliziten Euler-Verfahrens der Reihe nach auf folgende Konsistenzfehler führt: Mit $x = g(t)$ ist

(a) $\Psi^{t+\tau,t}x - g(t+\tau) = \dfrac{\tau^2}{2}\dfrac{1+\tau\lambda}{1-\tau\lambda}g''(t) + O(\tau^3)$,

(b) $\Psi^{t+\tau,t}x - g(t+\tau) = \tau\dfrac{\tau\lambda}{1-\tau\lambda}g'(t) + O(\tau^2)$,

(c) $\Psi^{t+\tau,t}x - g(t+\tau) = \dfrac{1}{1-\tau\lambda}\left(\dfrac{\tau^2}{2}g''(t) + O(\tau^3)\right)$.

Dabei sind die Konstanten der Landau-O-Terme *unabhängig* von λ. Diskutiere den Unterschied der drei Möglichkeiten für $\tau \to 0$ und $\tau\lambda \to -\infty$. Welcher Variante ist der Vorzug zu geben?

Aufgabe 6.13. Wir betrachten den gedämpften Oszillator

$$q'' = -\gamma q' - \omega_0^2 q, \quad q(0) = q_0, \quad q'(0) = p_0$$

mit Dämpfungsparameter $\gamma > 0$ und Frequenz ω_0. Transformiere zunächst dieses System vermöge $q' = p$ auf ein System 1. Ordnung. Diskretisiere es sodann mit dem impliziten Euler-Verfahren (IE) und der impliziten Trapezregel (ITR) zu konstanter Schrittweite τ. Es interessiert das Verhalten von IE und ITR für die Spezialfälle

a) ungedämpfter Fall: $\gamma = 0$,

b) schwingend gedämpfter Fall: $\gamma/\omega_0^2 \ll 1$,

c) Stoßdämpferfall: $\gamma/\omega_0^2 \gg 1$.

Schreibe ein MATLAB-Programm für IE und ITR. Wähle die Schrittweite τ möglichst groß, aber doch so klein, dass noch gute Resultate erzielt werden.

Wie zeigen sich die unterschiedlichen Stabilitätseigenschaften von IE und ITR? Vergleiche die numerischen Resultate und den benötigten Aufwand mit einem adaptiven Integrator eigener Wahl.

Aufgabe 6.14. In Abschnitt 6.4.3 haben wir einen Dimensionsmonitor zur Elimination schneller Freiheitsgrade hergeleitet. Im Zwischenschritt (6.41) der Herleitung ergab sich dabei

$$y_1(0) = \int_0^\infty \int_0^1 f_z(z_0(0) + \theta\zeta_0(s))\,\zeta_0(s)\,d\theta\,ds.$$

An dieser Stelle haben wir nicht die zusätzliche Tatsache benutzt, dass wegen der Block-Schur-Zerlegung am Ausgangspunkt die Bedingung

$$f_z(y_\varepsilon(0), z_\varepsilon(0)) = 0$$

erfüllt ist. Weise nach, dass sich dadurch im Resultat (6.42) eine Verbesserung um einen Faktor 2 ergibt. Warum haben wir auf diese Verbesserung dennoch keinen Wert gelegt?

Aufgabe 6.15. Zur Lösung eines steifen Anfangswertproblems

$$x' = f(t, x(t)), \quad x(0) = x_0$$

betrachten wir eine Verallgemeinerung des linear-impliziten Euler-Verfahrens (VLIEUL)

$$\frac{E(-\tau A)x(t + \tau) - x(t)}{\tau} = f(t, x(t)) - Ax(t), \quad A := f_x(x_0).$$

Daneben betrachten wir eine Verallgemeinerung der linear-impliziten Mittelpunktsregel (VLIMID) ohne Start- und Schlussschritt

$$\frac{E(-\tau A)x(t + \tau) - E(\tau A)y(t - \tau)}{2\tau} = f(t, x(t)) - Ax(t).$$

In beiden Fällen stellen $E(\tau A)$ zu wählende Approximationen der Matrizen-Exponentiellen $\exp(\tau A)$ dar.

Zum qualitativen Vergleich der beiden Diskretisierungen benutzen wir das skalare nichtautonome Modellproblem (mit $A := \lambda \in \mathbb{C}$)

$$x' = \lambda(x - g(t)) + g'(t), \quad x(0) = g(0),$$

welches für $\mathrm{Re}(\lambda) < 0$ die asymptotische Lösung $x(t) \equiv g(t)$ besitzt.

a) Für VLIEUL müssen aus Konsistenzgründen die Beziehungen

$$E(0) = I, \quad \left.\frac{dE}{d\tau}\right|_{\tau=0} = A$$

gelten. Sei $g(t) = g_0$, $g_0 \in \mathbb{R}$. Für welche Wahl der Approximation $E(\cdot)$ liefert VLIEUL gerade $x(t) \equiv g(t)$ als diskrete Lösung des Modellproblems?

b) Führe die analoge Betrachtung für VLIMID durch, wobei jetzt $g(t) := g_0 + g_1 t$ mit $g_0, g_1 \in \mathbb{R}$ gelte. Welche Wahl von E ergibt sich hierbei? Schränkt ein VLIEUL-Startschritt die Wahl von $g(t)$ wieder auf $g(t) = g_0$ ein?

Aufgabe 6.16. Untersucht werde die lineare Stabilität des linear-impliziten Euler-Verfahrens und der linear-impliziten Mittelpunktsregel im Vergleich, d. h., beide Verfahren sollen auf die skalare Testgleichung

$$x' = \lambda y, \quad x(0) = 1,$$

angewendet werden. Sei definiert $z = \lambda\tau$, $z_0 = A\tau$, wobei Approximationsfehler der Jacobi-Matrix durch $z_0 \neq z$ studiert werden sollen. Sei $\text{Re } z_0 \leq 0$ vorausgesetzt.

a) Das linear-implizite Euler-Verfahren lautet

$$x_{\nu+1} = x_\nu + (I - \tau A)^{-1}\tau f(x_\nu), \quad \nu = 0, 1, \ldots, k.$$

(i) Zeige die A-Stabilität des Verfahrens für $z = z_0$.

(ii) Für $z_0 \neq z$ berechne den Rand ∂G des Stabilitätsgebietes

$$G(z_0) = \{z \in C \mid |R(z, z_0)| \leq 1\}.$$

b) Die linear-implizite Mittelpunktsregel (ohne Start- und Schlussschritt) lautet

$$x_{\nu+1} = (I - \tau A)^{-1}[(I + \tau A)x_{\nu-1} + 2\tau(f(x_\nu) - Ax_\nu)].$$

(i) Zeige die A-Stabilität des Verfahrens für $z = z_0$.

(ii) Für $z_0 \neq z$ leite mit dem Ansatz $x_\nu = \zeta^\nu$ die zugehörige charakteristische Gleichung her. Seien $\zeta_1(z, z_0)$ und $\zeta_2(z, z_0)$ die Wurzeln dieser Gleichung. Gib den Rand ∂G des Stabilitätsgebietes

$$G(z_0) = \{z \in C : |\zeta_i(z, z_0)| \leq 1, \ i = 1, 2\}$$

an und untersuche die Spezialfälle $\text{Re } z_0 \to -\infty$ und $\text{Re } z_0 \to 0$.

Aufgabe 6.17. Wir betrachten die linear-implizite Mittelpunktsregel (6.23) mit linear-implizitem Euler-Startschritt (6.24), Baderschem Schlussschritt (6.26) und Extrapolation mit Unterteilungsfolge $\mathcal{F}_\alpha = \{2, 6, 10, 14, 22, \ldots\}$ – vergleiche Abschnitt 6.4.2.

a) Zeige: Anwendung auf die skalare Testgleichung

$$x' = \lambda x, \quad x(0) = 1,$$

liefert für die erste Spalte eines Extrapolationstableaus (sei $z = \lambda\tau$) die rationalen Ausdrücke

$$R_{l,1}(z) = \frac{1}{(1 - z/n)^2}\left(\frac{1 + z/n}{1 - z/n}\right)^{\frac{n}{2}-1}, \quad n \in \mathcal{F}.$$

b) Weise für $R_{2,2}(z)$ die A-Stabilität nach.

   Hinweis: Für $R(z) = \frac{P(z)}{Q(z)}$, P, Q Polynome, definiert sich das sogenannte Ehle-Polynom als
   $$E(z) = |Q(z)|^2 - |P(z)|^2.$$

   Benutze die Beziehung

   $$E(iy) \geq 0, \quad y \in R \longrightarrow |R(iy)| \leq 1, \qquad y \in R.$$

c) Weise die Glättungseigenschaft für den Baderschen Schlussschritt nach.

7 Mehrschrittverfahren für Anfangswertprobleme

Die in Kapitel 4 und 6 vorgestellten Einschrittverfahren approximieren die Lösung $x \in C^1([t_0, T], \mathbb{R}^d)$ eines Anfangswertproblems

$$x' = f(t, x), \quad x(t_0) = x_0,$$

auf einem Gitter $\Delta = \{t_0, \dots, t_n\}$,

$$t_0 < t_1 < \cdots < t_n = T,$$

durch eine Gitterfunktion

$$x_\Delta : \Delta \to \mathbb{R}^d,$$

indem sie den Wert $x_\Delta(t_{j+1})$ *ausschließlich* aus der Kenntnis des vorangehenden Wertes $x_\Delta(t_j)$ berechnen, formalisiert durch die diskrete Evolution:

$$x_\Delta(t_{j+1}) = \Psi^{t_{j+1}, t_j} x_\Delta(t_j), \quad j = 0, \dots, n-1.$$

Jeder Schritt wird also behandelt, *als wäre er der erste*, d.h., das Verfahren kann nicht erkennen, ob es sich im $(j+1)$-ten Schritt der Approximation des ursprünglichen Anfangswertproblems befindet oder etwa im ersten Schritt der Approximation von

$$x' = f(t, x), \quad x(t_j) = x_\Delta(t_j).$$

In diesem Sinne besitzen Einschrittverfahren kein *Gedächtnis*, sie vergessen bis auf den Wert $x_\Delta(t_j)$ alles, was an Information über die rechte Seite f der Differentialgleichung schon gewonnen wurde. (Als zusätzlichen Informationsträger kann man höchstens noch die durch eine Schrittweitensteuerung bestimmte Schrittweite $\tau_j = t_{j+1} - t_j$ auffassen.) Dies verleiht den Einschrittverfahren auf der einen Seite eine hohe Flexibilität, um auf neue Situationen reagieren zu können, auf der anderen Seite muss für höhere Approximationsordnungen p in jedem Schritt verhältnismäßig viel neue Information berechnet werden: für einen Schritt eines s-stufigen Runge-Kutta-Verfahrens

- die Stufenzahl $s \geq p$ an f-Auswertungen für explizite Verfahren bei nichtsteifen Problemen,

- wenigstens $s \geq p/2$ nichtlineare Gleichungssysteme der Systemdimension d für implizite Verfahren bei steifen Problemen,

- wenigstens $s \geq p/2$ lineare Gleichungssysteme der Systemdimension d für linear-implizite Verfahren bei steifen Problemen.

Die Idee der Mehrschrittverfahren besteht nun darin, für ein festes $k \in \mathbb{N}$ aus den jeweils k letzten Werten den aktuellen Wert zu berechnen:

$$x_\Delta(t_{j-k+1}), \ldots, x_\Delta(t_j) \mapsto x_\Delta(t_{j+1}), \quad j = k-1, \ldots, n-1.$$

Bei gegebenem k spricht man auch von einem k-Schrittverfahren. Es wird also aus „älterer" Information eine Vorhersage zur Unterstützung der Approximation getroffen. Tatsächlich werden wir in diesem Kapitel Verfahren kennenlernen, welche für *jede* Konsistenzordnung den *gleichen* Aufwand an f-Auswertungen oder an Lösungen nichtlinearer Gleichungssysteme erfordern: für jeden Schritt

- eine einzige f-Auswertung für explizite Verfahren bei nichtsteifen Problemen,

- ein einziges nichtlineares Gleichungssystem der Systemdimension d für implizite Verfahren bei steifen Problemen.

Nach dieser Gegenüberstellung von Einschritt- und Mehrschrittverfahren könnte der Eindruck entstehen, dass Mehrschrittverfahren den Einschrittverfahren überlegen sind. Der Vergleich fällt aber bei näherem Hinsehen etwas differenzierter aus, wie wir zu Beginn des Abschnittes 7.4 diskutieren werden.

In Abschnitt 7.1 werden wir zunächst die Konvergenztheorie von *linearen* Mehrschrittverfahren entwickeln. Wir werden dabei feststellen, dass uns die Mehrschrittverfahren ein grundsätzliches Problem bereiten: Ein k-Schrittverfahren benötigt zu seinem Start die $k-1$ zusätzlichen *Startwerte*

$$x_\Delta(t_1), \ldots, x_\Delta(t_{k-1}),$$

welche sich nicht unmittelbar am Anfangswertproblem ablesen lassen. Insofern hängt die Gitterfunktion x_Δ *nicht* eindeutig von dem Anfangswert x_0 ab. Zur Konvergenz eines Mehrschrittverfahrens ist daher eine weitere Eigenschaft nötig, welche dafür sorgt, dass es in einem gewissen Sinne auf die konkrete Wahl der zusätzlichen Startwerte nicht ankommt, d. h., dass kleine Veränderungen dieser Startwerte auch nur kleine Veränderungen der Gitterlösung nach sich ziehen. Diese weitere Eigenschaft ist also eine Stabilitätsforderung im Sinne des Kapitels 3.

In Abschnitt 7.2 betrachten wir das Verhalten von Mehrschrittverfahren für steife Probleme.

Aus der allgemeinen Theorie linearer Mehrschrittverfahren in den Abschnitten 7.1 und 7.2 lassen sich Konstruktionsprinzipien ableiten, aus denen wir in Abschnitt 7.3 *genau je eine* Familie linearer Mehrschrittverfahren für nichtsteife und für steife Probleme herleiten werden. Für diese Familien werden wir in Abschnitt 7.4 adaptive Grundalgorithmen zur Ordnungs- und Schrittweitensteuerung entwickeln.

7.1 Mehrschrittverfahren über äquidistanten Gittern

Ein Einschrittverfahren kann aufgrund seiner Gedächtnislosigkeit nicht erkennen, ob es auf einem äquidistanten Gitter arbeitet oder nicht. Deshalb konnten wir bei Einschrittverfahren in der Notation zwischen der Gitterfunktion x_Δ und der Beschreibung *eines* Schrittes durch die diskrete Evolution Ψ unterscheiden. Eine solche Unterscheidung ist bei Mehrschrittverfahren nicht länger möglich. Der Einfachheit halber werden wir uns daher in diesem Abschnitt auf äquidistante Gitter beschränken, wobei wir zur Schrittweite

$$\tau = \frac{T - t_0}{n}$$

aus den Gitterpunkten

$$t_j = t_0 + j\tau, \quad j = 0, 1, \ldots, n,$$

das Gitter Δ_τ und die zugehörige Gitterfunktion x_τ bilden.

Bevor wir die Klasse von Mehrschrittverfahren, welche wir untersuchen wollen, für die spätere Diskussion von Konsistenz- und Diskretisierungsfehler formalisieren, wollen wir zwei klassische Beispiele betrachten.

Beispiel 7.1. In Abschnitt 4.3.3 haben wir die *explizite Mittelpunktsregel*

$$x_\tau(t_{j+1}) = x_\tau(t_{j-1}) + 2\tau f(t_j, x_\tau(t_j)), \quad j = 1, \ldots, n-1, \tag{7.1}$$

kennengelernt. Unabhängig von der damaligen Motivation über den zentralen Differenzenquotienten wollen wir diesem *Zweischrittverfahren* eine Interpretation als *Quadraturformel* geben. Integrieren wir die Differentialgleichung über dem Intervall $[t_{j-1}, t_{j+1}]$, so erhalten wir

$$x(t_{j+1}) = x(t_{j-1}) + \int_{t_{j-1}}^{t_{j+1}} f(\sigma, x(\sigma)) \, d\sigma. \tag{7.2}$$

Wenden wir auf das Integral die Mittelpunktsregel an, so erhalten wir wegen der Äquidistanz des Gitters bei hinreichend glattem f

$$\int_{t_{j-1}}^{t_{j+1}} f(\sigma, x(\sigma)) \, d\sigma = 2\tau f(t_j, x(t_j)) + O(\tau^3).$$

Hierbei haben wir Lemma 6.39 angewendet, um aus der Exaktheit der Mittelpunktsregel für lineare Polynome auf den Fehlerterm $O(\tau^3)$ zu schließen. Somit erfüllt die exakte Lösung des Anfangswertproblems die Rekursion des Zweischrittverfahrens (7.1) bis auf einen Störterm $O(\tau^{p+1})$ mit der *Konsistenzordnung* $p = 2$. Aus Abschnitt 4.3.3 wissen wir, dass die explizite Mittelpunktsregel bei geeignetem Startwert $x_\tau(t_1)$ einen globalen Diskretisierungsfehler der Größenordnung $O(\tau^2)$ liefert. Wir vermuten also auch für Mehrschrittverfahren einen ähnlich allgemeinen Zusammenhang

zwischen Konsistenzordnung und Approximationsordnung wie bei Einschrittverfahren. In Abschnitt 7.1.2 werden wir aber sehen, dass dies nur unter einer wesentlichen
Einschränkung richtig ist.

Beispiel 7.2. Wollen wir die Konsistenzordnung $p = 2$ der expliziten Mittelpunktsregel erhöhen, so liegt es nahe, das Integral in (7.2) durch eine genauere Quadraturformel zu approximieren. So liefert uns beispielsweise die Simpson-Regel (Band 1,
Tabelle 9.1) die Approximation

$$\int_{t_{j-1}}^{t_{j+1}} f(\sigma, x(\sigma)) \, d\sigma$$

$$= \frac{\tau}{3} \big(f(t_{j+1}, x(t_{j+1})) + 4f(t_j, x(t_j)) + f(t_{j-1}, x(t_{j-1})) \big) + O(\tau^5),$$

da sie für Polynome vom Grade 3 exakt ist. Daher besitzt das sogenannte *Milne-
Simpson-Verfahren* (W. E. Milne 1926)

$$x_\tau(t_{j+1}) = x_\tau(t_{j-1}) + \frac{\tau}{3} \big(f(t_{j+1}, x_\tau(t_{j+1})) + 4f(t_j, x_\tau(t_j)) + f(t_{j-1}, x_\tau(t_{j-1})) \big),$$

$j = 1, \ldots, n - 1$, die Konsistenzordnung $p = 4$. Wir beobachten allerdings, dass das
Milne-Simpson-Verfahren den Wert $x_\tau(t_{j+1})$ nur implizit liefert.

Sowohl die explizite Mittelpunktsregel als auch das Milne-Simpson-Verfahren sind
lineare Ausdrücke in der rechten Seite f. Diese einfache Struktur werden wir beibehalten.

Allgemeine lineare Mehrschrittverfahren. Ein allgemeines *lineares k*-Schrittver-
fahren zur Bestimmung der Gitterfunktion x_τ ist durch eine Rekursion der Form

$$\alpha_k x_\tau(t_{j+k}) + \alpha_{k-1} x_\tau(t_{j+k-1}) + \cdots + \alpha_0 x_\tau(t_j)$$

$$= \tau \big(\beta_k f_\tau(t_{j+k}) + \beta_{k-1} f_\tau(t_{j+k-1}) + \cdots + \beta_0 f_\tau(t_j) \big)$$

(7.3)

für $j = 0, \ldots, n - k$ gegeben. Zur Abkürzung haben wir die Gitterfunktion

$$f_\tau : \Delta_\tau \to \mathbb{R}^d, \quad t \mapsto f(t, x_\tau(t))$$

eingeführt. Die Koeffizienten $\alpha_0, \ldots, \alpha_k, \beta_0, \ldots, \beta_k \in \mathbb{R}$ sind fest gewählt, wobei
wir

$$|\alpha_0| + |\beta_0| > 0$$

voraussetzen können, da es sich sonst um ein $(k - 1)$-Schrittverfahren handelt. Im
Falle $\beta_k = 0$ ist das Mehrschrittverfahren *explizit*, für $\beta_k \neq 0$ *implizit*. Wir werden
stets

$$\alpha_k \neq 0$$

voraussetzen. Explizite Verfahren wären sonst $(k-1)$-Schrittverfahren; für implizite Verfahren ist diese Voraussetzung wichtig, um die Existenz der Gitterlösung für kleine Schrittweiten τ zu garantieren.

Lemma 7.3. *Die Abbildung* $f : \mathbb{R} \times \mathbb{R}^d \to \mathbb{R}^d$ *genüge der Lipschitzbedingung*

$$|f(t,x) - f(t,\bar{x})| \le L|x - \bar{x}| \quad \text{für alle } x, \bar{x} \in \mathbb{R}^d, \, t \in \mathbb{R}.$$

Dann existiert für

$$\tau < \frac{|\alpha_k|}{|\beta_k|L}$$

zu beliebigen Startwerten $x_\tau(t_0), \ldots, x_\tau(t_{k-1})$ *eine eindeutige Gitterfunktion* x_τ, *welche die Rekursion des Mehrschrittverfahrens (7.3) erfüllt.*

Beweis. Für explizite Mehrschrittverfahren, d. h. $\beta_k = 0$, ist die Aussage unmittelbar klar. Sei also $\beta_k \ne 0$. Wir müssen zur Berechnung von $x_* = x_\tau(t_{j+k})$, $j = 0, \ldots, n - k$, die Fixpunktgleichung

$$x_* = \tau \frac{\beta_k}{\alpha_k} f(t_{j+k}, x_*) + R_j$$

lösen, wobei wir in R_j alle Ausdrücke aufgesammelt haben, die $x_\tau(t_{j+k})$ nicht enthalten. Nach Voraussetzung an f genügt die rechte Seite der Fixpunktgleichung bezüglich x_* einer Lipschitzbedingung mit der Konstanten

$$L^* = \tau \frac{|\beta_k|}{|\alpha_k|} L.$$

Der Banachsche Fixpunktsatz (Band 1, Satz 4.4) liefert nun eine eindeutige Lösung x_*, wenn die Kontraktionsbedingung $L^* < 1$ erfüllt ist, was äquivalent zur Voraussetzung an die Schrittweite τ ist. Induktiv erhalten wir daher eindeutige Werte $x_\tau(t_{j+k})$. $\qquad\qquad\square$

Bemerkung 7.4. Im Vergleich zur Behandlung der impliziten Runge-Kutta-Verfahren durch Satz 6.28 mag in Lemma 7.3 die Voraussetzung an die rechte Seite f unnötig einschränkend erscheinen. Wir sollten uns aber klar machen, dass wir in Satz 6.28 unter minimalen Voraussetzungen an f für kleine τ zwar die Existenz der durch das Runge-Kutta-Verfahren gegebenen diskreten Evolution gezeigt haben, die Existenz der *Gitterfunktion* sodann aber eine Folge des Konvergenzsatzes 4.10 ist. Da wir bei Mehrschrittverfahren sofort die Gitterfunktion angehen müssen, wird eine Existenzaussage für die Gitterfunktion von Mehrschrittverfahren unter allgemeinen Voraussetzungen unmittelbar an ein Konvergenzresultat gebunden sein, welches wir erst in Abschnitt 7.1.3 behandeln werden.

Shiftoperator. Die Behandlung von Mehrschrittverfahren wird erheblich vereinfacht durch die Einführung eines geeigneten *Kalküls*. Dieser Kalkül soll es ermöglichen, die linke und die rechte Seite der Rekursion (7.3) jeweils als Werte einer Gitterfunktion zu deuten. Um hierbei stets mit dem gleichen Definitionsbereich arbeiten zu können, erweitern wir das ursprüngliche Gitter zur unendlichen Folge

$$\Delta_\tau = \{t_0, t_1, \dots\},$$

wobei stets $t_j = t_0 + j\tau$ ist. Sodann betrachten wir beliebige Fortsetzungen

$$x_\tau, f_\tau : \Delta_\tau \to \mathbb{R}^d$$

über t_n hinaus, beispielsweise durch Nullen:

$$x_\tau(t_j) = f_\tau(t_j) = 0 \quad \text{für } j = n+1, \dots.$$

Aus einer Gitterfunktion $\phi : \Delta_\tau \to \mathbb{R}^d$ wird durch

$$(E\phi)(t_j) = \phi(t_{j+1}), \quad j = 0, 1, \dots,$$

oder äquivalent durch

$$(E\phi)(t) = \phi(t + \tau), \quad t \in \Delta_\tau,$$

die um eine Stelle verschobene Gitterfunktion $E\phi : \Delta_\tau \to \mathbb{R}^d$. Der Operator E heißt *Shiftoperator* oder Verschiebeoperator des Gitters und operiert *linear* auf den Gitterfunktionen. Mit seiner Hilfe lässt sich die Rekursion (7.3) notieren als

$$(\alpha_k E^k + \alpha_{k-1} E^{k-1} + \dots + \alpha_0) x_\tau(t) = \tau(\beta_k E^k + \beta_{k-1} E^{k-1} + \dots + \beta_0) f_\tau(t)$$

für alle $t \in \Delta_\tau$. Die hierbei auftretenden Polynome in E,

$$\rho(\zeta) = \alpha_k \zeta^k + \alpha_{k-1} \zeta^{k-1} + \dots + \alpha_0$$

und

$$\sigma(\zeta) = \beta_k \zeta^k + \beta_{k-1} \zeta^{k-1} + \dots + \beta_0,$$

werden als *charakteristische Polynome* des Mehrschrittverfahrens bezeichnet. Sie führen auf folgende sehr kompakte Schreibweise für Mehrschrittverfahren:

$$\rho(E) x_\tau = \tau \sigma(E) f_\tau. \tag{7.4}$$

Ein k-Schrittverfahren lässt sich also durch die Angabe zweier Polynome $\rho, \sigma \in \boldsymbol{P}_k$ beschreiben. Diese Polynome kodieren nicht nur die Koeffizienten des Mehrschrittverfahrens, sondern geben durch (7.4) auch unmittelbar seine Gestalt.

Beispiel 7.5. Die explizite Mittelpunktsregel ist durch

$$\rho(\zeta) = \zeta^2 - 1, \quad \sigma(\zeta) = 2\zeta$$

gegeben, das Milne-Simpson-Verfahren durch

$$\rho(\zeta) = \zeta^2 - 1, \quad \sigma(\zeta) = (\zeta^2 + 4\zeta + 1)/3.$$

7.1.1 Konsistenz

Wie bei Einschrittverfahren benötigen wir zum Aufbau einer Konvergenztheorie zunächst einen *Konsistenzbegriff*, welcher den Zusammenhang der durch das Mehrschrittverfahren gegebenen Differenzengleichung mit der Differentialgleichung beschreibt. Als geeignet erweist sich dabei das Vorgehen, welches wir in Beispiel 7.1 an der expliziten Mittelpunktsregel vorgeführt haben: Wir setzen die Lösung x des Anfangswertproblems statt der Gitterfunktion x_τ in den Ausdruck

$$\rho(E)x_\tau - \tau\sigma(E)f_\tau = 0$$

ein und analysieren, was für eine Abweichung von der Null sie verursacht. Da für eine Lösung x der Differentialgleichung $x' = f(t, x)$ an den Gitterpunkten

$$f(t_j, x(t_j)) = x'(t_j)$$

gilt, betrachten wir also den Wert des *Differenzenoperators*

$$L(x, t, \tau) = \rho(E)x(t) - \tau\sigma(E)x'(t).$$

Dieser Ausdruck ist für $x \in C^1([t_0, T], \mathbb{R}^d)$ definiert, wenn

$$[t, t + k\tau] \subset [t_0, T]$$

gilt. Dabei ist natürlich in Analogie zu den Gitterfunktionen

$$Ex(t) = x(t + \tau).$$

Definition 7.6. Ein lineares Mehrschrittverfahren besitzt die *Konsistenzordnung* p, wenn für alle $x \in C^\infty([t_0, T], \mathbb{R}^d)$

$$L(x, t, \tau) = O(\tau^{p+1})$$

gleichmäßig für alle t, τ gilt.

Diese Definition ist unabhängig vom gewählten Grundintervall $[t_0, T]$. Das folgende Beispiel zeigt, dass wir diese Konsistenzdefinition als Verallgemeinerung des Konsistenzbegriffes auffassen können, der in Abschnitt 4.1 für diskrete Evolutionen eingeführt wurde.

Beispiel 7.7. Wie wir an der Rekursion (4.2) ablesen können, handelt es sich bei dem expliziten Euler-Verfahren um ein lineares 1-Schrittverfahren mit den definierenden Polynomen

$$\rho(\zeta) = \zeta - 1, \quad \sigma(\zeta) = 1.$$

Der zugehörige Differenzenoperator ergibt

$$L(x, t, \tau) = \rho(E)x(t) - \tau\sigma(E)x'(t) = x(t + \tau) - x(t) - \tau x'(t).$$

Setzen wir hier $x'(t) = f(t, x(t))$, so können wir mit Hilfe der diskreten Evolution Ψ des expliziten Euler-Verfahrens sofort

$$L(x, t, \tau) = \Phi^{t+\tau,t} x(t) - \Psi^{t+\tau,t} x(t)$$

als den *Konsistenzfehler* des expliziten Euler-Verfahrens erkennen.

Wie bei Runge-Kutta-Verfahren wollen wir durch Bedingungsgleichungen für die Koeffizienten des Mehrschrittverfahrens ausdrücken, dass dieses die Konsistenzordnung p besitzt. Dabei ist das Aufstellen dieser Bedingungsgleichungen längst nicht so aufwendig wie in Abschnitt 4.2.3. Wir verdanken dies dem Umstand, dass als Folge der Linearität bei der Konsistenzanalyse keine geschachtelten Funktionen differenziert werden müssen. Folgendes Lemma fasst ein paar nützliche Konsistenzkriterien zusammen.

Lemma 7.8. *Ein lineares Mehrschrittverfahren hat genau dann die Konsistenzordnung p, wenn eine der folgenden äquivalenten Bedingungen erfüllt ist:*

(i) *Für beliebiges $x \in C^{p+1}([t_0, T], \mathbb{R}^d)$ gilt $L(x, t, \tau) = O(\tau^{p+1})$ gleichmäßig in allen zulässigen t, τ.*

(ii) $L(Q, 0, \tau) = 0$ *für alle Polynome $Q \in \boldsymbol{P}_p$.*

(iii) $L(\exp, 0, \tau) = \rho(e^\tau) - \tau\sigma(e^\tau) = O(\tau^{p+1})$.

(iv) *Es gilt*

$$\sum_{j=0}^{k} \alpha_j = 0, \quad \sum_{j=0}^{k} \alpha_j j^\ell = \ell \sum_{j=0}^{k} \beta_j j^{\ell-1} \quad \textit{für } \ell = 1, \ldots, p.$$

Dabei vereinbaren wir $0^0 = 1$.

Beweis. Wir zeigen die Kette (i) $\Rightarrow$ Konsistenzordnung p $\Rightarrow$ (ii) $\Rightarrow$ (iii) $\Rightarrow$ (iv) $\Rightarrow$ (i). Dabei folgt der erste Schritt dieser Kette unmittelbar aus der Definition der Konsistenzordnung. Konsistenzordnung p $\Rightarrow$ (ii): Nach Definition der Konsistenzordnung ist $L(Q, 0, \tau) = O(\tau^{p+1})$ für das Polynom $Q \in \boldsymbol{P}_p$. Mit Q ist aber auch der Ausdruck $L(Q, 0, \tau)$ ein Polynom in τ, dessen Grad durch den Grad von Q und daher durch p beschränkt ist. Es muss demnach $L(Q, 0, \tau) = 0$ gelten.

(ii) $\Rightarrow$ (iii): Sei $Q \in \boldsymbol{P}_p$ das Taylorpolynom der Exponentialfunktion vom Grad p, d. h.

$$\exp(\tau) = Q(\tau) + O(\tau^{p+1}).$$

Aus der Linearität des Differenzenoperators L und der Tatsache, dass die Ableitung von x in diesem Ausdruck mit τ multipliziert wird, folgt sofort

$$L(\exp, 0, \tau) = L(Q, 0, \tau) + O(\tau^{p+1}).$$

Da der erste Summand nach Voraussetzung verschwindet, gilt die Behauptung. Die Beziehung

$$L(\exp, 0, \tau) = \rho(e^\tau) - \tau\sigma(e^\tau)$$

ist eine Folge der Beobachtung $E \exp(0) = e^\tau$.

(iii) $\Rightarrow$ (iv): Die Taylorentwicklung des Ausdruckes $L(\exp, 0, \tau)$ nach τ lautet

$$L(\exp, 0, \tau) = \sum_{\ell=0}^{p} \frac{1}{\ell!} \sum_{j=0}^{k} \alpha_j j^\ell \tau^\ell - \sum_{\ell=0}^{p-1} \frac{1}{\ell!} \sum_{j=0}^{k} \beta_j j^\ell \tau^{\ell+1} + O(\tau^{p+1}).$$

Aus $L(\exp, 0, \tau) = O(\tau^{p+1})$ folgt, dass die Koeffizienten des Taylorpolynoms verschwinden müssen. Dies liefert aber gerade die Bedingungsgleichungen in (iv).

(iv) $\Rightarrow$ (i): Taylorentwicklung von $L(x, t, \tau)$ nach τ liefert für $x \in C^{p+1}$

$$L(x, t, \tau) = \sum_{\ell=0}^{p} \frac{1}{\ell!} \sum_{j=0}^{k} \alpha_j j^\ell \tau^\ell x^{(\ell)}(t) + O(\tau^{p+1})$$

$$- \tau\Big(\sum_{\ell=0}^{p-1} \frac{1}{\ell!} \sum_{j=0}^{k} \beta_j j^\ell \tau^\ell x^{(\ell+1)}(t) + O(\tau^{p}) \Big).$$

Setzen wir die Beziehungen der Bedingungsgleichungen (iv) ein, so erhalten wir wie gewünscht $L(x, t, \tau) = O(\tau^{p+1})$. $\square$

Beispiel 7.9. Sehen wir uns die Bedingungen für $p = 0$ und $p = 1$ an. Der Fall $p = 0$ bedeutet nach (ii), dass Konstanten exakt behandelt werden, d. h., für das triviale Anfangswertproblem

$$x' = 0, \quad x(t_0) = x_0,$$

erhalten wir zu den Startwerten $x_\tau(t_0) = \cdots = x_\tau(t_{k-1}) = x_0$ die Gitterfunktion $x_\tau(t_j) = x_0$ für $j \geq k$. Nach (iv) lautet die zugehörige Bedingungsgleichung $\sum_j \alpha_j = 0$ oder kurz mit dem Polynom ρ notiert:

$$\rho(1) = 0. \tag{7.5}$$

Der Fall $p = 1$ liefert uns nach (iv) eine weitere Bedingungsgleichung, die mit Hilfe der Polynome ρ, σ kurz

$$\rho'(1) = \sigma(1) \tag{7.6}$$

lautet.

Die Bedingungen (7.5) und (7.6) haben bei Mehrschrittverfahren die gleiche Funktion, welche die Bedingung $\sum_j b_j = 1$ bei Runge-Kutta-Verfahren (Lemma 4.14) hatte. Ein Mehrschrittverfahren, das diesen beiden Bedingungen genügt, heißt *konsistent*.

Fehlerkonstante von Mehrschrittverfahren. In Abschnitt 5.4 haben wir erwähnt, dass Runge-Kutta-Verfahren *gleicher* Konsistenzordnung anhand einer *Fehlerkonstanten* verglichen werden können, welche Auskunft über den durchschnittlichen Fehler der Verfahren gibt. Wir wollen eine Konstante ähnlicher Funktion für Mehrschrittverfahren ermitteln. Für ein Mehrschrittverfahren der Konsistenzordnung p führen wir dazu die Taylorentwicklung des Differenzenoperators $L(x,t,\tau)$ einen Term weiter, als es im Beweis von Lemma 7.8 geschehen ist.

Für $x \in C^{p+2}([t_0,T],\mathbb{R}^d)$ erhalten wir

$$L(x,t,\tau) = C_{p+1}\tau^{p+1}x^{(p+1)}(t) + O(\tau^{p+2}) \tag{7.7}$$

mit der Konstanten

$$C_{p+1} = \frac{1}{(p+1)!}\Big(\sum_{j=0}^{k}\alpha_j\,j^{p+1} - (p+1)\sum_{j=0}^{k}\beta_j\,j^{p}\Big).$$

Diese Konstante leistet noch nicht das Gewünschte, da sie nicht invariant gegen Skalierung des Mehrschrittverfahrens mit einer Konstanten $\theta \neq 0$ ist: Gehen wir von $\rho(E)x_\tau = \tau\sigma(E)f_\tau$ zu dem völlig äquivalenten Verfahren $\theta\rho(E)x_\tau = \tau\theta\sigma(E)f_\tau$ über, so wird aus C_{p+1} nach Skalierung θC_{p+1}. Stattdessen betrachten wir die skalierungsinvariante *Fehlerkonstante*

$$C = \frac{C_{p+1}}{\sigma(1)}.$$

Diese Wahl ist sinnvoll, da sich später (Satz 7.15) $\sigma(1) \neq 0$ als notwendig für die Konvergenz eines Mehrschrittverfahrens erweisen wird.

Beispiel 7.10. Für die explizite Mittelpunktsregel errechnet man $C = 1/6$, für das Milne-Simpson-Verfahren $C = -1/180$. Man beachte jedoch, dass sich die Konsistenzordnungen dieser Verfahren unterscheiden.

Irreduzible Mehrschrittverfahren. Die beiden von uns bisher betrachteten Beispiele (explizite Mittelpunktsregel, Milne-Simpson) sind *irreduzible Mehrschrittverfahren*, d. h., die definierenden Polynome ρ und σ sind *teilerfremd*. Wir werden jetzt zeigen, dass es sinnvoll ist, grundsätzlich nur irreduzible Verfahren zu betrachten.

Nehmen wir an, die charakteristischen Polynome ρ und σ des k-Schrittverfahrens

$$\rho(E)x_\tau - \tau\sigma(E)f_\tau = 0$$

der Konsistenzordnung p besitzen einen größten gemeinsamen Teiler ϕ vom Polynomgrad $\mu > 0$:

$$\rho = \phi\rho^*, \quad \sigma = \phi\sigma^*.$$

Dann beschreiben die Polynome ρ^* und σ^* das *reduzierte* $(k - \mu)$-Schrittverfahren

$$\rho^*(E)x_\tau - \tau\sigma^*(E)f_\tau = 0.$$

Jede Gitterfunktion x_τ, die durch dieses reduzierte Verfahren berechnet wird, genügt auch der Rekursion des ursprünglichen Mehrschrittverfahrens:

$$\rho(E)x_\tau - \tau\sigma(E)f_\tau = \phi(E)\left(\rho^*(E)x_\tau - \tau\sigma^*(E)f_\tau\right) = 0.$$

Beide Verfahren sind also im Wesentlichen äquivalent. Setzen wir dabei $\sigma(1) \neq 0$ voraus, so können wir sogar die Gleichheit der Fehlerkonstanten zeigen: Bezeichnen wir nämlich mit L^* den zum neuen Verfahren gehörigen Differenzenoperator mit der Entwicklungskonstanten C_{p+1}^*, so erhalten wir für $x \in C^{p+2}([t_0, T], \mathbb{R}^d)$

$$L(x, t, \tau) = \phi(E)L^*(x, t, \tau) = C_{p+1}^*\tau^{p+1}\phi(E)x^{(p+1)}(t) + O(\tau^{p+2}).$$

Setzen wir hier die Taylorentwicklung

$$\phi(E)x^{(p+1)}(t) = \phi(1)x^{(p+1)}(t) + O(\tau)$$

ein, so liefert ein Vergleich mit der Entwicklung (7.7) $C_{p+1} = \phi(1)C_{p+1}^*$, d. h.

$$C = \frac{C_{p+1}}{\sigma(1)} = \frac{C_{p+1}^*}{\sigma^*(1)},$$

da $\sigma(1) = \phi(1)\sigma^*(1) \neq 0$ ist.

7.1.2 Stabilität

Wollen wir ein k-Schrittverfahren möglichst hoher Konsistenzordnung p konstruieren, so müssen wir die $p + 1$ *linearen* Bedingungsgleichungen aus Lemma 7.8(iv) in den $2k + 2$ Parametern $\alpha_0, \ldots, \alpha_k, \beta_0, \ldots, \beta_k$ lösen. Die Homogenität der Gleichungen ist sinnvoll, da auch das Mehrschrittverfahren homogen in den Koeffizienten ist, d. h., Multiplikation der Polynome ρ und σ mit einem Faktor $\theta \neq 0$ führt zu einem vollkommen äquivalenten Verfahren:

$$\theta\rho(E)x_\tau = \tau\theta\sigma(E)f_\tau \iff \rho(E)x_\tau = \tau\sigma(E)f_\tau.$$

Setzt man beispielsweise $\theta = 1/\alpha_k$, so können wir ohne Einschränkung von $\alpha_k = 1$ ausgehen, womit die Bedingungsgleichungen ihre Homogenität verlieren. Zählen wir jetzt Bedingungen und Unbekannte, so werden wir zu folgenden Vermutungen geführt:

- Es existiert kein k-Schrittverfahren der Ordnung $2k + 1$.

- Es existiert genau ein implizites k-Schrittverfahren der Ordnung $2k$ mit $\alpha_k = 1$.

- Es existiert genau ein explizites k-Schrittverfahren der Ordnung $2k - 1$ mit $\alpha_k = 1$.

Diese Aussagen lassen sich auch tatsächlich beweisen [37]. Nur sind diese Verfahren maximaler Konsistenzordnung für $k > 1$ *wertlos*, da sie ein Phänomen *numerischer Instabilität* aufweisen, welches wohl erstmalig von J. Todd 1950 [167] beobachtet wurde.

Beispiel 7.11. Das eindeutige explizite Zweischrittverfahren der Ordnung $p = 3$ mit der Normierung $\alpha_k = 1$ ist durch

$$\rho(\zeta) = \zeta^2 + 4\zeta - 5, \quad \sigma(\zeta) = 4\zeta + 2,$$

gegeben. Wenden wir dieses Verfahren auf das triviale Anfangswertproblem

$$x' = 0, \quad x(0) = 1,$$

an, so erhalten wir mit den Startwerten

$$x_\tau(0) = 1, \quad x_\tau(\tau) = 1 + \tau\varepsilon,$$

die Gitterfunktion

$$x_\tau(t) = 1 + \tau\varepsilon(1 - (-5)^{t/\tau})/6 \quad \text{für } t \in \Delta_\tau.$$

Dabei sind die beiden Summanden in der Klammer aus den zwei Nullstellen $\zeta_1 = 1$ und $\zeta_2 = -5$ des Polynoms ρ gebildet (vgl. Aufgabe 7.6). Ist $\varepsilon \neq 0$, so beobachten wir für festes t

$$\lim_{\tau \to 0} x_\tau(t) = \infty,$$

obwohl der Startwert $\lim_{\tau \to 0} x_\tau(\tau) = x(0)$ erfüllt: Ein Desaster, von Konvergenz kann nicht die Rede sein! Die Lösungskomponente der Nullstelle $\zeta_1 = 1$ aus der Konsistenzbedingung (7.5) lässt die Störung des zweiten Startwertes unangetastet, die Nullstelle $\zeta_2 = -5$ führt hingegen zu einer weiteren, *parasitären* Lösungskomponente, welche für kleine Schrittweiten die Lösung $x(t) = 1$ völlig überwuchert. In der Sprechweise von Beispiel 3.39 ist daher die homogene Differenzengleichung

$$x_{n+2} + 4x_{n+1} - 5x_n = 0, \quad n = 0, 1, \ldots,$$

instabil. Diese Instabilität hätten wir auch ohne die explizite Angabe der Lösung aus Satz 3.40 anhand von $|\zeta_2| > 1$ erfahren.

Nun mag man einwenden, dass wir für dieses Beispiel niemals mit $\varepsilon \neq 0$ rechnen würden. Allerdings sollte man sich klar machen, dass bei Rechnungen mit endlicher Mantissenlänge stets Störungen auftreten und es keineswegs ermutigend ist zu wissen, dass auch nur die kleinste Störung zu einer Katastrophe führt. Dies ist ein Musterbeispiel von *numerischer Instabilität*.

Außerdem sollte man beachten, dass für kompliziertere Anfangswertprobleme die nötigen exakten Startwerte völlig unbekannt sein können. Wollen wir etwa die Lösung $x(t) = \exp(t)$ des Anfangswertproblems

$$x' = x, \quad x(0) = 1,$$

approximieren, so erhalten wir zwar Konvergenz für die speziellen Startwerte

$$x_\tau(0) = 1, \quad x_\tau(\tau) = \sqrt{9 - 6\tau + 4\tau^2} - 2 + 2\tau = e^\tau + O(\tau^4), \qquad (7.8)$$

aber nicht für den „exakten" Wert $x_\tau(\tau) = \exp(\tau)$. Bei endlicher Mantissenlänge ist es illusorisch, mit den Startwerten aus (7.8) rechnen zu wollen. Wir werden uns also von dem Zweischrittverfahren maximaler Konsistenzordnung trennen müssen.

Das Beispiel empfiehlt uns eine eingeschränkte Klasse von Mehrschrittverfahren.

Definition 7.12. Ein lineares Mehrschrittverfahren heißt *stabil*, wenn die lineare homogene Differenzengleichung

$$\rho(E)x_\tau = 0$$

stabil ist. Nach Satz 3.40 ist dies dann und nur dann der Fall, wenn jede Wurzel ζ des Polynoms ρ der Bedingung $|\zeta| \leq 1$ genügt und $|\zeta| = 1$ nur für einfache Wurzeln vorliegt (*Dahlquistsche Wurzelbedingung*).

Beispiel 7.13. Das Polynom $\rho(\zeta) = \zeta^2 - 1$ der expliziten Mittelpunktsregel und des Milne-Simpson-Verfahrens hat die Wurzeln $\{1, -1\}$. Somit sind diese beiden Verfahren stabil. Jedes konsistente lineare *Einschrittverfahren* muss wegen der Bedingung $\rho(1) = 0$ das Polynom $\rho(\zeta) = \zeta - 1$ besitzen und ist daher stabil. Deshalb brauchten wir in Abschnitt 4.1 bei der Konvergenzanalyse von Einschrittverfahren keine Stabilitätsdiskussion zu führen.

Instabilität ist also ein typisches Phänomen von echten Mehrschrittverfahren ($k > 1$). Die Ursache hierfür kann wie folgt zusammengefasst werden: Die Lösung des Anfangswertproblems einer Differentialgleichung *erster* Ordnung wird durch *eine* Lösungskomponente einer Differenzengleichung *höherer* Ordnung approximiert. Es muss daher sichergestellt werden, dass die weiteren $k - 1$ Lösungskomponenten, die *Nebenlösungen* oder *parasitären Lösungen*, auch quantitativ nebensächlich sind – eine Forderung, welche in der Definition eines stabilen Mehrschrittverfahrens präzisiert wird. Des Weiteren wollen wir den in Beispiel 7.11 dargelegten *Konvergenzbegriff* formalisieren.

Definition 7.14. Sei $x \in C^1([t_0, T], \mathbb{R}^d)$ die Lösung eines Anfangswertproblems $x' = f(t, x), x(t_0) = x_0$. Ein Mehrschrittverfahren *konvergiert* gegen diese Lösung, wenn

$$\lim_{\tau \to 0} x_\tau(t) = x(t) \quad \text{für alle } t \in \Delta_\tau \cap [t_0, T]$$

gilt, sobald die Startwerte

$$\lim_{\tau \to 0} x_\tau(t_0 + j\tau) = x_0, \quad j = 0, \ldots, k - 1,$$

erfüllen. Wenn ein lineares Mehrschrittverfahren für beliebige Anfangswertprobleme mit hinreichend glatter rechter Seite konvergiert, so heißt es *konvergent*.

Das Phänomen aus Beispiel 7.11 ist von grundsätzlicher Natur, wie folgender Satz zeigt.

Satz 7.15. *Ein konvergentes lineares Mehrschrittverfahren ist notwendigerweise stabil und konsistent, speziell gilt*

$$\rho'(1) = \sigma(1) \neq 0.$$

Beweis. Wir werden die drei behaupteten Eigenschaften eines konvergenten Mehrschrittverfahrens – Stabilität und die zwei Beziehungen (7.5), (7.6) – anhand je eines speziellen Anfangswertproblems beweisen. Nehmen wir zunächst an, das Mehrschrittverfahren wäre nicht stabil. Dann gibt es für die durch $\rho(\zeta) = \alpha_k \zeta^k + \cdots + \alpha_0$ gegebene homogene Differenzengleichung

$$\alpha_k x_{\ell+k} + \cdots + \alpha_0 x_\ell = 0, \quad \ell = 0, 1, \ldots,$$

spezielle Startwerte $x_0, \ldots, x_{k-1}$, so dass

$$\limsup_{\ell \to \infty} |x_\ell| = \infty$$

gilt. Hierzu kann man eine geeignete Nullfolge $\varepsilon_\ell \to 0$ finden, so dass sogar

$$\limsup_{\ell \to \infty} |\varepsilon_\ell x_\ell| = \infty$$

gilt. Mit dieser Vorbereitung wenden wir das Mehrschrittverfahren auf das Anfangswertproblem

$$x' = 0, \quad x(0) = 0,$$

mit der Lösung $x(t) = 0$ an. Sei nun $t > 0$ fest und $\tau = t/n$. Die Startwerte

$$x_\tau(j\tau) = \varepsilon_n x_j, \quad j = 0, \ldots, k - 1,$$

erfüllen $x_\tau(j\tau) \to x(0)$ für $\tau \to 0$. Die zugehörige Gitterfunktion ist aber an der Stelle t durch

$$x_\tau(t) = \varepsilon_n x_n$$

gegeben, so dass

$$\limsup_{\tau \to 0} |x_\tau(t)| = \infty$$

gilt und das Mehrschrittverfahren nicht konvergent sein kann.

Zum Nachweis von Beziehung (7.5) wenden wir das Mehrschrittverfahren auf das Anfangswertproblem

$$x' = 0, \quad x(0) = 1,$$

mit den Startwerten $x_\tau(j\tau) = 1$ für $j = 0, 1, \ldots, k-1$ an. Wir erhalten deshalb

$$\alpha_k x_\tau(k\tau) + \alpha_{k-1} + \cdots + \alpha_0 = 0. \tag{I}$$

Die Konvergenz des Mehrschrittverfahrens liefert uns $x_\tau(k\tau) \to 1$ für $\tau \to 0$, so dass der Grenzübergang in (I) schließlich zu $\rho(1) = 0$ führt.

Der Nachweis von Beziehung (7.6) folgt aus der Anwendung des Mehrschrittverfahrens auf das Anfangswertproblem

$$x' = 1, \quad x(0) = 0,$$

mit der Lösung $x(t) = t$. Nun wissen wir bereits, dass $\rho(1) = 0$ ist und ρ für das konvergente, also stabile Verfahren der Dahlquistschen Wurzelbedingung genügt. Demnach kann 1 nicht doppelte Nullstelle von ρ sein, so dass wir

$$\rho'(1) \neq 0$$

erhalten. Wir zeigen jetzt, dass mit $\theta = \sigma(1)/\rho'(1)$

$$x_\tau(t) = \theta t$$

eine Gitterfunktion definiert, welche der Rekursion des Mehrschrittverfahrens genügt: Denn zum einen haben wir

$$\alpha_k(\theta k\tau) + \cdots + \alpha_1(\theta\tau) = \theta\rho'(1)\tau = \tau\sigma(1),$$

zum anderen folgt aus $\rho(1) = 0$

$$\alpha_k(\theta j\tau) + \cdots + \alpha_1(\theta j\tau) + \alpha_0(\theta j\tau) = 0.$$

Addieren wir diese beiden Beziehungen, so erhalten wir für $t = j\tau$

$$\rho(E)x_\tau(t) = \tau\sigma(1) = \tau\sigma(E)f_\tau(t)$$

für die rechte Seite $f = 1$. Die zugehörigen Startwerte erfüllen

$$\lim_{\tau \to 0} x_\tau(j\tau) = 0, \quad j = 0, \ldots, k-1,$$

so dass die Konvergenz des Mehrschrittverfahrens

$$\lim_{\tau \to 0} x_\tau(t) = \theta t = x(t) = t$$

sofort $\theta = 1$ impliziert. $\qquad\square$

G. Dahlquist untersuchte 1956 in seiner berühmten Arbeit [37] die Frage, welche Konsistenzordnung für ein *stabiles* k-Schrittverfahren maximal möglich ist. Er gelangte zu einer einfachen oberen Schranke, die heute *erste Dahlquist-Schranke* heißt. Salopp formuliert zeigt diese Schranke, dass die Forderung der Stabilität ungefähr die Hälfte der Freiheitsgrade eines Mehrschrittverfahrens aufbraucht.

Satz 7.16. *Die Konsistenzordnung p eines stabilen linearen k-Schrittverfahrens unterliegt der Beschränkung*

(i) $p \leq k + 2$, *wenn k gerade ist,*

(ii) $p \leq k + 1$, *wenn k ungerade ist,*

(iii) $p \leq k$, *wenn $\beta_k / \alpha_k \leq 0$ ist, also insbesondere für explizite Verfahren.*

Die erste Dahlquist-Schranke ist scharf, d. h., es gibt stabile Mehrschrittverfahren, für welche jeweils Gleichheit gilt, wie wir später anhand von Beispielen sehen werden. Der Beweis der ersten Dahlquist-Schranke erfolgt am bequemsten mit einfachen funktionentheoretischen Hilfsmitteln, ist aber dennoch recht technisch und länglich. Da wir von der Beweismethode keinen weiteren Gebrauch machen werden, wollen wir hier ebenso wie bei den Butcher-Schranken für explizite Runge-Kutta-Verfahren aus Abschnitt 4.2.3 auf einen Beweis verzichten und verweisen stattdessen auf die Darstellung in dem Buch [90].

Bemerkung 7.17. In einem unterhaltsamen Vortrag [38] zur Geschichte der Stabilitätsbegriffe, welche seit Anfang der 50er Jahre im Zusammenhang mit der numerischen Integration gewöhnlicher Differentialgleichungen geschaffen wurden, berichtet G. Dahlquist über die spezielle Faszination, die der Themenkreis der ersten Dahlquist-Schranke auf ihn ausgeübt hat: Die Verbindung eines asymptotischen Resultates (Konsistenzordnung) mit der Nullstellenverteilung einer Funktion (Stabilität) erinnerte ihn an Fragestellungen der analytischen Zahlentheorie, wo etwa die Fehlerabschätzung des Primzahlsatzes (asymptotisches Resultat) mit der Nullstellenverteilung der Riemannschen Zetafunktion aufs Engste zusammenhängt.

7.1.3 Konvergenz

Im vorliegenden Abschnitt werden wir zeigen, dass auch die Umkehrung des Resultates aus Satz 7.15 gilt: Stabilität und Konsistenz eines Mehrschrittverfahrens implizieren seine Konvergenz. Damit gilt für Mehrschrittverfahren der „Hauptsatz der Numerischen Mathematik":

$$\text{Stabilität und Konsistenz} \iff \text{Konvergenz.}$$

Bemerkung 7.18. Diesem Resultat kann man bei geeigneter Interpretation der Begriffe „Konsistenz" und „Stabilität" stets wiederbegegnen: beispielsweise als Formulierung des berühmten *Laxschen Äquivalenzsatzes* von 1956 für lineare Differenzenmethoden zur Approximation korrekt gestellter linearer Anfangswertprobleme partieller Differentialgleichungen [150].

Um die Rechnungen übersichtlich zu halten und den Blick unverstellt auf das Wesentliche der Argumentation richten zu können, wollen wir die Verwendung des Shiftoperators zu einem Kalkül ausbauen, der auch sonst von Nutzen sein kann. Die wesentliche Idee besteht dabei darin, eine Gitterfunktion $x_\tau : \Delta_\tau \to \mathbb{R}^d$ auf $\Delta_\tau = \{t_0, t_1, \dots\}$ mit der Folge

$$X = (x_\tau(t_0), x_\tau(t_1), \dots) \in \mathrm{Abb}(\mathbb{N}_0, \mathbb{R}^d)$$

zu identifizieren. Dabei bezeichnen wir Folgen aus $\mathrm{Abb}(\mathbb{N}_0, \mathbb{R}^d)$ mit großen lateinischen und griechischen Buchstaben.

Das folgende Lemma bildet die Grundlage unseres Kalküls.

Lemma 7.19. *Der Raum* $\mathrm{Abb}(\mathbb{N}_0, \mathbb{R})$ *bildet mit dem durch*

$$(X * Y)_j = \sum_{\ell=0}^{j} X_{j-\ell} Y_\ell, \quad j = 0, 1, \dots,$$

definierten Cauchyprodukt (Faltung) eine kommutative Algebra, d. h., die Faltung ist kommutativ, assoziativ und distributiv. Diese Algebra besitzt das Einselement

$$\mathbf{1} = (1, 0, 0, \dots).$$

Eine Folge X *ist genau dann invertierbar in* $\mathrm{Abb}(\mathbb{N}_0, \mathbb{R})$, *wenn* $X_0 \neq 0$ *gilt.*

Beweis. Der Beweis wird am bequemsten durch Einführung von Potenzreihen geführt. Wir beobachten für Funktionen f, g, welche durch Potenzreihen mit *positivem* Konvergenzradius dargestellt werden,

$$f(\zeta) = \sum_{j=0}^{\infty} X_j \, \zeta^j, \quad g(\zeta) = \sum_{j=0}^{\infty} Y_j \, \zeta^j,$$

dass das Produkt $f \cdot g$ gerade durch die Faltung der beiden zugehörigen Koeffizientenfolgen repräsentiert wird (Cauchysche Produktformel):

$$(f \cdot g)(\zeta) = \sum_{j=0}^{\infty} (X * Y)_j \, \zeta^j.$$

Die Koeffizientenfolgen von Potenzreihen mit positivem Konvergenzradius erben daher die Algebra-Struktur von den in der Nähe von $\zeta = 0$ analytischen Funktionen. Für allgemeine Folgen X, Y können Konvergenzbetrachtungen dadurch vermieden werden, dass wir zu *formalen* Potenzreihen übergehen. Die Algebra-Struktur wird nun von den Potenzreihen mit positivem Konvergenzradius sofort an formale Potenzreihen vererbt, indem man sich die Anfänge der Folgen ansieht, d. h. $(X_0, \dots, X_j, 0, 0, \dots)$ für X, welche trivialerweise zu Potenzreihen mit positivem Konvergenzradius führen. Die Behauptung zur Invertierbarkeit folgt aus der Äquivalenz der Beziehung

$$X * Y = \mathbf{1}$$

zur Rekursion

$$Y_0 = \frac{1}{X_0}, \quad Y_j = \frac{-\sum_{\ell=0}^{j-1} X_{j-\ell} Y_\ell}{X_0}, \quad j = 1, 2, \dots .$$

Gilt also $X * Y = \mathbf{1}$, so muss $X_0 \neq 0$ gelten. Ist andererseits $X_0 \neq 0$, so führt die Rekursion zu einer eindeutigen Folge Y, welche $X * Y = \mathbf{1}$ erfüllt. $\square$

Die Vertauschbarkeit von Shiftoperator und Faltung wird durch folgendes Lemma geregelt.

Lemma 7.20. *Der Shiftoperator wirkt auf der Algebra* $\mathrm{Abb}(\mathbb{N}_0, \mathbb{R})$ *durch*

$$(EX)_j = X_{j+1}, \quad j = 0, 1, \dots,$$

und vertauscht mit der Faltung gemäß

$$E(X * Y) = (EX) * Y$$

unter der Bedingung $X_0 = 0$.

Beweis. Für jede Folge X mit $X_0 = 0$ gilt

$$(E(X * Y))_j = \sum_{\ell=0}^{j+1} X_{j+1-\ell} Y_\ell = \sum_{\ell=0}^{j} X_{j+1-\ell} Y_\ell + X_0 Y_{j+1}$$

$$= \sum_{\ell=0}^{j} (EX)_{j-\ell} Y_\ell = ((EX) * Y)_j$$

für $j = 0, 1, \dots$, d. h. $E(X * Y) = (EX) * Y$. $\square$

Da die linearen Mehrschrittverfahren spezielle inhomogene Differenzengleichungen sind, besteht der Schlüssel zu einem Konvergenzresultat in der Abschätzung von Lösungen solcher Gleichungen. Derartige Abschätzungen lassen sich bequem mit dem Folgenkalkül ermitteln, wobei die Rolle der Stabilität der homogenen Gleichung deutlich beleuchtet wird, wie folgendes Lemma und sein Beweis zeigen.

Lemma 7.21. *Sei $\alpha_k \neq 0$. Die inhomogene lineare Differenzengleichung*

$$\alpha_k X_{j+k} + \cdots + \alpha_0 X_j = Y_j, \quad j = 0, 1, \ldots,$$

ist äquivalent zur Beziehung

$$Y = \rho(E)X = E^k (A * X) \tag{7.9}$$

mit dem Polynom $\rho(\zeta) = \alpha_k \zeta^k + \cdots + \alpha_0$ und der speziellen Folge

$$A = (\alpha_k, \ldots, \alpha_0, 0, 0, \ldots).$$

Die zugehörige homogene Differenzengleichung ist genau dann stabil, wenn die inverse Folge $\Gamma = A^{-1}$ beschränkt ist:

$$|\Gamma_j| \leq \gamma_*, \quad j = 0, 1, \ldots.$$

In diesem Fall genügt jede Lösung X der inhomogenen Gleichung der Abschätzung

$$|X_{j+k}| \leq \gamma_* \Big(\|\rho'\| \max_{0 \leq \ell \leq k-1} |X_\ell| + \sum_{\ell=0}^{j} |Y_\ell| \Big), \quad j = 0, 1, \ldots, \tag{7.10}$$

wobei wir $\|\rho'\| = k|\alpha_k| + (k-1)|\alpha_{k-1}| + \cdots + |\alpha_1|$ setzen.

Beweis. Es gilt für $j = 0, 1, \ldots$

$$(A * X)_j = \sum_{\ell=0}^{j} X_{j-\ell} A_\ell = \sum_{\ell=0}^{\min(k,j)} X_{j-\ell} \alpha_{k-\ell}, \tag{I}$$

also

$$\big(E^k (A * X) \big)_j = \sum_{\ell=0}^{k} X_{j+k-\ell} \alpha_{k-\ell} = \sum_{\ell=0}^{k} X_{j+\ell} \alpha_\ell = (\rho(E)X)_j,$$

woraus die behauptete Schreibweise (7.9) der Differenzengleichung als Faltung folgt. Aus (7.9) eliminieren wir noch den Shiftoperator, indem wir die Folge

$$\hat{Y} = (\alpha_k X_0, \alpha_k X_1 + \alpha_{k-1} X_0, \ldots, \alpha_k X_{k-1} + \cdots + \alpha_1 X_0, Y_0, Y_1, \ldots)$$

einführen. Sie erfüllt zum einen

$$E^k \hat{Y} = Y,$$

zum anderen gilt nach (I)

$$(A * X)_j = \hat{Y}_j \quad \text{für } j = 0, \ldots, k-1,$$

so dass wir die Faltungsgleichung

$$A * X = \hat{Y} \tag{II}$$

erhalten. Man beachte, dass wir in den ersten k Gliedern der Folge $\hat{Y}$ die k Startwerte $X_0, \ldots, X_{k-1}$ der Differenzengleichung kodiert haben. Die Gleichung (II) können wir nun nach X auflösen, indem wir beide Seiten mit der nach Lemma 7.19 existierenden inversen Folge $\Gamma = A^{-1}$ falten,

$$X = \Gamma * \hat{Y}. \tag{III}$$

Wir beweisen hieraus die Abschätzung (7.10), wobei wir zunächst annehmen, dass die Folge Γ durch γ_* beschränkt ist. Für $j = 0, 1, \ldots$ erhalten wir

$$|X_{j+k}| \leq \gamma_* \sum_{\ell=0}^{j+k} |\hat{Y}_\ell| = \gamma_* \sum_{\ell=0}^{k-1} |\hat{Y}_\ell| + \gamma_* \sum_{\ell=0}^{j} |Y_\ell|.$$

Den ersten Summanden schätzen wir durch Einsetzen und Umsummation wie folgt weiter ab:

$$\sum_{\ell=0}^{k-1} |\hat{Y}_\ell| \leq \sum_{\ell=0}^{k-1} \sum_{\mu=0}^{\ell} |X_{\ell-\mu}| \cdot |\alpha_{k-\mu}| = \sum_{\ell=1}^{k} |\alpha_\ell| \sum_{\mu=0}^{\ell-1} |X_\mu| \leq \sum_{\ell=1}^{k} \ell |\alpha_\ell| \cdot \max_{0 \leq \mu \leq k-1} |X_\mu|.$$

Zusammengefasst ergibt dies die Abschätzung (7.10).

Schließlich zeigen wir noch, dass die Existenz einer Schranke γ_* äquivalent ist zur Stabilität der homogenen Gleichung

$$\rho(E) X = Y = 0.$$

Existiert γ_*, so erhalten wir aus (7.10) mit $Y = 0$ die Abschätzung

$$|X_{j+k}| \leq \gamma_* \|\rho'\| \max_{0 \leq \ell \leq k-1} |X_\ell|$$

für $j = 0, 1, \ldots$, also die Beschränktheit jeder Lösung X und damit die Stabilität der homogenen Differenzengleichung. Sei nun die Stabilität der homogenen Differenzengleichung vorausgesetzt. Wir zeigen die Beschränktheit der Folge Γ dadurch, dass wir Anfangswerte $X_0, \ldots, X_{k-1}$ finden, so dass für die zugehörige Lösung der homogenen Gleichung $\rho(E) X = 0$ gilt

$$E^{k-1} X = \Gamma.$$

Da die Lösung X wegen der Stabilität beschränkt ist, muss es dann auch die Folge Γ sein. Zu diesem Zwecke wählen wir $(X_0, \ldots, X_{k-1}) = (0, \ldots, 0, \Gamma_0)$, so dass wir wegen $\Gamma_0 = 1/\alpha_k$ die Folge

$$\hat{Y} = (\underbrace{0, \ldots, 0}_{k-1}, 1, 0, 0, \ldots)$$

erhalten, mit deren Hilfe wir nach (III) auf die Lösung $X = \Gamma * \hat{Y}$ geführt werden. Wenden wir hierauf E^{k-1} an, so ergibt sich bei rekursiver Verwendung von Lemma 7.20

$$E^{k-1}X = \Gamma * (E^{k-1}\hat{Y}) = \Gamma * \mathbf{1} = \Gamma. \qquad \square$$

Bemerkung 7.22. Das voranstehende Lemma findet sich im Wesentlichen bei P. Henrici [99]. Allerdings beweist P. Henrici die Beschränktheit der Folge Γ mittels funktionentheoretischer Argumente aus der Dahlquistschen Wurzelbedingung über die zu $A * \Gamma = \mathbf{1}$ äquivalente Reihenentwicklung

$$\frac{1}{\alpha_k + \alpha_{k-1}\zeta + \cdots + \alpha_0\zeta^k} = \sum_{j=0}^{\infty} \Gamma_j \zeta^j. \qquad (7.11)$$

Demgegenüber ist unser Beweis völlig elementar und stützt sich direkt auf die Definition der Stabilität homogener Differenzengleichungen in Abschnitt 3.3.1.

Die in Lemma 7.21 eingeführte Konstante γ_* kann als *Maß* für die Stabilität einer linearen Differenzengleichung bzw. eines Mehrschrittverfahrens dienen, wenn wir $\gamma_* = \infty$ mit Instabilität gleichsetzen. Sie heißt daher *Stabilitätskonstante* der linearen Differenzengleichung bzw. des Mehrschrittverfahrens.

Nach diesen Vorarbeiten gelangen wir zum Herzstück des vorliegenden Abschnittes, dem Konvergenzsatz für lineare Mehrschrittverfahren. Zu seiner bequemeren Formulierung führen wir noch etwas Notation ein: Den Diskretisierungsfehler, mit dem eine Gitterfunktion x_τ die Lösung x eines Anfangswertproblems approximiert, bezeichnen wir mit

$$\varepsilon_\tau(t) = x(t) - x_\tau(t) \quad \text{für } t \in \Delta_\tau.$$

Bei k-Schrittverfahren müssen wir k Startwerte $x_\tau(t_0), \ldots, x_\tau(t_{k-1})$ vorgeben, die in der Regel fehlerbehaftet sein werden. Diesem *Startfehler* geben wir die Abkürzung

$$\varepsilon_0 = \max_{0 \le \ell \le k-1} |x(t_\ell) - x_\tau(t_\ell)|.$$

Satz 7.23. *Ein stabiles und konsistentes lineares Mehrschrittverfahren ist konvergent. Genauer: Sei das Anfangswertproblem*

$$x' = f(t, x), \quad x(t_0) = x_0,$$

mit rechter Seite $f \in C^p(\Omega, \mathbb{R}^d)$, $p \ge 1$, und der Lösung $x \in C^1([t_0, T], \mathbb{R}^d)$ gegeben. Für ein stabiles lineares Mehrschrittverfahren der Konsistenzordnung p existieren Konstanten $C, \varepsilon_*, \tau_* > 0$, so dass das Verfahren für Schrittweiten $\tau = (T - t_0)/n \le \tau_*$ und Startfehler $\varepsilon_0 \le \varepsilon_*$ auf dem Gitter $\Delta_\tau = \{t_0, \ldots, t_n\}$ eine Gitterfunktion $x_\tau : \Delta_\tau \to \mathbb{R}^d$ mit dem Diskretisierungsfehler

$$|\varepsilon_\tau(t_j)| \le C(\varepsilon_0 + \tau^p), \quad j = 0, \ldots, n, \qquad (7.12)$$

erzeugt.

Beweis. Wir gehen analog zum Beweis des Konvergenzsatzes 4.10 für Einschrittverfahren vor. Sei also $K \Subset \Omega$ irgendeine kompakte Umgebung des Graphen der Lösung x. Dann gibt es ein $\delta_K > 0$, so dass für $t \in [t_0, T]$ und $x \in \mathbb{R}^d$ gilt

$$|x - x(t)| \leq \delta_K \implies (t, x) \in K.$$

Ferner existiert ein $L > 0$, so dass f auf K der Lipschitzbedingung

$$|f(t, x) - f(t, \bar{x})| \leq L|x - \bar{x}|, \quad (t, x), (t, \bar{x}) \in K,$$

genügt.

Wir nehmen zur Vorbereitung des eigentlichen Beweisschrittes zunächst an, dass für hinreichend kleines τ und ε_0 die Gitterfunktion x_τ existiert und darüber hinaus der Diskretisierungsfehler für $t \in \Delta_\tau$ durch

$$|\varepsilon_\tau(t)| \leq \delta_K$$

beschränkt ist. Unter diesen Annahmen werden wir die Größe von $|\varepsilon_\tau(t)|$ nun so genau bestimmen, dass wir später die Schranken ε_* und τ_* angeben können. Dazu subtrahieren wir vom Konsistenzausdruck

$$\rho(E)x(t) = L(x, t, \tau) + \tau\sigma(E)x'(t) = L(x, t, \tau) + \tau\sigma(E)f(t, x(t))$$

die Differenzengleichung des Mehrschrittverfahrens

$$\rho(E)x_\tau(t) = \tau\sigma(E)f(t, x_\tau(t)),$$

was uns auf die inhomogene Differenzengleichung

$$\rho(E)\varepsilon_\tau(t) = L(x, t, \tau) + \tau\sigma(E)\big(f(t, x(t)) - f(t, x_\tau(t))\big) \tag{I}$$

führt. Da das Mehrschrittverfahren stabil ist, können wir hierauf *komponentenweise* die Abschätzung des Lemmas 7.21 anwenden und erhalten mit der dort eingeführten Notation erst einmal (in der *Maximumsnorm*)

$$|\varepsilon_\tau(t_{j+k})| \leq \gamma_* \bigg(\|\rho'\|\varepsilon_0 + \sum_{\ell=0}^{j} |\rho(E)\varepsilon_\tau(t_\ell)|\bigg) \tag{II}$$

für $j = 0, \ldots, n - k$. Somit besteht unsere nächste Aufgabe darin, die rechte Seite der inhomogenen Differenzengleichung (I) geeignet abzuschätzen. Da aus $f \in C^p$ für die Lösung $x \in C^{p+1}$ folgt, gibt es Konstanten $C_0, \tau_0 > 0$, so dass der Konsistenzfehler der Abschätzung

$$|L(x, t_\ell, \tau)| \leq C_0\tau^{p+1}, \quad \tau \leq \tau_0, \; \ell = 0, \ldots, n - k,$$

genügt. Ferner gilt nach der Voraussetzung an die Gitterfunktion x_τ

$$\left| \tau\sigma(E)\big(f(t_\ell, x(t_\ell)) - f(t_\ell, x_\tau(t_\ell))\big) \right| \leq \tau L \sum_{\mu=0}^{k} |\beta_\mu| \cdot |\varepsilon_\tau(t_{\ell+\mu})|,$$

also insgesamt

$$|\rho(E)\varepsilon_\tau(t_\ell)| \leq C_0 \tau^{p+1} + \tau L \sum_{\mu=0}^{k} |\beta_\mu| \cdot |\varepsilon_\tau(t_{\ell+\mu})|.$$

Setzen wir diese Abschätzung in (II) ein, so erhalten wir für $j = 0, \ldots, n-k$ wegen $j+1 \leq n$

$$|\varepsilon_\tau(t_{j+k})| \leq \gamma_* \|\rho'\| \varepsilon_0 + \gamma_* C_0 \, n\tau^{p+1} + \tau\gamma_* L \sum_{\ell=0}^{j} \sum_{\mu=0}^{k} |\beta_\mu| \cdot |\varepsilon_\tau(t_{\ell+\mu})|$$

$$\leq \gamma_* \|\rho'\| \varepsilon_0 + \gamma_* C_0 (T-t_0)\tau^{p} + \tau\gamma_* L \sum_{\mu=0}^{k} |\beta_\mu| \sum_{\ell=0}^{j+k} |\varepsilon_\tau(t_\ell)|$$

$$= \bar{C}_1 \varepsilon_0 + \bar{C}_2 \tau^{p} + \tau \bar{C}_3 \sum_{\ell=0}^{j+k} |\varepsilon_\tau(t_\ell)|$$

mit den Abkürzungen

$$\bar{C}_1 = \gamma_* \|\rho'\|, \quad \bar{C}_2 = \gamma_* C_0 (T-t_0), \quad \bar{C}_3 = \gamma_* L \|\sigma\|$$

und $\|\sigma\| = \sum_{\mu=0}^{k} |\beta_\mu|$. Beschränken wir nun die Schrittweite durch

$$\tau \leq \frac{1}{2\bar{C}_3},$$

so können wir schließlich nach $|\varepsilon_\tau(t_{j+k})|$ auflösen (wobei wir jetzt j statt $j+k$ schreiben):

$$|\varepsilon_\tau(t_j)| \leq C_1 \varepsilon_0 + C_2 \tau^{p} + \tau C_3 \sum_{\ell=0}^{j-1} |\varepsilon_\tau(t_\ell)| \tag{III}$$

mit den Abkürzungen

$$C_\nu = 2\bar{C}_\nu, \quad \nu = 1, 2, 3.$$

Nach Konstruktion von γ_* gilt $\gamma_* |\alpha_k| \geq 1$ und daher $C_1 \geq 2$, so dass (III) für alle $j = 0, 1, \ldots, n$ gültig ist. Mit Hilfe einer diskreten Version des Lemmas von Gronwall (Aufgabe 7.7) können wir von der Abschätzung (III) zu einer Abschätzung von $|\varepsilon_\tau(t_j)|$ übergehen, welche nicht länger den Diskretisierungsfehler vergangener Schritte auf der rechten Seite enthält: Für $j = 0, \ldots, n$ gilt

$$|\varepsilon_\tau(t_j)| \le (C_1\varepsilon_0 + C_2\tau^p)\, e^{j\tau C_3} = (C_1\varepsilon_0 + C_2\tau^p)\, e^{C_3(t_j - t_0)}. \qquad \text{(IV)}$$

Die behauptete Abschätzung (7.12) ist eine Vereinfachung von (IV) mit der Konstanten

$$C = \max(C_1, C_2) \cdot e^{C_3(T - t_0)}.$$

Da die rechte Seite der Abschätzung (IV) anhand des Anfangswertproblems und der Koeffizienten des Mehrschrittverfahrens im Prinzip *a priori* bekannt ist, können wir jetzt den Beweis vervollständigen und auch die Existenz der Gitterfunktion x_τ zeigen. Dazu wählen wir nämlich $\varepsilon_*, \tau_* > 0$ so klein, dass

$$(C_1\varepsilon_* + C_2\tau_*^p)\, e^{C_3(T - t_0)} \le \delta_K \quad \text{und} \quad \tau_* \le \min(\tau_0, 1/C_3)$$

gilt. Danach können wir für $\tau \le \tau_*$ und $\varepsilon_0 \le \varepsilon_*$ wie folgt argumentieren: Schritt für Schritt zeigt man mit der oben vorgeführten Technik für $j = k, \ldots, n$, dass

- $x_\tau(t_j)$ existiert,

- indem wir die Abschätzung

$$|\varepsilon_\tau(t_j)| \le (C_1\varepsilon_0 + C_2\tau^p)\, e^{C_3(t_j - t_0)} \le \delta_K$$

herleiten.

Bei impliziten Verfahren müssen wir lokal ein Fixpunktargument einfließen lassen, für das wir alle nötigen Abschätzungen im Prinzip bereitgestellt haben. Dieses Detail überlassen wir dem Leser zur Übung, er möge notfalls Lemma 7.3 zu Rate ziehen. $\square$

Die Genauigkeit der Startwerte eines Mehrschrittverfahrens ist nach dem Konvergenzsatz mitverantwortlich für die asymptotische Konvergenzrate. Genauer sehen wir, dass für ein stabiles Mehrschrittverfahren der Konsistenzordnung p für hinreichend glatte rechte Seiten der Diskretisierungsfehler die Asymptotik

$$\max_{t \in \Delta_\tau} |\varepsilon_\tau(t)| = O(\tau^p)$$

dann und nur dann erfüllt, wenn für den Startfehler

$$\varepsilon_0 = O(\tau^p)$$

gilt. In den 60er Jahren wurde deshalb der Start von Mehrschrittverfahren, beispielsweise durch abgestimmte Runge-Kutta-Verfahren, sehr ausführlich diskutiert.

Beispiel 7.24. Starten wir die explizite Mittelpunktsregel ($p = 2$) mit dem expliziten Euler-Verfahren ($p = 1$),

$$x_\tau(t_0) = x_0, \quad x_\tau(t_1) = x_0 + \tau f(t_0, x_0),$$

so erhalten wir für den Startfehler, der ja im Wesentlichen nur der *Konsistenzfehler* des Euler-Verfahrens ist,

$$\varepsilon_0 = O(\tau^2).$$

Hieraus folgt dann für den Diskretisierungsfehler ebenfalls die Asymptotik $O(\tau^2)$. Dieses Resultat haben wir übrigens mit anderen Methoden schon in Abschnitt 4.3.3 hergeleitet.

Der Start von Mehrschrittverfahren durch Runge-Kutta-Verfahren orientiert sich aber sehr an der bisher zugrundegelegten Uniformität der Gitter. Leitet man hingegen aus dem Konvergenzsatz für festes τ nur die Notwendigkeit eines vergleichsweise kleinen Startfehlers ε_0 ab, so werden wir später (Abschnitt 7.4) die Möglichkeit erkennen, Mehrschrittverfahren bei simultaner Ordnungs- und Schrittweitensteuerung *sich selbst* starten zu lassen.

7.1.4 Diskrete Konditionszahlen

Bei Einschrittverfahren hatten wir in Abschnitt 4.1 festgestellt, dass die Qualität einer Gitterfunktion x_τ für *festes* τ dadurch bestimmt wird, ob die Kondition $\kappa[t_0, T]$ des Anfangswertproblems von der Kondition $\kappa_\tau[t_0, T]$ der Diskretisierung wiedergegeben wird:

$$\kappa[t_0, T] \approx \kappa_\tau[t_0, T].$$

Wir wollen hier eine analoge Begriffsbildung bei Mehrschrittverfahren einführen. Dabei müssen wir berücksichtigen, dass für ein Mehrschrittverfahren sämtliche Startwerte als Eingabe zu betrachten sind. Auf einem äquidistanten Gitter $\Delta_\tau = \{t_0, \ldots, t_n\}$ mit der Schrittweite $\tau = (T - t_0)/n$ vergleichen wir daher eine Gitterlösung x_τ zu *festgehaltenen* Startwerten $x_\tau(t_0), \ldots, x_\tau(t_{k-1})$ mit einer Gitterlösung $\bar{x}_\tau$ zu den *gestörten* Startwerten $\bar{x}_\tau(t_0), \ldots, \bar{x}_\tau(t_{k-1})$. Kürzen wir die Störung der Startwerte mit

$$\delta_0 = \max_{0 \leq \ell \leq k-1} |x_\tau(t_\ell) - \bar{x}_\tau(t_\ell)| \tag{7.13}$$

ab, so definieren wir als diskrete Kondition des Mehrschrittverfahrens (in der Gitterlösung x_τ) die kleinste Zahl $\kappa_\tau[t_0, T]$, so dass

$$\max_{t \in \Delta_\tau} |x_\tau(t) - \bar{x}_\tau(t)| \overset{\cdot}{\leq} \kappa_\tau[t_0, T] \delta_0 \quad \text{für } \delta_0 \to 0$$

gilt.

In Analogie zu Korollar 4.29 für Runge-Kutta-Verfahren können wir für den Spezialfall global Lipschitz-stetiger rechter Seiten eine einfache Abschätzung der diskreten

Kondition eines linearen Mehrschrittverfahrens angeben. Der Einfachheit halber wählen wir dabei für den Rest dieses Abschnittes als Vektornorm die *Maximumsnorm*.

Lemma 7.25. *Die rechte Seite* $f \in C(\Omega_0, \mathbb{R}^d)$ *des Anfangswertproblems*

$$x' = f(x), \quad x(0) = x_0,$$

genüge der Lipschitzbedingung

$$|f(x) - f(\bar{x})| \leq L|x - \bar{x}| \quad \text{für alle } x, \bar{x} \in \Omega_0.$$

Die Lösung $x \in C^1([0, T], \Omega_0)$ *des Anfangswertproblems werde durch ein stabiles lineares Mehrschrittverfahren auf einem Gitter* Δ_τ *für hinreichend kleine Schrittweiten* τ *und Startfehler* ε_0 *durch eine Gitterfunktion* x_τ *approximiert. Dann gilt für gegebenes* $\varepsilon > 0$ *die Abschätzung*

$$\kappa_\tau[0, T] \leq Ce^{\gamma L \cdot T(1+\varepsilon)}$$

mit $C = \gamma_*\|\rho'\|$ *und* $\gamma = \gamma_*\|\sigma\|$ *für hinreichend kleines* $\tau \geq 0$. *Dabei ist* γ_* *die Stabilitätskonstante des Mehrschrittverfahrens aus Lemma 7.21 und*

$$\|\rho'\| = \sum_{\mu=0}^{k} \mu|\alpha_\mu|, \quad \|\sigma\| = \sum_{\mu=0}^{k} |\beta_\mu|.$$

Für explizite Verfahren kann $\varepsilon = 0$ *gewählt werden.*

Beweis. Es sei $\bar{x}_\tau$ eine weitere Lösung des Mehrschrittverfahrens zu den Startwerten $\bar{x}_\tau(t_0), \ldots, \bar{x}_\tau(t_{k-1})$. Subtraktion der beiden Beziehungen

$$\rho(E)x_\tau(t) = \tau\sigma(E)f(x_\tau(t)), \quad \rho(E)\bar{x}_\tau(t) = \tau\sigma(E)f(\bar{x}_\tau(t))$$

liefert mit der Abkürzung

$$\delta_\tau(t) = x_\tau(t) - \bar{x}_\tau(t)$$

die inhomogene Differenzengleichung

$$\rho(E)\delta_\tau(t) = \tau\sigma(E)\big(f(x_\tau(t)) - f(\bar{x}_\tau(t))\big).$$

Da das Mehrschrittverfahren stabil ist, können wir hierauf *komponentenweise* die Abschätzung des Lemmas 7.21 anwenden und erhalten mit der dort eingeführten Notation

$$|\delta_\tau(t_{j+k})| \leq \gamma_*\Big(\|\rho'\|\delta_0 + \sum_{\ell=0}^{j} |\rho(E)\delta_\tau(t_\ell)|\Big)$$

für $j = 0, \ldots, n - k$, wobei δ_0 in (7.13) definiert wurde. Die rechte Seite können wir genau wie im Beweis von Satz 7.23 mit Hilfe der Lipschitzbedingung weiter abschätzen und erhalten für $j = 0, \ldots, n - k$

$$|\delta_\tau(t_{j+k})| \leq \gamma_* \|\rho'\| \delta_0 + \tau \gamma_* \|\sigma\| L \sum_{\ell=0}^{j+k} |\delta(t_\ell)| = C\delta_0 + \tau \gamma L \sum_{\ell=0}^{j+k} |\delta(t_\ell)|.$$

Diese Abschätzung ist auch für die Startwerte gültig, da nach der Definition von γ_* in Lemma 7.21 gilt:

$$C = \gamma_* \|\rho'\| \geq \gamma_* |\alpha_k| \geq |\Gamma_0| \cdot |\alpha_k| = 1.$$

Wählen wir die Schrittweite τ so klein, dass

$$\tau \leq \frac{\varepsilon}{\gamma L}, \quad \varepsilon < 1,$$

gilt, so können wir nach $\delta(t_j)$ auflösen: Für $j = 0, \ldots, n$ gilt

$$|\delta_\tau(t_j)| \leq \frac{C\delta_0}{(1 - \varepsilon)} + \tau \frac{\gamma L}{1 - \varepsilon} \sum_{\ell=0}^{j-1} |\delta(t_\ell)|.$$

Das diskrete Lemma von Gronwall (Aufgabe 7.7) macht daraus wegen $j\tau = t_j$ die Abschätzung

$$|\delta_\tau(t_j)| \leq \frac{C}{1 - \varepsilon} \exp\left(\frac{\gamma L}{1 - \varepsilon} \cdot t_j\right) \cdot \delta_0.$$

Umdefinition von ε führt dann auf die Behauptung des Lemmas. $\qquad\square$

Wie in Abschnitt 4.2.4 schließen wir, dass die speziellen nichtsteifen Anfangswertprobleme, deren Kondition

$$\kappa[0, T] \approx e^{L \cdot T}$$

erfüllen, qualitativ durch lineare Mehrschrittverfahren vernünftig wiedergegeben werden, für welche

$$\gamma \approx 1 \text{ bis } 10$$

gilt. Dabei liegt auch hier die Bedeutung letztlich in einer *lokalen* Interpretation der Ergebnisse.

Beispiel 7.26. Wir wollen die Konstanten C und γ für die explizite Mittelpunktsregel und das Milne-Simpson-Verfahren bestimmen. Die Stabilitätskonstante γ_* erhalten wir wegen $\rho(\zeta) = \zeta^2 - 1$ am bequemsten aus der Reihenentwicklung (7.11), d. h.

$$\frac{1}{1 - \zeta^2} = \sum_{j=0}^{\infty} \zeta^{2j};$$

diese liefert uns $\gamma_* = 1$. Da für beide Verfahren das Polynom σ positive Koeffizienten hat, folgt aus der Konsistenzbedingung $\rho'(1) = \sigma(1)$, dass $\|\rho'\| = \|\sigma\| = \rho'(1) = 2$ gilt. Demnach erhalten wir $C = \gamma = 2$.

Bemerkung 7.27. Man verwechsle das Ergebnis von Lemma 7.25 nicht mit dem asymptotischen Resultat

$$\lim_{\tau \to 0} \kappa_\tau[0, T] = \kappa[0, T],$$

welches unter Umständen erst für sehr kleine Schrittweiten sichtbar wird. Auch wenn wir in Lemma 7.25 von „hinreichend kleinen" Schrittweiten sprechen, so zeigt ein Vergleich des Beweises mit demjenigen des Konvergenzsatzes 7.23, dass darunter Schrittweiten in der Größenordnung verstanden werden können, für welche wir die *Existenz* einer Gitterfunktion des Mehrschrittverfahren erhalten. Solche Schrittweiten können in der Praxis „vergleichsweise groß" sein.

7.2 Vererbung asymptotischer Stabilität

Hier wollen wir an die Diskussion von steifen Anfangswertproblemen in Abschnitt 6.1 anknüpfen. Dort hatten wir untersucht, wie die Vererbung von Stabilität der linearen Differentialgleichung

$$x' = Ax, \quad A \in \mathrm{Mat}_d(\mathbb{R}), \tag{7.14}$$

an den diskreten Phasenfluss von der Schrittweite τ eines Einschrittverfahrens abhängt. Insbesondere haben wir die maximale Schrittweite τ_c bestimmt, so dass die Stabilität für $0 \le \tau < \tau_c$ an das diskrete System vererbt wird. Wir wollen diese Untersuchung jetzt auf lineare Mehrschrittverfahren ausdehnen.

Die Frage lautet also, für welche Schrittweiten τ die lineare Differenzengleichung

$$\rho(E)x_\tau = \tau\sigma(E)Ax_\tau$$

eines Mehrschrittverfahrens die Stabilität der Differentialgleichung (7.14) erbt. Betrachten wir zunächst einmal *diagonalisierbare* Matrizen A,

$$\Lambda = \mathrm{diag}(\lambda_1, \dots, \lambda_d) = TAT^{-1}$$

mit $T \in \mathrm{GL}(d)$. Multiplizieren wir die Differenzengleichung von links mit T, so erhalten wir mit $\bar{x}_\tau = Tx_\tau$ folgendes System von unabhängigen (entkoppelten) Differenzengleichungen:

$$\rho(E)\bar{x}_{\tau,j} = \tau\sigma(E)\lambda_j\bar{x}_{\tau,j}, \quad j = 1, \dots, d. \tag{7.15}$$

Da die Stabilität einer Differentialgleichung eine affine Invariante ist, genügt es, das System (7.15) zu studieren, d. h. letztlich eine skalare (komplexe) Differenzengleichung für irgendeinen herausgegriffenen Eigenwert λ. Setzen wir $z = \tau\lambda$, so geht es daher um die Stabilität der Differenzengleichung

$$\rho_z(E)X = 0, \quad \rho_z = \rho - z\sigma \in P_k,$$

wobei wir wieder zur Folgenschreibweise übergegangen sind. In Analogie zu Abschnitt 6.1.1 nennen wir

$$\mathcal{S} = \{z \in \mathbb{C} : \rho_z(E)X = 0 \text{ ist eine stabile Differenzengleichung}\}$$

das *Stabilitätsgebiet* des Mehrschrittverfahrens. In der Diskussion der Stabilitätsvererbung bei Einschrittverfahren hatte die Eigenschaft $0 \in \mathcal{S}$ (Lemma 6.5) eine wichtige Rolle eingenommen. Die entsprechende Eigenschaft ist wegen $\rho_0 = \rho$ gerade äquivalent zur Stabilität des Mehrschrittverfahrens,

$$0 \in \mathcal{S} \iff \text{das Mehrschrittverfahren ist stabil.}$$

Deshalb heißen stabile Mehrschrittverfahren in der Literatur zuweilen auch *nullstabil*. (Man lasse sich durch die vielen verschiedenen „Stabilitäten" nicht verwirren. Sie bilden eine Einheit, beleuchten aber verschiedene Aspekte.) Mit der in Abschnitt 6.1.1 eingeführten Notation zur Beschreibung des Randes von $\mathcal{S}$ erhalten wir folgendes zu Lemma 6.6 analoge Resultat.

Lemma 7.28. *Die charakteristische Schrittweite τ_c zur Vererbung der Stabilität des Anfangswertproblems*

$$x' = Ax, \quad x(0) = x_0,$$

an die durch ein stabiles Mehrschrittverfahren gegebene Differenzengleichung erfüllt die Abschätzung

$$\tau_c^- \leq \tau_c \leq \tau_c^+$$

mit den Größen

$$\tau_c^- = \min_{\lambda \in \sigma(A) \setminus \{0\}} \frac{r_{\mathcal{S}}^-(\arg \lambda)}{|\lambda|}, \quad \tau_c^+ = \min_{\lambda \in \sigma(A) \setminus \{0\}} \frac{r_{\mathcal{S}}^+(\arg \lambda)}{|\lambda|}.$$

Ist das Anfangswertproblem asymptotisch stabil, so ist die Differenzengleichung des Mehrschrittverfahrens für $0 < \tau < \tau_c^-$ ebenfalls asymptotisch stabil.

Beweis. Für diagonalisierbare Matrizen A haben wir den Beweis letztlich in der dem Lemma vorangehenden Diskussion geführt. Für beliebige Matrizen muss man den in Abschnitt 3.3.2 erwähnten Funktionalkalkül verwenden. Wir sollten dabei beachten, dass sich die Stabilität der Differenzengleichung für $\tau \lambda \in \partial \mathcal{S}$ nicht allein aus dem Index des Eigenwertes λ ergibt, sondern zusätzlich die Vielfachheit der Nullstellen von ρ_z mit Betrag Eins berücksichtigt werden muss (Dahlquistsche Wurzelbedingung!). Deshalb haben wir auch weniger behauptet als in Lemma 6.6.   □

Betrachten wir den Rand des Stabilitätsgebietes $\mathcal{S}$ etwas genauer: Nach der Dahlquistschen Wurzelbedingung besitzt das Polynom ρ_z für $z \in \partial \mathcal{S}$ wenigstens eine Nullstelle $\zeta = \exp(i\phi)$ vom Betrag 1. Da $\rho_z(\zeta) = 0$ äquivalent ist zu

$$z = \frac{\rho(\zeta)}{\sigma(\zeta)},$$

gilt somit

$$\partial \mathscr{S} \subset \mathscr{C} = \{\rho(e^{i\phi})/\sigma(e^{i\phi}) : \phi \in [0, 2\pi]\}.$$

Die Kurve $\mathscr{C}$ wurde von W. Liniger 1956 *Wurzelortskurve* des Mehrschrittverfahrens getauft. Sie besitzt zwar den Vorteil einfacher Berechenbarkeit, stellt aber in der Regel keine Parametrisierung des Randes von $\mathscr{S}$ dar, da sie sehr viel größer als dieser sein kann: So braucht die Kurve $\mathscr{C}$ keine Jordan-Kurve zu sein, sie kann beispielsweise Schleifen bilden, so dass $\mathbb{C} \setminus \mathscr{C}$ in *mehr als zwei Gebiete* (innen/außen) zerfällt. Die Zugehörigkeit eines solchen Gebietes zu $\mathscr{S}$ entscheidet sich sodann anhand geometrisch funktionentheoretischer Überlegungen daran, wie oft es, und mit welcher Orientierung, von der Kurve $\mathscr{C}$ umlaufen wird. Der Leser sei deshalb ausdrücklich davor gewarnt, vom „Inneren" der Wurzelortskurve zu sprechen und dieses als Stabilitätsgebiet anzusehen. Ein instruktives Beispiel findet der Leser in Abbildung 7.2 des Abschnittes 7.3.1.

7.2.1 Schwache Instabilität bei Mehrschrittverfahren

Es ist sogar möglich, dass wir das Stabilitätsgebiet $\mathscr{S} = \{0\}$ erhalten, obwohl die Wurzelortskurve ein echtes Gebiet umläuft. Für ein derartiges Mehrschrittverfahren ist es nach Lemma 7.28 unmöglich, die Stabilität einer linearen Differentialgleichung $x' = Ax$ für $A \neq 0$ zu vererben. Es handelt sich somit um einen Extremfall der folgenden Klasse von linearen Mehrschrittverfahren:

Definition 7.29. Ein stabiles Mehrschrittverfahren heißt *schwach instabil*, wenn für alle asymptotisch stabilen linearen Differentialgleichungen $x' = Ax$ und alle Schrittweiten $\tau > 0$ die resultierende Differenzengleichung

$$\rho(E)x_\tau = \tau\sigma(E)Ax_\tau$$

instabil ist.

Das Phänomen der schwachen Instabilität entdeckten H. Rutishauser und G. Dahlquist 1951 unabhängig voneinander an der expliziten Mittelpunktsregel:

Beispiel 7.30. Die Wurzelortskurve $\mathscr{C}$ der durch $\rho(\zeta) = \zeta^2 - 1$ und $\sigma(\zeta) = 2\zeta$ gegebenen expliziten Mittelpunktsregel lautet

$$z = \frac{\rho(e^{i\phi})}{\sigma(e^{i\phi})} = \frac{e^{2i\phi} - 1}{2e^{i\phi}} = \frac{e^{i\phi} - e^{-i\phi}}{2} = i\sin\phi,$$

d. h., sie ist das Intervall $\mathscr{C} = i\,[-1, 1]$ auf der imaginären Achse. Sieht man sich Betrag und Vielfachheit der Nullstellen des Polynoms $\rho_z = \rho - z\sigma$ auf diesem Intervall näher an, so erhält man als Stabilitätsgebiet

$$\mathscr{S} = i\,]-1, 1[.$$

Da deshalb $r_{\mathcal{S}}^{+}(\phi) = 0$ für $\phi \in \,]\pi/2, 3\pi/2[$ gilt, ist die explizite Mittelpunktsregel nach Lemma 7.28 schwach instabil. In Abbildung 7.1 ist das Ergebnis der Anwendung der expliziten Mittelpunktsregel auf das Anfangswertproblem

$$x' = -x, \quad x(0) = 1,$$

für verschiedene Schrittweiten zu sehen. Wir erkennen deutlich eine typische Instabilität („Martiniglas-Effekt"), deren „Auftritt" sich aber für kleinere Schrittweiten τ weiter in Richtung größerer t verschiebt: Dieser essentielle Unterschied zu echt instabilen Mehrschrittverfahren (Beispiel 7.11) trug dem Phänomen die Kennzeichnung „schwach instabil" ein. Der tiefere Grund für das Herausschieben der Instabilität aus jedem *endlichen* Zeitintervall ist darin zu suchen, dass die explizite Mittelpunktsregel als stabiles und konsistentes Verfahren auf endlichen Intervallen *konvergent* ist (Satz 7.23). Einen analogen Effekt hatten wir in Beispiel 6.10 bei dem expliziten EulerVerfahren für rein imaginäre Eigenwerte kennengelernt (Abbildung 6.3).

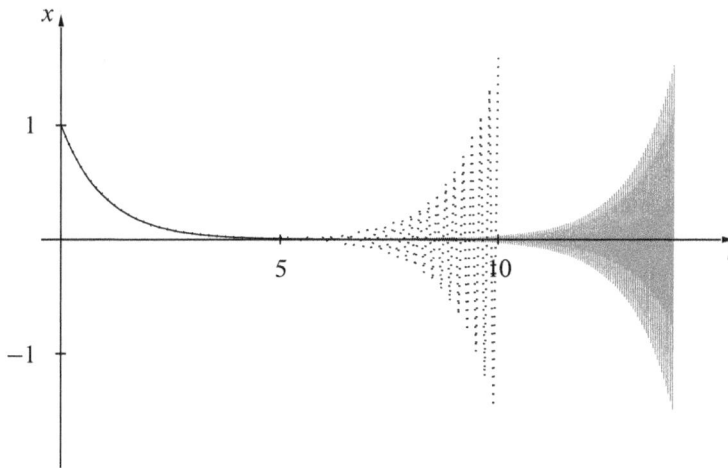

Abbildung 7.1. Explizite Mittelpunktsregel: Lösung für $\tau = 1/10 \,(\cdots)$ und $\tau = 1/40 \,(-)$

Die Ursache der schwachen Instabilität der expliziten Mittelpunktsregel kann in der parasitären Nullstelle $\zeta_2 = -1$ des Polynoms $\rho_0 = \rho$ gesehen werden. Bewegt sich nämlich z von $z = 0$ ins Innere der negativen komplexen Halbebene $\mathbb{C}_-$, so bewegt sich ζ_2 aus dem Einheitskreis *heraus*, die Differenzengleichung $\rho_z(E)X = 0$ wird instabil. Somit sind Nullstellen ζ des Polynoms ρ potentiell gefährlich, für welche $\zeta \neq 1$ und $|\zeta| = 1$ ist. Diese Einsicht führt uns auf folgende Klasse linearer Mehrschrittverfahren:

Definition 7.31. Ein lineares Mehrschrittverfahren heißt *strikt stabil*, wenn die Nullstellen $\zeta \neq 1$ des charakteristischen Polynoms ρ der Abschätzung

$$|\zeta| < 1$$

genügen.

Tatsächlich können wir bei dieser Klasse von Mehrschrittverfahren für hinreichend
kleine Schrittweiten τ die asymptotische Stabilität einer Differentialgleichung vererben.

Lemma 7.32. *Für ein strikt stabiles und konsistentes Mehrschrittverfahren gilt*

$$0 \in \partial \mathcal{S},$$

sowie für $\phi \in \,]\pi/2, 3\pi/2[$

$$r_{\mathcal{S}}^- > 0.$$

Insbesondere ist für asymptotisch stabile Differentialgleichungen stets $\tau_c^- > 0$.

Beweis. Wir bezeichnen mit $\zeta_1(z), \ldots, \zeta_k(z)$ die in z stetige Fortsetzung der Nullstellen des Polynoms $\rho = \rho_0$ zu Nullstellen des Polynoms ρ_z. Dabei wählen wir die
Numerierung so, dass $\zeta_1(0) = 1$ (Konsistenz!) gilt. Alle weiteren Nullstellen erfüllen
wegen der strikten Stabilität $|\zeta_j(0)| < 1$, $j = 2, \ldots, k$, so dass für betragsmäßig
kleine z auch

$$|\zeta_j(z)| < 1, \quad j = 2, \ldots, k,$$

gilt. Für solche z entscheidet sich daher die Zugehörigkeit zum Stabilitätsgebiet $\mathcal{S}$
allein anhand der Nullstelle $\zeta_1(z)$. Diese ist bei $z = 0$ *einfach*, so dass $\zeta_1(z)$ in einer Umgebung von $z = 0$ differenzierbar ist. Wir erhalten durch Differentiation der
Beziehung

$$\rho(\zeta_1(z)) - z\sigma(\zeta_1(z)) = 0$$

unter Ausnutzung der Konsistenzbedingung $\rho'(1) = \sigma(1) \neq 0$

$$\zeta_1'(0) = \frac{\sigma(1)}{\rho'(1)} = 1$$

und damit die Entwicklung

$$\zeta_1(z) = 1 + z + O(z^2). \tag{I}$$

Hieraus können wir für kleine $z \neq 0$ mit $\arg z \in \,]\pi/2, 3\pi/2[$ wie im Beweis von
Lemma 6.8 auf $|\zeta_1(z)| < 1$ schließen, d. h. auf $z \in \mathcal{S}$. Die Behauptung des Lemmas
ergibt sich jetzt aus der Definition von $r_{\mathcal{S}}^-$.

Setzen wir hingegen ein kleines $z > 0$ in (I) ein, so erhalten wir $|\zeta_1(z)| > 1$, also
$z \notin \mathcal{S}$. Damit ist $0 \in \partial \mathcal{S}$ gezeigt. $\qquad \square$

G. Dahlquist gelang 1958 folgende Verschärfung der ersten Dahlquist-Schranke
(Satz 7.16) für strikt stabile Verfahren.

Satz 7.33. *Die Konsistenzordnung p eines strikt stabilen linearen k-Schrittverfahrens unterliegt der Beschränkung*

$$p \le k + 1.$$

Für den Beweis verweisen wir auf das Buch [90].

Beispiel 7.34. Das Milne-Simpson-Verfahren besitzt mit $p = 4$ und $k = 2$ die nach der ersten Dahlquist-Schranke maximal mögliche Ordnung eines stabilen Zweischrittverfahrens. Nach Satz 7.33 kann es nicht strikt stabil sein, was wir sofort anhand von $\rho(\zeta) = \zeta^2 - 1$ bestätigen.

7.2.2   Lineare Stabilität bei steifen Problemen

Mit dem Stabilitätsgebiet $\mathcal{S}$ eines linearen Mehrschrittverfahrens besitzen wir ein Werkzeug, welches uns erlaubt, eine zu den Einschrittverfahren (Abschnitt 6.1.3) analoge Klassifizierung durch *Stabilitätsbegriffe* vorzunehmen: Ein Mehrschrittverfahren heißt

$$A\text{-}stabil, \qquad \text{wenn } \mathbb{C}_- \subset \mathcal{S} \text{ gilt,}$$

$$A(\alpha)\text{-}stabil \quad \text{für ein } \alpha \in [0, \pi/2], \text{ wenn } \mathcal{S}_\alpha \subset \mathcal{S} \text{ gilt.}$$

Wie bei Einschrittverfahren liegt die Bedeutung dieser Begriffe in der *unbedingten* Vererbung asymptotischer Stabilität, d. h. ohne einschränkende Bedingung an die Schrittweite τ. Dies ist eine einfache Konsequenz aus Lemma 7.28:

Korollar 7.35. *Die lineare Differentialgleichung $x' = Ax$ sei asymptotisch stabil. Dann ist die Differenzengleichung eines linearen Mehrschrittverfahrens asymptotisch stabil für alle $\tau > 0$, wenn einer der folgenden Fälle vorliegt:*

- *das Mehrschrittverfahren ist A-stabil,*

- *das Mehrschrittverfahren ist A(α)-stabil und es gilt $\sigma(A) \subset \text{int}(\mathcal{S}_\alpha)$.*

G. Dahlquist gelang 1963 der Nachweis, dass die Suche nach *A*-stabilen Mehrschrittverfahren in folgendem Sinne scheitern muss: Das „genaueste" *A*-stabile lineare Mehrschrittverfahren ist ein *Einschrittverfahren*, nämlich die implizite Trapezregel. Dieses Resultat, die sogenannte *zweite Dahlquist-Schranke*, lautet präzise:

Satz 7.36. *Ein A-stabiles lineares Mehrschrittverfahren besitzt notwendigerweise die Konsistenzordnung*

$$p \le 2.$$

Die Fehlerkonstante eines A-stabilen linearen Mehrschrittverfahrens von der Konsistenzordnung $p = 2$ erfüllt

$$C \le -\frac{1}{12},$$

wobei das Betragsminimum $|C| = 1/12$ unter allen irreduziblen Verfahren mit der Normierung $a_k = 1$ nur für die implizite Trapezregel angenommen wird.

Beweis. Wir folgen dem elementaren Beweis von R. D. Grigorieff [80]. In einem *ersten Schritt* versuchen wir, die *A*-Stabilität eines Mehrschrittverfahrens in einer geeigneten analytischen Form zu beschreiben. Nach Definition der *A*-Stabilität erhalten wir für Re $z \le 0$, dass das Polynom

$$\rho_z(\zeta) = \rho(\zeta) - z\sigma(\zeta)$$

nur Nullstellen $|\zeta| \le 1$ besitzt. Äquivalent ausgedrückt, muss

$$\text{Re } \frac{1}{z} = \text{Re } \frac{\sigma(\zeta)}{\rho(\zeta)} > 0 \quad \text{für } |\zeta| > 1 \tag{I}$$

gelten. Dabei haben wir den Quotienten σ/ρ und nicht seine reziproke Form gewählt, da jener auf dem Gebiet

$$\mathscr{G} = \hat{\mathbb{C}} \setminus \{\zeta \in \mathbb{C} : |\zeta| \le 1\}$$

der Riemannschen Zahlensphäre $\hat{\mathbb{C}} = \mathbb{C} \cup \{\infty\}$ analytisch ist. Denn zum einen existiert wegen $\alpha_k \ne 0$ der Grenzwert

$$\lim_{\zeta \to \infty} \frac{\sigma(\zeta)}{\rho(\zeta)} = \frac{\beta_k}{\alpha_k},$$

zum anderen liegen wegen der Stabilität des Mehrschrittverfahrens die Polstellen von σ/ρ, d. h. die Nullstellen von ρ, innerhalb des Einheitskreises. In einem *zweiten Schritt* wollen wir den Ausdruck σ/ρ mit der Konsistenzordnung und der Fehlerkonstante des Verfahrens in Verbindung setzen. Dazu beginnen wir mit der Konsistenzfehlerentwicklung (7.7), also

$$L(\exp, 0, \tau) = \rho(e^\tau) - \tau\sigma(e^\tau) = C_{p+1}\tau^{p+1} + O(\tau^{p+2}). \tag{II}$$

Die Konsistenzbedingungen $\rho(1) = 0$ und $\rho'(1) = \sigma(1) \ne 0$ liefern die Entwicklung

$$\rho(e^\tau) = \rho(1) + \rho'(1)\tau + O(\tau^2) = \sigma(1)\tau + O(\tau^2),$$

so dass wir nach Abdividieren von $\tau\rho(e^\tau)$ in (II)

$$\frac{1}{\tau} - \frac{\sigma(e^\tau)}{\rho(e^\tau)} = C\tau^{p-1} + O(\tau^p)$$

erhalten, wobei $C = C_{p+1}/\sigma(1)$ die Fehlerkonstante des Verfahrens bezeichnet. Da wir für $p = 1$ nichts zu beweisen haben, können wir $p \ge 2$ annehmen, so dass uns die Abkürzung $\zeta = \exp(\tau)$, d. h.

$$\tau = \log \zeta = (\zeta - 1) + O\big((\zeta - 1)^2\big),$$

auf die Beziehung

$$\frac{1}{\log \zeta} - \frac{\sigma(\zeta)}{\rho(\zeta)} = C_*(\zeta - 1) + O\big((\zeta - 1)^2\big) \tag{III}$$

führt mit

$$C_* = \begin{cases} C & \text{für } p = 2, \\ 0 & \text{für } p > 2. \end{cases}$$

Spezifizieren wir diese Beziehung für die implizite Trapezregel mit den charakteristischen Polynomen

$$\rho_*(\zeta) = \zeta - 1, \quad \sigma_*(\zeta) = \frac{\zeta + 1}{2},$$

so erhalten wir aus der Laurententwicklung von $1/\log(\zeta)$ um $\zeta = 1$

$$\frac{1}{\log \zeta} - \frac{\sigma_*(\zeta)}{\rho_*(\zeta)} = -\frac{1}{12}(\zeta - 1) + O\big((\zeta - 1)^2\big). \tag{IV}$$

Die zentrale Idee des *dritten Schrittes* besteht darin, durch Subtraktion von (III) und (IV) den Logarithmus zu eliminieren:

$$g(\zeta) = \frac{\sigma(\zeta)}{\rho(\zeta)} - \frac{\sigma_*(\zeta)}{\rho_*(\zeta)} = \left(-C_* - \frac{1}{12}\right)(\zeta - 1) + O\big((\zeta - 1)^2\big).$$

Anhand von (I) kann nun das *Vorzeichen* des Realteils von $g(\zeta)$ für $|\zeta| > 1$ bestimmt werden: Da die implizite Trapezregel das Stabilitätsgebiet $\mathcal{S} = \mathbb{C}_-$ besitzt (Beispiel 6.22), muss

$$\operatorname{Re} \frac{\sigma_*(\zeta)}{\rho_*(\zeta)} = 0 \quad \text{für } |\zeta| = 1$$

gelten. Also gilt nach (I) für $|\zeta_*| = 1$

$$\lim_{\substack{|\zeta| > 1 \\ \zeta \to \zeta_*}} \operatorname{Re} g(\zeta) \geq 0. \tag{V}$$

Nun ist die Funktion g, wie im ersten Schritt des Beweises festgestellt, auf dem Gebiet $\mathcal{G}$ der Riemannschen Zahlensphäre analytisch, so dass wir aus (V) mit Hilfe des Maximumsprinzips schließlich

$$\operatorname{Re} g(\zeta) \geq 0 \quad \text{für } |\zeta| > 1 \tag{VI}$$

erhalten. Die Wahl $\zeta = 1 + \varepsilon$ mit hinreichend kleinem $\varepsilon > 0$ führt uns auf

$$0 \leq \operatorname{Re} g(1 + \varepsilon) = \left(-C_* - \frac{1}{12}\right)\varepsilon + O(\varepsilon^2),$$

also auf

$$C_* \leq -\frac{1}{12}.$$

Nach Definition von C_* ist deshalb $p = 2$ und $C \leq -1/12$.

Gilt $p = 2$ und $C = -1/12$, so besitzt $g(\zeta)$ bei $\zeta = 1$ eine *mehrfache* Nullstelle, was in Hinblick auf (VI) nur für $g = 0$ möglich ist. Für ein irreduzibles und durch $a_k = 1$ normiertes Verfahren erhalten wir somit

$$\rho = \rho_*, \quad \sigma = \sigma_*,$$

die implizite Trapezregel. □

Bemerkung 7.37. Der „Trick" des Beweises besteht in einem Vergleich eines *beliebigen A*-stabilen Verfahrens mit einem *konkreten A*-stabilen Verfahren, für das außerdem $\mathcal{S} = \mathbb{C}_-$ gilt. Da die implizite Trapezregel hierfür zunächst als einziger konkreter Kandidat unmittelbar ins Auge springt, fällt sie nicht „vom Himmel". Und nach Abschluss des Beweises wissen wir, dass es keine weiteren Kandidaten gibt.

Hat also ein Anwender es mit Problemen zu tun, deren Stabilität durch Eigenwerte auf der *imaginären* Achse bestimmt werden, so muss er als Konsequenz der zweiten Dahlquist-Schranke *Einschrittverfahren* zu ihrer Lösung heranziehen. Insbesondere gilt dies für die Problemklasse des Abschnittes 6.1.4. Spielt andererseits die imaginäre Achse keine Rolle, so können $A(\alpha)$-stabile lineare Mehrschrittverfahren benutzt werden. Dabei zeigt sich, dass die Winkel α für *brauchbare* Verfahren höherer Ordnung deutlich von $\pi/2$ abrücken müssen: So haben R. Jeltsch und O. Nevanlinna 1982 [104] bewiesen, dass die Fehlerkonstanten von $A(\alpha)$-stabilen Verfahren für $\alpha \to \pi/2$ umso stärker explodieren, je größer die Konsistenzordnung ist. Stellt man dem die von R. D. Grigorieff und J. Schroll 1978 [81] gezeigte Existenz von $A(\alpha)$-stabilen k-Schrittverfahren mit $p = k$ für jedes $\alpha < \pi/2$ und jedes $k \in \mathbb{N}$ gegenüber, so kann man davon sprechen, dass die zweite Dahlquist-Schranke kein *punktuelles* Ergebnis darstellt, sondern noch eine gewisse „Umgebung" besitzt.

Eine praktisch bedeutsame Familie von $A(\alpha)$-stabilen Verfahren werden wir in Abschnitt 7.3.2 kennenlernen.

7.3 Direkte Konstruktion effizienter Verfahren

Im Laufe der Zeit haben sich in den Anwendungen *zwei* Familien linearer Mehrschrittverfahren durchgesetzt:

- die Adams-Verfahren für nichtsteife Probleme,
- die BDF-Verfahren für steife Probleme.

Wir werden diese Verfahren „unhistorisch" *herleiten*, indem wir Forderungen aufstellen, aus denen sie sich zwangsläufig ergeben. Diese Forderungen kondensieren, was sich im Laufe eines längeren Erfahrungsprozesses als notwendig für brauchbare Verfahren herausgestellt hat. Daher wird aus unserer Herleitung *verständlich*, warum sich gerade diese beiden Familien durchgesetzt haben.

Beide Familien zeichnen sich zusätzlich dadurch aus, dass sie eine natürliche Formulierung auf beliebigen, nicht-äquidistanten Gittern zulassen, sowie als Folge von
Verfahren aufsteigender Ordnung aufgefasst, eine sukzessive *Einbettung* aufweisen.
Damit eignen sich diese Verfahren für eine *Schrittweiten- und Ordnungssteuerung*,
was das Thema des nächsten Abschnittes 7.4 sein wird.

7.3.1 Adams-Verfahren für nichtsteife Probleme

Aus der Theorie der linearen Mehrschrittverfahren können wir drei wesentliche Konstruktionsprinzipien zur Herleitung brauchbarer k-Schrittverfahren für *nichtsteife* Probleme kondensieren:

(a) *Stabilität* als notwendige und hinreichende Bedingung für die Konvergenz konsistenter Verfahren (Sätze 7.15 und 7.23),

(b) *strikte* Stabilität, damit „schwach steife" Lösungskomponenten stabil integriert
werden können (Lemma 7.32), und dabei

(c) *maximale Konsistenzordnung.*

Für die (strikte) Stabilität ist allein das charakteristische Polynom ρ des linearen k-
Schrittverfahrens zuständig. Zur Sicherung der Konsistenzbedingung (7.5) muss ρ
die einfache Nullstelle $\zeta = 1$ besitzen, alle weiteren Nullstellen müssen für die strikte
Stabilität im *Innern* des Einheitskreises liegen. Der Einfachheit halber wählen wir die
$(k-1)$-fache Nullstelle $\zeta = 0$, so dass wir uns auf das charakteristische Polynom

$$\rho(\zeta) = \zeta^{k-1}(\zeta - 1) = \zeta^k - \zeta^{k-1}$$

festlegen. Für die der Stabilitätsuntersuchung zugrundeliegende triviale Differentialgleichung

$$x' = 0$$

bedeutet die $(k-1)$-fache Nullstelle $\zeta = 0$ so etwas wie maximale Sicherheit, da
das Mehrschrittverfahren *keine* parasitären Lösungskomponenten erzeugt, oder anders
ausgedrückt, sich das Verfahren für diese Differentialgleichung auf ein *Einschrittverfahren* reduziert. Wir sind nun bei einem k-Schrittverfahren der Form

$$x_\tau(t_{j+k}) - x_\tau(t_{j+k-1}) = \tau\sigma(E)f_\tau(t_j)$$
$$= \tau\left(\beta_k f_\tau(t_{j+k}) + \cdots + \beta_0 f_\tau(t_j)\right)$$

angelangt. Das zweite charakteristische Polynom σ werden wir nun so wählen, dass
wir die maximal mögliche Konsistenzordnung erhalten. Dabei zeigt die erste Dahlquist-Schranke (Satz 7.16) und ihre Ergänzung (Satz 7.33), dass wir

• für ein *explizites* Verfahren ($\beta_k = 0$) mit den restlichen k Freiheitsgraden
$\beta_0, \ldots, \beta_{k-1}$ maximal die Konsistenzordnung $p = k$ erzielen,

- für ein *implizites* Verfahren ($\beta_k \neq 0$) mit den restlichen $k + 1$ Freiheitsgraden $\beta_0, \ldots, \beta_{k-1}, \beta_k$ hingegen maximal die Konsistenzordnung $p = k + 1$ erzielen.

Setzen wir das lineare Gleichungssystem aus Lemma 7.8(iv) für die Konsistenzordnung $p = k$ bzw. $p = k+1$ an, so erhalten wir p Gleichungen in den p Unbekannten $\beta_0, \ldots, \beta_{p-1}$. Dieses Gleichungssystem ist nicht-singulär und besitzt daher eine eindeutige Lösung, d. h., wir erhalten

- genau ein *explizites* Verfahren der Konsistenzordnung $p = k$,

- genau ein *implizites* Verfahren der Konsistenzordnung $p = k + 1$.

Diese beiden k-Schrittverfahren stellen die *älteste* Familie von Verfahren dar, welche das explizite bzw. implizite Euler-Verfahren verallgemeinern und mit welchen beliebige Konsistenzordnungen erreichbar sind. Sie wurden erstmalig von dem englischen Mathematiker J. C. Adams 1855 aufgestellt. Allerdings unterschied sich seine Herleitung fundamental von unserer abstrakten, an Prinzipien orientierten Vorgehensweise. Wir werden das Vorgehen von J. C. Adams rekonstruieren, indem wir zur Bestimmung der Koeffizienten β_j, $j = 0, \ldots, p - 1$, das lineare Gleichungssystem aus Lemma 7.8(iv) nicht direkt lösen, sondern den Koeffizienten eine *Bedeutung* geben: Betrachten wir hierzu für $x \in C^{p+1}$ den Konsistenzfehler des Verfahrens,

$$
O(\tau^{p+1}) = L(x, t_j, \tau) = x(t_{j+k}) - x(t_{j+k-1}) - \tau \sum_{i=0}^{k} \beta_i \, x'(t_{j+i})
$$

$$
= \int_{t_{j+k-1}}^{t_{j+k}} x'(t) dt - \tau \sum_{i=0}^{k} \beta_i \, x'(t_{j+i}),
$$

so können wir die Koeffizienten β_i des charakteristischen Polynoms σ als *Gewichte einer Quadraturformel* deuten. Dabei ist diese nach Lemma 7.8(ii)

- im *expliziten* Fall eine Quadraturformel in den k Stützstellen

$$
t_j, \ldots, t_{j+k-1},
$$

welche *exakt* ist für Polynome vom Grad $p - 1 = k - 1$,

- im *impliziten Fall* eine Quadraturformel in den $k + 1$ Stützstellen

$$
t_j, \ldots, t_{j+k},
$$

welche *exakt* ist für Polynome vom Grad $p - 1 = k$.

Nach der Theorie der Newton-Cotes-Quadratur (Band 1, Abschnitt 9.2) liegen in beiden Fällen die Gewichte *eindeutig* fest.

Darstellungen des expliziten Adams-Verfahrens. Wir geben dem expliziten k-Schritt-Adams-Verfahren verschiedene Darstellungen, welche unterschiedliche *algorithmische* Aspekte beleuchten. Wenden wir das explizite Adams-Verfahren auf die Differentialgleichung

$$x' = f(t, x)$$

an, so erhält die vom Mehrschrittverfahren erzeugte Gitterfunktion x_τ in t_{j+k} den Wert

$$x_\tau(t_{j+k}) = x_\tau(t_{j+k-1}) + \int_{t_{j+k-1}}^{t_{j+k}} q(t)\, dt, \qquad (7.16)$$

wobei wir die Quadraturformel zunächst durch das Interpolationspolynom $q \in P_{k-1}^d$ beschreiben, welches die Werte

$$q(t_{j+i}) = f_\tau(t_{j+i}) = f(t_{j+i}, x_\tau(t_{j+i})), \quad i = 0, \ldots, k-1,$$

annimmt. Wir beobachten, dass diese Darstellung keinen Gebrauch von der Äquidistanz des Gitters macht, so dass die Möglichkeit besteht, das explizite Adams-Verfahren auch auf nicht-äquidistanten Gittern zu definieren. Diese Möglichkeit wird in Abschnitt 7.4.1 zur Grundlage eines adaptiven Algorithmus gemacht werden. Die weiteren Darstellungen des expliziten Adams-Verfahrens beruhen auf Basisdarstellungen des Polynoms q für *äquidistante* Gitter. Schreiben wir

$$\int_{t_{j+k-1}}^{t_{j+k}} q(t)\, dt = \tau \int_0^1 q(t_{j+k-1} + \theta\tau)\, d\theta,$$

und wählen wir die *Lagrange-Darstellung*

$$q(t_{j+k-1} + \theta\tau) = \sum_{i=0}^{k-1} f_\tau(t_{j+i})\, L_{k-1-i}(\theta)$$

mit den Lagrange-Polynomen $L_i \in P_{k-1}$,

$$L_i(-\ell) = \delta_{i\ell}, \quad i, \ell = 0, \ldots, k-1,$$

so ergibt sich die kanonische Darstellung

$$\text{(i) } x_\tau(t_{j+k}) - x_\tau(t_{j+k-1}) = \tau \sum_{i=0}^{k-1} \beta_i\, f_\tau(t_{j+i}),$$

$$\text{(ii) } \beta_i = \int_0^1 L_{k-1-i}(\theta)\, d\theta, \quad i = 0, \ldots, k-1.$$

Somit lauten beispielsweise für $k = 1, \ldots, 4$ die charakteristischen Polynome σ des expliziten Adams-Verfahrens:

$$k = 1: \ \sigma(\zeta) = 1,$$

$$k = 2: \ \sigma(\zeta) = (3\zeta - 1)/2,$$

$$k = 3: \ \sigma(\zeta) = (23\zeta^2 - 16\zeta + 5)/12,$$

$$k = 4: \ \sigma(\zeta) = (55\zeta^3 - 59\zeta^2 + 37\zeta - 9)/24.$$

In dem Spezialfall $k = 1$ erkennen wir das explizite Euler-Verfahren wieder.

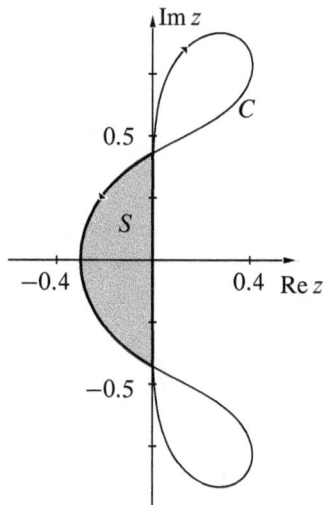

Abbildung 7.2. Wurzelortskurve $\mathcal{C}$ und Stabilitätsgebiet $\mathcal{S}$ des expliziten Adams-Verfahrens für $k = 4$

Wählen wir hingegen zur Darstellung des Interpolationspolynoms q die *Newton-Darstellung* über dividierte Differenzen (Band 1, Abschnitt 7.1.2), so erhalten wir nach einigen Umrechnungen (Aufgabe 7.10)

$$q(t_{j+k-1} + \theta\tau) = \sum_{i=0}^{k-1} (-1)^i \binom{-\theta}{i} \nabla^i f_\tau(t_{j+k-1})$$

mit dem *Rückwärtsdifferenzenoperator* ∇, für eine Gitterfunktion $\phi : \Delta_\tau \to \mathbb{R}^d$ definiert durch

$$\nabla\phi(t_\ell) = \phi(t_\ell) - \phi(t_{\ell-1}).$$

Hieraus folgt die Darstellung

$$\text{(i)} \; x_\tau(t_{j+k}) - x_\tau(t_{j+k-1}) = \tau \sum_{i=0}^{k-1} \mu_i \, \nabla^i f_\tau(t_{j+k-1}),$$

$$\text{(ii)} \; \mu_i = (-1)^i \int_0^1 \binom{-\theta}{i} d\theta, \quad i = 0, \dots, k - 1. \tag{7.17}$$

Da die Koeffizienten μ_i (Tabelle 7.1) von dem Parameter k *unabhängig* sind, erkennen wir an der Darstellung (7.17) die Möglichkeit einer einfachen *Ordnungserhöhung* (Wechsel von k) durch Hinzufügung weiterer Summanden. Dieser Vorteil der Newton-Darstellung vererbt sich also von der Interpolation auf das Adams-Verfahren.

i	0	1	2	3	4	5	6
μ_i	1	$\dfrac{1}{2}$	$\dfrac{5}{12}$	$\dfrac{3}{8}$	$\dfrac{251}{720}$	$\dfrac{95}{288}$	$\dfrac{19087}{60480}$

Tabelle 7.1. Koeffizienten des expliziten Adams-Verfahrens

Darstellungen des impliziten Adams-Verfahrens. Völlig analog zu dem expliziten Adams-Verfahren geben wir dem impliziten k-Schritt-Adams-Verfahren verschiedene Darstellungen, wobei wir uns jetzt etwas kürzer fassen dürfen.

Die Gitterfunktion x_τ erfüllt in t_{j+k} die implizite Beziehung

$$x_\tau(t_{j+k}) = x_\tau(t_{j+k-1}) + \int_{t_{j+k-1}}^{t_{j+k}} q(t) \, dt, \tag{7.18}$$

wobei $q \in P_k^d$ das Polynom darstellt, welches die Werte

$$q(t_{j+i}) = f_\tau(t_{j+i}) = f(t_{j+i}, x_\tau(t_{j+i})), \quad i = 0, \dots, k,$$

interpoliert. Auch hier beobachten wir, dass diese Darstellung keinen Gebrauch von der Äquidistanz des Gitters macht. Schreiben wir für äquidistante Gitter

$$\int_{t_{j+k-1}}^{t_{j+k}} q(t) \, dt = \tau \int_0^1 q(t_{j+k-1} + \theta\tau) \, d\theta,$$

und wählen wir die *Lagrange-Darstellung*

$$q(t_{j+k-1} + \theta\tau) = \sum_{i=0}^{k} f_\tau(t_{j+i}) \, L_{k-i}(\theta)$$

mit den Lagrange-Polynomen $L_i \in \mathbf{P}_k$,

$$L_i(1 - \ell) = \delta_{i\ell}, \quad i, \ell = 0, \ldots, k,$$

so erhalten wir die kanonische Darstellung

$$\text{(i)} \quad x_\tau(t_{j+k}) - x_\tau(t_{j+k-1}) = \tau \sum_{i=0}^{k} \beta_i \, f_\tau(t_{j+i}),$$

$$\text{(ii)} \quad \beta_i = \int_0^1 L_{k-i}(\theta) \, d\theta, \quad i = 0, \ldots, k. \tag{7.19}$$

Diese Darstellung ergibt sogar für $k = 0$ Sinn. Für $k = 0, \ldots, 3$ lauten die charakteristischen Polynome σ des impliziten Adams-Verfahrens:

$$k = 0: \quad \sigma(\zeta) = \zeta,$$

$$k = 1: \quad \sigma(\zeta) = (\zeta + 1)/2,$$

$$k = 2: \quad \sigma(\zeta) = (5\zeta^2 + 8\zeta - 1)/12,$$

$$k = 3: \quad \sigma(\zeta) = (9\zeta^3 + 19\zeta^2 - 5\zeta + 1)/24.$$

Der Spezialfall $k = 0$ stellt das implizite Euler-Verfahren, der Fall $k = 1$ die implizite Trapezregel dar.

In der *Newton-Darstellung* des Interpolationspolynoms erhalten wir

$$q(t_{j+k-1} + \theta\tau) = \sum_{i=0}^{k} (-1)^i \binom{1-\theta}{i} \nabla^i f_\tau(t_{j+k}).$$

Hieraus folgt

$$\text{(i)} \quad x_\tau(t_{j+k}) - x_\tau(t_{j+k-1}) = \tau \sum_{i=0}^{k} \mu_i^* \, \nabla^i f_\tau(t_{j+k}),$$

$$\text{(ii)} \quad \mu_i^* = (-1)^i \int_0^1 \binom{1-\theta}{i} d\theta, \quad i = 0, \ldots, k. \tag{7.20}$$

Da auch die Koeffizienten μ_i^* (Tabelle 7.1) von dem Parameter k *unabhängig* sind, ergibt sich ebenfalls die Möglichkeit einer einfachen *Ordnungserhöhung* (Wechsel von k) durch Hinzufügung weiterer Summanden.

Prädiktor-Korrektor-Verfahren. Da wir das implizite Adams-Verfahren für nichtsteife Probleme konstruiert haben, lässt sich das (nichtlineare) implizite Gleichungssystem (7.19(i)) effizient mit Hilfe einer Fixpunktiteration lösen. Dabei führt die bewusste Verwendung einer *festen* Anzahl m von Iterierten bei geschickter Wahl eines

i	0	1	2	3	4	5	6
μ_i^*	1	$-\dfrac{1}{2}$	$-\dfrac{1}{12}$	$-\dfrac{1}{24}$	$-\dfrac{19}{720}$	$-\dfrac{3}{160}$	$-\dfrac{863}{60480}$

Tabelle 7.2. Koeffizienten des impliziten Adams-Verfahrens

Startwertes auf eine modifizierte Verfahrensklasse. Zur Beschreibung des neuen Verfahrens bezeichnen wir die Koeffizienten des *impliziten* k-Schritt-Adams-Verfahrens mit β_i^*, um sie von den Koeffizienten β_i des *expliziten* k-Schritt-Adams-Verfahrens zu unterscheiden. Als Startschritt der Fixpunktiteration verwenden wir den Wert des expliziten k-Schritt-Adams-Verfahrens:

$$\text{P:} \quad x_\tau^0(t_{j+k}) = x_\tau(t_{j+k-1}) + \tau \sum_{i=0}^{k-1} \beta_i \, f_\tau(t_{j+i}).$$

Dabei steht P für *Prädiktor* (engl. *predictor*), da das explizite Adams-Verfahren den Wert des impliziten Adams-Verfahrens mit einem Fehler der Größenordnung $O(\tau^{p+1})$, $p = k$, vorhersagt. Sodann erfolgen m Schritte der Fixpunktiteration: Für $\ell = 0, \ldots, m-1$ werten wir zum einen die rechte Seite f der Differentialgleichung aus (engl. *evaluate*),

$$\text{E:} \quad f_{j+k}^\ell = f(t_{j+k}, x_\tau^\ell(t_{j+k})),$$

zum anderen korrigieren wir die alte Iterierte gemäß

$$\text{C:} \quad x_\tau^{\ell+1}(t_{j+k}) = x_\tau(t_{j+k-1}) + \tau \beta_k^* f_{j+k}^\ell + \tau \sum_{i=0}^{k-1} \beta_i^* \, f_\tau(t_{j+i}).$$

Dieser letzte Schritt heißt *Korrektor* (engl. *corrector*). Das Prädiktor-Korrektor-Verfahren mit m Schritten der Fixpunktiteration heißt

- P(EC)^m-Verfahren, wenn wir $f_\tau(t_{j+k}) = f_{j+k}^{m-1}$ setzen, d. h. keine weitere f-Auswertung anschließen,

- P(EC)^{m}E-Verfahren, wenn wir $f_\tau(t_{j+k}) = f_{j+k}^m$ setzen, d. h. noch eine weitere f-Auswertung für die diskrete rechte Seite anschließen.

Ein Prädiktor-Korrektor-Verfahren enthält *geschachtelte* f-Auswertungen und stellt somit *kein* lineares Mehrschrittverfahren dar, sondern gehört zu der größeren Klasse der *Mehrstufen-Mehrschrittverfahren*, einer Art Kombination von Runge-Kutta- und Mehrschrittverfahren. Auch hier muss die Konsistenz der Verfahren von einer Stabilitätsbedingung begleitet werden, um zur Konvergenz zu gelangen. Diese Untersuchungen werden heutzutage im Rahmen der von K. Burrage und J. C. Butcher

1980 eingeführten *general linear methods* vorgenommen, wir verweisen auf die Darstellung in [90]. Wir wollen hier nur erwähnen, dass die auf dem Adams-Verfahren basierenden $P(EC)^m$- und $P(EC)^m E$-Verfahren stabil und von daher konvergent sind, genauer:

Lemma 7.38. *Sei $m > 0$. Das $P(EC)^m$- sowie das $P(EC)^m E$-Verfahren konvergiert für hinreichend glatte rechte Seiten f und hinreichend genaue Startwerte $x_\tau(t_0),\ldots,$ $x_\tau(t_{k-1})$ von der gleichen Ordnung $p = k + 1$ in der Schrittweite τ wie das zugrundeliegende implizite Adams-Verfahren.*

Beispiel 7.39. Wir wollen den Ordnungsgewinn bei schon einer einzigen Iteration $m = 1$ anhand des weit verbreiteten PECE-Verfahrens erklären. Der Einfachheit halber beschränken wir uns auf eine global Lipschitz-stetige rechte Seite f wie in Lemma 7.3. Bezeichnen wir die Gitterfunktion des impliziten Adams-Verfahrens mit x_τ^*, so erhalten wir mit den exakten Startwerten

$$x_\tau(t_j) = x_\tau^*(t_j) = x(t_j), \quad j = 0,\ldots,k-1,$$

zum Zeitpunkt t_k die Differenz

$$x_\tau^*(t_k) - x_\tau^1(t_k) = \tau\beta_k^*\big(f(t_k, x_\tau^*(t_k)) - f(t_k, x_\tau^0(t_k))\big)$$

zwischen implizitem Adams-Verfahren und der PECE-Lösung. Unter Verwendung der Lipschitzbedingung an f erhalten wir hieraus

$$|x_\tau^*(t_k) - x_\tau^1(t_k)| \le \tau L\,|\beta_k^*| \cdot |x_\tau^*(t_k) - x_\tau^0(t_k)|. \tag{7.21}$$

Beachten wir die Konsistenzordnung $p = k$ des expliziten Adams-Verfahrens und $p = k + 1$ des impliziten Adams-Verfahrens, so gilt

$$|x_\tau^*(t_k) - x_\tau^0(t_k)| \le |x(t_k) - x_\tau^*(t_k)| + |x(t_k) - x_\tau^0(t_k)|$$
$$= O(\tau^{k+2}) + O(\tau^{k+1}) = O(\tau^{k+1}).$$

Setzen wir dies in (7.21) ein, so bewirkt die *Multiplikation* auf der rechten Seite mit τ, dass gilt

$$|x_\tau^*(t_k) - x_\tau^1(t_k)| = O(\tau^{k+2}).$$

Somit ergibt sich für den Fehler der PECE-Lösung

$$|x(t_k) - x_\tau^1(t_k)| \le |x_\tau^*(t_k) - x_\tau^1(t_k)| + |x(t_k) - x_\tau^*(t_k)| = O(\tau^{k+2}),$$

d. h. die Konsistenzordnung $p = k + 1$ wie beim impliziten Adams-Verfahren.

Vergleichen wir den Aufwand in f-Auswertungen, so erhalten wir für einen Schritt $(t_{j+k-1} \to t_{j+k})$

- *eine einzige* f-Auswertung für das explizite Adams-Verfahren,
- m f-Auswertungen für das P(EC)^m-Verfahren,
- $m+1$ f-Auswertungen für das P(EC)^{m}E-Verfahren.

Es könnte daher der Eindruck entstehen, dass wir für die Konsistenzordnung $p = k + 1$ doch billiger das explizite $(k+1)$-Schritt-Adams-Verfahren nehmen sollten, als ein k-Schritt-Prädiktor-Korrektor Verfahren. Aus *Stabilitätsgründen* ist aber beispielsweise schon das PECE-Verfahren vorzuziehen: Es besitzt bei gleicher Konsistenzordnung wesentlich *größere Stabilitätsgebiete* $\mathcal{S}$ als das explizite Adams-Verfahren, welches für höhere Ordnungen so kleine Stabilitätsgebiete besitzt, dass es *faktisch* schwach instabil wird.

Bemerkung 7.40. In der Literatur sind die in diesem Abschnitt vorgestellten Verfahren häufig unter gewissen Doppelnamen zu finden, da J. C. Adams seine Verfahren nur teilweise und außerdem erst sehr spät publiziert hat. Das explizite Adams-Verfahren findet sich erstmalig 1883 in einem Anhang des Buches [12] von F. Bashforth über Kapillarität und wird daher auch *Adams-Bashforth-Verfahren* genannt. Das implizite Adams-Verfahren heißt auch *Adams-Moulton-Verfahren*, da es erstmalig von F. R. Moulton 1926 in seinem Buch [129] über Ballistik publiziert wurde – als „militärisches Geheimnis" erst zehn Jahre nach der Nutzung seiner Resultate während des ersten Weltkrieges. F. R. Moulton führte dabei die Prädiktor-Korrektor-Verfahren ein, während J. C. Adams die nichtlinearen Gleichungen seiner impliziten Verfahren noch mit dem Newton-Verfahren gelöst hatte.

7.3.2 BDF-Verfahren für steife Probleme

Für die Behandlung *steifer* Probleme wünschen wir uns Mehrschrittverfahren möglichst großer Stabilitätsgebiete $\mathcal{S}$. Die zweite Dahlquist-Schranke (Satz 7.36) lehrt uns aber, dass wir mit einem linearen Mehrschrittverfahren der Konsistenzordnung $p > 2$ keine A-Stabilität, d. h. $\mathbb{C}_- \subset \mathcal{S}$, erreichen können. Wir beschränken uns daher auf die Forderung nach $A(\alpha)$-Stabilität mit einem (hoffentlich) nahe bei $\pi/2$ gelegenen Winkel $0 < \alpha < \pi/2$. In Abschnitt 6.1.3 haben wir gezeigt, dass es bei Einschrittverfahren sinnvoll ist, die $A(\alpha)$-Stabilität mit der zusätzlichen Forderung zu versehen, dass die Stabilitätsfunktion R des Einschrittverfahrens

$$R(\infty) = 0 \qquad (7.22)$$

erfüllt. Diese Forderung greift die Eigenschaft

$$\lim_{\operatorname{Re} z \to -\infty} \exp(z) = 0$$

der Exponentialfunktion auf. Wir wollen jetzt die Forderung (7.22) für Mehrschrittverfahren verallgemeinern. Dazu fassen wir das Stabilitätsgebiet $\mathcal{S}$ als Teilmenge der Riemannschen Zahlensphäre $\hat{\mathbb{C}} = \mathbb{C} \cup \{\infty\}$ auf und erkennen zunächst, dass $|R(\infty)| < 1$ äquivalent ist zu $\infty \in \mathrm{int}(\mathcal{S})$.

Lemma 7.41. *Das Stabilitätsgebiet $\mathcal{S}$ eines expliziten linearen Mehrschrittverfahrens ist beschränkt. Für ein implizites lineares Mehrschrittverfahren, welches irreduzibel ist, gilt*

$$\infty \in \mathrm{int}(\mathcal{S})$$

genau dann, wenn jede Nullstelle ζ des charakteristischen Polynoms σ der Bedingung $|\zeta| < 1$ genügt.

Beweis. Die Abbildung

$$\zeta \mapsto z(\zeta) = \frac{\rho(\zeta)}{\sigma(\zeta)}$$

ist als rationale Funktion auf $\hat{\mathbb{C}}$ meromorph. Für ein *explizites* Verfahren erhalten wir $z(\infty) = \infty$. Somit existiert ein $M > 0$, so dass es zu jedem $|z| > M$ ein $|\zeta| > 1$ gibt, für welches

$$z = z(\zeta), \quad \text{d.h.} \quad \rho(\zeta) - z\sigma(\zeta) = 0$$

gilt. Knapper formuliert erhalten wir also $z \notin \mathcal{S}$ für $|z| > M$.

Für ein *implizites* Verfahren gibt es – der Vielfachheit nach gezählt – k Nullstellen $\zeta_1, \ldots, \zeta_k$ des Polynoms σ, welche aufgrund der Irreduziblitität des Verfahrens nicht gleichzeitig Nullstellen des Polynoms ρ sein können. Insofern gilt

$$z(\zeta_j) = \infty, \quad j = 1, \ldots, k.$$

Für eine Umgebung $|z| > M$ von $z = \infty$ gibt es stetige Fortsetzungen $\zeta_j(z)$ von $\zeta_j = \zeta_j(\infty)$, $j = 1, \ldots, k$, so dass

$$\rho(\zeta_j(z)) - z\sigma(\zeta_j(z)) = 0, \quad j = 1, \ldots, k,$$

gilt. Hieraus erhalten wir $\infty \in \mathrm{int}(\mathcal{S})$ genau dann, wenn für hinreichend großes M und $|z| > M$ die Abschätzung

$$|\zeta_j(z)| < 1, \quad j = 1, \ldots, k,$$

besteht. Letzteres ist wegen der Stetigkeit äquivalent zur entsprechenden Bedingung für $z = \infty$. $\square$

Die Aussage dieses Lemmas führt uns zu dem Fazit, dass *die Nullstellen des Polynoms σ eines impliziten und irreduziblen linearen Mehrschrittverfahrens die Rolle des Wertes $R(\infty)$ eines Einschrittverfahrens übernehmen*. Tatsächlich besteht sogar Gleichheit für die Klasse der linearen Einschrittverfahren (Aufgabe 7.4).

Beispiel 7.42. Für die implizite Trapezregel erhalten wir nach Beispiel 6.33 sowie aus dem charakteristischen Polynom $\sigma(\zeta) = (\zeta + 1)/2$

$$R(\infty) = \zeta_1 = -1.$$

Für das implizite Euler-Verfahren erhalten wir entsprechend wegen $\sigma(\zeta) = \zeta$

$$R(\infty) = \zeta_1 = 0.$$

Die Verallgemeinerung der bei Einschrittverfahren vertrauten Forderung $R(\infty) = 0$ auf implizite lineare k-Schrittverfahren führt uns daher zwingend zu der Wahl

$$\sigma(\zeta) = \zeta^k, \tag{7.23}$$

wobei wir die Normierung $\beta_k = 1$ gewählt haben. Wir sind damit zu Verfahren der Form

$$\alpha_k x_\tau(t_{j+k}) + \cdots + \alpha_0 x_\tau(t_j) = \tau f_\tau(t_{j+k})$$

gelangt. Wie bei den Adams-Verfahren führt die weitere Forderung nach maximaler Konsistenzordnung auf *genau ein* Verfahren. Setzen wir nämlich das lineare Gleichungssystem aus Lemma 7.8(iv) an, so erhalten wir $p + 1$ Gleichungen in den $k + 1$ Unbekannten $\alpha_0, \ldots, \alpha_k$. Jede Lösung des Systems für $p > k$ muss auch Lösung des quadratischen Systems für $p = k$ sein. Von diesem lässt sich leicht zeigen, dass es eine *eindeutige* Lösung besitzt, welche das Gleichungssystem für $p > k$ nicht länger erfüllt. Aber genau wie bei den Adams-Verfahren ist eine Diskussion des linearen Gleichungssystems gar nicht nötig, da wir den Koeffizienten eine *Interpretation* geben können, welche uns eine bequeme Konstruktion des Verfahrens erlaubt. Dabei dient uns die Information $p = k$ zunächst nur als Leitlinie, unsere Konstruktion wird dafür einen eigenen Beweis liefern. Wir betrachten für ein Polynom $q \in P_k$ den Konsistenzfehler $L(q, 0, \tau)$ des Verfahrens, welcher nach Lemma 7.8(ii) der Beziehung

$$0 = \frac{L(q, 0, \tau)}{\tau} = \frac{\alpha_k q(k\tau) + \cdots + \alpha_0 q(0)}{\tau} - q'(k\tau) \tag{7.24}$$

genügt. Die Koeffizienten $\alpha_0, \ldots, \alpha_k$ stellen somit eine Formel zur *numerischen Differentiation* durch Interpolation dar. Die Existenz und Eindeutigkeit der Koeffizienten $\alpha_0, \ldots, \alpha_k$ folgt jetzt aus folgender Betrachtung:

Führen wir das transformierte Polynom $\hat{q}(\theta) = q(\theta\tau)$ ein, so ist die Konsistenzbeziehung (7.24) äquivalent zu

$$\alpha_k \hat{q}(k) + \cdots + \alpha_0 \hat{q}(0) = (\alpha_k[k] + \cdots + \alpha_0[0])\hat{q}$$
$$= [k, k]\hat{q} = \hat{q}'(k)$$

für alle $\hat{q} \in P_k$. Dies ist aber folgende Identität dividierter Differenzen auf P_k:

$$\alpha_k[k] + \cdots + \alpha_0[0] = [k, k]. \tag{7.25}$$

Da nach der klassischen Interpolationstheorie aus Band 1, Abschnitt 7.1.1, die $k + 1$ Auswertungsfunktionale $[0], \ldots, [k]$ eine Basis des Dualraumes von P_k bilden, gibt es für das Ableitungsfunktional $[k, k]$ als Element dieses Dualraumes eine eindeutige Darstellung als Linearkombination der Form (7.25). Die durch (7.23) ausgezeichnete Familie impliziter Mehrschrittverfahren der Konsistenzordnung $p = k$ wurde 1952 von C. F. Curtiss und J. O. Hirschfelder in ihrer berühmten Arbeit [36] eingeführt, in der sie auch den Begriff des „steifen" Anfangswertproblems prägten (obwohl sie „Steifheit" anhand eines *instabilen* Anfangswertproblems analysierten). Da die numerische Differentiationsformel (7.25) Funktionsauswertungen an *rückwärtig* gelegenen Stellen vornimmt, nannten sie diese Mehrschrittverfahren *backward differentiation formulas* oder kurz *BDF-Verfahren*. So richtig populär für die Behandlung steifer Probleme wurden die BDF-Verfahren erst mit dem Buch [74] von C. W. Gear aus dem Jahre 1971.

Stabilitätseigenschaften der BDF-Verfahren. Bei unserer Herleitung der BDF-Verfahren spielten Stabilitätseigenschaften nur insofern eine Rolle, als wir mit

$$\infty \in \text{int}(\mathcal{S})$$

für ein Stabilitätsgebiet sorgten, welches sich ins Unendliche erstreckt. Leider standen uns keine weiteren Freiheitsgrade zur Verfügung, um für das „andere Ende" zu sorgen: $0 \in \mathcal{S}$, d. h. die Stabilität des Mehrschrittverfahrens. Hier müssen wir uns auf unser Glück verlassen und feststellen, dass wir nicht so weit gelangen, wie wir uns vielleicht gewünscht hätten:

Lemma 7.43. *Das k-Schritt-BDF-Verfahren ist dann und nur dann stabil, wenn*

$$k \leq 6$$

gilt.

Die Stabilität für $k \leq 6$ beweist man durch numerische Bestimmung der Nullstellen des Polynoms ρ (A. R. Mitchell und J. W. Craggs 1953). Das negative Resultat für $k > 6$ wurde erstmalig von C. W. Cryer 1971 bewiesen. Ein relativ einfacher Beweis wurde 1983 von E. Hairer und G. Wanner geführt [92].

Die BDF-Verfahren für $k = 1, \ldots, 6$ sind glücklicherweise sämtlich $A(\alpha)$-stabil, allerdings mit recht kleinen Winkeln α für die höheren Ordnungen, vgl. Tabelle 7.3.

Dieses Verhalten ist im Lichte der am Ende des Abschnittes 7.2.2 geführten Diskussion als eine Art „Nebenwirkung" der zweiten Dahlquist-Schranke (Satz 7.36) zu verstehen.

Bemerkung 7.44. Es sind verschiedene Versuche unternommen worden, die Stabilitätseigenschaften der BDF-Verfahren zu verbessern. Notwendigerweise gelangt man

k	1	2	3	4	5	6
α	90°	90°	86.03°	73.35°	51.84°	17.84°

Tabelle 7.3. $A(\alpha)$-Stabilität der BDF-Verfahren

zu Verfahren, welche nicht zur Klasse der linearen Mehrschrittverfahren gehören. Eine der erfolgreichsten Ideen stammt von R. D. Skeel und A. K. Kong [160] und besteht darin, das implizite Adams-Verfahren mit seinen guten Stabilitätseigenschaften bei $0 \in \mathscr{S}$ mit dem BDF-Verfahren zu *mischen*. Bezeichnen wir den Differenzenoperator des impliziten k-Schritt Adams-Verfahrens mit L_A und denjenigen des k-Schritt BDF-Verfahrens mit L_B, so lautet der sogenannte *Verschnitt* (engl. *blending*; ein Wort aus dem Assoziationsfeld von Tabak und Whisky) von Adams- und BDF-Verfahren:

$$L_A(x_\tau, t_j, \tau) - \tau \gamma_k J L_B(x_\tau, t_j, \tau) = 0.$$

Dieses verallgemeinerte Mehrschrittverfahren, welches in der angelsächsischen Literatur *blended multistep method* heißt, besitzt für *jede* Wahl von $\gamma_k \in \mathbb{R}$ und $J \in \mathrm{Mat}_d(\mathbb{R})$ die Konsistenzordnung $p = k + 1$, da für $x \in C^\infty$

$$L_A(x, t, \tau) - \tau \gamma_k J L_B(x, t, \tau) = O(\tau^{k+2}) - \tau \gamma_k O(\tau^{k+1}) = O(\tau^{k+2})$$

gilt. Wählt man J als die Jacobimatrix der rechten Seite f an einer bestimmten Stelle, so lässt sich γ_k auf gute Stabilitätseigenschaften hin optimieren. Die deutliche Verbesserung gegenüber den BDF-Verfahren findet sich in Tabelle 7.4. Es besteht die Möglichkeit, diese Verfahren mit einer Ordnungs- und Schrittweitensteuerung zu versehen in der Art, wie wir es in Abschnitt 7.4.3 für die BDF-Verfahren diskutieren werden. Eine Implementierung liegt als Option des Programmes SPRINT von M. Berzins und R. M. Furzeland [14] vor.

Darstellungen der BDF-Verfahren. Wie bei den Adams-Verfahren betrachten wir verschiedene Darstellungen der BDF-Verfahren und beleuchten damit unterschiedliche algorithmische Aspekte. Wenden wir das BDF-Verfahren auf die Differentialgleichung

$$x' = f(t, x)$$

an, so führt uns die Idee, eine Interpolierte der Lösung zu differenzieren, auf folgendes *Gleichungssystem* für den Wert der Gitterfunktion x_τ zum Zeitpunkt t_{j+k}:

$$q'(t_{j+k}) = f_\tau(t_{j+k}) = f(t_{j+k}, x_\tau(t_{j+k})), \qquad (7.26)$$

wobei $q \in P_k^d$ das Interpolationspolynom durch die Werte

$$q(t_{j+i}) = x_\tau(t_{j+i}), \quad i = 0, \ldots, k,$$

k	p	γ_k	α
1	2	$[0, \infty[$	$90°$
2	3	$[0.125, \infty[$	$90°$
3	4	$[0.12189, 0.68379]$	$90°$
4	5	0.1284997	$89.42°$
5	6	0.1087264	$86.97°$
6	7	0.0962596	$82.94°$
7	8	0.08754864	$77.43°$
8	9	0.08105624	$70.22°$

Tabelle 7.4. $A(\alpha)$-Stabilität des optimalen „Verschnittes"

bezeichnet. Wir beobachten, dass diese Darstellung keinen Gebrauch von der Äquidistanz des Gitters macht, so dass auch für die BDF-Verfahren die Möglichkeit besteht, sie auf nicht-äquidistanten Gittern zu definieren. Auf dieser Möglichkeit werden wir in Abschnitt 7.4.2 einen adaptiven Algorithmus aufbauen.

Bemerkung 7.45. Die Darstellung der BDF-Verfahren in der Form (7.26) weist eine strukturelle Ähnlichkeit mit den Kollokationsverfahren aus Abschnitt 6.3 auf: Wir können es als eine Art einstufiges Kollokationsverfahren zu der Stützstelle $c_1 = 1$ auffassen, wobei wir dem „Kollokationspolynom" q nicht nur *einen* Startwert, sondern k Startwerte mit auf den Weg geben. Erweitern wir dieses Konzept in naheliegender Weise auf mehrere Stützstellen ($s > 1$), so werden wir auf die 1969 von A. Guillou und J. Soulé untersuchten Mehrschritt-Kollokationsverfahren geführt.

Die weiteren Darstellungen der BDF-Verfahren beruhen auf Basisdarstellungen des Polynoms q für *äquidistante* Gitter. Wählen wir die *Lagrange-Darstellung*

$$q(t_{j+k} + \theta\tau) = \sum_{i=0}^{k} x_\tau(t_{j+i}) \, L_{k-i}(\theta)$$

mit den Lagrange-Polynomen $L_i \in \boldsymbol{P}_k$,

$$L_i(-\ell) = \delta_{i\ell}, \quad i, \ell = 0, \ldots, k,$$

so ergibt sich die kanonische Darstellung

$$\text{(i)} \sum_{i=0}^{k} \alpha_i x_\tau(t_{j+i}) = \tau f_\tau(t_{j+k}),$$

$$\text{(ii)} \ \alpha_i = L'_{k-i}(0), \quad i = 0, \ldots, k. \tag{7.27}$$

Rechnen wir die Koeffizienten α_i für die sechs stabilen BDF-Verfahren aus, so lauten die zugehörigen charakteristischen Polynome ρ:

$$
\begin{aligned}
k = 1: \quad & \rho(\zeta) = \zeta - 1, \\
k = 2: \quad & \rho(\zeta) = \frac{3}{2}\zeta^2 - 2\zeta + \frac{1}{2}, \\
k = 3: \quad & \rho(\zeta) = \frac{11}{6}\zeta^3 - 3\zeta^2 + \frac{3}{2}\zeta - \frac{1}{3}, \\
k = 4: \quad & \rho(\zeta) = \frac{25}{12}\zeta^4 - 4\zeta^3 + 3\zeta^2 - \frac{4}{3}\zeta + \frac{1}{4}, \\
k = 5: \quad & \rho(\zeta) = \frac{137}{60}\zeta^5 - 5\zeta^4 + 5\zeta^3 - \frac{10}{3}\zeta^2 + \frac{5}{4}\zeta - \frac{1}{5}, \\
k = 6: \quad & \rho(\zeta) = \frac{49}{20}\zeta^6 - 6\zeta^5 + \frac{15}{2}\zeta^4 - \frac{20}{3}\zeta^3 + \frac{15}{4}\zeta^2 - \frac{6}{5}\zeta + \frac{1}{6}.
\end{aligned}
\tag{7.28}
$$

Für $k = 1$ erkennen wir das implizite Euler-Verfahren wieder.

Die *Newton-Darstellung* des Interpolationspolynoms,

$$
q(t_{j+k} + \theta\tau) = \sum_{i=0}^{k} (-1)^i \binom{-\theta}{i} \nabla^i x_\tau(t_{j+k}),
$$

führt uns wegen

$$
\frac{d}{d\theta}(-1)^i \binom{-\theta}{i}\Bigg|_{\theta=0} = \begin{cases} 0 & \text{für } i = 0, \\ \dfrac{1}{i} & \text{für } i > 0, \end{cases}
$$

auf folgende Form der BDF-Verfahren:

$$
\sum_{i=1}^{k} \frac{1}{i} \nabla^i x_\tau(t_{j+k}) = \tau f_\tau(t_{j+k}).
\tag{7.29}
$$

Wie bei den Adams-Verfahren erkennen wir an dieser Form deutlich die Möglichkeit der *Ordnungserhöhung* durch Hinzufügung weiterer Summanden.

Existenz und Eindeutigkeit der Gitterfunktion für dissipative Differentialgleichungen. Wie bei impliziten Runge-Kutta-Verfahren können wir auch bei impliziten linearen Mehrschrittverfahren für *allgemeine* Differentialgleichungen keine besseren Existenz- und Eindeutigkeitsaussagen treffen als vom Typ des Lemmas 7.3. Für die in Abschnitt 6.3.3 diskutierten dissipativen Differentialgleichungen erhalten wir bei den BDF-Verfahren ein weiterreichendes Resultat, welches die Eignung dieser Verfahren für steife Probleme zusätzlich stützt:

Satz 7.46. *Sei* $f \in C^1(\mathbb{R}^d, \mathbb{R}^d)$ *dissipativ. Dann besitzt das nichtlineare Gleichungssystem* (7.27) *eines stabilen BDF-Verfahrens für jede Schrittweite* $\tau \geq 0$ *und beliebige Startwerte* $x_\tau(t_j), \ldots, x_\tau(t_{j+k-1}) \in \mathbb{R}^d$ *eine eindeutige Lösung* $x_\tau(t_{j+k})$.

Beweis. Jede Lösung $x_* = x_\tau(t_{j+k})$ des Gleichungssystems (7.27) ist Nullstelle der auf $\mathbb{R}^d$ definierten Abbildung

$$F(x) = \tau f(x) - \alpha_k x - \alpha_{k-1} x_\tau(t_{j+k-1}) - \cdots - \alpha_0 x_\tau(t_j).$$

Aus der Dissipativität von f folgt für F die Abschätzung

$$\langle F(x) - F(\bar{x}), x - \bar{x} \rangle \leq -\alpha_k |x - \bar{x}|^2. \tag{I}$$

Da wir durch Inspektion von (7.28) für die stabilen BDF-Verfahren

$$\alpha_k > 0$$

erhalten, besagt die Abschätzung (I), dass F *strikt dissipativ* ist. Aus dieser Eigenschaft hatten wir im Beweis des Satzes 6.54 die Existenz und Eindeutigkeit eines $x_* \in \mathbb{R}^d$ mit $F(x_*) = 0$ hergeleitet. $\qquad\square$

7.4 Adaptive Steuerung von Ordnung und Schrittweite

In Kapitel 5 haben wir ausführlich dargelegt, dass eine effiziente numerische Integration von Anfangswertproblemen einen *adaptiven Algorithmus* erfordert, d. h., die Schrittweite muss in jedem Schritt *automatisch* an das Problem *angepasst* werden können. Bei *Familien* eingebetteter Verfahren ermöglicht die zusätzliche automatische Wahl der Ordnung, mit erhöhter Flexibilität auf spezifische Problemsituationen reagieren zu können.

Wir beginnen, indem wir für die beiden „großen" Familien von linearen Mehrschrittverfahren, die Adams- und BDF-Verfahren, diejenigen Merkmale aus Abschnitt 7.3 sammeln, welche sich für die Diskussion von Adaptivität als wesentlich erweisen:

1. Die Kosten, gezählt in f-Auswertungen und der notwendigen Lösung nichtlinearer Gleichungssysteme, sind für *jede* Konsistenzordnung innerhalb einer Familie *gleich*.

2. Die Verfahren sind mit Hilfe gewisser Interpolationspolynome über variablen Gittern formulierbar, vgl. (7.16), (7.18) und (7.26).

3. Die Stabilitätstheorie, und daher die *Konvergenztheorie*, ist zunächst nur für *äquidistante* Gitter gegeben.

4. Für äquidistante Gitter sind die Verfahren extrem einfach zu implementieren.

5. Mit der Newton-Darstellung ((7.17), (7.20) und (7.29)) der zugehörigen Polynome verfügen wir über eine Formulierung, welche es bequem erlaubt, die Ordnung zu wechseln.

Dabei stellt Punkt 1 die Hauptattraktivität linearer Mehrschrittverfahren dar, da höhere Konsistenzordnungen bei Einschrittverfahren stets mit größeren Kosten verbunden sind.

Die Beobachtung des Punktes 2 befreit uns von der Beschränkung auf äquidistante Gitter, die wir uns für die Formulierung und Theorie allgemeiner linearer Mehrschrittverfahren in Abschnitt 7.1 auferlegt hatten. Dem Einwand des Punktes 3 kann zwar mit einer Erweiterung der Konvergenztheorie auf variable Gitter abgeholfen werden, nur ist diese von wenig praktischem Nutzen: Für höhere Ordnungen muss von den Gittern „fast" die Uniformität vorausgesetzt werden. Der Grund für diese restriktive Voraussetzung ist darin zu suchen, dass die erweiterte Theorie *beliebige* Gitter für *beliebige* Probleme betrachtet. Ein adaptives Verfahren erzeugt aber kein beliebiges Gitter, sondern (hoffentlich) ein *problemangepasstes* Gitter. Solange eine brauchbare Theorie adaptiver Verfahren aussteht, stellen wir uns auf den Standpunkt, dass eine gute adaptive Steuerung Instabilitäten „erkennt". Die Bedeutung der Konvergenztheorie aus Abschnitt 7.1 liegt nun darin, dass wir für stabile Mehrschrittverfahren *wissen*, dass zumindest *eine* Möglichkeit der Steuerung existiert, um Instabilitäten zu vermeiden und Konvergenz zu erzielen: nämlich die Wahl eines äquidistanten Gitters.

Die in Punkt 5 erwähnte Newton-Darstellung der zu den Adams- und BDF-Verfahren gehörigen Interpolationspolynome, und damit der bequeme Ordnungswechsel, ist auch für variable Gitter möglich: Statt des Rückwärtsdifferenzenoperators bei äquidistantem Gitter erhalten wir gitterabhängige dividierte Differenzen und statt konstanter Koeffizienten *gitterabhängige* Koeffizienten. Dies erfordert relativ umfangreiche Rechnungen. Diesen Zugang zu simultaner Ordnungs- und Schrittweitensteuerung werden wir in den Abschnitten 7.4.1 und 7.4.2 diskutieren.

Ein anderer Vorschlag zur Behandlung variabler Gitter besteht darin, bei Schrittweitenänderung ein *virtuelles* äquidistantes Gitter mit der neuen Schrittweite in die Vergangenheit zu legen und die nötige Anfangsinformation zu interpolieren. Diese Idee wird algorithmisch sehr bequem dadurch realisiert, dass wir die zur Berechnung der Approximation an der Stelle t_j nötige rückwärtige Information von den Stellen $t_{j-1}, \ldots, t_{j-k}$, das „Gedächtnis" des Mehrschrittverfahrens, an die Stelle t_j „heften". Wir „sehen" mit diesem transformierten Gedächtnis in einem noch zu präzisierenden Sinne nur jeweils die neueste Schrittweite, so dass eine Schrittweitenänderung keine Probleme bereitet. In Abschnitt 7.4.3 werden wir eine derartige Konstruktion für die Adams- und BDF-Verfahren entwickeln, welche auf eine Arbeit von A. Nordsieck [132] aus dem Jahre 1962 zurückgeht. Es stellt sich allerdings heraus, dass bei diesem Vorgehen ein *Ordnungswechsel* erheblichen Aufwand erfordert, welcher der nötigen Umtransformation der an die Stelle t_j gehefteten Information entspricht. Ziehen wir vorab schon ein Fazit: Adaptive Mehrschrittverfahren ermöglichen entweder

- in der *Newton-Darstellung* einen bequemen Ordnungswechsel, ein variables Gitter führt allerdings zu umfangreichen Nebenrechnungen,

oder

- in der *Nordsieck-Darstellung* eine bequeme Schrittweitenänderung bei konstanter Ordnung, ein Wechsel der Ordnungen hier führt zu umfangreichen Nebenrechnungen.

Dies erklärt, warum adaptive Mehrschrittverfahren einen wesentlich größeren „Overhead" im Gesamtaufwand aufweisen als Einschrittverfahren. Mit dem englischen Wort Overhead bezeichnet man den Anteil der Gesamtrechenzeit, der nicht von unserem bisherigen Aufwandsmodell, den f-Auswertungen und dem Lösen nichtlinearer Gleichungssysteme, erklärt wird. Da der Overhead eines Verfahrens im Wesentlichen *problemunabhängig* ist, erkennen wir, dass er für hinreichend *teure rechte Seiten f* und *große Systemdimension d* in der Bilanz des Gesamtaufwandes zu vernachlässigen ist. Bei Einschrittverfahren ist dies faktisch stets der Fall, bei Mehrschrittverfahren unter Umständen erst für *sehr* teure rechte Seiten f und *sehr* große Systemdimension d. Für derartige Probleme sind Mehrschrittverfahren den Einschrittverfahren jedoch überlegen, da sie dann den in Punkt 1 genannten Konstruktionsvorteil voll ausspielen können. Eine genauere, vergleichende Diskussion des Gesamtaufwandes von Einschritt- und Mehrschrittverfahren findet sich etwa in dem Artikel [51], in welchem für *nichtsteife* Anfangswertprobleme brauchbare Faustformeln angegeben werden.

Anlaufrechnung. Die Ausführung eines k-Schrittverfahrens benötigt die k Startwerte $x_\Delta(t_0), \ldots, x_\Delta(t_{k-1})$, deren Bereitstellung *Anlaufrechnung* genannt wird. Diese stellt für ein adaptives Mehrschrittverfahren, das auf einer Familie von Verfahren wie den Adams- oder BDF-Verfahren beruht, kein Problem dar: Wir starten das adaptive Verfahren einfach mit $k = 1$, dem Einschrittverfahren der Familie. Eine Schrittzahlerhöhung findet im Rahmen der zur Verfügung stehenden Startwerte statt, d. h., ab dem Zeitpunkt t_k können wir ein k-Schrittverfahren benutzen. All dies geschieht automatisch, ohne dass man sich zu diesem Thema weitere Gedanken machen muss.

7.4.1 Adams-Verfahren über variablem Gitter

Die Darstellung (7.16) des expliziten k-Schritt-Adams-Verfahrens verwendet nirgends, dass das zugrundeliegende Gitter äquidistant ist. Wir definieren mit ihrer Hilfe die Gitterfunktion x_Δ des expliziten Adams-Verfahrens über beliebigem (variablem) Gitter Δ:

$$x_\Delta(t_{j+1}) = x_\Delta(t_j) + \int_{t_j}^{t_{j+1}} q_k(t)\, dt, \qquad (7.30)$$

wobei $q_k \in \boldsymbol{P}_{k-1}^d$ das durch

$$q_k(t_{j-i}) = f_\Delta(t_{j-i}) = f(t_{j-i}, x_\Delta(t_{j-i})), \quad i = 0, \ldots, k-1,$$

gegebene Interpolationspolynom ist. In der Newton-Basis (Band 1, Abschnitt 7.1.2) erhält man folgende rekursive Darstellung:

$$q_1(t) \equiv f_\Delta(t_j),$$

sowie für $k = 2, 3, \ldots$

$$q_k(t) = q_{k-1}(t) + (t - t_j) \cdots (t - t_{j-k+2}) \, [t_j, \ldots, t_{j-k+1}] f_\Delta.$$

Hieran erkennt man die einfache Möglichkeit der Ordnungserhöhung. Zur Berechnung der nach (7.30) gegebenen Approximation $x_\Delta(t_{j+1})$ müssen wir Integrale der Form

$$\int_{t_j}^{t_{j+1}} (t - t_j) \cdots (t - t_{j-\ell+1}) \, dt, \quad \ell = 1, \ldots, k-1,$$

auswerten. F. T. Krogh [115] hat hierzu Rekursionsformeln entwickelt, welche bei der Berechnung der dividierten Differenzen

$$[t_j, \ldots, t_{j-\ell}] f_\Delta$$

„mitlaufen" können. Diese recht umfangreichen Rechnungen bilden im Wesentlichen den Overhead entsprechender Implementierungen. Wir verzichten auf die Herleitung der Kroghschen Rekursionsformeln und verweisen stattdessen auf die Darstellung in [90].

Die Adams-Verfahren werden als Prädiktor-Korrektor-Verfahren meist in der PECE-Version eingesetzt, d. h., das explizite Adams-Verfahren dient als Start für *einen einzigen* Schritt der Fixpunktiteration zur Lösung des nichtlinearen Gleichungssystems des impliziten Adams-Verfahrens. Wie wir in Abschnitt 7.3.1 erwähnten, vergrößert dies die Stabilitätsgebiete des expliziten Adams-Verfahrens und erhöht daher die Robustheit für Probleme mit schwach steifen Komponenten. Das PECE-Verfahren birgt aber noch den weiteren algorithmischen Vorteil, dass der Prädiktor aufgrund des Unterschiedes in der Konsistenzordnung (vgl. Lemma 7.38) als billiger Fehlerschätzer für den Korrektor dienen kann.

Bezeichnen wir die Lösung des durch (7.30) gegebenen Prädiktorsschrittes P mit $x_\Delta^0(t_{j+1})$, so besteht der E-Schritt in der f-Auswertung

$$f_\Delta^0(t_{j+1}) = f(t_{j+1}, x_\Delta^0(t_{j+1})), \quad f_\Delta^0(t_{j-i}) = f_\Delta(t_{j-i}) \qquad \text{für } i = 0, \ldots, k-1,$$

und der Korrektorschritt C liefert nach der Darstellung (7.18) des impliziten Adams-Verfahrens den Wert

$$x_\Delta(t_{j+1}) = x_\Delta(t_j) + \int_{t_j}^{t_{j+1}} q_k^*(t) \, dt,$$

wobei das Polynom $q_k^* \in P_k$ die Werte

$$q_k^*(t_{j+1-i}) = f_\Delta^0(t_{j+1-i}), \quad i = 0, \ldots, k,$$

interpoliert. Da die Polynome q_k und q_k^* an den k Argumenten $t_j, \ldots, t_{j-k+1}$ übereinstimmen, lässt sich q_k^* mit Hilfe der dividierten Differenzen als einfache Korrektur von q_k gewinnen:

$$q_k^*(t) = q_k(t) + (t - t_j) \cdots (t - t_{j-k+1}) \cdot [t_{j+1}, \ldots, t_{j-k+1}] f_\Delta^0.$$

Damit lautet der Korrektorschritt einfach

$$x_\Delta(t_{j+1}) = x_\Delta^0(t_{j+1}) + \int_{t_j}^{t_{j+1}} (t - t_j) \cdots (t - t_{j-k+1}) \, dt \cdot [t_{j+1}, \ldots, t_{j-k+1}] f_\Delta^0,$$

wobei für die gleichzeitige Auswertung von Integral und dividierter Differenz wiederum die Kroghschen Rekursionsformeln herangezogen werden.

Adaptiver Grundalgorithmus. Wir skizzieren schließlich einen adaptiven Algorithmus für das PECE-Verfahren, der dem Programm DEABM von L. F. Shampine und H. A. Watts [158] aus dem Jahre 1979 zugrundeliegt. Nehmen wir an, wir befinden uns im Zeitpunkt t_j mit Schrittweitenvorschlag τ_j und Ordnungsvorschlag $p = k$. Dies bedeutet, dass wir ein erfolgreiches Abschneiden des k-Schrittverfahrens erwarten. Nun gehen wir wie folgt vor:

1. Die Prädiktorschritte P des $k - 1$, k bzw. $k + 1$ Schrittverfahrens führen auf $x_{\Delta,k-1}^0(t_{j+1})$, $x_{\Delta,k}^0(t_{j+1})$ und $x_{\Delta,k+1}^0(t_{j+1})$.

2. Die Korrektorschritte EC des $k - 1$, k bzw. $k + 1$ Schrittverfahrens führen auf $x_{\Delta,k-1}(t_{j+1})$, $x_{\Delta,k}(t_{j+1})$ und $x_{\Delta,k+1}(t_{j+1})$.

3. Berechne die Schätzungen des lokalen Fehlers

$$|[\varepsilon_\nu(t_{j+1})]| = |x_{\Delta,\nu}(t_{j+1}) - x_{\Delta,\nu}^0(t_{j+1})|, \quad \nu = k - 1, k, k + 1,$$

der jeweiligen Prädiktorschritte.

4. Die Schrittweitenformel (5.5) aus Abschnitt 5.1 führt auf die Vorhersagen

$$\tau_{j+1}^{(\nu)} = \sqrt[\nu+1]{\frac{\rho \cdot \mathrm{TOL}}{|[\varepsilon_\nu(t_{j+1})]|}} \, \tau_j, \quad \nu = k - 1, k, k + 1.$$

5. Wenn wenigstens für eine der Fehlerschätzungen $|[\varepsilon_\nu(t_{j+1})]| \leq \mathrm{TOL}$ gilt, so setzen wir

$$x_\Delta(t_{j+1}) = x_{\Delta,\nu}(t_{j+1})$$

für dasjenige $v \in \{k-1, k, k+1\}$ mit der kleinsten Fehlerschätzung. Ferner führen wir noch den letzten Schritt E des PECE-Prädiktor-Korrektor-Verfahrens aus:

$$f_\Delta(t_{j+1}) = f(t_{j+1}, x_\Delta(t_{j+1})).$$

Als Vorschlag für die Schrittweite τ_{j+1} und die Schrittzahl k_{neu} des nächsten Schrittes wählen wir

$$\tau_{j+1} = \tau_{j+1}^{(k_{\text{neu}})} = \max(\tau_{j+1}^{(k-1)}, \tau_{j+1}^{(k)}, \tau_{j+1}^{(k+1)}).$$

6. Erfüllt keine Fehlerschätzung das Kriterium $\|[\varepsilon_v(t_{j+1})]\| \leq \text{TOL}$, so wiederholen wir den Schritt mit der korrigierten Schrittweite

$$\bar{\tau}_j = \tau_{j+1}^{(k)} < \tau_j.$$

Dabei steht der Schrittweitenvorschlag im Punkt 5 des Algorithmus im Einklang mit dem Prinzip des Minimierens von Aufwand pro Schrittweite, welches wir in Abschnitt 5.1 für die Ordnungs- und Schrittweitensteuerung bei Einschrittverfahren eingeführt hatten. Denn *unabhängig* von k benötigen wir für jeden Schritt $t_j \mapsto t_{j+1}$ des Verfahrens *vier f-Auswertungen*: drei für die Korrektorschritte EC in Punkt 2 und eine für die Schlussauswertung E in Punkt 5.

7.4.2 BDF-Verfahren über variablem Gitter

Hier knüpfen wir an die Darstellung (7.26) des k-Schritt-BDF-Verfahrens an:

$$q_k'(t_{j+1}) = f\left(t_{j+1}, x_\Delta(t_{j+1})\right), \tag{7.31}$$

mit dem Polynom $q_k \in P_k^d$, welches durch die Bedingungen

$$q_k(t_{j+1-i}) = x_\Delta(t_{j+1-i}), \quad i = 0, \ldots, k,$$

implizit gegeben ist. Für die iterative Bestimmung der Lösung $x_\Delta(t_{j+1})$ suchen wir einen billigen

- *Prädiktor* x^0, welcher ein so guter Startwert ist, dass

- $[\varepsilon_{j+1}] = x^0 - x_\Delta(t_{j+1})$ eine brauchbare Schätzung des lokalen Diskretisierungsfehlers darstellt.

Wir hätten damit auf einen Schlag zwei wichtige Elemente eines adaptiven Verfahrens konstruiert, welche es zudem erlauben, den im vorherigen Abschnitt für die Adams-Verfahren vorgeschlagenen Grundalgorithmus zur Ordnungs- und Schrittweitensteuerung auf BDF-Verfahren zu erweitern. Ein algorithmisch sehr vorteilhafter Vorschlag eines Prädiktors besteht darin, die $k + 1$ zurückliegenden Werte $x_\Delta(t_j), \ldots, x_\Delta(t_{j-k})$ durch ein *Prädiktorpolynom* $q_{0,k} \in \boldsymbol{P}_k^d$ an der Stelle t_{j+1} zu *extrapolieren*:

$$x^0 = q_{0,k}(t_{j+1}), \quad q_{0,k}(t_{j-i}) = x_\Delta(t_{j-i}) \qquad \text{für } i = 0, \ldots, k.$$

Die Bestimmung von x^0 beinhaltet also nur *vergangene* f-Auswertungen und macht daher den Eindruck eines *expliziten* Verfahrens, so dass der Einsatz für *steife* Probleme fragwürdig erscheint. Wir können uns aber anhand des folgenden Beispiels von der Brauchbarkeit dieses Prädiktors überzeugen:

Beispiel 7.47. Wir nehmen der Einfachheit halber ein äquidistantes Gitter und denken uns zwei Schritte des BDF-Verfahrens mit $k = 1$. Die wesentliche Beobachtung besteht nun darin, dass das Prädiktorpolynom des zweiten Schrittes gerade das Verfahrenspolynom des ersten Schrittes ist: Denn der erste BDF-Schritt ist gegeben durch das lineare Polynom $q_{0,1} \in \boldsymbol{P}_1$, welches die Interpolationsaufgabe

$$q'_{0,1}(t_1) = f(t_1, x_\tau(t_1)), \quad q_{0,1}(t_1) = x_\tau(t_1), \quad q_{0,1}(t_0) = x_\tau(t_0)$$

erfüllt, d. h., das Polynom lautet

$$q_{0,1}(t) = x_\tau(t_0) + (t - t_0) \cdot f(t_1, x_\tau(t_1)),$$

so dass sich der erste Schritt als das implizite Euler-Verfahren

$$x_\tau(t_1) = x_\tau(t_0) + \tau f(t_1, x_\tau(t_1))$$

herausstellt. Der *Prädikor* x^0 für $x_\tau(t_2)$ lautet nun

$$x^0 = q_{0,1}(t_2) = x_\tau(t_0) + 2\tau f(t_1, x_\tau(t_1)),$$

scheint also durch die *explizite* Mittelpunktsregel gegeben zu sein. Die Fragwürdigkeit für steife Probleme verschwindet aber, wenn wir den Wert von $x_\tau(t_1)$ einsetzen: Der Prädiktor entpuppt sich nun als die A-stabile *implizite* Mittelpunktsregel zur Schrittweite 2τ:

$$x^0 = x_\tau(t_0) + 2\tau f\left(t_1, \frac{x^0 + x_\tau(t_0)}{2}\right).$$

Aufgrund der höheren Ordnung der impliziten Mittelpunktsregel stellt der Prädiktor mit

$$|x^0 - x_\tau(t_2)| \le |x(t_2) - x^0| + |x(t_2) - x_\tau(t_2)| = O(\tau^3) + O(\tau^2) = O(\tau^2)$$

einen sehr guten Startwert dar und liefert mit

$$|x(t_2) - x_\tau(t_2)| \le |x^0 - x_\tau(t_2)| + O(\tau^3)$$

eine Fehlerschätzung.

Wir können allgemein feststellen, dass der Prädiktor durch Extrapolation für steife Probleme brauchbar ist, da er sehr eng mit dem BDF-Verfahren verknüpft ist. Für *andere* Mehrschrittverfahren zur Lösung steifer Probleme ist dies nicht der Fall! Mit Hilfe des Prädiktorpolynoms lässt sich das nichtlineare Gleichungssystem, welches wir für $x_\Delta(t_{j+1})$ zu lösen haben, bequem aufstellen. Dazu beobachten wir, dass das Polynom $q_k - q_{0,k} \in \boldsymbol{P}_k^d$ die spezielle Interpolationsaufgabe

$$q_k(t_{j+1}) - q_{0,k}(t_{j+1}) = x_\Delta(t_{j+1}) - x^0$$

und

$$q_k(t_{j-i}) - q_{0,k}(t_{j-i}) = 0, \quad i = 0, \ldots, k-1,$$

löst, also durch

$$q_k(t) - q_{0,k}(t) = \frac{(t - t_j) \cdots (t - t_{j-k+1})}{(t_{j+1} - t_j) \cdots (t_{j+1} - t_{j-k+1})} \left(x_\Delta(t_{j+1}) - x^0 \right)$$

gegeben ist. Differentiation an der Stelle $t = t_{j+1}$ liefert

$$q_k'(t_{j+1}) = q_{0,k}'(t_{j+1}) + \mu_k(t_{j+1}) \left(x_\Delta(t_{j+1}) - x^0 \right) \tag{7.32}$$

mit

$$\mu_k(t_{j+1}) = \frac{1}{t_{j+1} - t_j} + \cdots + \frac{1}{t_{j+1} - t_{j-k+1}}. \tag{7.33}$$

Das nichtlineare Gleichungssystem (7.31) kann daher mit der Abbildung

$$F(x) = q_{0,k}'(t_{j+1}) + \mu_k(t_{j+1}) (x - x^0) - f(t_{j+1}, x) \tag{7.34}$$

knapp als

$$F(x_\Delta(t_{j+1})) = 0$$

notiert werden.

Lösung des nichtlinearen Gleichungssystems. Da wir die BDF-Verfahren für *steife* Probleme einsetzen wollen, müssen wir ein Iterationsverfahren vom Newton-Typ wählen. Aus Aufwandsgründen verwenden wir wie für implizite Runge-Kutta-Verfahren (Abschnitt 6.2.2) eine *vereinfachte* Newton-Iteration. Mit dem Prädiktorwert x^0 als Startwert lautet sie für $k = 0, 1, \ldots$

$$\begin{aligned} &\text{(i)} \ \ DF(x^0) \, \Delta x^k = -F(x^k), \\ &\text{(ii)} \ \ x^{k+1} = x^k + \Delta x^k. \end{aligned} \tag{7.35}$$

Der Abbruch des vereinfachten Newton-Verfahrens (7.35) erfolgt genau wie in Abschnitt 6.2.2, sobald die Korrektur Δx^k der Bedingung

$$\frac{\theta_k}{1 - \theta_k} |\Delta x^k| \leq \sigma \text{ TOL}, \quad \theta_k = \frac{|\Delta x^k|}{|\Delta x^{k-1}|}, \ \sigma \ll 1,$$

genügt. Hinter diesem Abbruchkriterium steckt die Annahme linearer Konvergenzge-schwindigkeit für das vereinfachte Newton-Verfahren.

Die Jacobimatrix $DF(x^0)$ ist durch

$$DF(x^0) = \mu_k(t_{j+1})I - J, \quad J = D_x f(t_{j+1}, x^0), \qquad (7.36)$$

gegeben. Die Invertierbarkeit dieser Matrix kann anhand des Spektrums von J beant-wortet werden:

Lemma 7.48. *Die Matrix $DF(x^0)$ ist für*

$$\mu_k(t_{j+1}) > \mu_*$$

invertierbar, wobei $\mu_* \geq 0$ in folgender Weise von der Spektralabszisse $\nu(J)$ ab-hängt:

$$\mu_* = \max(0, \nu(J)).$$

Besitzt die Matrix J keine reellen Eigenwerte, so kann grundsätzlich $\mu_* = 0$ gewählt werden.

Der Beweis kann wörtlich wie derjenige von Lemma 6.61 geführt werden.

Bemerkung 7.49. Das BDF-Verfahren erfährt also für die Lösbarkeit der linearen Gleichungssysteme (7.35(ii)) *keine* Schrittweitenbeschränkung durch Eigenwerte mit nichtpositivem Realteil, d. h. durch die „steifen" (stabilen) Komponenten. Anderer-seits kann eine durch $\mu_* > 0$ gegebene Schrittweitenbegrenzung unter Umständen nicht allein durch die Wahl der aktuellen Schrittweite $\tau_j = t_{j+1} - t_j > 0$ erfüllt werden, da die Bedingung des Lemmas die vorhergehenden $(k-1)$ Schrittweiten mit-einbezieht. Hier äußert sich erneut eine Schwierigkeit der Mehrschrittverfahren über nicht-äquidistantem Gitter. Grob gesprochen geraten wir in Schwierigkeiten, wenn sich das Problem *unvorhersehbar* zu sehr ändert, da wir stets *ältere* Information zur „Unterstützung" mitführen.

Fehlerschätzung mit Hilfe des Prädiktors.   In Abschnitt 5.1 hatten wir festgestellt, dass wir im Verlauf eines adaptiven Verfahrens mit Hilfe des aktuellen Schrittes $t_j \mapsto t_{j+1}$ nur den *lokalen Fehler* kontrollieren können. Dieser war für *Einschrittverfahren* definiert als die Differenz

$$\varepsilon_{j+1} = x_*(t_{j+1}) - x_\Delta(t_{j+1}) \qquad (7.37)$$

zwischen der Gitterlösung x_Δ und derjenigen Lösung x_* der Differentialgleichung, welche den Anfangswert $x_*(t_j) = x_\Delta(t_j)$ besitzt. Eine analoge Definition für *Mehr-schrittverfahren* ist eine delikate Angelegenheit, da es im Allgemeinen keine Lösung der Differentialgleichung gibt, welche

$$x_*(t_{j-i}) = x_\Delta(t_{j-i}), \quad i = 0, \ldots, k-1, \qquad (7.38)$$

erfüllt. Wir können uns aber die rechte Seite f der Differentialgleichung für die Zeit $t \leq t_j$ so verändert denken, dass eine solche Trajektorie existiert. Ein Maß des neu entstandenen lokalen Fehlers ist dann erneut die Differenz (7.37), für welche wir eine Schätzung konstruieren wollen. Statt diese Differenz direkt anzugehen, betrachten wir den *Abschneidefehler* (engl. *truncation error*)

$$\theta = F(x_*(t_{j+1})),$$

welchen die „exakte" Lösung x_* in dem Gleichungssystem

$$F(x_\Delta(t_{j+1})) = 0$$

des BDF-Verfahrens hinterlässt. Für äquidistantes Gitter steht der Abschneidefehler θ in einem einfachen Zusammenhang (Aufgabe 7.13) mit dem durch den Differenzenoperator L des BDF-Verfahrens gegebenen Konsistenzfehler,

$$\theta = \frac{1}{\tau} L(x_*, t_{j+1}, \tau) = O(\tau^k).$$

Eine Taylorentwicklung des Abschneidefehlers vermittelt uns den Zusammenhang mit dem oben eingeführten lokalen Fehler ε_{j+1}:

$$\theta = \underbrace{F(x_\Delta(t_{j+1}))}_{=0} + DF(x_\Delta(t_{j+1}))\,\varepsilon_{j+1} + O(|\varepsilon_{j+1}|^2).$$

Lösen wir diese Beziehung nach ε_{j+1} auf, so erhalten wir

$$\varepsilon_{j+1} = DF(x_\Delta(t_{j+1}))^{-1}\,\theta + O(|\theta|^2).$$

Hieraus gelangen wir mit Hilfe einer Schätzung $[\theta]$ des Abschneidefehlers zu folgender Schätzung des lokalen Fehlers:

$$[\varepsilon_{j+1}] = DF(x^0)^{-1}\,[\theta]. \tag{7.39}$$

Dabei haben wir das Argument $x_\Delta(t_{j+1})$ in der Jacobimatrix DF durch den Prädiktor x^0 ersetzt. Die hierdurch erzeugte Störung ist von höherer Ordnung in der maximalen Schrittweite τ_Δ als die Schätzung selbst, was zu der Vorgehensweise aus Abschnitt 5.3 zur Konstruktion von Fehlerschätzern passt. Da wir für die vereinfachte Newton-Iteration (7.35) die Matrix $DF(x^0)$ schon aufgestellt und ihre LR-Zerlegung berechnet haben, bedeutet die Wahl des Argumentes x^0 für die Berechnung von $[\varepsilon_{j+1}]$ einen geringen Aufwand an linearer Algebra. Wenden wir uns nun einer Schätzung $[\theta]$ des Abschneidefehlers θ zu. Aus der Definition (7.34) von F erhalten wir

$$\begin{aligned}
\theta &= F(x_*(t_{j+1})) \\
&= q'_{0,k}(t_{j+1}) - x'_*(t_{j+1}) + \mu_k(t_{j+1})\big(x_*(t_{j+1}) - q_{0,k}(t_{j+1})\big).
\end{aligned} \tag{7.40}$$

Wir müssen also die Differenz zwischen „exakter" Lösung x_* und dem Prädiktorpolynom $q_{0,k} \in P_k^d$ studieren. Hierzu erinnern wir an die Interpolationsbedingungen

$$q_{0,k}(t_{j-i}) = x_\Delta(t_{j-i}) = x_*(t_{j-i}), \quad i = 0, \ldots, k, \tag{7.41}$$

wobei wir uns die Übereinstimmung (7.38) von x_* und x_Δ noch auf den Wert $x_*(t_{j-k}) = x_\Delta(t_{j-k})$ ausgedehnt denken. Mit Hilfe der dividierten Differenzen erhalten wir also nach Band 1, Abschnitt 7.1.3, die Beziehung

$$x_*(t) - q_{0,k}(t) = (t - t_j) \cdots (t - t_{j-k}) \cdot [t, t_j, \ldots, t_{j-k}] x_*. \tag{7.42}$$

Differentiation an der Stelle $t = t_{j+1}$ ergibt mit der in (7.33) eingeführten Notation

$$
\begin{aligned}
x_*'(t_{j+1}) &- q_{0,k}'(t_{j+1}) \\
&= \mu_{k+1}(t_{j+1}) \cdot (t_{j+1} - t_j) \cdots (t_{j+1} - t_{j-k}) \cdot [t_{j+1}, t_j, \ldots, t_{j-k}] x_* \\
&\quad + (t_{j+1} - t_j) \cdots (t_{j+1} - t_{j-k}) \cdot [t_{j+1}, t_{j+1}, t_j, \ldots, t_{j-k}] x_* \\
&= \mu_{k+1}(t_{j+1}) \cdot (t_{j+1} - t_j) \cdots (t_{j+1} - t_{j-k}) \cdot [t_{j+1}, t_j, \ldots, t_{j-k}] x_* \\
&\quad + O(\tau_\Delta^{k+1}).
\end{aligned}
\tag{7.43}
$$

Setzen wir die Differenzen (7.42) und (7.43) in den Ausdruck (7.40) für den Abschneidefehler θ ein, so erhalten wir

$$
\begin{aligned}
\theta &= \big(\mu_k(t_{j+1}) - \mu_{k+1}(t_{j+1})\big) \cdot (t_{j+1} - t_j) \\
&\quad \cdots (t_{j+1} - t_{j-k}) \cdot [t_{j+1}, t_j, \ldots, t_{j-k}] x_* + O(\tau_\Delta^{k+1}) \\
&= -\frac{(t_{j+1} - t_j) \cdots (t_{j+1} - t_{j-k})}{t_{j+1} - t_{j-k}} [t_{j+1}, t_j, \ldots, t_{j-k}] x_* + O(\tau_\Delta^{k+1}).
\end{aligned}
$$

Zu einem Schätzer gelangen wir, indem wir auf der rechten Seite die dividierte Differenz für x_* durch die entsprechende für x_Δ ersetzen. Dieser Ausdruck ist interpretierbar, da wir aus den Interpolationsbedingungen (7.41) die Beziehung

$$
\begin{aligned}
x_\Delta(t_{j+1}) - x^0 &= x_\Delta(t_{j+1}) - q_{0,k}(t_{j+1}) \\
&= (t_{j+1} - t_j) \cdots (t_{j+1} - t_{j-k}) \cdot [t_{j+1}, t_j, \ldots, t_{j-k}] x_\Delta
\end{aligned}
$$

völlig analog zur Beziehung (7.42) herleiten können. Daher lautet der Schätzer des Abschneidefehlers

$$[\theta] = \frac{1}{t_{j+1} - t_{j-k}} \cdot \big(x^0 - x_\Delta(t_{j+1})\big).$$

Im äquidistanten Fall lassen sich die Größenordnungen der Störungen kontrollieren,

$$\theta = [\theta] + O(\tau^{k+1}),$$

so dass es sich tatsächlich um einen Schätzer handelt. Setzen wir $[\theta]$ in den lokalen Fehlerschätzer (7.39) ein, so haben wir schließlich

$$[\varepsilon_{j+1}] = \frac{1}{t_{j+1} - t_{j-k}} \cdot DF(x^0)^{-1}(x^0 - x_\Delta(t_{j+1})). \qquad (7.44)$$

Bemerkung 7.50. Für ein äquidistantes Gitter gilt

$$\mu_k(t_{j+1}) = \frac{1 + 1/2 + \cdots + 1/k}{\tau} = \frac{\alpha_k}{\tau},$$

wobei α_k wie üblich den führenden Koeffizienten des charakteristischen Polynoms ρ der BDF-Verfahren bezeichnet. Der Fehlerschätzer lautet daher nach (7.36) und (7.44)

$$[\varepsilon_{j+1}] = \frac{1}{k+1} \cdot (\alpha_k I - \tau J)^{-1}(x^0 - x_\Delta(t_{j+1})).$$

Der Leser sei davor gewarnt, den Fehlerschätzer wegen

$$(\alpha_k I - \tau J)^{-1} = \alpha_k^{-1} I + O(\tau) \qquad (7.45)$$

auf den Ausdruck

$$[\varepsilon_{j+1}] = \frac{1}{\alpha_k(k+1)} \cdot (x^0 - x_\Delta(t_{j+1}))$$

zu reduzieren. Für hinreichend kleine Schrittweiten τ ist zwar nichts gegen diese Vereinfachung einzuwenden, allerdings werden solche Schrittweiten für *steife* Probleme zu klein sein, da die Konstante des Termes $O(\tau)$ in der Beziehung (7.45) von den *Beträgen* der Eigenwerte der Matrix J abhängt. Für steife Probleme *dämpft* oder *filtert* die Matrix

$$\frac{1}{t_{j+1} - t_{j-k}} \cdot DF(x^0)^{-1}$$

in geeigneter Weise die Differenz zwischen Prädiktor und Lösung des BDF-Verfahrens, um zu der aussagekräftigen Fehlerschätzung (7.44) zu gelangen.

Adaptiver Grundalgorithmus. Der in Abschnitt 7.4.1 für die Adams-Verfahren vorgestellte adaptive Algorithmus lässt sich mit Hilfe des Prädiktorpolynoms unmittelbar auf die BDF-Verfahren übertragen. Der so entstehende Grundalgorithmus liegt im Wesentlichen dem Programm DASSL von L. Petzold [142, 23] zugrunde und soll hier noch vorgestellt werden:

Wir nehmen an, dass wir uns im Zeitpunkt t_j mit Schrittweitenvorschlag τ_j und Ordnungsvorschlag $p = k$ befinden.

(a) Mit Hilfe der Prädiktorpolynome des $k - 1$, k bzw. $k + 1$ Schrittverfahrens berechnen wir die zugehörigen Prädiktorwerte

$$x^0_{\Delta,\nu}(t_{j+1}) = q_{0,\nu}(t_{j+1}), \quad \nu = k - 1, k, k + 1.$$

(b) Die vereinfachte Newton-Iteration (7.35) des $k - 1, k$ bzw. $k + 1$ Schrittverfahrens führt auf $x_{\Delta,\nu}(t_{j+1})$, $\nu = k - 1, k, k + 1$.

(c) Berechne nach (7.44) die Schätzungen $[\varepsilon_\nu(t_{j+1})]$, $\nu = k - 1, k, k + 1$, des lokalen Fehlers.

(d) Die Schrittweitenformel (5.5) aus Abschnitt 5.1 führt auf die Vorhersagen

$$\tau_{j+1}^{(\nu)} = \sqrt[\nu+1]{\frac{\rho \cdot \text{TOL}}{|[\varepsilon_\nu(t_{j+1})]|}} \, \tau_j, \quad \nu = k - 1, k, k + 1. \tag{7.46}$$

(e) Wenn wenigstens für eine der Fehlerschätzungen $|[\varepsilon_\nu(t_{j+1})]| \leq \text{TOL}$ gilt, so setzen wir

$$x_\Delta(t_{j+1}) = x_{\Delta,\nu}(t_{j+1})$$

für dasjenige $\nu \in \{k - 1, k, k + 1\}$ mit der kleinsten Fehlerschätzung. Als Vorschlag für die Schrittweite τ_{j+1} und die Schrittzahl $k_{\text{neu}} \leq 6$ des nächsten Schrittes wählen wir

$$\tau_{j+1} = \tau_{j+1}^{(k_{\text{neu}})} = \max(\tau_{j+1}^{(k-1)}, \tau_{j+1}^{(k)}, \tau_{j+1}^{(k+1)}).$$

(f) Erfüllt keine Fehlerschätzung das Kriterium $|[\varepsilon_\nu(t_{j+1})]| \leq \text{TOL}$, so wiederholen wir den Schritt mit der korrigierten Schrittweite

$$\bar{\tau}_j = \tau_{j+1}^{(k)} < \tau_j.$$

In Punkt 1 müssen wir das Prädiktorpolynom für drei aufeinanderfolgende Schrittzahlen ν aufstellen. Dies erfolgt sehr bequem *rekursiv* in der Newton-Darstellung

$$q_{0,\nu}(t) = q_{0,\nu-1}(t) + (t - t_j) \cdots (t - t_{j-\nu+1}) \cdot [t_j, \ldots, t_{j-\nu}] \, x_\Delta,$$

welche sofort aus den Interpolationsbedingungen (7.41) hergeleitet werden kann. Die Auswertung der Abbildung F im vereinfachten Newton-Verfahren des Punktes 2 verlangt nach (7.34) die Berechnung von $q'_{0,\nu}(t_{j+1})$. Differenzieren wir hierfür die Rekursion der Prädiktorpolynome an der Stelle $t = t_{j+1}$, so erhalten wir

$$q'_{0,\nu}(t_{j+1}) = q'_{0,\nu-1}(t_{j+1}) + \mu_\nu(t_{j+1}) \cdot (q_{0,\nu}(t_{j+1}) - q_{0,\nu-1}(t_{j+1})).$$

Bemerkung 7.51. Zwei Punkte des Algorithmus verdienen eine weitere Diskussion:

- Aus der Herleitung des Fehlerschätzers (7.44) wissen wir, dass der Wert des Prädiktors asymptotisch für $\tau \to 0$ eine genauere Approximation darstellt als der Wert des BDF-Verfahrens. Entgegen der in Abschnitt 5.3 aufgestellten Regel rechnen wir aber aus *Stabilitätsgründen* für steife Probleme mit dem BDF-Verfahren weiter (Punkt 5).

- Die Vorhersage der nächsten Schrittweite gemäß (7.46) orientiert sich an den Konsistenzfehlerabschätzungen für *äquidistantes* Gitter, arbeitet also in einem gewissen Sinne mit der Fiktion, dass die aktuelle Schrittweite zu einem äquidistanten Gitter gehört. Diese Unstimmigkeit in der Schrittweitenformel hat einige Autoren zu Änderungsvorschlägen bewogen [17, 69], welche die Robustheit der Verfahren erhöhen sollen. Im Sinne der regelungstechnischen Interpretation der Schrittweitensteuerung (Abschnitt 5.2.2) können wir die Robustheit aber auch dadurch verbessern, dass wir von dem I-Regler (7.46) zu einem die Vergangenheit der letzten beiden Schritte einbeziehenden PID-Regler übergehen.

Modifikation für differentiell-algebraische Probleme. Das BDF-Verfahren ist zu Beginn des Abschnittes 7.3.2 so konstruiert worden, dass es die Stabilitätseigenschaft $R(\infty) = 0$ eines Einschrittverfahren in geeigneter Weise auf Mehrschrittverfahren überträgt. Es sollte sich daher zur Behandlung quasilinearer differentiell-algebraischer Probleme

$$B(x)x' = f(x), \quad x(0) = x_0,$$

vom Differentiationsindex $\nu_D \leq 1$ erweitern lassen. Tatsächlich liefert uns die Idee der Differentiation durch Interpolation hier anstelle von (7.31) unmittelbar die Gleichung

$$B(x_\Delta(t_{j+1}))q_k'(t_{j+1}) = f(x_\Delta(t_{j+1})), \tag{7.47}$$

mit dem Polynom $q_k \in \boldsymbol{P}_k^d$, welches durch die Bedingungen

$$q_k(t_{j+1-i}) = x_\Delta(t_{j+1-i}), \quad i = 0, \ldots, k,$$

implizit gegeben ist. Multiplizieren wir die Bestimmungsgleichung (7.47) mit $P^\perp(x_\Delta(t_{j+1}))$, so erhalten wir wegen $P^\perp B = 0$ die Beziehung

$$P^\perp(x_\Delta(t_{j+1}))\, f(x_\Delta(t_{j+1})) = 0.$$

Demnach erzeugt das BDF-Verfahren – bei *exakter* Lösung der nichtlinearen Gleichungssysteme – eine Gitterfunktion x_Δ, deren Werte *konsistent* im Sinne des Satzes 2.31 sind. Die algorithmischen Details des BDF-Verfahrens unterscheiden sich im differentiell-algebraischen Fall vom Fall der expliziten Differentialgleichungen nur in der vereinfachten Newton-Iteration zur Lösung des nichtlinearen Gleichungssystems. Dabei können wir genau wie oben das zum k-Schritt-BDF-Verfahren gehörige Prädiktorpolynom $q_{0,k}$ aufstellen, so dass uns die Darstellung (7.32) der Ableitung $q_k'(t_{j+1})$ das nichtlineare Gleichungssystem in der Form

$$F(x_\Delta(t_{j+1})) = 0$$

liefert, definiert über die Abbildung

$$F(x) = B(x)\big(q_{0,k}'(t_{j+1}) + \mu_k(t_{j+1})\,(x - x^0)\big) - f(x), \quad x^0 = q_{0,k}(t_{j+1}).$$

Die im vereinfachten Newton-Verfahren (7.35) verwendete Jacobimatrix DF im Startwert x^0 berechnet sich in der Notation des Abschnittes 2.6 zu

$$DF(x^0) = \mu_k(t_{j+1})B(x^0) - \big(Df(x^0) - \Gamma(x^0, q'_{0,k}(t_{j+1}))\big).$$

Diese Matrix ist nach Lemma 2.33 invertierbar, sofern $\mu_k(t_{j+1})$ hinreichend groß ist, oder äquivalent, sofern die letzten k Schrittweiten hinreichend klein sind. Die beschriebenen Modifikationen sind im Programm DASSL von L. Petzold realisiert.

7.4.3 Nordsieck-Darstellung

Eine Alternative zur Formulierung von Adams- und BDF-Verfahren über *variablem* Gitter besteht darin, die Verfahren auf *äquidistantem* Gitter so umzuformulieren, dass die Schrittweite τ *formal* so aussieht, als gehörte sie nur zum *letzten* Schritt. Dabei transformieren wir das ursprüngliche k-Schrittverfahren

$$x_\tau(t_j), \ldots, x_\tau(t_{j-k+1}) \mapsto x_\tau(t_{j+1})$$

in ein Verfahren, welches formal wie ein Einschrittverfahren nur den letzten Zeitschritt $t_j \mapsto t_{j+1}$ sieht:

$$\eta_\tau(t_j) \mapsto \eta_\tau(t_{j+1}), \tag{7.48}$$

mit dem Unterschied, dass der *höherdimensionale* Vektor

$$\eta_\tau(t_j) \in \mathbb{R}^{(k+1)\cdot d}$$

mehr Information trägt als nur den Wert $x_\tau(t_j)$, also das alternative Gedächtnis des Verfahrens darstellt. Der Einfachheit halber beschränken wir uns in diesem Abschnitt auf die Systemdimension $d = 1$, da alle hier vorgestellten Umformungen im Systemfall *komponentenweise* durchgeführt werden.

Adams-Verfahren. Wir betrachten im Schritt $t_j \mapsto t_{j+1}$ des expliziten bzw. impliziten Adams-Verfahrens das Polynom $q \in P_k$, welches durch

$$q(t_j) = x_\tau(t_j)$$

sowie

$$q'(t_{j-i}) = f_\tau(t_{j-i}) = f(t_{j-i}, x_\tau(t_{j-i})), \quad i = 0, \ldots, k-1,$$

gegeben ist. Für das explizite Adams-Verfahren gilt zwar

$$x_\tau(t_{j+1}) = q(t_{j+1}),$$

nur ist das jetzt von untergeordneter Bedeutung. Wesentlich ist, dass das Polynom q genau diejenige Information aus den Werten

$$x_\tau(t_j), \ldots, x_\tau(t_{j-k+1})$$

abspeichert, welche das Adams-Verfahren benötigt. Wollen wir diese Information an die Stelle t_j heften, so müssen wir das Polynom q in Taylorform schreiben:

$$q(t) = q(t_j) + (t - t_j) q'(t_j) + (t - t_j)^2 \frac{q''(t_j)}{2!} + \cdots + (t - t_j)^k \frac{q^{(k)}(t_j)}{k!}.$$

Damit lässt sich die Auswertung des Polynoms an der Stelle $t_j + \theta\tau$ darstellen als das innere Produkt

$$q(t_j + \theta\tau) = (1, \theta, \ldots, \theta^k) \cdot \eta_\tau(t_j) \tag{7.49}$$

mit dem *Nordsieck-Vektor*

$$\eta_\tau(t_j) = \left(q(t_j), \tau q'(t_j), \ldots, \frac{\tau^k q^{(k)}(t_j)}{k!} \right)^T \in \mathbb{R}^{k+1}, \tag{7.50}$$

welcher uns als das an die Stelle t_j geheftete Gedächtnis zu einer Formulierung des Adams-Verfahrens in der Form (7.48) führen wird.

Mit Hilfe der Lagrangeschen Interpolationsformel erhalten wir

$$q(t_j + \theta\tau) = x_\tau(t_j) + \tau \sum_{i=0}^{k-1} \int_0^\theta f_\tau(t_{j-i}) L_i(\sigma) \, d\sigma$$

mit den Lagrange-Polynomen $L_i \in \boldsymbol{P}_{k-1}$, welche den Beziehungen

$$L_i(-\ell) = \delta_{i\ell}, \quad i, \ell = 0, \ldots, k - 1,$$

genügen. Daher existiert gemeinsam für das explizite und implizite Adams-Verfahren eine von τ unabhängige Matrix $M \in \mathrm{GL}(k + 1)$, so dass gilt

$$\eta_\tau(t_j) = M \cdot \underbrace{\begin{bmatrix} x_\tau(t_j) \\ \tau f_\tau(t_j) \\ \vdots \\ \tau f_\tau(t_{j-k+1}) \end{bmatrix}}_{= \zeta_\tau(t_j)}.$$

Da der Nordsieck-Vektor $\eta_\tau(t_j)$ und der Vektor $\zeta_\tau(t_j)$ in den ersten beiden Komponenten übereinstimmen und die Ableitungen des Polynoms q nicht von $x_\tau(t_j)$ abhängen, besitzt die Matrix M folgende Struktur:

$$
M = \left[\begin{array}{cc|ccc}
1 & 0 & 0 & \dots & 0 \\
0 & 1 & 0 & \dots & 0 \\
\hline
0 & & & & \\
\vdots & M_2^* & & * & \\
0 & & & &
\end{array}\right], \quad M_2^* \in \mathbb{R}^{k-1}. \tag{7.51}
$$

Der Übergang von $\eta_\tau(t_j)$ zu $\eta_\tau(t_{j+1})$ kann nun dadurch beschrieben werden, dass wir aus der „kanonischen" Darstellung des expliziten bzw. impliziten Adams-Verfahrens,

$$
x_\tau(t_{j+1}) = x_\tau(t_j) + \tau\big(\beta_k\, f_\tau(t_{j+1}) + \cdots + \beta_0\, f_\tau(t_{j-k+1})\big),
$$

den Übergang von $\zeta_\tau(t_j)$ zu $\zeta_\tau(t_{j+1})$ *ablesen*:

$$
\zeta_\tau(t_{j+1}) = \underbrace{\left[\begin{array}{c|ccccc}
1 & \beta_{k-1} & \dots & \dots & \beta_0 \\
\hline
0 & 0 & \dots & \dots & 0 \\
0 & 1 & \ddots & & 0 \\
\vdots & & \ddots & \ddots & \vdots \\
0 & & & 1 & 0
\end{array}\right]}_{= A} \zeta_\tau(t_j) + \tau \left[\begin{array}{c}
\beta_k \\
1 \\
0 \\
\vdots \\
0
\end{array}\right] f_\tau(t_{j+1}).
$$

Wir erinnern daran, dass für das explizite Adams-Verfahren $\beta_k = 0$ gilt. Transformieren wir den Übergang der ζ_τ mit Hilfe von M auf die η_τ, so erhalten wir

$$
\eta_\tau(t_{j+1}) = MAM^{-1}\eta_\tau(t_j) + \tau f_\tau(t_{j+1})\,\mathfrak{n}
$$

mit

$$
\mathfrak{n} = M(\beta_k, 1, 0, \dots, 0)^T.
$$

Die Struktur (7.51) der Matrix M liefert

$$
\mathfrak{n} = \left[\begin{array}{c}
\beta_k \\
1 \\
M_2^*
\end{array}\right],
$$

wobei $M_2^* \in \mathbb{R}^{k-1}$ als Bestandteil der Matrix M unabhängig davon ist, ob wir das explizite oder das implizite Adams-Verfahren betrachten. Insbesondere stimmen die Vektoren $\mathfrak{n}$ *bis auf die erste Komponente* für explizites und implizites Adams-Verfahren überein. Mit etwas mehr Aufwand (Aufgabe 7.14) lässt sich zeigen, dass

$$MAM^{-1} = (I - \mathfrak{n}\,e_2^T)\,\mathfrak{P}$$

gilt, wobei $e_2 = (0,1,0,\ldots,0)^T$ den Einheitsvektor der zweiten Komponente bezeichnet und $\mathfrak{P} \in \mathrm{Mat}_{k+1}(\mathbb{R})$ die aus dem Pascalschen Dreieck gebildete obere Dreiecksmatrix mit den Komponenten

$$\mathfrak{P}_{i\ell} = \binom{\ell-1}{i-1}, \quad i,\ell = 1,\ldots,k+1.$$

Die *Nordsieck-Darstellung* des expliziten bzw. impliziten Adams-Verfahrens lautet daher

$$\eta_\tau(t_{j+1}) = (I - \mathfrak{n}\,e_2^T)\,\mathfrak{P}\,\eta_\tau(t_j) + \tau f_\tau(t_{j+1})\,\mathfrak{n}.$$

Die Koeffizienten des Vektors $\mathfrak{n}$ für $k = 1,\ldots,6$ finden sich in Tabelle 7.5. Für das explizite Adams-Verfahren setze man einfach $\mathfrak{n}_1 = 0$.

k	$\mathfrak{n}_1$	$\mathfrak{n}_2$	$\mathfrak{n}_3$	$\mathfrak{n}_4$	$\mathfrak{n}_5$	$\mathfrak{n}_6$	$\mathfrak{n}_7$
1	$\dfrac{1}{2}$	1					
2	$\dfrac{5}{12}$	1	$\dfrac{1}{2}$				
3	$\dfrac{3}{8}$	1	$\dfrac{3}{4}$	$\dfrac{1}{6}$			
4	$\dfrac{251}{720}$	1	$\dfrac{11}{12}$	$\dfrac{1}{3}$	$\dfrac{1}{24}$		
5	$\dfrac{95}{288}$	1	$\dfrac{25}{24}$	$\dfrac{35}{72}$	$\dfrac{5}{48}$	$\dfrac{1}{120}$	
6	$\dfrac{19087}{60480}$	1	$\dfrac{137}{120}$	$\dfrac{5}{8}$	$\dfrac{17}{96}$	$\dfrac{1}{40}$	$\dfrac{1}{720}$

Tabelle 7.5. Koeffizienten $\mathfrak{n}_j$ des impliziten Adams-Verfahrens

PECE-Verfahren. Auch in der Nordsieck-Darstellung wird das Adams-Verfahren gewöhnlich als PECE-Verfahren implementiert. Wir stellen den Schritt $t_j \mapsto t_{j+1}$ bei gegebener Schrittweite τ dar. Wie wir gesehen haben, beschreibt das dem Nordsieck-Vektor zugrunde liegende Polynom q gerade das explizite Adams-Verfahren, so dass der Prädiktorschritt P nach (7.49) durch

$$x^0 = q(t_j + \tau) = e^T \eta_\tau(t_j)$$

mit $e = (1, \ldots, 1)^T \in \mathbb{R}^{k+1}$ gegeben ist. Der Korrektorschritt EC des impliziten Adams-Verfahren lautet in der Nordsieck-Darstellung

$$(I - \mathfrak{n} e_2^T) \mathfrak{P} \eta_\tau(t_j) + \tau f(t_{j+1}, x^0) \mathfrak{n},$$

wobei wir nur an der *ersten* Komponente interessiert sind, welche den neuen Gitterwert $x_\tau(t_{j+1})$ bildet. Schreiben wir diese erste Komponente aus, so erhalten wir

$$x_\tau(t_{j+1}) = (1, 1 - \beta_k, 1 - 2\beta_k, \ldots, 1 - k\beta_k) \cdot \eta_\tau(t_j) + \tau \beta_k f(t_{j+1}, x^0).$$

Nach der Schlussauswertung E

$$f_\tau(t_{j+1}) = f(t_{j+1}, x_\tau(t_{j+1}))$$

bilden wir den neuen Nordsieck-Vektor $\eta_\tau(t_{j+1})$ in der ersten Komponente aus $x_\tau(t_{j+1})$ und in der zweiten bis $(k + 1)$-ten Komponente aus den entsprechenden Komponenten des Ausdruckes

$$(I - \mathfrak{n} e_2^T) \mathfrak{P} \eta_\tau(t_j) + \tau f_\tau(t_{j+1}) \mathfrak{n}.$$

Als Fehlerschätzung für das explizite Adams-Verfahren nehmen wir wie in Abschnitt 7.4.1 die Differenz

$$[\varepsilon_{j+1}] = x_\tau(t_{j+1}) - x^0.$$

BDF-Verfahren. Wir fassen uns hier etwas kürzer und beschreiben nur die Unterschiede zum Adams-Verfahren, da sich die *Argumentation* wiederholt. Wir betrachten im Schritt $t_j \mapsto t_{j+1}$ des BDF-Verfahrens das in Abschnitt 7.4.2 eingeführte *Prädiktorpolynom* $q \in P_k$, welches die Werte

$$q(t_{j-i}) = x_\tau(t_{j-i}), \quad i = 0, \ldots, k,$$

interpoliert. Da wir eine äquivalente Formulierung des k-Schritt BDF-Verfahrens konstruieren wollen, können wir zunächst davon ausgehen, dass die nichtlinearen Gleichungssysteme exakt gelöst werden. Von daher ist das aktuelle Prädiktorpolynom q dasjenige Polynom, welches im vorangegangenen Schritt $t_{j-1} \mapsto t_j$ durch

$$q'(t_j) = f_\tau(t_j) = f(t_j, x_\tau(t_j))$$

den Wert $x_\tau(t_j)$ definierte. Die Lagrange-Darstellung des Polynoms q lautet

$$q(t_j + \theta\tau) = \sum_{i=0}^{k} x_\tau(t_{j-i}) L_i(\theta)$$

mit den durch

$$L_i(-\ell) = \delta_{i\ell}, \quad i, \ell = 0, \ldots, k,$$

gegebenen Lagrange-Polynomen $L_i \in P_k$. In dieser Darstellung von q kann der Wert $x_\tau(t_{j-k})$ mit Hilfe der „kanonischen" Darstellung des BDF-Verfahrens,

$$\alpha_k x_\tau(t_j) + \cdots + \alpha_0 x_\tau(t_{j-k}) = \tau f_\tau(t_j), \qquad (7.52)$$

linear durch $x_\tau(t_j), \ldots, x_\tau(t_{j-k+1})$ und $\tau f_\tau(t_j)$ ausgedrückt werden. Ordnen wir nun dem Polynom q genau wie bei den Adams-Verfahren über (7.50) den Nordsieck-Vektor $\eta_\tau(t_j)$ zu, so liefert uns die bisherige Argumentation eine von τ unabhängige Matrix $M \in \mathrm{GL}(k+1)$, welche den „Informationswechsel" beschreibt:

$$\eta_\tau(t_j) = M \cdot \underbrace{\begin{bmatrix} x_\tau(t_j) \\ \tau f_\tau(t_j) \\ x_\tau(t_{j-1}) \\ \vdots \\ x_\tau(t_{j-k+1}) \end{bmatrix}}_{= \zeta_\tau(t_j)}.$$

Die Struktur der Matrix M ist etwas komplizierter als bei den Adams-Verfahren und durch

$$M = \left[\begin{array}{cc|ccc} 1 & 0 & 0 & \ldots & 0 \\ 0 & 1 & 0 & \ldots & 0 \\ \hline M_1^* & M_2^* & & * & \end{array} \right], \qquad M_1^*, M_2^* \in \mathbb{R}^{k-1},$$

gegeben. Der Übergang von $\eta_\tau(t_j)$ zu $\eta_\tau(t_{j+1})$ kann auch hier dadurch beschrieben werden, dass wir aus der „kanonischen" Darstellung (7.52) des BDF-Verfahrens den Übergang von $\zeta_\tau(t_j)$ zu $\zeta_\tau(t_{j+1})$ *ablesen*:

$$\zeta_\tau(t_{j+1}) = \underbrace{\left[\begin{array}{cc|ccccc} -\dfrac{\alpha_{k-1}}{\alpha_k} & 0 & -\dfrac{\alpha_{k-2}}{\alpha_k} & \ldots & \ldots & & -\dfrac{\alpha_0}{\alpha_k} \\ 0 & 0 & 0 & \ldots & \ldots & & 0 \\ 1 & 0 & 0 & \ldots & \ldots & & 0 \\ 0 & 0 & 1 & \ddots & & & 0 \\ \vdots & & & \ddots & \ddots & & \vdots \\ 0 & & & & 1 & 0 \end{array} \right]}_{= A} \zeta_\tau(t_j) + \tau \begin{bmatrix} \dfrac{1}{\alpha_k} \\ 1 \\ 0 \\ \vdots \\ 0 \end{bmatrix} f_\tau(t_{j+1}).$$

Transformieren wir den Übergang der ζ_τ mit Hilfe von M auf die η_τ, so erhalten wir

$$\eta_\tau(t_{j+1}) = MAM^{-1}\eta_\tau(t_j) + \tau f_\tau(t_{j+1})\,\mathfrak{n}$$

mit

$$\mathfrak{n} = M(1/\alpha_k, 1, 0, \ldots, 0)^T.$$

Die Struktur der Matrix M liefert

$$\mathfrak{n} = \begin{bmatrix} 1/\alpha_k \\ 1 \\ M_1^*/\alpha_k + M_2^* \end{bmatrix}.$$

Mit etwas mehr Aufwand (Aufgabe 7.14) lässt sich auch für die BDF-Verfahren zeigen, dass

$$MAM^{-1} = (I - \mathfrak{n}e_2^T)\mathfrak{P}$$

gilt, wobei e_2 und $\mathfrak{P}$ genau wie bei den Adams-Verfahren definiert sind. Die *Nordsieck-Darstellung* des BDF-Verfahrens lautet daher

$$\eta_\tau(t_{j+1}) = (I - \mathfrak{n}e_2^T)\,\mathfrak{P}\,\eta_\tau(t_j) + \tau f_\tau(t_{j+1})\,\mathfrak{n} \tag{7.53}$$

und besitzt die gleiche formale Gestalt wie bei den Adams-Verfahren. Nur der Vektor $\mathfrak{n}$ unterscheidet die Verfahren. Die Koeffizienten des Vektors $\mathfrak{n}$ für $k = 1, \ldots, 6$ finden sich in Tabelle 7.6.

k	$\mathfrak{n}_1$	$\mathfrak{n}_2$	$\mathfrak{n}_3$	$\mathfrak{n}_4$	$\mathfrak{n}_5$	$\mathfrak{n}_6$	$\mathfrak{n}_7$
1	1	1					
2	$\frac{2}{3}$	1	$\frac{1}{3}$				
3	$\frac{6}{11}$	1	$\frac{6}{11}$	$\frac{1}{11}$			
4	$\frac{12}{25}$	1	$\frac{7}{10}$	$\frac{1}{5}$	$\frac{1}{50}$		
5	$\frac{60}{137}$	1	$\frac{225}{274}$	$\frac{85}{274}$	$\frac{15}{274}$	$\frac{1}{274}$	
6	$\frac{20}{49}$	1	$\frac{58}{63}$	$\frac{5}{12}$	$\frac{25}{252}$	$\frac{1}{84}$	$\frac{1}{1764}$

Tabelle 7.6. Koeffizienten $\mathfrak{n}_j$ des BDF-Verfahrens

Realisierung des BDF-Verfahrens.   Wir beschreiben die Realisierung des Schrittes $t_j \mapsto t_{j+1}$ mit der Schrittweite τ. Der Nordsieck-Vektor $\eta_\tau(t_j)$ repräsentiert ja gerade das Prädiktorpolynom q des Abschnittes 7.4.2, so dass wir als Startwert x^0 für eine vereinfachte Newton-Iteration den Wert

$$x^0 = q(t_j + \tau) = e^T \eta_\tau(t_j)$$

erhalten. Man beachte die vollkommene Analogie zum Prädiktorschritt der PECE-Version des Adams-Verfahrens in der Nordsieck-Darstellung. Das nichtlineare Gleichungssystem (7.53) der Nordsieck-Darstellung des BDF-Verfahrens ist nur in der ersten Komponente implizit, so dass das nach $x_\tau(t_{j+1})$ aufzulösende Gleichungssystem durch

$$x_\tau(t_{j+1}) = (1, 1 - 1/\alpha_k, 1 - 2/\alpha_k, \ldots, 1 - k/\alpha_k) \cdot \eta_\tau(t_j) + \tau f(t_{j+1}, x_\tau(t_{j+1}))/\alpha_k$$

gegeben ist. Führen wir die Abbildung

$$F(x) = \alpha_k(x - x^0) + (0, 1, 2, \ldots, k) \cdot \eta_\tau(t_j) - \tau f(t_{j+1}, x)$$

ein, so lautet das Gleichungssystem schlicht

$$F(x_\tau(t_{j+1})) = 0.$$

Wenden wir hierauf eine mit x^0 gestartete vereinfachte Newton-Iteration an, so erhalten wir

(i) $DF(x^0) \Delta x^k = -F(x^k),$

(ii) $x^{k+1} = x^k + \Delta x^k,$

wobei die Jacobimatrix $DF(x^0)$ durch

$$DF(x^0) = \alpha_k I - \tau J, \quad J = D_x f(t_{j+1}, x^0),$$

gegeben ist. Wir brechen diese Iteration genau wie in Abschnitt 7.4.2 ab.

Wie wir in Abschnitt 7.4.2 gesehen haben, können wir aus dem Prädiktorwert x^0 eine einfache Fehlerschätzung konstruieren. Da wir hier (zumindest formal) über *äquidistantem* Gitter arbeiten, können wir den Ausdruck aus Bemerkung 7.50 übernehmen:

$$[\varepsilon_{j+1}] = \frac{1}{k+1} \cdot (\alpha_k I - \tau J)^{-1} (x^0 - x_\Delta(t_{j+1}))$$

$$= \frac{1}{k+1} \cdot DF(x^0)^{-1} (x^0 - x_\Delta(t_{j+1})).$$

Auch hier können wir eine *LR*-Zerlegung der Matrix $DF(x^0)$ aus der vereinfachten Newton-Iteration für die Fehlerschätzung wiederverwenden.

Schrittweitenänderung bei der Nordsieck-Darstellung. Mit Hilfe der für das PECE- und das BDF-Verfahren vorgestellten Fehlerschätzungen kann die Schrittweite τ_{neu} des *nächsten* Schrittes $t_{j+1} \mapsto t_{j+2}$ bzw. der *Schrittweitenwiederholung* $t_j \mapsto t_{j+1}^{\mathrm{neu}}$ bestimmt werden. Da für beide Verfahren der Fehler eines Verfahrens der Konsistenzordnung $p = k$ geschätzt wird, lautet die neue Schrittweite nach der Schrittweitenformel (5.5)

$$\tau_{\mathrm{neu}} = \theta\tau, \quad \theta = \sqrt[k+1]{\frac{\rho\,\mathrm{TOL}}{|[\varepsilon_{j+1}]|}}.$$

Soll mit dieser Schrittweite weitergerechnet werden, so verändern wir unsere Interpretation des Polynoms $q \in P_k$, welches durch $\eta_\tau(t_{j+1})$ mit Hilfe der Beziehung (7.50) beschrieben ist: Statt dieses Polynom als Konsequenz von Gitterwerten über dem Ausgangsgitter

$$t_{j+1}, t_{j+1} - \tau, t_{j+1} - 2\tau, \ldots, t_{j+1} - (k-1)\tau$$

aufzufassen, betrachten wir es als die *gegebene* Information, zu der Gitterwerte über dem *virtuellen* Gitter

$$t_{j+1}, \; t_{j+1} - \tau_{\mathrm{neu}}, \; t_{j+1} - 2\tau_{\mathrm{neu}}, \ldots, t_{j+1} - (k-1)\tau_{\mathrm{neu}}$$

gehören, welche wir zum Weiterrechnen mit dem Mehrschrittverfahren verwenden können. In dieser Sichtweise muss der Nordsieck-Vektor $\eta_\tau(t_{j+1})$ nur auf die neue Schrittweite *skaliert* werden, was aufgrund der Beziehung (7.50) durch

$$\eta_{\theta\tau}(t_{j+1}) = \mathrm{diag}(1, \theta, \theta^2, \ldots, \theta^k)\,\eta_\tau(t_{j+1}), \quad \theta = \frac{\tau_{\mathrm{neu}}}{\tau},$$

erfolgt.

　Wir beachten, dass ein Ordnungswechsel, d. h. ein Wechsel von k, in der Nordsieck-Darstellung keine natürliche und einfache Formulierung besitzt.

Bemerkung 7.52. Ein weitverbreitete Implementierung von Adams- und BDF-Verfahren in Nordsieck-Form mit Ordnungs- und Schrittweitensteuerung stammt von A. C. Hindmarsh [102] und liegt in dem sogenannten „Livermore Solver for ODEs" LSODE vor. L. F. Shampine und H. A. Watts [158] nahmen für ihre BDF-Implementierung DEBDF ebenfalls die Nordsieck-Darstellung als Grundlage. P. N. Brown, G. D. Byrne und A. C. Hindmarsh [24] arbeiten in ihrem Programm VODE mit einer Nordsieck-Darstellung von Adams- und BDF-Verfahren über *variablem* Gitter. Diese *Kopplung* der in den Abschnitten 7.4.1, 7.4.2 und 7.4.3 vorgestellten Techniken führt zu einem zusätzlichen Anwachsen des Overheads, der jedoch im Lichte der regelungstechnischen Interpretation der Schrittweitensteuerung keine gravierende Verbesserung erwarten lässt, was sich mit numerischen Experimenten deckt [90, 93].

Übungsaufgaben

Aufgabe 7.1. Betrachtet sei eine Differentialgleichung

$$x' = f(t, x). \tag{I}$$

Die Koordinatentransformation $\hat{x} = Mx$ mit $M \in \mathrm{GL}(d)$ führt nach Abschnitt 3.2.1 auf die Differentialgleichung

$$\hat{x}' = \hat{f}(t, \hat{x}) = Mf(t, M^{-1}\hat{x}). \tag{II}$$

Ein lineares Mehrschrittverfahren über äquidistantem Gitter liefere bei der Anwendung auf (I) die Gitterfunktion x_τ und bei der Anwendung auf (II) die Gitterfunktion $\hat{x}_\tau$. Zeige, dass der Zusammenhang

$$\hat{x}_\tau = Mx_\tau$$

besteht, sofern die Startwerte geeignet transformiert werden.

Aufgabe 7.2. Zeige, dass konsistente lineare Mehrschrittverfahren invariant gegen Autonomisierung sind, sofern die Startwerte der Zeitvariablen geeignet definiert werden.

Aufgabe 7.3. Gegeben sei das lineare Mehrschrittverfahren

$$\alpha_k x_\tau(t_{j+k}) + \cdots + \alpha_0 x_\tau(t_j) = \tau\big(\beta_k f_\tau(t_{j+k}) + \cdots + \beta_0 f_\tau(t_j)\big)$$

mit $f_\tau(t_\ell) = f(t_\ell, x_\tau(t_\ell))$. Zeige, dass zur rekursiven Auswertung des Mehrschrittverfahrens die Speicherung des Vektors $s_j = (s_j^0, \dots, s_j^{k-1})^T$ genügt, welcher rekursiv wie folgt definiert ist:

$$s_j^k = s_{j-1}^{k-1} + \alpha_k x_\tau(t_{j+k}) - \tau\beta_k f_\tau(t_{j+k}) = 0,$$
$$s_j^{k-1} = s_{j-1}^{k-2} + \alpha_{k-1} x_\tau(t_{j+k}) - \tau\beta_{k-1} f_\tau(t_{j+k}),$$
$$\vdots$$
$$s_j^1 = s_{j-1}^0 + \alpha_1 x_\tau(t_{j+k}) - \tau\beta_1 f_\tau(t_{j+k}),$$
$$s_j^0 = \alpha_0 x_\tau(t_{j+k}) - \tau\beta_0 f_\tau(t_{j+k}).$$

Dieses Speicherschema stammt von R. D. Skeel.

Aufgabe 7.4. Zeige, dass die einzigen konsistenten *linearen* Einschrittverfahren durch die einparametrige Familie (sog. *Cauchysche θ-Methode*)

$$x_\tau(t_{j+1}) = x_\tau(t_j) + \tau\big((1-\theta) f_\tau(t_j) + \theta f_\tau(t_{j+1})\big)$$

gegeben sind. Für welches θ ist die Konsistenzordnung $p = 2$? Identifiziere die Fälle $\theta = 0$, $\theta = 1/2$ und $\theta = 1$. Zeige ferner, dass für $\theta \neq 0$ der Wert $R(\infty)$ der Stabilitätsfunktion des Einschrittverfahrens durch die Nullstelle ζ_1 des zugehörigen charakteristischen Polynoms

$$\sigma(\zeta) = (1 - \theta) + \theta\,\zeta$$

gegeben ist.

Aufgabe 7.5. Gegeben sei eine homogene, lineare und autonome Differentialgleichung k-ter Ordnung

$$L(x) = \chi(D)x = 0, \quad \chi \in P_k.$$

Dabei besitze das Polynom χ die k verschiedenen Nullstellen $\lambda_1, \ldots, \lambda_k$. Wir betrachten zur Lösung der Differentialgleichung über einem äquidistanten Gitter $\Delta_\tau = \tau\mathbb{Z}$ der Schrittweite τ das Mehrschrittverfahren

$$L_\tau(x_\tau) = \rho_\tau(E)x_\tau = 0,$$

wobei das von der Schrittweite τ *abhängige* Polynom ρ_τ durch

$$\rho_\tau(\zeta) = (\zeta - e^{\lambda_1\tau})\cdots(\zeta - e^{\lambda_k\tau})$$

gegeben ist. Zeige: Für $\tau \neq 0$ gilt

$$N(L)|_{\Delta_\tau} \subset N(L_\tau).$$

Dabei gilt Gleichheit, wenn die Nullstellen λ_j mit dem Gitter nicht in *Resonanz* stehen, d.h., wenn es kein Indexpaar $j \neq \ell$ mit

$$\frac{(\lambda_j - \lambda_\ell)}{2\pi i}\,\tau \in \mathbb{Z}$$

gibt. Was bedeutet dieses Ergebnis für die Lösung der Differentialgleichung?

Verifiziere die Behauptungen am Beispiel $\chi(\lambda) = \lambda^2 + \mu^2$, $\mu \in \mathbb{R}$, d.h. anhand der Differentialgleichung $x'' + \mu^2 x = 0$.

Aufgabe 7.6. Gegeben sei ein Polynom $\rho \in P_k$ mit paarweise verschiedenen Nullstellen $\lambda_1, \ldots, \lambda_k$. Zeige, dass jede Lösungsfolge $x = (x_0, x_1, x_2, \ldots)$ der linearen k-Term Rekursion

$$\rho(E)x_j = 0$$

als eine eindeutige Linearkombination der speziellen Lösungsfolgen

$$x^\ell = (1, \lambda_\ell, \lambda_\ell^2, \ldots), \quad \ell = 1, \ldots, k,$$

geschrieben werden kann. Finde auf diese Weise eine geschlossene Darstellung für die durch die Drei-Term-Rekursion

$$F_{j+1} = F_j + F_{j-1}, \quad F_0 = 0, \quad F_1 = 1,$$

definierten *Fibonacci-Zahlen*.

Hinweis: Wende eine Jordan-Zerlegung auf die Darstellung (3.28) der Lösungsfolge in Beispiel 3.39 an.

Aufgabe 7.7. Beweise folgende diskrete Variante des Lemmas 3.9 von T. H. Gronwall: Wenn die nichtnegativen Folgen (a_n) und (b_n) für ein $\rho \geq 0$ der Abschätzung

$$a_n \leq \rho + \sum_{j=0}^{n-1} b_j a_j, \quad n = 0, 1, \ldots,$$

genügen, so gilt

$$a_n \leq \rho \exp\left(\sum_{j=0}^{n-1} b_j\right), \quad n = 0, 1, \ldots.$$

Hinweis: Nutze induktiv $(1 + b_j) \leq \exp(b_j)$.

Aufgabe 7.8. Leite für das explizite Euler-Verfahren aus Lemma 7.25 die Konditionsabschätzung

$$\kappa_\tau[0, T] \leq e^{L \cdot T}$$

her, wobei L eine Lipschitzkonstante der rechten Seite $f : \Omega_0 \to \mathbb{R}^d$ einer autonomen Differentialgleichung darstellt. Vergleiche mit Abschnitt 4.2.4.

Aufgabe 7.9. Begründe, warum bei Extrapolation (Abschnitt 4.3.3) die schwache Instabilität der expliziten Mittelpunktsregel „verlorengeht".

Aufgabe 7.10. Zeige, dass für das explizite k-Schritt-Adams-Verfahren das durch

$$q(t_{j+i}) = f_\tau(t_{j+i}), \quad i = 0, \ldots, k - 1,$$

definierte Polynom $q \in P_{k-1}$ in der Newton-Basis die Darstellung

$$q(t_{j+k-1} + \theta\tau) = \sum_{i=0}^{k-1} (-1)^i \binom{-\theta}{i} \nabla^i f_\tau(t_{j+k-1})$$

besitzt, wobei ∇ den Rückwärtsdifferenzenoperator bezeichnet.

Aufgabe 7.11. Zeige, dass die Fehlerkonstanten des expliziten k-Schritt-Adams-Verfahrens durch μ_k, diejenige des impliziten k-Schritt-Adams-Verfahrens durch μ_{k+1}^* und diejenige des k-Schritt-BDF-Verfahrens durch $-1/(k + 1)$ gegeben ist. Hierbei verwenden wir die Notation der Darstellungen (7.17) und (7.20).

Aufgabe 7.12. Begründe, warum die A-Stabilität des Zweischritt-BDF-Verfahrens *nicht* der zweiten Dahlquist-Schranke widerspricht.

Aufgabe 7.13. Betrachtet sei der Abschneidefehler θ des BDF-Verfahrens, welchen wir in Abschnitt 7.4.2 definierten. Zeige, dass für äquidistantes Gitter folgender Zusammenhang mit dem Konsistenzfehler besteht:

$$\theta = \frac{1}{\tau} L(x_*, t_{j+1}, \tau).$$

Aufgabe 7.14. Zeige in der Notation des Abschnittes 7.4.3, dass sowohl für die Adams-Verfahren als auch für die BDF-Verfahren gilt:

$$MAM^{-1} = (I - \mathfrak{n}e_2^T)\,\mathfrak{P}.$$

Hinweis: Beweise diese Beziehung als Darstellung von A.

Aufgabe 7.15. Bei der numerischen Simulation von Halbleiterbauelementen ist die als TR-BDF2 bezeichnete Kombination von impliziter Trapezregel (TR) und BDF-Verfahren erfolgreich im Einsatz. Die Idee dabei ist, innerhalb eines Intervalls der Länge τ einen Zwischenpunkt in der Position $\tau\gamma$ mit $\gamma \in\,]0,1[$ derart optimal zu setzen, dass der Rechenaufwand minimiert wird.

a) Zeige, dass sich mit dem Gitter

$$\{t_n, t_n + \tau\gamma, t_{n+1}\}, \quad \tau = t_{n+1} - t_n,\ \gamma \in\,]0,1[,$$

das folgende BDF2-Verfahren ergibt:

$$x_{n+1} + \frac{1}{\gamma(\gamma-2)}x_{n+\gamma} - \frac{(\gamma-1)^2}{\gamma(\gamma-2)}x_n = \frac{\gamma-1}{\gamma-2}\tau f(x_{n+1}).$$

b) Das zusammengesetzte Verfahren TR-BDF2 bestehe aus einem Schritt mit der impliziten Trapezregel von t_n nach $t_n + \tau\gamma$ und einem anschließenden Schritt nach t_{n+1} mit dem Verfahren aus Aufgabenteil a). Berechne den führenden Fehlerterm dieses Verfahrens, und minimiere ihn unter Variation von γ.

c) Bei beiden Schritten des Verfahrens TR-BDF2 aus Aufgabenteil b) ist ein nicht-lineares Gleichungssystem der Form $F_{\mathrm{TR}}(x_{n+\gamma}) = 0$ bzw. $F_{\mathrm{BDF2}}(x_{n+1}) = 0$ zu lösen. Berechne die Jacobi-Matrix von F_{TR} an der Stelle $x_{n+\gamma}$ und von F_{BDF2} an der Stelle x_{n+1}. Für welche Werte von $\gamma \in\,]0,1[$ besitzen diese Jacobi-Matrizen unter der Voraussetzung $f_x(x_{n+\gamma}) \approx f_x(x_{n+1})$ die gleiche Gestalt?

8 Randwertprobleme bei gewöhnlichen Differential-gleichungen

Dieses Kapitel handelt von der numerischen Lösung von Randwertproblemen bei gewöhnlichen Differentialgleichungen. In der einfachsten Form treten sie auf als *Zweipunkt-Randwertprobleme*

$$x' = f(t, x), \quad t \in [a, b], \qquad r(x(a), x(b)) = 0, \quad r : \mathbb{R}^{2d} \to \mathbb{R}^d. \qquad (8.1)$$

Falls nicht explizit anders vereinbart, sei das Intervall $[a, b]$ mit $b > a$ als endlich vorausgesetzt.

Die meisten Begriffe und Bezeichnungen der vorangegangenen Kapitel zu Anfangswertproblemen können für die Darstellung in diesem Kapitel übernommen werden. Im Unterschied zu Anfangswertproblemen jedoch, die im Wesentlichen unter der Annahme einer Lipschitz-Bedingung für die rechte Seite f der Differentialgleichung eindeutig lösbar sind, benötigen Randwertprobleme zu ihrer *eindeutigen* Lösbarkeit noch zusätzliche Informationen über die Randbedingungen, wie wir gleich zu Anfang in Abschnitt 8.1 ausführen wollen. Daran schließt sich unmittelbar die Analyse der *Kondition* von Randwertproblemen an, die ja für die numerische Lösung eine Schlüsselrolle spielt – siehe etwa Band 1, Abschnitt 2.2, für einen recht allgemeinen Begriff der Kondition von Problemen.

Algorithmen zur numerischen Lösung von Randwertproblemen zerfallen in zwei grundsätzliche Klassen: Anfangswertmethoden und globale Diskretisierungsmethoden.

Bei *Anfangswertmethoden* wird das Randwertproblem in eine Folge von Anfangswertproblemen transformiert, die durch Einsatz von numerischen Integratoren (siehe vorige Kapitel) gelöst werden. Beispiele solcher Methoden sind das einfache *Schießverfahren* oder die *Mehrzielmethode* – siehe Abschnitt 8.2. Diese Algorithmen eignen sich bevorzugt für solche Randwertprobleme, bei denen die unabhängige Variable t die Zeit oder eine zeitähnliche Variable ist: Wir nennen solche Randwertprobleme deshalb *zeitartig*. Für sie existiert typischerweise mindestens eine Vorzugsrichtung, für die das Anfangswertproblem einigermaßen gutkonditioniert ist. Eine Erweiterung solcher Randwertprobleme auf partielle Differentialgleichungen, also von $t \in \mathbb{R}^1$ nach $\mathbb{R}^2$ oder $\mathbb{R}^3$, existiert im Allgemeinen nicht. Diese Struktur spiegelt sich ebenfalls wider in der Kondition der innerhalb einer Newton-Iteration auftretenden zyklischen linearen Gleichungssysteme, was wiederum Konsequenzen für ihre numerische Lösung hat – siehe Abschnitt 8.3.

Globale Diskretisierungsmethoden behandeln das Randwertproblem unabhängig von jeglicher Vorzugsrichtung – siehe Abschnitt 8.4. Beispiele für diese Klasse von Methoden sind *Differenzen-Verfahren* oder *Kollokationsmethoden*. Diese Methoden eignen sich besonders für sogenannte *raumartige* Randwertprobleme, bei denen die Variable *t* eine Raumvariable ist und die deshalb typischerweise auch eine Erweiterung in mehr als eine Raumdimension gestatten, hin zu Randwertproblemen bei partiellen Differentialgleichungen. Häufig existiert für raumartige Randwertprobleme keinerlei Vorzugsrichtung, für die das zugehörige Anfangswertproblem wohlgestellt wäre.

In den folgenden beiden Abschnitten stellen wir wichtige Klassen von allgemeineren Randwertproblemen vor, die den Rahmen von Zweipunkt-Randwertproblemen verlassen. In Abschnitt 8.5 behandeln wir zunächst periodische Orbitberechnung (unterbestimmte Randwertprobleme) und Parameteridentifizierung (überbestimmte Randwertprobleme). In Abschnitt 8.6 gehen wir schließlich auf Probleme der klassischen Variationsrechnung und der optimalen Steuerungen ein, welche die wichtigste Quelle von Mehrpunktrandwertproblemen aus Naturwissenschaft und Technik darstellen.

8.1   Sensitivität bei Zweipunkt-Randwertproblemen

Eine effiziente numerische Lösung von Randwertproblemen hängt empfindlich von der genauen Kenntnis ihrer Sensitivität gegenüber den wesentlichen Eingabedaten ab. Basis jeder Sensitivitätsanalyse ist, wie immer in der Numerischen Mathematik, die (zumindest lokale) Eindeutigkeit der Lösung.

8.1.1   Lokale Eindeutigkeit

Brauchbare Sätze zur *Existenz* von Lösungen von Randwertproblemen gibt es im Großen und Ganzen nur für *lineare* oder auch für *elliptische* Probleme. Deshalb wollen wir im Folgenden stets voraussetzen, dass mindestens eine Lösung x^* existiert. Der folgende lokale Eindeutigkeitssatz ist eine leichte Variante eines Satzes von R. Weiss (siehe [173, 53]).

Satz 8.1. *Sei f hinreichend glatt und x^* eine Lösung des Randwertproblems* (8.1). *Sei $W^*(t, a)$ die Propagationsmatrix zur Variationsgleichung*

$$W' = f_x(x^*(t))W, \quad W(a, a) = I.$$

Seien die Ableitungen der Randbedingungen bezeichnet mit

$$A^* = \frac{\partial r}{\partial x(a)}\Big|_{x^*}, \quad B^* = \frac{\partial r}{\partial x(b)}\Big|_{x^*}. \tag{8.2}$$

Dann gilt: Falls die Sensitivitätsmatrix

$$E^*(t) = A^* W^*(a, t) + B^* W^*(b, t)$$

nichtsingulär für ein $t \in [a, b]$ ist, so ist sie nichtsingulär für alle $t \in [a, b]$ und x^* ist lokal eindeutige Lösung von (8.1).

Beweis. Jede Lösung x^* des Randwertproblems ist zugleich Lösung des Anfangs-wertproblems mit Anfangswert $x^*(a)$ und lässt sich somit über den Fluss eindeutig darstellen als

$$x^*(t) = \Phi^{t,a} x^*(a).$$

Einsetzen in das Randwertproblem liefert ein System von d nichtlinearen Gleichun-gen für die Unbekannte $x(a) \in \mathbb{R}^d$ von der Form

$$F(x(a)) = r(x(a), \Phi^{b,a} x(a)) = 0. \tag{8.3}$$

Definieren wir noch die Propagationsmatrix $W(t, s)$ wie in (3.2), Abschnitt 3.1.1, so hat die zugehörige Funktionalmatrix in $x^*(a)$ die Gestalt

$$E^*(a) = A^* + B^* W^*(b, a).$$

Falls die Sensitivitätsmatrix in $t = a$ nichtsingulär ist, so ist der Randwert $x^*(a)$ lokal eindeutig und somit auch die gesamte Lösung $x^*(t), t \in [a, b]$. Da ferner alle Progagationsmatrizen $W(\cdot, \cdot)$ nichtsingulär sind, ergibt sich zugleich, dass mit $E^*(a)$ auch alle weiteren Sensitivitätsmatrizen

$$E^*(t) = E^*(a) W^*(a, t)$$

für beliebiges $t \in [a, b]$ nichtsingulär sind.   □

Die obige Darstellung gestattet eine einfache Interpretation der Matrizen $E(t)$ als Sensitivität gegen Punktstörungen:

$$E^*(t) = \frac{\partial r}{\partial x(t)}\bigg|_{x^*} = \frac{\partial r}{\partial x(a)} \frac{\partial x(a)}{\partial x(t)}\bigg|_{x^*} = \frac{\partial r}{\partial x(a)}\bigg|_{x^*} W^*(a, t). \tag{8.4}$$

Der Genauigkeit halber sei noch angemerkt: Falls die Sensitivitätsmatrix in einem Punkt t singulär ist, kann im pathologischen Fall immer noch eine eindeutige Lösung existieren. Im generischen (d. h. nicht-pathologischen) Fall zeigt allerdings die Singu-larität von E nichteindeutige Lösungen an, wie unser folgendes Beispiel illustriert.

Beispiel 8.2. *Künstliches Grenzschichtproblem* ([121]). Gegeben sei die Differential-gleichung 2. Ordnung

$$x'' = -\frac{3\lambda}{(\lambda + t^2)^2} \cdot x,$$

worin $\lambda > 0$ ein Scharparameter ist. Die Randbedingungen seien

$$x(0.1) = -x(-0.1) = \frac{0.1}{\sqrt{\lambda + 0.01}}.$$

Aus der Symmetrie der Differentialgleichung und der Randbedingungen ergibt sich: falls $x^*(t)$ Lösung des Randwertproblems, so ist auch $-x^*(-t)$ Lösung. Falls also die Lösung eindeutig ist, muss sie eine ungerade Funktion $x^*(-t) = -x^*(t)$ sein, woraus dann wiederum folgt:

$$x^*(0) = 0.$$

Für $\lambda \neq 0.01$ lässt sich diese Erwartung durch numerische Lösung auf jede vernünftige Genauigkeit verifizieren. Für $\lambda = 0.01$ allerdings ergibt sich ein Kontinuum von Lösungen – siehe Abbildung 8.1. Die dort dargestellte Lösungsschar wurde als An-

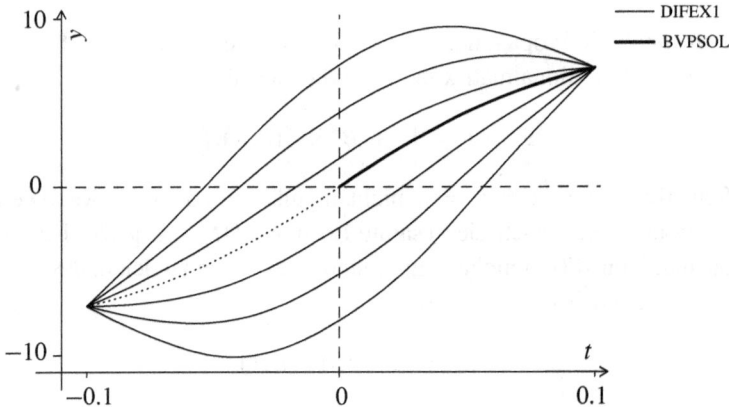

Abbildung 8.1. Künstliches Grenzschichtproblem ($\lambda = 0.01$): Kontinuum von Lösungen statt eindeutiger ungerader Lösung

fangswertproblem integriert (mit dem Extrapolationsprogramm DIFEX1, siehe Abschnitt 5.1), und zwar ausgehend von dem linken Randwert

$$x(-0.1) = -7.0710678119$$

nacheinander mit den Ableitungswerten

$$x'(-0.1) = 140.0, \ 100.0, \ 60.0, \ 0.0, \ -40.0 \ \text{und} \ -80.0.$$

Alle Trajektorien treffen den rechten Randwert

$$x(0.1) = 7.0710678119$$

auf die verlangte Genauigkeit. Eine Begründung für dieses Verhalten ergibt sich aus genauer Analyse der Sensitivitätsmatrix $E(-0.1)$. Sie hat hier die Gestalt:

$$E(-0.1) = \begin{bmatrix} 1 & 0 \\ * & \alpha(\lambda) \end{bmatrix},$$

wobei

$$\alpha(\lambda) = \frac{\partial x(+0.1; \lambda)}{\partial x'(-0.1)}.$$

Für $\lambda = 0.01$ ergibt sich $\alpha = 0$, also ist $E(-0.1)$ singulär (vergleiche Aufgabe 8.2).

Zum Vergleich: Die *ungerade* Lösung wurde über dem Intervall $[0, 0.1]$ zu den Randbedingungen

$$x(0) = 0, \quad x(0.1) = 7.0710678119$$

berechnet (mit dem Randwertprogramm BVPSOL, siehe Abschnitt 8.2.2) und dann nach $[-0.1, 0]$ gespiegelt.

8.1.2 Konditionszahlen

Für die Zwecke dieses Abschnitts nehmen wir durchgängig an, dass die im vorigen Abschnitt eingeführten *Sensitivitätsmatrizen* $E(t), t \in [a, b]$ *nichtsingulär* sind; damit ist zumindest lokale Eindeutigkeit garantiert. Eventuelle Fastsingularität lokaler Sensitivitätsmatrizen wollen wir erst im Abschnitt über die numerische Lösung diskutieren.

Wie in Band 1, Abschnitt 2.2, für den allgemeinen Fall ausgeführt, beschreibt die Kondition eines mathematischen Problems die Sensitivität des Resultates gegenüber Störungen in den wesentlichen Eingabedaten – meist in Form von Konditionszahlen, die das Verhältnis gewisser Normen der Resultatfehler und der Eingabefehler im Sinne oberer Schranken (*worst case analysis*) charakterisieren. Bei Randwertproblemen sind demnach Störungen der Lösungsdaten $\delta x(t), t \in [a, b]$ in Abhängigkeit von Störungen der Randwerte und Störungen der rechten Seite der Differentialgleichungen zu betrachten.

Die hier dargestellte Konditionsanalyse orientiert sich an ersten Untersuchungen von R. M. M. Mattheij [127, 7]; wir ändern die dort benutzten Begriffe jedoch derart ab, dass sie *invariant* sind unter affiner Transformation der Randbedingungen

$$r = 0 \longrightarrow Cr = 0$$

für beliebige nichtsinguläre (d, d)-Matrix C. Als Folge ergibt sich eine wesentlich einfachere und zugleich weitertragende Theorie – siehe auch den engen Zusammenhang mit der Kondition der auftretenden linearen Gleichungssysteme (Abschnitt 8.3.1).

Störung der Randwerte. Zunächst betrachten wir Störungen δx_r der Lösung als Folge von Störungen $\delta x(a), \delta x(b)$ der Randwerte. Diese Störungen wirken sich aus über Störungen der Randbedingungen

$$\delta r = A\delta x(a) + B\delta x(b). \tag{8.5}$$

Häufig geht nur ein Teil der Komponenten der Randwerte tatsächlich in die Randbedingungen ein; für die Kondition darf also auch nur dieser Teil eine Rolle spielen. Diesem Aspekt trägt unsere Analyse automatisch Rechnung wie folgt: Falls *Projektoren P_a, P_b* existieren derart, dass

$$AP_a = A, \quad BP_b = B,$$

dann gilt offenbar

$$A\delta x(a) = AP_a\delta x(a), \quad B\delta x(b) = BP_b\delta x(b),$$

so dass die Beziehungen

$$P_a^\perp \delta x(a) = 0, \quad P_b^\perp \delta x(b) = 0$$

ohne Beschränkung der Allgemeinheit als vereinbart gelten können.

Auf dieser Basis lassen sich nun in natürlicher Weise Konditionszahlen über obere Fehlerschranken definieren.

Lemma 8.3. *Seien $P_a\delta x(a)$, $P_b\delta x(b)$ Störungen der in die Randbedingungen r eingehenden Randwerte. Seien $\delta x_r(t)$ dadurch verursachte punktweise Störungen der Lösung. Dann gilt:*

$$|\delta x_r(t)| \leq \rho(t)\,(|P_a\delta x(a)| + |P_b\delta x(b)|)\,,$$

worin

$$\rho(t) = \max\{|E(t)^{-1}A|, |E(t)^{-1}B|\}$$

eine punktweise Kondition definiert. Entsprechend gilt

$$\max_{t\in[a,b]} |\delta x_r(t)| \leq \rho[a,b]\,(|P_a\delta x(a)| + |P_b\delta x(b)|)\,,$$

worin

$$\rho[a,b] = \rho[b,a] = \max_{t\in[a,b]} \rho(t) \tag{8.6}$$

eine intervallweise Kondition bezeichnet.

Beweis. Aus (8.4) wissen wir, dass in 1. Ordnung Störungstheorie gilt

$$\delta r = E(t)\delta x(t).$$

Da E nach Voraussetzung dieses Abschnittes nichtsingulär ist, ergeben sich mit (8.5) punktweise Störungen $\delta x_r(t)$ der Resultate als

$$\delta x_r(t) = E(t)^{-1}\delta r = E(t)^{-1}A\,\delta x(a) + E(t)^{-1}B\,\delta x(b).$$

Die Definition der Konditionszahlen $\rho(t)$ und $\rho[a, b]$ folgt in natürlicher Weise durch die entsprechenden Abschätzungen.   □

Die gerade eingeführten Konditionszahlen $\rho(t)$ und $\rho[a, b]$ für Randwertprobleme reduzieren sich auf die entsprechenden Konditionszahlen $\kappa_0(t)$ und $\kappa[a, b]$ für Anfangswertprobleme, wenn wir die entsprechende Spezifikation $A = I$, $B = 0$ vornehmen – vergleiche Abschnitt 3.1.2.

Beispiel 8.4. Betrachten wir das lineare Randwertproblem

$$x'' - \lambda^2 x = 0, \quad x(a) = x_a, \quad x(b) = x_b,$$

so ergibt sich für $\lambda \to \infty$ eine Lösung mit Grenzschichten der Dicke $1/\lambda$ in $t = a$ und $t = b$ (was der Leser nachprüfen möge). Die zugehörige Konditionszahl des Anfangswertproblems (siehe Abschnitt 3.1.2) ist in diesem Beispiel symmetrisch und ergibt sich zu

$$\kappa[a, b] = \kappa[b, a] \doteq \lambda \exp \lambda(b - a),$$

d. h., das Anfangswertproblem ist in beiden Richtungen schlechtkonditioniert. Die Kondition des Randwertproblems hingegen wächst vergleichsweise harmlos

$$\rho[a, b] = \rho[b, a] \doteq \lambda.$$

In der Literatur spricht man oft allgemein von *Dichotomie*, wenn das Randwertproblem gutkonditioniert, das Anfangswertproblem aber in beiden Richtungen schlechtkonditioniert bis sogar schlechtgestellt ist.

Störung der rechten Seite. Als nächstes betrachten wir Störungen δx_f der Lösung unter dem Einfluss von lokalen Störungen $\delta f(s)$ der rechten Seite f der Differentialgleichung. Diese Störungen rühren typischerweise von Modellfehlern oder von Diskretisierungsfehlern her. Wie bei der numerischen Quadratur (vgl. Band 1, Abschnitt 9.1) werden wir das Störungsmaß der rechten Seite durch Aufintegration der punktweisen Störungen definieren.

Satz 8.5. *Sei δf eine glatte Störung der glatten rechten Seite f der Differentialglei-chung. Seien δx_f(t) daraus resultierende punktweise Störungen der Lösung. Dann gilt in führender Ordnung die Darstellung*

$$\delta x_f(t) \doteq \int_a^b G(t,s)\delta f(s)\,ds,$$

worin

$$G(t,s) = \begin{cases} -E(t)^{-1}AW(a,s) & \text{für } a \le s \le t, \\ +E(t)^{-1}BW(b,s) & \text{für } t \le s \le b \end{cases} \tag{8.7}$$

die Greensche Funktion des Randwertproblems definiert. Daraus folgt die Abschät-zung

$$|\delta x_f(t)| \dot{\le} \bar{\rho}(t)\int_a^b |\delta f(s)|\,ds,$$

worin

$$\bar{\rho}(t) = \max_{s\in[a,b]} |G(t,s)|,$$

oder äquivalent

$$\bar{\rho}(t) = \max\{\max_{s\in[a,t]} |E(t)^{-1}AW(a,s)|, \max_{s\in[t,b]} |E(t)^{-1}BW(b,s)|\}$$

eine punktweise Kondition definiert. Die daraus ableitbare intervallweise Kondition ergibt sich zu

$$\bar{\rho}[a,b] = \bar{\rho}[b,a] = \max_{t\in[a,b]} \bar{\rho}(t). \tag{8.8}$$

Im Vergleich mit den in Lemma 8.3 eingeführten Konditionszahlen gilt

$$\rho(t) \le \bar{\rho}(t), \quad \rho[a,b] \le \bar{\rho}[a,b]. \tag{8.9}$$

Beweis. Aus dem Korollar zu Satz 3.4 in Abschnitt 3.1.1 erhalten wir in $O(|\delta f|)$ die beiden punktweisen Störungsanteile der Randwerte

$$\delta x_f(a) \doteq \int_t^a W(a,s)\delta f(s)\,ds, \quad \delta x_f(b) \doteq \int_t^b W(b,s)\delta f(s)\,ds.$$

Einsetzen in die dadurch verursachten Randstörungen

$$\delta r \doteq A\delta x_f(a) + B\delta x_f(b) = E(t)\delta x_f(t)$$

liefert sodann

$$\delta x_f(t) \doteq -\int_a^t E(t)^{-1}AW(a,s)\delta f(s)\,ds$$
$$+ \int_t^b E(t)^{-1}BW(b,s)\delta f(s)\,ds,$$

was unmittelbar die Greensche Funktion definiert. Daraus ergeben sich analog wie in Lemma 8.3 die zugehörigen Konditionszahlen $\bar{\rho}$, punktweise und intervallweise. Durch termweisen Vergleich der Definitionen von ρ und $\bar{\rho}$ und unter Berücksichtigung von $W(a,a) = W(b,b) = I$ verifiziert sich das Resultat (8.9) unmittelbar.

$\square$

Wegen (8.9) beschreiben die Konditionszahlen $\bar{\rho}$ offenbar die Kondition des Randwertproblems insgesamt.

8.2 Anfangswertmethoden für zeitartige Randwertprobleme

Die hier beschriebenen Methoden führen die Lösung von Randwertproblemen zurück auf die Lösung einer Folge von Anfangswertproblemen. Dabei kann der vergleichsweise hohe Entwicklungsstand von numerischen Integratoren genutzt werden. Zur Wahl des numerischen Integrators wollen wir hier nichts weiter sagen, wir haben in den vorigen Kapiteln dazu ausreichend Stoff geliefert.

Allgemein wird durch den Einsatz von Anfangswertmethoden die Symmetrie von Randwertproblemen bezüglich der Vertauschung der Ränder $a \leftrightarrow b$ verletzt – im Unterschied zu globalen Diskretisierungsmethoden, die wir in Abschnitt 8.4 darstellen. Allerdings kann in vielen zeitartigen Randwertproblemen aus Naturwissenschaft und Technik durch den Einsatz von Anfangswertmethoden im Vergleich mit globalen Randwertmethoden signifikant Speicherplatz eingespart werden.

8.2.1 Schießverfahren

Das martialische Artillerie-Problem des Zielens mit einem Geschütz hat dem Schießverfahren seinen Namen gegeben. In der Tat führt die mathematische Modellierung der Flugbahn $x(t)$ des Geschosses auf eine Differentialgleichung 2. Ordnung, die durch Vorgabe von Randbedingungen

$$x(a) = x_a, \quad x(b) = x_b$$

zu einem Randwertproblem wird. Hierin ist x_a die vorgegebene eigene Position, x_b die vorgegebene Zielposition des Gegners. Durch Vorgabe der Anfangswerte $x(a)$, $v = x'(a)$ wird eine eindeutige Trajektorie

$$x(t) = \Phi^{t,a}(v)x(a)$$

definiert. Dann ist der Geschwindigkeitsvektor $v \in \mathbb{R}^3$ am Abschusspunkt derart zu bestimmen, dass der Gegner getroffen wird. Dies liefert die nichtlineare Gleichung

$$\Phi^{b,a}(v)x_a - x_b = 0.$$

Bei gegebener Munition liegt $|v|$ fest. Falls das Geschütz bereits seitlich korrekt ein-justiert ist, so bleibt nur noch eine skalare nichtlineare Gleichung, um den Neigungs-winkel zu bestimmen. Zur Lösung dieses Problems kann man sich natürlich an das Motto der österreichischen KuK-Feldartillerie halten: *Trifft's, ist's gut; trifft's nicht, ist die moralische Wirkung eine ungeheure* .... Eine klassische Methode zur Lö-sung dieses Problems war das sogenannte Dreipunktschießen: ein Schuss zu kurz, ein Schuss zu lang, als dritter Versuch die lineare Interpolation zwischen den beiden vorigen Versuchen. Diese Methode lässt sich als Bisektionsverfahren für die obige nichtlineare Gleichung interpretieren.

Allgemein löst man beim Schießverfahren (engl. *shooting method*) die d Differen-tialgleichungen

$$x' = f(t, x), \quad x(a) = \xi \in \mathbb{R}^d$$

zu geschätzten Anfangswerten ξ, soweit diese nicht durch Randbedingungen festge-legt sind. Sei $x(t) = \Phi^{t,a}\xi$ die (als eindeutig angenommene) Lösung dieses Anfangs-wertproblems. Die Variable ξ ist dann derart zu bestimmen, dass die d Randbedingun-gen

$$r(\xi, \Phi^{b,a}\xi) = 0 \tag{8.10}$$

erfüllt sind. Die zugehörige Funktionalmatrix im Lösungspunkt ξ^* hat die Gestalt

$$\left.\frac{\partial r}{\partial \xi}\right|_{\xi^*} = A^* + B^* W^*(b, a) = E^*(a).$$

Das heißt: Falls für das zu lösende Randwertproblem die lokale Eindeutigkeitsbedin-gung von Satz 8.1 gilt, so hat auch das nichtlineare Gleichungssystem (8.10) eine lokal eindeutige Lösung ξ^*.

Newton-Verfahren. Zur numerischen Lösung des nichtlinearen Gleichungssystems mit dem Newton-Verfahren benötigen wir eine ausreichend gute Approximation der Jacobi-Matrizen an den Iterierten ξ^k, also

$$\left.\frac{\partial r}{\partial \xi}\right|_{\xi^k} = A + B \cdot W(b, a)\big|_{x=\Phi^{t,a}\xi^k} = E^k(a).$$

Hierin werden die Matrizen A, B im Allgemeinen durch analytische Differentiation der Randbedingungen r gewonnen. Für die Approximation der Propagationsmatrizen

$$W(b, a) = \frac{\partial \Phi^{b,a}\xi}{\partial \xi}$$

sind mehrere Varianten in Gebrauch. Eine semi-analytische Möglichkeit ist die nume-rische Integration der d Variationsgleichungen

$$W' = f_x(\Phi^{t,a}\xi)W, \quad W(a, a) = I_d, \quad t \in [a, b]. \tag{8.11}$$

Sie benötigt einen analytischen Ausdruck für die Ableitung f_x in der rechten Seite. Die sogenannte *externe* numerische Differentiation gemäß

$$W(b,a) \longrightarrow \frac{\Phi^{b,a}(\xi + \delta\xi) - \Phi^{b,a}\xi}{\delta\xi}$$

verlangt die Berechnung von d zusätzlichen Trajektorien zu d leicht veränderten Anfangswerten $\xi + \delta\xi$ sowie die anschließende Berechnung von d^2 Differenzenquotienten in W. Eine robuste komponentenweise Wahl der Differenzen $\delta\xi$ ist schwierig bzw. kostspielig, weshalb diese Möglichkeit auch eher in älteren Codes zu finden ist. Eine effiziente Alternative dazu ist die sogenannte *interne* numerische Differentiation, bei der im Wesentlichen die Differenzenquotienten

$$f_x(t,x) = \frac{\partial f(t,x)}{\partial x} \longrightarrow \frac{f(x + \delta x) - f(x)}{\delta x}$$

innerhalb der Diskretisierung der Variationsgleichung (8.11) eingesetzt werden. Die Realisierung dieser Idee erfordert spezielle Software – vergleiche H. G. Bock [18] und A. Griewank [79]. Auf dieser Basis können somit die Newton-Korrekturen $\Delta\xi^k$ gemäß

$$E^k(a)\Delta\xi^k = -r(\xi^k, \Phi^{b,a}\xi^k)$$

iterativ berechnet werden.

Zu den Konvergenzeigenschaften des Newton-Verfahrens sei auf Band 1, Abschnitt 4.2, verwiesen: Das gewöhnliche Newton-Verfahren

$$\xi^{k+1} = \xi^k + \Delta\xi^k, \quad k = 0, 1, \dots,$$

konvergiert lokal quadratisch. Eine Erweiterung des Konvergenzbereichs ist möglich entweder durch eine *Dämpfungsstrategie* oder durch eine *Fortsetzungsmethode* – siehe Band 1, Abschnitt 4.4. Etwas genauer gehen wir im nachfolgenden Abschnitt 8.2.2 auf diese Thematik ein.

Anwendungsgrenzen. Zusammenfassend ist leider zu sagen, dass sich das Schießverfahren – trotz bestechender Grundidee – nur in sehr engen Anwendungsgrenzen bewährt. So gelingt es bei nichtlinearen Differentialgleichungen oft nicht, die Trajektorie x zu „geratenen" Anfangswerten ξ vom Rand $t = a$ aus über das ganze Intervall $[a, b]$ fortzusetzen. Dies hängt mit dem Phänomen der sogenannten *beweglichen Singularitäten* zusammen.

Beispiel 8.6. Wir kehren zurück zu Beispiel 2.14 und modifizieren es etwas: Sei das Anfangswertproblem

$$x' = x^2, \quad x(0) = \xi$$

mit variablem Anfangswert ξ gestellt. Die analytische Lösung dazu lautet

$$x(t) = \frac{\xi}{1 - \xi t}.$$

Somit liegt eine Singularität bei $t = \frac{1}{\xi}$ vor, über die hinaus die Trajektorie nicht fortsetzbar ist.

Eine weitere Einschränkung ergibt sich aus der Tatsache, dass auch bei gutkonditionierten Randwertproblemen das zugehörige Anfangswertproblem in beiden Richtungen schlechtkonditioniert sein kann:

$$\bar{\rho}[a, b] \leq \text{const}, \quad \kappa[a, b] \gg 1, \quad \kappa[b, a] \gg 1.$$

Dieses als *Dichotomie* bezeichnete Phänomen haben wir bereits am Beispiel 8.4 dargestellt. In der Literatur wird hier oft auch (missverständlich) von *steifen Randwertproblemen* gesprochen.

Bei *steifen Anfangswertproblemen* hingegen, die wir in Abschnitt 4.1.3 behandelt haben, gilt

$$\kappa[a, b] \leq \text{const}, \quad \kappa[b, a] \gg 1,$$

so dass sich dafür das Schießverfahren in Richtung $a \to b$ sehr wohl eignet – falls nicht bewegliche Singularitäten die Dynamik dominieren (siehe oben).

Selbst wenn eine Richtung existiert, für die das Anfangswertproblem einigermaßen gutkonditioniert ist, so gilt trotzdem eine wichtige Einschränkung: Bei Wahl der *lokalen Genauigkeit* TOL innerhalb eines adaptiven Integrators wird nämlich die Auswertung der Lösungsapproximation am rechten Rand $t = b$ in der Regel bestenfalls eine Genauigkeit $\text{TOL}\,\kappa[a, b]$ liefern. Deshalb muss innerhalb des Schießverfahrens der Parameter TOL derart gewählt werden, dass die Bedingung

$$\text{TOL}\ \kappa[a, b] \ll \text{eps} \tag{8.12}$$

erfüllt ist, wenn eps die verlangte Genauigkeit der Lösung des Randwertproblems bezeichnet. Es versteht sich von selbst, dass das Schießverfahren an sein Ende kommt, wenn das Anfangswertproblem „zu schlecht" konditioniert ist und damit unsinnig kleine Toleranzen im numerischen Integrator zu fordern wären.

Nebenbei bemerkt: Falls

$$\kappa[b, a] \ll \kappa[a, b],$$

so empfiehlt sich natürlich „Rückwärtschießen", was einer formalen Vertauschung der Ränder a und b entspricht.

8.2.2   Mehrzielmethode

Ein Teil der im letzten Abschnitt beschriebenen Schwierigkeiten des Schießverfahrens lässt sich durch die Mehrzielmethode (engl. *multiple shooting*) überwinden. Die
Idee zu dieser Methode geht zurück auf D. D. Morrison, J. D. Riley und J. F. Zancanaro [128] im Jahr 1962; sie wurde in dem Buch von H. B. Keller [110] 1968 zum
ersten Mal analysiert. Im Jahr 1971 erkannte R. Bulirsch [26] ihre enorme Bedeutung und entwickelte sie rasch zu einer ersten Reife, die 1973 in dem Lehrbuch von
J. Stoer und R. Bulirsch [163] dokumentiert wurde. Die Methode erwies sich insbesondere bei der numerischen Lösung einer langen Reihe hochkomplexer Probleme
der optimalen Steuerungen in Naturwissenschaft und Technik als extrem erfolgreich
– siehe dazu Abschnitt 8.6.2. R. Bulirsch prägte im Übrigen auch den im deutschen
Sprachraum üblichen Namen Mehrzielmethode anstelle des martialischer klingenden
Namens „Mehrfachschießen".

Bei der Mehrzielmethode wird das Intervall $[a, b]$ partitioniert gemäß

$$\Delta = \{a = t_1 < t_2 < \cdots < t_m = b\}, \quad m > 2.$$

Seien $\xi_j \in \mathbb{R}^d$, $j = 1, \ldots, m$, Schätzungen für die unbekannten Werte der Lösung
an den Knoten t_j, so ergeben sich $m - 1$ Teiltrajektorien

$$x_j(t) = \Phi^{t,t_j} \xi_j, \quad t \in [t_j, t_{j+1}], \quad j = 1, \ldots, m - 1,$$

als Lösungen von $(m - 1)$ unabhängigen Anfangswertproblemen – siehe Abbildung
8.2. In der Lösung müssen diese Teiltrajektorien stetig aneinanderschließen. Deshalb

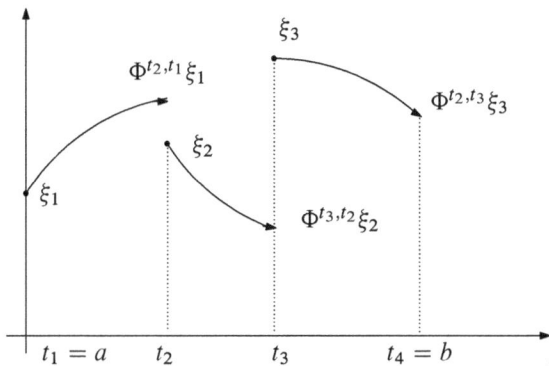

Abbildung 8.2. Prinzip der Mehrzielmethode ($m = 4$)

müssen an jedem Zwischenknoten die folgenden d *Stetigkeitsbedingungen* gelten:

$$F_j(\xi_j, \xi_{j+1}) = \Phi^{t_{j+1}, t_j} \xi_j - \xi_{j+1} = 0, \quad j = 1, \ldots, m - 1.$$

Hinzu kommen noch die *d Randbedingungen*

$$F_m(\xi_1, \xi_m) = r(\xi_1, \xi_m) = 0.$$

Wir fassen dieses dm-System zusammen in der Form:

$$\xi = \begin{bmatrix} \xi_1 \\ \vdots \\ \xi_m \end{bmatrix} \in \mathbb{R}^{d \cdot m}, \quad F(\xi) = \begin{bmatrix} F_1(\xi_1, \xi_2) \\ \vdots \\ F_m(\xi_1, \xi_m) \end{bmatrix} = 0. \tag{8.13}$$

Das so definierte nichtlineare System hat *zyklische* Struktur, wie in Abbildung 8.3 dargestellt. Die zugehörige Jacobi-Matrix hat zyklische Blockgestalt

$$J = DF(\xi) = \begin{bmatrix} G_1 & -I & & \\ & \ddots & \ddots & \\ & & G_{m-1} & -I \\ A & & & B \end{bmatrix}.$$

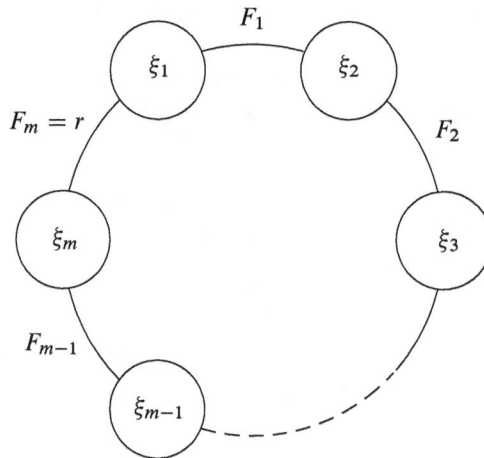

Abbildung 8.3. Zyklisches nichtlineares Gleichungssystem der Mehrzielmethode

Hierin sind die Matrizen A, B definiert als Ableitungen der Randbedingungen wie im Fall des Schießverfahrens. Die Matrizen G_j sind die Propagationsmatrizen über den Teilintervallen:

$$G_j = \frac{\partial \Phi^{t_{j+1}, t_j} \xi_j}{\partial \xi_j}, \quad j = 1, \dots, m-1.$$

Sie genügen den d Variationsgleichungen

$$G_j' = f_x(\Phi^{t,t_j}\xi_j)G_j, \quad G_j(t_j) = I_d, \qquad t \in [t_j, t_{j+1}].$$

Diese Propagationsmatrizen erfüllen im Allgemeinen nicht die Gruppeneigenschaft. Die Beziehung

$$G_j G_{j-1} = \frac{\partial \Phi^{t_{j+1},t_{j-1}}\xi_{j-1}}{\partial \xi_{j-1}}$$

gilt nur dann, wenn die Teiltrajektorien in t_j stetig anschließen, also zugleich $F_{j-1} = 0$ erfüllt ist. Für über dem gesamten Intervall *glatte* Trajektorien gilt dementsprechend

$$W(b,a) = G_{m-1} \cdots G_1.$$

Um zumindest die Funktion der G_j klar zu machen, führen wir *diskrete Propagationsmatrizen* ein wie folgt:

$$W_\Delta(t_j, t_\ell) = \begin{cases} G_{j-1} \cdots G_\ell & \text{für } j > \ell, \\ I & \text{für } j = \ell, \\ G_j^{-1} \cdots G_{\ell-1}^{-1} & \text{für } j < \ell. \end{cases}$$

Offensichtlich gelten auch im Diskreten noch die schönen Gruppen-Eigenschaften wie etwa

$$W_\Delta(t_j, t_\ell) = W_\Delta(t_\ell, t_j)^{-1}.$$

Die so definierten diskreten Propagationsmatrizen führen in natürlicher Weise zur Definition der folgenden *diskreten Sensitivitätsmatrizen*

$$E_\Delta(t_j) = A W_\Delta(a, t_j) + B W_\Delta(b, t_j).$$

Mit diesen Bezeichnungen können wir nun den engen Zusammenhang von Randwertproblem und Mehrzielmethode in Bezug auf die Eindeutigkeit der Lösung auf transparente Weise darstellen (nach [44]).

Satz 8.7. *Seien die Matrizen J, $E_\Delta(t_j)$ definiert wie eben. Dann gilt:*

$$\det(J) = \det(E_\Delta(a)). \tag{8.14}$$

Beweis. Sei $E = E_\Delta(a)$ verkürzt geschrieben. Durch Block-Gauß-Elimination zeigen wir die Zerlegung

$$LJR = S, \quad J^{-1} = RS^{-1}L, \tag{8.15}$$

wobei L, R, S die folgenden Blockmatrizen sind:

$$
L = \begin{bmatrix} BG_{m-1}\cdots G_2,\ldots & B & I \\ -I \\ & \ddots \\ & & -I & 0 \end{bmatrix}, \quad
R^{-1} = \begin{bmatrix} I \\ -G_1 & I \\ & \ddots & \ddots \\ & & & -G_{m-1} & I \end{bmatrix},
$$

$$
S = \begin{bmatrix} E \\ & I \\ & & \ddots \\ & & & I \end{bmatrix}.
$$

Dann gilt

$$
\det(S) = \det(E), \quad \det(L) = 1, \quad \det(R) = \det(R^{-1}) = 1,
$$

woraus (8.14) sofort folgt.   □

Wie bereits weiter oben erwähnt, gilt für über $[a, b]$ glatte Trajektorien

$$
W_\Delta(t_j, t_l) = W(t_j, t_l), \quad t_j, t_l \in \Delta,
$$

und damit ebenso

$$
E_\Delta(t_j) = E(t_j).
$$

Dies gilt insbesondere für jede Lösung ξ^*, so dass

$$
E_\Delta(t_j)\big|_{\xi^*} = E^*(t_j).
$$

Unter den Voraussetzungen von Satz 8.1 und Satz 8.7 gilt damit: das Randwertproblem ebenso wie jedes zyklische nichtlineare Gleichungssystem, das aus der Mehrzielmethode kommt, hat eine *lokal eindeutige* Lösung.

Newton-Verfahren. Zur numerischen Lösung des zyklischen *nichtlinearen* Gleichungssystems (8.13) ziehen wir wie beim Schießverfahren das Newton-Verfahren heran. Wir haben also die Iteration

$$
DF(\xi^k)\Delta\xi^k = -F(\xi^k), \quad \xi^{k+1} = \xi^k + \Delta\xi^k, \qquad k = 0, 1, \ldots,
$$

zu realisieren. Die effiziente Lösung des auftretenden zyklischen linearen Gleichungssystems für die Newtonkorrektur $\Delta\xi^k$ verdient eine sorgfältige Diskussion, die wir
gesondert in Abschnitt 8.3 führen.

Wie bereits in Abschnitt 8.2.1 im Zusammenhang mit dem einfachen Schießverfahren ausgeführt, werden wir auch hier die Blockmatrizen A, B bevorzugt durch
analytische Differentiation der Randbedingungen und die Propagationsmatrizen G_j
bevorzugt durch interne numerische Differentiation approximieren.

Die Konvergenzeigenschaften des Newton-Verfahrens sind in Band 1, Abschnitt
4.2, kurz dargestellt: Die oben dargestellte *gewöhnliche* Newton-Iteration konvergiert *lokal quadratisch*, d. h. für „hinreichend gute" Startwerte ξ^0. Oft bereitet jedoch
die Konstruktion guter Startdaten ziemliche Mühe. Deswegen kommt den Methoden zur Erweiterung des Konvergenzbereichs insbesondere bei der Mehrzielmethode
hier große Bedeutung zu. Eine Möglichkeit ist der Übergang zu einem *gedämpften*
Newton-Verfahren der Form

$$DF(\xi^k)\Delta\xi^k = -F(\xi^k), \quad \xi^{k+1} = \xi^k + \lambda_k\Delta\xi^k, \qquad 0 < \lambda_k \leq 1,\ k = 0, 1, \dots.$$

Hierin ist der Dämpfungsfaktor λ_k „hinreichend klein" derart zu wählen, dass ein
geeignetes Konvergenzmaß reduziert wird. In der Standardliteratur wird hierzu meist
Monotonie bezüglich der *Residuen* empfohlen, also

$$|F(\xi^{k+1})| \leq |F(\xi^k)|, \quad k = 0, 1, \dots.$$

Dieser Test hat sich jedoch gerade im Rahmen der Mehrzielmethode als weniger effizient erwiesen: Er führt allzu oft zu „zu kleinen" Dämpfungsfaktoren. Deswegen wird
er in nahezu allen Mehrzielprogrammen (und auch in den globalen Diskretisierungs-
programmen, siehe Abschnitt 8.4) durch den sogenannten *natürlichen Monotonietest*
nach P. Deuflhard [44, 45] ersetzt:

$$|\overline{\Delta\xi}^{k+1}| \leq |\Delta\xi^k|.$$

Hierin bezeichnet $\overline{\Delta\xi}^{k+1}$ die *vereinfachte* Newton-Korrektur, die sich aus dem Gleichungssystem

$$DF(\xi^k)\overline{\Delta\xi}^{k+1} = -F(\xi^{k+1})$$

ergibt. Die Realisierung dieses Monotonietests verlangt also die Lösung zweier ver-
wandter Gleichungssysteme mit gleicher Matrix, aber verschiedenen rechten Seiten –
was innerhalb eines direkten Eliminationsverfahrens (vergleiche Abschnitt 8.3.2) keinen allzu hohen Mehraufwand bedeutet. Dieser Aufwand rechtfertigt sich durch eine
oft dramatisch beschleunigte Konvergenz der Iteration als Ganzer.

Man beachte, dass obiger Test invariant ist gegen affine Transformation

$$F(\xi) = 0 \longrightarrow G(\xi) = AF(\xi) = 0,$$

weshalb man auch von *affin-invarianten Newton-Methoden* spricht. Sie sind zugleich die Basis für eine effiziente *adaptive Dämpfungsstrategie* [48] sowie *adaptive Fortsetzungsmethoden* [46]. Eine vertiefte Behandlung affin-invarianter Newton-Methoden für allgemeine nichtlineare Systeme findet sich in der neueren Monographie [52].

Anwendungsgrenzen.   Im Vergleich mit dem einfachen Schieß verfahren hat die Mehrzielmethode deutliche Vorteile. Bei Auftreten *beweglicher Singularitäten* lassen sich in geeigneter Weise neue Zwischenknoten einschieben, so dass trotz eventuell schlechter Startwerte ξ^0 jede Teiltrajektorie bis zum jeweils nächsten Knoten fortgesetzt werden kann. Auch die Bedingung (8.12) an den lokalen Genauigkeitsparameter TOL des Integrators kann hier abgeschwächt werden zu

$$\text{TOL } \kappa_\Delta[a, b] \ll \text{eps}, \tag{8.16}$$

worin

$$\kappa_\Delta[a, b] = \max_j \kappa[t_j, t_{j+1}]$$

die zur Mehrzielmethode in kanonischer Weise zugehörige Anfangswertkondition bezeichnet. Eine automatisierte Knotenwahl innerhalb der Mehrzielmethode sollte natürlich diese Bedingung erfüllen. Eine Methode, die zunächst unbekannten Anfangswertkonditionen $\kappa[t_j, t_{j+1}]$ zu schätzen, ist im nachfolgenden Abschnitt 8.3.2 vorgeführt.

Wie in Abschnitt 4.1.3 ausführlich dargelegt, kann die Kondition im Fall eines nichtsteifen Anfangswertproblems in etwa über die Lipschitzkonstante L der rechten Seite f dargestellt werden, woraus sich dann in der Regel wegen

$$\kappa_\Delta[a, b] \approx \max_j \exp(L(t_{j+1} - t_j)) \ll \exp(L(b - a)) \approx \kappa[a, b]$$

eine wesentliche Verbesserung durch die Mehrzielmethode ergibt. Im Fall steifer Anfangswertprobleme stellt die Bedingung (8.16) ohnehin keine wesentliche Einschränkung dar.

Somit verbleibt als wichtigste Anwendungsgrenze der Mehrzielmethode der Fall von gutkonditionierten Randwertproblemen, die in keiner Richtung ein einigermaßen gutkonditioniertes Anfangswertproblem besitzen – manchmal in der Literatur auch als *steife* oder besser *dichotome Randwertprobleme* bezeichnet. Diesen Typ von *raumartigen* Randwertproblemen, zu dessen Lösung dann besser globale Randwertlöser eingesetzt werden, gilt es innerhalb einer mathematisch sauberen Realisierung der Mehrzielmethode zu identifizieren – siehe dazu den nächsten Abschnitt.

8.3   Zyklische lineare Gleichungssysteme

In diesem Abschnitt beschäftigen wir uns mit der Lösung des zyklischen linearen Gleichungssystems für die Newton-Korrekturen (gegebenenfalls auch für die vereinfachten Newton-Korrekturen)

$$J\Delta\xi = -F.$$

Aus der Blockstruktur der Jacobimatrix ergibt sich das lineare Blocksystem

$$
\begin{aligned}
G_1\Delta\xi_1 \ - \Delta\xi_2 \qquad\qquad\qquad &= -F_1 \\
\ddots \qquad\qquad\qquad\qquad\qquad& \\
G_{m-1}\Delta\xi_{m-1} - \Delta\xi_m &= -F_{m-1} \\
A\Delta\xi_1 \qquad\qquad\qquad + B\Delta\xi_m &= -F_m = -r
\end{aligned}
\tag{8.17}
$$

mit Matrizen A, B und diskreten Propagationsmatrizen $G_1, \ldots, G_{m-1}$, wie im vorigen Abschnitt definiert.

Block-Gauß-Elimination. Um die obige Blockstruktur zu nutzen, bietet sich eine Block-Gauß-Elimination an, die wir im Beweis von Satz 8.7 bereits stillschweigend benutzt haben; sie geht auf J. Stoer und R. Bulirsch [163] zurück und wird in der Literatur oft auch als *Condensing* bezeichnet, weil sie anstelle der Zerlegung der dünnbesetzten (dm, dm)-Matrix J nur die Zerlegung einer „kondensierten" (d, d)-Matrix E benötigt. Wir wollen die Idee hier zunächst am einfachsten Fall $m = 3$ darstellen:

$$
\begin{aligned}
(1)\ & G_1\Delta\xi_1 && - \Delta\xi_2 && = -F_1, \\
(2)\ & && G_2\Delta\xi_2 - \Delta\xi_3 && = -F_2, \\
(3)\ & A\Delta\xi_1 && + B\Delta\xi_3 && = -r.
\end{aligned}
$$

Zuerst multiplizieren wir Gleichung (1) von links mit G_2 und erhalten

$$G_2G_1\Delta\xi_1 - G_2\Delta\xi_2 = -G_2F_1.$$

Diese Gleichung addieren wir mit Gleichung (2) zu

$$G_2G_1\Delta\xi_1 - \Delta\xi_3 = -(F_2 - G_2F_1).$$

Dieses Ergebnis multiplizieren wir mit B von links,

$$BG_2G_1\Delta\xi_1 - B\Delta\xi_3 = -B(f_2 - G_2F_1),$$

und addieren sodann Gleichung (3):

$$\underbrace{(A + BG_2G_1)}_{=E_\Delta(a)}\Delta\xi_1 = \underbrace{-r - B(F_2 - G_2F_1)}_{=-u}.$$

Im allgemeinen Fall $m \geq 2$ ergibt sich somit der folgende Algorithmus, wobei wir wieder zur Abkürzung die Bezeichnung $E = E_\Delta(a)$ wählen:

a) $E := A + BG_{m-1} \cdots G_1$,

$u = r + B\left[F_{m-1} + G_{m-1}F_{m-2} + \cdots + G_{m-1} \cdots G_2 F_1\right]$,

rekursive Berechnung;

b) $E\Delta\xi_1 = -u$,   (8.18)

lineares (d,d)-Gleichungssystem;

c) $\Delta\xi_{j+1} = G_j \Delta\xi_j + F_j$, $\quad j = 1,\dots, m-1$,

explizite Rekursion.

Dieser Algorithmus benötigt einen *Speicherplatz* von etwa

$$m \cdot d^2.$$

Den hauptsächlichen Rechenaufwand stellt die Akkumulation der Matrix E durch $m-1$ Produkte von (d,d)-Matrizen. Zählen wir noch die Zerlegung von E hinzu, so gelangen wir zu einem dominanten *Aufwand* von etwa

$$m \cdot d^3,$$

wenn wir Terme $O(d^2)$ weglassen. Die Block-Gauß-Elimination scheint also extrem effizient zu sein. Allerdings hat die Frage, ob sie numerisch stabil ist, über Jahre die wissenschaftlichen Gemüter erhitzt. Deswegen wollen wir erst einmal die *Kondition* des linearen Gleichungssystems als solchem untersuchen.

8.3.1   Diskrete Konditionszahlen

Um die Kondition des zyklischen linearen Gleichungssystems (8.17) zu definieren, müssen wir die Auswirkung von Störungen $\delta F_j, \delta r$ der rechten Seiten F_j, r auf Störungen $\delta\xi_j$ der Lösungen $\Delta\xi_j$ untersuchen und in geeigneten Normen abschätzen. Störungen der Blockmatrizen G_j wollen wir der Einfachheit halber hier weglassen – sie liefern keinen prinzipiell neuen Beitrag, wie wir aus der allgemeinen Konditionsanalyse von linearen Gleichungssystemen wissen – siehe etwa Band 1, Abschnitt 2.2.

Satz 8.8. *Sei mit den Bezeichnungen von Abschnitt 8.2.2 die diskrete Greensche Funktion definiert wie folgt (wobei $1 \leq j,l \leq m$):*

$$G_\Delta(t_j, t_l) = \begin{cases} -E_\Delta(t_j)^{-1} A W_\Delta(a, t_l) & \text{für } l \leq j, \\ +E_\Delta(t_j)^{-1} B W_\Delta(b, t_l) & \text{für } l > j. \end{cases}$$

Mit den oben eingeführten Bezeichnungen $\delta F_j, \delta r, \delta\xi_j$ gilt dann

$$\delta\xi_j = E_\Delta(t_j)^{-1}\delta r + \sum_{l=1}^{m-1} G_\Delta(t_j, t_{l+1})\delta F_l, \tag{8.19}$$

was äquivalent ist zu

$$\delta\xi_j = E_\Delta(t_j)^{-1}\left[\delta r - \sum_{l=1}^{j-1} A W_\Delta(a, t_{l+1})\delta F_l + \sum_{l=j}^{m-1} B W_\Delta(b, t_{l+1})\delta F_l\right].$$

Beweis. Anwendung der Block-Gauß-Elimination wie in Algorithmus (8.18) bei veränderten rechten Seiten $\delta F_j, \delta r$ anstelle von $-F_j, -r$ liefert

$$E_\Delta(t_1)\delta\xi_1 = \delta r + B\left[\delta F_{m-1} + G_{m-1}\delta F_{m-2} + \cdots + G_{m-1}\cdots G_2\delta F_1\right].$$

Mit der oben eingeführten Definition der diskreten Propagationsmatrizen W_Δ ist dies
äquivalent zu

$$E_\Delta(t_1)\delta\xi_1 = \delta r + B\sum_{l=1}^{m-1} W_\Delta(b, t_{l+1})\delta F_l$$

und damit, unter Benutzung der obigen Definition der diskreten Greenschen Funktion,
gerade Formel (8.19) für $j = 1$. Wir setzen dies als Induktionskopf und nehmen
die Gültigkeit von (8.19) bis zu einem Index j an. Unter Verwendung der expliziten
Rekursion aus (8.18) erhalten wir dann

$$E_\Delta(t_{j+1})\delta\xi_{j+1} = \left(A W_\Delta(a, t_{j+1}) + B W_\Delta(b, t_{j+1})\right)\left(G_j\delta\xi_j - \delta F_j\right).$$

Ausmultiplizieren liefert

$$E_\Delta(t_{j+1})\delta\xi_{j+1} = E_\Delta(t_j)\delta\xi_j - \left(A W_\Delta(a, t_{j+1}) + B W_\Delta(b, t_{j+1})\right)\delta F_j.$$

Setzen wir für den ersten Term der rechten Seite das Resultat (8.19) für den Index j
ein und fassen alle Terme in den entsprechenden Summen zusammen, so erhalten wir
daraus

$$E_\Delta(t_{j+1})\delta\xi_{j+1} = \delta r - \sum_{l=1}^{j} A W_\Delta(a, t_{l+1})\delta F_l + \sum_{l=j+1}^{m-1} B W_\Delta(b, t_{l+1})\delta F_l,$$

was gerade (8.19) für den Index $j + 1$ darstellt. Damit ist die Induktion vollständig. □

Offenbar ist die hier über der Partitionierung Δ definierte Greensche Funktion G_Δ
die diskrete Analogie zur Greenschen Funktion G, wie wir sie in (8.7) eingeführt

haben. Für über $[a, b]$ *glatte* Trajektorien gilt, wie bei den Propagations- und den Sensitivitätsmatrizen, wiederum die Beziehung

$$G_\Delta(t_j, t_l) = G(t_j, t_l), \quad t_j, t_l \in \Delta.$$

Um eine diskrete Analogie auch zu den Konditionszahlen von Abschnitt 8.1.2 herstellen zu können, interpretieren wir die Randstörungen δr im Sinne der Rückwärtsanalyse (vgl. Lemma 8.3): Dazu definieren wir $P_a \delta x_a$, $P_b \delta x_b$ als Störungen der in die Randbedingungen eingehenden Randwerte $P_a x_a$, $P_b x_b$ gemäß

$$\delta r = A P_a \delta x_a + B P_b \delta x_b.$$

Mit diesen Bezeichnungen kommen wir dann zu den gewünschten analogen Resultaten. Wie im kontinuierlichen Fall werden auch hier die Normen der Störungen der rechten Seite aufsummiert.

Satz 8.9. *Es gelten die Abschätzungen*

$$\max_j |\delta\xi_j| \le \rho_\Delta[a, b] \cdot (|P_a \delta x_a| + |P_b \delta x_b|) + \bar\rho_\Delta[a, b] \cdot \sum_{j=1}^{m-1} |\delta F_j|$$

mit den intervallweisen diskreten Konditionszahlen

$$\rho_\Delta[a, b] = \rho_\Delta[b, a] = \max_j \max\{|E_\Delta(t_j)^{-1} A|, |E_\Delta(t_j)^{-1} B|\}$$

und

$$\bar\rho_\Delta[a, b] = \bar\rho_\Delta[b, a] = \max_{j,l} |G_\Delta(t_j, t_l)|.$$

Die beiden Konditionszahlen stehen in der Beziehung

$$\rho_\Delta[a, b] \le \bar\rho_\Delta[a, b]. \tag{8.20}$$

Beweis. Wir gehen aus von der Darstellung (8.19) in der ausführlichen komponentenweisen Form und setzen δr wie oben ein. Dann können wir punktweise abschätzen:

$$|\delta\xi_j| \le |E_\Delta(t_j)^{-1} A| \cdot |P_a \delta x_a| + |E_\Delta(t_j)^{-1} B| \cdot |P_b \delta x_b|$$

$$+ \max_{l=1,\ldots,j-1} |E_\Delta(t_j)^{-1} A W_\Delta(a, t_{l+1})| \sum_{l=1}^{j-1} |\delta F_l|$$

$$+ \max_{l=j,\ldots,m-1} |E_\Delta(t_j)^{-1} B W_\Delta(b, t_{l+1})| \sum_{l=j}^{m-1} |\delta F_l|.$$

Bildung des Maximums über j liefert schließlich – analog zum kontinuierlichen Fall – die behaupteten *intervallweisen* diskreten Konditionszahlen. Die Ungleichung (8.20) folgt mit $W(a, a) = W(b, b) = I$ unmittelbar aus den Definitionen.   □

Wie bereits bei den Greenschen Funktionen gilt auch hier für *glatte* Trajektorien über $[a, b]$ die Übereinstimmung von diskreter und kontinuierlicher Kondition:

$$\rho_\Delta[a, b] = \rho[a, b], \quad \bar{\rho}_\Delta[a, b] = \bar{\rho}[a, b].$$

Dies gilt insbesondere auch für die Lösung x^*. Für hinreichend glatte Abbildungen f, r sowie für hinreichend kleine Umgebung von x^* gilt dann:

$$\rho_\Delta[a, b] \approx \rho[a, b], \quad \bar{\rho}_\Delta[a, b] \approx \bar{\rho}[a, b].$$

Somit spiegelt das Fehlerverhalten der Mehrzielmethode in der Nähe der Lösung *exakt* das Fehlerverhalten des kontinuierlichen Problems wider, ein wichtiges Strukturmerkmal wird also vererbt.

Unter der ausdrücklichen Einschränkung hinreichend guter Startdaten lassen sich also die Resultate unserer Konditionsanalyse wie folgt zusammenfassen: Falls das Randwertproblem gutkonditioniert ist, so ist auch das zyklische Gleichungssystem gutkonditioniert. Oder umgekehrt: Falls das zyklische Gleichungssystem schlechtkonditioniert ist, so ist auch das zugrundeliegende Randwertproblem schlechtkonditioniert.

Für schlechte Startdaten und sehr „raue" Trajektorien können wir allerdings aus unserer Analyse zunächst einmal keine algorithmisch brauchbare Aussage destillieren – hier könnte allenfalls zusätzliche Struktur für konkrete Beispielklassen zu einer verfeinerten Abschätzung führen.

8.3.2 Algorithmen

Auf der Basis der obigen Konditionsanalyse kommen wir zu folgender Konsequenz: Wenn wir das zyklische lineare Gleichungssystem (8.17) mit einer *numerisch stabilen* Eliminationsmethode angehen, so können wir – gute Startdaten vorausgesetzt – einigermaßen sicher sein, dass bei Versagen des linearen Lösers das zugrundeliegende Randwertproblem schlechtkonditioniert ist.

Block-Elimination durch Orthogonaltransformationen. Eine numerisch stabile robuste Art der Gleichungslösung stützt sich auf *orthogonale* Transformationen, abwechselnd von links und von rechts, um die Sparse-Struktur zu nutzen. Diese Variante braucht einen Speicherplatz von etwa

$$5 \cdot m \cdot d^2.$$

Sie ist in dem Mehrzielprogramm BOUNDSCO von H. J. Oberle [138] realisiert, das sich weiter Verbreitung erfreut, insbesondere bei Problemen der optimalen Steuerungen.

Globale Gauß-Elimination mit Nachiteration. Etwas weniger Speicherplatz braucht die Gauß-Elimination mit Spaltenpivotsuche, gefolgt von *einer* Nachiteration, die ebenfalls numerisch stabil ist (siehe R. D. Skeel [159]). Bei Anwendung dieser Methode auf die dünnbesetzte Jacobimatrix J benötigt man unter Berücksichtigung möglicher Fill-in-Elemente bei der Zerlegung sowie der für die Nachiteration notwendigen Speicherung der Propagationsmatrizen $G_1, \ldots, G_{m-1}$ nur einen Speicherplatz von etwa

$$3 \cdot m \cdot d^2$$

Matrixelementen. Benutzt man darüberhinaus spezielle *Sparse-Matrix-Techniken* zur Berücksichtigung der Einheitsmatrizen in J, so benötigt man – inklusive Nachiteration – im Allgemeinen sogar noch etwas weniger, nämlich etwa

$$s \cdot m \cdot d^2, \quad s \approx 1 \text{ bis } 2$$

Arrayspeicherplätze. Diese Version ist in dem Mehrzielprogramm BVPSOL von P. Deuflhard und G. Bader [53] als eine von zwei Varianten realisiert.

Über die Nachiteration lässt sich auch eine bequeme Schätzung der Kondition der Jacobimatrix J erhalten – für eine Begründung siehe etwa Band 1, Abschnitt 2.4.3. Seien $\Delta \tilde{\xi}^\nu$, $\nu = 0, 1, \ldots$, die ν-ten Iterierten und

$$d\tilde{\xi}^\nu \approx \Delta \tilde{\xi}^{\nu+1} - \Delta \tilde{\xi}^\nu, \quad \nu = 0, 1, \ldots,$$

die zugehörigen fehlerbehafteten Verfeinerungen aus der Nachiteration, so gilt

$$\text{cd}(J) = \frac{\max_j |d\tilde{\xi}_j^0|}{\max_j |\Delta \tilde{\xi}_j^0| \cdot \varepsilon} \leq \text{cond}(J), \tag{8.21}$$

worin ε die Maschinengenauigkeit bezeichnet. Falls

$$\varepsilon \cdot \text{cd}(J) \geq \frac{1}{2} \iff \max_j |d\tilde{\xi}_j^0| \geq \frac{1}{2} \max_j |\Delta \tilde{\xi}_j^0|,$$

so ist das lineare Gleichungssystem „zu schlechtkonditioniert"; man wird also die numerische Lösung abbrechen. Auf der Basis unserer obigen Analyse (vgl. Satz 8.9) können wir dann – bei hinreichend guten Startdaten für das Newton-Verfahren – davon ausgehen, dass auch das Randwertproblem „zu schlechtkonditioniert" ist.

Block-Gauß-Elimination mit Nachiteration. Wie wir weiter oben schon gesehen haben, ist die Block-Gauß-Elimination (8.18) bezüglich Speicherplatz und Rechenaufwand extrem effizient. Eine eingehende Untersuchung zeigt allerdings, dass sie nur zusammen mit einer dazu passenden speziellen Nachiteration ausreichend robust ist. Dies wollen wir jetzt in groben Zügen darstellen – für Details verweisen wir auf die Originalarbeit [53]. Sei $\nu = 0, 1, \ldots$ Index der Nachiteration. Durch den Einfluss von Rundungsfehlern ergeben sich anstelle der exakten Newton-Korrekturen $\Delta \xi_j$ die fehlerbehafteten Newton-Korrekturen $\Delta \tilde{\xi}_j^{\nu}$. Aus der Nachiteration wollen wir Verbesserungen

$$d\xi_j^{\nu} \approx \Delta \tilde{\xi}_j^{\nu+1} - \Delta \tilde{\xi}_j^{\nu}$$

berechnen. Ob diese Verbesserungen auch unter dem Einfluss von Rundungsfehlern die Resultate wirklich verbessern, ist durch eine genaue komponentenweise Rundungsfehleranalyse zu klären.

Sei fl die Bezeichnung für Gleitkommaoperationen (engl. *floating point operations*) mit *gleicher* Mantissenlänge wie bei der Eliminationsmethode. In jedem Schritt der Nachiteration berechnen wir die Residuen der Randbedingungen und der Stetigkeitsbedingungen gemäß

$$dr^{\nu} = \mathrm{fl}\{r + A\Delta \tilde{\xi}_1^{\nu} + B\Delta \tilde{\xi}_m^{\nu}\},$$
$$dF_j^{\nu} = \mathrm{fl}\{G_j \Delta \tilde{\xi}_j^{\nu} + F_j - \Delta \tilde{\xi}_{j+1}^{\nu}\}, \quad j = 1, \dots, m-1.$$

Im Rahmen der Block-Gauß-Elimination (8.18) würden wir wohl zunächst den folgenden Algorithmus realisieren:

a) $du^{\nu} = dr^{\nu} + B\left[dF_{m-1}^{\nu} + G_{m-1}dF_{m-2}^{\nu} + \cdots + G_{m-1}G_2 dF_1^{\nu}\right],$

b) $Ed\xi_1^{\nu} = -du^{\nu},$

c) $d\xi_{j+1}^{\nu} = G_j d\xi_j^{\nu} + dF_j^{\nu}, \quad j = 1, \dots, m.$

Anstelle der exakten Verbesserungen $d\xi_j^{\nu}$ erhalten wir allerdings wiederum rundungsfehlerbehaftete Größen $d\tilde{\xi}_j^{\nu}$, aus denen wir die nächsten Iterierten bestimmen durch

$$\Delta \tilde{\xi}_j^{\nu+1} = \Delta \tilde{\xi}_j^{\nu} + d\tilde{\xi}_j^{\nu}, \quad j = 1, \dots, m.$$

Die komponentenweise Rundungsfehleranalyse in [53] zeigt jedoch, dass diese Art von Nachiteration nur unter der Bedingung

$$\varepsilon(m-1)(2d+m-1) \cdot \kappa[a,b] \ll 1$$

konvergiert. Hier schlägt also das einfache Schießverfahren über die Anfangswertkondition $\kappa[a,b]$ doch wieder zu – vergleiche Bedingung (8.12). Dieser unerwünschte Fehlerverstärkungsfaktor kommt durch die explizite Rekursion

$$\Delta \xi_{j+1} = G_j \Delta \xi_j + F_j, \quad j = 1, \dots, m-1,$$

herein, wie leicht einzusehen ist.

Deshalb wurde in [53] eine Variante der Nachiteration (engl. *iterative refinement sweeps*) vorgeschlagen, bei der nur die Anfangswertkondition $\kappa_\Delta[a,b]$ der Mehrzielmethode eine Rolle spielt. Sie realisiert zunächst wie oben eine Nachiteration auf dem „kondensierten" linearen System

$$E\Delta \tilde{\xi}_1 + u \approx 0.$$

Nehmen wir vorerst einmal an, dass

$$|d\tilde{\xi}_1| \leq \text{eps},$$

wobei eps die vom Benutzer verlangte relative Genauigkeit für die Newton-Iteration bezeichne. In diesem Fall können wir einen sogenannten *Sweep-Index* $j_\nu \geq 1$ definieren über die Beziehung

$$|d\tilde{\xi}_j^\nu| \leq \text{eps}, \quad j = 1, \ldots, j_\nu.$$

Darauf aufbauend setzen wir einen Teil der Residuen bewusst auf Maschinen-Null gemäß

$$dF_j^\nu = 0, \quad j = 1, \ldots, j_\nu - 1, \tag{8.22}$$

um so eine Fehlerverstärkung nur noch über das restliche Intervall $[t_{j+1}, b]$ zu erlauben. Unter der Bedingung

$$\varepsilon(m-1)(2d+m-1) \cdot \kappa_\Delta[a,b] < 1$$

wird in [53] dann gezeigt, dass

$$j_{\nu+1} \geq j_\nu + 1.$$

Der Fehler wird also ausgehend vom Rand $t = a$ in jedem Schritt um mindestens einen Knoten weiter „gekehrt" (engl. kehren: *to sweep*). Der Prozess bricht spätestens nach $m - 1$ Iterationen (*refinement sweeps*) ab. Erfreulicherweise kommt anstelle von $\kappa[a,b]$ diesmal die kanonische Anfangswertkondition $\kappa_\Delta[a,b]$ der Mehrzielmethode ins Spiel.

Analog zu (8.21) erhält man auch hier eine Schätzung der Kondition für die Sensitivitätsmatrix E. Es gilt

$$\text{cd}(E) = \frac{|d\tilde{\xi}_1^0|}{|\Delta\tilde{\xi}_1^0| \cdot \varepsilon} \leq \text{cond}(E).$$

In nahezu allen Mehrzielprogrammen wird zusätzlich noch die sogenannte *Subkonditionszahl*

$$\text{sc}(E) \leq \text{cond}(E)$$

im Rahmen einer *QR*-Zerlegung mit Spaltenpivotsuche verwendet – siehe etwa Band 1, Abschnitt 3.2.2, oder die Originalarbeit [62]. Falls für eine dieser unteren Schranken, etwa cd(E), gilt

$$\varepsilon \cdot \text{cd}(E) \geq \frac{1}{2} \iff |d\tilde{\xi}_1^0| \geq \frac{1}{2}|\Delta\tilde{\xi}_1^0|,$$

dann folgt daraus, dass

$$\varepsilon \cdot \text{cond}(E) \geq \frac{1}{2},$$

das heißt, dass das kondensierte Gleichungssystem „zu schlechtkonditioniert" ist. In beiden Fällen wird sicher die Situation

$$|\delta\tilde{\xi}_1| > \text{eps},$$

auftreten; es liegt dann also der oben zunächst ausgeschlossene Fall $j_0 = 0$ vor und die Nachiteration kann nicht gestartet werden. Das muss nicht unbedingt heißen, dass damit auch das Randwertproblem schlechtkonditioniert ist – im Unterschied zur globalen Gleichungslösung.

Bei schlechten Startdaten für das Newton-Verfahren ist im schlechtkonditionierten Fall manchmal die folgende Alternative erfolgreich: Anstelle der Lösung des kondensierten Gleichungssystems

$$E\Delta\xi_1 + u = 0$$

löst man ersatzweise das *Ausgleichsproblem*

$$|\tilde{E}\Delta\xi_1 + u|_2 = \min,$$

mit *rangreduzierter* Matrix $\tilde{E}$, die aus der Matrix E durch *QR*-Zerlegung mit Spaltentausch und Weglassen „kleiner" Elemente erzeugt worden ist – siehe etwa Band 1, Abschnitt 3.2.2. Als Lösung für die erste Korrekturkomponente bietet sich

$$\Delta\xi_1 = -\tilde{E}^+ u$$

an, definiert über die Moore-Penrose-Pseudoinverse. Für die gesamte Korrektur haben wir so anstelle der Newton-Korrektur eine rangdefekte *Gauß-Newton*-Korrektur

$$\Delta\xi = -J^- F$$

realisiert, nach (8.15) definiert über die verallgemeinerte Inverse

$$J^- = RS^-L, \quad S^- = \text{diag}(\tilde{E}^+, I, \dots, I). \tag{8.23}$$

Dadurch kann in kritischen Fällen der Konvergenzbereich des Newton-Verfahrens erweitert werden. Für Details sei auf [44, 45] und [52] verwiesen. Wir werden diese Faktorisierung einer verallgemeinerten Inversen auch noch in anderem Zusammenhang mit Gewinn benutzen (Abschnitte 8.5.1 und 8.5.2).

Für $j_0 > 0$ liefert die Nachiteration nebenher bequeme *Schätzungen* κ_j der *Anfangswertkonditionen* $\kappa[t_j, t_{j+1}]$ zu jedem Teilintervall gemäß

$$\kappa_j = \frac{|d\tilde{\xi}_{j+1}^0|}{|d\tilde{\xi}_j^0|} \leq \kappa[t_j, t_{j+1}].$$

Wir können somit die lokale Genauigkeit TOL des numerischen Integrators innerhalb der Mehrzielmethode derart steuern, dass gilt ($\rho \ll 1$):

$$\kappa_j \cdot \text{TOL} \leq \rho\,\text{eps}, \quad j = 1, \dots, m-1.$$

Randwertprobleme bei gewöhnlichen Differentialgleichungen

Sollte sich für ein Teilintervall daraus eine zu kleine Integratortoleranz TOL ergeben, so müssen wir lediglich mindestens einen weiteren Knoten einschieben und können dann die Mehrzielmethode neu starten. Mit Blick auf die Mehrzielbedingung (8.16) ist dies äußerst befriedigend: Wir haben damit eine genau angepasste Kontrolle über den Mehrzielalgorithmus. Diese spezielle Nachiteration ist ebenfalls in dem Randwertprogramm BVPSOL [53].

Anwendungsgrenze. Die beschriebene spezielle Nachiteration konvergiert unter der für die Mehrzielmethode natürlichen Einschränkung (8.16), falls sie überhaupt gestartet werden kann, also für Sweep-Index $j_0 \geq 1$. Falls wir im Lauf der Rechnung auf den Fall $j_0 = 0$ stoßen sollten (in realistischen Anwendungen eher selten), so schalten wir einfach auf den etwas aufwändigeren direkten Sparse-Löser um, der im Wesentlichen nur dann versagen sollte, wenn auch das Randwertproblem schlecht-konditioniert ist – siehe obige Analyse.

8.4 Globale Diskretisierungsmethoden für raumartige Randwertprobleme

In den vorigen Kapiteln hatten wir wiederholt auf sogenannte *raumartige* Randwertprobleme hingewiesen, das sind an sich gutkonditionierte Randwertprobleme, für die aber in keiner Richtung ein gutkonditioniertes Anfangswertproblem existiert. Es hatte sich gezeigt, dass solche Randwertprobleme mit Anfangswertmethoden wie etwa der Mehrzielmethode nicht vernünftig zu lösen sind. Dies wird sofort klar im Lichte der Analyse der numerischen Stabilität von Algorithmen (siehe Band 1, Abschnitt 2.3): Bezeichnen wir etwa mit R den Lösungsoperator des Randwertproblems, mit A die Berechnung äquivalenter Anfangswerte und mit F den Lösungsoperator des zugehörigen Anfangswertproblems; dann realisiert eine Anfangswertmethode die Zerlegung

$$R = F \circ A.$$

Bei gutkonditionierten Randwertproblemen sind die Konditionszahlen $\kappa_R \approx \kappa_A$ moderat. Bei raumartigen Randwertproblemen gilt allerdings $\kappa_F \gg 1$, so dass nach der Interpretation von Band 1, Lemma 2.21, numerische Instabilität vorliegt. Kurz: *Für raumartige Randwertprobleme ist also jede Anfangswertmethode numerisch instabil.*

Darüber hinaus haben Anfangswertmethoden auch aus Sicht der mathematischen Ästhetik einen gewissen Schönheitsfehler: Die mit F verknüpfte Auszeichnung einer Richtung passt nicht zur Struktur von Randwertproblemen, die ja *symmetrisch gegen Vertauschung der Ränder* $a \leftrightarrow b$ sind. Diese Symmetrie zeigt sich auch in allen Konditionszahlen zu Randwertproblemen, die wir in Abschnitt 8.1.2 definiert haben – siehe $\rho[a, b] = \rho[b, a]$ in (8.6) oder $\bar{\rho}[a, b] = \bar{\rho}[b, a]$ in (8.8).

Deshalb wenden wir uns in diesem Abschnitt nun einer alternativen Klasse von Methoden zu, bei denen das Randwertproblem *global*, d. h. als Ganzes, diskretisiert und eben nicht in eine Folge von Anfangswertproblemen transformiert wird. Sie eignen sich prinzipiell für gutkonditionierte Randwertprobleme, seien sie nun raum- oder zeitartig. Wie im Fall der Anfangswertmethoden unterteilen wir auch bei globalen Diskretisierungsmethoden das Intervall $[a, b]$ durch ein Gitter

$$\Delta = \{a = t_1 < t_2 < \cdots < t_m = b\}.$$

Auf dieser Unterteilung approximieren wir die Lösung x des Randwertproblems (8.1) global durch eine *Gitterfunktion* x_Δ. Um die oben genannte globale Symmetrie bezüglich $a \leftrightarrow b$ ins Diskrete zu vererben, werden wir nur *symmetrische* Diskretisierungen auswählen, da sie die lokale Symmetrie $t_j \leftrightarrow t_{j+1}$ realisieren. Dadurch entstehen nichtlineare Gleichungssysteme.

Im vorliegenden Kapitel werden wir zwei typische Ausprägungen dieser Methodik genauer darstellen: elementare Differenzenverfahren in Abschnitt 8.4.1, darauf aufbauend adaptive Kollokationsverfahren in Abschnitt 8.4.2. Im Unterschied zu Anfangswertmethoden benötigen allerdings die hier betrachteten Methoden oft eine deutlich höhere Anzahl m an Gitterpunkten in Δ und somit eine deutlich höhere Anzahl $\sim dm$ von nichtlinearen Gleichungen, um ausreichende Genauigkeit zu erzielen. Für *zeitartige* Randwertprobleme gelten die Faustformeln: (i) bei „nichtsteifen" Differentialgleichungen sind die verlangten Gitterweiten in globalen Diskretisierungsmethoden vergleichbar den lokalen Schrittweiten, die adaptive nichtsteife Integratoren bei der Lösung der entsprechenden Anfangswertprobleme wählen würden (vgl. Kapitel 5), (ii) bei „steifen" Differentialgleichungen sind die verlangten Gitterweiten vergleichbar den Schrittweiten, die adaptive steife *symmetrische* Integratoren bei Lösung der Anfangswertprobleme wählen würden – die aber nicht L-stabil sein können, wie wir aus Abschnitt 6.1.4 wissen. Aus diesem Grund richten wir unser Augenmerk in diesem Abschnitt vornehmlich auf die numerische Lösung *raumartiger* Randwertprobleme.

8.4.1   Elementare Differenzenverfahren

Wir ersetzen nun die Differentialgleichung durch eine Differenzengleichung, indem wir die Ableitungen x' durch symmetrische Differenzenquotienten approximieren. Aus früheren Kapiteln wissen wir, dass dies im einfachsten Fall die Auswahl auf die implizite Trapezregel und die implizite Mittelpunktsregel einschränkt. Im vorliegenden Abschnitt wählen wir die *implizite Trapezregel* aus. Die implizite Mittelpunktsregel werden wir im nachfolgenden Abschnitt 8.4.2 als einfachsten Fall einer ganzen Klasse von Verfahren behandeln.

Wie üblich schreiben wir die lokalen Gitterweiten als $\tau_j = t_{j+1} - t_j$. Ohne Einschränkung sei die Differentialgleichung als autonom angenommen. Für glatte x folgt dann mit Taylorentwicklung die Beziehung (sei $|\cdot|$ Vektornorm)

$$\left| x(t_{j+1}) - x(t_j) - \frac{\tau_j}{2}\big(f(x(t_{j+1})) + f(x(t_j)))\big) \right| \leq \gamma_j \tau_j^3 \qquad (8.24)$$

mit Koeffizienten

$$\gamma_j = \frac{1}{12} \max_{t \in [t_j, t_{j+1}]} |f''(x(t))| = \frac{1}{12} \max_{t \in [t_j, t_{j+1}]} |x'''(t)|.$$

Setzen wir die Werte $\xi_j = x_\Delta(t_j)$ der Gitterfunktion an die Stelle von $x(t_j)$, so erhalten wir ein Verfahren der *Konsistenzordnung* 2. Die zugehörige *Differenzengleichung*, ergänzt um die Randbedingungen, lautet somit

$$
\begin{aligned}
&\text{(i)}\quad \xi_{j+1} - \xi_j = \frac{\tau_j}{2}\left(f(\xi_j) + f(\xi_{j+1})\right), \quad j = 1, \ldots, m-1,\\
&\text{(ii)}\quad r(\xi_1, \xi_m) = 0.
\end{aligned}
\qquad (8.25)
$$

Offenbar ist dies ein *zyklisches* System von $m \cdot d$ im Allgemeinen nichtlinearen Gleichungen in ebensovielen Unbekannten. Der strukturelle Bezug zur Mehrzielmethode ist unverkennbar. Während allerdings bei der Mehrzielmethode die lokale Eindeutigkeit von Lösungen unmittelbar aus jener des Randwertproblems folgt, kann dies bei Differenzenverfahren zunächst nicht vorausgesetzt werden. Die Schwierigkeit liegt darin, dass entsprechende Beweise nur für hinreichend kleine Schrittweiten möglich sind, womit aber die Dimension der Gleichungssysteme groß wird. Eine angemessene theoretische Behandlung muss also in *unendlichdimensionalen* Funktionenräumen erfolgen. Dies würde jedoch den Rahmen des vorliegenden Buches sprengen. Deshalb werden wir in diesem Abschnitt einfach die Existenz und Eindeutigkeit einer Lösung x_Δ voraussetzen.

In der Praxis wirkt sich die hiermit gelassene theoretische Lücke nicht allzu schlimm aus. In komplizierteren Anwendungsproblemen können wir meist ohnehin weder Existenz noch Eindeutigkeit für das Randwertproblem beweisen. Zur Klärung der Existenz- und Eindeutigkeitsfrage im Diskreten sind wir deshalb ganz auf moderne adaptive Newton-Verfahren angewiesen, die in der Regel automatisch feststellen, wenn keine lokal eindeutige Lösung existiert – siehe etwa die neuere Monographie [52].

Newton-Verfahren. Wir schreiben nun, wie bei der Mehrzielmethode, die nichtlinearen Gleichungen in der Form

$$\xi = \begin{bmatrix} \xi_1 \\ \vdots \\ \xi_m \end{bmatrix} \in \mathbb{R}^{d \cdot m}, \quad F(\xi) = \begin{bmatrix} F_1(\xi_1, \xi_2) \\ \vdots \\ F_m(\xi_1, \xi_m) \end{bmatrix},$$

worin

$$F_m(\xi_1, \xi_m) = r(\xi_1, \xi_m)$$

und (für $j = 1, \ldots, m - 1$)

$$F_j(\xi_j, \xi_{j+1}) = \xi_j + \frac{\tau_j}{2} f(\xi_j) + \frac{\tau_j}{2} f(\xi_{j+1}) - \xi_{j+1} = 0.$$

Ein Schritt der Newton-Iteration lautet

$$DF(\xi^k)\Delta\xi^k = -F(\xi^k), \quad \xi^{k+1} = \xi^k + \Delta\xi^k, \qquad k = 0, 1, \ldots.$$

Mit den Bezeichnungen

$$G_j = I + \frac{\tau_j}{2} f_x(\xi_j), \quad \overline{G}_{j+1} = I - \frac{\tau_j}{2} f_x(\xi_{j+1})$$

und unter Weglassung des Iterationsindex k lautet dieses System in Blockschreibweise

$$\begin{bmatrix} G_1 & -\overline{G}_2 & & \\ & \ddots & \ddots & \\ & & G_{m-1} & -\overline{G}_m \\ A & & & B \end{bmatrix}, \quad \begin{bmatrix} \Delta\xi_1 \\ \vdots \\ \vdots \\ \Delta\xi_m \end{bmatrix} = - \begin{bmatrix} F_1 \\ \vdots \\ F_{m-1} \\ r \end{bmatrix}. \tag{8.26}$$

Die obige Blockmatrix hat offenbar zyklische Gestalt. Um nicht durch die Hintertür eine Vorzugsrichtung (und damit die Kondition eines Anfangswertproblems!) einzuschleppen, empfiehlt sich zur Lösung dieses Blocksystems die Verwendung *globaler* Eliminationsverfahren – siehe Abschnitt 8.3 oder das Lehrbuch [7]. Für die Lösung des nichtlinearen Gleichungssystems empfehlen wir affininvariante Newton-Methoden [52], globalisiert durch Dämpfungsstrategie oder Fortsetzungsmethoden.

Diskrete Kondition. Die Kondition der pro Newtonschritt auftretenden blockzyklischen linearen Gleichungssysteme ergibt sich ähnlich wie in Abschnitt 8.3. Seien $\delta F_j, \delta r$ Störungen der rechten Seiten und der Randbedingungen. Dann genügen die Störungen $\delta\xi_j$ der diskreten Lösungen einem linearen Gleichungssystem vom Typ (8.26), wobei lediglich $-F_j$ ersetzt ist durch δF_j. Multiplizieren wir die j-te Zeile dieses Gleichungssystems mit $\overline{G}_{j+1}^{-1}$ von links und definieren

$$\hat{G}_j = \overline{G}_{j+1}^{-1} G_j = \left(I - \frac{\tau_j}{2} f_x(t_j, \xi_{j+1}) \right)^{-1} \left(I + \frac{\tau_j}{2} f_x(t_j, \xi_j) \right),$$

so transformiert es sich in

$$\begin{bmatrix} \hat{G}_1 & -I & & \\ & \ddots & \ddots & \\ & & \hat{G}_{m-1} & -I \\ A & & & B \end{bmatrix} \begin{bmatrix} \delta\xi_1 \\ \vdots \\ \vdots \\ \delta\xi_m \end{bmatrix} = \begin{bmatrix} \overline{G}_2^{-1}\delta F_1 \\ \vdots \\ \overline{G}_m^{-1}\delta F_{m-1} \\ \delta r \end{bmatrix}.$$

Die Blockmatrix hat die gleiche Struktur wie bei der Mehrzielmethode: Wir müssen lediglich die diskreten Propagationsmatrizen $W_\Delta(t_{j+1}, t_j) = G_j$ dort durch $W_\Delta(t_{j+1}, t_j) = \hat{G}_j$ hier ersetzen. Erweitern wir diese Propagationsmatrizen analog zu Abschnitt 8.3.1, so erhalten wir

$$
W_\Delta(t_j, t_\ell) = \begin{cases} \hat{G}_{j-1} \cdots \hat{G}_\ell & \text{für } j > \ell, \\ I & \text{für } j = \ell, \\ \hat{G}_j^{-1} \cdots \hat{G}_{\ell-1}^{-1} & \text{für } j < \ell, \end{cases}
$$

und nach Einsetzen der ursprünglichen Matrizen

$$
W_\Delta(t_j, t_\ell) = \begin{cases} \overline{G}_j^{-1} G_{j-1} \cdots \overline{G}_{\ell+1}^{-1} G_\ell & \text{für } j > \ell, \\ I & \text{für } j = \ell, \\ G_j^{-1} \overline{G}_{j+1} \cdots G_{\ell-1}^{-1} \overline{G}_\ell & \text{für } j < \ell. \end{cases}
$$

Hierin treten die Matrizen $\hat{G}_j$ ebenso wie ihre Inversen auf. Während $\hat{G}_j$ offenbar einen Schritt der impliziten Trapezregel angewendet auf die Variationsgleichung in Vorwärtsrichtung darstellt, entsprechen die Inversen gerade der Anwendung in Rückwärtsrichtung. Auf dieser Basis ergeben sich entsprechend die zugehörigen Sensitivitätsmatrizen zu

$$
E_\Delta(t_j) = A W_\Delta(a, t_j) + B W_\Delta(b, t_j).
$$

Mittels Satz 8.8 erhalten wir so die Lösungen

$$
\delta\xi_j = E_\Delta(t_j)^{-1} \left[\delta r - \sum_{l=1}^{j-1} A W_\Delta(a, t_{l+1}) \overline{G}_{l+1}^{-1} \delta F_l + \sum_{l=j}^{m-1} B W_\Delta(b, t_{l+1}) \overline{G}_{l+1}^{-1} \delta F_l \right].
$$

Definieren wir die diskrete Greensche Funktion gemäß ($1 \leq j, l \leq m$)

$$
G_\Delta(t_j, t_l) = \begin{cases} -E_\Delta(t_j)^{-1} A W_\Delta(a, t_l) \overline{G}_{l+1}^{-1} & \text{für } l \leq j, \\ +E_\Delta(t_j)^{-1} B W_\Delta(b, t_l) \overline{G}_{l+1}^{-1} & \text{für } l > j, \end{cases}
$$

so gilt in Analogie zur Mehrzielmethode auch hier

$$
\delta\xi_j = E_\Delta(t_j)^{-1} \delta r + \sum_{l=1}^{m-1} G_\Delta(t_j, t_{l+1}) \delta F_l. \tag{8.27}
$$

Diese spezielle Darstellung der Lösung der diskreten Sensitivitätsgleichung verlangt offensichtlich implizit, dass alle Matrizen

$$
G_j = I + \frac{\tau_j}{2} f_x(\xi_j), \quad \overline{G}_{j+1} = I - \frac{\tau_j}{2} f_x(\xi_{j+1})
$$

nichtsingulär sind. Da beide Richtungen vertreten sind, bliebe uns als handhabbare hinreichende Voraussetzung nur der Rückgriff auf die richtungsunabhängige Lipschitzkonstante L der rechten Seite f: Wegen $|f_x(\cdot)| \leq L$ würden wir damit die *hinreichende* Bedingung

$$\frac{\tau_j}{2}L < 1 \tag{8.28}$$

erhalten. Dies wäre eine *Gitterweitenbeschränkung* wie bei nichtsteifen Anfangswertproblemen, die im Kontext raumartiger Randwertprobleme nicht adäquat ist. In der Tat repräsentiert die obige explizite Darstellung lediglich die Lösung des linearen Gleichungssystems (8.27), die keineswegs die Nichtsingularität der einzelnen Blockmatrizen G_j und $\overline{G}_{j+1}$ erfordert. Damit ist die Gitterweiteneinschränkung (8.28) hinfällig und kann durch die weniger einschränkende Bedingung ersetzt werden, dass die Lösung des linearen Gleichungssystems existiert.

Für die weitere Behandlung nehmen wir an, dass die Randbedingungen *linear* sind, womit wir die Beziehung

$$\delta r = A\delta\xi_1 + B\delta\xi_m = 0 \tag{8.29}$$

realisieren können. Definieren wir die diskrete (intervallweise) Kondition bzgl. Störungen der rechten Seite der Differentialgleichung gemäß

$$\bar{\rho}_\Delta[a,b] = \bar{\rho}_\Delta[b,a] = \max_{j,l} |G_\Delta(t_j, t_l)|,$$

so gilt

$$\max_j |\delta\xi_j| \leq \bar{\rho}_\Delta[a,b] \cdot \sum_{j=1}^{m-1} |\delta F_j|.$$

Unter der Gitterweiteneinschränkung (8.28) gilt für hinreichend kleine τ sicher wieder

$$\bar{\rho}_\Delta[a,b] \approx \bar{\rho}[a,b],$$

also eine ausreichende Übereinstimmung der diskreten Kondition zur impliziten Trapezregel mit der Kondition des Randwertproblems. Für die folgende theoretische Untersuchung werden wir diese etwas vage Bedingung durch eine ober Schranke ersetzen, die gleichmäßig in der Gitterweite ist.

Konvergenz. Seien Existenz und Eindeutigkeit einer Lösung $x(t)$ vorausgesetzt. Aus (8.24) kennen wir die *Konsistenzordnung* 2 der impliziten Trapez-Diskretisierung. Mit diesen Vorbereitungen können wir den folgenden Konvergenzsatz formulieren.

Satz 8.10. *Sei* $x \in C^3[a, b]$ *eindeutige Lösung eines Randwertproblems mit linearen Randbedingungen. Die rechte Seite* $f : D \to \mathbb{R}^d$ *der Differentialgleichung sei hinreichend oft differenzierbar und ihre Jacobimatrix genüge der Lipschitzbedingung*

$$|f_x(u) - f_x(v)| \le \omega |u - v|, \quad u, v \in D.$$

Betrachtet wird ein Differenzenverfahren auf Basis der impliziten Trapezregel mit Gitterweiten τ_j *und einer maximalen Gitterweite* $\tau = \max_j \tau_j$*, die garantiert, dass das diskrete nichtlineare System (8.25) lokal eindeutig lösbar ist. Sei* $\bar{\rho}_\Delta[a, b]$ *die zugehörige diskrete Konditionszahl und es gelte*

$$\bar{\rho}_\Delta[a, b] \le \bar{\rho} = \sigma \bar{\rho}[a, b], \quad \sigma > 1.$$

Die Konsistenzbedingung (8.24) gehe ein über den Koeffizienten

$$\gamma = \frac{1}{12} \max_{t \in [a,b]} |x'''(t)|.$$

Dann gilt: Unter der Voraussetzung

$$\tau \le \frac{1}{|b - a| \bar{\rho} \sqrt{2\omega\gamma}} \tag{8.30}$$

konvergiert das Differenzenverfahren gemäß

$$\max_j |x_\Delta(t_j) - x(t_j)| \le |b - a| \bar{\rho} \gamma \tau^2. \tag{8.31}$$

Beweis. Sei $\xi_j = x_\Delta(t_j)$ und $\varepsilon(t_j) = \xi_j - x(t_j)$ der zu untersuchende Diskretisierungsfehler. Über dem Gitter Δ definieren wir die Norm (wobei $|\cdot|$ Vektornorm in $\mathbb{R}^d$)

$$|\varepsilon|_\Delta = \max_j |\varepsilon(t_j)|.$$

Zunächst schreiben wir die Konsistenzbedingung (8.24) um in die Form

$$x(t_{j+1}) - x(t_j) - \frac{\tau_j}{2}\big(f(x(t_{j+1})) + f(x(t_j))\big) = \frac{1}{12}x'''(\cdot)\tau_j^3,$$

worin wir das Argument von x''' ignorieren. Subtraktion dieser Gleichung von (8.25) liefert

$$\varepsilon(t_j) - \varepsilon(t_{j+1}) - \frac{1}{12}x'''(\cdot)\tau_j^3$$

$$= \frac{\tau_j}{2}\big[(f(\xi_{j+1}) - f(x(t_{j+1}))) - (f(\xi_j) - f(x(t_j)))\big]$$

$$= \frac{\tau_j}{2}\int_{\theta=0}^1 \big[f_x(\xi_{j+1} - \theta\varepsilon(t_{j+1}))\varepsilon(t_{j+1}) - f_x(\xi_j - \theta\varepsilon(t_j))\varepsilon(t_j)\big]\,d\theta.$$

An dieser Stelle setzen wir die Definitionen der Matrizen G_j und $\overline{G}_{j+1}$ ein und erhalten

$$G_j \varepsilon(t_j) - \overline{G}_{j+1}\varepsilon(t_{j+1}) = \hat{F}_j \tag{8.32}$$

mit rechter Seite

$$\hat{F}_j = \frac{1}{12}x'''(\cdot)\tau_j^3 + \frac{\tau_j}{2}\int_{\theta=0}^{1}(f_x(\xi_{j+1} - \theta\varepsilon(t_{j+1})) - f_x(\xi_{j+1}))\varepsilon(t_{j+1})\,d\theta$$

$$- \frac{\tau_j}{2}\int_{\theta=0}^{1}(f_x(\xi_j - \theta\varepsilon(t_j)) - f_x(\xi_j))\varepsilon(t_j)\,d\theta.$$

Bei linearen Randbedingungen gilt wegen (8.29) zusätzlich

$$A\varepsilon(t_1) + B\varepsilon(t_m) = 0. \tag{8.33}$$

Formale Lösung des diskreten linearen Randwertproblems (8.32) und (8.33) mittels (8.27) liefert

$$\varepsilon(t_j) = \sum_{l=1}^{m-1} G_\Delta(t_j, t_{l+1})\hat{F}_l,$$

was mit der gleichmäßigen Schranke für die diskrete Kondition abgeschätzt werden kann zu

$$|\varepsilon|_\Delta \leq \bar{\rho} \cdot \sum_{j=1}^{m-1} |\hat{F}_j|.$$

Zur Abschätzung der Einzelterme rechts benutzen wir die Lipschitzbedingung für die Jacobimatrix f_x und erhalten zwei Ausdrücke der Form

$$\left| \int_{\theta=0}^{1}(f_x(\xi_j - \theta\varepsilon(t_j)) - f_x(\xi_j))\varepsilon(t_j)\,d\theta \right| \leq \frac{\omega}{2}|\varepsilon(t_j)|^2.$$

Einsetzen führt zu

$$|\hat{F}_j| \leq \gamma\tau_j^3 + \frac{\omega\tau_j}{4}(|\varepsilon(t_j)|^2 + |\varepsilon(t_{j+1})|^2)) \leq \gamma\tau_j^3 + \frac{\omega\tau_j}{2}|\varepsilon|_\Delta^2$$

und, nach Einführen der Abkürzung $\alpha = \bar{\rho} \cdot |b - a|$ und Auswerten der Summe über j, schließlich zu der impliziten Ungleichung

$$|\varepsilon|_\Delta \leq \alpha\left(\frac{\omega}{2}|\varepsilon|_\Delta^2 + \gamma\tau^2\right).$$

Zur Lösung dieser Ungleichung führen wir die Majorante $|\varepsilon|_\Delta \leq \bar{\varepsilon}$ ein, was die quadratische Gleichung

$$\bar{\varepsilon} = \alpha\left(\frac{\omega}{2}\bar{\varepsilon}^2 + \gamma\tau^2\right)$$

erzeugt. Damit die Diskriminante nichtnegativ ist, muss die Bedingung

$$\tau \le \frac{1}{\alpha \sqrt{2\omega\gamma}}$$

erfüllt sein – siehe obige Voraussetzung (8.30). Die quadratische Gleichung hat natürlich zwei Wurzeln, von denen die kleinere noch die zusätzliche Eigenschaft $\bar{\varepsilon} = 0$ für $\tau = 0$ hat. Damit scheidet die andere Wurzel aus Konsistenzgründen aus. So erhalten wir schließlich (8.31) in der Form

$$|\varepsilon|_\Delta \le \bar{\varepsilon} = 2\alpha\gamma\tau^2 / (1 + \sqrt{1 - 2\omega\gamma\alpha^2\tau^2}) \le 2\alpha\gamma\tau^2.$$

Dies schließt den Beweis ab.   □

Zusammenfassend wird also die Gitterweite eingeschränkt durch die Lipschitzkonstante ω zu f_x sowie durch die diskrete Kondition und die Approximationsgüte der impliziten Trapezregel. Ein ähnlicher Konvergenzsatz kann für die implizite Mittelpunktsregel als Basis eines Differenzenverfahrens bewiesen werden (siehe Übungsaufgabe 8.9).

Bemerkung 8.11. Interessanterweise zeigt die andere Wurzel der quadratischen Gleichung in obigem Beweis, dass im nichtlinearen Fall weitere diskrete Lösungen existieren können, die aber nicht konsistent mit dem kontinuierlichen Randwertproblem sind. Solche Lösungen, manchmal auch als „Geisterlösungen" bezeichnet, bleiben für $\tau \to 0$ von der kontinuierlichen Lösung weg beschränkt. Eine Untersuchung dieser Frage lassen wir als Übungsaufgabe 8.10.

Globale Approximation der Lösung.   Möchte man aus der Gitterfunktion x_Δ eine über $[a, b]$ definierte *globale* Darstellung der Lösung gewinnen, so legt die Form der impliziten Trapezregel nahe, die kubische *Hermite-Interpolation* zu verwenden (vgl. etwa Band 1, Abschnitt 7.1.2): Die dazu benötigten Approximationen der Ableitungen hat man ohnehin aus der Beziehung

$$x'(t_j) \approx f(x_\Delta(t_j)) = f(\xi_j).$$

Offenbar stimmen bei dieser Approximation die links- und rechtsseitigen Ableitungen $x'_\Delta(t_j)$ an den Knoten von Δ überein, wir haben somit eine C^1-stetige Approximation. Überraschenderweise kann man zeigen, dass das so definierte stückweise kubische Polynom tatsächlich nur stückweise *quadratisch* ist, den Nachweis lassen wir als Übungsaufgabe 8.7. Damit ist die implizite Trapezregel interpretierbar als Kollokationsverfahren zweiter Ordnung – siehe den nachfolgenden Abschnitt 8.4.2.

Anwendungsgrenzen. Die hier dargestellte elementare Differenzenmethode ist wegen ihrer Robustheit beliebt und verbreitet. Sie ist jedoch relativ ineffizient, da sie in vielen Anwendungsproblemen zu kleine Schrittweiten und damit zu viele Knoten benötigt, was wiederum zu nichtlinearen Gleichungssystemen von zu hoher Dimension führt.

Als Abhilfe kann man zu Diskretisierungen *höherer Ordnung* übergehen. Dazu bieten sich zwei grundsätzliche Entwicklungslinien an: (i) Ordnungserhöhung der impliziten Trapezregel (oder der impliziten Mittelpunktsregel) durch lokale Extrapolation, in der Literatur bezeichnet als Methode der *iterated deferred corrections* (vgl. V. Pereyra [141]), (ii) Erweiterung auf *Kollokationsverfahren* höherer Ordnung. Die zweite Variante ist, noch dazu in einer *adaptiven* Version, weiter verbreitet, weshalb wir sie im nachfolgenden Abschnitt behandeln wollen.

8.4.2 Adaptive Kollokationsverfahren

In Abschnitt 6.3 hatten wir bereits Kollokationsverfahren für Anfangswertprobleme als interessanteste Spezialfälle von impliziten Runge-Kutta-Verfahren behandelt. Hier wollen wir nun die Idee der Kollokation auf Randwertprobleme übertragen. Effiziente *adaptive* Kollokationsverfahren sind in den Programmen COLSYS von U. M. Ascher, J. Christiansen und R. D. Russell [5, 6] sowie in dem neueren COLNEW von G. Bader und U. M. Ascher [9] realisiert.

Bei Kollokationsverfahren werden in jedem Teilintervall $[t_j, t_{j+1}]$ je s *Kollokationspunkte* $t_j + c_i \tau_j$, $i = 1, \ldots, s$, eingefügt, basierend auf einem Quadraturverfahren der Ordnung p zu s Stützknoten $c_1 < \cdots < c_s$ im Einheitsintervall $[0, 1]$. Die Vereinigung aller Kollokationspunkte bilde das Gitter Δ_*, zu unterscheiden vom oben definierten Grundgitter Δ. Neben den Randbedingungen soll die Differentialgleichung genau an diesen Kollokationspunkten erfüllt sein, d. h.

$$u'(t) = f(u(t)), \quad t \in \Delta_*,$$
$$r(u(a), u(b)) = 0. \tag{8.34}$$

Wie in Abschnitt 6.3 ausführlich dargestellt, sind Kollokationsverfahren ein Spezialfall von *impliziten Runge-Kutta-Verfahren*. Das obige System (8.34) ist somit äquivalent zu $(m-1)sd$ „lokalen" nichtlinearen Gleichungen der Form

$$u(t_j + c_i \tau_j) = u(t_j) + \tau_j \sum_{l=1}^{s} a_{il} f(u(t_j + c_l \tau_j)), \quad i = 1, \ldots, s,$$

und $(m-1)d$ „globalen" Gleichungen der Form

$$u(t_j + \tau_j) = u(t_j) + \tau_j \sum_{i=1}^{s} b_i f(u(t_j + c_i \tau_j)),$$

zu denen natürlich noch die d Randbedingungen hinzukommen. Die sd lokalen Variablen $u(t_j + c_i \tau_j)$ lassen sich aus den zugehörigen sd lokalen Gleichungen formal eliminieren. Die md Unbekannten $\xi_j = u(t_j)$, $j = 1, \ldots, m$, werden als globale Variable bezeichnet, sie stellen die eigentliche Diskretisierung des Randwertproblems dar. Per Konstruktion ist das Kollokationspolynom global stetig in $[a, b]$.

Zur Konstruktion *symmetrischer* Kollokationsverfahren möglichst hoher Ordnung p bieten sich zwei Alternativen an, wie in Abschnitt 6.3 ausführlich erläutert.

- *Gauß-Verfahren*. Als Kollokationspunkte werden hierbei die Knoten der *Gauß-Legendre-Quadratur* gewählt. Dies führt auf die höchstmögliche Ordnung $p = 2s$. Das Verfahren der Ordnung $s = 1$ ist gerade die implizite Mittelpunktsregel. Die Knoten des Grundgitters sind bei diesen Verfahren keine Kollokationspunkte, d. h. $\Delta_* \cap \Delta = \emptyset$. Deshalb erhält man hierbei Kollokationsfunktionen $u \in C^0[a, b]$.

- *Lobatto-Verfahren*. Bezieht man die Knoten des Grundgitters in die Kollokationspunkte ein, also $\Delta_* \cap \Delta = \Delta$, so führt dies auf die sogenannte *Gauß-Lobatto-Quadratur* von der Ordnung $p = 2s - 2$. Einfachstes Beispiel dieser Klasse ist die implizite Trapezregel – siehe voriger Abschnitt 8.4.1. Die geringere Ordnung wird durch die Tatsache kompensiert, dass in diesem Fall $u \in C^1[a, b]$ erzielt wird. Die zugehörigen impliziten Runge-Kutta-Verfahren werden in der Literatur oft auch als Lobatto-IIIA-Verfahren aufgeführt [90].

In COLSYS sind nur Gauß-Verfahren implementiert, da sie zudem noch besser geeignet sind für singuläre Störungsprobleme sowie für rechte Seiten f, die an Punkten des Grundgitters Δ nichtglatt sind – beides Fälle, die in Anwendungsproblemen relativ häufig auftreten.

Newton-Verfahren. Anstelle eines Newton-Verfahrens für das obige diskrete nichtlineare System realisiert COLSYS eine *Quasilinearisierung*, d. h. ein Newton-Verfahren im Funktionenraum. Dies bedeutet in jedem Iterationsschritt die numerische Lösung eines *linearen Randwertproblems*, das sich durch Linearisierung des nichtlinearen Randwertproblems ergibt. Die obige Diskretisierung ist damit anzuwenden auf die nichtautonome inhomogene Variationsgleichung

$$\delta x' = f_x(x(t)) \, \delta x + \delta f$$

zu den linearen Randbedingungen

$$A\delta x(a) + B\delta x(b) = 0,$$

wenn wir lineare Randbedingungen im Ausgangsproblem voraussetzen. Durch Vorabelimination lokaler Variabler kann man dieses lineare Gleichungssystem sogar noch auf die Dimension $(m - 1)d$ „kondensieren". Aus Günden des verwendeten linearen

Gleichungslösers werden in COLSYS die Randbedingungen als *linear* und *separiert* vorausgesetzt. Transformationen von allgemeineren Randbedingungen, die nicht in dieses enge Schema passen, auf diese spezielle Gestalt finden sich in der Arbeit [8].

Der Pfiff der Einbettung des Randwertproblems in den Funktionenraum besteht darin, dass in diesem theoretischen Rahmen *adaptive Gitter* realisiert werden können. Durch Implementierung des affin-invarianten gedämpften Newton-Verfahrens nach P. Deuflhard [45, 48] erhält man hier ein Kriterium zur Gitterverfeinerung: Falls in der Iteration

$$x^{k+1} = x^k + \lambda_k \delta x^k, \quad k = 0, 1, \ldots,$$

der Dämpfungsfaktor „zu klein" wird, d. h.

$$\lambda_k < \lambda_{\min} \ll 1$$

zu einem vorgegebenen Schwellwert $\lambda_{\min}$, so wird ein neues Gitter mit halber Gitterweite erstellt; bei Verwendung nicht-affininvarianter Newton-Methoden würde dieser Fall zu oft aus Gründen auftreten, die nicht in der Nichtlinearität, sondern in der schlechten Konditionierung der diskreten Gleichungen zu suchen sind. Darüberhinaus wird auf der Basis lokaler Fehlerschätzer sowohl eine lokale Ausdünnung als auch eine lokale Verdichtung von Grundgitterknoten iterativ gesteuert.

Konvergenz.   In Abschnitt 6.3 hatten wir die Konvergenz von Kollokationsmethoden für *Anfangswertprobleme* behandelt. Für ein Verfahren über s Stützstellen zur Quadraturordnung p zeigt Lemma 6.41, dass sich über dem Integrationsintervall als Ganzem die Konvergenzordnung s, am Zielpunkt jedoch die Konvergenzordnung $p \geq s$ ergibt; dieses Phänomen heißt *Superkonvergenz*.

Übertragen auf Randwertprobleme gilt damit zunächst nur für jedes einzelne Teilintervall

$$u(t) - \Phi^{t,t_j} u(t_j) = O(\tau_j^{s+1}), \quad t \in [t_j, t_{j+1}],$$

sowie an den Knoten des Grundgitters

$$u(t) - \Phi^{t,t+\tau_j} u(t) = O(\tau_j^{p+1}), \quad t \in \Delta.$$

Ein Beweis, dass sich dieses Verhalten auch auf das Differenzverfahren für Randwertprobleme überträgt, ist selbst in dem darauf spezialisierten Lehrbuch [7] von U. M. Ascher, R. M. M. Mattheij und R. D. Russell nur für lineare Randwertprobleme angegeben – im Einklang mit der Tatsache, dass COLSYS im Rahmen der Quasilinearisierung nur lineare Randwertprobleme löst.

In der Tat lassen sich unsere Beweismethoden zu Satz 8.10 geeignet modifizieren. Die zugehörige Notation ist jedoch äußerst unhandlich, weshalb wir dies hier nicht ausführen wollen. Es ergibt sich, wie im vorigen Abschnitt am Beispiel der impliziten Trapezregel illustriert, eine analoge Abschätzung über die entsprechende diskrete

Kondition des betreffenden Kollokationsverfahrens, insbesondere auch die Superkonvergenz an Knoten t_j des Grundgitters Δ. Im Beispiel des Differenzenverfahrens auf Basis der impliziten Trapezregel in, Abschnitt 8.4.1 konnten wir wegen $s = 2$ und deshalb $p = 2s - 2 = 2$ diese Superkonvergenz nicht sehen.

Anwendungsgrenzen. Für *raumartige* Randwertprobleme stellen Kollokationsverfahren die kanonische Wahl dar. Die implementierte Quasilinearisierung verlangt in jedem Fall eine genau auswertbare Jacobimatrix f_x. Für *zeitartige* Randwertprobleme hingegen sind sie nicht unbedingt die natürliche Wahl: Für solche Probleme verlangen sie wesentlich mehr Speicherplatz und Rechenaufwand als die Mehrzielmethode; dies gilt in verschärftem Maße bei steifen Differentialgleichungen, die ja eine wohldefinierte Vorzugsrichtung besitzen.

8.5　Allgemeinere Typen von Randwertproblemen

Wir haben uns in (8.1) zunächst auf Zweipunkt-Randwertprobleme eingeschränkt. In vielen wichtigen Anwendungsfeldern aus Naturwissenschaft und Technik treten jedoch allgemeinere Randwertprobleme auf, die wir in diesem Abschnitt und in dem folgenden Abschnitt 8.6 vorstellen und diskutieren wollen.

Mehrpunkt-Randwertprobleme. Dieser Typ von Randwertproblemen tritt häufig bei Problemen der optimalen Steuerungen (Abschnitt 8.6.2) auf. Der Einfachheit halber wollen wir ihn am Beispiel von 3-Punkt-Randwertproblemen vorführen. Sei $\tau \in\ ]a, b[$ fester Zwischenpunkt im Innern des Intervalls, an dem eine zusätzliche Bedingung gilt, entweder als separierte innere Punktbedingung oder gekoppelt mit Randbedingungen. Dies führt auf die Mehrpunktrandbedingung

$$r(x(a),\ x(\tau),\ x(b)) = 0.$$

In diesem Fall wird man τ als Knoten der Partitionierung wählen, bei der Mehrzielmethode ebenso wie bei globalen Diskretisierungsmethoden. In der Blockstruktur der Jacobimatrix J verändert sich dann nur die *letzte Blockzeile* zu

$$[A, 0, \dots, 0, R_\tau, 0, \dots, 0, B],$$

wobei wir die Bezeichnung

$$R_\tau = \frac{\partial r}{\partial x(\tau)}$$

benutzt haben. Nach wie vor gilt ein lokaler *Eindeutigkeitssatz* wie Satz 8.1, allerdings mit der geänderten Sensitivitätsmatrix

$$E(t) = AW(a, t) + R_\tau W(\tau, t) + BW(b, t).$$

Diese Erweiterung zieht sich kanonisch durch auf die Definitionen der *Greenschen Funktionen G* und G_Δ und somit auf die oben eingeführten *Konditionszahlen* ρ und ρ_Δ. Auch die Übertragung auf mehr als eine innere Punkt-Bedingung birgt keine Überraschungen.

Parameterabhängige Randwertprobleme. Häufig sind in Randwertproblemen freie Parameter $p \in \mathbb{R}^q$ aus q „überzähligen" Randbedingungen zu bestimmen, etwa bei nichtlinearen Eigenwertproblemen. Man hat dann

$$x' = f(x; p), \quad x \in \mathbb{R}^d, \qquad r(x(a), \dots, x(b); p) = 0, \quad r \in \mathbb{R}^{d+q}. \qquad (8.35)$$

In diesem Fall könnte man formal q triviale Differentialgleichungen

$$p' = 0$$

anhängen und so die Dimensionen von Differentialgleichungen und Randbedingungen abgleichen. Dies würde jedoch den Speicherplatz unnötig aufblähen und viele unnötige Rechnungen über der dadurch erzeugten Sparse-Struktur produzieren. Deswegen führt man lieber die Parameter als solche gesondert mit. Setzen wir die Parameter p formal als weitere Unbekannte ans Ende des Vektors $\xi = (\xi_1, \dots, \xi_m, p)$, dann erweitert sich die obige Jacobi-Matrix noch um eine *Blockspalte* gemäß

$$J = \begin{bmatrix} G_1 & -I & & & P_1 \\ & \ddots & \ddots & & \vdots \\ & & G_{m-1} & -I & P_{m-1} \\ R_1 & \cdots & R_{m-1} & R_m & P_m \end{bmatrix}. \qquad (8.36)$$

Dabei haben wir die folgenden Bezeichnungen benutzt:

$$R_j = \frac{\partial r}{\partial x(t_j)} \qquad (d+q, d)\text{-Matrix}, \quad j = 1, \dots, m,$$

$$G_j = \frac{\partial \Phi^{t_{j+1}, t_j}(\xi_j, p)}{\partial \xi_j} \qquad (d, d)\text{-Matrix}, \quad j = 1, \dots, m-1,$$

$$P_j = \frac{\partial \Phi^{t_{j+1}, t_j}(\xi_j, p)}{\partial p} \qquad (d, q)\text{-Matrix}, \quad j = 1, \dots, m-1,$$

$$P_m = \frac{\partial r}{\partial p} \qquad (d+q, q)\text{-Matrix},$$

so dass $\dim(J) = dm + q$.

Die Sätze über die lokale Eindeutigkeit und die Kondition gelten unverändert, da wir ja lediglich eine formal andere Darstellung der trivialen Differentialgleichungen gewählt haben.

Die numerische Lösung des allgemeinen linearen Gleichungssystems für die Newton-Korrekturen ist problemlos durch geringfügige Modifikation der in Abschnitt 8.3.2 erwähnten *globalen Eliminationsmethoden* möglich. Auch die *Block-Gauß-Elimination mit Nachiteration* innerhalb der Mehrzielmethode lässt sich bequem übertragen.

8.5.1   Berechnung periodischer Lösungen

Periodische Lösungen dynamischer Systeme sind in zahlreichen Anwendungsfeldern von großem Interesse, etwa in der Chemie- und Verfahrenstechnik, der Elektrotechnik oder der Epidemiologie. Sie haben uns bereits im einleitenden Kapitel 1 beschäftigt: In Abbildung 1.2 haben wir geschlossene Satellitenbahnen dargestellt, in Abbildung 1.6 oszillatorische chemische Reaktionen.

Mathematisch sind hier zwei Typen von Problemen klar zu unterscheiden: der *nichtautonome* Fall $f = f(t, x)$, bei dem die rechte Seite f der Differentialgleichungen *explizit* von der Zeitvariablen t abhängt, sowie der *autonome* Fall $f = f(x)$, bei dem dies nicht so ist. Da die Variable t bei diesen Problemen tatsächlich die Zeit ist, klassifizieren wir die zugehörigen Randwertprobleme als *zeitartig*. Sie eignen sich deshalb in erster Linie für die Mehrzielmethode und erst in zweiter Linie für Kollokationsverfahren. Im Folgenden wollen wir uns deshalb auf die Darstellung einer Variante der Mehrzielmethode einschränken.

Nichtautonomer Fall.   In diesem Fall suchen wir Lösungen des Randwertproblems

$$x' = f(t, x), \quad r(x(t_0), x(t_0 + T)) = x(t_0 + T) - x(t_0) = 0, \qquad (8.37)$$

worin der Anfangszeitpunkt t_0 *und* die Periode T vom Problem her gegeben sind. Die Periode T etwa lässt sich aus der notwendigen Beziehung

$$f(t + T, \cdot) = f(t, \cdot)$$

ablesen, etwa wenn f sich aus trigonometrischen Funktionen cos, sin zusammensetzt.

Sei wie bisher $x(t) = \Phi^{t,t_0} \xi$ die eindeutige Lösung des Anfangswertproblems zu gegebenen Anfangswerten $\xi = x(t_0)$. Im formalen Rahmen des Schießverfahrens würden die Randbedingungen ein nichtlineares System von d Gleichungen

$$F(\xi) = \Phi^{t_0 + T, t_0} \xi - \xi = 0$$

in den d Unbekannten ξ darstellen. Die zugehörige Jacobimatrix, die Sensitivitätsmatrix $E = A + BW(b, a)$, hat wegen $A = -I$, $B = I$ die spezielle Form

$$DF(\xi) = E(t_0) = W(t_0 + T, t_0) - I.$$

Seien μ_i die Eigenwerte von $W(t_0 + T, t_0)$, so sind $\lambda_i = \mu_i - 1$ die Eigenwerte von $E(t_0)$. Offenbar ist E genau dann *nichtsingulär*, wenn

$$\mu_i \neq 1, \quad i = 1, \ldots, d.$$

In diesem Fall ist nach Satz 8.1 die Lösung des Randwertproblems (8.37) lokal eindeutig. Eine Behandlung mit der Mehrzielmethode in der Standardform ist möglich.

Nach Definition beschreibt die Matrix $W(t_0 + T, t_0)$ in linearisierter Näherung die Propagation von Störungen δx über eine Periode:

$$\delta x(t_0 + T) = W(t_0 + T, t_0)\delta x(t_0).$$

Ihre Eigenwerte μ_i, die sogenannten *Floquet-Multiplikatoren*, beschreiben also die *Stabilität* der periodischen Lösung: Falls

$$|\mu_i| < 1, \quad i = 1, \ldots, d,$$

gilt, wird jede Störung asymptotisch weggedämpft, d. h., die Lösung ist stabil.

Autonomer Fall. In diesem Fall suchen wir Lösungen des Randwertproblems

$$x' = f(x), \quad r(x(0), x(T)) = x(T) - x(0) = 0, \tag{8.38}$$

worin wir nun ohne Beschränkung der Allgemeinheit $t_0 = 0$ setzen dürfen. Die Periode T lässt sich hier nicht aus der rechten Seite f der Differentialgleichung ablesen, ist also unbekannt. Die folgende Darstellung orientiert sich an der Arbeit [50]. Wegen $f_t \equiv 0$ gilt

$$f' = f_x \cdot f.$$

Damit ist f Lösung der Variationsgleichung, also

$$f(x(t)) = W(t)f(x(0)).$$

Setzen wir noch die Randbedingungen $x(T) = x(0)$ ein, so ergibt sich

$$f(x(0)) = W(T)f(x(0))$$

oder äquivalent

$$E(0)f(x(0)) = (W(T) - I)\,f(x(0)) = 0.$$

Die Sensitivitätsmatrix E hat also mindestens einen verschwindenden Eigenwert (sei $\lambda_1 = 0$), ist also *singulär*.

Im generischen Fall ist somit die Lösung des Randwertproblems (8.38) nicht lokal eindeutig. In der Tat existiert hier wegen der Autonomie der Differentialgleichungen ein Kontinuum von Lösungen: Zu jeder periodischen Lösung $x^*(t) = \Phi^{t,0}x(0)$ und zu jeder *Phase* τ existiert eine Lösung $x^{**}(t) = \Phi^{t+\tau,\tau} x(\tau)$, also eine um τ verschobene Lösung. Stellt man diese unterschiedlichen Lösungen statt in einem (x, t)-Diagramm in einem Phasendiagramm dar, wie wir es etwa in Abbildung 1.2 für die Satellitenbahnen getan haben, so fallen sie zusammen. Das mathematische Objekt *periodischer Orbit* ist also sehr wohl eindeutig und sollte als solches direkt berechnet werden.

Schießverfahren. Im autonomen Fall würde ein *unterbestimmtes* System von d Gleichungen

$$F(z) = \Phi^T \xi - \xi = 0$$

in den $d + 1$ Unbekannten $z = (\xi, T)$ erzeugt. Die zugehörige Jacobimatrix hat die Struktur

$$DF(z) = [r_\xi, r_T] = [E(0), f(x(T))]$$

oder, nach Einsetzen einer periodischen Lösung,

$$DF(z) = [E(0), f(x(0))].$$

Falls der Eigenwert $\lambda_1 = 0$ von $E(0)$ *einfach* mit zugehörigem Eigenvektor $f(x(0)) \neq 0$ ist, so gilt sicher

$$\mathrm{rg}\, DF(z) = \mathrm{rg}[E(0), f(x(0))] = d, \qquad (8.39)$$

d. h., die Jacobimatrix hat vollen Zeilenrang. Die Moore-Penrose-Pseudoinverse $DF(z)^+$ hat also vollen Spaltenrang. Anstelle eines Newton-Verfahrens könnten wir deshalb eine *Gauß-Newton*-Iteration der Form

$$\Delta z^k = -DF(z^k)^+ F(z), \quad z^{k+1} = z^k + \Delta z^k, \qquad k = 0, 1, \ldots,$$

konstruieren. Unter der Annahme (8.39) würde diese Iteration *lokal quadratisch* gegen *irgendeine* Lösung z^* in der „Nähe" des Startwertes z^0 konvergieren, also gegen irgendeinen Punkt auf dem Orbit – und somit den Orbit eindeutig liefern. Zur Begründung siehe etwa Band 1, Abschnitt 4.3, Satz 4.15 (dort folgt $\kappa_* = 0$ aus $F(z^*) = 0$ und somit die Konvergenzaussage).

Für die *Stabilität des Orbits* untersuchen wir wieder die Floquet-Multiplikatoren. Wegen $\lambda_1 = 0$ ist der $\mu_1 = 1$ offenbar unvermeidbar. Demnach kann nur noch gelten

$$|\mu_i| < 1, \quad i = 2, \ldots, d.$$

Aus Sicht der linearen Störungsrechnung heißt das: Tangentiale Störungen des Orbits bleiben asymptotisch erhalten ($\mu_1 = 1$), nichttangentiale Störungen werden herausgedämpft.

Mehrzielmethode. Für autonome periodische Randwertprobleme wollen wir im Folgenden eine Variante der Mehrzielmethode darstellen, die obige Grundidee einer Gauß-Newton-Methode für ein unterbestimmtes Randwertproblem aufnimmt. Wir werden uns auf diejenige Variante einschränken, die sich auf eine Block-Gauß-Elimination für das auftretende unterbestimmte zyklische lineare Gleichungssystem stützt; die entsprechende Version über eine globale Eliminationsmethode, wie sie auch innerhalb eines globalen Diskretisierungsverfahrens zu realisieren wäre, ist theoretisch weniger transparent.

Um die Periode T als unbekannten Parameter einzuführen, transformieren wir die Mehrzielknoten vermöge

$$\tau = \frac{t}{T} \in [0, 1]$$

auf relative Knoten

$$0 = \tau_1 < \tau_2 < \cdots < \tau_m = 1$$

mit Teilintervallen der Länge $\Delta\tau_j = \tau_{j+1} - \tau_j$. Dann lauten die *Stetigkeitsbedingungen*

$$F_j(\xi_j, \xi_{j+1}, T) = \Phi^{\Delta\tau_j T}\xi_j - \xi_{j+1} = 0, \quad j = 1, \ldots, m-1,$$

und die *Randbedingungen*

$$r(\xi_1, \xi_m) = \xi_m - \xi_1 = 0.$$

Wie im einfachen Schießverfahren ergibt sich ein *unterbestimmtes* System, diesmal mit dm Gleichungen für die $dm+1$ Unbekannten $z = (\xi_1, \ldots, \xi_m, T)$. Wir wollen es mit einer Verallgemeinerung des Gauß-Newton-Verfahrens lösen. Nebenher fixieren wir noch $\xi_m = \xi_1$ während der gesamten Iteration und sichern auf diese Weise stets $r = 0$.

Bezeichne G_j wie bisher die Propagationsmatrix im Teilintervall $[\tau_j, \tau_{j+1}]$ und zusätzlich

$$g_j = \frac{\partial F_j}{\partial T} = \frac{\partial \Phi^{\Delta\tau_j T}\xi_j}{\partial T} = \Delta\tau_j f(\Phi^{\Delta\tau_j T}\xi_j).$$

Dann haben wir für die Gauß-Newton-Korrekturen ein unterbestimmtes lineares Gleichungssystem zu lösen, bestehend aus der Rekursion

$$G_1\Delta\xi_1 - \quad \Delta\xi_2 + \qquad\qquad\qquad\qquad g_1\Delta T = -F_1$$

$$G_2\Delta\xi_2 - \Delta\xi_3 + \qquad\qquad\qquad g_2\Delta T = -F_2$$

$$\ddots$$

$$G_{m-1}\Delta\xi_{m-1} - \Delta\xi_m + g_{m-1}\Delta T = -F_{m-1}$$

und dem Anteil aus den periodischen Randbedingungen ($r = 0$)

$$-\Delta\xi_1 + \Delta\xi_m = 0.$$

Durch Block-Gauß-Elimination wie in Abschnitt 8.3 erhalten wir schließlich das kondensierte unterbestimmte lineare Gleichungssystem

$$E\Delta\xi_1 + g\Delta T + u = 0,$$

worin wir die Bezeichnungen für E und u aus (8.18) übernommen haben und zusätzlich noch

$$g = g_{m-1} + G_{m-1}g_{m-2} + \cdots + G_{m-1}\cdots G_2 g_1$$

definiert haben. Dieses System lösen wir wieder mit der Moore-Penrose-Pseudoinversen gemäß

$$\begin{bmatrix} \Delta\xi_1 \\ \Delta T \end{bmatrix} = -[E, g]^+ u.$$

Sobald die Korrekturen $\Delta\xi_1, \Delta T$ berechnet sind, erhält man die restlichen Korrekturen aus der Rekursion

$$\Delta\xi_{j+1} = G_j\Delta\xi_j + g_j\Delta T + F_j, \quad j = 1, \ldots, m - 1. \tag{8.40}$$

Wie wir aus der Analyse von Abschnitt 8.3.2 wissen, muss diese Rekursion aus Gründen der numerischen Robustheit gekoppelt werden mit einer speziellen Nachiteration („iterative refinement sweeps"). Um das Ende der Nachiteration feststellen zu können, überprüfen wir, ob die Beziehung $\Delta\xi_m - \Delta\xi_1 \approx 0$ auf ausreichende Genauigkeit erfüllt ist.

Nach Konvergenz des Gauß-Newton-Verfahrens ergeben sich die *Floquet-Multiplikatoren* durch Lösung des Eigenwertproblems für die Matrix

$$E + I = G_{m-1}\cdots G_1 \approx W(T).$$

Hierbei liefert die erzielte Genauigkeit des berechneten Eigenwerts $\tilde{\mu}_1 \approx 1$ ein Maß für die Approximationsgenauigkeit der Propagationsmatrizen.

Der hier beschriebene Mehrzielalgorithmus zur Berechnung periodischer Orbits wurde erstmals in dem Programm PERIOD von P. Deuflhard [50] implementiert. Eine Erweiterung um eine adaptive Fortsetzungsmethode bezüglich vorgegebener Parameter findet sich in [175]. Eine umfangreiche Methodik zur Berechnung von periodischen Lösungen und allgemeinerer Strukturen dynamischer Systeme ist in dem weitverbreiteten Programmpaket AUTO von E. Doedel [65] realisiert.

Beispiel 8.12. *Ringoszillator* ([107]). Wir betrachten den in Abbildung 8.4 dargestellten elektronischen Schwingkreis. Er verkoppelt n identische sogenannte MOSFET-Inverter in einer Ringanordnung und heißt deshalb genauer MOSFET-Ringoszillator.

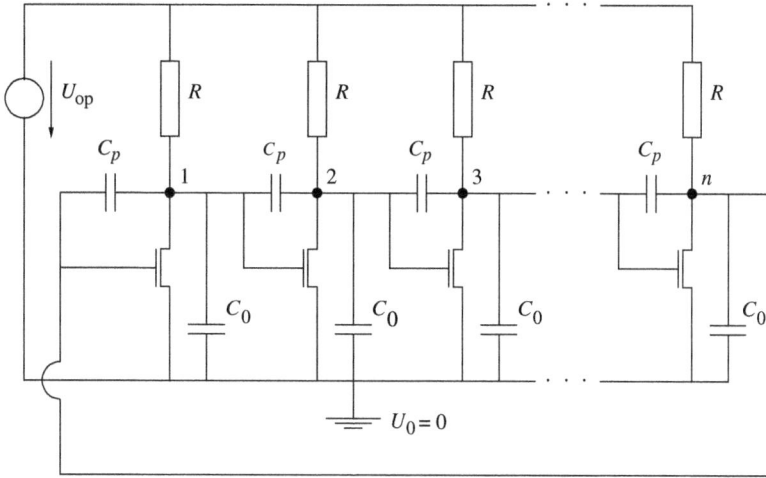

Abbildung 8.4. Schaltbild eines Ringoszillators ($n > 4$)

Seien U_i die einzelnen Spannungen an den Knoten i des Schaltkreises und $U = (U_1, \dots, U_n)$ der zugehörige Spannungsvektor. Im Rückgriff auf Abschnitt 1.4 erhalten wir mit dem Kirchhoffschen Spannungsgesetz das (linear-implizite) Differentialgleichungssystem

$$C\, U' = f(U).$$

Die darin auftretende (n, n)-Kapazitätsmatrix

$$C = \begin{bmatrix} 2C_p + C_0 & -C_p & & & -C_p \\ -C_p & & & & \\ & \ddots & \ddots & \ddots & \\ & & & & -C_p \\ -C_p & & & -C_p & 2C_p + C_0 \end{bmatrix}$$

hat zyklische Tridiagonalgestalt. In der rechten Seite

$$f(U) = \begin{bmatrix} 1/R(U_1 - U_{\mathrm{op}}) + g(U_n, U_1, U_0) \\ 1/R(U_2 - U_{\mathrm{op}}) + g(U_1, U_2, U_0) \\ \vdots \\ 1/R(U_n - U_{\mathrm{op}}) + g(U_{n-1}, U_n, U_0) \end{bmatrix}$$

$$U_1 \qquad U_3 \qquad U_5 \qquad U_2 \qquad U_4$$

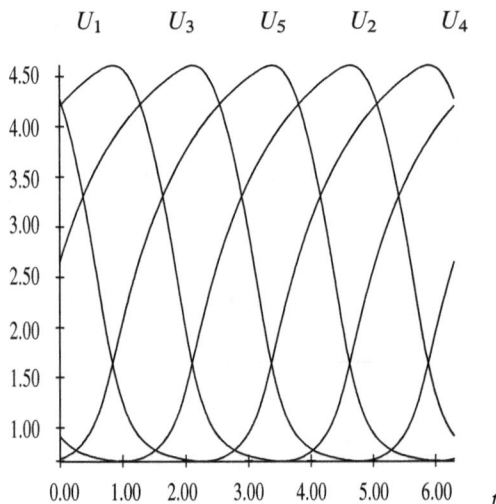

Abbildung 8.5. Periodisches Verhalten des Ringoszillators ($n = 5$)

tritt noch die Kennlinie g der MOSFET-Inverter

$$g(U_G, U_D, U_S) = K \max\{(U_G - U_S - U_T), 0\}^2 - K \max\{(U_G - U_D - U_T), 0\}^2$$

auf. Die technischen Parameter K, U_T, U_0, U_{op}, der Ohmsche Widerstand R und die Kapazitäten C_0 und C_p haben, nach geeigneter Skalierung, die Werte $K = 0.2$, $U_T = 1$, $U_0 = 0$, $U_{op} = 5$, $R = 5$, $C_0 = 0.21$, $C_p = 5 \cdot 10^{-3}$. Ausgehend von Startwerten, die für $n = 5$ in [107] angegeben sind, wurde von PERIOD eine periodische Lösung berechnet, die in Abbildung 8.5 aufgetragen ist. Diese Lösung ist *stabil*, was auch wegen der Konstruktion eines selbsterregenden Oszillators nicht anders zu erwarten war. Offenbar haben die dargestellten periodischen Lösungen eine räumliche Symmetrie

$$U_i(t) = U_{i+1}\left(t - \frac{T}{n}\right),$$

die man für größere n beachten sollte – siehe [175], worin ein Algorithmus vom Aufwand $O(n)$ beschrieben wird. In der industriellen Praxis wird dagegen die Tatsache ausgenutzt, dass die gesuchten Orbits stabil sind, was wiederum eine einfachere Iteration über reine Anfangswertprobleme ermöglicht.

Abschließend sei noch angemerkt, dass wir hier bewusst die Berechnung *homokliner* oder *heterokliner* Orbits ausgeklammert haben: Sie gehören formal zu unbeschränkter Periode $T = \infty$. Dieser Typ von Orbit beginnt und endet in einem Fixpunkt ($f(x) = 0$) – *homo*kline Orbits im *gleichen* Fixpunkt, *hetero*kline Orbits in *verschiedenen* Fixpunkten. Da in Fixpunkten die oben gemachte Voraussetzung $f(x) \neq 0$ eben gerade verletzt ist, entartet somit der Eigenvektor zum Eigenwert $\lambda_1 = 0$. Als Konsequenz treten in den Fixpunkten nichtdifferenzierbare Tangenten auf. Zum Verständnis dieser interessanten dynamischen Objekte sei auf die Spezialliteratur verwiesen: Zur Theorie siehe etwa das neuere Textbuch [117], zur numerischen Behandlung der so entstehenden *raumartigen* Randwertprobleme mit Kollokationsmethoden sei etwa die Arbeit von W. Beyn [15] erwähnt.

8.5.2 Parameteridentifizierung in Differentialgleichungen

In Erweiterung der parameterabhängigen Randwertprobleme (8.35) stellt sich in der Praxis häufig die folgende Aufgabe: Zu vorgegebenen Messpunkten

$$(\tau_i, z_i), \quad i = 1, \ldots, M, \quad M > d + q$$

bestimme unbekannte Parameter $p \in \mathbb{R}^q$ im Sinne der Gaußschen *Methode der kleinsten Fehlerquadrate* (engl. *least squares*). Mit anderen Worten: Gesucht ist eine glatte Trajektorie $x(t; p)$ derart, dass

$$x' = f(x; p), \quad \frac{1}{M} \sum_{i=1}^{M} |z_i - x(\tau_i; p)|_2^2 = \min. \tag{8.41}$$

Es liegt also ein *überbestimmtes* Randwertproblem vor, das in die allgemeine Klasse von *inversen* Problemen fällt. Die Variable t ist hierbei immer die *Zeit*, das auftretende Problem somit klar „zeitartig" im oben eingeführten Sinn. Als Lösungsalgorithmus bietet sich daher eine Variante der Mehrzielmethode an, die von H. G. Bock [18, 19] 1981 vorgeschlagen worden ist.

Zur Konstruktion dieser Variante wählen wir die Partitionierung Δ der Mehrzielmethode derart, dass die m Mehrzielknoten $\{t_j\}$ in der Menge von M Messknoten $\{\tau_j\}$ enthalten sind, also

$$\Delta = \{t_1, \ldots, t_m\} \subseteq \{\tau_1, \ldots, \tau_M\}.$$

Seien ξ_j wieder die unbekannten Werte der Lösung an den Mehrzielknoten. Mit den Bezeichnungen

$$r(\xi_1, \ldots, \xi_m, p) = \begin{bmatrix} z_1 - \Phi^{\tau_1, t_1}(p)\xi_1 \\ \vdots \\ z_{M-1} - \Phi^{\tau_{M-1}, t_{m-1}}(p)\xi_{m-1} \\ z_M - \xi_m \end{bmatrix}$$

lässt sich dann ein im Allgemeinen nichtlineares Ausgleichsrandwertproblem mit nichtlinearen Gleichungsbeschränkungen herleiten: Zu den *Stetigkeitsbedingungen*

$$F_j(\xi_j, \xi_{j+1}, p) = \Phi^{t_{j+1}, t_j}(p)\xi_j - \xi_{j+1} = 0, \quad j = 1, \ldots, m-1,$$

kommen die *Ausgleichsbedingungen*

$$|r(\xi_1, \ldots, \xi_m, p)|_2 = \min.$$

In Abbildung 8.6 ist die Situation für den Spezialfall $M = 13, m = 4$ graphisch dargestellt.

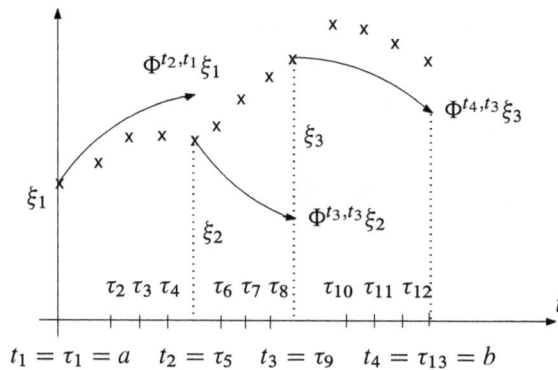

Abbildung 8.6. Mehrzielmethode für die Parameteridentifizierung $(M = 13, m = 4)$

Wie in der Standard-Mehrzielmethode fassen wir die $dm + q$ Unbekannten, die $d(m-1)$ Stetigkeitsbedingungen und die M Ausgleichsrandbedingungen zusammen und erhalten so

$$\xi = \begin{bmatrix} \xi_1 \\ \vdots \\ \xi_m \\ p \end{bmatrix} \in \mathbb{R}^{dm+q}, \quad F(\xi) = \begin{bmatrix} F_1(\xi_1, \xi_2, p) \\ \vdots \\ F_{m-1}(\xi_{m-1}, \xi_m, p) \\ r(\xi_1, \ldots, \xi_m, p) \end{bmatrix}.$$

Die zugehörige Jacobimatrix hat eine ähnliche Gestalt wie in (8.36), wobei hier jedoch die Blöcke $R_1, \ldots, R_m, P_m$ jeweils M Zeilen haben.

Gauß-Newton-Methode. Zur Lösung des obigen beschränkten nichtlinearen Ausgleichsproblems konstruiert man eine Gauß-Newton-Iteration der Form

$$\Delta\xi^k = -J(\xi^k)^- F(\xi^k), \quad \xi^{k+1} = \xi^k + \Delta\xi^k, \qquad k = 0, 1, \ldots,$$

worin J^- eine verallgemeinerte Inverse von J bezeichnet, ähnlich der in (8.23) bereits definierten. Die Berechnungsvorschrift dieser verallgemeinerten Inversen werden wir weiter unten darstellen. Das so definierte Gauß-Newton-Verfahren konvergiert lokal superlinear, wenn das Residuum $F(\xi^*)$ im Lösungspunkt ξ^* „hinreichend klein" ist. Falls das Randwertproblem und die Messdaten *kompatibel* sind, also für $F(\xi^*) = 0$, konvergiert das Verfahren sogar lokal quadratisch. Für Details verweisen wir etwa auf die Arbeiten [47, 18, 19] oder die neuere Monographie [52].

Block-Gauß-Elimination mit Nachiteration. Zur Realisierung der obigen verallgemeinerten Inversen J^- gehen wir aus von dem linearen Blocksystem

$$
\begin{aligned}
G_1 \Delta\xi_1 - \Delta\xi_2 && + P_1 \Delta p &= -F_1 \\
G_2 \Delta\xi_2 - \Delta\xi_3 && + P_2 \Delta p &= -F_2 \\
\ddots && \\
G_{m-1}\Delta\xi_{m-1} - \Delta\xi_m + P_{m-1}\Delta p &= -F_{m-1}
\end{aligned}
$$

sowie den linearen Ausgleichsbedingungen

$$
|R_1\Delta\xi_1 + R_2\Delta\xi_2 + \cdots + R_m\Delta\xi_m + P_m\Delta p + r|_2 = \min .
$$

Das System ist wiederum zyklisch. Der bereits beschriebene Condensing-Algorithmus (8.18) kann auf elementare Weise an die hier vorliegende Situation angepasst werden. Mit Startwerten

$$
\bar{P}_m = P_m, \quad \bar{R}_m = R_m
$$

liefert die *Rückwärtsrekursion*

$$
\begin{aligned}
\bar{P}_j &= \bar{P}_{j+1} + \bar{R}_{j+1}P_j, \quad j = m-1,\ldots,1, \\
\bar{R}_j &= R_j + \bar{R}_{j+1}G_j, \quad j = m-1,\ldots,1,
\end{aligned}
$$

die kondensierten Matrizen

$$
P = \bar{P}_1, \quad E = \bar{R}_1.
$$

Damit erhalten wir das kondensierte Ausgleichsproblem

$$
|E\Delta\xi_1 + P\Delta p + u|_2 = \min, \tag{8.42}
$$

welches wir gemäß

$$
\begin{bmatrix} \Delta\xi_1 \\ \Delta p \end{bmatrix} = -[E, P]^+ u
$$

lösen, wobei die Moore-Penrose-Pseudoinverse der $(M, d + q)$-Matrix $[E, P]$ auftritt. Sobald die Gauß-Newton-Korrekturen $\Delta \xi_1$ und Δp berechnet sind, können die
restlichen Gauß-Newton-Korrekturen über die *Vorwärtsrekursion*

$$\Delta \xi_{j+1} = G_j \Delta \xi_j + P_j \Delta p + F_j, \quad j = 1, \ldots, m - 1, \qquad (8.43)$$

bestimmt werden. In Analogie zu (8.23) und mit den dortigen Bezeichnungen für
die Blockmatrizen L, R können wir die verallgemeinerte Inverse J^- somit formal
darstellen durch

$$J^- = RS^- L, \quad S^- = \text{diag}([E, P]^+, I, \ldots, I).$$

Diese Variante der Mehrzielmethode zur Parameteridentifizierung bei Differentialgleichungen ist in dem Programm PARFIT von H. G. Bock [19] implementiert.

Die numerische Stabilität der Rekursion (8.43) entspricht allerdings wieder dem
einfachen Schießverfahren, nicht der Mehrzielmethode – wie wir aus der Fehleranalyse von Abschnitt 8.3.2 wissen. Es ist also auch hier wiederum eine spezielle Nachiteration (engl. *iterative refinement sweeps*) vonnöten. Um sie zu starten, bedarf es
erst einmal einer Nachiteration auf dem kondensierten Ausgleichssystem (8.42). Eine
naive Nachiteration würde allerdings für hinreichend große Residuen

$$\bar{r} = E \Delta \xi_1 + P \Delta p + u$$

nicht brauchbar sein. Deshalb empfehlen wir die Anpassung eines schon 1967 von
A. Bjoerck [16] vorgeschlagenen Algorithmus auf die vorliegende Situation: In diesem Vorschlag wird das lineare Ausgleichsproblem (8.42) zunächst umgeschrieben in
das erweiterte lineare Gleichungssystem

$$-\bar{r} + E \Delta \xi_1 + P \Delta p + u = 0,$$
$$[E, P]^T \bar{r} = 0$$

zu den Variablen $\Delta \xi_1, \Delta p, \bar{r}$. Auf diesem System wird dann die übliche Nachiteration
durchgeführt. Falls sie konvergiert und damit das lineare Ausgleichsproblem (8.42)
als wohlgestellt diagnostiziert worden ist, kann die in Abschnitt 8.3.2 ausgearbeitete
Nachiteration für die explizite Rekursion unverändert angeschlossen werden.

Parameteridentifizierung bei großen chemischen Reaktionsnetzwerken. Für
diesen Spezialfall existiert als effiziente Alternative zu PARFIT noch das Programmpaket PARKIN von U. Nowak und P. Deuflhard [136, 137]. Wir wollen einige Details
daraus im Folgenden genauer darstellen, um einen Einblick zu vermitteln, wie man
der enormen Komplexität praktischer Fragestellungen der *Physikalischen Chemie* und
neuerdings mehr und mehr der *Theoretischen Biologie* Herr werden kann.

In Abschnitt 1.3 haben wir bereits den engen Zusammenhang zwischen chemischer Reaktionskinetik und Differentialgleichungen ausführlich dargestellt. Insbesondere bei großen Systemen ist die Erstellung des Differentialgleichungssystems durch einen *chemischen Compiler* unverzichtbar. Im Unterschied zur Zielfunktion (8.41) liegt in interessanten Anwendungsfällen meist eine etwas allgemeinere Zielfunktion der folgenden Bauart vor:

$$x' = f(x; p), \quad \sum_{i=1}^{M} (z_i - x(\tau_i; p))^T D_i (z_i - x(\tau_i; p)) = \min. \qquad (8.44)$$

Die darin auftretende Diagonalmatrix $D_i = \text{diag}(d_{i,1}, \ldots, d_{i,n})$ enthält zwei Arten von Informationen: (a) Üblicherweise sind einige der Komponenten der Differentialgleichung, hier etwa bezeichnet mit $x_k(\tau_i; p)$, gar nicht messbar, dann ist $d_{i,k} = 0$, und (b) die tatsächlich gemessenen Komponenten können nur bis auf eine *Messtoleranz* $\delta z_{i,k} > 0$ genau erfasst werden, dann ist

$$d_{i,k} = \frac{1}{\delta z_{i,k}^2}.$$

In der chemischen Kinetik sind die unbekannten Parameter in aller Regel Reaktionsgeschwindigkeitskoeffizienten, die per Definition *positiv* sein sollten. Um dieser Nebenbedingung Rechnung zu tragen, erinnern wir uns daran, dass diese Parameter aus einem sogenannten *Arrhenius-Gesetz* herrühren, das wir in (1.11) bereits kennengelernt haben und das in der Praxis meist in der modifizierten Form

$$p = A \cdot T^{\alpha} \cdot \exp\left(-\frac{E}{kT}\right)$$

vorliegt, worin A der präexponentielle Faktor, T die Temperatur, α ein charakteristischer Exponent, E eine Energiedifferenz (für den Übergang zwischen molekularen Zuständen) und k die Boltzmannkonstante sind. Mit Blick darauf transformieren wir unsere gesuchten Parameter gemäß

$$p = e^v, \quad v = \ln p = \ln A + \alpha \ln T - \frac{E}{kT}, \qquad (8.45)$$

womit zu berechnetem v die Bedingung $p > 0$ in jeder Komponente erfüllt ist. Zur Betrachtung der relativen oder absoluten Genauigkeiten differenzieren wir obige Transformation und erhalten

$$dv = \frac{dp}{p} = \frac{dA}{A} + d\alpha \ln T - \frac{dE}{kT},$$

woraus (in linearisierter Näherung) folgt: Absolute Genauigkeit im Parameter v liefert relative Genauigkeit im Parameter p.

In schwierigen Messsituationen werden *Mehrfachexperimente* durchgeführt, etwa zu unterschiedlichen Temperaturen T, um mehr „Information" über die Parameter aus den Messdaten „herausholen" zu können (siehe dazu weiter unten Genaueres). In diesem Fall hat man in (8.45) dann drei Parameter

$$\ln p = \ln v_1 + v_2 \ln T - v_3/T,$$

die aus den Daten zu bestimmen sind, wobei v_1 auf relative, v_2, v_3 hingegen auf absolute Genauigkeit berechnet werden; dies passt nahtlos zu der Tatsache, dass in der chemischen Literatur die präexponentiellen Faktoren (hier v_1) ohnehin auf relative Genauigkeit angegeben werden, meist sogar nur durch ihre Größenordnung, während die Energielücken (hier v_3) auf absolute Genauigkeit interessieren.

In aller Regel sind die Differentialgleichungen der chemischen Kinetik *steif* und *groß*. Deshalb genügt mit Blick auf die Bedingung (8.12) eine Identifizierung der Parameter mittels des einfachen *Schießverfahrens* ($m = 2$). Falls auch noch Anfangswerte $\xi = x(0; p)$ zu bestimmen sind, müssen wir also nur die folgende Gauß-Newton-Iteration realisieren (Iterationsindex weglassen):

$$\begin{bmatrix} \Delta\xi \\ \Delta p \end{bmatrix} = -[E, P]^+ u.$$

Die Matrizen $E = A + BW(b, a)$ und $P = P(b, a)$ berechnen wir im konkreten Fall durch spaltenweises Lösen der Variationsgleichungen

$$W' = f_x(\Phi^{t,a}\xi; p)W, \quad W(a, a) = I, \quad t \in [a, b],$$

für E und

$$P' = f_x(\Phi^{t,a}\xi; p)P + f_p(\Phi^{t,a}\xi; p), \quad P(a, a) = 0, \quad t \in [a, b].$$

Die effiziente Berechnung und Speicherung der im Allgemeinen dünnbesetzten (engl. *sparse*) Matrizen f_x, f_p lässt sich hier mit Hilfe des chemischen Compilers bequem als Summe über alle einzelnen Reaktionsmodule realisieren. Die numerische Integration der Variationsgleichungen kann mit geringerer Genauigkeit erfolgen als die Integration der Differentialgleichungen für die Trajektorien.

Bei sehr großen Reaktionssystemen lässt sich noch zusätzlich Speicherplatz sparen, indem man die so berechnete Matrix P „ausdünnt" (engl. *sparsing*), d. h. „kleine" Elemente (in skalierter Interpretation) einfach weglässt – sie spielen für die Iteration nur eine untergeordnete Rolle. Im schon erwähnten Fall der Kopplung von v Experimenten zu Temperaturen $(T_1, T_2, \ldots, T_v)$ erhält man zwei Drittel der großen Matrizen durch schlichtes Nachdifferenzieren in der Transformation (8.45), also durch Multiplikation geeigneter Teilmatrizen mit Faktoren $\ln T_i$ bzw. $1/T_i$, was enorm Aufwand spart.

Die so erzeugte Sensitivitätsmatrix $[E, P]$ wird dann mittels QR-Zerlegung behandelt – siehe Band 1, Abschnitt 3.2. Dabei ist ausdrücklich zu beachten, ob der *nume-*

rische Rang der Matrix voll ist – andernfalls kann keine eindeutige Lösung v^* aus der Gauß-Newton-Iteration erwartet werden. Die Bestimmung des numerischen Rangs einer Matrix hängt bekanntlich stark von der *Skalierung* ab: Die Wahl der Messtoleranzen δz in (8.44) beeinflusst offenbar die Zeilenskalierung, die Wahl einer relativen oder absoluten Fehlertoleranz für die Parameter geht in die Spaltenskalierung ein. Die Erfahrung zeigt, dass bei Hinzunahme geeigneter Experimente zu verschiedenen Temperaturen oder Anfangsmischungen der Rang der Matrix $[E, P]$ im Allgemeinen wächst. Ob der Rang voll ist, hängt von dem Verhältnis der Messdaten zum betrachteten mathematischen Modell ab: Nicht alle Daten enthalten genug „Information" zur eindeutigen Bestimmung aller Parameter!

Insgesamt darf gesagt werden, dass Parameteridentifizierung bei Differentialgleichungen auch heute noch, zumindest bei hinreichend großen Systemen, durchaus eine Herausforderung darstellt. Eine effiziente und mathematisch saubere Realisierung ist jedoch die Voraussetzung für das Verständnis und die Beherrschung zahlreicher Prozesse in Naturwissenschaft und Technik.

8.6 Variationsprobleme

Die optimale Steuerung zeitabhängiger Prozesse kommt in zahlreichen Problemen der Technik vor – siehe etwa das Lehrbuch von A. E. Bryson und Y. C. Ho [25]. Beispiele sind die Bestimmung optimaler Flugbahnen von Satelliten, die optimale Steuerung der Heizung von Solarhäusern oder die Optimierung von Produktionsprozessen in der Chemie- und Verfahrenstechnik. Dieser Typ von Fragestellung führt auf eine reichhaltige Klasse von im Allgemeinen nichtlinearen Randwertproblemen für Differentialgleichungen, wovon wir hier den Fall gewöhnlicher Differentialgleichungen kurz anreißen wollen. Im ersten Abschnitt beginnen wir zunächst mit der klassischen Variationsrechnung, die auf Johann Bernoulli (1667 – 1748) zurückgeht [13]. Anschließend erweitern wir unsere mathematische Sicht auf den eigentlich interessierenden Fall der optimalen Steuerungen. Unsere Darstellung folgt der Linie einer Vorlesung, die R. Bulirsch 1971 an der Universität zu Köln gehalten und seit 1973 an der TU München weiterentwickelt hat. Ihr Inhalt ist weitgehend unpubliziert, wenige ausgewählte Resultate finden sich in dem Report [26], weitere verstreut in einer Reihe von Dissertationen.

Mit dem hier vorliegenden kurzen Abschnitt können und wollen wir natürlich keine Vorlesung zur Theorie und Numerik optimaler Steuerungsprobleme ersetzen. Unser Ziel ist vielmehr lediglich, die *Struktur* von Randwertproblemen, die durch diese Fragestellungen in der Praxis entstehen, in ausreichendem Detail darzustellen. Wie wir sehen werden, ergeben sich parameterabhängige Mehrpunkt-Randwertprobleme vom allgemeinen Typus (8.35), den wir in Abschnitt 8.5 dargestellt haben. Die Kenntnis von Variationsproblemen ist deshalb auch für Numeriker von unschätzbarem Wert.

8.6.1   Klassische Variationsprobleme

Um speziell seinen Bruder Jacob herauszufordern, stellte Johann Bernoulli im Jahre 1696 der gesamten damaligen Fachwelt das Problem der sogenannten *Brachistochrone*: „Wenn in einer vertikalen Ebene zwei Punkte A und B gegeben sind, soll man dem beweglichen Punkt M eine Bahn anweisen, auf der er, von A ausgehend, vermöge seiner eigenen Schwere *in kürzester Zeit* nach B gelangt." Bezeichne ξ eine horizontale Koordinate und $x(\xi)$ eine Funktion, deren Graph die gesuchte Kurve ist. Seien $(a, x(a))$, $(b, x(b))$ die Koordinaten der Punkte A, B in einer Ebene. Wählen wir die Normierung $x(a) = 0$ und $b > a$, so ergibt sich $x(\xi) < 0$ für $\xi > a$. Die Funktion x ist dann derart zu bestimmen, dass die Fallzeit T *minimal* wird, d. h.

$$T = \int_0^T dt = \frac{1}{\sqrt{2g}} \int_a^b \frac{\sqrt{1 + x'^2}}{\sqrt{-x}} d\xi = \min,$$

worin g die Erdbeschleunigung bezeichnet. Johann kannte die Lösung bereits vor Stellung des Problems, aber sein Bruder Jacob fand sie ebenfalls, allerdings nur für den Spezialfall (durch Anwendung erstaunlicher geometrischer Detailkenntnisse).

Nach dieser historischen Reminiszenz betrachten wir nun den allgemeinen Fall, wobei wir uns auf Funktionen $x : [a, b] \longrightarrow \mathbb{R}$ beschränken wollen – die wesentliche Struktur scheint bereits im *skalaren* Spezialfall auf. Zu minimieren sei also ein Funktional

$$I[x] := \int_a^b \Phi(t, x, x') dt = \min \tag{8.46}$$

über einer vorgegebenen *offenen* Klasse K von Vergleichsfunktionen, etwa

$$x \in K := \{x \in C^1[a, b] : x(a) = x_a, \ x(b) = x_b\}.$$

Sei x_0 die gesuchte *optimale Lösung* oder (im vorliegenden Fall) auch *Minimallösung* des obigen Variationsproblems, definiert durch die Beziehung

$$I[x_0] \leq I[x], \quad x \in K. \tag{8.47}$$

Dann lässt sich diese Lösung mathematisch charakterisieren durch eine Idee, die J. L. Lagrange (1736 – 1813) in seinen „Mélanges de Turin" im Jahre 1759 wohl zum ersten Mal veröffentlicht hat: Anstelle einer allgemeinen Einbettung der gesuchten Funktion x_0 in die vorgegebene Klasse K betrachtet man die spezielle *einparametrige* Einbettung

$$x = x_0 + \varepsilon \delta x \quad \text{für alle } \varepsilon : |\varepsilon| < \bar{\varepsilon}, \ \bar{\varepsilon} > 0. \tag{8.48}$$

Hierin haben wir die klassische Schreibweise δx gewählt, die sogenannte *Variation* von x, die nur eine (eventuell skalierte) Funktionsdifferenz zwischen einer beliebigen Trajektorie x und der gesuchten optimalen Trajektorie x_0 bezeichnet. Trivialerweise gilt wegen $x, x_0 \in K$ auch

$$\delta x \in K_0 \quad \text{mit } K_0 := \{x \in C^1[a, b] : x(a) = 0, \ x(b) = 0\}.$$

Anstelle des obigen allgemeinen Funktionals betrachten wir entsprechend nur das einparametrige Funktional

$$J(\varepsilon) = I[x_0 + \varepsilon \delta x]$$

und minimieren nur über $\varepsilon \in \mathbb{R}^1$. *Notwendige* Bedingung für die Existenz eines Minimums gemäß (8.47) ist dann offenbar, dass $J(0)$ inneres Minimum bezüglich ε ist. Für einen *inneren Extremalpunkt* muss allgemein gelten

$$J'(0) = 0. \tag{8.49}$$

Um ein *Minimum* von J zu erhalten, muss *notwendig* gelten

$$J''(0) \geq 0. \tag{8.50}$$

Die verschärfte Bedingung

$$J''(0) > 0 \tag{8.51}$$

ist *hinreichend* für ein Minimum von J. Die Beziehung (8.49) heißt oft auch *erste Variation*, die Beziehungen (8.50) bzw. (8.51) auch *zweite Variation*. Erstaunlicherweise sind wir mit dieser einfachen Grundidee in der Lage, die wesentlichen Resultate der klassischen Variationsrechnung, bis auf pathologische Besonderheiten, aufzustellen.

Satz 8.13. *Sei $\Phi \in C^2$ bezüglich aller Argumente und x_0 eindeutige Minimallösung des Variationsproblems (8.46). Dann genügt x_0 der Euler-Lagrange-Gleichung*

$$\frac{d}{dt} \Phi_{x'} = \Phi_x \tag{8.52}$$

und es gilt die Legendre-Clebsch-Bedingung

$$0 \leq \Phi_{x'x'}(t, x_0(t), x_0'(t)) \quad \text{für alle } t \in [a, b]. \tag{8.53}$$

Beweis. Wir wollen hier den Beweis zu obigem Satz nur skizzieren. Differentiation des Funktionals nach ε liefert zunächst

$$J'(\varepsilon) = \int_a^b \left[\frac{\partial \Phi}{\partial x}(t, x_0 + \varepsilon \delta x, \ x_0' + \varepsilon \delta x') \delta x + \frac{\partial \Phi}{\partial x'}(t, x_0 + \varepsilon \delta x', \ x_0' + \varepsilon \delta x') \delta x' \right] dt$$

und nach Einsetzen von $\varepsilon = 0$ schließlich

$$J'(0) = \int_a^b \left[\Phi_x(t, x_0, x_0') \delta x + \Phi_{x'}(t, x_0, x_0') \delta x' \right] dt.$$

Wir integrieren den zweiten Term partiell

$$\int_a^b \Phi_{x'}(t, x_0, x_0') \delta x' \, dt = \Phi_{x'}(t, x_0, x_0') \delta x \big|_a^b - \int_a^b \frac{d}{dt} \Phi_{x'}(t, x_0, x_0') \delta x \, dt. \tag{8.54}$$

Wegen $\delta x \in K_0$ verschwindet der herausintegrierte Bestandteil. Damit folgt unmittelbar

$$0 = J'(0) = \int_a^b \left[\Phi_x(t, x_0, x_0') - \frac{d}{dt} \Phi_{x'}(t, x_0, x_0') \right] \delta x(t)\, dt,$$

d. h., das Integral muss für alle δx verschwinden. Mit Hilfe des sogenannten *Fundamental-Lemmas* der Variationsrechnung (siehe etwa das klassische Buch von O. Bolza [20]) zeigt man dann, dass der Integrand punktweise verschwinden muss, d. h. [...] $\equiv$ 0. Dies liefert die Euler-Lagrange-Gleichung (8.52). Nach einiger Zwischenrechnung (mit Hilfe der sogenannten Legendre-Transformation, die etwas mathematische Vorsicht benötigt, was wir hier jedoch ignorieren) lässt sich die zweite Variation ebenfalls einfach ausdrücken wie folgt:

$$J''(0) = \int_a^b \Phi_{x'x'}(t, x_0, x_0') \delta x'^2\, dt.$$

Die notwendige Bedingung $J''(0) \geq 0$ für ein Minimum führt dann direkt auf die notwendige Bedingung (8.53), da der Faktor $\delta x'^2$ im Integranden nichtnegativ ist. $\square$

Die Legendre-Clebsch-Bedingung (8.53) stellt nur eine notwendige, keine hinreichende Bedingung dar. Eine Verschärfung der Ungleichung liefert das folgende überraschende Resultat.

Satz 8.14. *Unter den Annahmen des vorigen Satzes, wobei die Legendre-Clebsch-Bedingung verschärft wird zu*

$$0 < \Phi_{x'x'}(t, x_0(t), x_0'(t)) \quad \text{für alle } t \in [a, b], \tag{8.55}$$

gilt die Beziehung

$$x_0 \in C^2[a, b]. \tag{8.56}$$

Beweis. Ausdifferenzieren der Euler-Lagrange-Gleichung liefert

$$\frac{d}{dt} \Phi_{x'} = \Phi_{x't} + \Phi_{x'x} x_0' + \Phi_{x'x'} \cdot x_0''.$$

Wegen (8.55) ist eine punktweise Auflösung nach x_0'' möglich, was zu der Eigenschaft (8.56) führt. $\square$

Das Resultat (8.56) ist deswegen überraschend, weil zunächst nur $x_0 \in K \subset C^1$ vorausgesetzt war; die optimale Lösung ist also glatter als die Klasse der Vergleichsfunktionen.

Auch die verschärfte Legendre-Clebsch-Bedingung (8.55) ist noch nicht *hinreichend* für die Existenz einer eindeutigen optimalen Lösung, hier ist in der Tat die Grenze unserer eindimensionalen Lagrangeschen Einbettung (8.48) erreicht – Details siehe in der Fachliteratur zur Variationsrechnung. Glücklicherweise reichen jedoch in nahezu allen technischen Fragestellungen notwendige Bedingungen aus, um optimale Lösungen eindeutig festzulegen.

Die Resultate des obigen Satzes lassen sich einfach erweitern auf den Fall, dass eine der Randbedingungen, etwa $x(b)$, *nicht* fixiert ist. Folglich ist $\delta x(b) \neq 0$ anzusetzen. Die erste Variation in dem oben geführten Beweis ergibt nach wie vor die Euler-Lagrange-Gleichung. Als herausintegrierter Bestandteil in (8.54) ergibt sich wiederum

$$\Phi_{x'}(t, x_0, x_0')\big|_{t=b}\,\delta x(b) = 0,$$

woraus hier allerdings die sogenannte *natürliche Randbedingung*

$$\Phi_{x'}(t, x_0, x_0')\big|_{t=b} = 0$$

zwingend folgt. Sie heißt in der Literatur oft auch *Transversalitätsbedingung*. Offenbar gehen die Randbedingungen bei Variationsproblemen prinzipiell „auf Lücke": falls eine der Randbedingungen vom Problem her fixiert ist, so wird diese gestellt; falls keine Randbedingung vorgeschrieben ist, so gilt die Transversalitätsbedingung. Unabhängig von der Wahl der Funktionenklasse K erhält man also immer ein vollständig definiertes Randwertproblem.

In den meisten naturwissenschaftlichen Problemen ist der Integrand Φ im Funktional I *autonom*, d. h. $\Phi_t = 0$. In diesem Fall gilt

$$\frac{d\Phi}{dt} = \Phi_x \cdot x' + \Phi_{x'} \cdot x''$$

und, nach Einsetzen der Euler-Lagrange-Gleichung,

$$\frac{d\Phi}{dt} = \frac{d}{dt}\Phi_{x'} \cdot x' + \Phi_{x'} \cdot x'' = \frac{d}{dt}(\Phi_{x'}x').$$

Definieren wir die *Hamiltonfunktion* gemäß

$$H(t, x, x') = -\Phi + \Phi_{x'}x',$$

so gilt offenbar im autonomen Fall wegen $H_t = 0$ die wichtige Invariante

$$H(x, x') = \text{const}.$$

Allgemeine erste Variation. In vielen technischen Anwendungsproblemen treten erweiterte Minimierungsprobleme von folgendem Typ auf:

$$I[x] := g\big(a, \tau, b, x(a), x(\tau^-), x(\tau^+), x(b)\big) + \int_a^b \Phi(t, x, x')\, dt = \min. \quad (8.57)$$

Hierbei sind die Randpunkte a, b sowie der Zwischenpunkt $\tau \in [a, b]$ freie Parameter, so dass die zugehörigen Variationen $\delta a, \delta b, \delta\tau$ im Allgemeinen nicht verschwinden.

Des Weiteren sind auch Unstetigkeiten $x(\tau^-) \neq x(\tau^+)$ möglich, wir können also x nur noch als *stückweise* C^1-Funktion voraussetzen. Zur Herleitung der ersten Variation auch in diesem Fall geht man ähnlich vor wie bisher und definiert die Einbettung

$$J(\varepsilon) = I[x_0 + \varepsilon \delta x], \quad a := a_0 + \varepsilon \delta a, \dots .$$

Nach umfangreicher Zwischenrechnung (siehe [26]) erhält man schließlich den Ausdruck

$$
\begin{aligned}
J'(0) = &\left[\frac{\partial g}{\partial a} + H^+\right]_a \delta a + \left[\frac{\partial g}{\partial b} - H^-\right]_b \delta b \\
&+ \left[\frac{\partial g}{\partial \tau} - H^- + H^+\right]_\tau \delta\tau \\
&+ \left[\frac{\partial g}{\partial x(a)} - \Phi_{x'}^+\right]_a \delta x(a) + \left[\frac{\partial g}{\partial x(b)} + \Phi_{x'}^-\right]_b \delta x(b) \\
&+ \left[\frac{\partial g}{\partial x(\tau^-)} + \Phi_{x'}^-\right] \delta x(\tau^-) + \left[\frac{\partial g}{\partial x(\tau^+)} - \Phi_{x'}^+\right] \delta x(\tau^+) \\
&+ \int_a^b \left[\Phi_x - \frac{d}{dt}\Phi_{x'}\right] \delta x(t)\, dt = 0.
\end{aligned}
\tag{8.58}
$$

Hierin sind die Terme $H^+, H^-, \Phi_{x'}^+, \Phi_{x'}^-$ als rechts- und linksseitige Grenzwerte zu verstehen. Offenbar ergibt sich wieder die Euler-Lagrange-Gleichung als notwendige Bedingung auf Basis des Fundamentallemmas. Ähnlich wie im einfacheren Fall (8.46) erhält man *Transversalitätsbedingungen*, falls keine anderen Punktbedingungen vorgeschrieben sind, etwa

$$\frac{\partial g}{\partial x(\tau^-)} + \Phi_{x'}\big(\tau^-, x(\tau^-),\, x'(\tau^-)\big) = 0,$$

falls $\delta x(\tau^-) \neq 0$.

Beispiel 8.15. *Zweistufenrakete.* Hier können wir den Startzeitpunkt $a = 0$ festlegen. Der Trennungspunkt τ der beiden Stufen ist optimal zu bestimmen, also frei, die Endzeit T ist ebenfalls frei. Die Funktion $x(t)$ bezeichne die Masse der Rakete zum Zeitpunkt t.

Zu *maximieren* ist die *Nutzlast*, also zu *minimieren* der *Treibstoffverbrauch* $x(0) - x(T)$. Für die Stufenabtrennung zum Zeitpunkt τ liefern uns die Raumfahrttechniker die Nebenbedingung (K_1, K_2: Konstante)

$$h = x(\tau^+) - x(\tau^-) - K_1\big(x(\tau^-) - x(0)\big) - K_2 = 0,$$

für den konstanten Schub $\beta > 0$ erhalten wir die Differentialgleichungsnebenbedingung

$$x'(t) = -\beta.$$

Koppeln wir diese Nebenbedingungen mittels der Lagrange-Multiplikatoren $l, \lambda(t)$ an das zu minimierende Funktional an, so erhalten wir das Variationsproblem

$$I[x] := x(0) - x(T) + l \cdot h\big(x(0), x(\tau^-), x(\tau^+)\big) + \int_0^T \big[\lambda(t)(x'+\beta) + F(x)\big]\, dt = \min,$$

wobei wir in die Funktion $F(x)$ einen nicht näher spezifizierten Rest des natürlich recht komplizierten Problems gepackt haben. Im formalen Vergleich mit der allgemeinen Form (8.57) sehen wir, dass

$$g\big(x(\tau^-), x(\tau^+), x(T)\big) = x(0) - x(T) + lh,$$
$$\Phi(x, \lambda, x') = \lambda(x' + \beta) + F(x).$$

Frei sind die Variationen $\delta\tau, \delta x(\tau^-), \delta x(\tau^+), \delta x(T)$. Kurze Nebenrechnung liefert

$$\Phi_{x'} = \lambda(t), \quad \Phi_{\lambda'} = 0,$$
$$H = -\Phi + x'\Phi_{x'} = -\beta\lambda(t) - F(x),$$
$$\frac{\partial g}{\partial x(\tau^-)} = l, \quad \frac{\partial h}{\partial x(\tau^-)} = -l\,(1 + K_1),$$
$$\frac{\partial g}{\partial x(\tau^+)} = l, \quad \frac{\partial g}{\partial x(T)} = -1$$

und schließlich aus (8.58) die Bedingungen

$$-H(\tau^-) + H(\tau^+) = 0, \quad \delta\tau \neq 0,$$
$$-l(1 + K_1) + \lambda(\tau^-) = 0, \quad \delta x(\tau^-) \neq 0,$$
$$l - \lambda(\tau^+) = 0, \quad \delta x(\tau^+) \neq 0,$$
$$-1 + \lambda(T) = 0, \quad \delta x(T) \neq 0.$$

Elimination des (konstanten) Lagrange-Parameters l führt sodann zu den Rand- und Sprungbedingungen

$$\lambda(T) = 1, \quad \lambda(\tau^-) = (1 + K_1)\lambda(\tau^+).$$

Man erhält also ein 3-*Punkt-Randwertproblem*, wie wir es im Prinzip in Abschnitt 8.5 beschrieben haben. Allerdings ist der Zwischenpunkt τ hier zu bestimmen, also ein freier Parameter. Vor Anwendung eines Algorithmus zur Lösung von Randwertproblemen (ob Anfangswertmethode oder globale Diskretisierungsmethode) müssen wir deshalb eine Transformation auf feste Knoten durchführen. Wählen wir etwa

$$s = \frac{t - a}{\tau - a}, \quad t \in [a, \tau],$$
$$s = 1 + \frac{t - \tau}{b - \tau}, \quad t \in [\tau, b],$$

so erhalten wir feste Knoten $\{0, 1, 2\}$ anstelle der Knoten $\{a, \tau, b\}$. Als Konsequenz müssen wir die Differentiation nach t durch die Differentiation nach s ersetzen, erhalten also einen *Parameter* τ in der rechten Seite der Differentialgleichungen – und so die allgemeine Form (8.35). Diese Herangehensweise heißt in der Fachliteratur auch *Multiplexing*.

Maximierungsprobleme. Falls anstelle des bisher betrachteten Minimierungsproblems (8.46) ein Problem der Art

$$I[x] := \int_a^b \Phi(t, x, x')\, dt = \max$$

zu lösen ist, drehen sich lediglich die Ungleichungszeichen in den Beziehungen zur zweiten Variation um, etwa in (8.51), (8.50), (8.53) und (8.55).

Variationsprobleme über mehreren Variablen. Falls ein Funktional über *mehrere* Funktionen zu minimieren ist, etwa über $x_1, \ldots, x_k$, so gelten Euler-Lagrange-Gleichungen für jede einzelne von ihnen:

$$\frac{d}{dt}\Phi_{x_i'} = \Phi_{x_i}, \quad i = 1, \ldots, k. \tag{8.59}$$

Die Legendre-Clebsch-Bedingung (8.53) verallgemeinert sich zu

$$\Phi_{x'x'} \text{ positiv semi-definite Matrix.}$$

In der verschärften Legendre-Clebsch-Bedingung steht stattdessen definit, bei Maximierungsproblemen entsprechend negativ (semi-)definit.

Im allgemeineren Variationsproblem (8.57) gelten alle im skalaren Fall auftretenden Ausdrücke in komponentenweiser Form, etwa die Transversalitätsbedingungen. Die *Hamiltonfunktion* hat die Gestalt

$$H = -\Phi + \sum_{i=1}^{k} x_i' \Phi_{x_i'}.$$

Theoretische Mechanik. Physikalisch lassen sich alle Differentialgleichungen der Mechanik, soweit keine Reibung im Spiel ist, aus einem Variationsproblem herleiten, dem sogenannten *Prinzip der kleinsten Wirkung* oder auch *Hamiltonschen Prinzip* – siehe etwa das Lehrbuch [118]. Der Integrand Φ im Funktional ist in diesem Fall die sogenannte *Lagrangefunktion* L, definiert durch

$$L = T(x_1', \ldots, x_k') - U(x_1, \ldots, x_k),$$

worin T die kinetische Energie und U die potentielle Energie darstellt. Da L nur über T von den Ableitungen abhängt, und zwar quadratisch, gilt speziell

$$\sum_{i=1}^{k} x_i' L_{x_i'} = \sum_{i=1}^{k} x_i' T_{x_i'} = 2T.$$

Damit vereinfacht sich die Hamiltonfunktion wie folgt:

$$H = -L + \sum_{i=1}^{k} x_i' L_{x_i'} = -T + U + 2T = T + U.$$

Sie repräsentiert offenbar die *Gesamtenergie* – vergleiche auch (1.6) im einführenden Kapitel 1.2.

Üblicherweise eliminiert man noch die Ableitungen x' durch Einführung verallgemeinerter Impulse $p = (p_1, \ldots, p_k)$. Dann lassen sich schließlich die Euler-Lagrange-Gleichungen alternativ schreiben in der Form

$$x_i' = \frac{\partial H}{\partial p_i}, \quad p_i' = -\frac{\partial H}{\partial x_i}, \quad i = 1, \ldots, k.$$

Diese *Hamiltonschen Differentialgleichungen* hatten wir schon in (1.7) kennengelernt.

8.6.2 Probleme der optimalen Steuerung

In zahlreichen technischen Anwendungen sind Steuervariable $u : [a, b] \longrightarrow \mathbb{R}^k$ derart zu bestimmen, dass ein Funktional I unter dynamischen Nebenbedingungen an Zustandsvariable $x \in C^1[a, b]$ minimiert oder maximiert wird. Im Fall der Minimierung führt dies auf das Problem

$$I[u] := \int_a^b \phi(t, x) \, dt = \min \tag{8.60}$$

unter den Nebenbedingungen

$$x' = f(t, x, u) \tag{8.61}$$

sowie *Anfangs-* und *Randbedingungen* (hier separiert angenommen)

$$x(a) = x_a, \quad r(b, x(b)) = 0. \tag{8.62}$$

Um die Nebenbedingungen mit einzubinden, erweitern wir das Funktional mittels (konstanter) Lagrangemultiplikatoren v und *adjungierter Variablen* $\lambda(t)$ zu

$$I[u] := v^T r + \int_a^b [\phi(x, u) + \lambda^T (f(t, x, u) - x')] \, dt = \min.$$

Verglichen mit dem klassischen Fall (8.46) haben wir hier eine Erweiterung: Die Steuerung u ist gegebenenfalls nur stückweise *stetig*; deshalb führen wir formal eine Variable $w \in C^1$ ein vermöge $w' = u$. Damit ist der Formalismus des vorigen Abschnittes wieder anwendbar, mit dem erweiterten Integranden

$$\Phi(x, x', \lambda, w') = \phi(x, w') + \lambda^T (f(t, x, w') - x').$$

Die zugehörigen Euler-Lagrange-Gleichungen lauten (komponentenweise zu verstehen)

$$\frac{d}{dt}\Phi_{x'} = \Phi_x,$$

$$\frac{d}{dt}\Phi_{\lambda'} = \Phi_\lambda,$$

$$\frac{d}{dt}\Phi_{w'} = \Phi_w.$$

Da im obigen Integranden λ' und w fehlen, vereinfacht sich dieses System zu

$$\lambda' = -\phi_x - \lambda^T f_x,$$
$$x' = f(t, x, u),$$
$$\phi_u + \lambda^T f_u = 0.$$

Durch Einführung einer Hamiltonfunktion H gemäß

$$H(t, x, \lambda, u) = \phi(x, u) + \sum_{i=1}^{d} \lambda_i f_i(t, x, u)$$

lassen sich die obigen Gleichungen darstellen wie folgt

$$\lambda' = -H_x,$$
$$x' = H_\lambda, \qquad (8.63)$$
$$H_u = 0.$$

Unter Berücksichtigung dieser Bedingungen transformiert sich die Legendre-Clebsch-Bedingung (bezüglich w') zu der *notwendigen* Bedingung

$$H_{uu} \text{ positiv semi-definite Matrix}, \qquad (8.64)$$

die verschärfte Bedingung entsprechend mit „positiv definit". Offenbar ist das Minimierungsproblem (8.60) äquivalent zu dem Minimierungsproblem

$$H(x, \lambda, u) = \min$$

unter den Nebenbedingungen (8.61). Die daraus ableitbaren Bedingungen erster Ordnung sind gerade die Gleichungen (8.63), die notwendige Bedingung zweiter Ordnung ist gerade die Bedingung (8.64). Allerdings ist die verschärfte Legendre-Clebsch-Bedingung sicher verletzt, falls Steuervariable nur *linear* auftreten. Deshalb wird die Steuerung im Allgemeinen in $u = (u^1, u^2)$ derart partitioniert, dass u^1 linear, u^2 nichtlinear in der Hamiltonfunktion auftritt:

$$H(t, x, \lambda, u^1, u^2) = H_0(t, x, \lambda, u^2) + \sum_{i=1}^{l} S_i(t, x, \lambda) u_i^1.$$

Die Minimierung erfolgt dann am einfachsten über eine Erweiterung der klassischen Variationsrechnung.

Pontrjaginsches Minimum- bzw. Maximumprinzip [143]. Sei $u_0(t)$ die gesuchte eindeutige *optimale Steuerung* und v beliebige Steuerung aus einer Klasse von zulässigen Steuerungen, wobei die genannten Nebenbedingungen gelten sollen. Dann muss nach dem Minimumprinzip gelten:

$$H(t, x, u_0, \lambda) = \min_{v} H(t, x, v, \lambda).$$

Aus der ersten Variation erhält man die *kanonischen* Differentialgleichungen:

$$x_i' = H_{\lambda_i} = f_i(t, x, u), \quad i = 1, \ldots, d,$$

$$\lambda_i' = -H_{x_i} = -\sum_{j=1}^{d} \lambda_j \frac{\partial f_j}{\partial x_i}(t, x, u), \quad i = 1, \ldots, d.$$

Der Übersicht halber wiederholen wir hier die Randbedingungen für die Zustandsvariablen

$$x(a) = x_a, \quad r(b, x(b)) = 0.$$

Randbedingungen für die adjungierten Variablen λ_i erhalten wir analog zur Herleitung im vorigen Abschnitt als

$$\lambda_i(b) = v^T r_{x_i(b)}.$$

Minimierung bezüglich u^2 führt auf die Bedingungen

$$H_{u^2} = 0, \quad H_{u^2 u^2} \text{ positiv semi-definit.} \tag{8.65}$$

In der Regel erhält man hieraus einen analytischen Ausdruck

$$u^2 = u^2(t, x, \lambda), \tag{8.66}$$

der in alle Differentialgleichungen und algebraischen Ausdrücke einzusetzen ist.

Somit verbleibt nur noch die Minimierung bezüglich u^1. Aus der ersten Variation würden wir als notwendige Bedingung für ein inneres Extremum erhalten

$$H_{u_i} = S_i(t, x, \lambda) = 0.$$

Da aber zugleich

$$H_{u_i u_i} \equiv 0$$

gilt, existiert hier kein *inneres* Extremum, sondern bestenfalls ein *Randextremum*. Zu dieser Einsicht passt auch, dass für linear eingehende Steuervariable in aller Regel polytope *Steuerbeschränkungen* gelten, im einfachsten Fall von der Form

$$\alpha_i \leq u_i \leq \beta_i, \quad i = 1, \ldots, l, \ \alpha_i, \beta_i \in \mathbb{R}.$$

Dann erhalten wir mit dem Minimumprinzip die Lösung

$$u_i = \begin{cases} \alpha_i & \text{für } S_i > 0, \\ \beta_i & \text{für } S_i < 0. \end{cases}$$

Aus der zugehörigen Abbildung 8.7 wird unmittelbar klar, warum die Funktion S_i *Schaltfunktion* und dieser Typ von Steuerung lautmalerisch *bang-bang-Steuerung* heißt. Nur in *Schaltpunkten* τ^i gilt offenbar die Punktbedingung

$$S_i(\tau^i, x(\tau^i), \lambda(\tau^i)) = 0.$$

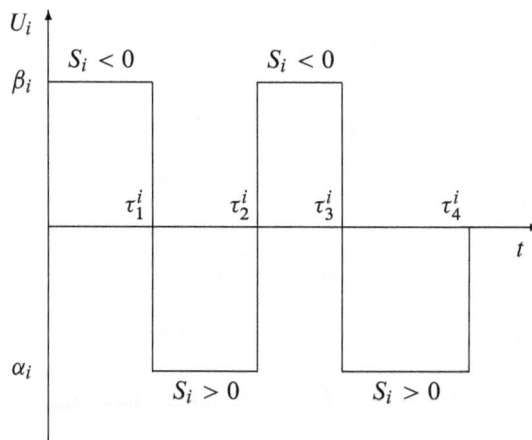

Abbildung 8.7. Bang-bang-Steuerung

Singuläre Steuerungen. In dem entarteten Fall, dass

$$S_i(t, x, \lambda) \equiv 0$$

auf einem nichtleeren Teilintervall von $[a, b]$ ist, treten sogenannte singuläre Steuerungen auf: Für diese lassen sich explizite Darstellungen durch wiederholtes Differenzieren der zugehörigen Schaltfunktionen gewinnen. Konkret gilt sogar: Bei einer singulären Steuerung u_i der *Ordnung* $r < \infty$ liefert $2r$-malige Differentiation von S_i schließlich einen Ausdruck $u_i^1 = u_i^1(t, x, \lambda)$, der im Algorithmus in allen Teiltrajektorien einzusetzen ist, bei denen $S_i \equiv 0$ auftritt – siehe etwa [111].

Zustandsbeschränkungen. Ähnliche mathematische Strukturen zeigen sich bei Ungleichungsbeschränkungen der Art

$$c(t, x(t)) \leq 0,$$

wie sie in praktischen Aufgaben häufig sind. Hier gilt ein dem singulären Fall vergleichbar konkretes Resultat: r-faches Differenzieren liefert einen expliziten Ausdruck für aktive Komponenten der Steuervariablen u, was den Begriff Zustandsbeschränkung der *Ordnung r* rechtfertigt. Für eine Vertiefung der mathematisch recht subtilen Fragen im Zusammenhang mit Zustandsbeschränkungen sei auf die Spezialliteratur verwiesen – siehe etwa die Überblicksarbeit [97] und weitere dort zitierte Referenzen.

Zusammenfassung: Steuerungsprobleme. Wir fassen unsere bisherige Darstellung zusammen, gehen diesmal aber von einer leicht abgeänderten Problemstellung aus, dem sogenannten *Mayerschen Problem*:

$$I[u] = \Phi(x(b)) = \min$$

unter den Differentialgleichungsnebenbedingungen (8.61) und den separierten Randbedingungen (8.62). Dieses Problem ist unserem ursprünglich betrachteten äquivalent, wie wir rasch durch Einführung der zusätzlichen Differentialgleichung mit Randbedingung

$$x'_{d+1} = \phi(t, x), \quad x_{d+1}(a) = 0$$

im Vergleich mit dem zu minimierenden Funktional (8.60) sehen, das damit zu schreiben wäre als

$$I[u] = x_{d+1}(b) = \min.$$

Aus dem Pontrjaginschen Prinzip erhalten wir die $2d$ Differentialgleichungen

$$x'_i = f_i(x, u), \quad i = 1, \ldots, d,$$

$$\lambda'_i = -\sum_{j=1}^{d} \lambda_j \frac{\partial f_j}{\partial x_i}(t, x, u), \quad i = 1, \ldots, d,$$

sowie die $2d + p$ Randbedingungen

$$x_i(a) = x_{i,a}, \quad i = 1, \ldots, d,$$

$$r_j(t, x(b)) = 0, \quad j = 1, \ldots, p < d,$$

$$\lambda_i(b) = \Phi_{x_i(b)} + \nu^T r_{x_i(b)}, \quad i = 1, \ldots, d,$$

worin die p unbekannten Parameter $\nu = (\nu_1, \ldots, \nu_p)$ eingehen. Der Einfachheit halber nehmen wir an, dass wir die nichtlinear eingehenden Steuervariablen u^2 vermöge (8.65) bereits in den expliziten Ausdruck (8.66) umgewandelt haben und dass keine singulären Steuerungen auftreten. Die Steuerungen u^1 ergeben sich somit als bang-bang-Steuerungen. Sei q die (bekannte) Anzahl von Schaltpunkten für eine dieser Steuervariablen. Dann müssen für die unbekannten Schaltpunkte $\tau_1, \ldots, \tau_q$ mit dazugehöriger Schaltfunktion S die folgenden Schaltbedingungen gelten:

$$S(\tau_j, x(\tau_j), \lambda(\tau_j)) = 0, \quad j = 1, \ldots, q.$$

Bei mehreren Steuerungen $u_i^1, i = 1, \ldots, l$, erhält man im Allgemeinen eine Kollektion von n ineinandergeschachtelten Schaltpunkten

$$\tau_1 < \tau_2 < \cdots < \tau_n$$

zu den l Schaltfunktionen. Die Korrelation von Schaltfunktionen und Schaltpunkten bezeichnen wir durch die Indexfunktion $i(j), i = 1, \ldots, l, j = 1, \ldots, n$.

Multiplexing-Technik. Nehmen wir an, wenigstens die Abfolge der unbekannten n Schaltpunkte sei vorab bekannt. Um das zugehörige Mehrpunktrandwertproblem algorithmisch angehen zu können, führt man $\tau_1, \ldots, \tau_n$ als zusätzliche Parameter ein und transformiert jedes Teilintervall auf konstante Intervall-Länge, etwa mit Hilfe der Abbildung

$$[a, \tau_1] \to [0, 1]: \quad s = \frac{t - a}{\tau_1 - a},$$

$$[\tau_1, \tau_2] \to [1, 2]: \quad s = \frac{t - \tau_1}{\tau_2 - \tau_1} + 1,$$

$$\vdots$$

$$[\tau_n, b] \to [n, n+1]: \quad s = \frac{t - \tau_n}{b - \tau_n} + n.$$

Als Konsequenz ist die Differentiation nach der Variablen t zu ersetzen durch die Differentiation nach der Variablen s:

$$x(t) \to \bar{x}(s), \quad \lambda(t) \to \bar{\lambda}(s), \quad \frac{d}{dt} \longrightarrow \frac{d}{ds} = \left(\frac{ds}{dt}\right)^{-1} \cdot \frac{d}{dt}.$$

Dies liefert Vorfaktoren in der rechten Seite der obigen $2d$ Differentialgleichungen, welche damit zusätzlich in den Randintervallen von je einem Parameter, in den Zwischenintervallen von je zwei Parametern abhängen. Die Bestimmung der Parameter

$\tau_1, \ldots, \tau_n$ erfolgt durch die auf *innere Punktbedingungen* transformierten Schaltbedingungen

$$\bar{S}_{i(j)}(j, \bar{x}(j), \bar{\lambda}(j)) = 0, \quad j = 1, \ldots, n.$$

Damit ist die formale Rückführung von Steuerungsproblemen auf parameterabhängige Mehrpunkt-Randwertprobleme vom allgemeinen Typus (8.35) vollständig.

Je nach Problemtyp kann nun eine der beschriebenen Randwertmethoden zur numerischen Lösung benutzt werden. Die Realisierung des (gedämpften) Newton-Verfahrens darin sowie die numerische Lösung der zyklischen linearen Gleichungssysteme erfolgt wie in den vorigen Kapiteln beschrieben. Wegen der separablen Struktur der Schaltbedingungen ist eine vereinfachte Speicherung innerhalb der Blockstruktur der Jacobimatrix (8.36) möglich.

Unabhängig vom gewählten Algorithmus setzt dieses methodische Vorgehen ausreichend detaillierte Vorkenntnisse über die Struktur der optimalen Steuerung voraus, insbesondere was die Anzahl und Abfolge der Schaltpunkte angeht: Sie legt die Abfolge der optimalen Teiltrajektorien, also die Vorzeichenstruktur der Schaltfunktionen fest. Sollte sich im Lauf der Newton-Iteration oder einer Fortsetzungsmethode die Schaltstruktur ändern, so empfiehlt sich ein Neustart mit verändertem Multiplexing – in diesem Fall existiert keine differenzierbare Fortsetzung der endlichdimensionalen nichtlinearen Abbildung. Eine „Umordnung" von Schaltpunkten im Zuge einer Iteration würde ohnehin die obige Multiplexing-Technik zum Erliegen bringen (dabei würde 0/0 auftreten).

Übungsaufgaben

Aufgabe 8.1. Untersucht werden sollen sogenannte Sturm-Liouville-Probleme, das sind Eigenwertprobleme bei linearen (im Allgemeinen nichtautonomen) Differentialgleichungen. Es interessieren insbesondere die Unterschiede bei *endlichem* und *unendlichem* Intervall.

a) Es sei $q \in \mathbb{R}$ und $0 < a < \infty$. Bestimme sämtliche Paare

$$(u, \lambda) \in C^2([-a, a]) \times \mathbb{C},$$

welche das folgende Eigenwertproblem lösen:

$$u'' + qu = \lambda u, \quad t \in [-a, a],$$
$$u(-a) = 0,$$
$$u(a) = 0.$$

Die Funktion u ist Eigenfunktion zum Eigenwert λ.

b) Betrachtet werde die asymptotische Eigenwertaufgabe

$$u'' + qu = \lambda u, \quad t \in (-\infty, \infty),$$

mit den asymptotischen Randbedingungen entweder

$$\lim_{t \to \infty} u(t) = 0, \qquad \lim_{t \to -\infty} u(t) = 0$$

oder

$$\lim_{t \to \infty} u(t) < \infty, \qquad \lim_{t \to -\infty} u(t) < \infty.$$

Wie viele Lösungen gibt es in den beiden Fällen?

c) Es sei wieder $a = \infty$. Diesmal sei aber q nicht mehr konstant, sondern gegeben durch

$$q(t) = \begin{cases} Q, & |t| < b, \\ 0, & |t| > b, \end{cases}$$

mit $Q \in \mathbb{R}$ und $b < \infty$. Betrachtet werde die Eigenwertaufgabe

$$u''(t) + q(t) u(t) = \lambda u(t), \quad t \in (-\infty, \infty),$$

mit den asymptotischen Randbedingungen

$$\lim_{t \to \infty} u(t) = 0, \qquad \lim_{t \to -\infty} u(t) = 0.$$

Bestimme alle Eigenfunktionen $u \in C^1(\mathbb{R})$, welche die Eigenwertgleichung jeweils auf den Intervallen $(-\infty, -b]$, $[-b, b]$ und $[b, \infty)$ erfüllen. Wie viele Eigenfunktionen gibt es jetzt?

Aufgabe 8.2. Gegeben sei das künstliche Grenzschichtproblem ($\lambda > 0$)

$$x''(t) = -\frac{3\lambda}{(\lambda + t^2)^2} \cdot x(t), \quad x(0.1) = -x(-0.1) = \frac{0.1}{\sqrt{\lambda + 0.01}}.$$

Die zugehörige Sensitivitätsmatrix E hat folgende Gestalt:

$$E(a) = \begin{bmatrix} 1 & 0 \\ * & \alpha(\lambda) \end{bmatrix}, \quad \alpha(\lambda) = \frac{\partial x(0.1; \lambda)}{\partial x'(-0.1)}.$$

Berechne $\alpha(\lambda)$ und zeige insbesondere:

$$\alpha(\lambda) = 0 \text{ für } \lambda = 0.01.$$

Aufgabe 8.3. Gegeben sei ein 3-Punkt-Randwertproblem der Form

$$x' = f(x), \quad r\big(x(a), x(\tau), x(b)\big) = 0.$$

Sei x^* eine Lösung. Analog zu Satz 8.1 leite die zugehörige Sensitivitätsmatrix E her und gib eine hinreichende Bedingung dafür an, dass x^* lokal eindeutig ist. Wie lautet die Übertragung der Definitionen der Greenschen Funktion G und der diskreten Greenschen Funktion G_Δ auf diesen Fall? Wie lassen sich damit die entsprechenden Konditionszahlen ρ und ρ_Δ darstellen?

Aufgabe 8.4. Betrachtet wird das Randwertproblem (zum Parameter λ)

$$x''(t) - \lambda^2 x(t) = 0,$$
$$x(0) = 0, \quad x(1) = 1.$$

Für $\lambda \gg 1$ berechne die Kondition $\rho[0,1]$ des Randwertproblems (vgl. Definition (8.6)) sowie die Kondition $\kappa[0,1]$ des zugehörigen Anfangswertproblems (vgl. Definition (3.11)).

Aufgabe 8.5. Gegeben sei die Thomas-Fermi-Differentialgleichung

$$x''(t) = \frac{x(t)^{3/2}}{t^{1/2}}$$

mit den Randbedingungen

$$x(0) = 1, \quad x(25) = 0.$$

Nach Transformation (vgl. Beispiel 2.23 in Abschnitt 2.4)

$$s = t^{1/2}, \quad w(s) = x(t), \quad u(s) = \dot{w}(s)/s$$

erhält man die Differentialgleichungen

$$\dot{w}(s) = su, \quad \dot{u}(s) = 4w^{3/2}$$

mit den Randbedingungen

$$w(0) = 1, \quad w(5) = 0.$$

Löse das so gegebene Randwertproblem mit der Routine BVPSOL. Als Startwerte bei äquidistanten Mehrziel-Knoten (z. B. $m = 11$ oder $m = 21$) verwende

$$w(s_i) = u(s_i) = 1, \qquad i = 1, \ldots, m-1,$$
$$w(s_m) = 0, \quad u(s_m) = 1.$$

Aufgabe 8.6. *Asymptotisches Randwertproblem.* Als einfachsten Fall betrachten wir das skalare Beispiel ($\alpha > -1$, $\mathrm{Re}\,\lambda \neq 0$)

$$x' - t^\alpha \lambda x = t^\alpha g(t), \quad t \in [0, \infty[, \lim_{t\to\infty} x(t) < \infty.$$

Sei g stetig und existiere $g(\infty) = \lim_{t\to\infty} g(t)$.

a) Zeige durch Variation der Konstanten, dass die allgemeine Lösung sich darstellen lässt gemäß

$$x(t) = W(t,0)x(0) + \int_0^t W(t,s)s^\alpha g(s)\,ds,$$

mit Propagationsmatrix

$$W(t,s) = \exp\left\{\frac{\lambda}{\alpha+1}(t^{\alpha+1} - s^{\alpha+1})\right\}.$$

b) Verifiziere, dass

$$\hat{x}(t) = \begin{cases} -\int_t^\infty W(t,s)s^\alpha g(s)\,ds & \text{für Re }\lambda > 0, \\ \int_0^t W(t,s)s^\alpha g(s)\,ds & \text{für Re }\lambda < 0 \end{cases}$$

eine partikuläre Lösung ist, für die gilt

$$\lim_{t\to\infty} \hat{x}(t) = -g(\infty)/\lambda.$$

c) Beweise, dass sich die allgemeine Lösung darstellen lässt als

$$x(t) = \hat{x}(t) \qquad\qquad \text{für Re }\lambda > 0,$$
$$x(t) = W(t,0)x(0) + \hat{x}(t) \quad \text{für Re }\lambda < 0.$$

Warum wird man für diesen Typ von Problemen die Mehrzielmethode in *Rückwärtsrichtung* wählen? Warum gilt dies auch bei allgemeineren asymptotischen Randwertproblemen?

Hinweis: Geometrische Interpretation durch Zerlegung des Tangentialraumes im Unendlichen in seinen stabilen und instabilen Teilraum.

Aufgabe 8.7. Wir betrachten die Darstellung der Lösung von Randwertproblemen im Rahmen der globalen Diskretisierung mit der impliziten Trapezregel – vergleiche Abschnitt 8.4.1. In den Bezeichnungen von Band 1, Abschnitt 7.1.2, ist der führende Koeffizient des darstellenden Polynoms p über dem Teilintervall $[t_j, t_{j+1}]$ durch die dividierte Differenz

$$[t_j, t_j, t_{j+1}, t_{j+1}]p = \frac{[t_j, t_j, t_{j+1}]p - [t_j, t_{j+1}, t_{j+1}]p}{\tau_j}$$

gegeben. Zeige unter Benutzung weiterer rekursiver Darstellungen, dass dieser Koeffizient im konkreten Fall verschwindet.

Aufgabe 8.8. Sei J die Jacobimatrix zur Lösung des nichtlinearen Gleichungsystems zum Differenzenverfahren auf der Basis der impliziten Trapezregel – siehe Abschnitt 8.4.1. In den Bezeichnungen dieses Abschnitts zeige, dass

$$\det(J) = \det(E_\Delta(a))\det(\overline{G}_2)\cdots\det(\overline{G}_m),$$

worin $E_\Delta(a)$ die diskrete (d,d)-Sensitivitätsmatrix darstellt.

Aufgabe 8.9. Unter den Voraussetzungen und mit den Bezeichnungen von Satz 8.10 führe einen Konvergenzbeweis für ein Differenzenverfahren auf Basis der impliziten Mittelpunktsregel

(i) $\quad \xi_{j+1} - \xi_j = \tau_j f\left((\xi_j + \xi_{j+1})/2\right), \quad j = 1,\ldots,m-1,$

(ii) $\quad r(\xi_1, \xi_m) = 0,$

in völliger Analogie zum Beweis für das Differenzenverfahren auf Basis der impliziten Trapezregel.

Aufgabe 8.10. Gegeben seien die Voraussetzungen und Bezeichnungen von Satz 8.10. Die Beweismethoden des Satzes schließen die Existenz von „Geisterlösungen" nicht aus. Zeige, dass für den zugehörigen Diskretisierungsfehler $|\varepsilon|_\Delta$ gilt:

$$|\varepsilon|_\Delta \geq \frac{1}{\alpha\omega}(1 + \sqrt{1 - 2\alpha^2\omega\gamma\tau^2}).$$

Hinweis: Studiere die quadratische Ungleichung $|\varepsilon|_\Delta \leq \alpha\left(\frac{\omega}{2}|\varepsilon|_\Delta^2 + \gamma\tau^2\right)$ genauer als im Beweis des Satzes angegeben.

Aufgabe 8.11. Gegeben sei das Funktional

$$I(z, x', y', z') := \int_{t=0}^{T} \left(x'^2 + y'^2 + z'^2 - 2gz\right) dt,$$

T : Endzeit (unbekannt),

g : Gravitationskonstante.

a) Transformiere das Problem von Euklidischen Koordinaten (x, y, z) auf *Toroid-koordinaten* (R, r, Θ, ϕ) mittels

$$x = (R + r\sin\varphi)\cos\Theta, \quad y = (R + r\sin\varphi)\sin\Theta, \quad z = -r\cos\varphi,$$

worin die beiden Radien $0 < r < R$ fest vorgegeben sind. Stelle insbesondere das Funktional in der Form $I(\varphi, \varphi', \Theta')$ dar.

b) Leite die zugehörigen Euler-Lagrange-Gleichungen (8.59) her.

c) Die Berechnung der *Ideallinie* eines Bobs in einer $180°$-Kurve im Eiskanal, bekannt als „Bayernkurve", führt auf das Problem

$$I(\varphi, \varphi', \Theta') = \min$$

unter den Nebenbedingungen

$$\varphi(0) = \varphi(T) = 0,$$
$$\Theta(0) = 0, \quad \Theta(T) = \pi, \quad \Theta'(0) = \omega_\Theta,$$

worin die Anfangswinkelgeschwindigkeit $\omega_\Theta = v/R$ über die Anfangsgeschwindigkeit v vorgegeben ist. Formuliere das zugehörige Randwertproblem zur weiteren Behandlung mit einem Randwertlöser.

d) Leite eine analytische Integraldarstellung für die Ableitungen

$$\varphi'(0), \varphi''(0), \ldots$$

der Ideallinie her. Wie viele dieser Ableitungen verschwinden? Physikalische Interpretation?

Hinweis: Die ersten drei Ableitungen einer Trajektorie heißen Geschwindigkeit, Beschleunigung und Ruck.

Aufgabe 8.12. *Projekt: Mehrzielmethode für Grenzschichtprobleme.* In elektronischen Bauteilen (wie etwa Transistoren) oder in biologischen Membranen treten häufig Randwertprobleme mit inneren Grenzschichten auf. Sie sind Abmagerungen von Randwertproblemen aus partiellen Differentialgleichungen. Nach unserer Darstellung sind diese Probleme *raumartige* Randwertprobleme, also vorzugsweise mit globalen Diskretisierungsmethoden zu lösen. Dennoch gibt es in 1D durchaus die Möglichkeit, eine effiziente Variante der Mehrzielmethode zu konstruieren. Dies sei hier an dem linearen Randwertproblem

$$\varepsilon x'' + f(t)x' + g(t)x = h(t), \quad x(-1) = \xi_-, \ x(+1) = \xi_+$$

mit Grenzschichtdicke $\sim \sqrt{\varepsilon}$ vorgeführt.

a) Untersuche zunächst die lokalen (punktweisen) Eigenwerte $\lambda_{1,2}(t)$ der Differentialgleichung als Wurzeln der charakteristischen Gleichung

$$\varepsilon^2 \lambda^2 + f(t)\lambda + g(t) = 0.$$

b) Sei f unimodal mit Nullstelle $\tau \in]a, b[$ und es gelte $f(t) < 0, t \in [a, \tau[$, $f(t) > 0, t \in]\tau, b]$ sowie $g(t) \le 0, t \in [a, b]$. Studiere die Eigenwerte für die beiden Fälle $t \in [a, \tau[$ und $t \in]\tau, b]$, insbesondere für den Grenzfall $|f(t)|^2 \gg \varepsilon|g(t)|$.

Hinweis zur Kontrolle: Für das Intervall $t \in [a, \tau[$ ergibt sich näherungsweise (d. h. in Störungstheorie bzgl. ε)

$$\lambda_1(t) \doteq \frac{1}{\varepsilon}|f(t)| > 0, \quad \lambda_2(t) \doteq 0,$$

d. h., das Anfangswertproblem ist gutkonditioniert (steif) in Rückwärtsrichtung, also für $\tau \to a$. Für $t \in [\tau, b]$ gilt näherungsweise

$$\lambda_1(t) \doteq 0, \quad \lambda_2(t) \doteq -\frac{1}{\varepsilon}|f(t)| < 0,$$

d. h., das Anfangswertproblem ist gutkonditioniert (steif) in Vorwärtsrichtung, also für $\tau \to b$.

c) Konstruiere einen *Mehrzielalgorithmus*, am besten durch Schreiben eines eigenen Programms. Kläre dabei die folgenden Details vorab:

- Randbedingungen plus innere Punktbedingung in $t = \tau$,

- Differentialgleichung (Transformationen auf festes Gitter, stabile Integrationsrichtungen),

- Mehrzielalgorithmus für 3-Punkt-Randwertproblem mit variablem Innenpunkt (Multiplexing, stabile Richtungen, Block-Gauß-Elimination mit Nachiteration).

Vergleiche dazu auch Aufgabe 8.3.

Software

Die in diesem Buch namentlich erwähnten Programme sind fast ausnahmslos als „public domain" über folgende Internet-Adressen erhältlich:

(A) http://elib.zib.de/pub/elib/codelib/

(B) http://www.unige.ch/math/folks/hairer/software.html

(C) http://www.netlib.org/ode/index.html

(D) http://www.netlib.org/odepack/index.html

(E) http://www.netlib.org/slatec/src/

Der Zugriff auf diese Adressen sowie die Portierung der Programme ist von uns getestet worden. Man sollte allerdings die jeweils vorhandenen Hinweise (z. B. in README o.ä.) genau studieren, um auch wirklich alle benötigten Unterroutinen zusammenstellen zu können. Zuweilen ist auch ein „Stöbern" innerhalb der Verzeichnisse erforderlich.

Adresse	Programme
A	DIFEX1, DIFEX2, EULEX, METAN1
	LIMEX, BVPSOL, PERIOD
B	ODEX, SEULEX, SODEX, RADAU5
	DOPRI5, DOP853
C	DASSL, VODE, COLSYS, COLNEW
D	LSODE
E	DEABM, DEBDF

Das kommerzielle Programmpaket MATLAB bietet verschiedene nichtsteife und steife Integratoren sowie einen Randwertlöser auf Kollokationsbasis an. Das Programm SPRINT ist unter der Rubrik D02N nur über die kommerzielle NAG-library verfügbar.

Literatur

[1] Aigner, M., *Kombinatorik I. Grundlagen und Zähltheorie*, Springer-Verlag, Berlin, Heidelberg, New York, 1975.

[2] Arenstorf, R. F., Periodic solutions of the restricted three body problem representing analytic continuations of Keplerian elliptic motions, *Amer. J. Math.* 85 (1963), 27–35.

[3] Arnol'd, V. I., *Mathematical Methods of Classical Mechanics*, Springer-Verlag, Berlin, Heidelberg, New York, 1978.

[4] Arnol'd, V. I., *Gewöhnliche Differentialgleichungen*, Springer-Verlag, Berlin, Heidelberg, New York, 1980.

[5] Ascher, U. M., Christiansen, J. und Russell, R. D., A collocation solver for mixed order systems of boundary value problems, *Math. Comp.* 33 (1979), 659–679.

[6] Ascher, U. M., Christiansen, J. und Russell, R. D., Collocation software for boundary value ODE's, *ACM Trans. Math. Software* 7 (1981), 209–222.

[7] Ascher, U. M., Mattheij, R. M. M. und Russell, R. D., *Numerical Solution of Boundary Value Problems for Ordinary Differential Equations*, 2nd ed., vol. 13 of *Classics in Applied Mathematics*, SIAM Publications, Philadelphia, PA, 1995.

[8] Ascher, U. M. und Russell, R. D., Reformulation of boundary value problems into "standard" form, *SIAM Rev.* 23 (1981), 238–254.

[9] Bader, G. und Ascher, U. M., A new basis implementation for a mixed order boundary value ODE solver, *SIAM J. SISC* 8 (1987), 483–500.

[10] Bader, G. und Deuflhard, P., A semi-implicit mid-point rule for stiff systems of ordinary differential equations, *Numer. Math.* 41 (1983), 373–398.

[11] Bader, G., Nowak, U. und Deuflhard, P., An advanced simulation package for large chemical reaction systems, In *Stiff Computation*, R. C. Aiken, Ed., Oxford University Press, New York, Oxford, 1985, pp. 255–264.

[12] Bashforth, F. und Adams, J. C., *Theories of Capillary Action*, Cambridge University Press, Cambridge, UK, 1883.

[13] Bernoulli, J., *Problema novum ad cujus solutionem mathematici invitantur*, Acta Erud., Leipzig, 1696.

[14] Berzins, M. und Furzeland, R. M., A user's manual for SPRINT – A versatile software package for solving systems of algebraic, ordinary and partial differential equations: Part 1 – Algebraic and ordinary differential equations, Tech. Rep. TNER.85.058, Thornton Research Centre, Shell Research Ltd., 1985.

[15] Beyn, W.-J., The numerical computation of connecting orbits in dynamical systems, *IMA J. Numer. Anal.* 9 (1990), 379–405.

[16] Bjoerck, A., Iterative refinement of linear least squares solutions I, *BIT* 7 (1967), 257–278.

[17] Bleser, G., Eine effiziente Ordnungs- und Schrittweitensteuerung unter Verwendung von Fehlerformeln für variable Gitter und ihre Realisierung in Mehrschrittverfahren vom BDF-Typ, Diplomarbeit, Universität Bonn, Bonn, Deutschland, 1986.

[18] Bock, H. G., Numerical treatment of inverse problems in chemical reaction kinetics, In *Modelling of Chemical Reaction Systems*, K. H. Ebert, P. Deuflhard und W. Jäger, Eds., Springer-Verlag, Berlin, Heidelberg, New York, 1981, pp. 102–125.

[19] Bock, H. G., *Randwertproblemmethoden zur Parameteridentifizierung in Systemen nichtlinearer Differentialgleichungen*, Doktorarbeit, Universität Bonn, 1985.

[20] Bolza, O., *Vorlesung über Variationsrechnung*, Köhler and Amelang, Leipzig, 1949.

[21] Bornemann, F. A., An adaptive multilevel approach to parabolic equations. II. Variable order time discretization based on a multiplicative error correction, *IMPACT Comp. Sci. Engrg.* 3 (1991), 93–122.

[22] Bornemann, F. A., Runge–Kutta methods, trees, and Maple. On a simple proof of Butcher's theorem and the automatic generation of order conditions, *Selçuk J. Appl. Math.* 2 (2001), 3–15.

[23] Brenan, K. E., Campbell, S. L. und Petzold, L. R., *Numerical Solution of Initial-Value Problems in Differential-Algebraic Equations*, 2nd ed., vol. 14 of *Classics in Appl. Math.*, SIAM Publications, Philadelphia, PA, 1996.

[24] Brown, P. N., Byrne, G. D. und Hindmarsh, A. C., VODE: A variable-coefficient ODE solver, *SIAM J. Sci. Stat. Comput.* 10 (1989), 1038–1051.

[25] Bryson, A. E. und Ho, Y. C., *Applied Optimal Control*, Wiley, New York, London, Sydney, Toronto, 1975.

[26] Bulirsch, R., Die Mehrzielmethode zur numerischen Lösung von nichtlinearen Rand-wertproblemen und Aufgaben der optimalen Steuerung, Tech. rep., Carl-Cranz-Gesellschaft, Okt. 1971.

[27] Bulirsch, R. und Callies, R., Optimal trajectories for a multiple rendezvous mission to asteroids, *Acta Astronautica* 26 (1992), 587–597.

[28] Bulirsch, R. und Stoer, J., Numerical treatment of ordinary differential equations by extrapolation methods, *Numer. Math.* 8 (1966), 1–13.

[29] Butcher, J. C., Coefficients for the study of Runge–Kutta integration processes, *J. Austral. Math. Soc.* 3 (1963), 185–201.

[30] Butcher, J. C., A stability property of implicit Runge–Kutta methods, *BIT* 15 (1975), 358–361.

[31] Campbell, S. L. und Gear, C. W., The index of general nonlinear DAEs, *Numer. Math.* 72 (1995), 173–196.

[32] Carathéodory, C., *Vorlesungen über reelle Funktionen*, Chelsea Publ. Co, New York, NY, 1946, Wiederauflage der 2. Auflage 1927 von Teubner-Verlag, Deutschland.

[33] Carr, J., *Applications of Centre Manifold Theory*, Springer-Verlag, Berlin, Heidelberg, New York, 1981.

[34] Chevalier, C., Melenk, H. und Warnatz, J., Automatic generation of reaction mechanisms for the description of the oxidation of higher hydrocarbons, *Ber. Bunsenges. Phys. Chem.* 94 (1990), 1362–1367.

[35] Crouzeix, M. und Mignot, A. L., *Analyse numerique des equations differentielles*, 2nd ed., Collect. Mathematiques Appliquees pour la Maitrise, Masson, Paris, Frankreich, 1989.

[36] Curtiss, C. F. und Hirschfelder, J. O., Integration of stiff equations, *Proc. Nat. Acad. Sci. USA* 38 (1952), 235–243.

[37] Dahlquist, G., Convergence and stability in the numerical integration of ordinary differential equations, *Math. Scand.* 5 (1956), 33–53.

[38] Dahlquist, G., 33 years of numerical instability, Part I, *BIT* 25 (1985), 188–204.

[39] Davis, P. J. und Rabinowitz, P., *Methods of Numerical Integration*, 2nd ed., Academic Press, New York, San Francisco, London, 1984.

[40] de Hoog, F. R. und Weiss, R., Difference methods for boundary value problems with a singularity of the first kind, *SIAM J. Numer. Anal.* 13 (1976), 775–813.

[41] de Hoog, F. R. und Weiss, R., The application of linear multistep methods to singular initial value problems, *Math. Comp.* 31 (1977), 676–690.

[42] Deimling, K., *Nonlinear Functional Analysis*, Springer-Verlag, Berlin, Heidelberg, New York, 1985.

[43] Deimling, K., *Multivalued Differential Equations*, Walter de Gruyter, Berlin, Heidelberg, New York, 1992.

[44] Deuflhard, P., *Ein Newton-Verfahren bei fast-singulärer Funktionalmatrix zur Lösung von nichtlinearen Randwertaufgaben mit der Mehrzielmethode*, Doktorarbeit, Mathematisches Institut, Universität zu Köln, 1972.

[45] Deuflhard, P., A modified Newton method for the solution of ill-conditioned systems of nonlinear equations with applications to multiple shooting, *Numer. Math.* 22 (1974), 289–315.

[46] Deuflhard, P., A stepsize control for continuation methods and its special application to multiple shooting techniques, *Numer. Math.* 33 (1979), 115–146.

[47] Deuflhard, P., Recent advances in multiple shooting techniques, In *Computational Techniques for Ordinary Differential Equations*, I. Gladwell und D. K. Sayers, Eds., Academic Press, New York, NY, 1980, pp. 217–272.

[48] Deuflhard, P., A relaxation strategy for the modified Newton method, In *Optimization and Optimal Control*, R. Bulirsch, W. Oettli und J. Stoer, Eds., Springer Lecture Notes in Math. 447, Springer-Verlag, Berlin, Heidelberg, New York, 1981, pp. 38–55.

[49] Deuflhard, P., Order and stepsize control in extrapolation methods, *Numer. Math.* 41 (1983), 399–422.

[50] Deuflhard, P., Computation of periodic solutions of nonlinear ODE's, *BIT* 24 (1984), 456–466.

[51] Deuflhard, P., Recent progress in extrapolation methods for ordinary differential equations, *SIAM Review* 27 (1985), 505–535.

[52] Deuflhard, P., *Newton Methods for Nonlinear Problems: Affine Invariance and Adaptive Algorithms*, Springer International, Berlin, Heidelberg, New York, 2002.

[53] Deuflhard, P. und Bader, G., Multiple shooting techniques revisited, In *Numerical treatment of inverse problems in differential and integral equations*, P. Deuflhard und E. Hairer, Eds., Birkhäuser, Boston, MA, 1983.

[54] Deuflhard, P., Bader, G. und Nowak, U., LARKIN – A software package for the numerical simulation of LARge systems arising in chemical reaction KINetics, In *Modelling of Chemical Reaction Systems*, K. H. Ebert, P. Deuflhard und W. Jäger, Eds., Springer-Verlag, Berlin, Heidelberg, New York, 1981, pp. 38–55.

[55] Deuflhard, P., Hairer, E. und Zugck, J., One-step and extrapolation methods for differential-algebraic systems, *Numer. Math.* 51 (1987), 501–516.

[56] Deuflhard, P. und Heroth, J., Dynamic dimension reduction in ODE models, In *Scientific Computing in Chemical Engineering*, F. Keil, W. Mackens, H. Voß und J. Werther, Eds., Springer-Verlag, Berlin, Heidelberg, New York, 1996, pp. 29–43.

[57] Deuflhard, P. und Hohmann, A., *Numerische Mathematik I. Eine algorithmisch orientierte Einführung*, 4. Aufl., Walter de Gruyter, Berlin, New York, 2008.

[58] Deuflhard, P., Huisinga, W., Fischer, A. und Schütte, C., Identification of almost invariant aggregates in nearly uncoupled Markov chains, *Lin. Alg. Appl.* 315 (2000), 39–59.

[59] Deuflhard, P. und Nowak, U., Extrapolation integrators for quasilinear implicit ODEs, In *Large Scale Scientific Computing*, P. Deuflhard und B. Engquist, Eds., Birkhäuser, Boston, Basel, Stuttgart, 1987, pp. 37–50.

[60] Deuflhard, P., Nowak, U. und Weyer, J., Prognoserechnungen zur AIDS-Ausbreitung in der Bundesrepublik Deutschland, In *Mathematik in der Praxis. Fallstudien aus Industrie, Wirtschaft, Naturwissenschaften und Medizin*, A. Bachem, M. Jünger und R. Schrader, Eds., Springer-Verlag, Berlin, Heidelberg, New York, 1995, pp. 361–376.

[61] Deuflhard, P., Nowak, U. und Wulkow, M., Recent developments in chemical computing, *Computers Chem. Engrg.* 14 (1990), 1249–1258.

[62] Deuflhard, P. und Sautter, W., On rank-deficient pseudoinverses, *Lin. Alg. Appl.* 29 (1980), 91–111.

[63] Deuflhard, P. und Wulkow, M., Computational treatment of polyreaction kinetics, *IMPACT Comput. Sci. Engrg.* 1 (1989), 269–301.

[64] Dieudonné, J., *Foundations of Modern Analysis*, Academic Press, New York, San Francisco, London, 1960.

[65] Doedel, E., Champneys, T., Fairgrieve, T., Kuznetsov, Y., Sandstede, B. und Wang, X.-J., AUTO97 Continuation and bifurcation software for ordinary differential equations (with HomCont), Tech. rep., Concordia University, Montreal, 1997.

[66] Dormand, J. R. und Prince, P. J., A family of embedded Runge–Kutta formulae, *J. Comp. Appl. Math.* 6 (1980), 19–26.

[67] Dormand, J. R. und Prince, P. J., Higher order embedded Runge–Kutta formulae, *J. Comp. Appl. Math.* 7 (1981), 67–75.

[68] Dunford, N. und Schwartz, J. T., *Linear Operators Part I: General Theory*, John Wiley, New York, Chichester, 1957.

[69] Eich, E., *Projizierende Mehrschrittverfahren zur numerischen Lösung von Bewegungsgleichungen technischer Mehrkörpersysteme mit Zwangsbedingungen und Unstetigkeiten*, VDI-Verlag, Düsseldorf, Deutschland, 1992.

[70] Fehlberg, E., Classical fifth-, sixth-, seventh- and eighth order Runge–Kutta formulas with step size control, *Computing* 4 (1969), 93–106.

[71] Fehlberg, E., Low order classical Runge–Kutta formulas with step size control and their application to some heat transfer problems, *Computing* 6 (1970), 61–71.

[72] Gantmacher, F. R., *Matrix Theory, Vol. I, II*, Chelsea Publ. Co., New York, NY, 1956.

[73] Garfinkel, D. und Hess, B., Metabolic control mechanism VII. A detailed computer model of the glycolytic pathway in ascites cells, *J. Bio. Chem.* 239 (1964), 971–983.

[74] Gear, C. W., *Numerical Initial Value Problems in Ordinary Differential Equations*, Prentice-Hall, Englewood Cliffs, NJ, 1971.

[75] Golub, G. H. und Pereyra, V., The differentiation of pseudoinverses and nonlinear least squares problems whose variables separate, *SIAM J. Numer. Anal.* 10 (1973), 413–432.

[76] Golub, G. H. und van Loan, C. F., *Matrix Computations*, 2nd ed., The Johns Hopkins University Press, Baltimore, 1989.

[77] Gragg, W. B., On extrapolation algorithms for ordinary differential equations, *SIAM J. Numer. Anal.* 2 (1965), 384–403.

[78] Greengard, L. und Rokhlin, V., On the evaluation of electrostatic interactions in molecular modeling, *Chem. Ser.* 29A (1989), 139–144.

[79] Griewank, A. und Corliss, G. F., Eds., *Automatic Differentiation of Algorithms: Theory, Implementation, and Application*, SIAM Publications, Philadelphia, PA, 1991.

[80] Grigorieff, R. D., *Numerik gewöhnlicher Differentialgleichungen 2: Mehrschrittverfahren*, Teubner-Verlag, Stuttgart, Deutschland, 1977.

[81] Grigorieff, R. D. und Schroll, J., Über $a(\alpha)$-stabile Verfahren hoher Konsistenzordnung, *Computing* 20 (1978), 343–350.

[82] Guckenheimer, J. und Holmes, P., *Nonlinear Oscillations, Dynamical Systems, and Bifurcations of Vector Fields*, Springer-Verlag, Berlin, Heidelberg, New York, 1983.

[83] Günther, M. und Feldmann, U., CAD based electric circuit modeling in industry I. Mathematical structure and index of network equations, *Surv. Math. Ind.* 8 (1999), 97–129.

[84] Günther, M. und Feldmann, U., CAD based electric circuit modeling in industry II. Impact of circuit configurations and parameters, *Surv. Math. Ind.* 8 (1999), 131–157.

[85] Günther, M. und Rentrop, P., Numerical simulation of electrical circuits, *GAMM-Mitteilungen* 23 (2000), 51–77.

[86] Gustafsson, K., Lundh, M. und Söderlind, G., A PI stepsize control for the numerical solution of ordinary differential equations, *BIT* 28 (1988), 270–287.

[87] Hairer, E., A Runge–Kutta method of order 10, *J. Inst. Math. Appl.* 21 (1978), 47–59.

[88] Hairer, E., Lubich, C. und Roche, M., *The Numerical Solution of Differential-Algebraic Systems by Runge–Kutta Methods*, Springer-Verlag, Berlin, Heidelberg, New York, 1989.

[89] Hairer, E., Lubich, C. und Wanner, G., *Geometric Numerical Integration – Structure-Preserving Algorithms for Ordinary Differential Equations*, Springer-Verlag, Berlin, Heidelberg, New York, 2002.

[90] Hairer, E., Nørsett, S. P. und Wanner, G., *Solving Ordinary Differential Equations I. Nonstiff Problems*, 2nd ed., Springer-Verlag, Berlin, Heidelberg, New York, 1993.

[91] Hairer, E. und Wanner, G., Multistep-multistage-multiderivative methods for ordinary differential equations, *SIAM J. Numer. Anal.* 11 (1973), 287–303.

[92] Hairer, E. und Wanner, G., On the instability of the BDF formulas, *Computing* 20 (1983), 1206–1209.

[93] Hairer, E. und Wanner, G., *Solving Ordinary Differential Equations II. Stiff and Differential-Algebraic Problems*, 2nd ed., Springer-Verlag, Berlin, Heidelberg, New York, 1996.

[94] Halgren, T. A., Merck molecular force field. I–V, *J. Comp. Chem.* 17 (1996), 490–641.

[95] Hall, G., Equilibrium states of Runge–Kutta scheme, *ACM Trans. Math. Software* 11 (1985), 289–301.

[96] Hall, G., Equilibrium states of Runge–Kutta scheme. Part II, *ACM Trans. Math. Software* 12 (1986), 183–192.

[97] Hartl, R. F., Sethi, S. P. und Vickson, R. G., A survey of the maximum principles for optimal control problems with state constraints, *SIAM Rev.* 37 (1995), 181–218.

[98] Hartman, P., *Ordinary Differential Equations*, 2nd ed., Birkhäuser, Boston, Basel, Stuttgart, 1982.

[99] Henrici, P., *Discrete Variable Methods in Ordinary Differential Equations*, John Wiley, New York, London, Sydney, 1962.

[100] Higham, D. J. und Hall, G., Embedded Runge–Kutta formulae with stable equilibrium states, *J. Comp. Appl. Math.* 29 (1990), 25–33.

[101] Higham, D. J. und Trefethen, L. N., Stiffness of ODEs, *BIT* 33 (1993), 285–303.

[102] Hindmarsh, A. C., LSODE and LSODI, two new initial value ordinary differential equations solvers, *ACM SIGNUM Newsletter* 15 (1980), 10–11.

[103] Hoppensteadt, F. C., Alefeld, P. und Aiken, R., Numerical treatment of rapid chemical kinetics by perturbation and projection methods, In *Modelling of Chemical Reaction Systems*, K. H. Ebert, P. Deuflhard und W. Jäger, Eds., Springer-Verlag, Berlin, Heidelberg, New York, 1981, pp. 31–37.

[104] Jeltsch, R. und Nevanlinna, O., Stability and accuracy of time discretizations for initial value problems, *Numer. Math.* 40 (1982), 245–296.

[105] Kamke, E., Zur Theorie der Systeme gewöhnlicher Differentialgleichungen, II, *Acta Math.* 58 (1932), 57–85.

[106] Kamke, E., *Differentialgleichungen. Lösungsmethoden und Lösungen I*, 10. Aufl., Teubner-Verlag, Stuttgart, Deutschland, 1983.

[107] Kampowsky, W., Rentrop, P. und Schmidt, W., Classification and numerical simulation of electric circuits, *Surveys Math. Ind.* 2 (1992), 23–65.

[108] Kaps, P. und Ostermann, A., $L(\alpha)$-stable variable order Rosenbrock-methods, In *Proceedings of the Halle Seminar 1989*, K. Strehmel, Ed., Springer-Verlag, Berlin, Heidelberg, New York, 1990, pp. 22–71.

[109] Kee, R. J., Miller, J. A. und Jefferson, T. H., CHEMKIN: A general-purpose, problem-independent, transportable, FORTRAN chemical kinetics code package, Tech. Rep. SAND 80–8003, Sandia National Lab., Livermore, CA, 1980.

[110] Keller, H. B., *Numerical Methods for Two-Point Boundary Value Problems*, überarbeitete und erweiterte Aufl., Dover Publ., New York, 1992.

[111] Kelley, H. J., Kopp, R. E. und Moyer, H. G., Singular extremals, In *Topics in Optimization*, G. Leitmann, Ed., Academic Press, New York, 1967, ch. 3.

[112] Kneser, H., Über die Lösungen eines Systems gewöhnlicher Differentialgleichungen, das der Lipschitzschen Bedingung nicht genügt, *Sitz.-Ber. Preuss. Akad. Wiss. Phys.-Math. Kl.* (1923), 171–174.

[113] Krasnosel'skiĭ, M. A. und Perov, A., On the existence of solutions for some nonlinear operator equations, *Doklady Akad. Nauk SSSR* 126 (1959), 15–18.

[114] Krasnosel'skiĭ, M. A. und Zabreĭko, P. P., *Geometrical Methods of Nonlinear Analysis*, Springer-Verlag, Berlin, Heidelberg, New York, 1984.

[115] Krogh, F. T., Changing step size in the integration of differential equations using modified divided differences, In *Proc. Conf. Numer. Solutions of ODEs*, Lecture Notes in Math. No. 362, Springer-Verlag, Berlin, Heidelberg, New York, 1974, pp. 22–71.

[116] Kutta, W., Beitrag zur näherungsweisen Integration totaler Differentialgleichungen, *Zeitschr. f. Math. u. Phys.* 46 (1901), 435–453.

[117] Kuznetsov, Y., *Elements of applied bifurcation analysis*, vol. 112 of *Springer Series Applied Mathematical Sciences*, Springer-Verlag, Berlin, Heidelberg, New York, 1995.

[118] Landau, L. D. und Lifschitz, E. M., *Lehrbuch der theoretischen Physik I. Mechanik*, Akademie-Verlag, Berlin, Deutschland, 1987.

[119] Lang, J., *Adaptive Multilevel Solution of nonlinear Parabolic PDE Systems*, Lecture Notes in Computational Science and Engineering, Springer-Verlag, Berlin, Heidelberg, New York, 2001.

[120] Lasota, A. und Mackey, C., *Chaos, Fractals, and Noise*, Springer-Verlag, Berlin, Heidelberg, New York, 1994.

[121] Lentini, M. und Pereyra, V., An adaptive finite difference solver for nonlinear two point boundary value problems with mild boundary layers, *SIAM J. Numer. Anal.* 14 (1977), 91–111.

[122] Liniger, W. und Willoughby, R. A., Efficient integration methods for stiff systems of ordinary differential equations, *SIAM J. Numer. Anal.* 7 (1970), 47–66.

[123] Lubich, C., Linearly implicit extrapolation methods for differential-algebraic systems, *Numer. Math.* 55 (1989), 197–211.

[124] Maas, U., *Automatische Reduktion von Reaktionsmechanismen zur Simulation reaktiver Strömungen*, Habilitationsschrift, Universität Stuttgart, Institut für Technische Verbrennung, Stuttgart, Deutschland, 1993.

[125] Maas, U. und Pope, S. B., Simplifying chemical reaction kinetics: Intrinsic low-dimensional manifolds in composition space, *Combustion and Flame* 88 (1992), 239–264.

[126] März, R., Numerical methods for differential-algebraic equations, *Acta Numerica* (1992), 141–198.

[127] Mattheij, R. M. M., The conditioning of linear boundary value problems, *SIAM J. Numer. Anal.* 19 (1982), 963–978.

[128] Morrison, D. D., Riley, J. D. und Zancanaro, J. F., Multiple shooting method for two-point boundary value problems, *Comm. ACM* 5 (1962), 613–614.

[129] Moulton, F. R., *New Methods in Exterior Ballistics*, University of Chicago Press, Chicago, IL, 1926.

[130] Müller, M., Beweis eines Satzes des Herrn Kneser über die Gesamtheit der Lösungen, die ein System gewöhnlicher Differentialgleichungen durch einen Punkt schickt, *Math. Z.* 28 (1928), 349–355.

[131] Nagumo, M. und Fukuhara, M., Un théorème relatif à l'ensemble des courbes intégrales d'un sytème d'équationes différentielles ordinaires, *Proc. Phys. Math. Soc. Japan* 12 (1930), 233–239.

[132] Nordsieck, A., On numerical integration of ordinary differential equations, *Math. Comp.* 16 (1962), 22–49.

[133] Nørsett, S. P. und Wanner, G., The real-pole sandwich for rational approximations and oscillation equations, *BIT* 19 (1979), 79–94.

[134] Nowak, U., Dynamic sparsing in stiff extrapolation methods, *IMPACT Comput. Sci. Engrg.* 5 (1993), 53–74.

[135] Nowak, U., A Fully Adaptive MOL Treatment of Parabolic 1-D Problems with Extrapolation Techniques, *Appl. Numer. Math.* 20 (1996), 129–145.

[136] Nowak, U. und Deuflhard, P., Towards parameter identification for large chemical reaction systems, In *Numerical Treatment of Inverse Problems in Differential and Integral Equations*, P. Deuflhard und E. Hairer, Eds., Birkhäuser, Boston, Basel, Stuttgart, 1983.

[137] Nowak, U. und Deuflhard, P., Numerical identification of selected rate constants in large chemical reaction systems, *Appl. Num. Math.* 1 (1985), 59–75.

[138] Oberle, H. J., *BOUNDSCO, Hinweise zur Benutzung des Mehrzielverfahrens für die numerische Lösung von Randwertproblemen mit Schaltbedingungen*, Hamburger Beiträge zur angewandten Mathematik 6, Reihe B, Universität Hamburg, 1987.

[139] O'Malley, R. E., *Introduction to Singular Perturbations*, Academic Press, New York, 1974.

[140] Ortega, J. M. und Rheinboldt, W. C., *Iterative Solution of Nonlinear Equations in Several Variables*, 2nd ed., vol. 30 of *Classics in Appl. Math.*, SIAM Publications, Philadelphia, PA, 2000.

[141] Pereyra, V., Iterated deferred corrections for nonlinear boundary value problems, *Numer. Math.* 11 (1968), 111–125.

[142] Petzold, L. R., A description of DASSL: A differential/algebraic system system solver, In *Scientific Computing*, North-Holland, Amsterdam, New York, London, 1982, pp. 65–68.

[143] Pontrjagin, L., Optimal control processes, *Uspehi Mat. Nauk. (Russian)* 14 (1959), 3–20.

[144] Pugh, C., Funnel sections, *J. Differential Equations* 19 (1975), 270–295.

[145] Rabier, P. J. und Rheinboldt, W. C., On the numerical solution of the Euler–Lagrange equations, *SIAM J. Num.Anal.* 32 (1995), 318–329.

[146] Rabier, P. J. und Rheinboldt, W. C., Theoretical and numerical analysis of differential-algebraic equations, In *Handbook of Numerical Anlysis*, P. G. Ciarlet und J. L. Lions, Eds., vol. VII, Elsevier Science B.V., Amsterdam, 2002, pp. 183–540.

[147] Reich, S., On a geometrical interpretation of differential-algebraic equations, *Circuits Systems Signal Process* 9 (1990), 367–382.

[148] Reich, S., *Dynamical systems, numerical integration, and exponentially small estimates*, Habilitationsschrift, ZIB-Rep. sc 98-19, FU Berlin, Fachbereich Mathematik und Informatik, Berlin, Deutschland, 1998.

[149] Rheinboldt, W. C., Differential-algebraic systems as differential equations on manifolds, *Math. of Comp.* 43 (1984), 473–482.

[150] Richtmyer, R. D. und Morton, K. W., *Difference Methods for Initial-Value Problems*, 2nd ed., Interscience, New York, Chichester, 1967.

[151] Rosenlicht, M., Integration in finite terms, *Amer. Math. Monthly* 79 (1972), 963–972.

[152] Rouche, N., Habets, P., und Laloy, M., *Stability theory by Liapunov's direct method*, Springer-Verlag, Berlin, Heidelberg, New York, 1977.

[153] Runge, C., Über die numerische Auflösung von Differentialgleichungen, *Math. Ann.* 46 (1895), 167–178.

[154] Sanz-Serna, J. M., Runge–Kutta schemes for Hamiltonian systems, *BIT* 28 (1988), 877–883.

[155] Sanz-Serna, J. M. und Calvo, M. P., *Numerical Hamiltonian Problems*, Chapman and Hall, London, UK, 1994.

[156] Schütte, C., Fischer, A., Huisinga, W. und Deuflhard, P., A direct approach to conformational dynamics based on hybrid Monte Carlo, *J. Comp. Phys.* 151 (1999), 146–168.

[157] Schwarz, D. E. und Tischendorf, C., Structural analysis for electric circuits and consequences for MNA, *Int. J. Circ. Theor. Appl.* 28 (2000), 131–162.

[158] Shampine, L. F. und Watts, H. A., DEPAC – Design of a user oriented package of ODE solvers, Tech. Rep. Report SAND–79–2374, Sandia National Lab., Albuquerque, NM, 1979.

[159] Skeel, R. D., Iterative refinement implies numerical stability for gaussian elimination, *Math. Comp.* 35 (1980), 817–832.

[160] Skeel, R. D. und Kong, A. K., Blended linear multistep methods, *ACM Trans. Math. Software* 3 (1977), 326–345.

[161] Stampacchia, G., Le trasformazioni funzionali che presentano il fenomeno di Peano, *Rend. Accad. Naz. Lincei Cl. Sci. Fis. Mat. Nat.* 7 (1949), 80–84.

[162] Stetter, H. J., Symmetric two-step algorithms for ordinary differential equations, *Computing* 5 (1970), 267–280.

[163] Stoer, J. und Bulirsch, R., *Einführung in die Numerische Mathematik II*, Springer-Verlag, Berlin, Heidelberg, New York, 1973.

[164] Tikhonov, A., Systems of differential equations containing small parameters in the derivatives, *Mat. Sbornik (Russian)* 31 (1952), 575–589.

[165] Tischendorf, C., Model design criteria for integrated circuits to have a unique solution and good numerical properties, In *Scientific Computing in Electrical Engineering*, U. van Rienen, M. Guenther und D. Hecht, Eds., vol. 18 of *Lecture Notes in Computational Science and Engineering*, Springer-Verlag, Berlin, Heidelberg, New York, 2001, pp. 179–198.

[166] Titchmarsh, E. C., *Eigenfunction Expansions*, Clarendon Press, Oxford, UK, 1946.

[167] Todd, J., Notes on numerical analysis I. Solution of differential equations by recurrence relations, *Math. Tables Aids Comput.* 4 (1950), 39–44.

[168] Vanderbauwhede, A., Center Manifolds, Normal Forms and Elementary Bifurcations, Manuskript, 1988.

[169] Vasil'eva, A. B., Asymptotic behavior of solutions of certain problems involving nonlinear differential equations, *Usp. Mat. Nauk (Russian)* 18 (1963), 15–86.

[170] Verlet, L., Computer experiments on classical fluids. I. Thermodynamical properties of Lennard–Jones molecules, *Phys. Rev.* 159 (1967), 1029–1039.

[171] Walter, W., *Gewöhnliche Differentialgleichungen*, 3. Aufl., Springer-Verlag, Berlin, Heidelberg, New York, 1985.

[172] Wanner, G., A short proof on nonlinear A-stability, *BIT* 16 (1976), 226–227.

[173] Weiss, R., The convergence of shooting methods, *BIT* 13 (1973), 470–475.

[174] Wilkinson, J. H., *The Algebraic Eigenvalue Problem*, Clarendon Press, Oxford, UK, 1965.

[175] Wulff, C., Hohmann, A. und Deuflhard, P., Numerical continuation of periodic orbits with symmetry, Tech. Rep. SC 94–12, ZIB, Berlin, Deutschland, 1994.

[176] Wulkow, M., Adaptive treatment of polyreactions in weighted sequence spaces, *IMPACT Comp. Sci. Engrg.* 4 (1992), 152–193.

[177] Wulkow, M., The simulation of molecular weight distributions in polyreaction kinetics by discrete Galerkin methods, *Macromol. Theory Simul.* 5 (1996), 393–416.

Index

www.ingramcontent.com/pod-product-compliance
Lightning Source LLC
Chambersburg PA
CBHW072007230326
41598CB00082B/6827